국내 최고 정보 전문가가 집필한

중국과 일본의 정보력

국방과학연구소
수석 연구원
이용식 박사

도서출판 진영사

국내 최고 정보 전문가가 집필한

중국과 일본의 정보력

국방과학연구소 수석 연구원
이용식 박사

2025년 8월 7일 초판 인쇄
2025년 8월 13일 초판 발행

발행인 박 진 영
발행처 도서출판 진영사
인천광역시 부평구 주부토로 236번지 인천테크노밸리 U1 지식산업센터 B동 1507호
전화 : 032)505-4207
팩스 : 032)505-4206
E-mail : 0183734207@hanmail.net
신고번호 : 제2007-000001호

ISBN 978-89-6541-714-9 93390
값 30,000원

머리말

4차 산업혁명은 3차 산업혁명을 촉진시켰던 정보화(디지털화)를 기반으로 하여 초연결, 초지능화 기술을 융합하여 새로운 기술혁신이 이루어지는 2000년 이후를 일컫는 말로써 IoT, 빅데이터, 클라우드 컴퓨터, 블록체인, 인공지능, 음성인식, 이동통신 등에 의한 사물 또는 기계의 자율화 기능이 현실적으로 가능하여 산업뿐만 아니라 국방 분야에서도 새로운 패러다임 시대를 요구하고 있다. 지능화 시대에 전투공간은 물리적인 공간뿐만 아니라 사이버, 우주공간으로 확장되어 그 공간에서 로봇과 같은 다양한 센서에 의해 수집된 수많은 종류의 데이터를 처리하고 의사를 결정하는 고도의 소프트웨어와 그에 의해 작동하는 정보전(情報戰)이 될 것이다. 특히 사이버 영역을 교란하고 고급 정보를 획득하는 통신정보, 전자전의 핵심인 전자정보, 적의 이동을 실시간 감시하는 영상정보 등이 핵심이 될 것이다.

미래전에서 핵심은 정보우위에 있다. 따라서 4차 산업혁명 시대를 대비한 한국군은 선진국에서 운용하고 있는 정보수집체계와 조직을 고려하여 IoT, 빅데이터, 인공지능과 같은 기술을 적극적으로 군 정보수집 및 처리 분야에 도입할 필요가 있으며, 한반도의 지형적인 영향과 각 군의 고유 작전을 위해서 현 운용 중인 각종 시스템과 연계하여 군의 작전환경에 맞는 통신 및 전자정보 수집시스템을 구축하여야 한다. 특히 속전속결로 승패가 좌우되는 해·공군의 정보전과 전자전을 위하여 조직의 재구성과 전문인력 양성, 전자전 시스템 보강, 장기간에 걸쳐 기술정보 자료를 DB화해야 한다.

2022년 2월 발생한 러시아 우크라이나 전쟁에서 보듯이 현대의 하이브리드전(Hybrid warfare)에서 전략적, 전술적 주도권을 갖기 위해서는 정보의 우위 확보가 필수적이다. 이에 따라 최근 주요 강대국들은 물리적 공간, 사이버공간, 우주공간, 스펙트럼 공간에서 적시에 정확한 정보를 획득하고자 각 나라의 특성을 살려 다양한 수단을 강구하고 정보를 수집하고 있다. 최근에는 사이버 영역이 발달함에 따라 민간, 비정규 조직과도 긴밀한 협력을 강화하고 있다. 중국은 현재까지 총 13차례에 걸쳐 군 개혁을 단행했는데, 가장 최근으로는 2013년 시진핑이 집권 후 대국에 걸맞은 강력한 군대, 싸우면 반드시 이길 수 있는 군대의 건설을 강조하면서 중국의 강대국화를 위한 군 개혁을 주장하였다. 당시 외부에서 일어난 걸프전과 이라크전, 코소보전, 조지아전 등 전쟁의 주도권이 전자전, 정보전, 네트워크화된 C4ISR전에 의해서 좌우되어 전쟁의 승패가 결정되자 중국군의 지휘체계를 단순화하기 위한 정보화 지휘통제체계 및 그에 수반하는 조직 구조변경이 요구되어 국방의 개혁을 추진하게 되었다. 군 개혁은 2015년 말부터 구체화하기 시작되었으며 총참모부 조직 아래 지상군 중심의 7개 군구(Military Region)를 5대 전구(Theater)로 조직하면서 정보조직도 효율적인 작전 수행을 지원하기 위하여 분산되어 운용하던 조직을 전략지원군(SSF)으로 통합, 재구성하였다. 과거 총참모부 조직에서 정보분야 업무를 총괄한 2부, SIGINT 업무와 사이버작전을 담당한 3부, ELINT 및 전자전을 수행한 4부를 전략지원군(Strategic Support Force)으로 통합하여 우주부(우주발사, 위성제어), 사이버전부(SIGINT), 전자전부(전자정보, 전자전), 신편된 정보부로 통합, 운용하였으나, 조직이 비대하고 명령체계가 복잡하여 2024년에는 다시 전략지원군을 해체하여 기능 군으로 항공우주군(ASF), 사이버군(CSF), 정보지원군(ISF), 연합군수지원부대의 병종을 창설하였다.

일본의 정보능력 확대는 미・일동맹 강화와 역할 분담의 측면에서 지속적으로 보강됐다. 냉전이 끝난 90년대 이후 미국은 태평양지역에서 일본의 군사적 확대를 계속 요구하였으며 특히 정보분야에서 현재까지도 많은 기술적 지원을 해오고 있다. 또한, 중국과 센카쿠열도 갈등, 군사 대국화, 해양선에서 어업분쟁 등도 일본의 군사 대국화를 자극했다. 그뿐만 아니라 북한의 핵 및 미사일 개발, 일본인 납치자 문제 등은 군사 대국화를 꺼려하는 일본 자국 내의 반발 여론을 무마하는데 좋은 양념이 되었다. 과거 동북아 중심에서 현재는 인도・태평양 지역으로 안보협력을 추진하고 있으며 미일 동맹의 군사전략 기축에서 세계적 과제에 함께 대응할 수 있도록 인도, 호주를 중요한 파트너로 간주하고 있고 중국에 대해서는 최대 안보위협으로 규정하고 있다. 일본은 이러한 주변국과의 갈등 문제를 대처하고 주변국의 군사 움직임을 상시 파악하기 위하여 정보능력의 고도화가 더욱 필요하게 되었다. 일본의 최고 정보조직인 내각정보조사실은 국가정보의 조정, 통제 역할을 하며 국내외 위기 상황에 대처하기 위한 정보력 강화가 강조되면서 내각정보조사실의 규모와 인원은 계속적으로 확장되고 있으며, 일본 방위성은 일본 육상, 해상, 항공자위대의 우주전, 사이버전, 전자전 능력이 주변 강대국인 러시아와 중국보다 열세하다고 평가하여 주변 국가와 미래 분쟁에 대비 정보 능력을 향상하기 조직과 인력 확대, 지상 COMINT/ELINT 시설 구축, 항공기 및 무인기를 이용한 정보수집, 우주 감시정찰, 조기경보기 획득, 최신 전자전기 개발 및 획득, 탄도미사일 탐지능력 향상 등을 추진해 왔다. 최근에는 일본판 GPS위성인 QZSS체계를 구축하여 미국 GPS에 의존하지 않고 자국의 위성만으로 항공모함인 이즈모, 잠수함, 전투함, 구조함, 부설함, 항공기, 지상 작전체계, 미사일 등에 정확한 위치정보를 제공하고 있다. 일본의 우주 이용도 명시적으로는 군사적 활용을 배제하고 있지만 고선명 이미지 획득용 정보수집 위성 역량 강화와 ELINT/SIGINT 위성체계 획득에 많은 관심을 두고 정책적으로 추진하고 있다.

본서는 이러한 환경에서 중국과 일본이 다양한 수단을 활용하여 그들의 정보능력을 확충하기 위해 추진 중인 현재와 미래 정보능력을 살펴보았다. Ⅰ장에서는 정보의 개념과 분류, 수집 출처에 의한 정보 개념을 각각 정의하였다. Ⅱ장에서는 정보의 변천과정을 기술하였다. 고대에서부터 현대에 이르기까지 HUMINT, SIGINT (COMINT, ELINT, FISINT), IMINT, OSINT, GEOINT 등이 역사적으로 등장하게 된 사건을 중심으로 하되, 가능한 국내 전사(戰史)를 중심으로 변천과정을 논하였다. Ⅲ장에서는 정보수집 및 처리체계 핵심기술을 기술하였다. 가능한 깊은 기술은 배제하고 누구나 읽으면 이해할 수 있는 내용으로 기술하였는데 무선통신 시스템과 정보원의 부호화 과정, 암호화, 전자정보 분석 기술, 레이더 Scan, 방향탐지(DF) 분석 기술에 대해서 논하였다. Ⅳ장과 Ⅴ장에서는 본서(本書)의 핵심으로서 중국과 일본의 정보력을 서술하였다. 지상, 해상, 우주 및 항공 자산을 이용한 정보수집체계, 최근에 게임 체인저로 주목받는 무인기의 감시정찰체계, 사이버에서의 수집 능력을 논하였다. 또한 일본의 정보력에 대해서는 필자의 경험을 살려 일본과 미국과의 정보교류 과정을 포함했다. Ⅵ장에서는 중국과 일본의 정보조직에 관한 것으로 정부의 정보기관뿐만 아니라 군 정보기관, 일반 업체를 이용한 정보수집 능력을 기술하였다. Ⅶ장에서는 우리나라의 정보조직 발전 방향에 관해서 기술하였다. 정보조직 특성상 비밀사항이 있어 현재의 정보조직의 특징을 논할 수는 없고 따라서 선진국의 정보조직과 미래 기술 발전을 고려하여 우리나라의 미래 정보조직 추진 방향을 기술하였다.

이 책 의의는 국내 최초로 다양한 측면에서 중국과 일본의 현재 정보력과 미래 정보력 건설 방향을 평가한 것으로, 일부는 미흡하지만, 앞으로도 지속 업데이트가 필요하다. 한반도 주변국 관련 정치, 외교, 역사 관련 임무를 수행하는 정책, 국방 및 외교부서 요원, 정보분야에 근무하는 군 간부, 관심 있는 군 요원, 주변국을 연구하는 연구자 또는 학생들에게 참고서로 활용되기를 기대한다.

2025년 5월

집필자 이 용 식

추천사

전쟁에서 정보의 중요성은 과거부터 변함이 없었습니다. 기원전 216년 칸나에 전투(Battle of Cannae)에서 한니발은 로마군을 상대로 수적으로 열세한 상황에서도 철저한 사전분석을 통한 정보의 우위로 승리하였습니다. 또한 우리나라의 이순신 장군이 23전의 전투에서 단 한 번도 패배하지 않은 것은 일본 수군의 약점과 우리 군의 능력, 지형지물 정보를 정확하게 알고 이를 이용할 줄 알았기 때문입니다. 그리고 최근 우크라이나-러시아 전쟁에서도 우리는 정보의 중요성을 다시 한 번 확인하였습니다. 우크라이나와 러시아는 위성, 무인기, 감청 정보 그리고 소셜미디어까지 활용하여 실시간으로 정보를 수집하고 정밀 분석하여 전투를 수행하였으며 '정보가 곧 전력'임을 전 세계에 증명하고 있습니다. 현대전에서 정보의 중요성은 더욱 부각되고 있고, 전쟁의 판도를 바꾸는 핵심 자산으로 여겨지고 있습니다.

이러한 흐름 속에서 이용식 박사가 집필한 『국내 최고 정보 전문가가 집필한 중국과 일본의 정보력』은 그 시의성과 내용의 깊이에서 주목할 만한 책입니다. 중국과 일본은 한국과 가장 가까운 지정학적 위치에 있으며, 정보수집과 활용에 있어 전방위적이며 독자적인 전략을 추진해 온 국가들입니다.

이 책은 양국의 정보수집체계부터 정보조직에 이르기까지 폭 넓고 균형 있게 다루고 있어 독자들의 동북아 안보환경을 입체적으로 이해하는데 도움이 될 것으로 기대합니다. 특히 사이버 영역을 포함한 국가안보 분야에 근무하는 정책입안자나 군인, 대학교수, 연구원 그리고 무기체계 개발자들에게는 실용적 사례를 통한 전략적 시사점을 제공할 수도 있을 것입니다.

끝으로 KF-21 AESA레이더 개발의 바쁜 환경 속에서도 이 책을 완성한 이용식 박사에게 따뜻한 격려와 축하의 마음을 전합니다.

2025년 7월

이건완

국방과학연구소장 이 건 완

목 차

1장

정보의 개념과 분류

2장

정보활동의 발달 과정

3장

정보수집 및 처리체계 핵심기술

4장

중국의 정보수집 능력

5장

일본의 정보수집 능력

6장

중국과 일본의 정보조직

7장

한국의 국가 정보조직 발전방향

1장

정보의 개념과 분류

1.1. 정보의 개념

1.2. 국가정보의 분류

1.3. 군사정보의 분류

1.4. 수집 출처에 의한 정보의 개념

1장

정보의 개념과 분류

1.1. 정보의 개념

1.1.1. 첩보와 정보

한국에서 정보(情報)라는 말은 일제 강점기부터 사용하기 시작했고 해방 후 일반인도 자연스럽게 사용하였다. 1870년 10월 일본 메이지 신정부는 군제(軍制)를 서양식으로 개편하기로 하고 육군은 프랑스식, 해군은 영국식으로 할 것을 결정하였다. 이때 일본 정부가 프랑스의 각종 군사제도를 도입하면서 프랑스 군사용어를 번역하여 만든 용어 중에 정보가 있었다. 이것은 군사작전 중 정찰활동으로 얻어지는 보고자료, 즉, 적정(敵情)에 대한 보고(報告)를 합성하여 정보(情報)라는 단어를 만들었던 것으로 일제시대에 우리나라에 들어와 처음에는 군사용어로만 사용되다가 세계적 추세에 따라 일상용어로 영역을 넓혀갔던 것이다. 우리나라에서는 1938년 문세영이 발행한 조선어사전에서 정보를 '사정(事情)의 통지(通知)'라는 의미로 처음 수록하였다.

20세기 후반에 들어오면서 정보통신 발전과 함께 컴퓨터 사회로 진입하면서 정보화라는 말과 함께 사용되고 있다[1]. 일반적으로 군사기밀을 다루는 기관에서는 Information을 첩보라 하고 Intelligence를 정보라 한다. 〈그림1-1〉에서 볼 수 있듯이 인간이 인식하는 모든 대상을 명명화(Naming) 한 것을 자료(Data)[2]라하고 여기에서 데이터 간 의미를 부여하여 정보를 관리(Managing) 또는 검색(Searching)하여 분류된 Data를 첩보(Information)라 한다.[3]

1) 민진규, 『국가정보학』 (서울: 도서출판 배움, 2007), pp. 10-11.
2) Entity 또는 Class로 이해하면 된다. 우리가 보는 대상을 객체화해서 수집한 것을 의미한다.
3) 정보통신분야에서는 Information을 정보라 하고 Intelligence를 지능으로 이해하고 있으나, CIA나 국정원, 군에서는 국가 기밀사항과 관련된 Intelligence를 정보라고 정의한다.

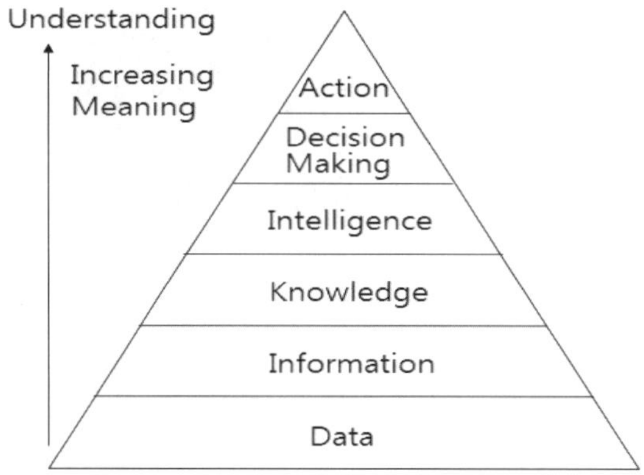

〈그림 1-1〉 Data, Information 및 Intelligence 관계[4)]

이 첩보에서 인식(Understanding 또는 Knowing)과정을 통하여 축적된 경험을 지식(Knowledge)[5)]이라고 하고 이 지식단계에서 축적된 지식을 통하여 분석하여 새로운 것을 발견하거나 향후를 예상하고 해결(Creating), 기획(Planning)하는 단계로 발전된 것을 정보(Intelligence)라 한다[6)]. 그다음 단계[7)]는 이러한 정보를 이용하여 실제적으로 의사결정과 행동이 나타나는 단계로서 데이터를 활용한 최상위 개념이라고 할 수 있다. 정보의 개념을 논의한 학자들을 보면 Shulsky[8)]는 "정보는 국가 안보이익을 증진시키고, 잠재적인 위협으로부터 국가안보 이익에 대한 위협에 대처하는 정부의 정책 입안 및 시행에 관련된 지식"이라고 하면서 국가안보 위협에 대처하기 위한 일련의 업무로 규정하였으며 Richelson[9)]은 "정보는 외국과 지역에 관한 획득 가능한 지식의 수집, 처리, 종합, 분석, 평가 및 해석으로 얻어진 산물이다"라고 정의하여 첩보를 수집하여 해석으로 얻어진 결과를 정보로 정의[10)]하였다.

1.1.2. 정보의 기능

앞 절에서 언급한 정보는 분야에 따라 일상 용어에서 전문 용어까지 다양한 뜻으로 사용되고 있다. 예를 들어, 일상적으로 언급되고 있는 언어, 화폐, 법률, 자연환경 속의

4) www.rodenberg.nl/about.php
5) 전산분야에서는 Rule 또는 패턴을 찾는 방법으로 데이터 마이닝이라고 한다.
6) 이승주, 이병곤, 김현지, 『사례중심 정보학 개론』 (서울: 법서출판, 2002), pp.45.
7) 전산분야에서는 지혜(Wisdom)단계로서 통찰력(Insights)을 갖게 되는 단계이다.
8) Abram N. Shulsky, 허드슨 연구소(Hudson Institute)의 선임연구원, 중동 문제와 테러문제 연구가
9) Jeffrey Talbot Richelson(1949.12.31.~2017.11.11)은 정보수집과 국가안보 연구가
10) 민진규(2007), pp.12.

빛이나 소리, 신경, 호르몬 등의 생체 신호 등도 모두 정보에 해당한다고 할 수 있다. 정보는 형태, 규모, 내용 등에 따라 다양하게 분류할 수 있으며 여기에서 기술하고 있는 정보는 주로 국가안보와 국가이익을 위해 수집, 분석, 처리하는 정보, 즉, 국가의 정보를 의미한다. 국가정보는 국가정보기관이 주도적으로 수행하며, 비밀을 그 속성으로 하는 것으로 국가안보와 관련하여 그 소요가 제기되고 수집, 분석을 통해 국가 안보정책에 반영하며 첩보의 수집, 분석, 배포의 과정과 그 결과물, 이와 관련된 일련의 방첩 및 공작 활동, 그리고 이러한 업무와 관련된 조직을 통칭하는 것을 국가정보라고 한다.

국가정보와 그 하위 개념인 군사정보(전략정보, 작전술 정보, 전술정보)의 기능과 역할은 차이가 있을 수밖에 없다. 국가정보는 국가정책과 안전보장을 관리하는 데 중점을 둔 기능을 하고 있으며, 군사정보 중 전략정보는 국가안보를 관리, 운영하는 데 필요한 기능을, 작전술 정보와 전술정보는 작전이나 전투를 관리하기 위한 기능을 하고 있기 때문이다. 좀 더 구체적으로 설명한다면 전략정보는 국가 및 국제적 수준에서 군사정책과 군사기획을 수립하는데 요구되는 정보로서 그 범위가 군사 영역뿐만 아니라 정치, 외교, 경제, 사회, 과학 등 비군사 분야까지 포함하여, 광범위한 국가 능력과 의도를 파악하는 데 활용되므로 국가정보와 유사한 부분이 많다. 이에 비해 작전술 정보와 전술정보는 군사적인 영역에 국한되어 있고 군사작전의 계획수립과 수행에 영향을 직접 주는 요인들에 대한 정보이다. 작전술 정보는 전술정보의 작전 범위를 확대한 개념이므로 본질상 큰 차이가 없다.

국가정보의 첫째 기능으로 국가 안전과 국가적 재난에 대비하여 조기경보를 발령하는 기능[11]이다. 국가정보는 예기치 못하는 중대한 국가적 위협에 대해 사전에 대비할 수 있도록 경보를 내리는 것을 가장 중요한 기능으로 하고 있다. 적의 도발, 쿠데타나 폭동, 테러, 석유, 철강 등 원자재 가격의 폭등, 지진, 해일, 폭풍 등 자연재해, 사스(SARS)와 코로나(COVID)와 같은 괴질의 확산 등 국가의 안전보장과 이의 보존에 위협이 되는 모든 돌발적 상황에 대해 미리 알려 위협을 극복할 수 있게 하는 것이다. 이러한 조기경보가 지연되거나 누락되면 국가적 재앙을 초래하게 된다. 즉, 1941년 12월 일본의 진주만공격, 1950년 6월 북한의 기습남침, 1973년 10월 아랍 동맹군의 이스라엘 공격, 2001년 월 뉴욕 무역센터 폭파 테러 등이 좋은 예가 될 것이다. 세계 유수한 정보기관에서조차 적 기습공격에 대한 조기경보에 실패하는 경우가 많은 것은 그만큼 조기에 경보를 발령하는 것이 어렵다는 것을 의미한다. 왜냐하면 상대 적국은 기습을

11) 양우천, "전쟁과 정보활동", 2019.9, 합동참모부

달성하기 위해 각종 기만 방책을 강구하면서 보안활동을 강화하므로 충분한 정보를 수집하기가 어렵기 때문이다. 또한 정보 사용자인 정치지도자들은 조기경보 발령 시 소요되는 예산 문제(전투준비, 예비군 동원 등), 국민생활에 대한 불편 초래, 조기경보가 잘못된 것으로 판명될 경우 정권에 대한 신뢰성 저하 등이 제기될 것을 우려하여 확실한 증거를 지나치게 요구하기 마련이다. 결국 확실한 정보를 추구하다 보면 시기를 놓치게 되어 경보 발령에 실패하게 된다. 따라서 적의 군사적 기습공격에 대해서는 과학적인 조기경보체계를 갖추는 데 노력을 집중하고 있다. 적의 공격징후와 관련한 리스트를 작성하여 점검함으로써 정보의 신뢰성을 높이도록 하고 있는바, 예를 들면 적군의 준비태세 발령, 기동훈련 증가, 무기체계 이동, 부대이동, 암호변경, 무선 통신량의 급증이나, 장시간 침묵 등의 특이한 징후를 관찰하여 조기경보 발령 여부를 판단하고 있다.

국가정보의 둘째 기능으로 각종 정책 수립과 집행에 필요한 정보를 제공하여 정책결정을 돕는 것이다. 국가정책 결정자는 정책의 입안과 집행하는 과정에서, 특정 정책을 채택해야 하는 배경, 정책 결정 판단자료, 경계해야 할 사항, 집행 시 예상되는 국민과 외국, 적국의 반응 등에 대해 상세한 정보를 요구할 뿐 아니라, 정책의 성과를 극대화하기 위해 집행의 시기, 방법, 대상 등에 대해서도 분석된 정보자료가 지원되기를 바란다. 특히 경쟁국이나 잠재 적국과 관련된 정책의 수립이나 안보 정책의 변경 등 주변국이나 적국과의 이해관계가 상충되는 민감한 정책일 경우 정보기관에 요구하는 자료는 훨씬 더 많아질 것이다.

셋째, 국가 정보활동의 비밀유지 기능이다. 국가 정보활동은 비밀이 유지되어야 효율성이 높아진다. 따라서 정보의 비밀유지는 전 정보기관의 고유 임무이자 기능이다. 그러므로 전 세계의 각급 정보기관의 정보활동은 대개 베일에 가려져 있다. 우리가 상대방에 대해 무엇을 알려고 하는지, 왜 그것을 알고 싶어 하는지, 어떤 방법으로 그것을 알아내려고 하는지 등을 상대방이 알 수 없도록 해야 한다. 즉, 국가 정보활동의 목적, 의도, 수단, 방법 등에 대해 적이 모르도록 보안 태세를 강구해야 하는데 그러기 위해서는 정보활동 자체는 물론 정보기관의 조직, 편성, 예산, 일상 업무 등에 이력까지 모두 비밀에 부쳐야 한다. 아측의 정보활동의 목적, 의도, 방법이나 사용하는 정보 내용이 적에게 노출될 경우 상대방은 허위 정보를 제공하거나 기만 술책 보안대책의 강구 등 사전 대비를 할 것이기 때문에 아측의 정보활동이 어려워질 수밖에 없기 때문이다.

1.1.3. 정보의 특성

군사정보를 제공하는 궁극적인 목적은 군사작전을 계획하고 수행하는 데 도움을 줌으로써 작전의 실패 가능성을 줄이고 승전으로 이끌 수 있도록 하기 위함이다. 따라서 정보는 지휘관이 의사결정을 하기에 앞서 필요한 시기에 제공될 수 있어야 가치를 인정받을 수 있는 것이며(적시성), 정보의 내용이 사실에 부합해야 정확한 판단과 의사결정을 할 수 있는 것이다. 또한 정보는 그 사용자인 지휘관이 상황을 파악하고 의사결정을 하는데 궁금증을 해소해 주고 나아갈 방향을 제시해 줄 수 있어야 한다.

적시성(適時性)은 정보의 생명과 같다. 정보는 사용자인 지휘관이 요구하는 시간에 사용될 수 있도록 제공되어야만 가치가 있으며, 제때 제공되지 못한다면 그 정보는 아무리 정확하고 완전하더라도 무용지물(無用之物)이 될 가능성이 크다. 시기적절한 정보제공은 지휘관이 작전지역에서 발생하게 될 사태들을 예상할 수 있게 해 주기 때문에 이에 대처하여 방책을 강구할 수 있게 함은 물론 적의 기습을 피할 수 있도록 해 준다. 이처럼 적시성은 정보의 가장 우선시되어야 할 구비 조건[12]이다. 정보기관에서는 정보를 수집, 생산하는데 다양한 수집자와 출처를 이용하기 때문에 다른 수집자와도 시간을 다투는 경쟁을 치를 수밖에 없다. 따라서 정보는 정확성이 다소 미흡하더라도 적시성에 우선을 두고 신속히 보고, 전파되어야 하며 부족한 부분은 계속 보완하여 제공되어야 한다.

정확성(正確性)은 정보의 신뢰를 증진시키는 주요 요인이다. 정보의 내용은 상황이나 사실에 대해 올바른 평가를 한 것이어야 한다. 사실과 다른 정보를 가지고는 정확하고 효과적인 의사결정을 할 수 없기 때문이다. 그러나 정확성을 유지하기란 쉬운 일이 아니다. 명확한 현상에 대해서도 사람마다 보는 관점과 가치관에 차이가 있기 때문에 서로 다르게 평가할 수 있다. 또한 수집된 첩보 자료 자체에 오류가 있을 수도 있고, 분석과정에서 편견, 선입견, 기존 정보에 의존하려는 성향 등으로 정확성이 크게 저하될 수도 있는 것이다. 그뿐만 아니라 정보 생산자는 정보 사용자의 판단을 의도적인 방향으로 유도하기 위하여 정보를 왜곡하거나 심지어 조작하기도 하며 편향된 정보를 제공하는 때도 있을 수 있다. 이러한 정확성 저해 요인에 대한 위험을 줄이기 위해서는 레드팀[13]을 운용하거나 외부 전문가를 활용하는 등 별도의 대책 강구가 필요하다. 또한, 정확성을 제고하기 위해서는 가장 신뢰할 수 있는 출처로부터 제공된 첩보에 큰 비중을 두는 방안을 둘 수 있다.

---

12) 양우천, "전쟁과 정보활동", 2019.9, 합동참모부
13) 반대 방향에서 분석 평가하는 팀을 말한다.

정보제공의 궁극적 목적은 정보 사용자가 부대 임무 달성을 위해 정보를 제대로 활용하여 승전으로 이끄는 데 있다. 따라서 정보 생산자는 정보 사용자가 정보를 최대한 활용할 수 있도록 사용자의 입장을 고려한 정보를 제공할 수 있어야 한다. 사용자가 적극적으로 활용하는 정보는 그 가치가 높아질 수밖에 없으나, 사용자가 활용성(活用性)을 기피하거나 외면하는 정보는 그 내용이 아무리 우수한 것일지라도 정보로서의 가치를 잃게 될 것이기 때문이다. 정보의 활용성을 제고하기 위해서는 먼저 제공되는 정보의 내용이 사용자의 정보 요구를 충족시켜 주는 적합한 것이어야 한다. 즉, 정보 사용자가 상황을 파악하고 의사결정을 하는데 궁금증을 해소해 주고 나아갈 방향을 제시해 줄 수 있는 정보여야 하는 것이다. 또한 정보 내용의 구성과 설명 논리, 결론 등이 누구나 쉽게 이해할 수 있는 형태로 작성되어야 사용자가 즉각적으로 수용하여 활용하게 될 것이다.

1.2. 국가정보의 분류

1.2.1. 국가정보와 부문정보

국가정보란 국가 생존을 위한 국가정책과 안전보장에 필수적인 정보로서 국가정보기관이 수집·분석·생산·배포하는 전략정보를 말하며 국가적인 차원에서 활용되므로 그 사용자가 주로 국가의 최고 정책 결정권자이다. 국가정보기관은 국가안보에 필요한 전략정보를 다루는 기관이다. 전략정보는 작전술 및 전술정보와 대비된다. 작전술 및 전술정보는 주로 작전 및 전투 관리와 직결되는 것으로서 현재 혹은 임박한 적 위협 상황, 현실적으로 필요한 운용정보라고 할 수 있다. 이에 비해 전략정보는 단순한 전투 관리를 넘어선 국가안보를 관리, 운영하기 위한 중장기적이고 포괄적인 관점의 정보라고 할 수 있다. 또한 정보 분석학의 대부로 알려진 셔먼 켄트(Sherman Kent)는 "국가정보란 국가정책 운용을 위한 지식이며 활동이고 조직이다"라고 정의하였다. 다시 말하면 국가정보는 국가정책 결정을 위한 일종의 지식이며 그러한 지식을 입수하거나 저지하는 활동(수집 분석, 비밀공작, 방첩) 그리고 그러한 기능을 수행하는 조직(정보기관까지 포괄하는 개념)으로 보고 있는 것이다.

국가정보는 정보를 사용하는 주체에 따라 국가정보(National Intelligence)와 부문정보(Departmental Intelligence)로 분류할 수 있으며, 그러한 정보를 생산하는 조직을 각각 국가정보기관과 부문정보기관으로 통칭한다. 국가정보는 국가정책의 수립과 집행 그리고 국가안보와 이익을 수호하는 데 필요한 정보로서 어느 특정 부처의 권한이나 필요를 넘어선 국가 수준의 종합적 정보라 할 수 있다. 이에 반해 부문정보는 통일, 외교, 국방, 경제 등 어느 특정 부처의 필요와 요구에 따라서 생산되는 정보를 말한다. 국가정보기관은 독립된 기관으로 부문별 정보기관들을 조정하여 통합된 전략정보를 생산한다. 부문별 정보기관은 해당 부처에 예속되어 기능적 역할 분담에 따라 정보를 생산하는 국가정보기관의 하위 기관이다. 일반적으로 국가의 중앙정보기관은 국가정보 생산을 원칙으로 하고 있고, 각 행정부처에 소속된 부문정보기관들은 해당 부처에 필요한 부문정보를 생산하는 것으로 되어 있으나, 미국의 경우 국방부에 소속되어 있으면서도 국가정보를 생산하는 국가안보국(NSA), 국가정찰국(NRO) 등의 예외도 있다.

국가정보기관으로는 미국의 경우 중앙정보국(CIA), 국가안보국(NSA), 국가정찰국(NRO), 국가지리정보국(NGA) 등을 들 수 있고 이스라엘의 모사드(MOSSAD), 구 소련의 KGB, 우리나라의 국가정보원이 이에 속한다. 부문정보기관으로는 미국의 연방수사국(FBI), 국방정보국(DIA), 육 · 해 · 공군 정보기관 등이 있고 우리나라의 경우 국방정보본부, 정보사, 000사령부, 0000사령부, 외교통상부와 통일부의 정보분석실, 검찰과 경찰의 정보부서 등을 들 수 있다.

1.2.2. 국가정보의 분류

국가정보는 크게 세 가지 유형으로 나누어 볼 수 있다. 즉 분석 형태별, 기능별, 수집 방법에 의한 분류로 나눌 수가 있다. 이러한 분류 방법은 국가정보의 부문정보인 군사정보에서도 유사하게 적용될 수 있다.

1.2.2.1. 분석 형태별 분류(기본정보, 현용정보, 정세 판단 정보)

국가정보는 분석 형태에 따라 과거의 사례들을 주기적으로 정리해 둔 기본정보, 현 시점에서 활용할 수 있는 현용(現用)정보, 미래에 대한 예측과 판단을 가능케 해 주는 정세 판단 정보로 구분하고 있다. 기본정보는 국가안보와 관련된 주요 관심 국가의 통계자료, 과거의 사실, 사건 등을 주기적으로 분석, 정리하여 축적해 둔 정보이다. 예를 들면, 안보환경이나 전략, 전술, 전력구조, 무기체계, C4ISR 등 해당 국가별로 군사부분에 대한 총괄적인 자료들을 정리해 둔 것으로 펼요시 참고자료로 활용된다.

현용정보는 매일매일 국내외의 주요 정세를 간추려서 정책에 반영토록 제공되는 정보이다. 현용정보는 국가이익과 관련되는 중요한 사항들을 우선순위별로 정리한 일일 정보라 할 수 있다. 미국의 경우 국가정보 일일보고, 대통령 일일정세 요약이 대표적인 사례이다.

정세 판단 정보는 전략적 핵심 사항들을 선정하고 이들 문제에 대한 미래 예측, 판단을 년 혹은 3~5년 단위 등 주기적으로 실시하여 정책 결정자에게 제공히는 정보이다. 미국에서 실시하고 있는 국가 정보예측(NIE: National Intelligence Estimates) 보고서가 대표적인 것이며, 여기에서는 대량 살상무기 확산동향, 태러조직 및 활동방향, 세계 인구동향, 전염병 확산동향 등이 다뤄지고 있다.

1.2.2.2. 기능별 분류

정보는 다양한 방법으로 분류하며 Richelson은 요소에 따라 정치정보(Political), 경제정보(Economical), 군사정보(Military), 사회정보(Sociological), 과학기술정보(Scientific and Technical)로 분류하였고 수집 방법에 따라 인간정보와 기술정보, 군사정보를 전략정보와 전술정보로 나누기도 하였다. 기본정보는 지역 특성, 정치제도, 군사, 국민 특성 등 국가의 특수성을 얻기 위한 백과사전식 정보를 말하며 현용정보는 기본정보에서 시간에 따라 변화되는 사실에 관한 정보이다. 어떤 국가의 정치세력 변화에 관한 정보, 경제정책과 관련된 변화된 사실, 군사이동 및 무기체계 개발 등 해당 국가의 현실을 파악할 수 있는 정보를 말한다. 판단정보는 정태적인 기본정보에서 동태적으로 변한 현용정보를 바탕으로 논리적인 사고와 추리력을 통해 향후 전개될 가능성을 예측하는 정보이다.

1.2.2.3. 수집 출처에 의한 분류

정보의 분류는 출처에 따라 〈그림 1-2〉[14]처럼 6가지로 분류하며 신호정보(SIGINT: Signals Intelligence)는 통신정보, 전자정보, 계기정보의 3개 영역으로 구분되는데, 자유공간에 송수신되는 무선 전파를 수신하여(Intercept) 복조를 통하여 원래 정보를 뽑아내는(Source decoding) 것으로, 통신과 관련된 정보를 통신정보(COMINT: Communication Intelligence)라 하고 레이더와 같은 전자장비의 방사체 전자신호에 관련된 정보를 전자정보(ELINT: Electronic Intelligence)라고 하며, 현대 또는 미래전에서 가장 핵심적인 정보가 된다. 특히 통신정보에서는 방향탐지와 암호분석이 핵심기술이다. 상대국의 무기체계 개발과 관련하여 신호를 수집하여 분석된 정보를 계기정보(FISINT: Foreign Instrumentation Signals Intelligence)라고 한다.

14) 미국의 국방 정보기관과 임무 수행 중인 정보를 분류하였다.

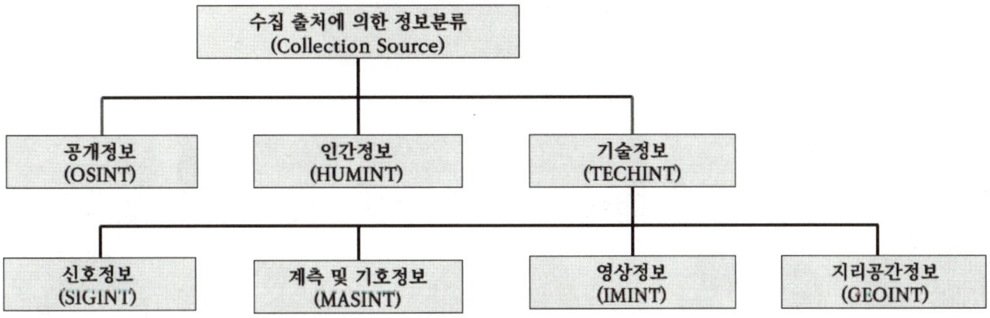

〈그림 1-2〉 수집 출처에 의한 정보 분류

영상정보(IMINT: Imagery Intelligence)는 광학, 전자적으로 생산된 목표물의 이미지 분석에 관한 정보로 광학(Optic), SAR 레이더, 전자광학(EO), 적외선 시스템(IR)으로부터 획득되며, 계측 및 기호정보(MASINT: Measurement and Signature Intelligence)는 신호정보나 영상정보와 달리 기술적으로 탐지, 분석, 유추(도)된 데이터 정보이다. 그 데이터는 결국 목표물의 분명한 특성을 묘사, 확인하고 위치를 결정짓는 중요한 정보가 된다. 이 분야는 핵, 광학, 전자파, 음향, 지진, 물리 등이 포함되며 예로써 특별한 항공기에서 공기 중에 특별한 화학성분이 검출되었을 때 획득되는 정보이다. 지리공간정보(GEOINT: Geospatial Intelligence)[15]는 지구상의 모든 지형지물과 지리적으로 연계된 활동들을 분석하고 시각적으로 표현하기 위해 영상과 공간정보를 활용하는 것을 말한다. 아래 〈그림 1-3〉은 미국의 정보기관을 수집 출처에 의해 분류한 것으로 비록 DIA, NSA, NGA, NRO가 국방부 소속이라 할지라도 국가급 정보기관으로서 국방부 소속에 구애받지 않고 기관에 부여된 정보 임무를 수행하며 어느 국가기관에서 정보업무 수요가 발생할 경우 관련 기관을 통해서 정보수집을 요구하고 있다. 공개정보(OSINT)는 우리가 평상시 접하고 있는 언론, 잡지, 서적, 학술회, 팜플렛 등으로부터 획득할 수 있는 정보이며 인간정보는 역사 이래 취급한 모든 정보를 의미한다. 즉, 인간 활동을 중심으로 정보를 획득하고 정보작전을 수행하는 정보활동을 말한다.

미국 정보기관도 우리나라와 대체로 비슷한 정보 임무를 수행하나 조직이 방대하며 임무가 세부적으로 명확하게 구분되어 있다. 우리나라는 소규모 조직으로 00사령부, 000사령부가 다수의 정보 임무를 수행하고 있다.

15) www.etnews.com(검색일: 2018.3.4.)

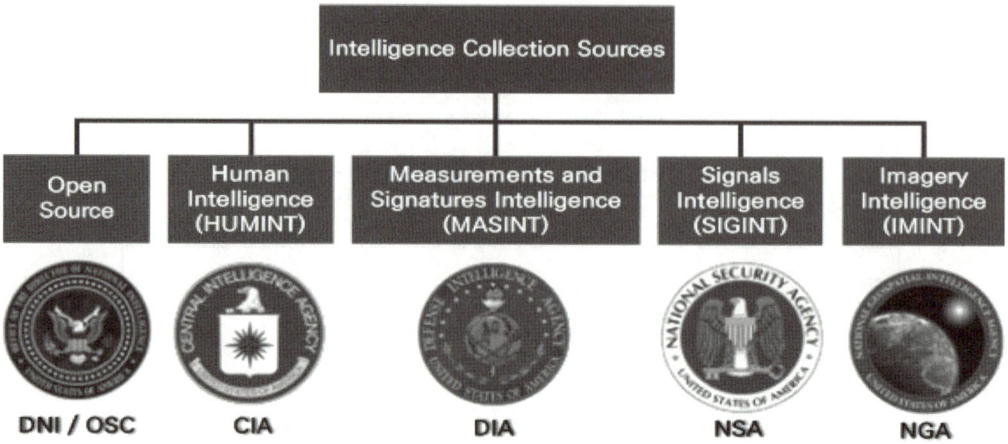

〈그림 1-3〉 미국의 출처에 따른 정보 및 기관의 분류[16]

기타로 DIA, CIA에서 인간정보(HUMINT), 공개정보(OSINT: Open Source Intelligence)등을 수행하고 있다.

1.3. 군사정보의 분류

1.3.1. 정보 운용에 의한 분류(전략정보, 작전술 정보, 전술정보)

전쟁은 전략적, 작전적, 전술적 수준으로 구분되며 정보 운용 수준 역시 전쟁의 수준에 따라 전략정보, 작전술 정보, 전술정보로 구분된다. 전략정보는 국가 및 국제적 수준에서 정책과 군사기획 수립에 요구되는 적 및 외국의 전략적 능력, 취약성, 가능한 행동 방책이나 의도에 관한 정보로서, 정치, 경제, 사회, 과학, 수송, 통신, 군사지리, 군사정보, 인물 등의 요소로 구성된다. 주 사용 제대는 국가통수 및 군사지휘기구인 청와대, 국방부, 합참 등이며 국회에서도 사용한다. 정보 운용은 국가 및 군사전략 수립 지원, 주요 무기체계 및 부대구조 소요결정 합동작전 수행에 활용된다. 작전술 정보는 작전사령부급 이상 제대에서 주요 작전을 계획하고 수행하는 데 사용되는 정보로서 적의 중심과 고가치 표적을 식별하고, 적의 군사능력 및 의도를 판단하는 데 사용한다. 주 사용 제대는 합참과 작전사이며, 정보 운용은 합동작전의 계획, 실시, 평가를 지원하는 데 활용한다.

전술정보는 전술제대의 제병협동부대 지휘관이 작전계획을 수립하고 전투를 실시하

16) usnwc.libguides.com

는데 필요한 적, 지형이나 기상, 민간 요소에 관한 정보이다. 주 사용 제대는 군단급 이하 전투부대이며, 정보 운용은 교전 및 전투 수행, 표적 및 장애물 정보에 중점을 두고 작전환경 평가와 적 능력, 의도, 취약점을 식별하는 데 활용된다.

1.3.2. 수집 출처에 의한 분류

군사정보는 군사적 목적을 위해 적군이나 작전지역의 상황을 파악하는 정보서 적의 군사적 도발이나 침략에 대한 조기경보로서 군사전략과 군사작전을 지원한다. 그러한 군사작전 지원을 위해 필요한 국가정보와 군사정보를 비교해 보면 수집 출처에 따른 국가정보의 분류는 앞에 제시한 〈그림 1-2〉에서와 같이 첩보수집 출처를 이해하기 쉽게 공개정보와 인간정보, 기술정보로 구별하고 다음 단계에서 기술정보를 영상정보, 선호정보, 계측 및 기호정보로 세분화한다. 이에 비해 군사정보에서는 국가정보에서 분류하고 있는 정보 분류 외에 기상정보를 추가한다[17]. 특히 최근 증대되는 사이버전 위협 등을 고려할 때 사이버 정보를 국가정보와 군사정보에 포함하고 있다.

1.3.3. 국가정보와 군사정보의 관계

일반적으로 국가정보기관의 주요 활동은 수행하는 업무의 특성에 따라 첩보수집 , 정보분석, 비밀공작, 방첩 및 보안의 4개 분야로 나눌 수 있다. 이를 정보활동의 대 영역이라고 한다. 정보 생산을 위한 정보 순환과정은 계획 및 지시, 첩보수집, 정보 처리, 분석 및 생산, 전파 및 통합 순으로 이루어지며 동시에 연속적으로 환류된다. 이러한 정보 생산과정에서 가장 핵심적인 분야는 첩보수집과 분석이라고 할 수 있다. 왜냐하면 정보수집은 첩보수집에 의존하고 있는 만큼 많은 첩보를 수집할수록 많은 정보를 얻을 수 있기 때문이다. 따라서 첩보수집 능력은 정보력의 원천이며 국가정보력은 첩보수집 능력에서 비롯된다고 할 수 있을 것이다.

또한 수집된 첩보는 번역, 암호해독, 영상판독, 데이터 변환 등 처리 과정을 거쳐 전문적인 분석 과정에서 정제된 후 정보로 탄생하게 된다. 따라서 분석 과정을 거치지 않은 자료는 첩보라 하고 분석 과정을 거쳐야만 정보라고 하는 것이다. 분석되지 않은 첩보를 수집된 그대로 사용하게 되면 대혼란이 일어날 수도 있다. 이처럼 정보 분석 과정은 첩보수집 과정과 함께 정보 생산을 위한 핵심 과정이라고 할 수 있다.

비밀공작은 첩보의 수집이나 방첩 활동을 지원하기 위해서 수행할 수도 있고, 국가

17) 합참, 합동정보교범(2013.12)

차원의 특정 목표를 달성하기 위해 실시하며 극도의 보안성이 요구되고 긴밀한 정보 지원을 받아야 하므로 정보수집기관에서 주도하는 경우가 많다. 방첩 및 보안 활동은 적의 정보수집과 비밀공작 활동으로부터 자국의 비밀을 보호하기 위한 활동으로, 허락받지 않고 비밀에 접근하는 자를 저지, 차단하는 업무를 수행한다. 대다수의 나라에서 방첩 및 보안 활동은 별도의 기관에서 담당하고 있다. 미국의 경우 정보수집 생산과 비밀공작은 CIA에서 담당하고 방첩 및 보안 활동은 FBI에서 맡고 있다. 위와 같이 국가정보기관에서 수행하고 있는 정보활동이 군사정보기관에서는 어떻게 적용되고 있을까? 국가정보기관과 유사하게 적용되고 있음을 알 수 있다. 미국 국방성 산하의 국방정보국(DIA: Defense Intelligence Agency) 의 조직을 보면, 첩보수집·분석을 담당하는 부서로는 수집관리처, 과학기술정보처, 영상개발처 등이 있고, 비밀공작은 무관·공작처에서 수행하며, 방첩 및 보안활동은 국장 직속의 보안 및 대정보과에서 담당하는 등 4개 분야로 나누어져 있다. 또한, 태평양 사령부의 정보조직도 큰 틀에서 이와 유사하다. 수집관리처는 인간정보, 신호정보, 영상정보를 수집, 분석하며 특수보안처에서는 방첩 및 보안활동을 담당하고 그리고 비밀공작 활동은 태평양 정보센터 공작실에서 맡아 수행하도록 하고 있다.

한국군의 경우는 국방 분야 최고 정보기구로 국방정보본부가 있고 예하의 00사령부에서는 영상정보 수집, 분석과 함께 비밀공작활동을 맡고 있으며, 000사령부에서는 신호정보의 수집과 분석을 담당하고 있다. 그리고 방첩 및 보안활동은 별도 기관인 방첩지원사령부에서 맡아 수행하고 있다.

이처럼 국가정보기관이나 군사정보기관은 그 활동영역이 첩보수집, 분석, 비밀공작, 방첩활동 등 개 분야를 모두 포함하고 있다는 유사성이 있다. 그러면 이러한 유사한 활동을 하는 국가정보와 군사정보는 어떠한 연계성을 갖고 있는 것일까?

첫째, 국가정보는 국가의 전반적인 부분을 포괄하는 총체적인 정보지만, 군사정보는 그 하위의 국가안전보장을 중심으로 하는 부문정보이다. 국가정보는 이름 그대로 정치, 군사, 경제, 사회, 과학기술 등 국가 제 분야에 대한 총체적인 정보를 말한다. 따라서 국가정책과 안전보장에 필요한 첩보를 해당 부처나 기관에 요구할 수 있으며 부문정보기관에서는 요구된 정보를 생산하기 위해 활동을 해야 한다. 우리나라의 경우 국가정보기관인 국가정보원은 국가 차원의 정보 및 보안업무를 종합적으로 관장하며, 부문정보기관들을 조정, 감독할 수 있도록 법률로 규정하고 있다. 미국에서는 국가정보기구(DNI)가 국방성, 각군 정보기구, 국방부 예하 정보기구, 정부 각 부처 정보기구 등 17개의 정보기관들이 정보공동체(IC: Intelligence Community)라는 큰 틀 속에서 국가

정보국장(DNI: Director of National Intelligence)의 조정, 통제, 협의로 국가안보를 목표로 활동하고 있다.

둘째, 평시 국가정보와 군사 전략정보는 중첩되는 부분이 많이 나타나고 있다. 전략정보는 적국의 군사능력, 의도, 방책 등을 중점적으로 평가하는 것이지만 여기에 더하여 적국의 정치, 경제, 사회, 과학기술 등 비군사적인 분야에서 수집된 제반 첩보를 군사적 차원에서 해석, 보강하여 생산한 정보라고 할 수 있다. 이것은 정치, 경제, 사회 과학기술 등 비군사적 분야가 군사 분야에 미치는 영향이 증대되고 있으므로 적의 전략적 의도를 판단하고 전략 상황 변화와 위협평가를 보다 정확히 하기 위해서 필요하기 때문이다. 전략정보에서 조기경보와 위기 상황을 예측하기 위해 평시에 운용되고 있는 위기 징후목록의 경우 군사 분야 외에도 정치, 경제, 사회, 과학기술 등 분야의 다양한 목록을 지정하고 이러한 목록들에 대해 지속적으로 첩보를 수집하고 있다.

셋째, 군사정보 수집의 경우 평시에는 전략정보에 큰 비중을 두지만, 전시에는 작전술 및 전술 정보수집에 치중한다. 평시 군사정보 수집요구는 국가정보기관의 국가정보목표 우선순위를 기초로 하여 국방장관, 합참의장 등 군 수뇌부의 우선정보요구와 소요기관의 정보요구를 종합하여 군사전략 정보요구를 작성하게 되며, 이를 분기별 첩보수집 중점, 첩보 요청 야전예규 부록에 의해서 군사정보 수집기관에 하달하여 수집하게 된다. 전시 군사정보 수집요구는 국가정보 목표 우선순위 등을 고려하지 않고 작전술 및 전술정보 수집 위주로 계획하는바, 국방장관과 합참의장 등의 작전단계별 우선정보요구와 소요기관의 정보요구를 종합하여 전시 첩보수집계획을 수립하여 관련 첩보수집기관에 하달하여 시행한다. 최근의 걸프전 이후 현대전에서 미국의 국가정보기관인 CIA는 군사정보 획득에 직접 참여하는 기회를 늘여가고 있음을 보여주고 있다. 즉 인간정보에서 기술정보에 이르기까지 다양한 형태의 전략, 작전술 정보를 수집, 배포해 왔으며 이라크 전쟁 시에는 무인정찰기 프레데터(Predator)를 이용하여 전술정보까지 지원하기도 하였다. 이처럼 전시에는 국가정보까지도 군사정보를 적극적으로 지원하여 군사작전의 성공을 위해 노력하고 있음을 알 수 있다.

1.4. 수집 출처에 의한 정보의 개념

1.4.1. 인간정보(HUMINT)의 개념

인간정보(HUMINT: Human Intelligence) 수집이란 사람이 사람을 수단으로 사용하여 첩보를 수집하는 것을 말한다. 이 방법은 고대로부터 현대까지 계속 사용되고 있는 가장 전통적인 방법이다. 인간정보는 정보관이나 주재관(鼓在官)이 직접 수집하는 때도 있고, 정보원이나 협조자를 활용하는 때도 있으며 여행자, 포로, 망명자 등으로부터 유출해 내는 방법, 그리고 국가 간의 정보 협력도 인간정보 수집의 한 가지 방법이라고 할 수 있다. 현대 세계 여러 나라는 각국 대사관에 파견하여 근무하는 자국 외교관들을 통하여 주재국의 전략정보를 수집하고 있다. 대사관에 근무하는 외교관은 대사를 포함한 외교부 출신 외교관 외에 무관, 정보관, 재정, 무역, 농수산 등 기능별로 정부 부처에서 파견한 주재관으로 구성되어 있다. 이들 외교관 중에서 국가안전보장을 위해 첩보수집의 중심에 있는 외교관은 자국의 국가정보기관에서 파견한 정보관(IO: Intelligence Officer)이다. 정보관은 현지에서 첩보수집과 분석, 공작, 정보 외교를 수행하는 전문 정보 책임자이면서 정보활동의 조정자이다. 정보관은 주로 첩보수집에 치중하지만 민감하고 은밀한 정보공작 임무 수행 시에는 공작관(Case Officer 혹은 Operator라고도 함)라고도 한다. 정보관이나 주재관의 신분은 외교관 또는 정부관리 등 정부의 공식적인 직함을 가진 백색 정보관(legal officer)과 여행자, 항공사 직원, 상사원, 기자, 학자 등 민간인 신분을 가장한 흑색 정보관(illegal officer)으로 나눌 수 있다.

백색 정보관은 공식적인 직함을 가지고 있어 주재국 정부나 기관을 출입하고 협조를 받을 수 있으며, 일상적인 활동을 통해 정보원(情報源)에 접근하기가 용이하고, 주재국의 관리나 주재국에 상주하는 제3국 외교관 등을 쉽게 접촉할 수 있을 뿐만 아니라 주재국으로부터 신변 안전을 보장받을 수 있다는 장점이 있다. 반면에 백색 정보관은 대부분 신분이 노출되어 있어 주재국 보안당국의 감시 대상이 되기 쉽고, 정보활동이 문제가 되면 외교 문제로 비화되어 더 이상 주재가 어려워 활동을 중단해야 하는 등의 단점이 있다.

그 대신 흑색 정보관의 경우 신분을 위장하고 있어 활동이 자유롭고 활동 범위를 확대할 수 있어 다양한 계층의 협조자들과 접촉할 수 있으며 외교관계가 단절된 경우에도 지속적인 주재가 가능하다는 이점이 있다. 과거 소련의 KGB는 타스통신사 직원으로 가장한 흑색 정보관을 서방에 수없이 파견했는데 이들은 대상 국가의 문화와 역사에 통달하고 서구식 매너에 세련된 스타일로 치장한 상태였으므로 사교계, 교육계 기타 전문가 모임에 환영을 받으며 참석할 수 있었다. 그러나 흑색 정보관은 활동 여건을 마련하는 데 많은 노력과 시간이 필요하고, 통신 연락 등 안정적인 시설이나 기반을 확보하기 어려우며, 특히 외교관이 아니므로 면책특권이 없어 신분상의 위험이 수반된다는 단점이 있다. 백색 정보관과 흑색 정보관의 비율은 상황에 따라 다르겠으나, 1995년

10월 미 CIA의 정보수집 요원 4,500여 명 가운데 흑색 요원은 900여 명이었던 것으로 알려져 있다.

정보수집 활동의 기법은 백색 정보관이나 흑색 정보관이나 대체로 비슷하다. 정보수집은 정보관이 직접 목표에 접근, 관찰, 접촉하는 직접 활동과 정보원(Agent) 이나 협조자를 이용하여 수집하는 간접 활동으로 구분할 수 있다. 대체로 인간정보 수집은 간접 활동이 주류를 이루고 있다. 정보수집 활동은 출처 개발 → 수집활동 → 첩보보고의 단계로 진행된다. 여기서 정보원은 정보관의 통제하에 있으면서 정식 보수를 받으며 활동하는 요원이고, 협조자는 협조를 위해 실제 사용된 경비만 수령하고 일정한 보수가 없으며 정보관의 통제를 벗어나 있다는 차이점이 있다.

1.4.2. 공개정보(OSINT)의 개념

공개정보(OSINT: Open Source Intelligence)는 공개된 자료(Open Source)에서 사용할 수 있는 정보를 체계적으로 수집, 평가 및 분석하는 것을 말한다. 이러한 소스에는 전통 미디어(신문, 라디오, 텔레비전), 정부 간행물, 학술 연구, 상업 데이터베이스, 공개 웹 사이트, 소셜 미디어 플랫폼, 지리 공간 데이터 및 기술 인프라 정보가 포함되지만 이에 국한되지 않는다. OSINT는 국가안보, 개발 및 운용 중인 무기체계, 군사 이동훈련, 정부 주요 인사, 법 집행, 기업 정보, 저널리즘, 사이버 보안, 인도주의적 지원 및 학술 연구를 포함한 광범위한 부문에 걸쳐 응용되고 있다. 법적으로 액세스할 수 있고 분류되지 않은 자료에서 파생된 시기적절하고 관련성 있고 검증된 통찰력을 제공하여 의사결정을 지원한다. 인간정보(HUMINT), 신호정보(SIGINT) 또는 영상정보(IMINT)와 같은 비밀로 다루어지는 정보와 달리 OSINT는 은밀하거나 분류된 수집 수단에 의존하지 않는다. 과거에는 주로 아날로그 수단(신문, 방송, 잡지 등)을 이용해서 정보를 획득하였지만 최근 IT기술의 발달로 디지털 채널을 통해 OSINT를 수집하고자 하는 사람은 자유롭게 인터넷 채널을 액세스하여 정보를 수집할 수 있다. 물론 일부 국가안보 사항 또는 군사상 비밀사항인 경우는 수집된 자료가 제한적일 수 있으나 큰 흐름상 개략적인 정보를 획득할 수 있다.

OSINT 소스는 다음과 같은 6가지 범주[18]의 정보 흐름으로 나눌 수 있다. 우선 미디어는 국가 내, 국가 간의 정보 사항을 신문, 잡지, 라디오나 텔레비전을 통해서 방송되거나 발간된다. 두 번째로 인터넷은 뉴스, 온라인 출판물, 블로그, 토론 그룹, 시민 미

18) https://en.wikipedia.org/wiki/Open-source_intelligence

디어(휴대폰 비디오 및 사용자 제작 콘텐츠 등), YouTube 및 기타 소셜 미디어 웹사이트(Facebook, Twitter, Instagram 등) 등을 통하여 관련 정보들이 공개되며. 이 인터넷을 통해 공개된 소스는 적시성과 접근 용이성으로 인해 다양한 다른 소스보다 빠르게 공개되고 있다. 그러나 신뢰성을 위하여 다양한 루트를 통해서 수집 및 분석 평가가 이루어져야 한다. 공공 정부 데이터는 공공 정부 보고서, 예산, 청문회, 전화번호부, 기자회견, 웹사이트 및 연설 등으로 공개되며, 공개된 자료는 누구나 액세스할 수 있고 자유롭게 사용할 수 있다. 특히 무기체계 개발, 군사훈련, 사회 간접자본 시설들과 같은 공개된 데이터는 장시간 분석할 경우 고급 정보가 공개된다. 전문 및 학술 출판물은 저널, 컨퍼런스, 심포지엄, 학술 논문, 학위 논문 등을 통해서 관련 정보들이 오픈된다. 상업 데이터는 상업 이미지, 재무 및 산업 평가, 데이터베이스 등을 통해서 공공기관, 핵심 기업 정보 등이 공개되며 회색 문헌으로는 기술 보고서, 사전 인쇄, 특허, 작업 보고서, 비즈니스 문서, 미공개 저작물 및 뉴스 레터 등을 통해서 정보가 공개된다.

최근에는 인공지능과 같은 소프트웨어 발전으로 OSINT는 특정 개인 또는 그룹의 특정 결정을 지원하는 맞춤형 지식을 창출하기 위해 다양한 지능 프로세스를 사용한다. 검색엔진 데이터 마이닝(data mining) 또는 스크래핑(scraping)을 통해서 수요자의 요구에 맞는 정보를 서핑해서 제공해 준다. 웹 브라우저는 OSINT 워크플로우(workflow)의 기본 도구 역할을 하여 웹사이트, 포럼, 블로그 및 데이터베이스에서 공개적으로 사용할 수 있는 방대한 양의 데이터에 대한 액세스 권한을 부여하고 있으며 특별히 OSNIT 용으로 제작되었거나 정보수집 및 분석용 플랫폼이 개발되어 있기도 하는데 예를 들어 Maltego는 링크 분석 및 정찰에 사용되는 데이터 시각화 도구이며 Shodan은 사이버 보안 연구에 자주 사용되는 인터넷 연결 장치용 검색엔진이다. TheHarvester는 전자 메일 수집 및 하위 도메인 열거에 사용되는 도구이고 FOCA(Fingerprinting Organizations with Collected Archives)는 메타데이터(Meta Data)를 추출하고 문서에서 숨겨진 정보를 찾는 데 사용되고 있다. Recon-ng은 파이썬(Python)으로 작성된 모든 기능을 갖춘 웹 정찰 프레임워크(framework)이고 GitHub에서 유지 관리되는 오픈소스 프로젝트인 OSINT 프레임워크는 소셜 미디어 조사, 지리적 위치, 도메인 분석 등과 같은 영역을 포괄하는 30개 이상의 주요 OSINT 도구 유형의 분류된 디렉토리를 제공하고 있다.

OSINT의 주요 과제 중 하나는 종종 '정보 폭발'이라고 하는 공개적으로 사용할 수 있는 엄청난 양의 정보이다. 뉴스 플랫폼, 소셜 미디어, 포럼, 블로그 및 공식 출판물 전반에 걸쳐 디지털 콘텐츠의 기하급수적인 증가는 관련 데이터를 식별, 검증 및 맥락화하려는 분석가에게 상당한 어려움을 안겨주고 있다. 새로운 정보가 생성되는 빠른 속도는 종종 분석가가 정보를 효과적으로 처리하고 평가할 수 있는 능력을 초과하게 한다. 이에 따라 잘못된 출처 또는 허위 정보와 구별하기가 쉽지 않고 시기적절하게 정보처리하는데 애로사항이 발생한다, 이러한 문제를 완화하기 위해 일부 기관에서는 자동화된 도구, 기계 학습 알고리즘 및 클라우드 소싱 기술의 사용을 모색하고 있다. 진행중인 대규모 자동화는 일부 오픈소스 데이터를 필터링하고 분류하는 데 기여하지만, 이러한 방법은 일반적으로 확정적이기보다는 일부 보완적인 방법에 그칠 것이다. OSINT는 합법적으로 액세스할 수 있고 공개적으로 사용할 수 있는 정보만을 포함하지만, 개인이나 단체가 오픈소스 관행을 오용할 때 합법적인 연구와 불법 활동을 구분하는 것이 중요해진다. 대부분의 관할권에서 민감한 정보를 무단으로 수집하여 외국 정부나 정보기관에 전송하는 것은 특히 전략, 군사 또는 국가안보 관련 데이터와 관련되었을 때 간첩행위로 간주될 수도 있다. 반역죄(일반적으로 자국에 대한 배신을 수반하는 행위)와 구별되는 이러한 성격의 스파이 행위는 역사적으로 국가가 외교, 전쟁 및 영향력의 도구로 사용해 왔다. OSINT는 그 자체로 합법적이고 투명한 규율이지만, 특히 은밀한 의도나 악의적인 목적과 결합할 때 오용은 법적, 윤리적으로 금지된 영역을 넘을 수 있다는 점이다. 따라서 책임감 있는 OSINT 실무자는 법적 표준, 윤리 지침 및 보안 준수가 필요하다.

1.4.3. 기술정보(TECHINT)의 개념과 분류

기술정보(TECHINT: Technical Intelligence)는 기술과 장비, 컴퓨터의 발달에서 비롯되었다. 제1, 2차 세계대전을 통해 기술정보가 본궤도에 올랐으며, 그 후 냉전체제가 시작되면서 갈 수 없는 곳에 대한 정보수집 수단으로 발전을 거듭해 왔고, 현대에는 전자전, 사이버전, 사이버 전자전, 우주전으로 그 영역을 확대해 가고 있다. 그러면 이러한 기술정보는 어떤 방법으로 수집하고 분석하는가? 이를 위해서는 먼저 기술정보의 분류 방법부터 정리해 볼 필요가 있을 것이다. 앞에서 언급했듯이 일반적으로 국내외 학계에서는 국가정보를 수집출처에 따라 분류할 때 가장 먼저 공개정보와 인간정보, 기술정보로 나누며, 기술정보는 크게 영상정보, 신호정보, 계측 및 기호정보로 세분화하고 있다. 또한 국가정보를 기능적으로 분류할 때는 정치, 군사, 경제, 과학기술, 사이버, 환경, 문화, 사회 등으로 분류하고 있다. 이에 비해 군사정보의 분류는 국가정보의 분류 기준을 기반으로 하고 있으나, 독특한 군사정보 수집체계 및 미군의 정보 분류, 생산된 정보 형태 등을 고고하여 9개 항으로 분류하고 있다. 즉 HUMINT, OSINT, GEOINT,

SIGINT, MASINT, TECHINT, 사이버정보, 기상정보, 대정보로 분류하고 있다.

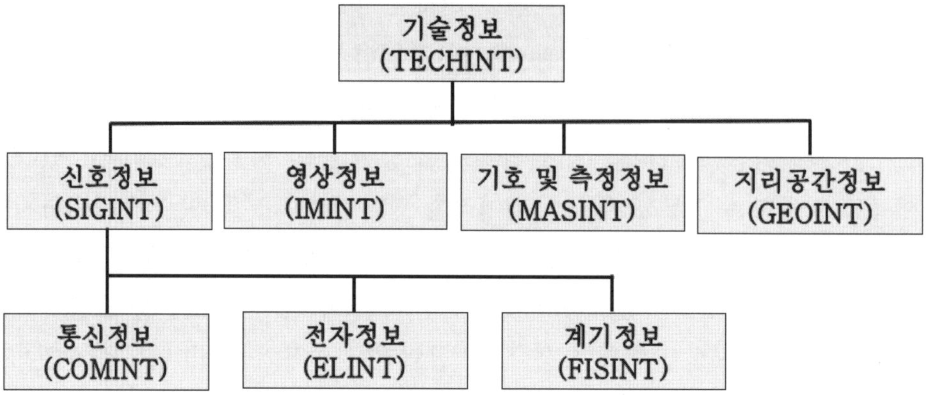

〈그림 1-4〉 기술정보(TECHINT)의 분류

국가정보에서 수집 출처에 따라 분류하고 있는 것은 인간정보, 공개 출처 정보, 영상정보, 신호정보, 계측 및 기호정보의 5개 유형이며, 이는 군사정보에서도 그대로 적용하고 있다. 그러나 군사정보에서는 영상정보와 별도로 지형정보와 관련된 지리공간정보가 별도로 정의되어 있다. 그리고 국가정보를 기능적으로 분류할 때 과학기술정보와 사이버정보를 포함하고 있음을 알 수 있다. 반면 군사정보에서는 군의 특성을 고려하여 앞의 개항 외에 기상정보, 대정보 등을 추가하는 경우도 있다.

〈그림 1-4〉에서처럼 일반적으로 학계와 언론 등에서 통용되고 있는 기술정보는 분류는 크게 4개 분야로 나누어지며 정보 생산의 핵심인 신호정보는 다시 통신정보, 전자정보, 계기정보로 세분화된다.

1.4.3.1. 신호정보(SIGINT)

신호정보(SIGINT)란 적 또는 위협을 주는 주변국의 통신 및 전자장비로부터 방사되는 통신 및 비통신 신호를 수집, 처리, 분석하여 얻는 제원 또는 알고리즘에 관한 정보로써 적의 전자파(신호)를 탐색하여 그 내용을 감청하거나 방향을 탐지하여 표적과 적의 위협에 관한 첩보 및 정보를 제공한다.

1.4.3.2. 신호정보의 분류

신호정보는 첩보수집 대상에 따라 아래와 같이 통신정보(COMINT), 전자정보(ELINT), 계기정보(FISINT)로 구분한다. 이 분류는 모든 세계에서 수집 대상이나 결과에 대해 공통적으로 적용되고 있으며 더욱더 효율적인 업무 수행을 위해 다양한 플랫폼을 적용하고 있다.

1.4.3.2.1. 통신정보(COMINT)

통신정보(COMINT)는 적의 무선통신 활동에 대한 감청 및 방향 탐지를 통해 얻어지는 정보이다. 통신정보 활동의 주요 대상은 〈그림 1-5〉처럼 무선통신으로 이루어지는 모든 통신이 그 대상이 된다. 비록 단말 시스템(전화, 팩스, 핸드폰, 데이터 등)이 유선으로 연결되어 있을지라도 중간 구간에 무선(예, 마이크로웨이브, 위성 등)으로 바뀌면 감청 대상이 된다. 즉, 통신정보 수집 대상이 된다. 미군 같은 경우에는 철저한 보안이 강화된 유선으로 통신이 이루어지고 있다. 무선전화는 무전기를 사용하여 쌍방간에 무선으로 음성을 주고받는 형태이며, 군용 AM, FM 무전기를 통한 음성통신이 대표적이다. 무선전신은 무전기를 사용하여 모스(Morse) 부호를 송수신하는 것을 말하며, 그리고 무선데이터는 무전기에 디지털 신호처리 장치를 결합하여 사용하는 형태로 데이터 통신 고속 전문처리기 등이 대표적이다.

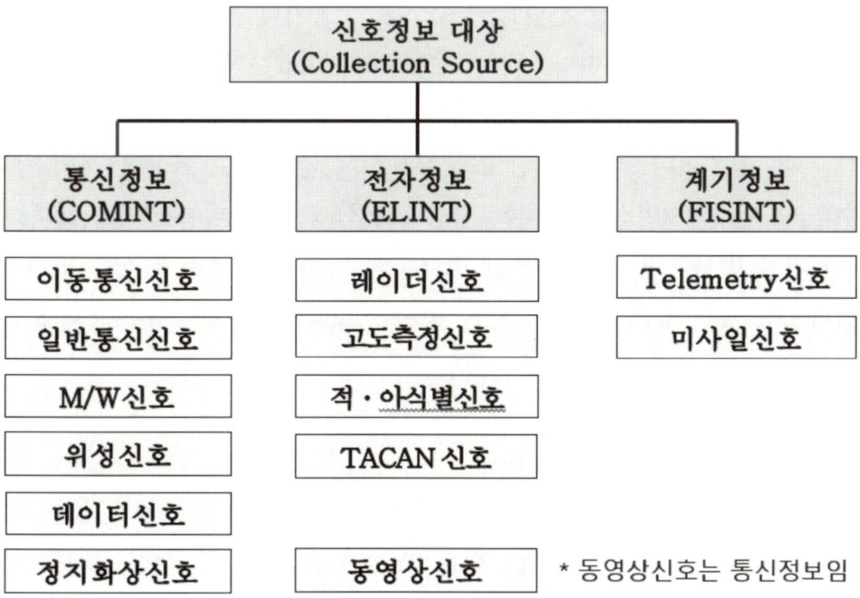

〈그림 1-5〉 신호정보의 분야별 수집 대상 신호

군에서 사용하는 통신정보에서 중요한 요소 하나는 대부분 암호화 과정을 거치기 때문에 암호해독이 필수적이다. 고전암호인 경우 치환기법을 주로 사용하여 해독이 가능하였으나, 현대암호의 경우는 컴퓨터 활용으로 고도의 암호화 기법, 즉 다층의 알고리즘이 적용되어 암호해독이 어렵다. 또한 무선 신호에 대한 방향탐지(DF: Direction Finding) 기술의 발견으로 방사기(Emitter)의 방향과 위치 식별이 가능해졌다. 이 통신정보를 분석하면 상대방의 작전, 군사이동, 훈련, 지휘부 및 군부 움직임, 사회 기간 체계의 상태, 취약점 등의 정보를 얻을 수 있다.

1.4.3.2.2. 전자정보(ELINT)

전자정보(ELINT)는 〈그림 1-5〉처럼 레이더와 같이 비통신 방사체의 신호를 수집 및 분석하여 얻어지는 정보이다. 전자정보의 대상으로는 레이더, 항법 보조장치, 미사일 유도장치, 피아식별 장치, 고도 측정 장치 등에서 방사하는 신호가 그 대상이다. 레이더는 전파탐지기 즉, 목표물에 대한 방향(방위), 거리, 고도를 측정하는 무선신호를 방사하는 의미한다. 레이더가 전자파 에너지를 표적에 보낸 후 되돌아오는 반사파를 수신하여 표적의 탐색과 위치 등을 알아낼 수 있다. 레이더 신호는 중복하여 사용할 수 없으므로 그 신호를 수신하여 분석하면 전파의 제원(EPL)을 획득할 수 있고 전자전투서열(EOB) 정보를 획득할 수 있다. 전파의 제원은 전자전에서 핵심정보 입력 요소로 활용된다. 항법 보조장치는 특정 전파를 발사하여 항공기나 선박이 방향, 진로, 위치 등을 결정하도록 도와주는 장치이다. 항법 보조장비로 TACAN, 비컨 신호등이 해당된다. 미사일 유도장치는 발사된 미사일이 표적에 도달할 때까지 전파를 사용하여 탄도방향을 지시해 주는 장치이다. 따라서 탄도를 유도히는 전파를 수집하면 적의 공격징후를 판단할 수 있게 된다. 피아식별 장치는 항공기나 함정 간에 피아식별을 위해 사용하며, 일방에서 전파를 발사하면 이를 수신한 상대방의 장비가 약정된 신호를 방사하여 아군임을 식별하도록 하는 장치이다. 이 같은 방사 신호를 수집하면 유용한 정보를 획득할 수 있어 아측에 유용하게 사용할 수 있다.

1.4.3.2.3. 계기정보(FISINT)

계기정보(FISINT)는 다른 나라의 인공위성, 미사일, 항공기, 함정 등의 무기체계를 시험 개발하거나 작전 운용할 때 방사되는 Telemetry 신호를 수집, 분석하여 생산한 정보로서 무기체계에서 측정된 신호로서 제어신호도 포함된다. 원격 측정신호는 원거리에 위치한 체계 또는 시스템인 인공위성이나 미사일, 항공기의 비행정보, 전력, 연료량, 시스템 상태, 외부 환경 등에 관한 특정 정보를 측정하여 전송하는 정보이다. 제어신호는 위성이나 미사일을 통제하기 위한 신호이며, 목표로 유도하거나 미사일 폭파 명령 등의 기능을 수행한다. 추적신호는 인공위성이나 미사일을 추적하기 위한 신호이다.

적들이 이러한 원격 측정신호, 제어신호, 추적신호 등을 보낼 때 이를 수집, 분석하여 생산한 정보가 계기정보이다. 이 계기정보 신호를 분석하면 현재 개발 중인 단계, 무기체계 개발 실패 및 성공, 무기체계 성능, 향후 진행 계획 등을 유추할 수 있다.

1.4.3.3. 신호정보의 수집 플랫폼

신호정보의 수집 수단으로는 정찰위성, 유무인 항공기, 지상기지, 해군함정 등이 활용되고 있다. 일반적으로 정찰위성은 정지궤도, 중궤도, 저고도에 배치하여 정보를 수집하는데 영상정보는 주로 저궤도에서 신호정보는 고고도에서 정보를 수집하기가 용이하다. 미국은 1962년 발사된 Ferret 위성부터 신호정보를 수집하기 시작했으며, 1971년에 발사된 Big Bird 위성 때부터 영상 및 신호정보를 동시에 수집하였다. 그러나 최근 들어 미국 러시아 등 정찰위성 보유국들은 대부분이 영상정보와 신호정보를 함께 수집하는 예도 있다. 항공기에 의한 신호정보 수집은 영상정보 수집보다 한결 쉬운 편이다. 영상정보를 수집하려면 적국의 영공을 직접 비행해야 한다는 위험부담이 있으나 신호정보 수집은 보다 원거리에서 저성능 항공기로도 가능하기 때문이다. 따라서 신호정보 수집기는 탑재되는 레이더, 센서, 컴퓨터 등 많은 수집장비를 고려하여 대형 수송기나 여객기를 개조하여 사용하는 경우가 많다. U-2 전략정찰기는 주야간, 전천후 작전이 가능할 뿐 아니라 영상정보와 신호정보를 동시에 수집하는 고성능 정찰기로써 그 중 신호정보 수집을 위해 통신, 전자전, 방향탐지 기능을 모두 갖추고 있다. 미군의 대표적인 신호정보 수집기인 E-2 Hawkeye(그림 1-6참조)는 1965년 개발되어 계속 개량되고 있으며, 560km의 탐지거리를 갖고 있으며 미국은 물론 일본, 프랑스, 이스라엘 등에서 운용하고 있다. 미 공군이 보유한 EC/RC-135와 미 해군의 EC/RC-121은 수송기를 개조한 전자전 정찰기인데 통신, 전자전, 방향탐지 기능을 모두 갖추고 있다. 이 두 기종은 우리나라와의 인연 때문에 세상에 널리 알려져 유명해졌다.

E-2 호크아이

EC/RC-135(미 공군)

EC/RC-121(미 해군)

〈그림 1-6〉 신호정보 수집 항공기 플랫폼

1969년 월 15일 미 해군의 EC/RC-121 정찰기가 동해상해서 정찰임무를 수행하던 중 북한공군 MIG-21 전투기에 의해 격추되어 승무원 31명 전원이 사망했다. 당시 미군 정찰기는 북한 육해공군 및 극동지역의 소련군에 대한 교신 감청과 전파탐지를 주요 목표로 정보를 수집하고 있었다.

미 공군이 보유한 무인정찰기 중 광에 기지를 둔 글로벌호크 고고도 정찰기는 영상 신호 및 신호정보 수집 기능을 모두 갖추고 있으나, 그 외 프레데터나 그 개량 기종인 그레이 이글(군산 미군기지 배치) 등은 영상 수집 기능과 공격 기능만 갖추고 있고 신호정보 수집기능은 없다. 미해군이 보유한 RC-12N 기종은 통신정보, 전자정보, 방향탐지 수집 기능을 갖추고 있으며, 신호정보를 탐지할 수 있는 작전반경은 350km 정도인 전술 정찰기이다. 우리 군이 보유한 백두정찰기 RC-800B는 휴전선에서 대략 000km까지 신호정보를 탐지할 수 있는 능력을 갖추고 있으며 통신, 전자, 방탐기능을 모두 갖추고 있다.

세계 각국의 함정을 이용한 신호정보 수집은 해상작전이 광활한 해역에서 전개되고 있고, 항공기나 잠수함이 함정에 치명적인 무기가 되고 있어 거의 모든 함정에 의해서 신호정보 수집이 이루어지고 있다. 천 톤 이상의 함정은 대부분 정보수집을 위한 헬기를 탑재하고 있으며, 푸에블로(Pueblo)호 같은 정보함을 별도로 운용하기도 하고, 어선이나 상선으로 위장한 정보수집함을 공해상에 배치하여 육상의 신호정보까지 수집하는 경우도 있다. 최근에는 잠수함의 성능이 크게 발전하여 핵 공격까지 가능한 장거리 미사일을 탑재하게 되자 전략상으로도 잠수함에 대한 탐지 활동이 매우 중요하게 되었다.

미 해군이 보유한 대잠초계기인 EP-3기와 P-3C 항공기들은 모두 통신 전자, 방향탐지 기능을 갖추고 있으며, 아울러 수상함을 탐색하는 기능도 있다. 이 정찰기는 레이더를 장착하여 수상함을 탐색하는데 항공모함은 350km, 순양함은 200km, 구축함은 100km, 수면 위로 떠오른 잠수함은 50km 거리 이내에 있으면 탐지할 수 있다. 1968년 월 23일 동해 일대에서 북한군의 신호통신과 소련 해군 및 공군의 교신을 감청하던 미 해군 정보국 소속 푸에블로호가 북한 전투기와 고속 어뢰정에 나포되어 원산으로 강제 구인되었다. 푸에블로호는 공식적으로는 환경 조사선이었지만 실제로는 각종 전파 수신장치와 소나 등을 장비하고 전자정보 수집과 잠수함의 음향자료, 해양조사를 임무로 하는 정보 수집선이었다. 푸에블로호는 배수량 900톤 승무원 83명 중 28명이 군 정보요원이었다.

신호정보 수집을 위한 네 번째 수단은 지상에 설치한 지상 신호정보 수집기지이다. 지상기지는 위성통신, 마이크로웨이브(M/W), 단파통신 등을 수집하는 것으로 전파의 특성에 따라 다양한 위치에서 정보를 수집한다. 위성통신은 위성에서 운용하는 주파수에 따라 다양한 크기의 안테나를 설치하여 동일한 주파수를 맞추고 수신기만 있다면 장소의 제약은 비교적 덜 받는다. 마이크로웨이브는 반드시 전자가시선이 확보되는 곳에 수신기를 설치해야 한다.

일본 아오모리현 미사와(三沢) 미군 공군기지 근처에는 극동지역 최대의 미군 신호정보 수집시설이 설치되어 있다. 이곳에는 직경 200m의 거대한 원형 안테나가 설치되어 있어 일명 '코끼리 우리(elephant cage)'라고 불리기도 한다. 이곳의 안테나는 극동지역 대부분을 커버하고 있으며, 수집된 정보는 기술정보 전문 수집기관인 미국 국가안보국(NSA)에 직접 전송되고 있다. 전략적인 면에서 볼 때 일본열도는 신호정보 수집기지로서 최적지라고 할 수 있다. 아시아 대륙의 동쪽 끝을 남쪽에서 북쪽으로 수천 km에 걸쳐서 활모양으로 감싼 일본열도는 캄차카, 오호츠크, 시베리아 북동부, 연해주 등의 러시아 극동지역과 북한, 중국, 동남아시아, 인도, 파키스탄에 이르기까지 광대한 지역의 정보를 수집 시스템만 설치하면 신호를 수집할 수 있기 때문이다.

1.4.4. 계측 및 기호정보(MASINT)

계측 및 기호정보(MASINT)란 레이더, 레이저 탐지기, 전자광학장비, 방사파 탐지기, 진동 감지, 음파탐지 등 여러 가지 감지기를 사용하여 표적에서 발생하는 고유의 신호형태(기호)를 식별 및 계측하여 적의 의도를 감지하는 정보로서 핵실험, 회생방, 장거리 미사일 발사 징후 등을 탐지하는 데 활용한다. 예를 들어 주변국에서 핵실험을 하거나 미사일 발사 시 발생하는 방사능, 낙진, 지진파와 공중 음파의 진동 또는 파동을 탐지 및 분석하여 핵실험이나 미사일 발사 여부를 평가할 수 있다. 이처럼 MASINT는 과학기술이 집약된 정보수집 수단이다. 정보수집 수단을 인간의 감각에 비유한다면 신호정보는 청각, 영상정보는 시각, MASINT는 촉각, 미각, 후각에 비유할 수 있다.

MASINT는 주로 전략적 영역의 정보를 수집하지만, 일부 전술적 영역의 정보도 수집할 수 있다. 현재 한국군은 땅굴 탐지 장비, 표적탐지 레이더(포병) 위주의 제한된 MASINT 자산을 보유하고 있으나, 연합사에서는 원격 전장감시체계, RC/WC-135, 조기경보위성 등을 보유하고 있다. 원격 전장감시체계는 진동식 자기식 적외선 센서를 지상에 설치한 후 이동하는 인원이나 차량 등을 원격으로 탐지할 수 있는 장비이다. RC-135 정찰기는 신호정보와 MASINT(미사일 발사 징후 식별 등)를 수집하는 자산이며. WC-135는 핵실험 후 대기 중에 잔존하는 방사능 물질을 수집하여 분석하는 장비이다. 조기경보위성은 약 3만 5천km 상공의 정지궤도에 위치하여 핵실험 및 미사일 발사 징후 등을 탐지할 수 있다. 땅굴 탐지 장비는 적 땅굴 굴착 활동뿐만 아니라 핵실험, 지진, 대규모 병력이나 차량 이동 등의 활동도 탐지할 수 있는 능력을 보유하고 있다.

1.4.5. 영상정보(IMINT)

영상정보(IMINT)란 지상 및 공중 공간에서 영상감지기를 이용하여 수집된 영상을 처리, 분석하여 생산한 정보로써 통상 필름화된(hard copy), 모니터에 나타난(soft copy) 영상으로 구분된다. 영상정보는 영상감지기(Sensor)에 따라 광학, 전자광학, 적외선, 레이더 영상감지기로 구분하거나, 감지기를 탑재한 운반체(platform)에 따라 위성영상, 항공영상, 지상 감시영상으로 구분한다. 영상감지기란 물체로부터 방출 또는 반사되는 전자파를 수신하여 물체의 영상을 감지하는 장치이며, 감지기가 사용하는 전자파의 파장영역에 따라 가장 파장이 짧은 가시광선으로부터 전자광학, 적외선, 레이더파로 구분하고 있다.

광학(Optic) 영상감지기는 전통적인 광학카메라 시스템에 의해 영상을 만드는 장치로서 사람의 눈으로 주위 사물을 인식하듯이 광학 영상감지기 또한 물체로부터 방출되는 가시광선이 감지기의 렌즈를 통과하여 필름에 비추어짐으로써 물체의 형상이 만들어진다. 이 감지기는 사람의 시각과 가까운 색상의 영상을 수집할 수 있는 장점이 있지만, 가시광이 있는 주간의 청명한 기상 조건에서만 영상 수집이 가능하고 필름을 수거하여 현상, 인화과정을 거쳐야 하므로 실시간 영상전송이 제한된다.

전자광학(Electro Optic) 영상감지기는 렌즈를 통해 들어온 빛을 전기적 신호로 변환하여 영상을 형성하며, 우리가 많이 사용하는 디지털카메라가 이에 해당한다. 이 감지기는 빛을 전기적 신호로 변환하기 때문에 실시간 영상전송이 가능하며, 장기간 보관과 D/B 구축이 쉽다. 그러나 이 감지기도 가시광선 및 근적외선 일부 대역을 이용하기 때문에 야간이나 악천후 시에는 수집이 제한된다.

적외선(Infra Red) 영상감지기는 물체로부터 방출做出)되는 적외선을 감지하여 영상을 형성한다. 이 감지기는 적외선을 감지하기 때문에 야간에도 영상 획득이 가능하고 적외선은 가시광선에 비해 파장이 기므로 아지랑이나 위장망 등을 투과하여 영상을 수집할 수 있으며, 또한 적외선은 온도 차이를 감지하므로 공장의 가동 여부 저장탱크 내부 용량 등을 탐지할 수 있다. 그러나 적외선도 안개나 구름 등을 통과할 수 없으므로 기상 조건의 영향을 받는다.

레이더(SAR) 영상감지기는 물체에 레이더파를 방사한 다음 되돌아오는 반사파를 감지기에서 수신한 후 이를 영상화한다. 레이더파는 물체의 재질이나 표면의 거칠기에 따라 반사 강도가 달라 영상이 다르게 나타난다. 즉 건물이나 암석 등은 반사 강도가 강해 영상에서는 밝게 나타나고, 잔잔한 수변은 반사 강도가 약해 검게 나타난다. 이 감지기는 파장이 긴 전파 대역을 이용하기 때문에 주야간 전천후 영상 획득이 가능하고 광범위한 지역에 대한 영상을 수집할 수 있을 뿐만 아니라 반사된 레이더파를 통해 표적의 위치를 정확히 산출할 수 있다. 그러나 이 감지기는 적의 전자공격에 취약하다.

영상정보를 분류하는 두 번째 방법은 감지기를 탑재한 운반체에 따라 항공영상과 지상감시 영상으로 구분하는 것이다. 항공영상 수집 자산으로는 항공기, 인공위성, 무인기 등이 있고, 지상 감시 장비로는 주로 사단급 이하 제대에서 운용하며, 레이더, TOD, 야간투시경, 전차 · 토우 · 개인화기 조준경 등이 있다. 수집 플랫폼으로 신호정보 수집 수단과 유사하게 항공기, 위성, 무인기, 차량형 등이 있다.

1.4.6. 지리공간정보(GEOINT)

지리공간정보(GEOINT)란 지구상의 모든 지형지물과 지리(지형, 해양, 환경, 산림, 수자원, 문화재, 부대배치 등)적으로 연계된 활동들을 묘사, 평가하고 시각적으로 가시화하기 위하여 영상, 영상정보(영상에 관련된 정보), 지형정보(지리공간첩보)를 분석한 정보를 말한다. GEOINT의 궁극적인 목적은 전장 가시화를 달성하는 데 있다. GEOINT는 모든 출처의 정보분석과 공통 작전 상황도의 중요한 기초자료가 된다.

GEOINT는 영상정보의 개념이 확대되어 새롭게 등장한 수집 수단으로, 영상정보 수집 자산과 디지털 영상의 첨단화에 따라 영상을 통해 지형정보와 영상정보를 동시에 획득할 수 있게 되었기 때문에 기능해졌다. 미군에서는 2004년부터 교리화하기 시작했으며, 우리 군에서는 2010년 합동정보교범에 이를 포함시켰다. GEOINT는 주로 전략 및 작전적 수준의 제대에서 수집, 생산하며 우리 군의 경우 000사령부 00정보부대와 육군 00정보단에서 관련 업무를 수행하고 있다. 그러나 GEOINT를 구현하기 위해서는 관련 기술개발과 기초자료 구축, 자료 유통체계 발전 등 기반 조성과 함께 가장 핵심이 되는 영상정보 수집 자산과 디지털 영상의 첨단화를 위한 노력과 지원이 뒷받침되어야만 한다.

미국에서 GEOINT는 미 국가지리정보국(National Geospatial-Intelligence Agency, NGA)에서 맡고 있으며 업무 수행 시 영상자료(Imagery), 영상 분석(Imagery Intelligence), 공간정보(Geospatial Information)를 기준으로 GEOINT를 수행하고 있다. GEOINT 기본교리(GEOINT Basic Doctrine Publication)에서 GEOINT를

"지구상의 모든 지형지물과 지리적으로 연계된 활동을 시각적으로 표현하고 감시하기 위해 영상과 영상정보, 그리고 영상과 연계된 GEOINT를 분석하고 이용하는 것"으로 정의하고 있다.

GEOINT라는 용어는 최초 미국의 공공정책 개발 및 군사적 활용을 목적으로 만들어졌으나, 현재는 전 세계 학계를 비롯하여 민간, 공공분야에서 다양하게 사용하고 있는 개념이다. 즉 GEOINT로 수집되는 데이터, 데이터를 활용하기 위한 관리(Management), 지리공간 데이터로부터 유의미한 결과를 도출하기 위한 분석, 전문가 네트워크, 서비스를 포함하는 NSDI(National Spatial Data Infrastructure, 국가 공간정보 인프라)의 요소와 일맥상통한다고 할 수 있다. NGA는 GEOINT를 하나의 서비스로 구축하여 오픈소스 GIS 분야로 진출하고 있다. GEOINT를 위한 지구 관측 데이터는 현재도 지속적으로 생산되고 누적되고 있다. GEOINT의 목적 중 하나인 지구 관측이라는 측면에서 위성으로부터 획득되는 데이터는 필수 요건이 될 것이며, 데이터의 규모 측면과 아울러 활용 및 분석을 위해서는 공간정보기술, 특히나 원격 탐사 분야의 기술 발전이 필수적일 것이다.

2장

정보활동의 발달 과정

2.1. 정보활동의 시작

2.2. 고대 정보활동

2.3. 중세 정보활동

2.4. 근대 정보활동

2.5. 현대 정보활동

2장

정보활동의 발달 과정

2.1. 정보활동[1]의 시작

전 세계에 걸쳐 치열하게 전개되는 첩보전은 언제부터 시작된 것일까. 독일 베를린의 스파이박물관(German Spy Museum)에 따르면 첩보전의 개념은 인류 역사의 시작과 함께 했다고 한다. 지금으로부터 수천 년 전인 고대 이집트에도 '파라오의 눈(the eyes of the Pharaoh)'이라 불리던 첩보원 조직이 존재했을 것이라고 한다. 성경에는 좀 더 자세한 고대 첩보원들의 이야기가 등장한다. 구약성경 여호수아기에는 기원전 15세기 모세의 후계자로 이스라엘 민족의 지도자였던 여호수아가 여리고성을 공격할 때, 정탐꾼 2명을 파견했다. 이들은 여리고 성의 주민인 라합이란 여인의 도움을 받아 스파이 활동을 마치고 무사히 성 밖으로 빠져나갔다.

중국에서도 수백 개 지역 국가들이 난립해 경쟁했던 고대 춘추전국시대부터 첩보전이 크게 발달했다. 전략의 교과서로 알려진 손자병법(孫子兵法)에서 간첩의 종류를 5개로 나눠 설명할 정도로 이미 세분되어 있다. 손자병법 13편인 용간(用間) 편에 따르면 간첩은 향간(鄕間), 내간(內間), 반간(反間), 사간(死間), 생간(生間)으로 분류하였다. 향간은 현지 주민으로 구성된 간첩조직, 내간은 적국의 관료들을 포섭해 만든 간첩 조직을 뜻하며 반간은 이중간첩, 사간은 허위정보를 적 간첩에게 유포시키는 것이며 생간은 직접 본국에서 파견한 간첩이 정기적으로 보고하는 형태를 뜻한다. 중국뿐만 아니라 우리나라 역사에서도 무수히 많은 첩자의 이야기가 등장한다. 한국사에서 처음으로 등장하는 첩자는 고구려 장수왕의 밀사로 알려진 '도림(道琳)'이란 인물이 있다. 삼국사기에 따르면 도림은 승려로서 바둑을 매우 잘 뒀다고 하는데, 당시 바둑을 매우 좋아하던 백제 개로왕이 그를 국사로 임명하면서 국정을 좌우하게 된다. 이후 그는 개로왕에게 각

1) 정보활동은 정보수집, 정보처리, 분석 및 활용, 비밀공작, 방첩 등을 의미한다.

종 토목공사를 일으킬 것을 권해 백제의 국력을 낭비하게 했으며, 이에 따라 백제의 민심이 크게 악화하는데, 도림의 작전이 성공해 백제가 혼란해진 틈을 타 장수왕은 서기 475년 백제의 수도인 한성을 공격해 함락시키고, 개로왕은 이 전투에서 신하들의 배신으로 죽음을 맞게 된다.

현대적 개념의 조직적인 대규모 첩보전이 본격적으로 시작된 것은 16~17세기 유럽으로 시작되었다. 스파이라는 단어도 이때부터 많이 쓰이기 시작했는데요. 온라인 어원사전(Online Etymology Dictionary)에서 스파이(Spy)라는 영어단어의 어원을 살펴보면, 중세 프랑스어 단어인 espiier라는 단어에서 시작되었다. 이 단어는 원래 '관찰하다, 염탐하다'라는 뜻으로, 이 단어의 영향은 간첩행위를 뜻하는 영어단어인 espionage에 아직도 남아있다. 당시 혼란스러웠던 유럽에서 최고의 스파이로 알려졌던 인물은 영국 엘리자베스 1세의 비서관이자 국무장관이었던 프랜시스 월싱엄(Francis Walsingham)이었다. 그는 런던부터 러시아 모스크바까지 첩보 요원들을 주요 지역에 촘촘히 파견해 전 유럽에 걸친 정보망을 펼쳐놨던 인물로 현대 첩보조직의 기반을 만든 인물로 평가받고 있다. 그는 1586년, 당시 엘리자베스 1세의 왕좌를 위협하고 있던 여왕의 5촌 조카, 메리 스튜어트(Mary Stuart)의 반역 혐의 증거를 찾기 위해 그녀를 함정에 빠뜨릴 계략을 짠다. 당시 스페인의 국왕인 펠리페 2세는 영국과 분쟁 중이었고, 영국 본토를 침공해 엘리자베스 1세를 축출하고 가톨릭교도인 메리를 여왕에게 앉히겠다고 공언한 상태였는데 월싱엄은 메리가 프랑스 대사와 주고받은 밀서를 매수해 확보한 후, 그녀를 반역죄로 체포한다. 메리는 1587년 2월에 반역죄로 처형되고, 이후 영국과 스페인은 1588년 유럽의 3대 해전 중 하나로 알려진 칼레(Calais) 해전을 벌이게 되는데 여기서 무적함대를 잃게 된 스페인은 전성기가 끝나고 이후 국력이 급격히 하락하게 된다. 이 전투의 승리 또한 월싱엄이 전 유럽에 깔아두었던 첩보망이 큰 역할을 했다.

2.2. 고대 정보활동

2.2.1. 인류역사상 최초의 첩보전 오디세우스의 트로이 전쟁

트로이아 전쟁(Trojan War)은 정보활동 또는 첩보전에서 수시로 언급되고 있는 그리스 신화에 등장하는 전쟁이다. 기원전 12세기 그리스군과 트로이군의 전쟁으로 파리스가 그리스의 공주 헬레네를 납치해 시작되었다. 트로이아의 성벽은 강해서 그리스 병사들이 뚫기가 힘들었다. 그렇게 10년 동안 트로이아는 성공적으로 방어를 했으나, 오디세우스(Odysseus)의 계책으로 그리스군의 승리로 끝났다. 트로이 목마 〈그림 2-1〉은 오디세우스의 지략과 용기의 상징이자, 트로이 전쟁 승리의 상징이다. 오디세우스의 지략에 따라 거대한 목마를 만들어서 이 목마의 한쪽 옆구리에는 뚜껑 문을 만들어 달고 다른 쪽 옆구리에는 "무사 귀환을 위해 아테나 여신에게 바치는 그리스인들의 감사 헌물"이라는 문구를 새겨 놓았다.

〈그림 2-1〉 트로이 목마[2)]

오디세우스는 용사들을 뽑아 그들과 함께 목마 안으로 들어갔다. 오디세우스의 계략에 따라, 그리스 군대는 날이 저물자, 장병들이 잠복해 있는 목마와, 횃불로 신호를 보낼 오디세우스의 사촌 시논(Sinon) 하나만을 남겨두고 자신들의 진지를 불태운 뒤 퇴각하는 척 모든 전함을 이끌고 테네도스(Tenedos) 섬으로 물러나 공격 신호의 불길이 솟아오르기를 기다렸다. 동틀 무렵 트로이 진영은 바닷가에 불탄 그리스 군대의 진지와 거대한 목마만 남아있는 것을 발견하고 놀라움을 금치 못했다. 트로이 진영에는 그리스 군대가 완전히 철수한 것으로 믿는 쪽과 그리스 군대의 계략이 숨어 있을 것이라고 믿는 쪽으로 양분된 가운데, 목마를 파괴하자는 의견, 바다에 던져버리자는 의견, 그 자리에 그대로 놓아두자는 의견 등이 제시되었다. 그때 마침 트로이의 목동들이 두 손이 묶인 시논을 프리아모스(Priamos) 왕 앞으로 끌고 왔다. 시논은 그리스 군대가 자신을 제물로 바쳐 바람을 진정시키고 무사히 귀국하려 한다는 것을 알고 도망쳤다고 말한다. 그리고 목마의 정체에 대해 묻는 프리아모스 왕에게 그 목마는 오디세우스(Odysseus)가 팔라디온(Palladium)을 아테나 신전에서 훔쳐냄으로써 야기한 아테나 여신의 분노를 달래려고

2) namu.wiki

만든 것이며, 트로이가 목마를 성 안에 들여놓아 아테나 여신의 보호를 받는 것을 막으려고 일부러 목마를 크게 만들었다고 말한다. 물론 이 말은 모두 오디세우스의 계책에 따른 것이었다. 왕은 성문의 일부를 허물고 목마를 성 안으로 들이도록 했다.

트로이의 공주 카산드라(Cassandra)와 라오콘(Laocoon) 두 예언자는 목마를 성 안으로 들여선 안 된다고 주장했다. 카산드라는 아폴로의 저주로 예언의 설득력을 잃었기 때문에 아무도 그녀의 말을 믿지 않았다. 라오콘은 카산드라의 말에 동조하고 목마를 성 밖으로 내보내야 한다고 말하며 목마를 향해 창을 날린다. 라오콘과 그의 아들 두 명은 포세이돈이 보낸 두 마리 바다뱀에게 물려 죽는다. 그들의 죽음을 보면서 트로이 사람들은 라오콘이 목마를 성 안으로 들여놓는 데에 반대하며 목마를 향해 창을 날린 행동이 여신의 진노를 사서 죽은 것으로 생각했다. 트로이의 전사들은 목마를 아테나 여신상 앞에 갖다 놓고 축제를 벌이며 밤이 깊도록 먹고 마시며 놀다가 깊은 잠에 빠져들었다. 한밤중에 시논은 트로이 성을 빠져나와 횃불을 밝혔다. 테네도스 섬으로 물러나 때를 기다리고 있던 그리스 함대는 시논의 횃불 신호를 받고 돌아와 병사들을 트로이 성으로 진격시켰다. 목마에 있던 그리스 전사들은 밧줄을 타고 내려와 성문을 열고 회항한 그리스 병사들을 성 안으로 들어오게 했다. 그리스 연합군은 그 틈을 타서 공격해 트로이아 왕을 죽이고 도시를 불태워버렸다. 그리고 헬레네는 다시 그리스로 돌아오게 되었다.

2.2.2. 최고의 병법서 손자병법의 첩보활동 교범

이 책은 동서고금 시대와 지역을 넘어 인류역사상 최고의 병법서인 동시에 고대(古代)에 집필되었으나, 사람을 활용한 정보(HUMINT) 활동의 종류를 5가지로 분류하는 등 현대 정보활동 교범으로도 손색이 없다. 이와 같이 손자병법은 전반적으로 적과 나에 대해 아는 것, 즉 정보의 중요성을 강조한다. 이 책의 제13편 용간(用間) 편에서 정보에 대해 집중적으로 다루고 있지만 책의 전(全) 내용에 걸쳐 정보의 중요성을 계속 강조하고 있으므로 그 내용[3]들은 다음과 같다.

① **제1편 시계(始計)**: “전쟁은 나라의 큰일이며 사람의 생사와 나라의 존망을 결정짓는 것이니 깊이 살펴보지 않을 수 없다.” 나라의 존망을 결정지을 수도 있는 큰일인 전쟁을 시작하기 전에는 미리 판단해 필승의 확신을 얻었을 때에 만 전쟁에 임해야 한다는 것이다. 여기서 판단하는 대상은 ‘오사칠계’(五事七計)라고 하여 ‘5가

3) 박동철, 정주호, “손자병법에 나타난 정보의 중요성에 근거한 이순신의 정보戰 수행에 대한 연구”, 한국치안행정논집 제18권 제2호(2021), 2021. 05. 14.

지 일'과 '7가지 계책'을 살펴야 한다. 오사(五事)는 道(국가지도자와 국민의 혼연일체 여부), 天(기상 조건), 地(지리 조건), 將(지휘관의 능력), ⑤法(군대 내 조직과 시스템 완비 여부)을 말한다. 칠계(七計)는 어느 쪽 임금이 정치를 더 잘하는가?, 어느 쪽 장수가 더 유능한가?, 천시와 지리, 법과 명령, 병력의 강성함, 병력의 훈련 여부, 상벌은 어느 쪽이 더 분명한가? 등이다. 그러므로 적과 나에 대한 실제적인 정보가 없이 무엇을 근거로 싸움 전에 승패를 미리 판단할 수 있겠는가?

② **제3편 모공(謀攻)**: "백번 싸워서 백번 이기는 것이 가장 좋은 것이 아니고 싸우지 않고 도적을 굴복시키는 것이 가장 좋은 것이다." 꾀로서 싸우는 내용을 담고 있으며 기본 원리가 「부전승(不戰勝)」과 「만전(萬全)사상」이다. 그러기 위해서 최상은 적의 꾀를 치는 것이며 다음은 적의 동맹관계를 끊는 것이며 다음은 적의 병력을 치는 것이며 최하책은 단단한 적의 성(城)을 직접 공격하는 것이다. 여기서는 승리를 예측하는 5가지 판단 기준, 즉, 싸울 상대인지 아닌지, 용병의 능력, 상하일치단결, 예측하여 준비함, 장수가 능력이 있되 군주가 간섭하지 아니함 등이라고 했다. 또한, 그는 "적을 알고 나를 알면 백번 싸워도 위태롭지 않고 적을 알지 못하고 나를 알면 승리의 확률이 절반이며 적을 알지 못하고 나도 알지 못하면 싸울 때마다 반드시 위태롭다."고 하여 정보와 전쟁 승패의 관계를 강조하였다. 모공(謀攻)편의 핵심은 부전승사상, 전력비(比)에 상응한 작전계획 수립, 군주와 장수 사이의 병력 지휘권 문제, 정보의 중요성[知彼知己] 등이다. 여기서는 직접적인 무력 충돌로 인한 아군의 손실을 회피하기 위한 최상의 방법으로 벌모(伐謀), 즉 적의 작전 의도를 사전에 좌절시켜 싸울 엄두를 내지 못하도록 하는 전략을 제시한다, 이를 위한 최소한의 전제조건 역시 적정(敵情)에 대한 파악인 것이다.

③ **제4편 군형(軍形)**: "이길 수 없는 적을 만나면 방어 위주로 나가고 이길 수 있는 적을 만나면 공격 위주로 나간다. 내가 방어로 나간다는 것은 적의 병력이 충분히 있기 때문이요. 내가 공격으로 나간다는 것은 적의 병력이 부족하기 때문이다." 여기서도 정보의 중요성이 두드러진다. 왜냐하면, 상대를 이길 수 있는지는 적정 파악이 없이는 판단할 수 없다. 또한, 적 병력이 충분한지에 따라 공격과 방어 전술을 구사한다고 했는데 정보수집과 이에 따른 분석 결과를 충분히 검토하지 않고서는 공격할지 방어할지 등 향후 작전의 향방을 결정할 수 없기 때문이다. "이기는 군대는 먼저 이기고 난 후 전쟁에 임하고 패배하는 군대는 먼저 전쟁을 시

작한 후에 승리를 구한다." 전쟁을 시작하기도 전에 미리 이겨놓고 싸운다는 말은 부전승과 만전 사상을 모두 만족시키는 최상의 전략이다. 그런데 이런 전쟁을 싫어하는 군대가 있을까? 임진왜란, 6.25전쟁 등 우리나라의 경우, 대부분 전쟁들이 먼저 외침(外侵)을 당하여 엄청난 고난을 겪으면서 승리를 갈구하였다. 우리가 역사상 전쟁에서 먼저 이겨놓고 싸우는 전략을 구사하지 못했던 것은 정보의 부재(不在)가 가장 대표적인 이유이다.

④ **제5편 병세(兵勢)**: "그러므로 적을 내 의도에 따라 잘 움직이게 하는 자는 적을 움직이게 할 수 있는 어떤 형태를 보여주면 적이 반드시 따르게 되고 작은 이익을 보여주면 적이 반드시 이를 취하게 된다. 이것으로 적을 움직이게 한 후 정예 병력으로 적을 기다린다." 여기서는 적도 바보가 아닌 이상 병법에 의거, 정보를 수집한다는 것을 전제로 이를 역이용하는 전략을 제시한다. 적에게 미끼 또는 왜곡된 정보를 의도적으로 흘려주어 적이 그것을 얻기 위해 덤벼들게 하고 정예 군사를 매복하여 적을 치는 작전을 의미한다. 적에게 왜곡된 정보를 흘리기 위하여 이중 스파이를 활용하기도 한다. 임진왜란 때 일본은 수군작전으로는 넘어설 수 없었던 현실적인 장벽, 이순신을 제거하기 위해 이 전술을 구사하여 예상외의 성과를 올린다. 일본은 이중간첩 요시라(要時羅)를 통해 조선 조정으로 하여금 이순신에게 무리한 출병을 강요토록 하는 데 성공한다.

⑤ **제6편 허실(虛實)**: "천리를 가도 내가 피곤하지 않은 것은 적이 없는 곳으로 가기 때문이며 공격하여 반드시 취할 수 있는 것은 적이 지키지 않는 곳을 공격하기 때문이고 내가 지키면 반드시 견고한 것은 적이 반드시 공격해 오는 곳을 지키기 때문이다." 유능한 공격자는 적이 없는 곳을 찾아 이동하기 때문에 천리를 이동한다 해도 부대가 피로해지지 않고 위험에 노출되지도 않는다. 또한, 적이 지키지 않는 곳에 공격을 집중하기 때문에 공격하면 반드시 승리하고 전리품을 취할 수 있다. 그러기 위해서는 아군의 기동로에 존재할 수 있는 적의 매복 가능성 등 적정에 대해 미리 파악해야 한다. 또한, 방어하는 군대는 적의 공격이 예상되는 지점, 시기, 방법 등과 관련된 정보를 수집하여 그곳에 방어를 집중해야 승리할 가능성을 높일 수 있다.

⑥ **제7편 군쟁(軍爭)**: "내가 먼저 가까이에 있는 장소에 가서 멀리서부터 오는 적을

맞이하고 나는 편안히 있으면서 지친 적을 맞이하며 나는 배부름으로써 주린 적을 맞이하니 이것이 힘을 다스림이다." 적보다 유리한 전투환경을 사전에 확보한 후 적을 맞이하여 승리하는 병법의 원리를 설명하고 있다. 이를 위해서는 적의 병력 배치, 작전 의도 등을 먼저 파악하고 전투 현장의 지형, 기상정보 등을 입수, 작전계획 수립에 반영하여 승리할 가능성을 극대화할 수 있다. 적정과 전투환경에 대한 정보수집 없이 적보다 유리한 전투환경을 선점(先占)하는 것은 불가능하기 때문이다. 이순신은 이러한 정보수집을 위해 전투 현장에서 언제나 척후병이나 망군(望軍)을 활용, 적정을 세밀히 관찰한 후 공격에 착수했다. 그에게 있어서 이일대로(以佚待勞, 편안한 상태에서 피로한 적을 맞이하다)는 평소 지론이자 전투의 제1 수칙이었다. 그가 철저하게 지킨 이러한 전투 수칙에 힘입어 조선 수군은 전체 병력과 전함 숫자의 만성적인 열세에도 불구하고 전투 현장에서는 늘 상대적으로 우세한 전투력으로 피로하고 분신된 적을 압도, 필승할 수 있었다.

⑦ **제8편 구변(九變):** "길이라도 가지 말아야 할 길이 있고 군대라도 치지 말아야 할 군대가 있고 성이라도 공격하지 말아야 할 성이 있고 땅이라도 다투지 말아야 할 땅이 있고 군주의 명령이라도 듣지 말아야 할 바가 있다." 여기서는 국가 존망을 결정하는 전쟁에 관한 한 완벽하게 준비되어 있어야 하며 실수가 용납되지 않는다는 '만전(萬全)사상'을 설명하고 있다. 이렇게 돌다리도 두드려가면서 걷는 것과 같은 자세로 조심스럽게 전쟁에 대비하기 위해서는 소요(所要)되는 정보수집과 종합·판단하는 노력의 중요성은 더 말할 필요도 없다. 또한, 여기에 이어 용병(用兵)과 관련한 손자병법 최고의 금과옥조 같은 가르침이 등장한다. "그러므로 용병의 법(法)은 적이 오지 않으리라는 것을 믿지 말고, 나에게 적이 올 것에 대한 대비가 되어 있음을 믿어야 하며 적이 공격하지 않으리라는 바람을 믿지 말고 나에게 적이 감히 공격하지 못하게 할 만한 준비가 되어 있음을 믿어야 한다." 임진왜란 당시, 조선 조정은 이 가르침과 정반대로 대처하여 나라를 패망 직전까지 몰고 갔다. 일본 전국시대(戰國時代)가 끝나고 동북아에 전운이 고조되던 선조 24년(1591년)에 조선통신사 일행이 일본을 방문한 후 귀국했다. 귀국한 사신단 일행이 참석한 어전회의에서 갑론을박 끝에 민심이 동요할 수 있다며 전쟁은 발발하지 않는 것으로 판단 내렸다. 당시 조정의 결정은 적이 올 것에 대한 우리 대비를 믿기보다는 '적이 오지 않을 것을 믿으려 한 것'이었다. 그러나 이순신은 전란발발 14개월 전에 전라좌수사 부임 후, 거북선 건조 등 전투준비를 내실있게 진행

하였다. 그리하여 손자병법의 원리 즉, '적이 올 것에 대한 아군의 대비가 되어 있음을 믿는' 상태를 만든 것이다. 실제 그는 임진왜란 발발 3일 후인 1592년 4월 16일 '강구대변(江口待變)'이라는 장계를 올려, "강 입구에서 해전에 대비하고 있다"라면서 전투준비 완료를 보고하였다.

⑧ **제9편 행군(行軍):** "무릇 깊이 생각하지 않고 적을 가벼이 여기는 장수는 반드시 적에게 사로 잡힌다." 적을 가벼이 여기지 않는 최선의 현실적인 전쟁 대비는 무엇일까? 그것은 바로 적정을 파악하는 데서 출발한다. 그러나 당시 조선 조정은 전쟁 대비 대책을 논의하는 과정에서 방왜육전론(防倭陸戰論)을 주장했다. 이는, 왜놈들은 섬 놈들이니 수전에 강하고 육전에 약할 것이므로 수군을 폐지한 후 왜놈들을 육지로 끌어들여 기병으로 짓밟아 버리자는 주장으로 전형적인 탁상공론이었다. 적을 가벼이 여긴 대표적인 사례였으나 일본 육군은 조총까지 보유한 당시 기준 세계 최강이어서 개전 초기 조선군은 연전연패했다. 그러나 이순신은 달랐다. 그는 조정의 수군 폐지령에 대해 즉각 장계를 올려 바다로부터 오는 적은 바다에서 막아야 한다는 지극히 현실적이고 실효성 있는 전략을 건의했다. 실제 일본 수군은 이순신 함대에 의해 일방적으로 격멸당하여 서해 진출이 좌절되었다. 또한, 그는 적정을 면밀히 정찰하게 하고 시시각각 수집된 정보를 작전계획에 반영했다. 그는 부하들에게 경적필패(輕敵必敗, 적을 가벼이 여기면 반드시 패배한다) 사상을 가르치면서 적에게 이기고 있을 때조차 적을 가벼이 여기지 말 것을 일관되게 지시하는 등 손자병법의 원칙에 따라 적에 대한 경계 태세를 절대 풀지 않았다.

⑨ **제10편 지형(地形):** "무릇 지형이란 용병을 돕는 것이다. 적을 헤아려 승리 태세를 만들어가며 지형의 험하고 평탄함과 멀고 가까움을 운용하는 것은 지휘관의 책임 분야이다. 이것을 알고 용병하면 반드시 이기고 이것을 모르고 용병하면 반드시 패한다." 이순신은 평소 작전 시 전장(戰場) 지형 정보수집과 이에 입각한 전투에 주력했다. 우리 남해안은 리아스식 해안으로 수많은 포구(浦口), 량(梁) 등으로 형성된 복잡한지 형이다. 그는 이러한 남해안의 지형정보 습득에 주력했으며 기본적으로 량(梁)을 지키고 포(浦)를 공격하는 전술을 구사했다. 량(梁)을 지켜 기적적으로 승리한 해전이 명량해전이며 포(浦)를 공격하여 전과를 올린 전투로는 옥포, 합포, 적진포, 당항포 해전 등 수많은 해전이 있다. 그는 적 관점에서 도망할 수

없는 포구의 입구를 함대로 차단한 후 조총으로 저항하는 적을 함포사격으로 격멸했다. 이처럼 이순신은 손자병법의 가르침대로 포구 형태, 조류 등 전장 지형 정보수집에 주력하고 이를 시시각각 구체적인 작전계획에 반영, 함대를 기동하여 싸울 때마다 이길 수 있었다.

⑩ **제11편 구지(九地)**: "군사작전의 으뜸은 신속함이니 적이 미치지 못하는 틈을 타 생각지도 못한 길을 경유하여 경계하지 않는 곳을 공격해야 한다." 이순신은 지형을 포함한 전장(戰場)정보 수집에 심혈을 기울일 때는 매우 섬세한 스타일의 지휘관이었다. 그가 매사에 그토록 철저했기에 혹자는 그가 다소 우유부단하거나 문약한 지휘관이 아니었는지 하는 생각이 들 때도 있다. 그러나 이순신은 수집한 정보를 반영한 작전계획이 일단 완성되면 매우 신속하고 전격적인 공격을 감행했다. 그가 지휘한 최초 해전인 옥포해전에서는 동서로 포위하면서 바람과 우레같이 총통과 활을 쏘기 시작하자고 당시의 공세적인 전투상황이 묘사되어 있다. 이와 같이 그는 손자병법의 가르침처럼 적이 미치지 못하는 틈을 타고 생각하지 못한 길을 경유하여 경계하지 않는 곳에 대한 정보를 수집하여 그 빈틈을 맹렬히 공격하였다.

⑪ **제13편 용간(用間)**: "관직이나 많은 상금을 아껴서 적정(敵情)을 알려고 하지 않는 자는 어질지 못한 극치이니 백성들의 장수가 아니요, 군주의 보좌가 아니며 승리의 주인공이 아닌 것이다." 손자는 병법서 전체 내용을 통해 정보의 중요성에 대해 지속적으로 역설하는 동시에 마지막 13편에서는 사람을 활용한 정보활동, 즉 대인정보(對人情報)에 대해 별도로 다루었다. 여기서는 효율적으로 적정을 탐지하여 작전에 반영, 전쟁에서 승리하기 위해서는 첩자를 운용해야 하는데 그러기 위해서는 필연적으로 예산이 소요될 수밖에 없다. 이때 군주나 군지휘관이 예산 투자를 아깝게 여겨 적정 탐지를 등한히 하는 경우는 어리석음의 극치이며 절대로 승리의 주인공이 될 수 없음을 역설하고 있다. 또한, 전쟁에서 활용하는 첩자의 종류를 다섯 가지로 보았다. 향간(鄕間, 적국의 백성을 이용), 내간(內間, 적국의 관리를 활용), 반간(反間, 적국의 첩자를 역이용), 사간(死間, 허위 정보를 적에게 전달), 생간(生間, 적지에서 복귀하여 활동 결과를 보고하는 첩사) 등이 그 다섯 가지 종류이다. 이와 관련 평소 이순신은 함대 기동 전후에 척후나 탐망 군을 운용하는 등 전술정보 수집에 심혈을 기울였다. 그는 부산 등 적 본거지를 정탐한

요원들을 직접 만나서 활동결과를 보고 받거나 새로운 수집 임무를 부여하였다. 또한, 그들에게 식량 등을 하사하여 격려할 정도로 그는 정보요원의 소중함을 알고 우대(優待)하는 등 손자병법 가르침 대로 실천하는 지휘관이었다. “그러므로 총명한 군주와 어진 장수가 움직이기만 하면 적을 이겨서 성공이 남보다 뛰어난 것은 적정을 미리 알기 때문이다. 미리 적정을 아는 것은 귀신에게 얻을 수 없고 어떤 사실에서 끌어낼 수도 없으며 어떤 경험적인 법칙에 따라 추론할 수도 없으니 반드시 사람을 활용하여 적정을 알아 내야 하는 것이다.” 손자병법에서 적정에 대한 수집은 귀신으로부터 얻을 수도 없고 경험으로부터 추론할 수도 없다고 주장했다. 이는 노력 없이 우연히 얻을 수 있는 소중한 정보는 없다는 의미이다. 즉, 지휘관이 우수한 정보요원을 물색, 양성하여 정보수집 임무를 수행토록 한 후 수집된 정보를 분석, 종합하여 작전에 반영하는 주도 면밀한 노력을 계속해 나가야 함을 강조한다. 적정에 대한 탐지는 가만히 앉아서 영감을 얻거나 상상의 나래를 편다고 가능한 것이 아니며 첩자를 양성하고 파견하는 실제적인 노력이 계속 수반되어야 함을 강조하고 있다. 이와 같이 이순신이 거둔 특별한 전공(戰功)의 이면에는 적정에 대한 탐지와 관련된 남다르고 특별한 노력이 숨어 있었다.

2.2.3. 모세의 정탐활용

이스라엘 백성은 애굽에서 400여 년을 노예로 살다가 극적으로 출애굽하고 이제 가나안(Canaan: 지금의 서팔레스타인 지역, 그림 2-2 참조) 땅이 바라다 보이는 길목 가데스바네아(kadesh barnea)에서 먼저 가나안 땅을 정탐하자고 했다.

〈그림 2-2〉 모세시대 이스라엘[4]

그는 이스라엘 종족 12지파 중에서 대표 1명씩 12명의 정탐문을 뽑아 40일 동안 가나안 지방을 두루 살피게 했다. 정보수집 활동을 마치고 돌아온 정탐꾼들은 가나안 땅이 젖과 꿀이 흐르는 비옥한 땅이라는 데는 의견이 일치하였으나 적군의 군사력과 방어시설 등을 관찰한 결과는 판이하였다. 두 그룹으로 갈라졌다. 12명 중 10명의 정탐문은 "그곳의 성곽은 크고 튼튼하며 사람들은 강하고 용맹할 뿐 아니라 신장도 커서 감히 넘볼 수 없을 것 같다고 보고하였다. 그러나 두 명의 정탐문은 이와 정반대의 보고를 하였다. 이를 전해 들은 이스라엘 백성들이 겁을 먹고 공포에 떨며 가나안 정복을 반대하자 모세도 정복 전쟁을 포기하고 40년 동안 광야에서 방황해야만 했다. 이처럼 정보수집 시 똑같은 현상을 관찰한 경우라 해도 보는 사람에 따라 긍정적인 측면과 부정적인 측면으로 완전히 반대의 보고를 할 수도 있다는 것을 알아야 한다.

2.2.4. 삼국시대 HUMINT의 귀재 김유신

우리나라의 고대시대 삼국 가운데 가장 허약한 신라는 7세기 이후 고구려와 백제의 협공에 거의 멸망 직전이었다. 이때 혜성처럼 등장한 이가 김유신이다. 첩보술의 명인 김유신은 백제, 고구려와의 전투에서 다양한 첩보전을 수행하여 삼국통일의 주역이 됐다. 김유신(595~673)은 태종무열왕과 문무왕을 도와 신라의 삼국통일 달성에 크게 이바지한, 신라를 대표하는 장군이자 충신이다. 15세가 되던 609년(진평왕 31)에 화랑이 되었고, 김유신은 신라 화랑을 대표하는 인물이며, 태종무열왕과 문무왕을 연이어 섬기면서 죽을 때까지 신라의 앞날을 걱정한 충신이었다. 삼국시대 김유신의 첩보전을 오늘날의 정보전으로 보면 김유신은 스파이 전문가로서 그 휘하에 수많은 휴민트(HUMINT) 조직을 거느리고 있었다. 그는 적의 첩자를 포섭하여 이중간첩으로 활용하거나 고정간첩을 활용하는데 뛰어난 수완을 발휘하였다.

삼국시대 후반은 삼국 간에 존망을 건 치열한 전투와 전쟁으로 점철된 시기였다. 특히 7세기에는 수·당이 삼국의 대립과 전쟁에 적극 개입함으로써 삼국의 투쟁은 국제전의 양상으로 확대되었다. 삼국의 전쟁에서 시종 열세에 처해 있던 신라는 7세기 들어 고구려가 수·당과의 전쟁으로 국력을 소모하고, 백제가 의자왕 집권 이후 내부 신구 세력간의 갈등으로 홍역을 치르는 등 대외적 여건의 호기를 틈타서 군사적 행동과 대당 외교 등 대외관계에 있어 더욱더 적극적이고 능동적인 행동을 취하기 시작했다. 김유신은 일찍이 삼국 병합의 의지를 품고 산중에서 심신을 단련했으며 무예를 수련하

4) https://www.churchofjesuschrist.org/study/scriptures/bible

던 과정을 거쳤다. 열여덟에 화랑이 된 김유신이 백석이란 정체불명의 낭도의 권유를 받고 고구려와 백제를 염탐하러 길을 떠나게 된 과정을 전하고 있는데, 삼국사기의 열전에는 그가 15세에 화랑이 되었고 17세에 고구려, 백제, 말갈이 국경을 침범하는 것에 울분을 터뜨리며 이들을 평정하겠다는 뜻을 굳혔고 적국의 상황을 엿보기 위해 고구려 첩자인 백석(고구려로 김유신을 유인할 목적으로 동행한 자)이란 자와 길을 떠났다. 김유신은 629년(35세) 고구려와의 낭비성 전투에 부장군으로 참가한 것을 시작으로 신라의 핵심 지휘관으로 중요한 전쟁과 전투에 거의 빠짐없이 군을 이끌었다. 따르면 김유신이 직·간접으로 참가한 전투나 전쟁은 총 18차에 이르는데 거의 모든 전쟁에서 승리를 거두었고 이 과정에서 그는 다양한 전술과 작전을 구사하여 승리를 거두었는데, 오늘날 정보전에 해당하는 기만술, 첩보전, 마비 전술 등을 다양하게 활용했고 심리전도 능숙하게 구사했다.

648년 백제와의 대량성(대양성) 전투를 앞두고 김유신이 군민들의 전의를 파악하기 위해 고의로 나태한 생활 태도를 보임으로써 군민들의 전의를 자극한 내용을 전한다. 군민의 전의와 사기를 확인한 김유신은 객관적으로 열세인 전력에도 불구하고 왕에게 백제 공격을 건의했고 결국은 백제 장군 8명을 사로잡는 등 대승을 거두었다. 사로잡은 8명의 백제 장군을 대야성 전투에서 죽은 김품석 부부의 유골과 교환한 일이 있었는데, 당시 김유신은 "한 잎이 떨어진다고 하여 무성한 수풀이 줄어들지 않으며, 한 티끌이 쌓인다고 하여 큰 산이 보태지는 법이 아니다"라는 말과 함께 8명의 백제 장군을 돌려보냈다[5]. 이 역시 백제 고위층의 심리적 동요를 겨냥한 심리전술로 볼 수 있게 한다. 즉, 신구 세력 간의 갈등으로 그렇지 않아도 불안해하던 백제 고위층은 김유신이 보여준 포로들에 대한 관대한 조치로 심리면에서 적지 않게 동요했을 것이다.

대량성 전투가 있기 한 해 전인 647년 백제가 무산성 등 세 성을 공격했을 때의 일이다. 김유신은 보병 1만 명(또는 3천 명)을 이끌고 세 성의 구원에 나섰으나 고전을 면치 못했다. 이에 유신은 비평자(김유신 휘하의 사병)를 불러 격려했고, 비령자는 적진으로 뛰어들어 장렬하게 전사했다. 이에 자극을 받은 그 아들 거진과 격분한 휘하 병사들이 진격하여 백제군을 대파했다. 이는 김유신이 자국민이나 장병들의 전의 내지 사기를 고의로 자극하는 심리술을 잘 보여준다.

649년 가을 백제와의 도살성 전투에서 기막힌 반간계(反間計)로 대승을 거둔 직후 돌아오는 길에 백제 최고위층 인사인 좌평 정복 등 1천 명이 항복해 오자 이들을 그냥

5) 김영수, "김유신의 첩자활용과 첩보술에 관한 연구", 군사 제 62호(2007.4)

가고 싶은 데로 갈 수 있게 놓아주었다. 정복 등이 무슨 까닭으로 항복했는지는 알 수 없으나 이 무렵 백제 내부의 신구 세력 간에 갈등이 고조되고 있었다는 점으로 볼 때 정복 역시 그 갈등의 와중에서 신라로의 투항을 선택했을 가능성이 있다. 이는 고도로 백제 내부를 교란하기 위한 심리전의 일환으로 이해할 수 있다.

642년 가을 대야성 전투에서 치욕적인 패배를 당한 신라가 그해 겨울 바로 고구려에 청병을 위해 김유신을 사신으로 파견했다가 고구려에 억류되는 일이 발생하였다. 신라는 이미 고구려 왕 측근인 선도해(연개소문의 측근)라는 사람에게 청포 300보로 포섭한 고정 첩자를 두고 있었다. 이에 김춘추는 선도해 도움으로, 죽음으로부터 위기를 극복할 수 있었고 이후 신라는 김유신을 중심으로 김춘추를 구하기 위한 결사대를 출정시킨다는 첩보를 흘림으로써 김춘추가 풀려났다. 642년 김춘추의 고구려행은 삼국 내부는 물론 국제적으로도 중요한 사건이었다. 고구려와의 협상이 결렬되면서 신라는 당과의 연합에 더욱 박차를 가할 수밖에 없게 되었고, 이는 결국 백제와 고구려에 대한 엄청난 압박으로 작용하였고 궁극적으로 백제와 고구려의 멸망으로 귀착되어 동아시아 국제정세 전반이 재편되는 계기로 작용했다.

또 다른 정보전의 일환으로 적의 첩보원을 역이용(역정보)하는 예로써 진덕왕 3년(649년) 8월, 백제의 장군 은상이 무리를 거느리고 와서 석토 등 일곱 성을 공격하여 함락당했다. 신라 왕은 대장군 유신, 장군 진춘, 죽지, 천존 등에게 나가 막도록 명령했다. 십여 일 동안 전투를 벌였지만 해결되지 않자, 도살성 아래에 주둔했다. 김유신은 여러 사람들에게 “오늘 틀림없이 백제가 정탐하러 올 것이니 너희들은 모른 체 하고 아무 말도 하지말라”고 말했다. 그러고는 각 사병부대를 돌아다니며 “(적이) 튼튼한 벽처럼 꿈쩍도 하지 않으니 내일 원군이 오길 기다렸다가 결전을 벌이도록 하겠다”라고 말했다. 백제 첩자가 이를 듣고는 돌아가 은상에게 보고했다. 은상 등이 적병이 늘 것이라며 수군대며 의심하면서도 두려워하지 않을 수 없었다. 이를 틈 타 김유신 등이 진격하여 대패시켰다. 김유신의 이러한 첩자 활용을 병사는 물론 직속 장수들도 전혀 모르고 있었다는 점도 확인할 수 있는데, 이는 손자병법 제13 「용간」편에서 말하는 “첩자의 운용만큼 비밀을 요구하는 일도 없다”라는 원칙을 철저하게 지킨 것이다. 이처럼 김유신은 첩자운용 원리를 정확하게 숙지하면서 시기적절하게 첩자를 활용하여 이 전투를 대승으로 이끌었다. 김유신이 전투가 교착상태에 빠지자, 그 타개책으로 첩자를 활용한 것은 그가 군사에 있어서 첩자의 중요성을 제대로 인식했기 때문에 가능했을 것이다.

이에 앞서 급찬 조미압이란 자가 부산현 현령으로 있었는데, 백제에 포로로 잡혀가 좌평 임자의 집에서 종노릇하고 있었다. 부지런히 일하면서 게으름을 피우는 법이 없었다. 좌평(고위 벼슬자리) 임자가 조미압을 의심하지 않고 마음대로 출입하게 했다. 이에 도망쳐서 돌아와 유신에게 백제에서 일을 알렸다. 김유신은 조미압이 충성스럽고 정직한 것이 쓸만하다고 판단하여 "듣자 하니 임자가 백제의 일을 전담하고 있다는 데 함께 의논하고 싶어도 계제가 없었다. 네가 나를 위해 다시 돌아가서 내 말을 전해라"고 했다. (조미압은) "공께서 나를 불초하게 여기시지 않고 일을 시키시니 죽어도 후회하지 않겠습니다"라고 답했다. 그러고는 다시 백제로 들어가 임자에게, "제가 이미 이 나라 국민이 되었으니, 나라의 습속을 알아야 하겠다고 생각해서 나가서 수십 일 동안 돌아다녔습니다. 그러나 개와 말이 주인을 생각하는 마음을 견딜 수 없어 다시 돌아왔습니다"라고 말했다. 임자는 이 말을 믿고 나무라지 않았다. 틈을 보던 조미압은, "지난번에는 벌을 받을까 봐 감히 바로 말씀을 드리지 못했사옵니다. 사실은 신라에 갔다가 돌아왔사온데, 유신이 저에게 다시 가서 공께 '나라의 흥망이란 미리 알 수 없는 일이니, 그대의 나라가 망하면 그대가 우리나라에 의지하고, 우리나라가 망하면 내가 그대의 나라에 의지하도록 하는 것이 어떠냐?'라고 전하라 했습니다"라고 말했다. 임자는 듣기만 하고 말이 없었다. 조미압은 황공해 물러 나와 벌이 떨어지기를 기다렸다. 두어 달이 지난 다음 임자가 불러, "지난번 네가 전한 유신의 말이란 것이 어떤 것이었지?"라고 물었다. 조미압은 놀라움 반 두려움 반으로 그전대로 대답해 주었다. 임자는, "네가 전한 말을 잘 알았으니 가서(유신에게) 알리도록 해라"라고 말했다. 마침내 (조미압)은 돌아와서는 (백제의) 이런저런 일들을 소상하게 알리니 (백제를) 합병할 계획을 더욱 서둘러 추진했다. 김유신은 백제에 포로로 잡혀가 백제 고위직에 있는 좌평 임자의 집에서 오랫동안 종노릇을 하면서 신임을 얻은 조미압이 탈출해 오자 그를 다시 백제로 돌려보내 첩자 임무를 수행하게 한다. 김유신은 조미압에서 기회를 봐서 주인 임자를 포섭하라는 중대한 임무를 주는 데, 그 내용이 대단히 놀랍다. 누가 되었건 나라가 망하면 서로를 돌봐 주기로 약속한 것이 그것인데, 이는 자칫 반역에 해당할 정도로 위험천만한 행위가 아닐 수 없다. 김유신은 이런 대담한 첩자 활용술을 통해 백제의 정세와 관련된 고급 정보를 입수했고, 이를 참고로 백제 합병에 박차를 가했던 것이다. 백제 고위층 임자를 포섭하는 과정도 치밀하다. 김유신은 오랫동안 그것도 백제 최고위층 관리의 집에 있으면서 백제 상황에 밝은 조미압을 선발하여, 사상 교육을 비롯한 철저한 첩자 훈련을 시킨 다음 다시 백제로 돌려보낸 것으로 보인다. 김유신은 조미압이 임자에게 전할 밀지를 주는데, 증거가 남을 수 있는 문서가 아닌 구두로 전달하는 치밀함도 보인다. 조미압은 백제 고위층 깊숙이 침투한 고정 첩자였던 것이며, 좌평 임자는 내간에 해당하는 셈이다. 김유신의 이러한 첩자활용을 병사는 물론 직속 장수들도 전혀 모르고 있었다는 점도 확인할 수 있는 데, 이는 손자병법 제13「용간」편에서 말하는 "첩자의 운용만큼 비밀을 요하는 일도 없다"는 원칙을 철저하게 지킨 것이다. 이처럼 김유신은 첩자운용 원리를 정확하게 숙지하면서 시기적절하게 첩자를 활용하여 이 전투를 대승으로 이끌었다.

2.3. 중세 정보활동

전쟁사에서 중세는 아드리아노플 전투가 발생한 378년부터 크레시 전투에서 영국 궁부대가 프랑스 기병부대를 격파한 1346년까지 약 천 년간의 기병 중심의 시대를 말한다. 우리나라 역사에서는 대략 고려시대 (918~1392)가 이에 해당한다고 볼 수 있다.

서양의 중세는 봉건 영주가 장원을 지키기 위하여 성곽을 쌓고 기사들을 고용하여 방어에 치중하였으므로 전쟁 자체가 드물게 발생했고 대규모 전쟁은 거의 없었다. 그중에서 어느 정도 규모를 가진 전쟁은 십자군 전쟁(1095~1272)과 영국과 프랑스 간의 백년전쟁(1337~1453), 예외적으로 몽골에 의한 특이한 원정 전쟁이 있었다. 따라서 중세는 전략, 전술은 물론 정보수집 현상도 정체현상을 보여 고대와 마찬가지로 기병대를 이용한 전투정찰과 간첩을 이용하여 적국의 실정을 파악하는 단순한 인간정보에 의존하였다. 그러나 유라시아 대륙에 걸쳐 대제국을 건설했던 몽골군의 정보 수집력은 그들의 전략, 전술 구사 능력만큼이나 뛰어났다. 칭기즈칸은 몽골지역을 통일한 후 1215년 금나라 수도 북경을 함락시켰다. 이어서 중앙아시아, 페르시아, 러시아, 동유럽까지 진출, 30여 개국을 복속시키며 당시 알려진 세계의 절반 이상을 지배했다. 칭기즈칸의 후계자 오고타이는 유럽원정에 나서면서 수보타이(Subotai)에게 대상(隊商)을 중심으로 하는 첩보조직을 이끌게 하여 유럽 각국의 군사력은 물론 통치자의 혈통과 관습, 정권 내부의 파벌 분포까지 자세히 파악하였다. 그러나 몽골군이 침공했을 때 상대 적국에서는 몽골군에 대해 아무것도 모르고 있었다. 이처럼 대상들을 통해 전략정보를 수집하는 한편, 뛰어난 기병으로 된 정찰대를 100km 전방까지 파견하여 적의 위치와 배치상태, 지형 및 도로, 성채 규모와 경비상태, 식량사정, 몽골군이 사용할 목초지 등을 자세히 정찰한 후 전투에 임했다. 즉 몽골군은 전략정보와 전투정보를 거의 완벽하게 수집한 후 전투에 임했으므로 항상 승리할 수 있었다. 또한 몽골군은 첩사들을 통해 "몽골군은 용맹하고 날 샌 무적의 부대이며, 대항하면 전부 몰살시킨다"라는 유언비어를 퍼뜨려 전의(戰意)를 상실케 하는 심리전을 구사하기도 했다. 아울러 몽골군은 적정에 관한 정보를 신속히 전달할 수 있도록 역참제도라는 효율적인 정보전달 체계도 갖추고 있었다. 몽골의 수도를 중심으로 500~600km 단위로 주요 거점을 연결하고 거점들 사이에 15~20km 간격으로 간이 역참을 두어 연락병들이 릴레이식으로 말을 달려 신속히 정보를 보고할 수 있었으므로 무적의 군대가 될 수 있었다.

2.3.1. 칭기즈칸의 현대판 정보네트워크 역참제도 운용

현대전에서 승리하기 위해에서도 가장 필수적인 것이 정보를 송수신할 네트워크가 필요한 것처럼 중세 시대에도 이와 유사한 효과적인 정보전달 체계가 중요하였다. 정보를 전달할 조직이 없거나 그 조직이 파괴되면 우수한 무기나 장비, 강건한 군대가 있더라도 무용지물이 된다. 칭기즈칸은 엄청난 기동력을 바탕으로 아시아, 중국, 동유럽을 무려 7,770,000km^{2}에 이르는 땅을 지배한 정복자였다. 알렉산더 대왕이나 나폴레옹이 지배했던 면적을 합친 것보다 더 넓은 면적을 갖게 되었다. 하지만 기동성이 강한 장점은 아시아와 유럽지역의 광활한 지역에서 작전을 능수능란하게 가능하게 했지만 동시에 상호 정보전달 및 지휘 체계가 효율적으로 가동되기가 어렵다는 단점도 존재하였다. 징기스칸은 이런 단점을 극복했다. 길이 있어야 인적 물적 왕래가 가능하다. 하지만 머나먼 길 중간에는 재충전할 수 있고 서로 중간을 연결하는 지점이 자연히 생기게 마련이다. 그래서 계획된 작전을 효과적으로 수행하기 위해서는 실시간으로 통신병(파발꾼)을 통한 정보전달과 군대에 말을 재공급하고 각종 재충전을 보장할 수 있는 중간 보급기지가 필요했다. 바로 그 중심에 광활한 땅을 서로 연결한 역참(驛站)제도가 있었다. 군사적 목적의 연락 거점에서 출발된 역참제도는 동서 무역 루트와 문화 교류의 장에도 결정적인 기여를 한 셈이다. 13세기 칭기즈칸의 군대는 유라시아 초원길을 통해 유럽의 일부까지 정복했다. 역참 혹은 역참제 얌(Yam)[6]은 몽골제국 네트워크의 핏줄이었다. 칭기즈칸은 통치 지역이 광활해지자 몽골의 전통적인 역참제도를 도입해 연락망, 유라시아 네트워크를 설치[7]했다. 역참제도는 정비를 거듭해 쿠빌라이 칸 때 완성되었다. 역참이란 원래 몽골고원에서 수도를 기점으로 하여 각 지방으로 도로를 개통했는데, 40km 간격으로 여관과 말이 딸린 '참'을 설치한 제도이다. 현대판 군사적 거점으로 병참 및 후방 보급기지 개념을 갖고 설치된 중간 스테이션(기지)이다. 이곳에는 신선한 말, 보급품, 훈련된 전령들로 가득차 있었다. 참과 참 사이에는 파발마(擺撥馬)를 타고 소식을 전하는 파발꾼이 존재했다. 파발꾼의 쉴 새 없는 급파를 통해 실시

6) 몽골어로 중계소라는 뜻이다
7) 중국뉴스(http://www.cmnews.kr)

간으로 정보전달이 되었고, 중간 보급기지 구실을 하였다. 정보와 군수 역할을 톡톡히 수행함으로써 효과적인 작전을 보장했다. 현대판 정보전달 중계소, 보급소 구실을 한 것이다. '상당한 시간이 지나는 동안'이라는 뜻을 가진 '한참'은 '두 역참 사이의 거리'라는 뜻에서 유래됐다. 당시의 상황을 여실히 전해주고 있는 용어다. 몽골제국은 13세기에서 14세기 초까지 정복한 영토 전체의 교역로를 유지했고 30~50km마다 역참에 물자를 비축했다. 몽골제국의 영역이 확대되면서 역참도 그만큼 확대되었다.

얌(Yam)은 새 말로 갈아타거나 새로운 전령으로 교체함으로써 변방의 소식을 제국의 수도 카라코룸까지 몇 달이 아닌 며칠 만에 전달되는 신속성을 구현했다. 메시지는 하루에 300km까지 전달이 가능하였다. 특히 메시지 송수신 자는 신뢰할 수 있는 사람들로만 구성하였다. 몽골 병법을 저술한 미국 역사학자 티머시 메이는 얌 제도는 19세기 미국의 조랑말 속달 우편(Pony Express)의 선구적 제도라고 평가하였다. 몽골제국이 무역로를 확장하고 유지했던 것은 몽골 군대가 수탈한 귀중한 전리품이나 약탈품을 본국으로 신속하게 이동시키고, 신속한 지휘 소통체계를 확립하기 위한 목적이 크다고 볼 수 있다. 추후 자연스럽게 부수적인 목적으로 교역과 상업기지로도 적극 활용되었다. 이와 관련 마르코 폴로도 몽골제국을 여행하면서 역참을 자주 이용했다고 전해지고 있다. 그는 이런 역참들이 아름답고 화려할 뿐 아니라 왕에게 어울리는 비단이나 다른 모든 사치품까지 갖추고 있다고 묘사했다. 몽골제국이 제공하는 편의와 안전보장 아래 동서 간에 상인, 물품, 종교, 사상, 문화 등이 모두 거침없이 교류되었다. 칭기즈칸의 유라시아와 중앙아시아 평정은 정복과 지배라는 부정적 이미지와 함께 평화와 질서를 창출했고, 이는 동서양의 교류와 무역을 꽃피었다. 칭기즈칸은 몽골제국을 건설하고 부단한 영토 정복을 통해 세계 제국을 만들었다. 동양과 서양 교류의 진정한 물꼬를 열었기에 역사적인 인물이란 평을 듣는다. 그 중심에 역참제가 존재했다. 그야말로 점을 이어서 선을 만들었고 선을 이어서 면을 만들었다. 결국 대 제국이라는 입체적인 걸작을 만들어 낸 것이다. 역참 개념은 교류, 소통, 공유의 근대적 개념에서 출발하였다. 유라시아 초원길(실크 로드)을 통해 유럽의 일부까지 통일성 있게 연결했다. 칭기즈칸 군대의 정보전달 조직에서 출발된 얌(Yam)은 역체(驛遞)시스템으로 동서 문화 교류에 지대한 공헌을 했다. 역참은 13세기 서양과 동양을 하나의 플랫폼으로 단일화 시킨 교류와 공유의 기초를 다졌다. 그야말로 팍스 몽골리카(Pax Mongolica)의 시대를 예고하는 서막을 열었다.

2.3.2. 조선시대 정보전달을 위한 봉화제도 운영

우리나라의 봉화제도는 현대의 무선통신이 상용화되기 전, 과거 우리나라에 반란이나 사변이 있을 때 신호로 불이나 연기를 이용하여 긴급성을 한양에 알렸다. 눈에 잘 띄기 위해 낮에는 연기, 밤에는 불빛으로 신호를 하였다. 세계 역사적으로 보면 매우 오래전부터 장거리 통신수단으로 미국의 원주민이나 남아메리카의 원주민들도 자주 사용하였다. 가장 오래된 봉화의 기록은 중국으로, 사마천 사기에서는 주나라 때 포사(주나라 유왕을 주색에게 빠지게 한 여인)를 단지 웃게 하고 싶단 이유로 봉화를 막 쓰다가 나라 멸망에 일조했다는 일화가 전한다. 봉화 자체는 기원전부터 쓰였지만, 당시는 단순한 수준이라서 무슨 일이 있으면 불을 밝혀 '무슨 일이 있다. 그러니 좀 와라' 하고 알리는 정도였다. 더 복잡해지고 체계화된 것은 중국 후한 때부터로, 봉화를 올리는 봉화대가 변방에서 수도까지 릴레이로 소식을 전달하는 체계가 구축되어 운영되었다. 적의 규모나 현재 상황에 따라 다섯 가지 단계[8]로 소식을 전했다.

한국에 봉화제도가 도입된 것은 정확하지 않으며, 삼국사기나 삼국유사에 봉화 관련 기록이 나와 그때부터 봉화의 체계가 존재했으리라 추정한다. 삼국시대의 봉화로는 전북 장수군, 완주군 등지의 전북 동부지역에 분포하는 가야의 봉화대가 있다. 이 전북 동부 지역 봉수대 유적에서 가야 토기가 출토되기도 했고, 고려 이후 수도가 중부 서해안 지방에 자리를 잡았는데 이 전북 동부지역은 고려나 조선이 봉수대로 사용하지 않았던 경로였기 때문에 고려나 조선의 봉수대가 아닌 가야의 봉수대임을 알 수 있다. 이런 대가야 봉수대는 경북 내륙 고령군이 중심지였던 대가야가 중국, 일본 등 외부와 교류하는 데 필요했던 섬진강 교역로를 지키기 위해 만든 것으로 여겨진다. 그 밖에도 완연한 봉수는 아니지만 경기도 북부에 밀집하여 분포하는 고구려의 아차산 보루군, 양주분지 보루군 등이나 김해 금관가야의 나전리 보루군 등의 소규모 성곽들이 참고된다. 유기적으로 운영되었을 보루들이 아마 봉화와 유사한 방식 등의 초보적인 봉화 시스템을 적용했을 가능성이 있다. 이러한 삼국시대의 여러 산성이나 소형 보루들은 잠시 사용이 중단되었다가 고려시대나 조선시대에 들어서 봉화대로 재활용되는 경우가 매우 많았다. 조선왕조실록에서도 정부차원에서 폐 성이 된 삼국시대, 고려시대의 산성들을

8) 1단계는 10명 이하 외적이 변경 밖에 출현할 때 낮에는 봉 1개를 올리고, 밤에는 거화 1개를 올렸다. 2단계는 외적 10명 이상이 변경 밖에 출현하거나, 100~500명이 변경에 진입할 경우 낮일 경우 봉2개, 밤에는 거화 2개를 올렸다. 3단계는 외적 1천 명 이하가 변경 진입, 혹은 5백~1천 명이 봉화대 공격시 낮에는 봉 3개, 밤에는 거화 2개를 올렸다. 4단계는 외적 1천 명 이상이 봉화대 공격시 낮에는 봉 3개, 밤에는 거화 3개를 올렸다. 5단계는 외적에게 봉화대를 포위당해 답이 없는 경우. 낮에는 무조건 되는 대로 봉을 높이 쌓고, 밤에는 거화를 계속 붙였다 떼었다 하여 멀리서 보면 불이 움직여 위험 상황이라고 알렸다.

파악하여 봉화대를 지을 때 경제적 효율 및 전략적 가치를 고려하여 기존의 삼국시대 성곽을 활용하였다. 봉화가 체계적으로 정비되는 것은 고려 의종 때부터이며, 이후로 갈수록 봉수제도가 더 복잡하게 정비된다. 고려시대는 낮에는 연기, 밤에는 불빛으로 정보를 전달했고 평상시에는 불/연기를 1번만 올렸고 2급 상황에는 2개, 3급 상황에는 3개, 4급 상황에는 4개를 올렸다. 봉화대마다 봉 수업을 맡은 군인인 방정 2명과 고려 시대의 평민인 백정 30명을 배치하고, 평전 1결을 지급하였다. 봉화대는 연기 말고도 붉은 천, 혹은 흰 천을 덮어씌운 장대 끝에 걸고 올려서 정보를 전달하기도 했다.

이러한 정보를 전달하는 봉화체계가 죽 내려오다가, 세종대왕 시대에 와서 더 체계적으로 정비되었다.

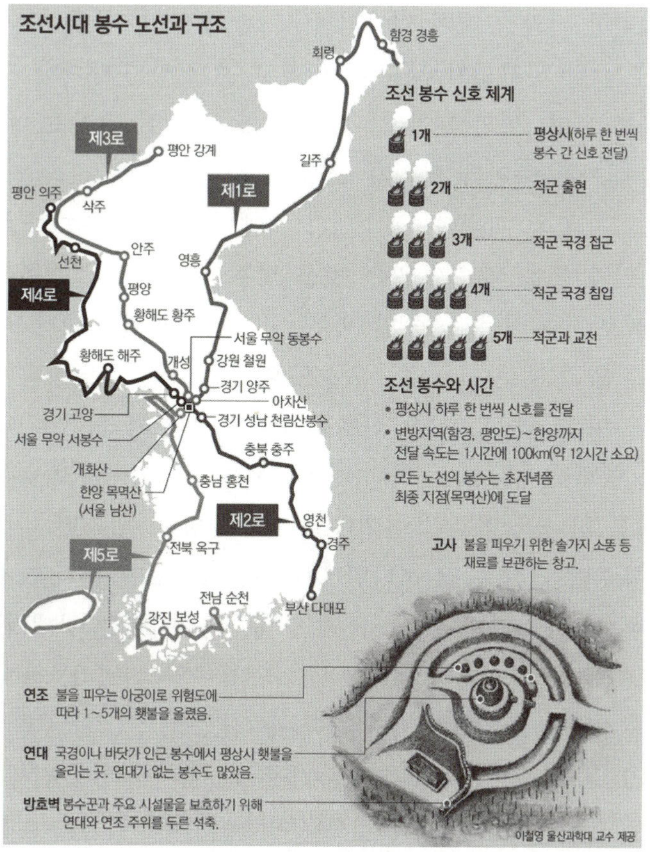

〈그림 2-3〉 조선시대 정보전달을 위한 봉화체계[9)]

이때부터 〈그림 2-3〉처럼 전국의 모든 봉수가 집결하는 중앙 봉수대인 한양 목멱산

9) https://namu.wiki/w/봉화

경봉수, 해안/국경 변방에 설치된 연변봉수, 경봉수와 연변봉수를 연결하는 내지봉수의 체계가 형성되었다. 이 외에 기간 선로상의 핵심 봉수부대인 직선봉수(직봉), 이를 보조하는 간선봉수(간봉), 직위/지역별 봉수대의 관장 책임을 가진 직위와 봉수대에 배치되는 봉수군의 수 등이 결정되었다. 중간에 사고로 봉화 신호가 끊기는 걸 막기 위해 직봉의 우회, 백업 목적의 간봉까지 더해져 600곳이 넘는 봉수대가 운영되었다. 이러한 봉화대는 19세기 말까지 운용되다가 1885년에 전신망이 설치되면서 훨씬 운용이 간편한 전보로 점차 대체되어 1894년 갑오개혁 때 폐지되었다.

이때에는 현재 우리가 흔히 보는 봉수대의 모습으로, 주로 불과 연기의 수로 정보를 전달했다. 평상시에는 1거(횃불 개 수), 적이 해상이나 국경에 나타나면 2거, 해안이나 변경에 접근하면 3거, 아군 군함과 전투가 벌어지거나 국경을 침범하면 4거, 적이 상륙하거나 국경에 침범한 적과 교전이 벌어지면 5거를 올렸다. 만일 비나 바람, 안개 등으로 불 또는 연기로는 잘 전달되지 않을 때 나팔로 큰 소리를 내거나 조선시대에 개발된 신호용 포인 신포를 쏘며, 조선 후기에는 호준포를 쏘았다. 그것도 여의찮으면 직접 봉수군이 다음 봉수대까지 죽어라 달려가 소식을 전달하였다.

평온한 상태에서도 불을 피웠다. 봉수대가 적에게 점령당하여 불을 피우지 못할 상황을 가정한 것. 만약 불을 피우지 않는 것을 평온한 상태로 설정한다면, 불이 피어오르지 않을 때 진짜로 평온해서 불을 안 피우는지, 아니면 봉수대가 적에게 점령당해서 못 피우는지 알 수 없기 때문이다. 즉, 오늘도 이 봉수대는 무탈하다는 뜻으로 불 하나를 피우는 셈이다. 이런 식으로 항상 신호를 보내어 신호가 끊겼을 때 문제임을 알 수 있도록 하는 것을 공학에서는 피동 안전(Passive security)이라고 부른다. 적이 봉수대를 차지하고 봉화를 하나만 피우면 어쩌냐고 생각할 수도 있지만, 어제만 해도 봉화를 여러 개 피우던 봉수대가 다음 날 하나만 피우는 것을 보면 눈치를 챌 수밖에 없었다.

봉수대의 간격은 변방 지역에는 10~15리 이하, 내륙지역은 상대적으로 멀어 한양에서 먼 곳은 20~30리, 한양과 가까운 곳은 40~50리 간격이었다. 하지만 종종 70리 간격도 있었다. 부산진에서 한양 목멱산까지 봉수 신호가 전달되는데 최소 2시간, 최대 12시간이 걸렸다고 한다. 중간에 많은 봉수대를 거치는 바람에 전체적인 시간은 늘어났지만, 이 정도는 효율적으로 작동한 것으로 평가받는다. 역참을 이용할 때 약 사나흘이 소요되었고, 걸어서 갈 경우 보름이 걸렸다.

2.3.3. 임진왜란 정보활동

2.3.3.1. 충무공 이순신 장군을 투옥한 일본의 정보작전

1592년 7월 도요토미 히데요시는 한산해전에서의 처참한 패배 이후 일본 수군에게 '해전금지령'을 내릴 정도로 일본에 이순신은 공포스러운 트라우마와 같은 존재였다. 이에 일본은 1597년 정유재란 재침을 앞두고 정3품 조선 벼슬(절충장군)까지 받은 일본인 이중간첩 요시라(要時羅)를 활용, 수군작전으로는 도저히 넘어설 수 없었던 이순신을 정보공작으로 해임, 투옥하는 데 성공하게 된다. 요시라의 본명은 가케하시시치다유(梯七太夫, 생년미상~1598년)로 일본군의 통역관이었다. 그는 대마도 출신으로 임진왜란 발발 시 대마도가 일본군 최전방기지로 활용되면서 적장 고니시 유키나가(小西行長)의 사위이면서 대마도주였던 소 요시토시(宗義智)[10]의 부하로 활동했다. 당시, 소 요시토시는 임진왜란 당시 일본 선봉장 가운데 한 명이었으나 전쟁 기간 및 전후(戰後)에 각각 조선과 일본 사이의 화해를 위해 노력한 다면적인 인물이었다. 그 이유는 대마도의 지정학적 위치와 관계가 있는데 대마도는 일본 본토보다 훨씬 조선에 인접해 있어 식량 등을 일방적으로 조선에 의존하고 있었기 때문에 필사적으로 조선과 선린(善隣)관계를 유지하려고 노력했다. 요시라는 조선어가 능통한 대마도 출신이면서 「소」의 부하였기에 이러한 대마도의 중간자적 입장을 적극 활용하여 조선 고관들과 수시 접촉하게 되었다. 요시라는 「소」의 지시를 받아 수시로 조선 고관을 면담하여 일본군 내부 동향을 흘려주는 방법으로 조선 조정의 환심을 산다. 급기야 1597년 1월에는 조선 조정으로부터 절충장군(정3품) 벼슬까지 받게 된다. 조선왕조실록 〈선조실록〉에는 1594년(선조 27년)부터 1606년(선조 39년)까지 총 93회 그와 관련된 대화 내용이 등장한다. 특히, 1594년부터 1597년까지는 김응서(경상우병사), 권율(도원수) 등 조선 고관들이 앞다투어 그를 면담하여 그 결과에 대해 중요 정보를 수집한 것인 양 국왕에게 보고하는 내용들이 기록되어 있다. 특히, 권율 등은 요시라에 높은 벼슬을 주어 적극 첩자로 활용해야 한다고 건의하였다. 이와 같이 요시라는 1594년 10월 이후 이중간첩 행세를 하면서 조선 조정의 對 일본 정보 창구이자 거목으로 성장했다. 한편, 明과 일본이 주도한 강화협상이 1596년 9월 최종 결렬됨에 따라 동북아는 다시 전쟁의 불길한 기운에 휩싸이게 된다. 이에, 일본은 재침(再侵) 준비 과정에서 이순신을 제거하지 않으면 절대로 조선 침략의 성과를 낼 수 없다고 판단했다. 따라서 수군 작전을 통해 이순신을 제거할 수 없으므로 정보 공작적인 방법의 계략을 꾸미게 되었다. 고니시는 1597년 1

10) 1568년~1615년, 아즈치모모야마 시대부터 에도시대 전기에 걸쳐 활약한 무장

월 요시라를 보내 자신의 일본 내 부정적 가토 기요마사(加藤清正)가 모일 모시 대마도로부터 도해(渡海)하니 조선 수군을 부산 앞바다로 보내 요격하면 될 것이라고 조선 측에 제보했다. 이에 김응서, 권율 등과 선조 임금은 반색하면서 이순신에게 즉각 가토를 요격하라고 명령했다. 그러나 매사에 신중하고 판단력이 뛰어났던 이순신은 세 가지 고려 사항 때문에 이 명령에 대해 경계 활동을 강화하는 것 외에 전체 함대를 즉각 출동시키지는 않았다. 이와 같이 조선에서는 이순신만이 유일하게 일본 측 간계를 파악하고 있었으나 때는 이미 왕명의 형태로 도원수 권율을 통해 작전명령이 하달되어 이순신은 진퇴양난의 형국에 빠져 버렸다. 선조와 도원수 권율 등은 적의 간계와 의도를 꿰뚫어 보지 못하고 스스로 함정에 뛰어든 격이 되어 버렸다. 그 후 1차 간계에서 실패한 고니시는 다시 요시라를 김응서에게 보내 가토가 이미 상륙한 사실을 알려주면서 '이순신이 천재일우(千載一遇)의 기회를 놓쳤으니 원망스럽다'라고 까지 하였다. 마침내 선조는 1597년 2월 6일 이순신을 체포하여 압송하라는 교서를 내린다. 이와 같이 당시 조선 조정은 요시라(要時羅)와 적장 고니시(小西行長)의 속임수에 놀아나고 있었다. 그러나 신임 삼도수군통제사 원균은 같은 해 7월 칠천량 앞바다에서 이순신과 조선 수군이 피땀 흘려 건조한 전 함대를 단 한 번의 싸움으로 수장(水葬)시켜 버린다. 칠천량 해전에서 대패는 정유년(1597년)의 대대적인 일본재침(再侵), 즉 정유재란을 촉발시킨 뇌관으로 작용하게 되었다. 왜냐하면 일본 관점에서 1592년 4월 임진왜란 개전 이후 이순신 때문에 단 한 번도 실행하지 못했던 수륙병진 전략을 가동할 호기를 맞이했기 때문이었다. 실제 일본군은 칠천량 해전의 승리 이후 남해안의 제해권을 장악하는 한편 같은 해 8월 남원 · 전주성에서 조 · 명 연합군을 대파하고 전라도를 점령하였다. 또한, 일본군은 이기세로 충청도 직산까지 다시 진출하여 명군과 대치하게 되며 이 기간에 조선 백성들의 저항 의지를 말살하기 위해 13만여 명에 달하는 조선 백성들의 코를 베어 본국으로 보내는 만행까지 저질렀다.

역사에는 가정이 없다고 하나, 선조 임금이 오판하여 끝내 이순신을 처형했거나 같은 해 8월 통제사로 재기용된 이순신이 명량해전에서 패배했더라면 조선과 명나라의 운명은 임진왜란 때보다 더 심각한 상황에 부닥쳤을 수도 있었다. 따라서 일본 처지에서는 일개 이중간첩을 활용, 조선 조정과 전투 현장 지휘관(이순신)을 이간(離間)하여 지휘관이 파직되고 처형 직전까지 가도록 유도한 것은 피 한 방울 흘리지 않고 최대 성과를 달성한 성공적인 정보공작 사례였다고 판단 된다. 더군다나, 일본 수군은 이순신의 후임인 원균이 이끄는 조선 수군을 칠천량 해전에서 궤멸시켜 버림으로써 사실상 남해안의 제해권을 장악, 수륙 병진전략을 통해 한반도를 유린할 수 있는 호기를 맞이했다. 실제 일본군은 그 여세를 몰아 임진왜란 개전 이후 한 번도 발을 들여놓지 못했던 전라도까지 점령하고 충청도로 다시 진출하는 등 일개 정보요원 요시라의 정보활동은 투자 대비 성과가 매우 큰 반간계(反間計)였다는 점을 알 수 있다.

한편, 조선 조정에서는 1597년 7월 칠천량 해전의 참패 이후 뒤늦게 요시라에 속은 것을 깨닫고 분노하고 있었다. 그런데도 요시라는 계속 천연덕스럽게 조선 조정과 명나라 장수들 사이를 오가면서 통역 등 중간자 역할을 하고 있었다. 이에 선조 임금은 조정의 중론을 모아 1598년 8월 일본의 사신으로 한양을 방문한 그의 신병 처리를 명나라 측에 의뢰, 요동으로 압송하여 처형되도록 조처하였다.

2.3.3.2. 이순신 장군의 지리공간정보(GEOINT) 활용

해전에서는 적정 파악 이외에도 효율적인 기동(機動)이 전제되어야 지휘관이 구상하는 학익진[11], 장사진 등 각종 진(陣)을 펼칠 수 있고 진을 펼쳐야 효율적인 대함 포격전을 통해 적 함대를 격파, 멸할 수 있다. 일각에서는 왜란 기간 중 조선의 판옥선과 함포(천자총통, 지자총통) 등 무기체계가 우수하여 조선 수군이 연전연승했다는 주장도 있다. 이는 일견 타당한 측면도 있는 견해지만 원균이 칠천량 전투에서 막강 조선 수군 함대 전체를 수장(水葬)시켜 버린 것을 생각해 보면 우수한 무기체계 자체만으로는 승리가 보장되지 않음을 쉽게 알 수 있다. 그 이유는, 아무리 무기체계가 우수한 함대라 해도 기동력을 잃어버리면 코끼리, 코뿔소 같은 거대한 초식동물들이 하체를 다쳐 초원에 앉아 있는 상태와 방불하다. 그런 상태의 대형 초식동물들은 작고 빠른 육식 동물들의 노리갯감이 되어 서서히 잡아먹히게 되는 것이다.

칠천량 해전〈그림 2-4 참조〉 당시 조선 수군은 역사상 최강의 판옥선 170척이었으나 적의 유인 전술에 걸려 좁은 물목에 갇혀 기동력을 상실하고 12척만 살아남았다. 이어서, 적 육군, 수군에게 사면으로 포위된 후 적의 장기(長技)인 선상 칼싸움까지 허용, 아군의 장기인 포격전조차 제대로 수행하지 못하고 참패하고 말았다. 이순신은 해전에서 이처럼 중요한 함대의 기동력 유지를 위해 언제나, 물길, 바람, 조류 등 지형과 기상정보를 입수[12]하였다. 이는 당시 기준, 전선(戰船)의 엔진 역할을 했던 격군(格軍)들이 작전상 기동에 이어 실제 돌격과 포격전 등 전투에 임할 때 지치지 않고 끝까지 임무를 완수할 수 있도록 배려하기 위함이었다. 이는 당시 전함이 인력으로 기동되었던 현실을 고려해 보면 매우 합리적이고 현실적인 작전지휘였다.

---

11) 이순신장군의 해상작전 진법의 하나로 학이 날개를 펴는 모양으로 전투 대형을 이루는 기법이다.
12) 박동철, "임진왜란 기간 충무공 이순신의 정보활동에 관한 연구", 박사논문, 가천대학교, 2021.6

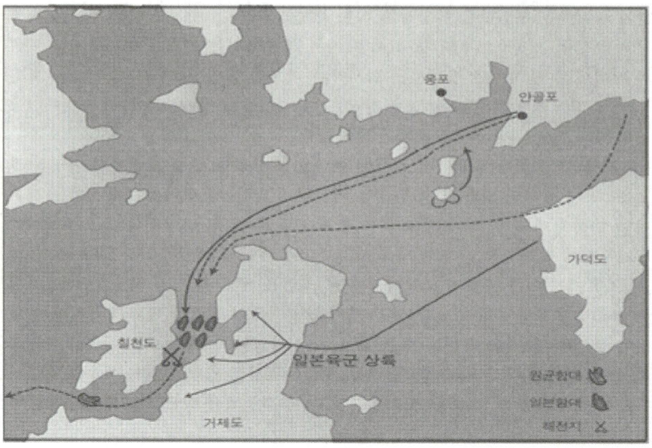

〈그림 2-4〉 칠천량 해전 해도[10)]

반대로 원균은 칠천량 해전에서 적의 유인작전에 이끌려 다니다가 격군들이 탈진하도록 방치하여 기동력을 완전히 상실해 버린 후 경계 마저 실패, 적이 원하는 시간과 장소에서 적이 원하는 방식으로 싸우게 되어 전멸했다. 이와 반대로 이순신은 개전 초기 해전 수행 과정에서 광양 현감 어영담(魚泳潭) 등을 통해 남해안 물길 정보를 지원받았다. 이순신 장군은 어영담이 사소한 문제로 보직 해임될 위기에 빠지자 1593년 4월 8일 자 임진장초 〈광양 현감 어영담의 유임을 청하는 장계〉에서 아래와 같이 어영담의 유임을 청하게 된다. '(중략)어영담이 이를 진정시켜 편안하게 하여 마침내 온 고을 백성으로 하여금 옛날처럼 그들이 있던 곳에서 편안히 살게 하였습니다. 그뿐만 아니라 여러 번 경상과 전라도의 변장(邊將)으로 임용되어 물길의 형세를 잘 알아서 모르는 것이 없었으며 계교와 생각함이 뛰어난 사람이므로 신이 중부장(中部將)으로 정하여 함께 일을 의논하여 계획하였으며 여러 번 적을 무찌를 때는 죽음을 무릅쓰고 앞장서서 큰 승리를 거두었습니다. 그러므로 호남 한쪽이 이제까지 보전하게 된 것은 이 사람의 힘이라고 아니할 수 없습니다.'라고 장계를 올렸다.

1593년 11월 17일 자 장계 '어영담을 조방장으로 임명해 주시기를 청하는 장계'에서도 이순신은 어영담이 영호남의 물길 사정과 섬들의 형세를 상세하게 알고 있다면서 요직 기용을 건의하였다. 장군은 한산대첩을 준비하는 과정에서도 사전에 철저한 지형 정찰과 판단을 통해 견내량은 좁아서 거북선 · 판옥선 같은 큰 전선(戰船)들의 자유로운 기동을 방해받을 수 있고 또한 적들이 불리할 경우, 육상으로 도주할 가능성을 우려하였다. 그리하여 적선들을 넓은 바다인 한산 앞바다로 유인하여 격멸하였다. 또한, 1592년 6월 5일, 제1차 당항포 해전에서 이순신이 포구에 진입, 전투 개시를 앞두고 부하들에게 바다 어귀의 형세를 물어본다. 또한, 그는 몇 척의 탐망선을 먼저 포구에 들여보내 포구 내 지형을 정찰하되 아군 대형 전선(戰船)들이 기동하기에 적당한 공간이 있는지를 확인하라고 지시한다. 그 결과, 포구 내 공간이 좁지 않아서 전선들이 기동할 공간이 충분함을 확인, 거북선을 앞세워 포구에 진입하여 적을 공격하기 시작했다. 이처럼 이순신은 함대 기동력 유지를 위한 지형정보 수집에 사활을 걸었다. 한편, 원균은 1597년 2월 삼도수군통제사에 기용되어, 같은 해 7월 졸전 끝에 삼도수군 전체를 패망시킨 지휘관으로서 책임이 무겁다. 또한, 개전(開戰) 초기 원균은 중요한 직책인 경상우수사로서 이순신에 비해 큰 군세(軍勢)를 지니고도 왜적의 침입에 대해 단 한 번의 해전조차 시도하지 않고 최고의 군함인 판옥선을 자침(自沈)시킨 후 도주해 버린 책임도 크다. 그러나, 이러한 잘못들에도 불구하고 개전 초기 원균이 공문 형식의 정보 전달을 통해 이순신이 최초 왜적의 침입을 인지토록 지원한 것 또한 사실이다. 그 이후로도 원균은 적 동향을 수차 전달, 이순신이 작전상 즉응태세를 갖출 수 있도록 지원하였다. 다만, 이 경우에도 정보를 전달받은 이순신의 적정분석, 판단력과 실효적인 대처가 더욱 평가받아야 할 것이다.

2.3.3.3. 에도막부시대 HUMINT와 OSINT의 정보수집 활동

근세 에도막부에서는 중세 이후 쓰시마번[13]의 조선 무역에 대한 풍부한 경험과 자연환경에 따른 궁핍한 번의 재정을 고려하여 조선과의 교섭과 무역, 대륙 관련 정보의 수집 등을 일임하였다. 따라서 일본 내에서 조선 관련 정보를 얻을 수 있는 경우[14]는 통신사행이 공식적으로 일본을 방문했을 때와 조선인이 일본에 표류해 왔을 때, 조선 관련 서적을 통해, 그리고 쓰시마번에서 자의, 타의에 의한 정보제공에 의해서였다.

조선통신사행은 에도시대 전 기간에 모두 열두 차례 파견되었으며 한 번 방문 시 300~500여명 규모로 사절단을 편성하였다. 에도막부는 조선통신사행과 정치 · 외교적 사안의 교섭과 해결이라는 부분에 치중했지만, 에도막부의 유관(儒官)들은 2~30년에 한 번씩 파견되어 오는 통신사행과 필담창화(筆談唱和)에 많은 관심과 적극적인 태도를 보였다. 통신사행에 대한 접대를 담당했던 각 번의 유학자나 문인들도 통신사행의 숙소를 방문하여 학술문답을 했다. 그뿐만 아니라 통신사행 대한 일반인들의 관심도 컸다. 일본인들은 조선인과의 접촉을 제한하려 했던 막부의 의도와는 달리 조선통신사행과의 접족을 통해 조선 관련 정보를 얻을 수 있었다. 유학자와 문인들은 이 정보를 지인과의

13) 쓰시마 후추번, 이즈하라번, 쓰시마번으로 불려졌으며 쓰시마를 다스린 번(성)이다
14) 허지은, "근세 일본지식인의 정보활동과 조선 관련 정보의 유통", 일본공간 28호, 2020.12

대화를 통해 또는 책으로 집필하여 유통시켰고, 일반인들은 직접 보고 들은 대로 행렬을 흉내 내기도 하면서 통신사행렬이 지나가지 않은 지역에까지 조선 관련 정보를 유통시켰다.

다음으로 조선 사람들이 표류하여 대한해협으로 건너와 일본에 정보를 제공한 경우이다. 이케우치 사토시(池內敏)의 연구에 의하면 1599년부터 1872년까지 조선인이 일본에 표류한 건수는 971건이다. 일반인들의 해외 도항이 금지되어 있던 에도시대에 조선인 표류민을 통한 정보는 중요한 의미가 있다. 공식적인 외교사절인 조선통신사가 제공하는 정보는 정제된 것일 가능성이 크지만, 조선인 표류민에 의해 수집된 정보는 있는 그대로의 정보라는 점에 가치가 있기 때문이다. 또한 조선인 표류민의 일본 내 표착 지역이 규슈(九州)와 나가토(長門), 산인(山陰) 지역에 집중되고 있는데, 조선인 표류민에 의한 정보는 뭍에 닿은 지역 사회에 영향을 주었을 것이다. 그 예로 사츠마에서 수집·유통되었던 조선 관련 정보의 내용을 알 수 있는 기록인 '표민대화(漂民對話)'를 들 수 있다. 그 내용을 보면 상권은 표착지에서 나가사키로 호송되는 날까지의 사츠마 조선어 통사의 조선인 표류민에 대한 심문과 대화 내용을 담고 있다. 그중에서 중권은 왜관의 구조·쓰시마의 연례송사(年例送使)·조선과 일본의 관계·조선의 문물 등 조선에 관한 조선어통사와 조선인 표류민 사이의 대화 내용, 하권은 표착선의 수리, 일본과 조선 배에 관한 문답 내용으로 되어 있다. 해외 도항이 금지되고 통신사행이 지나가는 길목도 아닌 사쓰마 지역에서 조선인 표류민을 통해 다양한 정보를 얻었던 것을 알 수 있다.

또한, 조선에 관한 서적으로부터 정보를 얻었을 것이다. 일본 역사의 시작부터 1867년까지 일본에서 간행된 일본인이 쓰고, 편집, 번역 한 책이 일본의 어느 도서관과 문고에 소장되어 있는지를 정리한 '국서총목록(國書總目錄)'에서 '조선(朝鮮)'이란 용어가 포함되어 있는 서적 만 546종류가 있다. 이 책들 가운데는 쇼군(將軍)의 시강(侍講)이었던 아라이 하쿠세키(新井白石)가 남긴 조선 관복의 건(朝鮮冠服の事)이나 에도막부의 문서와 기록을 담당하는 우히쓰(右筆)였던 야시로 히로카타(屋代弘賢)가 남긴 '조선왕복서식(朝鮮往復書式)' 등 에도막부에서 대조선 업무에 관여하는 위치에 있었던 인물이 남긴 책이 있다. 이러한 책들은 이후 대조선 업무에 관여하는 직책의 사람들에게 유용한 정보가 되었을 것이다. 한편, 조선에서 일본에 파견한 조선통신사가 교토지역에서 유숙하는 장소로 이용한 쇼고쿠지(相国寺)의 선승(禪僧)인 다이텐 겐죠(大典顕常)가 남긴 '朝鮮小記', 센고쿠(戰國)시대 무장이었던 오오코 우치히데모토(大河內秀元)가 남긴 '조선정벌기(朝鮮征伐記)' 등도 있다. '조선정벌기'라는 제목으로는 여러 저자에 의해 여러 종류가 남아있다. 이러한 책들 역시 일반인들에게 조선과 관련한 정보를 제공했을 것이다.

쓰시마번에서는 수집한 조선, 대륙 관련 정보는 쓰시마번→에도 쓰시마번저(藩邸)15)→로주(老中)16)→하야시가(林家)의 경로를 거쳐 막부쇼군에게 보고되었다. 에도막부에는 조선 관련 업무를 담당하는 로주가 지정되어 있었고, 쓰시마번 에도번저에서는 이 로주에게 조선과 관련된 사안을 보고했다. 쓰시마번에서는 자의에 의해서 뿐만 아니라 타의에 의해서도 조선 관련 정보를 제공함으로써 조선 정보는 에도막부의 의도와 다르게 정해진 경로 이외의 인물과 지역에까지 정보가 유통되었던 것을 알 수 있다.

2.4. 근대 정보활동

전쟁사에서 근대는 크레시 전투(1346) 이후부터 핵무기가 출현한 1945년까지 약 600년간을 말한다. 그러나 서양사에서는 동로마 제국이 멸망한 1453년부터라고 보고 있으므로 전쟁사와는 약 100년 정도의 차이가 난다. 우리나라의 경우 조선시대(1392~1910)이가 여기에 해당한다. 근대전쟁은 중세에 비해 크게 발전했는데 그것은 화약의 발명에 따른 대포와 소총의 등장, 프랑스혁명(1789)에 의한 국민군의 탄생으로 대규모 병력동원이 가능했던 점과 산업혁명(1760~1830)의 영향으로 기차 증기선 등이 나타나 병력을 신속히 이동시킬 수 있었고, 무기체계가 혁신적으로 발전했기 때문이다. 고대가 보병, 중세가 기병으로 대표된다면 근대는 화약, 병기의 시대라고 할 수 있다. 영국은 크레시 전투에서 처음으로 대포를 사용하였고, 그 후 3~4세기 동안 구식무기와 혼용하던 과도기를 거쳐 17세기 후반부터 화약, 병기가 전장을 지배하기 시작했다. 이리하여 근대에는 군사적으로 천재들이 다수 배출되었는데, 그중에서 대표적인 인물로 17세기에는 스웨덴의 구스타부스 아돌푸스(Gustavus Adolphus)를 들 수 있다. 그는 18년간 수십여 차례의 전쟁을 치르면서 기병대에게 정찰과 반 정찰훈련을 강화하였고 정찰 기병에게 착검을 시켜 돌격훈련을 시키는 등 공세적인 지휘관이었다. 또한 18세기에는 프러시아의 프레데릭(Frederik) 대왕과 이어서 18세기 말에는 불세출의 명장 나폴레옹이 등장하여 전 유럽을 휩쓸었다. 이들은 한결같이 적에 대한 세밀한 정보수집의 기초위에 기동과 집중, 기습으로 수적으로 우세한 적을 쉽게 무너뜨렸다. 근대전쟁은 중세에 비해 크게 발전했으므로 정보수집 활동 역시 활발해졌다. 그중 2차 세계 대전 이전까지의 중요한 사항을 정리하면 다음과 같다. 첫째, 해외 공관제도를 확

15) 쓰시마 지역을 다스리는 관직명
16) 고위직 관리 명칭

립하여 외교관을 통한 전략정보 수집을 본격적으로 시행했다. 15세기에 들어 이탈리아의 도시국가들이 해외에 상주공관을 설치하여 해외 정보를 수집하기 시작했으며, 이 제도는 점차 다른 나라에 확산되어 16세기 영국의 엘리자베스 여왕시대에 이르러 해외공관제도가 확립되었다. 둘째, 영국은 16세기 말부터 조직적인 정보활동을 계획하여 수행하였다. 영국의 월싱햄(Francis Walsingham)은 1570년 프랑스 주재 대사 시절부터 시작하여 국무장관을 지내는 1587년까지 광범위한 첩보수집을 위해 모교인 케임브리지 대학 출신자, 해외무역 상인 경험자, 언어 능통자 등 50여 명으로 첩보망을 조직, 운영했다. 그는 스페인이 영국을 공격하기 위해 함대를 모으고 있다는 정보를 입수하게 되자 영국 최초의 정보요구서라고 할 수 있는 스페인에 대한 정보계략서(The plot for Intelligence out of Spain)를 만들어 각 공작원에게 구체적인 정보수집 임무를 부여하였다. 이들의 활동으로 스페인 함선은 크고 육중하며 포 구경은 크지만, 사거리가 짧은 화포를 장착하고 육박전에 능한 병력을 승선시킨다는 정보를 입수할 수 있었다. 이를 기초로 영국 함선은 날렵하고 기동력이 좋은 함선에 장사정포를 장착하여 근접전을 피하고 함대끼리 치고 빠지는 기동작전과 해상보급로를 차단하여 스페인 함대를 패퇴시킬 수 있었다. 그러나 1590년 월싱햄이 사망하자 이러한 정보조직은 없어지고 말았다. 셋째, 1855년 이후 유럽 각국은 국가정보기구를 창설하기 시작했다. 영국은 1855년 육군성에 지형통계국을 설치하여 외국의 군사지도와 외국군에 대한 정보를 수집했으며, 이탈리아는 1854~1855년에 외무성에 비밀국, 육군성에 특수비밀부대를 창설했고, 독일은 1866년 육군성에 정보국을, 프랑스는 1873년 육군성에 첩보국을 각각 창설하여 보다 조직적인 정보수집 활동을 수행했다.

넷째, 미국 남북전쟁(1861~1865) 시부터 철도와 전신(電信)이 전쟁수단으로 사용되었다. 이탈리아 물리학자 마르코니에 의해 무선송신 장치가 발명되어 전쟁수단으로 사용되면서 정보전달 체계가 비약적으로 발전했다. 그 이전에는 주로 비둘기를 이용하여 첩보 보고를 하였다. 이처럼 무선통신이 주요 통신으로 등장하게 되자 암호조립과 암호해독을 위한 부서가 신설되기 시작했다. 총력전으로 치러진 1~2차 세계대전 간 정보수집 활동의 특징은 다음과 같이 볼 수 있다. 첫째, 정보수집 활동이 단순한 적정 탐지 수준에서 벗어나 심리전, 방첩, 공작 등 전 분야가 활발하게 이루어졌다는 점이다. 둘째, 세계 각국은 정보활동을 더욱 조직화하고 정보기관들을 대폭 확대하였다. 영국 보안국(MI5)의 경우 1차 대전 이전에는 직원 수가 19명에 불과하였으나, 1918년 11월 전쟁이 끝났을 때 그 조직은 844명으로 40배 이상 확대되어 있었다. 독일 정보국에서 운용한 해외 공작원 수는 1차 대전이 발발하기 이전에는 총 124명이었으나, 1917년에는 487명으로 증가하였다. 이러한 정보기관(부서)들의 전시 확대 개편 추세는 2차 세계대전 시에도 그대로 이어졌다. 셋째, 이 시기에는 암호해독과 항공정찰이 가장 중요한 정보수집 요소로 등장하였다. 독일은 1차 세계대전 시 그들의 외무장관 짐머만(Arthur Zimmermann)이 멕시코 주재 대사에게 보낸 비밀 전문이 영국 해군 정보부서에 포착, 해독되어 미국이 참전하게 됨으로써 패전의 길로 들어섰고, 2차 대전 시에도 독일이 제작한 최고난도의 에니그마 암호체계를 영국 정보국이 해독함으로써 독일을 패전으로 몰았다. 또한 태평양 전선에서 미국은 일본의 암호체계에 침투할 수 있었으므로 미드웨이 해전을 승리로 이끌 수 있었다. 최초의 항공정찰은 1차 대전 때인 1915년 영국 비행단에 의해 벨지움의 루밴(Louvain)을 지나는 부대를 정찰하면서부터 시작되었고 1918년 봄 그동안의 참호전에서 벗어나 기동전이 재개되자 항공정찰의 중요성이 더욱 증대되었다. 2차 대전 시 항공정찰은 더욱 중요한 역할을 하였다. 독일 군에서는 1936년에 항공정찰을 위한 특수목적 비행중대를 창설하였으며, 전쟁이 발발하자 특수목적 비행중대는 12대의 정찰기를 보유한 3개 비행중대로 확장되었고, 절정기에는 50여 대의 항공기로 유럽 전 지역을 정찰하였다. 이러한 항공정찰은 영국, 미국 등 연합국 측에서 더 활발히 전개되었다.

2.4.1. 미 남북전쟁과 공개정보(OSINT)의 출현

많은 정보업무 종사자는 OSINT는 제2차 세계 대전 기간인 1941년 미국의 FBMS(Foreign Broadcast Monitoring Service)[17)]가 설립되면서 OSINT의 역사가 시작되었고 믿고 있다. OSINT는 저널리즘의 발전과 국민의 권리 신장, 반도체의 등장과 IT기술의 등장으로 지속적인 많은 관심을 받아 왔다. 특히 최근에 인터넷 초고속 정

17) Foreign Broadcast Monitoring Service는 1941년 2월 연방통신위원회(Federal Communications Commission ; FCC)안에 설립되었으며 1942년 7월 연방통신위원회에 의해 Foreign Broadcast Intelligence Service(해외방송첩보과)로 일부 변경되었다. 1945년 12월 육군부 장관의 명령에 의해 육군부 참모부 산하 육군정보부(Military Intelligence Division)로 이관되었다. 해외방송첩보과는 1946년 8월 중앙정보국(NIA)으로 이관되었으며, 1946년 10월, 12월에 Foreign Broadcast Information Branch(해외방송정보과)로 불렸다. 1947년 9월 이 부서는 CIA로 이관되었으며 정보부(Directorate of Intelligence)에 소속되었다. 그리고 1950년 12월 해외방송정보과(Foreign Broadcast Information Service : 이하 FBIS)로 다시 지칭되었다. FBIS의 주 임무는 미 정부에서 관심 있어 하는 외국 방송 프로그램과 그것들에 대한 보고서를 기록·번역·분석하는 것이있다. 즉 직국, 짐령국 또는 중립국 국가들한테서 나오는 신진물, 징보, 뉴스 등의 방송을 중간에 가로채 듣는 것과 개인이나 우군 부대의 통신 연락을 청취·복사·기록하는 것이 주 활동이었다. 이곳에서 선택한 방송물의 기록 번역물 등은 미 정부 전쟁 관련자들에게 편집해 보내거나 중요한 부분을 텔레타이프(teletype) 형태로 워싱턴 본부에 우송 또는 전보로 보내졌다. 특별한 분석과 일일, 주간 요약 보고서들 또한 본부와 관계자들을 위해 분석 보고되었다.

보화 시대가 도래하고 대규모의 정보 생산과 저장을 위한 디지털 도메인이 등장함에 따라 공개적으로 사용할 수 있는 정보의 성격과 양이 근본적으로 변화했다. 이러한 기술 발전으로 인해 정보기관과 다른 많은 사람들이 오픈소스에서 정보를 수집하고 활용하는 것이 능력이 대폭으로 증가하였다. 정보 연구 분야에서 오픈소스 인텔리전스(Open Source Intelligence)라는 문구와 OSINT라는 약어가 처음 공개적으로 사용된 것은 1990년 로버트 스틸(Robert Steele)의 논문으로 거슬러 올라간다. 사실 그 이전에도 오픈소스의 중요성이 있어서 정보수집 및 활용은 많이 있었지만 그다지 주목을 받지 못했다. 제2차 세계 대전 중에도 오픈소스의 실제 사용은 많이 있었지만 1990년대가 되어서야 OSINT라는 약어가 사용되기 시작했다. 일부에서는 OSINT가 실제로는 수천 년 동안 실행됐다고 주장한다. 예를 들어, 웨스트콧(Brooke Foss Westcott)[18]은 바이킹 탐험가, 로마 군단병, 실크로드 상인들은 주변 세계를 관찰하고, 그것을 이해하려고 시도하고, 그런 다음 그들이 알고 있는 것을 다른 사람들에게 설명하는 과정에 익숙했다.라고 주장하나 이는 체계적인 정보수집 사항이 없었기 때문에 OSINT로 간주하지 않는다.

OSINT는 사회적, 기술적, 경제적, 군사적, 정치적 발전에 대한 관련 정보가 우리 사회에서 집계된 형태(체계적으로)로 누구나 공개적으로 이용할 수 있는 형태로 되어야 하며 정보수집과 활용에 대한 의도적으로 조직된 접근 방식을 통해서 얻어지는 정보여야 한다. 우연히 얻어지는 정보는 아니며 반드시 공개되면서 체계적으로 획득되어야 하는 것이 OSINT이다[19]. 오픈 소스로부터 수집 및 활용은 무엇보다도 목적이 있어야 한다. 따라서 OSINT 이론적 출발점은 인쇄 매체가 정기간행물이 되고 현실적으로 오픈 소스로 사용할 수 있을 만큼 충분히 널리 배포되는 시기가 되어야 할 것이다. 일반적으로 1631년에 르노도트(Théophraste Renaudot)가 신문 가제트(Gazette)[20]를 창간된 해를 공적 뉴스 매체(공개적)로 자리매김한 시점으로 본다.

OSINT의 최초 사례 연구로서 미국 남북전쟁 중 저널리즘 정보수집과 활용에 대한 Dr. Michael Fuhlhage[21]의 논문에 근거한다. 미국 남북전쟁 중의 OSINT에 관한 그의 저서 「Yankee Reporters and Southern Secrets」에서 미국 남북전쟁 중 언론을

---

18) 1825.1.12.~1901.7.27, 영국의 주교, 성서학자, 신학자
19) Ludo Block, “The long history of OSINT”, JOURNAL OF INTELLIGENCE HISTORY 2024, VOL. 23, NO. 2, 2023
20) 가제트(La Gazette)는 1631년 리슐리외의 허가로 루이 13세의 주치의였던 테오프라스트 르노도트가 창간한 정기간행물이다
21) 저널리즘 및 미디어 전문가

통한 정보수집과 활용을 연구하였다. 1860년대 저널리즘을 이용한 정보수집이 폭발적으로 증가하면서 위협에 대한 민간 및 군사 정보를 얻을 가능성이 크게 확대되었다. 당시 신문 특파원들은 상대측에서 정보수집 및 활용을 피하고자 위장 기사, 위장, 암호 및 대책을 포함한 스파이 활동의 요소를 사용하기 시작했다. 발행된 신문에서 수집한 정보가 분쟁의 양측에 의해 활용되었다. 신문에 실제로 얼마나 많은 관련 정보가 포함되어 있는지 조사하기 위해 Fuhlhage는 1860년 12월 13일에서 28일 사이(16일간)에 발행된 18개 신문에서 샘플을 추출했다. 그는 그 기간 신문에서 정보로 인정할 만한 3,079개의 항목을 추출했으며, 그중 1,423개 항목에는 잠재적으로 실행 가능한 정보가 포함된 것으로 판단하여 그 항목들을 다시 정치, 경제, 군사, 문화 및 기술의 다섯 가지 범주로 분류했다. 우선 정보기관의 관점에서 잠재적 가치를 지닌 대부분의 정보는 정치적인 성격(남북전쟁 당시에 11개 주가 연방 탈퇴 주장)을 띤 것으로, 일반적으로 탈퇴 협약(연방 정부로부터)의 진행 상황과 관련이 있었다. 두 번째로 큰 잠재적 가치 범주의 정보는 군사적 성격을 띠고 있으며 병력, 조직 및 이동에 관한 것이었다. 셋째, 신문에는 통화 부족 및 상업 중단과 같은 문제에 대한 관련 경제 정보가 포함되어 있었다. 마지막으로, 일부 관련 문화적(사회적) 및 기술적 정보가 신문 기사에 실렸다. 요컨대, 신문에는 악용될 준비가 되어 있는 잠재적인 첩보 가치가 있는 정보가 많이 있었다. 남북전쟁 당시 남군의 알렉산더(Edward Porter Alexander) 장군은 자신의 회고록에서 병력과 조직에 대한 신문의 군사 정보가 실제로 자신의 요원들이 제공한 정보보다 낫다고 말한 것이 적절한 예이다. 이 요원들의 주요 업무는 북부(북군) 문서들을 우리에게 공급하는 것이었고 특히 북군이 언제 워싱턴에 도착하는 것인가가 주요 관심사였다. 그러나 이 요원들의 보고서는 일간지에 실린 기사보다 신뢰성이 더 떨어졌다. 당시 일간지에 워싱턴에 언제 어느 여단과 사단이 도착할 것인지의 정보가 지속적으로 언급되면서 적군의 이동과 전력의 집중을 매우 정확하게 알 수 있게 하였다. 피터 매슬로우스키(Peter Maslowski)[22]도 당시에 신문에 너무나 많은 중요한 정보가 인쇄되고 있었기 때문에 상대방들은 적에 대해서 체계적으로 정보를 획득하여 활용하였다고 결론지었다. 부대 전력, 위치, 사기 등에 대해 신문에 실린 세부 정보는 아쉽게도 상대방의 작전 정보로 쉽게 악용되었다. 그러나 당시에는 신문에 실린 정보는 전술정보로서 남북전쟁의 양 측이 가장 필요한 전략정보는 없었다. 즉, 궁극적인 목표인 주공(主攻) 방향 등을 찾고 있었다. 이는 세계 최초로 공식적인 정보기관 출현을 촉진시켰다.

22) 역사학자(1944.8.28.~)

1860년에는 미국 연방 정부에 공식적인 정보기관이 없었지만, 1863년에는 북군이 포토맥 군사정보국(Bureau of Military Information)을 설립하여 언론의 정보를 체계적으로 활용하기 시작했다. 1864년, 군사 정보국(Bureau of Military Information)은 거의 매일 남부 연합의 주요 언론의 내용에 대한 브리핑을 제공하였다. Dr. Michael Fuhlhage에 따르면 의사결정에 점점 더 많이 사용되었다.

결론적으로 Dr. Michael Fuhlhage의 연구에 따르면 미국 남북전쟁 동안 양측이 신문에서 전쟁 승리의 목표를 위해 정보를 체계적으로 수집하고 전투에 활용하였으며 그러한 노력의 결과 상대편 의도와 같은 특정 정보 요구 사항에 대한 정보를 기대 이상으로 획득할 수 있어서 OSINT의 최초 사례로 정의할 수 있다.

2.4.2. 최초 통신정보(COMINT), 전자정보(ELINT) 등장

2.4.2.1. 통신정보(COMINT) 수집 및 암호해독, 방향탐지

전기신호(Electronic Signal) 수집은 1899~1902년 보어 전쟁 중인 1900년 초에 최초 등장했다. 영국 왕립 해군은 1890년대 후반 마르코니(Marconi)가 제작한 무선장비를 함정에 설치했으며, 영국 육군은 이 장비와 제한된 무선 신호를 사용했다. 당시 영국인들만이 전파를 주고받았기 때문에, 영국인들은 그 신호들에 대해 적국에서 감청 분석을 하는 것에 대해 특별히 신경을 쓰지 않았다.

현대적인 의미에서 신호정보의 탄생은 1904~1905년 러일전쟁에서 시작되었다. 1904년 러시아 함대가 일본과의 전쟁을 준비할 때, 수에즈 운하에 주둔한 영국 함선 다이애나가 러시아 함대 동원을 위해 보내는 러시아 해군 무선 신호를 역사상 처음으로 수집하여 통신정보의 시작을 알렸다. 제1차 세계 대전 동안 신호정보는 암호라는 새로운 기술 적용으로 많은 발전을 이루었다. 러시아는 제1차 세계 대전 초기에 통신을 평문으로 전송하는 바람에 러시아 군을 치명적인 위험에 빠지게 하였는데 탄넨베르크 전투(Battle of Tannenberg)에서 루덴도르프와 힌덴부르크(Ludendorff and Hindenburg) 휘하의 독일군에게 참담한 패배를 안겨주었다.

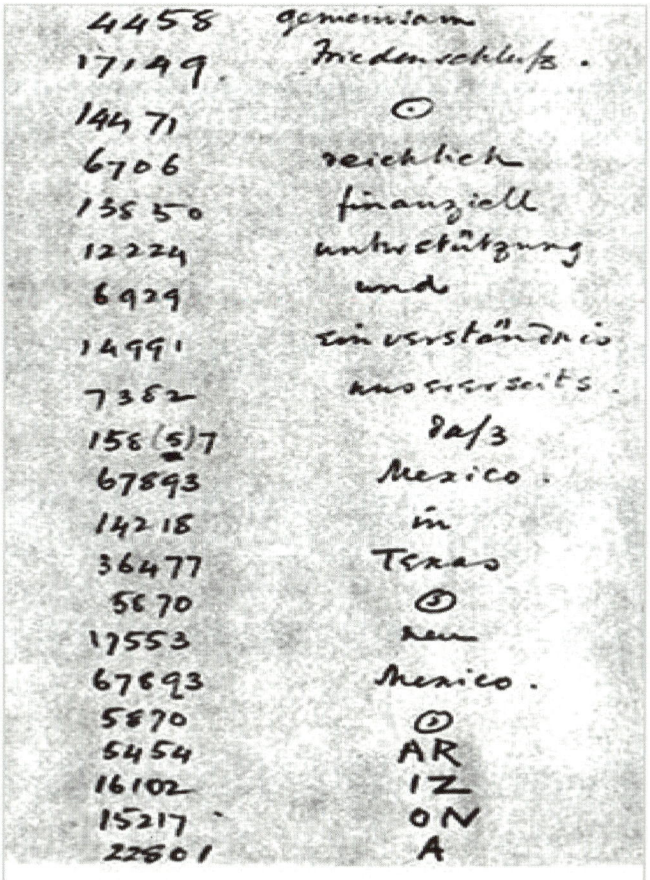

4458 gemeinsam
17149. Friedensschluss.
14471 ⊙
6706 reichlich
13850 finanziell
12224 unterstützung
6929 und
14991 einverständnis
7382 unsererseits.
158(5)7 [illegible]
67893 Mexico.
14218 in
36477 Texas
5870 ⊙
17553 neu
67893 Mexico.
5870 ⊙
5454 AR
16102 IZ
15217 ON
22801 A

〈그림 2-5〉 1차 세계대전 때 영국 해군성 40호실에서 독일군 암호해독(1917)

1918년, 프랑스 정보요원들은 독일에서 사용 중인 ADFGVX 암호로 작성된 메시지를 포착했으며, 이 암호는 조르주 페인빈(Georges Painvin)에 의해 암호해독 되었다. 이에 따라 연합군은 1918년 독일의 공격을 사전에 인지하여 대응할 수 있었다. 특히 영국은 새로운 신호정보 분야, 즉 암호해독에서 뛰어난 전문성을 쌓았다. 독일의 선전포고 후 영국은 모든 독일 해저 케이블을 차단했다. 이에 따라 독일군은 영국 신호정보군에게 감청될 무선을 통해서만 통신하거나 영국군이 들을 수 있는 라디오를 통해서만 통신할 수밖에 없었다. 영국 해군 헨리 올리버(Henry Oliver) 제독은 〈그림 2-5〉처럼 알프레드 유잉(Alfred Ewing) 경에게 해군성 40호실에 신호정보 수집 및 암호분석을 수행할 수 있는 기관을 설립하도록 하였다. 영국인들이 독일어 통신 신호를 수집할 수 있는 우체국 및 'Y' 마르코니(Y Marconi) 수신 국소가 빠르게 성장했다.

독일 함대는 바다에 있을 때 매일 각 선박의 정확한 위치 및 정기적인 위치를 보고하는 무선통신을 하는 습관이 있었다. 그러한 사실로부터 영국군은 독일군 함대의 작전 운용에 정확한 그림을 구축하고 이동 경로를 추론할 수 있었다. 독일 함대는 방어할 수 있는 지뢰밭이 설치된 곳과 선박이 안전하게 운영될 수 있는 곳을 선택해서 작전하였다. 어떤 이동 환경이나 상황 변화가 있을 경우에는 반드시 어떤 작업이 곧 진행될 것임을 무선통신으로 알렸고 또한 잠수함 이동에 대한 자세한 정보도 송신하였다.

전쟁 중에 송신기의 위치를 정확히 파악하기 위한 방향탐지 장비도 개발되었다. 마르코니에서 근무하던 H.J. 라운드(H.J. Round)는 1915년부터 프랑스 군대에서 방향탐지(Direction Finding)를 위한 무선장비 실험을 시작했으며 1915년 5월 영국 해군성은 북해를 건너는 독일 잠수함을 추적할 수 있었다. 이들 신호정보 수집기지 중 일부는 독일군의 메시지를 수집하는 'Y' 기지 역할도 했지만, 40호실 내에 방향탐지를 할 수 있는 새로운 조직이 구성되었다. 영국 해군성 40호실은 전쟁 중 여러 해군 교전에서 중요한 역할을 했으며, 특히 북해로 향하는 독일군의 주요 출격을 탐지하는 데 중요한 역할을 했다. 도거뱅크 전투(battle of Dogger Bank)는 해군이 함정을 적재적소에 배치할 수 있게 해준 신호정보 수집 덕분에 적지 않은 승리를 거두었다. 이후 영국 함대가 독일 함대를 저지하기 위해 파견된 유틀란드 전투(Battle of Jutland)를 포함한 많은 해전에서 중요한 역할을 했다. 방향탐지 능력 덕분에 독일 선박, 잠수함, 제플린(Zeppelin)의 추적과 위치를 파악할 수 있었다. 방향탐지 시스템은 매우 성공적이어서 전쟁이 끝날 때까지 총 8천만 번 이상으로 Y-스테이션 운영자들에 의해 수집되고 분석되었다. 그러나 가장 놀라운 성공은 독일 외무부가 워싱턴을 통해 멕시코 주재 하인리히 폰 에카르트(Heinrich von Eckardt) 대사에게 보낸 전보인 짐머만 전보(Zimmermann Telegram)를 해독한 것이었다.

2.4.2.2. 전자정보(ELINT) 수집 및 방향탐지

현대의 전자전(電子戰, Electronic Warfare, EW)은 상대방의 전자기 스펙트럼 또는 지향성에너지 무기를 제어하여 스펙트럼을 통해 공격하거나 방해하는 것을 말한다. 이러한 전자전의 목적은 상대의 장점은 무력화하고 자신은 방해받지 않으면서 전자기 스펙트럼을 보장하는 것이다. 전자전은 하늘, 바다, 육지, 우주에서도 적용되며 레이다나 통신 또는 다른 체제가 목표가 될 수 있다. 전자전은 전자공격(EA), 전자보호(EP), 전자지원(ES) 3가지로 세분화할 수 있다. 통신 및 전자신호 개발된 초기의 전자전 형태는 적의 유선통신 케이블을 절단하거나 전화기를 케이블에 연결해 도청하는 것이 원시적인 전자전의 형태였다. 적국에 전자지원(ES), 전자공격(EA)이 이루어지기 위해서는 반드시 적국의 전자정보(ELINT)를 획득해야 한다. 상대국에서 사용하는 전자파에 대한 정보를 획득한 후에 그 전자파에 대한 방해가 가능한 것이다. 여기서 상대 전자파에 대한 정보는 현대 개념으로는 주파수, 변조방식, 편파, 방향, 전송속도 등 다양한 요소가 분석되어 전자전 공격에 이러한 요소가 입력되어 전자공격에 적용되나 1900년대 초기에는 단순한 전자정보를 획득해서 전자전을 했을 것으로 본다. 즉, 당시에는 제대로 된 신호분석 개념이 없었을 것이며 아마도 HUMINT를 활용하여 주파수와 같은 간단한 정보만을 획득하여 적용했을 것으로 본다.

최초의 전자전은 1904년 러일전쟁에서 러시아 함대가 일본의 사격 지휘 정보의 무선통신을 방해하면서 현대적인 전자전이 시작된 것으로 보나, 이때는 전자지원(ES) 개념이 없이 일본의 무선통신에서 사용하는 동일한 주파수에 맞추어 신호를 방사하여 일본 군끼리 통신을 방해하였던 것으로 추측된다. 그러나 현대 전자전 개념은 그로부터 9년 후인 1914년에 이루어졌다. 독일군은 영국군의 통신 신호를 수집해서 분석한 후에 이 통신을 방해하기 위한 전자기 에너지를 방사하였다. 즉, 전자전(EW)의 최초 행위로 간주한다. 제1차 세계 대전 중에도 양측이 가장 단순한 형태의 전자기만 신호전송도 이루어졌는데 허위 정보 전송, 방해 신호 전송 등이 그것이다. 따라서 이러한 기만 작전으로부터 회피하기 위해 방향탐지 기술이 개발되어 해상 작전에서 큰 성공을 거두었다.

2.4.2.3. 제1차 세계대전 미국의 참전을 불러온 신호정보

제1차 세계 대전은 사라예보 사건으로 인해 오스트리아-헝가리 제국이 세르비아 왕국에 전쟁을 선포하여 1914년 7월 28일부터 1918년 11월 11일까지 전 세계적으로 전개된 전쟁이다. 제1차 세계 대전의 원인은 100년 간의 평화 시대 속에서 지속적인 팽창을 이룬 유럽 열강들의 제국주의적 팽창 정책과 그 과정에서 소외된 독일 제국으로 대표되는 신흥 제국들의 불만, 유럽 내 민족주의적 갈등 등 다수 요소들이 복합적으로 섞여있다.

그런 과정에서 영국, 프랑스, 러시아 제국을 중심으로 한 삼국 협상과 독일 제국, 오스트리아-헝가리 제국, 이탈리아 왕국을 중심으로한 삼국 동맹이 형성되었고 이들 두 동맹체 간의 대립이 제1차 세계 대전의 직접적인 배경이라고 할 수 있다. 결국 오스트리아-헝가리 제국이 세르비아에게 선전포고를 하자 이때 같은 슬라브족 국가인 세르비아의 보호를 천명한 삼국 협상 소속의 러시아 제국이 반발하며 총동원령을 선포했고, 또다시 오스트리아-헝가리 제국의 동맹인 독일 제국이 러시아 제국과 러시아의 동맹인 프랑스에게 선전포고를 한다. 영국은 발칸 반도의 분쟁이 전 유럽을 휩쓰는 대규모의 전쟁으로 커지려고 하자 중립을 지켰으나, 독일 제국이 슐리펜 계획(Schlieffen Plan)에 따라 영국이 독립을 보장하던 벨기에를 침공하자 전쟁을 피할 수 없다고 판단하여 참전을 선언한다. 일본제국 또한 영일동맹에 근거하여 독일 제국에게 선전포고를 한다. 1914년 11월에는 오스만 제국이 참전하였고 이탈리아 왕국은 1915년 참전했고, 미국은 중립 정책을 지켰으나 신호정보를 바탕으로 결국 미국은 1917년에 참전하게 된다. 〈그림 2-6〉처럼 당시 영국 해군정보부 감청부대에 암호 통신문[23]이 접수되었다. 미국의 참전을 끌어드리기에 충분한 극비밀 문서였다.

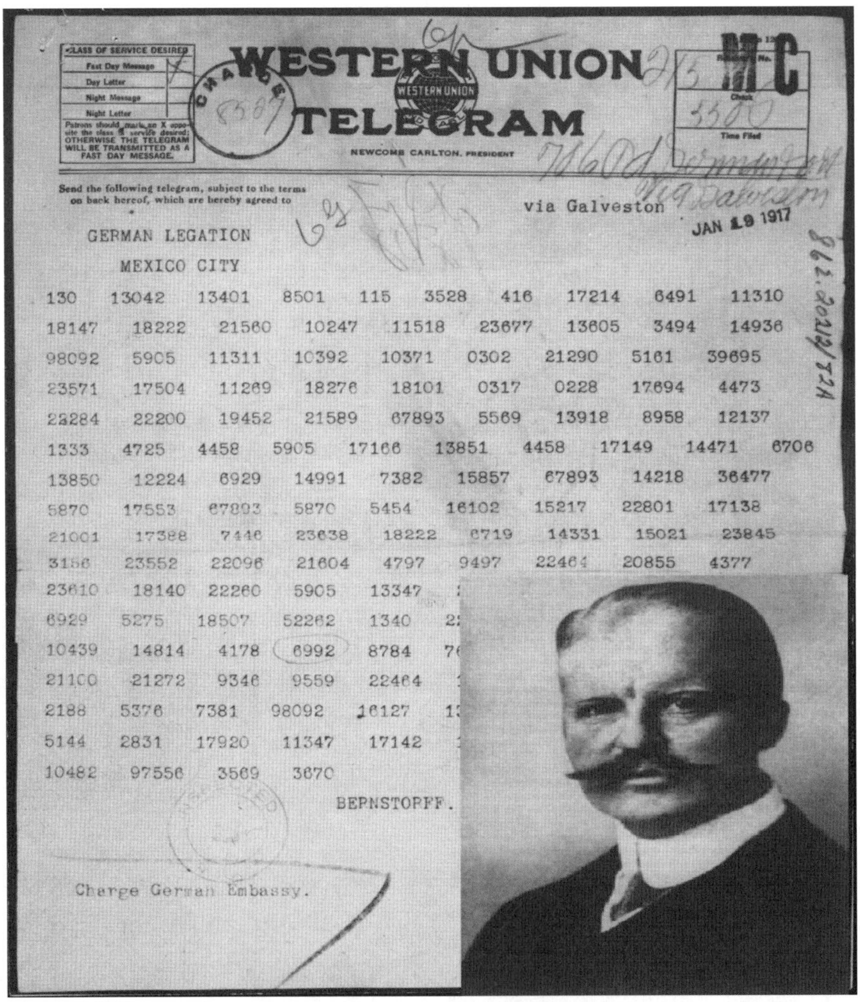
WESTERN UNION
TELEGRAM
NEWCOMB CARLTON, PRESIDENT
Send the following telegram, subject to the terms on back hereof, which are hereby agreed to
via Galveston
JAN 19 1917
GERMAN LEGATION
MEXICO CITY
130 13042 13401 8501 115 3528 416 17214 6491 11310
18147 18222 21560 10247 11518 23677 13605 3494 14936
98092 5905 11311 10392 10371 0302 21290 5161 39695
23571 17504 11269 18276 18101 0317 0228 17694 4473
22284 22200 19452 21589 67893 5569 13918 8958 12137
1333 4725 4458 5905 17166 13851 4458 17149 14471 6706
13850 12224 6929 14991 7382 15857 67893 14218 36477
5870 17553 67893 5870 5454 16102 15217 22801 17138
21001 17388 7446 23638 18222 6719 14331 15021 23845
3156 23552 22096 21604 4797 9497 22464 20855 4377
23610 18140 22260 5905 13347
6929 5275 18507 52262 1340
10439 14814 4178 6992 8784
21100 21272 9346 9559 22464
2188 5376 7381 98092 16127
5144 2831 17920 11347 17142
10482 97556 3569 3670
BERNSTORFF.
Charge German Embassy.

〈그림 2-6〉 독일 외무부에서 워싱턴 독일대사에게 보낸 암호문
(2017년 3월 1일, 뉴욕타임스)

23) "수미테리 사건으로 본 동맹국 첩보전의 역사(김상운의 빽투더퓨처)" 동아일보, 2024.7.23

"미국을 전쟁에 끌어들일 수 있는 물건이 하나 잡혔습니다." 1917년 1월 17일 영국 해군정보부 40호실의 신호정보(SIGINT) 분석관 나이절 드 그레이가 상관인 레지널드 홀에게 의미심장한 보고를 한다. 미국 워싱턴에서 송수신되는 신호정보를 감시하던 그에게 독일 외무장관 아르투르 침머만이 워싱턴 주재 독일 대사관에 보낸 전문이 포착된 것이다. 최종 수신처는 멕시코 주재 독일 공사관이었다. 암호해독 후 파악된 내용은 충격적이었다.

> 1917년 1월 19일.
>
> 우리는 무제한의 잠수함 전쟁을 2월 1일 개시하려고 합니다. 이 전쟁을 벌이더라도 우리는 미국의 중립국 유지를 위해 노력할 겁니다. 이 노력이 성공하지 못할 때 우리는 다음과 같은 조건으로 멕시코에 동맹을 제안합니다. 전쟁을 함께 벌이자. 평화를 함께 이루자.
>
> 우리 측에선 멕시코가 텍사스, 뉴멕시코, 애리조나의 실지를 탈환하도록 관대한 재정지원을 약속합니다. 귀하는 미국과의 전쟁 발발이 확실해지자마자 가장 은밀하게 위의 사항을 멕시코 대통령에게 알리고, 그가 자발적으로 일본에 즉각적인 동조를 요청하는 동시에 우리와 일본 사이를 중재하는 방안을 그에게 제시하기 바랍니다.

영국에 의해 침머만 전문을 전달받은 미국은 큰 충격에 빠졌다[24]. 당시 우드로 윌슨(Woodrow Wilson) 미국 대통령은 중립을 지키며 독일과 영국 사이에서 평화조약을 모색하고 있었으나, 독일은 미국의 뒤통수를 칠 기회를 노리고 있었던 것이다. 1917년 3월 1일 뉴욕타임스 등 주요 신문의 1면 헤드라인을 침머만 전문이 장식하자, 미국 내 참전 여론이 들끓게 되었다. 결국 윌슨 대통령은 한 달 뒤인 4월 2일 미 의회 상하원 합동회의에서 독일에 대한 선전포고를 요청하며 이런 연설을 남기게 됩니다.

24) 그런데 이 침머만 전보 사건 안에는 영미 간에 심각한 갈등을 일으킬 수 있는 중대한 문제가 도사리고 있었다. 바로 영국이 그동안 미국의 대서양 횡단케이블을 지속적으로 도청해 적국인 독일뿐 아니라 우방인 미국의 외교 통신도 가로챘다는 사실이다. 침머만 전문을 처음 보고받은 영국 해군정보부 40호실 책임자 레지널드 홀도 이를 매우 우려했다. 그래서 그는 절취한 전문을 활용하기에 앞서 그 출처를 위장하는 작전을 벌였다. 멕시코시티 주재 영국 총영사였던 에드워드 더스턴에게 요청해 현지 전신국으로부터 침머만 외교 전문 사본을 입수토록 한 것이다. 즉, 워싱턴 주재 독일 대사관이 멕시코시티 공사관에게 보낸 전문을 입수한 것처럼 꾸며서 미국 정부에 알려준 것으로 위장했다. 이미 워싱턴에서 전문을 절취한 사실을 가리기 위한 공작이었다. 이와 함께 런던 주재 미국 특파원을 속이는 기만작전도 벌였다. 미국 비밀요원들이 전문을 입수한 것처럼 기자들에게 잘못된 정보를 슬쩍 흘렸다. 미국 기자들이 이를 대서특필할 거라는 점을 노렸다.

"멕시코 주재 독일 공사에게 보낸 절취된 전문은 바로 우리 집 앞의 이웃을 적으로 만들려는 독일의 의도를 웅변하는 증거입니다."

이로부터 나흘 뒤 미국은 독일에 대해 선전포고를 하였고 독일의 맞서 싸울 영국의 강력한 우군이 생긴 것이다. 미군의 참전으로 1차 세계대전은 연합군 승리로 결판났다.

2.4.3 제2차대전 일본의 정보기관 활동

2.4.3.1. 유능한 정보장교 양성을 위한 교육기관 설립

러일전쟁 시 일본 정보장교를 육성한 자는 카와카미 소로쿠(川上操六)는 일본 육군 참모본부의 아버지라고도 불리고 있으며, 메이지 유신의 병제를 프랑스식으로부터 독일식으로 전환한 인물이기도 하다. 그는 사츠마 · 쵸슈라고하는 번[25]벌을 배제하고 인재를 발탁하였다. 그의 눈에 들어 정보부문에서 두각을 나타낸 사람으로는 후쿠시마 야스마사(福島安正, 시베리아를 횡단하며 정찰), 아카시 모토지로(明石元四郎, 제정 러시아 교란공작), 우츠노미야 타로(宇都宮太郎, 영국주재 무관), 타나카 기이찌(田中儀一, 대러시아 첩보활동)등이 있다.

영일동맹 성립(1902.1.30.)후 반년이 지나지 않은 동년 7월 7일에 영국 육군성에서 열린 영일 군사 협상에서 양국의 정보부문에서 상호협력이 체결되었다. 여기에 참가한 참모본부 제2 부장인 후쿠시마 소장, 프랑스 주재무관인 아카시 중령 및 영국 주재무관인 우츠노미야 소령의 3명은 밀담으로 러시아에 대한 모략 공작을 실시하기로 합의하였다. 이 합의로 일본 육군은 영국 주재무관인 우츠노미야를 통해서 영국이 얻은 러시아의 전략정보나 인도 방면의 러시아 육군의 동향을 입수할 수 있게 되었다. 영국은 러일전쟁 개전에 대비해 러시아 주재무관을 통해서 속도 있게 러시아의 전황을 획득할 수 있게 되었다. 러일전쟁이 시작되자 영국은 22명이나 되는 무관을 전장에 보내 정보를 수집하여 이를 일본에 은밀하게 전달하여 러일전쟁에서 일본의 승리에 크게 기여하였다. 상기 3인을 포함하여 나카무라 텐뿌(中村天風, 러시아군 후방교란), 이시미쯔 마키요(石光真清, 시베리아, 만주에서 첩보활동), 히로세 타케오(広瀬武夫, 시베리아 지역에서 첩보활동) 등 6명에 대한 활약은 러일전쟁 승리를 위한 기초가 되었다. 이들 모두 일본군의 정보분야의 개척자로 직 · 간접적으로 일본 정보 교육기관인 1938년 7월에 설립된 육군 나카노 학교의 우상이 된 인물들이다. 아카시 모토지로 대령은 사분오열하

25) 지역적으로 통치한 행정구역

고 있던 러시아 지배하의 반정부 세력을 공동의 하나의 조직으로 규합시켜 러시아 국내에서의 반전·반정부운동을 선동해, 러시아 본국에서 대동란을 일으키는데 성공했다. 이로써 아카시는 러시아군의 만주방면에 대한 증원을 저지해 당시의 짜르(황제)인 니콜라이 2세에게 전쟁의 계속을 단념시켜, 종전 교섭을 결의하도록 하였다.

아카시 모토지로는 러시아에서 첩보 공작을 마치고 귀국한 후 1907년 한국통감부의 한국주차군[26] 헌병대장(隊長)으로 부임하였으며 일본에 저항하는 한국의 의병들을 탄압했다. 이 과정에서 13도 창의군을 이끌던 허위[27]를 고문해 죽음에 이르기까지 했다. 「군산 근대역사 박물관」에는 아카시 모토지로가 후임인 사카키바라 쇼조(榊原昇造)에게 보낸 편지가 전시되어 있는데, 주차군 헌병대의 강화와 발전방향에 대한 의견을 후임자에게 전하는 내용이다. 이어서 주차군참모장으로 전임되어 1909년 8월 1일까지 한국에서 근무하였다. 그는 1914년 4월 일본 육군의 참모차장을 거쳐 1918년에 대만총독으로 부임하였다.

2.4.3.2. 중국에서 일본의 특무기관 중심 정보활동

중국에는 청일전쟁 이후 각지의 군벌과 장개석의 국민혁명군과 모택동의 팔로군, 신4군 등의 세력들이 혼재하고 있었다. 일본은 이들 서로 견제하는 세력들에 대하여 다양한 정보공작을 할 필요가 있었으며 그들을 중립이나 친일로 하는 것이 필요했다. 일본의 대중국 정보작전은 많은 부분이 일본의 군사교관, 고문이라는 특수한 형태로 이루어졌으며 여기에 필요에 따라 특무기관이 만들어졌다. 예를 들면 원세개(袁世凱, 위안스카이)[28]나 장작림 등에게는 그쪽에서 「초빙」이라는 형식으로 군사교관, 고문단을 파견하였다.

1898~1902년 간의 중일관계는 중국의 초빙과 이에 따른 일본이 응빙(應聘, 맞장구치는 방식)으로 일본의 군사교관, 고문들이 청나라로 건너갔으며 청국무비(武備: 군사관련) 유학생의 일본 유학으로 군사 제휴가 긴밀해지고 있던 시기였다. 중국 각지에 일본인 군사교관이 초빙되는 것은, 병서 번역, 군사교육이 목적이었지만 일본으로서는 중국의 군사정보를 쉽게 획득할 수 있는 기회였다. 중화민국의 전 장개석 총통도 청국무비(武備) 유학생으로 일본에 유학하였다. 그는 1908년 군사교육을 받기 위해 '진무학교

26) 병력 규모는 1개 연대, 4개 대대, 2개 중대 등 4,273명으로 구성되있다.
27) 경북 구미지역을 중심으로 의병활동을 하였다.
28) 중화민국의 군벌인 북양군벌의 수장, 중화민국 북양정부의 초대 총통, 중화제국의 처음이자 마지막 황제. 청나라를 멸망시키고 세워진 중화민국을 중화제국으로 바꾸고 황제를 자칭한 중국 역사상 최악의 한간(漢奸)이라고도 불린다.

(振武学校)'에 입학하는데 이 학교는 일본이 세운 중국 정부로부터 파견된 군인 유학생 전용의 육군사관학교 예비학교였다. 이 학교를 졸업(2~3년)하면 당시의 교육과정에 따라 1년간 일본 군에서 근무한 후 정식으로 일본 육군사관학교에 입학할 수 있는 자격이 주어졌다. 장개석 총통도 일본 니가타현 소재 제13사단 야전포병 제19연대에서 부대 근무를 마치고 정식으로 육군사관학교에 입학할 예정이었으나 근무 중에 중국에서 신해혁명이 일어나자 자퇴하고 중국으로 돌아갔다. 장개석 총통은 "평생 일관되게 일본에게서 배워야 한다"라는 견해를 피력했다.

러일전쟁 전후인 1903~1904년에는 일본인 군사고문, 교관의 응빙(應聘)도 전기에 비해 질적으로도 양적으로도 훨씬 강화되었다. 이는 양 측(중국, 일본)의 이해가 맞아떨어지는 지점이었다. 이때만 해도 중국은 러시아 남쪽으로 진출을 억제해야 했고 일본은 동아시아 식민지 야욕의 발톱을 숨긴 상태였기 때문이었다. 군사교관에 관해서는 전단계의 병서 번역, 군사교육, 신인 추천 등에 대해 계속 임무를 수행하는 한편, 러일 개전 후에는 정보제공, 무기거래 등에도 관계되어 갔다. 군사고문도, 전단계의 계획, 교육, 훈련, 기관 정비 등에서 1905년부터 행해진 대러시아 야전연습의 실시를 계기로, 동원 준비, 연습지도 등도 실시하게 되었다. 이상의 점으로 미루어 일본인 군사고문단의 활동으로, 교육, 훈련, 연습 등 넓은 범위에 걸쳐 중국과 일본의 군사협력의 토대가 세워지게 되었다.

1908~1911년의 러일전쟁 후에는 만주 문제를 둘러싸고, 중일 간에 대립 감정이 싹트게 되었다. 러일전쟁 후에 독일은 중국 정부에 대해 적극적인 외교 공세를 걸었다. 그 영향도 있어, 일중(청) 사이에 군사교관 초빙의 기운은 쇠퇴해 갔다. 1910년 8월 중국 정부 내에서 친독파인 음창(廕昌)이 육군부상서(육군대신)로 취임하여 외국인 군사교관 초빙에 관한 정책을 전환했다. 즉, 초빙 대상을 일본인 군사교관에서 독일인 군사교관으로 전환했다.

1925년 1월, 일본 첩보무관회의에서 중국에 무관을 파견하기로 하였고 이를 계기로 중앙정부의 정보수집에 관한 방침을 전환하여 중국의 정치 군 관계, 지형정보, 자원 조사연구 등을 목적으로 중국 정보를 수집하게 되었다. 만주국[29]이 탄생하자 중국을 전문으로 하는 일본 군인들은 일본 산업육성 정책으로 중국 내에서 경제활동으로 전환하게 된다. 이러한 군인들은 중국 내에서 경제활동을 하면서도 지속적으로 중국의 정치, 군사, 경제, 자원에 관한 정보를 수집하여 일본에 보고하였다. 중일전쟁 발발 후, 일본

29) 1932~1945, 일본이 만주사변 직후 만주지역에 세운 일본제국의 괴뢰국

은 화북, 몽강(내몽골 자치구, 수원성(綏遠省)일대), 장강하류 지역, 이른바 군수산업 지역에 대한 실질적인 점령통치를 진행하였고 일본은 왕조명(王兆銘, 왕자오밍)[30]의 '신중앙정부'에 고문 배치를 요구하는 한편 중국의 군대, 경찰대 건설에 대해서도 고문 초빙을 요구했다. 이 기간에 설치된 특무기관으로 우메기관[31], 도이하라기관[32], 제스필드기관[33], 사토미기관[34] 등 다수 조직이 있었다.

2.4.4. 영상정보(IMINT) 출현 및 발전

항공 사진은 1858년 프랑스 파리에서 'Nadar'로 알려진 프랑스 사진작가이자 풍선 제작자인 Gaspard-Félix Tournachon에 의해 처음으로 시도되었고 1908년 알버트 사마마 치클리(Albert Samama Chikly)는 튀니지 함맘-리프(Hammam-Lif)에서 열기구를 사용하여 최초의 공중 사진을 촬영했다. 항공 사진은 제1차 세계 대전 중에 처음으로 사용되었다. 독일은 1913년 최초의 항공 카메라인 괴르츠(Görz)를 채택했고 프랑스는 정찰용 카메라를 갖춘 Blériot 관측기로 여러 비행 중대를 창설하여 전쟁을 대비하였다. 그러나 전문적인 Image Intelligence 작전이 시작된 것은 제2차 세계 대전 중이었다. 전쟁이 일어나기 전 10년 동안 일련의 기술 혁신으로 고품질 이미지가 가능해졌다. 1928년, 영국공군 RAF(Royal Air Force)는 공중 카메라 히팅 시스템을 개발했다. 이를 통해 정찰기는 카메라 부품이 얼지 않고 매우 높은 고도에서 사진을 찍을 수 있었다. 1939년 영국공군 RAF의 비행 장교 모리스 롱바텀(Maurice Longbottom)과 시드니 코튼(Sidney Cotton)은 공중 정찰이 적으로부터 탐지와 요격을 피하고자 빠른 속도와 높은 고도에서 운용할 수 있는 소형 항공기에 더 적합한 임무일 수 있다고 제안했다. 그들은 〈그림 2-7〉과 같은 무장과 스핏파이어(Spitfire)를 사용할 것을 제안했다. 불필요한 무선장치를 제거하고 여분의 연료 장치와 광학 카메라로

30) 중화민국의 정치인, 장제스의 라이벌, 중국 근대사에서 한간의 대명사로 평가된다.
31) 카게사 사다아끼(禎昭影佐禎) 중장이 일중전쟁 시에 설립한 특무기관으로, 일중전쟁의 전국타개를 목적으로 중국 국민당 내의 친일파였던 「왕조명」과 접촉해, 왕조명 정권을 수립시키는 공작을 수행하였다.
32) 전 하얼빈 특무기관장이었던 도이하라 켄지(土肥原賢二)에 의해 설립된 특무기관으로, 허베이성, 찰읍성, 배원성, 산서성, 산동성을 중국 국민당 정부로부터 분리하여 일본의 영향 아래에 두는 화북 분리공작 등을 하였다.1920년에 설치된 봉천 특무기관은 중국 동북에서의 대중 정보작전의 중심이었다.
33) 상하이에 위치하였으며 도이하라 기관이나 우메기관에 속하고 있던 특무기관으로, 친일파 중국인으로 구성. 중국 국민당의 장개석 직속 공작기관 '남의사'의 공작원 살해 등의 공작과 정보수집을 실시하였다. 2007년에 개봉되어 화제가 되었던 영화 「색계(色戒)」의 배경이기도 하다.
34) 사토미 하지메(里見甫)가 설립한 민간의 특무기관으로, 관동군과 제휴해 아편의 중국내 밀매 등으로 얻은 이익으로 관동군에 무기나 자재조달에 관여하였다.

교체했다. 이 비행기들은 무장을 제거한 상태에서 최대속도가 시속 396마일로 30,000 피트에 달했으며, 사진 정찰 임무에 사용되었다. 항공기에는 좋은 결과를 보장하기 위해 히팅 시스템이 구비된 다섯 대의 카메라가 장착되었다. 방대한 양의 항공정찰 정보 데이터를 체계적으로 수집하고 해석하는 것이 곧 필수적으로 되었다. 1941년부터 RAF 메드메넘(Medmenham)[35]은 유럽과 지중해 지역에서 사진 정찰 작전을 위한 주요 분석센터가 되었다. 항공정찰 정보 데이터의 중앙분석부대(Central Interpretation Unit, CIU)는 1942년에 폭격기 피해 평가 부서(Bomber Command Damage Assessment Section)와 RAF 오킹턴(RAF Oakington)의 제3 사진 정찰 부대인 야간 사진 분석 부서(Night Photographic Interpretation Section of No 3 Photographic Reconnaissance Unit)와 통합되었다.

〈그림 2-7〉 최초로 영상정보 획득에 사용된 영국공군 Spitfire

1942년과 1943년 동안 CIU는 점차 확장되어 전쟁의 거의 모든 작전계획 단계와 정보의 모든 측면에 관여하게 되었다. 항공정찰 정보 데이터의 중요성은 더욱 확대되었다. 1945년에는 하루 평균 60,000장의 사진 인쇄물이 사용되었다. 미군은 한동안 CIU 조직의 일부로 참여하였으나 이후 점점 더 많이 인력을 조직적으로 참여시켰다. 1944년 5월 1일, 연합군 중앙분석부대(Allied Central Interpretation Unit, ACIU)로 부대의 명칭을 변경하였다. 당시 영상정보 임무를 수행하는 부대 병력은 1,700명이 넘었으나 수요가 폭발하여 자비에 아텐시오(Xavier Atencio)를 비롯한 할리우드 영화 스튜디오에서도 사진 분석사를 대거 모집했다. 영상정보는 고고도 고속 사진 기술 등이 개발되면서 중요한 군사 및 정보 표적의 위치를 밝히는 데 중요한 역할을 했다.

35) 영국 템즈강에 있는 지명

2차 대전 후 영상정보는 미국 중심으로 발전되었다. 냉전체제 하에서 폐쇄적인 공산국가들 내부에 침투하기가 어려워지자, 미국은 영상정보 수집 자산 개발에 치중하여 1955년 장거리 전략정찰기인 U-2기를 개발하였고, 이어 SR-71 정찰기, 첩보위성 개발로 발전시켜 나갔다. U-2(Dragon Lady)기는 미국 록히드사가 개발하여 1956년부터 소련 등 공산권 지역 정찰을 위해 투입되었다. 이 정찰기는 최고 상승고도 20km, 비행속도 마하 0.7이며 영상정보와 신호정보를 동시에 수집할 수 있는 쌍발 1인승 정찰기이다. 최초 제작 당시에는 소련의 전투기나 폭격기의 고공비행 제한 높이와 지대공 미사일의 사정권인 15km를 벗어난 초고고도에서 자유로 이 정찰비행을 할 수 있도록 설계, 제작되었으므로 최고 상승고도를 20km로 하였고, 비행 속도에는 큰 관심을 두지 않았다. U-2기는 CIA가 운용할 때는 특별히 훈련된 민간 조종사가 조종하고 군에서 운용할 때는 공군 조종사가 담당하였다. 그런데 지상의 어떤 미사일로도 격추되지 않는다고 장담하던 U-2기가 1960년에 소련 미사일에 피격되어 격추되는 사건이 발생했다. SR-71 전략정찰기는 U-2기 격추에 자극받아 그 후속 기종으로 개발한 기종으로 1966년부터 실전에 투입되었다. 이 정찰기는 상승 고도 24km, 최고속도 마하 3.3으로 고속 비행하면서 한 시간에 무려 26만km^2 지역을 촬영할 수 있는 고성능 정찰기이다. U-2기에 비해 상승고도는 4km 이상, 속도는 배 이상 향상되었으므로 안전성은 훨씬 좋아졌으나, 빠른 속도 때문에 정찰기의 표면 온도가 최고 섭씨 600도까지 올라가게 되어 기체(機體)를 고온에 견딜 수 있도록 모두 티타늄 합금으로 만들었다. 이 정찰기는 전자광학 및 적외선 영상감지기를 탑재하여 주야간 정찰 활동이 가능하고 해상도는 15cm로 우수했다. 그러나 빠른 속도 때문에 연료 소모가 많아 유지비용이 과다하게 소요되고 정찰위성이 개발되자, 1998년 퇴역하였다. E-8, J-STARS는 지상 감시 전략정찰기로 1991년부터 생산되어 미국 주도의 여러 전쟁에 계속 투입되었다. 이 정찰기는 항속거리 9,300km, 10시간 동안 비행이 가능하며, 레이더 영상감지기와 이동표적 탐지기를 탑재하여 9~12km 상공에서 250km 밖의 이동표적 600여 개를 동시에 추적할 수 있다.

정찰위성 영상정보는 1957년 소련이 스푸트니크(Sputnik)호를 궤도에 진입시킴으로써 기술정보 수집활동이 우주로 확대되기 시작했다. 미국의 영상 정찰위성은 코로나 / 디스커버리(KH-1~KH-4) 시리즈로 시작됐다. 1960년 5월 1일 중앙정보국의 U-2기가 옛 소련에 의해 격추되자, 미국은 옛 소련의 전략무기시스템과 중요기지를 감시할 필요성이 더욱 증가하여 그해 8월 최초의 정찰위성인 코로나 / 디스커버로(KH-1)를 발사했다. U-2기를 사용했을 때보다 많은 영상데이터를 제공한 코로나 / 디스커버로는 길이 1천82m의 필름(무게 9.1kg)을 탑재했으며, 4백 27만km^2의 면적을 15m의 해상도로 정찰했다. 코로나 / 디스커버로는 1962년 초 30회 발사를 마지막으로 사라졌다[36]. 그 뒤를 이은 코로나(KH-4)는 1972년까지 활약하며 옛 소련의 대륙간탄도탄 기지에 대한 영상을 주로 확보했다. 록히드사가 위성체를 설계, 제작하였고 아이텍사가 카메라를 공급하였는데 초기의 카메라 해상도는 약 15m였고, 후에는 1.5m의 해상도와 파노라마를 구현하였다. 코로나 시리즈의 하나인 아르곤(KH-5)은 미 육군의 위성지도 작성 계획을 위해 발사됐다. 당시 옛 소련의 미사일이 지하에 배치되기 시작해 옛 소련의 군사동향을 파악할 필요가 있었기 때문이다[37].

코로나 위성체는 궤도에 있는 동안 일정한 각도로 회전하는 스테레오 파노라마 카메라시스템을 이용해 사진을 찍는다. 맨 하단의 필름 통에서 흘러나온 필름은 카메라로 이동하고, 영상이 찍힌 필름은 중간의 롤러 어셈블리를 거쳐 회수용 필름 통에 감긴다. 별도의 회수용 비행체에 들어 있는 회수용 필름 통이 꽉 차면 회수용 비행체는 궤도를 떠나 낙하산을 이용해 지상으로 떨어진다. 이때 공군 수송기인 C-119가 공중에서 이를 낚아채 가져온다. 필름은 지상에서 현상한다.

빅버드(KH-9)는 특정 지역을 정밀 관측한 미 공군의 주 정찰위성이다. 위성의 무게는 11톤 이상으로, 0.6m의 해상도와 1백30km의 대역폭을 얻을 수 있는 스테레오카메라를 탑재하고 있었다. 이 위성은 태양동기궤도를 돌면서 새로운 미사일기지의 건설 여부, 장착된 미사일의 숫자와 형식 등에 관한 변화를 살폈다. 수명이 7~10일로 짧아 주기적으로 애지너(Agena) 로켓으로 위성을 발사해 그 수명을 연장했다. 1974년 중동에 긴장감이 고조될 때 빅버드는 지대지 미사일인 스커드의 부품을 하역하고 있는 16기의 옛 소련 함정을 촬영했고, 1980년에는 이란과 이라크의 전쟁을 261일 동안 지켜본 다음 그 필름을 보내오기도 했다. KH-11부터는 CCD를 이용한 전자광학 카메라가 동원돼 더 이상 필름을 회수할 필요가 없어졌다. 또 수명을 증가시키기 위해 KH-9가 사용했던 고도보다 훨씬 높은 고도(늘 태양을 볼 수 있는 태양동기궤도)를 이용했다. 표준 궤도는 300×1,000km였으며, 이 시리즈의 마지막 위성은 1996년 5월에 궤도에서 사라졌다. KH-11의 고급형인 최신 정찰위성인 KH-12는 해상도가 15cm에 이르고, 이를 위해 지름이 약 2.4m의 대구경 망원경과 고정밀의 CCD센서를 탑재하고 있다. 라크로스는 첫 번째 고해상도 레이더 영상위성으로 1988년 2월에 우주왕복선 아틀란티스호에 의해 발사됐다. 10kW의 고출력 레이다를 탑재하고 있는 이 위성은 러시

36) 권석근, "정찰위성의 현황과 발전", 국방과기술, 2000.5
37) https://ko.wikipedia.org/wiki, "정찰위성"

아의 군사 동태를 1m의 고해상도영상으로 기후 상태나 밤낮의 구분 없이 관측할 수 있다. 데이터는 TDRS(Tracking and Data Relay Satellite System) 위성을 통해 뉴멕시코 주의 지상국으로 전달한다.

러시아의 정찰위성은 어떤 우주 프로그램보다 규모가 컸다. 1996년 말까지 러시아는 영상 정찰위성을 무려 804회(34회 실패)나 발사했다. 최근 그 발사 빈도는 줄고 있지만 경제적인 이유 때문만은 아니다. 수명이 2~3주밖에 안 되는 3세대 위성에서 2개월~1년의 수명을 갖는 4~5세대 위성으로 전환됐기 때문이다. 그러나 1996년 4세대 정찰위성들이 연이어 실패함으로써 러시아는 1996년 9월 코스모스위성이 사라진 이후 1997년 4월까지 정찰위성을 보유하지 못했다. 1~3세대를 유지해 온 러시아의 정찰위성인 제니트는 1962년 4월 코스모스 4호에서부터 시작됐다. 위성체는 보스토크 유인 우주선에 기초해 만들어졌다. 마지막 제니트(Zenit) 정찰위성은 1994년 6월에 발사됐다. 그러나 1995년 9월 레수르스(Resurs) F2라는 이름으로 다시 발사되기 시작했다. 4세대 정밀 탐사위성인 얀타르(Yantar) 위성은 1974년 12월에 처음 발사됐고, 주기적으로 두 개의 필름 캡슐을 보냈으며 수명은 6~8주 정도였다. 코메타(Kometa)라고 하는 다른 4세대 위성은 1981년 2월부터 발사되기 시작했고, 주로 지도 제작 임무를 수행했다. 이 위성에 실린 KVR-1000 카메라는 0.75m의 높은 해상도를 지녔다.

러시아의 5세대 위성에 대한 공식적인 이름은 아직 알려진 바가 없다. 1995년 파리 에어쇼에서 디지털 영상시스템을 탑재한 모델이 선보인 후, 1995년 9월에 발사해 1년 동안 사용했지만 1997년 중반까지 더 이상 발사되지 않았다. 이 밖에도 러시아에는 6~7세대 위성과 세계 전역의 해군시설 등을 탐지하는 원자력 RORSAT 프로그램이 있다.

무인기[38]를 활용한 영상정보 수집은 감시정찰 분야에서 가장 빠른 발전을 보였다. 조종사가 탑승하지 않은 상태에서 지상의 원격조종이나 사전 입력된 프로그램에 따라 비행하면서 목표 지점을 광학 또는 전자광학, IR, SAR로 영상을 획득한다. 특히 최근에는 전천후로 영상을 획득하는 SAR방식이나 양호한 날씨에 선명한 영상을 획득할 수 있는 전자광학 영상을 겸용해서 운용하는 경우가 많다. 무인기는 전자장치에 의하여 원격 조종되며 활주로나 발사대를 이용하여 이륙시킨 후 활주로나 낙하산, 포획 그물 등

38) "UAV"와 "드론"이라는 두 용어는 종종 같은 의미로 사용되기도 하지만 일반적으로 드론은 자율적으로 또는 원격으로 조종할 수 있는 모든 무인 비행체를 가리킨다. 즉 드론(Drone)은 무인항공기를 뜻하는 포괄적인 용어로, 조종사가 탑승하지 않고 원격으로 조종하거나 자율적으로 비행하는 모든 종류의 비행체를 의미한다. 대체로 소형으로서 상업용 스포츠로 많이 활용되고 있다. 무인기(UAV)는 무인항공기라는 의미로, 사람이 탑승하지 않고 원격 제어 또는 자동화된 시스템을 통해 비행하는 항공기를 뜻하며 주로 군사용 및 정부 관련 기술에서 많이 사용되며, 크기가 드론에 비해 더 크고 복잡한 항공 시스템을 의미한다.

을 이용하여 회수한다. 과거 군 정찰에 사용되는 무인기는 영상정보 획득 수단으로만 사용되었으나 최근에는 영상정보와 신호정보를 동시에 수집할 수 있는 무인기도 개발되어 작전 운용 중이다. 이러한 무인기의 장점으로 인간의 활동이 제한되는 환경, 즉, 적진 깊숙이 공중 침투하여 주야간 정보를 수집할 수 있게 해주며 획득한 표적은 실시간에 전파하여 신속한 화력 유도와 전투 피해 보고가 가능하게 해 준다. 그러나 지상통제장비와 가시선이 확보되어야 하고 일정한 활주로가 있어야 하며 악천후(우천, 결빙, 풍속, 악 시정 상태) 시에는 비행이 곤란한 제한 사항이 있다.

미군들은 아프가니스탄 전쟁(2001) 때에 탈레반군이 험한 고산지대에서 지하터널과 동굴 진지를 구축하고 정규전을 피하면서 치고 빠지는(Hit and Run) 게릴라식 공격방법을 채택하자 고산지대에 산재한 요새 진지들을 찾아내기 위해 정찰위성과 무인정찰기 등을 최대한 활용하였으며 공격 후 적의 피해 정도를 판독, 분석하기 위하여 무인정찰기를 활용하여 영상을 촬영하였다.

최근에는 무인기에 다양한 센서를 탑재하고 있다. 〈그림 2-8〉과 같은 글로벌호크(Global Hawk)에는 EO, IR, SAR 영상 센서에 신호정보까지 수집할 수 있는 센서가 탑재되어 운용 중(Block 30)에 있다. 무인정찰기인 프레데터(Predator)는 중·저고도인 7km 상공에서 29시간 동안 체공할 수 있고 행동반경은 350km로서 글로벌호크와 동일한 전자광학, 적외선 레이더, 이동표적 탐지기(MTI)를 탑재하고 있으며, 동시에 헬파이어 미사일 발을 장착하고 있어 정찰기인 동시에 적을 타격할 수 있는 공격 능력을 갖추었다. 최근 미군은 프레데터 무인기를 개량한 그레이 이글(Gray Eagle) 0개 중대(00대)를 군산 미 공군기지에 배치한 바 있다. 이 개량형은 날개폭 17m, 길이 3m이며 최대 시속 230km, 고도 7.6km에서 30시간 동안 제공할 수 있는 정찰 자산으로 평가되고 있다.

〈그림 2-8〉 무인기 글로벌호크(왼쪽), 프레데터

북한의 무인정찰기는 관련 정보가 부족하여 기술하기는 제한되나, 2013년부터 2017년까지 소형 무인정찰기를 몇 차례 우리나라에 침투시켰다가 추락한 사례가 있다. 추락한 무인기 발견 지점이 삼척, 파주, 백령도(2차례), 인제 등 서부, 동부를 가리지 않았던 점으로 미루어 보아 휴전선 주변은 물론 중요한 군사시설 지역을 모두 포함하여 정찰 활동을 해 왔을 것으로 추측된다. 크기는 비교적 소형(1.9×1.4m)으로 무게는 약 15kg에 이르며 일제 광학카메라(Optic) 장착되어 있었고 최대 200km까지 비행이 가능하였다. 추락한 무인기에 저장된 자료를 분석한 결과 정찰 목적은 청와대, 군부대, 서울 시가지를 촬영한 것으로 확인되었다. 북한은 1990년대 중국 및 러시아로부터 무인기를 도입하여 이를 토대로 자체 개발에 성공한 것으로 보인다. 현재 정찰용 기종은 신호정보에 의하면 광학 및 적외선 센서를 장착하여 주야간 영상정보를 수집할 수 있고, 지상 수신소와 실시간 전송이 가능하도록 발전시켰다. 또한 최근 발표된 언론에 의하면 북한은 미국의 글로벌호크(RQ-4)를 모방한 고고도 무인정찰기 버전을 시험 중[39]인 것으로 북한 방현비행장 격납고에서 확인되었으며 이 무인기를 활용하여 감시정찰 및 공격형 무인기로 활용할 것으로 판단된다. 과거 2023년 북한 열병식에서 공개한 기존 무인항공기 샛별-4 정찰 무인기와 외관이 비슷해 보이지만, 날개 길이가 35m에서 40m로 커졌다. 샛별-4는 글로벌호크를 모방한 정찰기다.

2.4.5. 암호해독의 중요성을 확인한 태평양전쟁

태평양 전선 개전 당시 태평양 전선에 참여한 미국은 진주만 공습을 계기로 전쟁에 뛰어들었지만, 전쟁 준비를 다 마치지 못했고 진주만 공습으로 피해를 본 태평양 함대는 전력의 중핵이었던 전함을 대부분 상실했다. 침몰한 전함들을 다시 건져 올려 진주만 독에서 수리 중이었지만, 전함은 수리 시간이 오래 걸리는 군함이었기에 8척 중 완전히 침몰한 2척을 제외한 6척은 미드웨이 해전이 한참 지난 1943년~1944년쯤에야 수리 후 다시 전선에 배치되었다. 태평양 함대의 이런 침체된 분위기를 반전한 사람은 함대 사령관으로 새로 부임한 미국 해군대장 체스터 니미츠(Chester William Nimitz) 제독이었다. 니미츠 제독은 당시 전함이 전부 침몰하고 남은 항공모함의 기동부대 능력을 높이 평가하여, 이를 잘 활용한다면 일본해군 항모 기동부대와 어느 정도 맞붙을 수 있다고 믿었다. 하지만 이러한 믿음과는 별개로 당장의 전력 차이는 어찌할 방법이 없었고, 전장의 주도권은 일본이 쥐었으므로 일본이 알아서 나서주지 않는 이

39) "北 무인기 더 커졌다… 美 글로벌 호크 빼닮은 정찰기 비행장서 포착", 조선일보(2025.2.25.)

상, 니미츠가 일본의 항모기동부대를 잡을 기회는 없었다. 미 해군이 할 수 있는 작전은 보유한 항모 기동부대로 일본군 손에 넘어간 마셜 제도, 웨이크 섬, 마르커스 섬에 공습을 가하는 정도였다. 이 일련의 공습작전은 실전경험 축적 및 앞으로 있을 일본군과의 본격적인 전투에 대비하여 사기와 공격 의지를 끌어올리려는 것이었다. 하지만 당장의 전략적인 효과는 미미했기에 태평양 함대 내에서도 일본군은 미군의 공격을 대수롭지 않게 여긴다고 분석하였고, 일본군 수뇌부 역시 미군의 공격 자체를 사소한 발악 정도로 치부하였다. 진주만이 공습받은 이후, 미국의 프랭클린 D. 루스벨트(Franklin D. Roosevelt) 대통령은 군과 국민들의 사기 고양을 위해서는 상대방에게도 진주만 공습 혹은 그에 준하는 상징적인 계기가 있어야 한다고 판단하고 있었으며, 이에 군 상층부들에게 적극적으로 도쿄 폭격을 주장하고 있었다. 그 때문에 군 수뇌부는 항공모함에서 육상 폭격기를 발진시키면 도쿄 공습이 가능하다는 구상이 등장했고, 해당 안건은 승인된 후 일사천리로 진행되어 제임스 둘리틀(James Herold Doolittle) 중령을 중심으로 한 둘리틀 특공대가 결성되어 일본 영토에 공습을 가하기 시작했고 미 해군 둘리틀 특공대의 중형 쌍발 폭격기 16대로 일본 본토, 그것도 황궁이 있는 수도 도쿄가 진주만 공습 후 불과 4개월 만에 폭격을 맞자 일본해군, 일본육군은 혼란에 빠졌다. 사실 일본해군은 미 해군 둘리틀 특공대를 발견했지만, 미 해군은 카탈리나(PBY Catalina) 외에 쌍발기를 운용하지 않는다는 이유로 대수롭지 않게 여겼다. 그러나 일본 정부(군부)는 심기가 불편해 있었고, 이는 야마모토 이소로쿠(山本 五十六)가 미드웨이 해전의 시초가 되는 중부 태평양 재공략을 기획하는 계기가 되었다.

일본제국은 둘리틀 특공대와 같은 본토 폭격이 다시 발생하는 것을 막고, 피지, 사모아, 하와이를 공략한다는 2가지 목적을 달성하기 위해 교두보를 마련할 생각으로 'MI'로 명명된 미드웨이섬 공략 작전을 감행하고자 했다. 일본은 이 작전을 통해 미 해군에게 진주만 공습과 같은 결정적 타격을 입혀 미국의 사기를 꺾어버릴 수 있을 것으로 기대하고 있었다. 상황이 이렇게 되자 일본해군 수뇌부는 태평양 함대를 공략해야 한다는 야마모토 제독의 제안을 진지하게 검토하기 시작했다. 항공모함에 육상 폭격기를 실어 일본 본토를 공격하자 야마모토 제독은 미드웨이 공격 안을 제시하였고 일본해군에서도 적극적으로 추진했다.

1942년 5월 20일, 야마모토 제독이 발신한 통신문이 미국 태평양 함대에서도 감청되었다. 일본해군은 모든 통신문을 암호화하여 전달하고 있었고, 설령 감청당하더라도 해독하지 못할 것으로 믿고 있었다. 하지만 미국은 이미 IBM에서 개발한 장치를 이용하여 암호문을 해독하고 있었고, 그 결과 일본군의 다음 공격 목표가 'AF'란 사실을 입수할 수 있었다. 문제는 이 'AF'가 어디냐는 점이었다. 일본군은 미군이 장악한 지역을 A로 시작하는 두 단어의 약자로 표시하였는데 진주만의 경우 'AH'였으며 'AF'의 경우 진주만의 북쪽에 있으며 비행장이 있다는 것만 알 수 있었다. 태평양 함대 사령관 체스터 니미츠 제독과 참모부는 3월에 2식 대정이[40] 프렌치 프리게이트 숄에서 급유를 받고 진주만을 공습했을 때 AF에서 떠오른 정찰기를 조심하라는 경고를 감청하여 AF가 미드웨이라고 예상하고 있었는데, 모두가 이 의견에 동의하는 것은 아니었다. 본토의 높으신 분들 중에서는 하와이라 주장하는 사람도 있었고, 남태평양의 어느 섬 또는 알류샨 열도를 지목하는 사람도 있었다. 심지어 육군에서는 샌프란시스코라고 주장하면서 의견이 분분한 상황이었다.

당시 특별한 대책이 없었던 태평양 함대 암호 해독반이 계책을 냈다. 당시 미드웨이 섬에는 도청의 우려가 없는 해저 케이블이 설치되어 있었다. 그런데 이 해저 케이블만을 사용하여 통신하면 일본이 통신이 하나도 없는 것을 의심하고 케이블의 존재를 눈치챌까 봐, 일부러 도청을 당할 것이 뻔한 무선을 통하여 알려져도 위험하지 않은 내용을 정기적으로 교신했다. 이 정기 무선통신을 이용하여 미드웨이 기지에서 약속된 통신을 보내도록 하고, 일본군이 어떤 반응을 보이는지 감청하자는 아이디어였다. 그래서 미드웨이의 급수 시설이 멀쩡했음에도 불구하고 미드웨이 방어군에게 '해수 담수화 장치가 고장 나서 식수가 부족하다'란 내용의 거짓 교신을 무선 '평문'으로 보내도록 해저 케이블을 통해 지시하였고, 그런 줄도 모르고 이 떡밥을 덥석 물어 버린 일본군은 이틀 뒤에 'AF에 식수가 부족함, 추후 해수 담수화 장치가 필요할 것'이란 무전을 날렸다. 이 무전은 성공적으로 감청됐고 다음 공격 목표가 미드웨이란 사실이 판명됐다. 미군은 일본군의 암호(전략암호 D, 미 해군 명칭 JN25b)를 80~90%를 해독하고 있었으며 일본군의 암호 교신 패턴을 거의 파악하고 있어서 미드웨이 해전 중 일본해군에게 무슨 일이 일어났는지는 대강 짐작할 수 있었다. 당시 미드웨이는 태평양 지역에서 미국의 최전방 요충지였으며 사실상 미 해군의 또 다른 육지 항모라고 해도 무방했다. 특히 동태평양에는 이렇다 할 섬이 없으므로 미드웨이가 무너지면 그다음은 바로 하와이였고, 하와이가 무너지면 바로 오스트레일리아나 미국 서해안이었다. 이에 그 이전부터 요새화 작업을 진행하고 있었는데 미드웨이가 공격지로 판명된 이상 더 많은 물자를 쏟아부어 방어 준비를 철저히 했다. 니미츠 제독은 미드웨이섬에 주둔한 해군과 해병대 지휘관에게 필요한 물자들의 목록을 보내도록 지시하고는 그보다 훨씬 많은 물자를 보

40) 2차대전시 2식 대형비행정이 일반적으로 '2식 대정'으로 알려져 있다. 거대한 날개와 보트와 같은 동체로 장거리 정찰이나 중요인물 호송에 사용했다.

냈고, 가용할 수 있는 항공기(버팔로, 와일드캣, 빈디케이터, B-17) 124대를 모았다. 대공포, 지뢰 등도 보강하였다. 작전 준비를 마치고 미드웨이에 파견된 미국 함대는 정규 항공모함 3척, 중순양함 9척, 경순양함 4척, 구축함 32척, 잠수함 19척이었다. 이 전력은 태평양 함대가 최대로 동원할 수 있는 전력이었다. 이 미드웨이 해전에서 일본 해군은 항공모함 4척(아카기, 카가, 소류, 히류) 4척, 중순양함 미쿠마를 잃었으며 미국은 항모 1척과 구축함 1척을 잃는 데에 그쳤다. 미드웨이 해전은 태평양 전쟁에서 미국의 결정적인 승리 중 하나로 꼽힌다. 일본의 진주만 공습 이후 일본군에게 계속 밀리는 처지였던 연합국에게 있어 이 전투는 일본 해군에게 막대한 피해를 가함으로써 전력을 다시 재보충 할 수 있는 귀중한 시간을 벌어주었다. 미드웨이 해전에서의 승리가 없었다면 연합국은 전력 보충 전까지 최소한 반년이 넘는 시간 동안 일본 해군에게 휘둘릴 수도 있던 것이다.

2.5. 현대 정보활동

2.5.1. 한국전에서 HUMINT, COMINT 실패

군사 분석가들은 1941년 일본의 진주만 공격, 1950년 6·25전쟁 발발과 중공군 개입 예측 실패, 2001년 미국의 9/11 테러 사태를 대표적인 정보실패로 본다. 정보실패라는 것은 국가이익이나 안보에 치명적인 영향을 끼칠 수 있는 현상을 제대로 예측하거나 판단하지 못함으로써 국가적으로 상당한 손실이 발생한 경우로 정의하고 있다. 조금더 세분화해서 정보실패의 개념을 보완하면 '사전인지 가능성(knowability)'과 '조치를 취할만한 정보(actionable intelligence)'의 개념[41]을 추가하여, "사전 인지 가능성이 없는 것을 예측하지 못하는 것은 정보실패가 아니지만, 정책 결정자에게 정보를 제공했음에도 불구하고 조처를 할 만한 정보가 되지 못해 실패가 초래되었다면 이는 정보실패다"라고 정의할 수 있다. 정보 순환과정(기획 및 지시, 첩보수집, 정보처리, 분석, 생산 및 배포)에 초점을 맞추면 정보실패는 "정보 순환과정에서 발생한 오류의 영향으로 국가정책 수립의 예측과 판단에 실패를 가져와 국가안보와 국가이익에 심대한 피해와 손실을 초래한 경우"로 정의할 수 있다. 정보실패의 책임 소재가 정보기관의 실책에서 비롯된 것으로 알려지지만 사실은 정책 결정권자의 편견이나 왜곡된 판단에서 비롯된 경우가 많다. 또 다른 경우는 최고정책결정권자가 자신의 정치적 목적에 활용하

41) 장호근, "6.25전쟁 시 중공군 개입과 정보실패 요인에 관한 연구", 국가정보, 2017.

고자 정보기관의 정보판단을 의도적으로 왜곡시킬 수도 있는데 흔히 이를 정보의 정치화라고 한다. 이처럼 책임 소재가 정보기관이든지 최고정책결정권자에게 있든지 간에 우리는 이를 모두 정보실패라고 통칭한다.

첫 번째 정보실패 예로 북한의 6.25남침 예측 실패이다. 2차 세계대전 이후 미국은 특히 소련의 통신망을 철저히 감시했다. 특히 소련에서 외국 대사관으로 나아가는 통신망은 당연히 집중적으로 감청했다. 이 같은 외교망 외에 미국은 6.25전쟁 직전에 북한군의 전술 통신망을 또한 철저히 감청했다. 1950년 1월 30일 스탈린은 북한 주재 소련대사 스티코프에게 김일성의 남침을 허용해 줄 것이란 의미의 전문을 보낸다. 그런데 모스크바와 평양을 연결하는 소련의 외교망은 당연히 2차 세계대전 이후 집중적으로 관리되던 망이었다. 미국이 1950년 1월 30일 스탈린이 스티코프에게 보낸 내용을 감청했음을 암시하는 현상이 하루가 지나지 않아 나타난다. 소련과 중국을 포함한 공산세력에 대항한 목적의 NSC-68이란 비밀문서 작성을 트루먼이 지시한 것이다. 1950년 6월 16일 평양의 스티코프는 모스크바에 북한군의 남침 일자가 6월 25일 새벽이란 전문을 보낸다. 이것도 당연히 소련과 외국 주재 소련대사관을 연결하는 통신망이란 점에서 가장 우선적으로 감청하는 대상이었다. 미국이 6월 16일 스티코프의 전문을 확인했음을 보여주는 현상이 즉각 나타난다. 6월 16일 한국의 미 군사고문단장 대리인 화이트 대령에게 일본으로 가라는 지시가 떨어진다. 6월 18일부터 23일까지 동경에서는 맥아더, 미 국방부장관 존슨, 합참의장 브레들리, 얼마전 한국을 방문했던 덜러스란 미 국가안보 주요 인사들이 비밀회의를 한다. 당시 이들의 주요 논의는 한반도와 대만 상황이었다고 한다. 그런데 6월 19일에는 1949년 9월 당시 미국이 작성한 한반도 전쟁계획 SI-17을 관련 부서에 배포한다. 극동군사령부에는 50부가 배포되었다고 한다. 당시 맥아더, 존슨 국방부장관, 브레들리 합참의장은 한반도 전쟁계획을 논의[42]했을 것이다. 1950년 6월 24일에는 보다 희안한 일이 수차례 벌어진다. 6월 중순부터 전선 육군부대 시찰을 하고 있던 유엔감시단이 6월 24일 철수한다. 6월 24일 미 군사고문단과 한국군 고위급 인사들이 밤새도록 술을 마신다. 많은 병사들을 휴가를 보낸다.

한국전쟁 발발 전 미국은 규모는 작지만, 정보수집 능력을 갖춘 정예의 조직이 존재했다. 바로 '주한 미군 군사고문단(kmAG)'이다. kmAG은 한국의 육군과 연계하여 북한군 관련 정보를 수집했다. 맥아더는 자신이 필요한 한반도 정보를 극동사령부(FEC) G-2(정보) 소속의 찰스 A. 윌로우비(Charles A. Willoughby) 소장을 통해 획득했다.

42) 권영근, "미국은 왜 6.25전쟁에서 정보실패를 주장할까?", 한국국방개혁연구소 (blog.naver.com/ygk555)

주한 美 대사관에는 한반도의 군사적 상황을 분석하는 자체 분석팀이 존재했다. 이들 조직은 모두 각자의 정보 업무를 수행했는데, 한국전 발발 전 38선을 넘어 北에서 南으로 내려오는 수많은 민간인의 이동, 휴전선상에서 북한의 군사력 증강, 부대 및 병참의 이동 등과 관련된 수많은 정보를 수집했다. 38선을 사이에 두고 한국전쟁 발발 전 4년 동안 남북한 간의 소규모 접전이 벌어졌으며, 무장한 북한군이 남한을 상대로 정찰활동을 벌였다. 북한군은 38선을 넘나들면서 빈번하게 한국군을 습격했다. 이 같은 북한의 침범 사실이 루이스 존슨 (Louis A. Johnson) 국방장관에게도 보고가 됐다. 1949년 6월~1950년 6월 사이 극동사령부 소속의 정보부대는 북한의 對南 도발이 임박했음을 1,200여 차례에 걸쳐 워싱턴에 경고했다. 포병 간의 화력전, 38선상에서의 습격이 빈번하게 발생했다. 그러나 美 국방부는 한국군이 북한군의 능력을 훨씬 압도하고 있다고 했다. 국방부 내 선임 관료들은 북한의 對南공격 가능성에 대해 부정했으며, 만에 하나 對南 도발이 발생할지라도 한국군이 북한군을 2주 내에 격퇴할 수 있다는 자신감에 사로잡혀 있었다. 정보 분석관들은 휴전선상에서 북한군의 T-34 탱크부대가 증강되고 있음에도 불구하고 이를 제대로 평가하는 데 실패했다. 북한의 김일성은 1950년 6월7일 같은 해 8월15일 한반도 전역에서 선거가 치러질 것이라고 공표했다. 김일성이 한반도 문제와 관련하여 처음으로 최종 기한을 명확히 정한 것이었다. 그러나 대부분의 사람이 이를 일종의 선동으로 취급해 버렸다. 일례로 1950년 3월 찰스 A. 윌로우비 소장은 아래와 같이 보고했다. "올해 봄 또는 여름 한국에서 내전(civil war)이 발생할 것으로 보지 않는다...(중략) 이 시기 가장 발생 가능한 북한의 행동은 게릴라/심리전을 동원해 남한 상황을 혼돈에 빠트린 뒤 남한 정부의 전복을 시도할 가능성이다." 같은 시기 주한 美 대사관은 국무성에 북한군의 도발 가능성이 거의 없다고 보고했다. 워싱턴의 관심은 다른 곳에 있었다. 당시 워싱턴은 공산세력이 한반도보다 인도차이나 지역을 점령할 가능성이 더 높다고 판단했다. 국방부 G-2 소속의 알렉산더 G. 볼링은 같은 시기 정보 보고서에서 "최근 작성된 북한 인민군의 증강과 대대적인 병력 이동 관련 보고서 등은 적대적 행동을 위한 사전 준비로 볼 수 있다"고 밝혔다. 그러나 그는 "한국에서 공산군의 활동은 다른 지역에서 그들(공산세력)이 벌이는 활동으로 말미암아 현재는 중단되어 있는 상태"라고 보고했다. 같은 시기 소련은 북한으로 하여금 남한에 대한 공격을 가하라는 명령을 내린 상태였다.

6.25전쟁 발발 전 미국의 정보기관은 한국과 관련된 정보보고에 대한 불신감에 사로잡혀 있었으며, 전 세계를 상대로 소련이 벌이는 선동으로 인해 혼란을 겪고 있었다. 첩보는 정보 소스(source)가 출처가 불확실할 경우 객관성이 떨어지게 마련이다. 일례

로 리지웨이 장군은 맥아더의 G-2에 정보를 제공하는 한국인 고용자들을 '양치기 소년'이라고 비판하기도 했다. 미국의 고위 관료들이 한국전쟁의 발발 가능성을 낮게 보았던 이유로 심리적 측면도 있었다. 사실 한국은 당시 '애치슨라인'에서 이미 제외된 상태였으며, 이에 대해 공산주의자들은 크게 고무되었다. 모순된 정보를 제거하는 한 가지 방법은 그것(모순된 정보)이 존재하지 않는 것처럼 행동하는 것이다. 한국 주재 미국 대사는 38선 상에서 북한의 군사력이 증강되고 있는 것을 알고 있었음에도, 북한이 남한을 군사적으로 도발할 힘이 없다고 여겼다. 그리고 얼마 지나지 않아 한국 전쟁이 발발했다. 그리고 미국의 정보기관은 똑같은 실수를 한국전쟁 발발 이후에도 했다.

두 번째로 6.25전쟁기간 중요한 정보실패를 보면 낙동강 전선까지 밀렸던 한국군과 미군은 인천상륙 작전 성공으로 서울을 탈환(9.28)하고 북한으로 진격하였다. 이때 북한 김일성은 1950년 10월 중국 정부에 지원군 파견을 요청하였고 마오쩌둥(毛澤東)이 받아들이게 되었다[43]. 따라서 중국은 항미원조(抗美援朝)라는 명분의 전략적 결정을 내려 중국인민지원군(中國人民支援軍)을 조직, 북한과 함께 미국 침략자를 반격하기로 결정하였다. 동년 9월 15일 유엔군이 인천 상륙작전(Operation Chromite)에 성공하고 9월 28일 북한이 점령했던 서울을 탈환하자 중공군은 유엔군의 인천 상륙작전을 전후하여 3개 군이 만주지역으로 이동하였다. 당시 미국과 중국은 국교가 수립되어 있지 않아 주중 인도대사 파니카(Sardar.K.M.Panikkar)가 6·25전쟁 기간 중 중국과 서방세계 사이의 외교 대화 창구 역할을 했다. 당시 미국 관리들은 그가 공산주의자에 대해 호의적이라는 생각으로 의심하여 그의 전언을 믿지 않았다. 인천 상륙작전 성공 후에 미군이 중국 영토에 더욱 근접하게 되자 9월 25일 중국 인민해방군 총참모장 대리 녜룽전(攝榮臻)이 파니카에게 유엔군이 38도선을 넘으면 중국은 군사 개입할 것이라고 경고했다. 9월 30일에도 중국의 주우언라이(周恩來) 외상은 중국정부 창설 1주년 기념 연설에서 "중국인민은 외국의 침공을 절대로 용납하지 않을 것이며, 이웃 나라가 제국주의자들에게 침공당하는 것을 절대로 참지 않을 것이다"라는 성명을 발표하였으나 별다른 주의를 끌지 못했다. 이러한 중국의 경고를 무시하고 10월 1일 미군과 한국군이 38도선을 넘어 북진하자 저우언라이는 10월 3일 자정에 파니카를 불러 만일 유엔군이 38도선을 넘으면 중국은 북한을 돕기 위해 군대를 보낼 것이라고 전했다. 10월 7일 유엔에서 유엔군의 38도선 월경을 승인하는 '10·7 통한(統韓) 결의'가 총회에서 통과되어 10월 9일 유엔군이 38도선을 넘어 북진을 시작했고, 10월 10일 중국 외교부는 공

43) 김일성과 마오쩌뚱은 북한의 남침 이전에 이미 미군이 개입 시 북한의 지원을 약속한 바 있다.

개적으로 '미군이 대규모로 38도선 통과를 시도하고 있는 이때, 중국 인민은 미군의 한반도 침입으로 야기된 이러한 중대한 상황에 대해 방관할 수 없다'고 최후 경고를 발표했다. 10월 15일 웨이크 섬(Wake Island)에서 맥아더(Douglas MacArthur)는 트루먼 대통령과의 회담에서 '한국전쟁은 이겼고, 중공군이 개입할 가능성은 거의 없다(the Korean conflict was won and that there was little possibility of the Chinese Communists coming in)'고 확언했다. 한편 10월 8일 중국의 마오쩌둥(毛澤東)은 펑더화이(彭德懷)를 지원군 사령관으로 하는 중공군 편성에 관한 명령을 하달하고, 10월 15일 한국전 참전을 일단 결정했다. 이러한 결정에 따라 펑더화이는 10월 19일 중공군 주력을 한반도에 투입함으로써 중공군 개입(중국 측에서는 항미원조전쟁)이 시작되었다. 중공군의 제1차 공세는 10월 25일부터 11월 6일까지 지속되었다. 25일 중공군의 최초 공격 시 북한의 북서부 국경지대에서는 주로 한국군과 조우했고 북동지역에서는 유엔군과 제한적인 접전이 있었다. 처음에 미국의 정보는 이러한 공격을 중공군의 자체적인 탐색활동이고 중국은 유엔군과 직접 충돌을 피할 것이라고 믿으면서 경시했다. 10월 26일에는 한국군 제2군단이 중공군과 치열한 교전으로 중공군의 출현을 처음으로 확인하게 되었다. 11월 5일 맥아더는 그동안 부인해 온 중공군의 참전사실을 유엔에 보고했다. 중공군의 제1차 공세의 목표는 서부와 동부에서 한국군의 진출을 저지시키고, 전선의 균형을 무너뜨린 다음에 미군을 주축으로 한 유엔군을 공격함으로써 차후 작전에 필요한 기지를 확보하는 것이었다. 중국은 이러한 목표를 거의 달성했다. 그러나 11월 초 맥아더는 워싱턴에 공군력이 한반도 전장을 고립시킬 수 있다고 재강조하면서 전쟁은 추수감사절 이전에 종료될 것으로 믿었다. 이런 견해를 맥아더 혼자서만 언급한 것이 아니었다. 워싱턴의 전문가들 또한 중국이 대규모로 전투에 참가한다는 것에 계속 의문을 가졌다. 그 후 11월 24일 공격을 개시한 한국군과 유엔군의 '전쟁 종결 공세'인 '크리스마스 공세'는 중공군이 6·25전쟁에 전면적으로 개입했다는 사실을 확인 해준 결과만을 거두었다. 11월 25일 중공군의 대규모 반격으로 유엔군은 청천강 교두보를 포기했고 11월 28일에는 맥아더가 미군의 안전을 위해 병력의 철수를 지시했다. 전쟁을 일거에 마무리하겠다고 야심차게 공세를 취한 한국군과 유엔군은 공격에서 철수로 작전의 형태를 바꾸어야만 했고 전쟁은 새로운 국면으로 접어들게 되었다.

2.5.2. HUMINT와 COMINT에 의한 중동 3차전(6일 전쟁)

제3차 아랍-이스라엘 전쟁은 1967년 6월 5일 이스라엘 공군이 이집트, 요르단, 시리아 공군력을 파괴하는 기습 공격으로 시작하여 6일 만인 6월 10일에 끝났다(6일 전쟁).

이 전쟁에서 이스라엘은 오늘날까지 지대한 영향을 끼치고 있는 막대한 전과를 올렸다. 우선 시리아로부터는 전략적 요충지인 골란(Golan)고원을 빼앗았고 이집트로부터는 시나이반도(Sinai Peninsula)와 가자지구(Gaza Strip), 요르단으로부터는 예루살렘 구시가지를 포함한 요르단강 서안 지구를 탈취하였다. 당시 아랍은 이스라엘이 군사력을 결집한다는 소련의 오정보를 그대로 믿고 이스라엘이 도발을 준비한다고 여겨 군을 동원하였다. 이에 이스라엘은 아랍 측이 전쟁을 준비한다고 여겨 선제공격하였다. 이스라엘은 이미 주변 아랍 국가의 움직임을 휴민트 정보로 정확히 파악하고 있었다. 이스라엘은 6일 전쟁이 벌어지기 전부터 이집트와 시리아 군사정보 취득을 위해 분주히 움직였다. 정보전에 뛰어든 기관은 군 정보당국인 아만(Aman)과 해외 정보담당인 모사드(Mossad)였다. 이집트와 시리아 군사정보를 취합하고 분석하는데 이스라엘의 정보기관이 뛰어난 능력을 발휘하였기에 기습선제공격이 완벽하게 성공할 수 있었다[44].

이스라엘이 6일 전쟁 전 이집트에 관한 정보를 수집하는 데 결정적인 역할을 한 정보원은 볼프강 로츠(1921~1993, Johann Wolfgang Lotz, 히브리명 Zeev Gur Arich)다. 또 이스라엘은 이집트군 내에 프락치를 심었다. 6일 전쟁 이전부터 모사드는 이집트의 모든 군사기지와 사령부 내에 캇차(katsa)라고 부르는 정보원을 두고 있었다. 공군 조종사의 세세한 취향, 심지어는 기지 내 식당까지 오는 시간까지 파악하는 정보원을 장교식당에 심어놓기까지 하였다. 장교식당에 종업원으로 일자리를 얻은 캇차는 기지 내에서 일어나는 모든 것을 일일이 보고하였다. 이집트 최고 참모부에도 3명의 장교가 이스라엘 프락치였다. 정보요원들은 이집트 군인들의 개인 신상정보를 수집하였고, 이를 토대로 새로운 모사드 요원을 만드는 공작을 벌였다. 또 익명의 서신이나 전화로 민감한 신상정보를 가족이나 동료에게 누설하였다. 모사드의 이러한 공작은 이집트 군내에 상당한 분열을 조장하였고, 이에 따라 고위 장교가 자살하기까지 하였다. 1967년 초 나세르(Gamal Abdel Nasser)가 이스라엘과 전쟁을 준비한다는 정보를 입수하면서 이집트 내 이스라엘 정보망은 정보제공자의 수를 더 늘렸다. 아울러 모사드는 이집트 공군기지 공격 최적 시간을 산출했다.

또한, '뱀 작전(Operation Yated)'이라고 명명한 정보전에서 이집트가 이스라엘에 심어놓은 첩자를 역으로 이용하여 역정보를 흘렸다. 이집트는 1955년 리파트알-가말(Rifat al-Gamal)을 쟈크 비통(Jacques Bitton)이라는 이집트 유대인으로 위장하여 이스라엘에 간첩으로 보냈다. 그러나 이스라엘 정보당국이 그를 체포하여 이중 첩자 역

44) 박현도, "정보전으로 본 아랍-이스라엘 전쟁 약사: 1948~1973년, 민족연구 83호, 2024

할을 하게 만들었고, 6일 전쟁 직전에 이스라엘 지상군이 이집트를 선제공격할 것이라는 오정보를 이집트 정보당국에 흘렸다. 이 때문에 이집트는 전투기를 기지 활주로에 그대로 내버려두었고, 결국 이스라엘 공군이 6일 전쟁을 시작하자마자 이집트 공군기를 궤멸할 수 있었다.

이스라엘군 정보국인 아만(Aman)의 154부대(현재는 504부대)는 6일 전쟁 발발 이전에 부대원을 남부 이스라엘에서 당시 이집트가 지배하고 있던 시나이반도로 침투시켜 유목민 부족민을 정보원으로 확보하였다. 이집트에 대한 충성도가 희박하였기에 쉽게 돈으로 매수할 수 있었다. 이들이 이스라엘에 가져다준 정보는 대단히 유용하였다. 유목민에게 당시 최고급 카메라를 지급하고 작동법을 상세히 교육한 후 이집트군을 몰래 촬영하게 하였다. 이들이 제공한 사진은 시나이반도 군 기지와 병력 이동 상황을 상세히 기록하였고, 무엇보다도 공군기지 사진은 6일 전쟁에서 이스라엘 공군이 정확하게 폭격하는 데 수훈갑이었다. 끊임없이 이동하는 유목민이기에 이들은 시나이반도 지형을 그 누구보다도 잘 알고 있었고, 또 이집트에 대한 충성심이 없었기에 재물로 쉽게 매수할 수 있었다.

6일 전쟁 전부터 이스라엘은 이집트 공군의 훈련 양태를 완전하게 숙지하였다. 6월 4일, 이스라엘 공군 사령관이 이츠하크 라빈 참모총장에게 보고한 바에 따르면 2주 동안 이집트 공군이 움직이는 시간을 정확히 감시하고 있었다는 것을 알 수 있다. 이에 따르면 이집트 공군은 여명이 밝으면 순찰 비행을 하며 한 시간 체공하다가 기지로 돌아와 아침을 먹고, 7시부터 8시 사이는 모든 것이 정지되기에 공격하기에 가장 좋은 시각을 7시 45분으로 꼽았다. 6일 전쟁 때 이스라엘이 이집트 공군기를 공격한 시간이 바로 7시 45분이다. 또한 비행기가 하루 2번 출격하는 데 반해 이스라엘은 한 대당 4번 출격하는 연습을 계속하였고, 이를 실전에 그대로 활용하였는데, 이 때문에 지금도 아랍 국가는 6일 전쟁 때 이스라엘이 다른 나라의 도움을 받은 것으로 오해하고 있을 정도다. 6일 전쟁 개전일 새벽 4시경 이스라엘 전투기 조종사들은 7시 45분에 이집트 전역에 걸쳐 있는 11개 목표물을 공격할 것이라는 명령을 전달받았다. 첫 공격 시작 두 시간 동안 197대의 이집트 공군기가 완파되었고, 6개 기지가 폐쇄되었다. 6일 전쟁 기간에 이스라엘은 18개에 달하는 이집트의 공군기지를 공격하여 전투기 420대 중 300대를 파괴하고, 조종사 350명 중 100명을 죽였다

뛰어난 정보원으로 이집트에 로츠(Wolfgang Lotz)가 있었다면 시리아에는 코헨(Eli Cohen 1924-1965)이 있었다. 말 그대로 이 둘은 모사드가 이웃 아랍 국가에 심어놓고 벌인 정보전에서 보석과 같은 역할을 한 정보원 콤비였다. 무엇보다도 코헨은 이스

라엘 건국 이래 이스라엘 안보의 가장 큰 위협이었던 골란고원을 시리아로부터 빼앗아 오는 데 혁혁한 공을 세운 정보원이었다. 1963년에 코헨은 시리아 상류사회에 안착하였고 이스라엘에 민감한 정보를 전송하였다. 코헨이 수집한 가장 중요한 정보는 골란고원에 관한 것이었다. 당시 시리아는 물길을 막아 이스라엘로 가는 수원을 차단하려고 하였다. 골란고원에서 나오는 물은 갈릴리 호수와 사해로 들어간다. 요르단강 상류에서 갈라져 나오는 지류는 단(Dan), 바니아스(Banias), 하스바니(Hasbani)이다. 갈릴리 호수는 이스라엘 수자원의 젖줄이어서 1960년대에 이스라엘은 갈릴리 호수에서 나오는 물을 파이프라인을 통해 수자원이 절대 부족한 건조한 남부 지역을 살리고자 하였다. 그러나 시리아가 이를 방해하며 아랍 국가 내 요르단강의 흐름을 바꾸어 이스라엘이 수자원을 이용하지 못하도록 하는 계획을 세웠다. 소련은 기술을 지원하고 나섰다. 이스라엘에는 국가안보에 심각한 위협이었다. 코헨은 시리아의 수로 차단 계획을 알아내어 이스라엘에 보고했다. 1964년 초 코헨은 요르단의 주요 수원인 바니아스 강으로부터 물을 받기 위해 수로를 파서 요르단으로 물길을 돌리는 작업이 진행 중이라는 사실을 이스라엘에 알렸고, 이스라엘 공군은 공사 현장에 동원된 불도저와 중장비를 파괴하여 수로 계획을 물거품으로 만들었다. 또한, 코헨은 1948년부터 6일 전쟁 전까지 시리아가 이스라엘을 괴롭히는 데 요긴하게 이용한 전략적 요충지 골란고원을 방문하는 기회를 얻었다. 당시 골란고원은 군사기밀지역으로 군 고위층만이 둘러볼 수 있는 곳이었다. 그러나 고위층과 친분을 이용하여 코헨은 고위 군 간부의 안내를 받으며 골란고원 군사 기밀 지역 곳곳을 시찰하였고, 요새와 공격용 무기가 은닉된 곳을 하나하나 숙지하며 보고하였다. 시리아는 15km에 달하는 방어진지를 구축하였는데, 이 모든 사실을 코헨의 정보로 이스라엘은 파악할 수 있었다. 군 간부가 코헨에게 요새를 설명하자 코헨은 이스라엘군을 속이고 뜨거운 태양 빛으로부터 장병을 보호하고 경관을 아름답게 하려면 나무를 심어 숲(유칼립투스)을 만드는 것이 좋겠다고 제안하였고 시리아군은 이러한 제안을 따랐다. 그 결과 이스라엘군은 6일 전쟁 때 유칼립투스가 있는 곳에 요새가 있다는 것을 알고 집중적으로 공습하여 골란고원의 시리아군을 무력화시킬 수 있었다. 골란고원은 이스라엘 수자원의 30%를 차지하는 실로 국가생존에 중요한 곳이다.

6일 전쟁 당시 이스라엘은 뛰어난 도청 능력을 발휘하여 적국 수뇌부의 움직임을 간파하였다. 개전 2일째 되는 날 이집트 나세르 대통령과 요르단 후세인 국왕이 나눈 대화를 감청했는데 이를 보면 아랍 국가의 방비 태세가 허술하였고 전황을 제대로 인지하지 못하였음을 쉽게 알 수 있다. 이미 이집트의 공군력은 궤멸 상태였는데도 나세르는 후세인에게 알리지 않은 채 미국과 영국이 이스라엘을 돕는 것으로 말을 맞추려고 한다.

나세르: 안녕하십니까. 후세인 형제께서 전선 상황이 잘 돌아가고 있는지 알고 싶어 하시는 것 같습니다…. 미국이 이스라엘 편에 서서 참전하고 있다는 것을 아시나요? 이를 공개적으로 알릴까요? 미국과 영국이, 아니면 미국이 참전하고 있다고 말할까요?

후세인: 미국과 영국.

나세르: 영국이 항공모함을 가지고 있습니까?

후세인: (잘 안 들림)

나세르: 좋습니다. 후세인 국왕과 제가 각각 발표하지요. 시리아도 미국과 영국 전투기가 항공모함을 이용하여 우리를 공격하고 있다고 발표하도록 해야겠습니다…. 아침부터 우리 전투기가 이스라엘 공군기지를 공격하는 중입니다.

이 두 지도자의 대화는 2차 세계대전 때 사용하던 장비로 두 명의 군 정보요원이 감청한 것이다. 또 개전 2일째 오후 2시에도 정보국은 이스라엘의 공격에 밀리자, 나세르가 시나이 주둔군에 수에즈운하 지역으로 퇴각하라고 내린 명령을 감청하였다. 덕분에 이스라엘군은 3일 후 골란고원 공격을 시작할 수 있었다. 또, 이집트군 암호를 알아내서 지상군과 공군의 작전에 혼선을 주었다. 알아낸 암호로 이스라엘군은 이집트 공군 미그기 조종사에게 이스라엘군 대신 바다에 폭탄을 투하하라고 명령하였다. 조종사가 의문을 제기하자 이스라엘 정보장교는 조종사 아내와 가족의 신상에 대해 상세히 설명하여 믿게끔 했고, 결국 조종사는 폭탄을 지중해에 투하하고 낙하산으로 안전하게 탈출하였다. 또 이집트 장교로 위장한 이스라엘 정보요원이 시나이반도에서 이집트군 대대 병력을 이스라엘군한테서 멀리 떨어지도록 명령한 뒤 휴전이 되자 포로수용소로 자연스럽게 인도하였다. 시나이 주둔 이집트군에게 이스라엘 공격 전선을 오정보로 흘려 기다리게 한 뒤 이스라엘군이 다른 곳으로 안전하게 우회하여 수에즈운하로 진격한 것 역시 정보전의 힘이었다. 이와 아울러 반드시 지적해야 할 사항은 이집트군의 허술함이다. 이집트군은 제2차 중동전에서 쓰던 군사 암호 체계를 변동하지 않고 6일 전쟁에서도 사용하여 참패의 빌미를 제공하였다.

2.5.3. 계측 및 기호정보(MASINT)의 출현

MASINT는 제1차 세계 대전 시 적의 포병을 찾기 위한 음향 및 광학 방법을 사용한 것이 그 시초이다. MASINT는 개념은 1986년에야 미국에서 한 정보 분야로 공식으로 정의하였다. 신호정보 수집시스템에 의해 수신되는 방사기 신호를 수집하여 분석하는 것과 같이 MASINT도 신호 수집 방법보다는 분석 기법이 더 중요한 요소이다.

MASINT 분석기술에는 〈그림 2-9〉처럼 특수 제작된 센서 또는 다양한 기술이 필요할 수가 있다. MASINT는 기술적으로 분석, 유도된 정보로, 전용 MASINT 시스템에 의해 수집, 처리 및 분석될 때 대상을 감지하고 분류하며, 고정되거나 동적인 대상 소스의 특성(특징)을 식별하거나 기술하는 정보를 의미한다. 어떤 특정 대상을 분석할 때 MASINT 외에도, IMINT와 HUMINT도 정보처리 과정을 통해 식별된 목표를 추적하거나 더 정확하게 분류하는 데 사용될 수 있다. 일반적으로 IMINT와 SIGINT는 MASINT 일환으로 간주하지 않지만, 다른 정보처리로 얻어진 이미지 및 신호는 MASINT 처리로부터 얻어진 정보를 적용하여 추가로 더 심층적으로 분석하여 결론을 낼 수 있다,

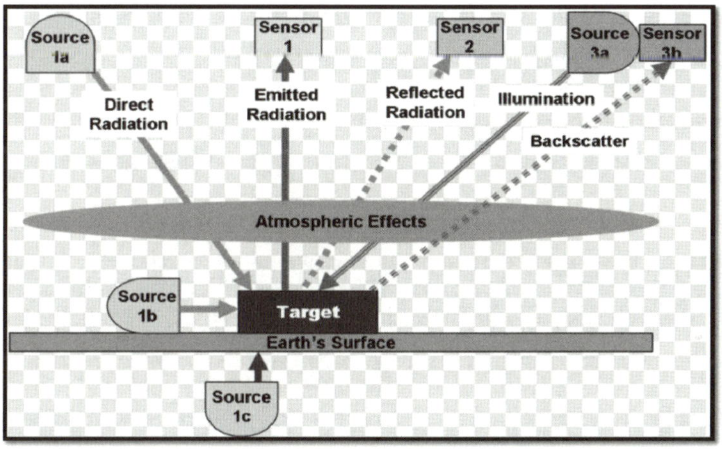

〈그림 2-9〉 MASINT Sensor와 다른 Sensor의 융합

윌리엄 K. 무어(William S. Moore)는 MASINT에 관하여 'MASINT는 모든 정보 지표(Indicator)를 새로운 눈으로 바라보도록 하는 기능을 제공하며 그것은 상대방을 속이기 위한 수단에 대해서 다양한 수단을 통해 실체적인 목표를 측정하고 식별하도록 하여 전통적인 출처를 확인하는 정보를 제공한다. MASINT는 다른 센서가 감지할 수 없는 것을 감지할 수도 있고, 때로는 잠재적으로 중요한 데이터를 인식하는 최초의 센서가 될 수도 있다.'라고 정의하였다.

일반적인 전술 센서와 전략적인 MASINT 센서를 구분하기가 어려울 때도 있다. 실제로 동일한 센서일지라도 전술적 또는 전략적으로 사용할 수 있다. 전술적 역할에서 잠수함은 수동소자 또는 능동소자인 음향 센서를 사용하여 목표물에 접근하거나 추격자에게서 벗어날 수 있다. 특정 적국의 군항에서 은밀하게 활동하는 잠수함이 새로운

잠수함 유형의 특성(또는 시그니처)으로 보이기 위해 동일한 수동 소나를 사용할 수 있다. MASINT와 기술정보(TECHINT)의 한 줄기이다. MASINT는 원격으로만 감지할 수 있는 물체에 대해서도 추론할 수 있어야 한다. MASINT는 전자광학(electro-optical) 또는 레이더 센서(radar sensors)로 포탄의 속도라든지 화학 및 분광 센서를 이용하여 어떠한 추진제가 사용되었는지를 결정할 수 있어야 한다. MASINT와 다른 기술정보(TECHINT)와는 상호 보완적이다. 다른 기술정보 분석가가 시험 사격장에서 사격하는 어떤 포탄의 종류 정보를 갖고 있지 않다면 MASINT 분석가는 포탄 시험 사격장에서 사용되는 다중 스펙트럼 기록으로 포탄의 정보를 분석할 수 있어 상호 보완적으로 정보를 획득할 수 있다.

MASINT의 측정(Measurement)은 수집 도구에 의해 감지되는 현상, 장비 또는 물체의 고유한 값을 수집한다. 측정은 특성(Signature) 그 현상(장비나 물체)의 독특한 특징이 감지되면 이를 인식하는 데 사용된다. MASINT 측정은 알려진 규칙과의 차이점을 찾고 새로운 현상의 징후를 특성화한다. 예를 들어, 새로운 로켓 연료 배기가스를 처음 측정할 때는 측정된 값과 표준, 또는 과거 값과 비교를 하여 차이값을 찾아낸다. 열에너지, 빛의 스펙트럼 분석(즉, 분광법) 등으로 배기가스의 특성을 측정하면 어떤 MASINT의 새로운 특성으로 정의되고 데이터베이스에 저장된다. MASINT는 대상의 의도하지 않은 방출 부산물, 즉 물체가 남기는 스펙트럼, 화학적 또는 RF 방출을 기반으로 한다. 이러한 흔적들은 독특한 특징을 형성하며, 이는 특정 이벤트를 확인시켜 주거나 숨겨진 표적을 식별하도록 하는 신뢰할 수 있는 판별 도구로 활용될 수 있다. 어떤 상황에만 맞는 특수한 MASINT 센서가 있지만, 대부분의 MASINT 분야는 다른 센서의 정보와 함께 분석을 수행한다. 예를 들어, 전자정보(ELINT) 센서는 레이더 빔에 대한 정보를 제공할 수 있으며 MASINT는 주 빔(사이드 로브)의 스필오버(RF방사로 인한 영향) 또는 송신기가 생성하는 간섭과 같은 부수적인 특성의 정보를 제공해 준다.

미국은 국방정보국(DIA)에서 MASINT 업무를 수행하고 있으며 교육과 연구는 공군기술연구소(Center for MASINT Studies and Research of the Air Force Institute of Technology)에서 수행하고 있다. 또한 미국 정보공동체인 NRO(National Reconnaissance Office)와 NSA(National Security Agency)에서 MASINT 데이터를 수집하고 있으며 일부 다른 정보공동체에서도 MASINT를 수집하는 기능을 보유하고 있다. CIA는 1987년에 MASINT 업무를 수행하였으며 당시 MASINT 수집체계를 구축하여 중국의 미사일 시험, 소련의 레이저 활동, 군사 움직임 및 외국 핵 프로그램을 감시하는 데 사용하였다. 현재 우리나라는 000사령부에서 수행하고 있다.

DIA에서는 MASINT를 여섯 가지 분야로 구분하고 있으며 그 분야들은 상호 겹쳐있거나 상호 관련되어 있다. 또한 HUMINT, IMINT, SIGINT와 같은 전통적인 정보분야와 상호작용을 한다. 이런 정보분야와 비교시 MASINT는 고도로 기술적이며, 일반적인 TECHINT는 포획된 장비의 분석과 같은 것들을 다루는 정보 분야이다. 상호작용의 예로 이미지 정의 MASINT(Imagery Defined MASINT, IDM)가 있다. 이미지 정의에서 MASINT 애플리케이션은 이미지를 픽셀 단위로 측정하고 픽셀 또는 픽셀 그룹을 담당하는 물리적 물질 또는 에너지 유형을 식별한다. 특성(Signature)이 정확한 지리적 위치나 객체의 세부 사항과 상관관계가 분석되었을 때 그 결합된 정보는 IMINT와 MASINT 부분 전체보다 더 큰 정보를 얻게 된다. DIA는 MASINT를 수집관리 형태에 따라 전자광학(Electro-optical), 핵(Nuclear), 지구물리학(Geophysical), 레이더(Radar), 재료(Materials) 및 고주파(Radiofrequency) 분야 특정에 따라 다음과 같이 6개 분야로 나눈다.

① 핵, 화학, 생물학적 특징
② 방출된 에너지(예: 핵, 열, 전자기)
③ 반사(재방사) 에너지(예: 라디오 주파수, 빛, 소리)
④ 기계음(예: 엔진, 프로펠러 또는 기계 소음)
⑤ 자기 특성(예: 자속 및 이상 현상)
⑥ 움직임(예: 비행, 진동 또는 움직임)

2.5.4. 사이버 정보의 등장과 사이버 전쟁

최초의 컴퓨터는 1946년 ENIAC(Electronic Numerical Integrator and Computer)의 탄생으로 거슬러 올라가며, 사이버 정보전은 1980년대부터 인터넷의 확산과 함께 중요성이 부각되고 있다. 사이버 공간은 컴퓨터, 네트워크, 정보통신 시스템 및 데이터를 포함하는 디지털 공간을 의미하며 사이버 정보는 사이버 공간에서 생성, 저장, 전송되는 모든 정보를 의미하며, 국가정보, 군사정보, 개인 정보, 금융 정보, 기업 정보 등 다양한 형태를 포함한다. 사이버 보안은 사이버 공간에서 발생할 수 있는 다양한 위협, 즉 해킹, 악성코드, 국가정보, 군사정보, 개인 정보 유출 등으로부터 컴퓨터, 네트워크, 시스템 및 데이터를 보호하는 활동을 의미한다. 사이버전은 20세기 후반에서 등장한 개념으로 정보화 기술을 이용하여 사이버 공간에서 벌어지는 정보전이나 정보작전을 의미하며, 적국을 상대로 디지털 공격을 가해 실제 전쟁과 유사한 피해를 입히거나 필수 컴퓨터 시스템을 교란시키는 행위를 의미한다. 21세기 들어서 더욱 중요해지고 있다. 사이버전 양상은 인터넷 선동에서부터 해킹 공격에 이르기까지 다양하다. 주로 악성코드를 퍼뜨려서 목표물의 컴퓨터를 마비시키는 직접적인 공격이 있을 수도 있고 스파이웨어, 트로이 목마를 메일과 같은 형태로 속여서 보낸 뒤 상대방의 컴퓨터를 감염시켜 정보를 빼가는 일도 있다. 이렇게 빼낸 정보로 실생활에서 은행 계좌나 비트코인 계좌에 있는 돈을 빼돌려 금전적 피해를 준다거나 정부/군사 첩보에 이용하는 등 공작 활동도 감행한다. 가상공간에서 여론전을 시행해서 친정부 여론을 웹상에 유포하거나 반대로 상대방 정부에 대한 반정부 여론을 불러일으키기도 한다. 전시에는 적국의 관공서나 언론사 사이트를 공격해서 다운시키기도 하며 휴대 전화를 통해 문자메시지로 선전하는 모습도 관찰되며 개인 휴대폰을 해킹하기도 한다. 가짜뉴스를 퍼뜨려서 유언비어로 사람들을 속이기도 하는 등 그야말로 행태는 다양하다. 서로 사이가 나쁜 나라의 경우 네티즌들이 민간 차원에서 해킹 공격을 하거나 트래픽 테러를 일으키는 경우도 있으며 심지어 서로 사이가 나쁜 기업이나 경쟁업체, 단체끼리 상대방의 홈페이지를 마비시키는 디도스(DDoS) 공격을 하기도 한다. 사이버상에서 기업비밀을 탈취하는 산업 스파이 행각도 발생하고 있다.

사이버전의 발전 단계를 보면 초기 단계는 1980년대 후반~1990년대 초반으로서 컴퓨터 바이러스(Computer Virus), 웜(Worm) 등 초기 형태의 악성코드가 등장하고, 이메일 폭탄(mail bomb), DDos 공격 등 단순한 형태의 공격이 이루어졌던 시기이며, 이 시기는 사이버 공간의 위험성에 대한 인식이 부족하고 기술적 수준이 낮아 주로 개인이나 소규모 그룹에 의한 공격이 많았다. 다음 정보전 단계로 1990년대 후반~2000년대 초반기간으로 인터넷의 보급과 함께 정보전의 중요성이 주목받기 시작했다. 해킹, 정보 유출, 사이버 스파이 활동 등이 활발해졌으며, 국가 간의 정보수집과 경쟁이 치열해졌다. 2000년대 초반의 이라크 전쟁과 아프가니스탄 전쟁에서 사이버 공격이 본격적으로 활용되기 시작했다. 현대의 사이버 전쟁 단계는 2000년대 후반 이후로 국가 간의 사이버 공격이 더욱 정교해지고, 군사적 목적을 위한 사이버 공격이 등장했다. 2007년 에스토니아 사이버 공격, 2008년 조지아 전쟁, 2010년 스턱스넷(Stuxnet) 공격 등이 대표적인 사례로서 사이버 공격은 물리적 파괴, 경제적 타격, 사회 혼란 등을 야기하며 전쟁의 한 형태로 자리 잡았다. 최근에는 러시아-우크라이나 전쟁에서 사이버전이 중요한 역할을 하고 있으며, 앞으로 사이버전은 더욱 복잡하고 다양한 형태로 발전할 것으로 예상된다.

2.5.5. 러시아와 우크라이나 전쟁(2022)에서 통합정보전 등장

2.5.5.1. 러시아와 우크라이나 역사적, 지정학적 정보환경

역사적으로 보면 우크라이나의 모태인 키예프 루스는 러시아와 벨라루스까지 세 동슬라브 국가 역사의 시작이기도 하다. 그래서 우크라이나의 영토는 러시아인들에게는 특별한 의미를 지니는 지역이다. 러시아는 우크라이나에 있었던 키예프 루스를 자신들의 뿌리로 여기고 있기 때문에 우크라이나에서 느끼는 감정 또한 미국과 영국, 프랑스와 캐나다, 독일과 오스트리아의 관계와 같은 형제국에 가깝다. 이런 이유로 러시아인은 러시아와 우크라이나는 같은 국가며, 우크라이나는 러시아의 불가분 변경 지역인 소러시아라고 생각한다. 최근 우크라이나 내에서 우크라이나어를 유일한 공용어로 지정하여 러시아어의 지배적 위치를 끌어내리는 등 러시아의 헤게모니를 약화시켰기 때문에 러시아와 관계가 악화되었다. 우크라이나 내에서 민족 정체성을 가진 사람 중에서도 제1언어가 러시아어인 인구가 꽤 있기 때문에 이런 사람들 중에서도 일부는 친러 성향에 동참하게 되었다.

러시아를 가장 자극할 만한 것은 소련의 붕괴 이후, 1993년부터 독일의 구 동독 지역에 NATO군이 주둔하게 되었고, 과거 공산권 국가였던 폴란드, 체코, 슬로바키아, 발트 3국 등 동유럽 국가들이 NATO에 가입하기 시작했다. 이에 러시아가 냉전시대의 유산인 NATO에 의해 포위되고 있는 형세로 나아가면서 러시아의 안보적 불안을 자극했다. 사실 서방 세력에게는 우크라이나는 단순히 러시아와의 경계에 있는 국가이고 경제적으로는 큰 이점이 없는 동유럽 국가들 중 하나이지만 러시아 입장에서는 동유럽 국가 중 몇 안 되는 NATO 비회원국이자, 지금까지 흑해로 가는 항구가 있는 만큼 매우 중요한 군사적 요충지이고, 서방 세력과의 최전선이자 대규모 곡창지대이기까지 한 우크라이나를 절대로 포기할 수 없다. 결국 그나마 남은 러시아의 동유럽 내 영향권 때문에 러시아는 우크라이나에 신경 쓸 수밖에 없다.

동부 우크라이나의 친러 지역인 도네츠크와 루간스크의 분리주의자들은 러시아에 직접 도움을 청하였으며, 러시아도 이에 호응해 이 지역들의 기업 재건, 10만 명의 인력 파견 등의 원조를 제공하고, 이미 러시아에 점령된 동우크라이나 문제에 대한 해결 방안을 키예프 당국이 내놓아야 한다고 말하며 우크라이나 전역을 삼키려는 야욕을 보였다. 러시아는 '독립국' 우크라이나를 말살하는 것으로 외교 정책을 변경했고 우크라이나 동남부에서 러시아인가 공격받고 있다는 식으로 선전했다. 2014년 우크라이나 크림반도 지역을 침략하여 크림반도를 점령한 러시아는 우크라이나 동부에도 병력과 요원을 파견하여 반란을 대대적으로 선동했고, 그 결과 2014년 4월부터 반란이 발발, 도네츠크 인민공화국과 루간스크 인민공화국이 생겨났다. 러시아는 신속한 크림반도의 합병과 우크라이나 분리주의 세력의 조장, 그리고 돈바스 전쟁의 개입을 통해, 단순히 우크라이나를 완충지대로 넣으려는 것 이상으로 우크라이나 전체를 러시아의 세력권으로 장악하려는 목적으로 2022년 2월 21일 저녁 블라디미르 푸틴은 대국민 연설에서 우크라이나를 가리켜 처음부터 러시아에 의해 만들어진 국가, 꼭두각시 정권이 이끄는 식민지라고 하며 우크라이나 국가의 존재 자체를 부정하였다. 즉, 우크라이나를 주권국가로 상대하는 게 아닌만큼 공격하더라도 언제까지나 러시아 내의 내전 상황이므로 미국, 영국, EU 등 국제사회가 개입할 권리가 없다고 주장한 것이다

2.5.5.2. 러시아의 정보전 수행

서방의 정보전 이론과 러시아의 정보전 이론은 자국에 유리한 여건을 조성하기 위하여 보유하고 있는 각종 수단을 활용한다는 차원에서 동일하지만, 각론에 들어가면 차이점이 있다. 우리의 합참에 의하면, 정보전(Information Warfare)은 특정한 목표를 달성하기 위하여 특정 적에 대해 위기나 분쟁 또는 전쟁 시 정보작전이 수행되는 실제적 활동이며, 정보작전(Information Operation)은 정보 우위를 달성하기 위해 전평시 가용한 수단을 통합하여 아측의 정보 및 정보체계는 방어하고, 상대의 정보 및 정보체계에 공격을 가하거나 영향을 주는 작전으로 정의한다.

심리전(Psychological Operation)도 정보전에 포함되는 개념이다. 심리전은 국가정책의 효과적인 달성을 지원하기 위하여 아측이 아닌 기타 모든 국가 및 집단의 견해, 감정, 태도, 행동을 아측에 유리하게 유도하는 선전 및 기타 모든 활동의 계획적인 사용을 말한다.

정보전과 관련하여 미국에서는 이미 알려진 지휘통제전, 정보작전, 전자전, 심리전, 사이버전, 전략커뮤니케이션 등 다양한 교리들을 발전시켰다. 특히, 정보작전에서는 적의 의사결정 능력을 비롯한 구체적인 대상을 표적으로 설정하고 있고, 인지적 · 정보적 · 물리적 영역까지도 포함하고 있다. 또한 정보작전은 네트워크중심전, 전자전, 작전보안, 군사기만, 심리전 등과 물리적 공격의 일부도 포함하고 있다. 요컨대, 정보전의 주요 수단은 정보작전, 심리전, 전략커뮤니케이션 등으로 나타난다. 전략적 수준의 정보전은 전략목표를 달성하고 외교정책 목표를 달성하기 위해 공공외교, 선전, 문화전, 심리전, 분란전 등으로 분류하고, 작전적 수준의 정보전은 작전목표를 달성하기 위해 전략커뮤니케이션, 정보작전, 사이버전, 공보전, 민사작전 등으로 분류하였다. 전술적 수

준의 정보전은 전자전, 이처럼 세계적 기술의 발전과 각종 정보매체 및 사회 시스템의 발전으로 정보전의 개념과 범위[45]가 점차 확대되고 있다.

정보전에 대한 미국 및 서방의 교리와 러시아의 교리는 인간의 인식에 영향을 미쳐 자국에 유리한 여건을 조성한다는 근본 원리는 동일하나, 미국의 경우 기능별로 세분화하여 다양한 교리를 발전시키는 반면, 러시아는 통합하여 포괄적으로 접근하고 있다. 러시아는 세부적인 개념의 발전 측면에서는 미흡하나, 포괄적으로 접근하기 때문에 수단과 방법을 통합한다는 장점을 가지고 있다. 또한, 심리전의 경우 일반적으로 타 국가를 대상으로 하지만 러시아는 자국과 타국 모두를 대상으로 한다는 데 차이점이 있기도 하다. 러시아의 국방부가 2011년에 발표한 '정보공간에서 러시아군의 활동에 관한 개념적 시각'에 발표한 정보전이란 정보공간에서 국가 간 대결을 말하며, 그 목적은 ① 적의 정보시스템, 정보 과정 및 자원, 중요시설에 피해 야기, ② 정치, 경제, 사회체제 파괴, ③ 사회 및 국가의 불안정화를 위한 대규모 심리전 수행, ④ 공자(攻者)에 유리한 정책 결정 강요 등이다. 정보공간이란 개인 및 사회의 의식, 정보인프라 및 기존 정보에 영향을 주는 새로운 정보의 형성, 생산, 변형, 전달, 사용, 보존과 관련된 활동 분야를 말한다. 러시아의 정보전 수행에 있어 보유하고 있는 모든 수단을 통합하여 운용하는 경향이 있다. 러시아의 작전이나 전략사상은 항상 통합을 추구하며 이는 일종의 총력안보 사상으로 볼 수 있다. 러시아의 정보전은 국익 확보를 위해 정치, 외교, 군사, 경제적 능력을 통합 운용하되, 군사작전에서는 심리전, 사이버전, 전자전을 포함한 정보전, 군사력 시위 및 사용 등 모든 수단을 동원하여 전략적 목적을 달성하기 위해 노력한다.

2013년 11월 21일 친러 성향의 우크라이나 대통령 야누코비치(Viktor Yanukovych)가 이전에 약속했던 EU와의 협력협정 체결을 보류하고 러시아와 협력할 것임을 선언하자 친서방 야당과 대중들이 수도 키예프의 마이단 광장을 중심으로 대규모 반정부시위를 시작했다. 이후 약 3개월 동안 극우민족주의자와 의회는 격렬한 시위를 벌였고 행정부와 내무군은 이를 진압하면서 유혈 충돌이 발생했다. 결국, 시위대가 승리하고 야누코비치가 러시아로 피신하면서 우크라이나에 친서방 과도정부가 들어섰다. 과도정부가 친서방 행보를 가속하자 크림 자치공화국은 위기감을 느끼고 주민투표를 추진하였다. 러시아의 크림 지원을 위한 특수작전은 우크라이나의 정권이 교체된 2월 22일부터 시작되었다. 푸틴 대통령은 소치 동계올림픽(2.7~23)을 마무리하면서 쇼이구 국방

45) 김규철, "우크라이나 전쟁에서 러시아의 정보전 활동" 슬라브연구, 제 38권 4호, 2022.12.20.

부 장관 및 게라시모프 총참모장과 작전계획을 수립했다. 작전목표는 크림공화국의 주민투표를 보장하기 위하여 이를 방해하는 우크라이나군을 봉쇄하고, 서방을 비롯한 외국 정보기관에 러시아의 의도를 노출하지 않고 은밀하게 작전을 수행하는 것이었다. 러시아는 2월 말부터 3월 초 사이에 크림반도에 특수부대를 비롯하여 지상군과 해군 병력을 비밀리에 증강했다. 당시 크림반도에 주둔한 러시아군은 12,000명이었다. 우크라이나와 협정으로 25,000명 이내로 제한했기 때문에 추가로 13,000명을 공개적으로 배치할 수도 있었으나, 만일의 사태에 대비하여 은밀하게 병력을 투입했다. 이때 서방의 주의를 분산시키기 위해 2월 26일부터 3월 7일 사이에 서부군관구와 중부군관구의 불시 점검훈련과 북극해에서 공수부대의 대규모 낙하훈련을 시행했다. 이렇게 크림반도 병력 증강은 야간 위주로 은밀하게 이루어졌으며, 크림반도 내에 있는 우크라이나의 모든 부대와 우크라이나 해군 함정이 기동할 수 있는 주요 3개 항구, 외부에서 병력이 지원될 수 있는 공군기지들을 봉쇄했다. 이와 동시에 사전에 배치된 특수부대와 해군보병이 주요 목표를 장악하고, 지역 내에서 크림 주민들이 자발적으로 조직한 자경단과 함께 주민의 안전과 주민투표소를 지키면서 친러 분위기를 조성하였다. 우크라이나와 서방 국가들은 크림반도에 대한 러시아의 의도를 파악하지 못한 상태에서 크림 주민은 3월 16일 주민투표를 안정된 상황에서 실시할 수 있었으며, 96.8%로 결과가 확정된 3월 17일에 러시아는 크림공화국이 독립 주권 국가임을 인정하고, 3월 18일에 독립국간의 조약에 의해 편입을 결정, 3월 21일 크림공화국을 러시아 연방 행정주체로 편입하는 내용의 헌법을 개정하였다. 2014년 당시 크림반도에서 근무하는 우크라이나군은 정규군과 내무군, 정보기관을 망라하여 약 2만 명이 있었다. 러시아군은 우크라이나 '실로비키(Силовики)를 대상으로 일일이 면담하면서 주민투표의 당위성을 설득하여 우크라이나군의 무장 항거를 미리 방지했다. 당시 크림반도 내 우크라이나 각급 부대는 현 위치를 고수하고 무기를 사용해도 좋다는 명령을 받았으나 러시아군의 조직적인 정보심리전 활동으로 우크라이나군의 반항은 일어나지 않았으며, 도리어 많은 우크라이나군 병력을 러시아군으로 편입시키는 데 성공했다. 우크라이나에서 러시아로 소속을 변경한 군인은 9,268명이며 여기에는 우크라이나 흑해함대 사령관도 포함되었다. 특히 우크라이나 안보부(러시아의 FSB 해당)는 1,600명 중 1,400명이 러시아로 소속을 전환했으며, 경찰 12,000명도 러시아로 편입되었다. 이러한 상황은 정권을 교체한 우크라이나 신정부의 국민적 자존심과 사기를 치명적으로 손상함과 동시에 러시아가 시행한 정보전의 성공을 단적으로 증명해 주었다. 러시아는 크림반도 편입 시 광범위한 사이버 공격을 추구하지는 않았다. 이는 국제적 비난을 피하고자 했으며, 따라서 전략적 목적을 달성할 수단으로 소규모의 제한적인 정보전 또는 사이버전 수행을 통하여 효과적인 통합전력을 창출하였다.

2022년 우크라이나와 전쟁 시 러시아는 우크라이나 전장뿐만 아니라 자국 및 전 세계를 대상으로 다양한 형태로 정보전을 수행하였다. 러시아는 정보전을 어느 전쟁에 국한되어 수행하지 않고, 전반적인 국가안보전략의 하나로 수행하였다. 러시아의 정보전 활동은 활동 목적과 대상에 따라 심리전(선전전), 정치작전(민사작전), 정보작전, 사이버전, 전자전 등 동시에 다양하게 수행하였다.

먼저 여론을 이용한 심리전은 대중매체를 통해 이루어졌다. 심리전은 대체로 ① 자국 활동의 정당성을 홍보하여 민심 결집, 상대국 국민의 반전 여론을 유도하여 세계적 지원 확보, 유리한 여건을 조성하고, ② 상대방 상황을 저평가하여 자국군 사기를 앙양하는 것을 목표[46]로 수행하였다. 심리전 차원에서 국제적 상황을 보면, 일반 대중매체는 물론 SNS(사회관계망서비스)에서도 러시아의 언로는 거의 막혀 있었지만, 서방과 우크라이나의 언로는 비교적 통용되었다. 예를 들면, 한국에서 미국이나 우크라이나의 국방부 홈페이지 접속은 가능하였지만, 러시아 국방부는 접속이 불가하며, 일반 신문 방송에서도 미국을 비롯한 서방 매체의 논조가 주류를 이루고 있다. 이에 러시아 국방부는 '페이크(거짓)와의 전쟁' 홈페이지를 개설하여 소위 '허위정보'에 대한 반박을 제시하는 정도에 그쳤으나 러시아 국내 및 돈바스 지역에서의 선전전은 비교적 효과적으로 수행하였다. 우크라이나 전쟁 개시 후 푸틴 지지도는 60%에서 80%로 상승했으며, 일부 반전 여론에도 불구하고 대다수 국민은 전쟁(특수 군사작전)을 지지하였다. 러시아는 점령지역에 대한 정치작전(민사작전)을 적극적으로 수행하여 전투지역에 거주하던 우크라이나 주민을 러시아로 후송하였고 반러 친우크라이나 인원에 대한 설득 및 전향 회유 활동을 전개하고, 점령지역 주민에 대해 많은 물자 제공 등 인도적 지원을 하였다. 러시아의 돈바스 지역에서 우세한 선전 활동과 적극적 민사활동과 합병 조치로 점령지역은 러시아화 되었다.

러시아의 전략정보작전(strategic information warfare)의 중점은 국제기관 및 점령지역 정보원을 활용하여 상대국의 첩보 수집, 능력범위 내에서 전복전 실행으로 상대국의 전쟁 지속능력을 파괴하는 것이다. 우크라이나 인구 4,100만 명 중 러시아인이 833만 명(2001년 기준)으로 키이우와 하르키우 주민의 60% 이상이 러시아인으로서 각종 첩보활동에 러시아가 매우 유리하였다.

46) 김규철, "우크라이나 전쟁에서 러시아의 정보전 활동" 슬라브연구, 제 38권 4호, 2022.12.20.

전투정보작전(combat information warfare)의 중점은 인간, 영상, 신호 등 각종 정보 자산을 이용하여 적의 기도와 위치를 식별하여 작전부대를 운용하거나 표적을 타격하고, 또한, 적 통신망 감청 또는 허위 명령 하달로 아군에 유리하게 적 행동을 유도하는 것이다. 미국은 2014년부터 위성영상 자료를 우크라이나에 제공해 왔다. 미국은 거의 실시간으로 러시아의 작전을 우크라이나에 전투정보를 제공하였다. 우크라이나는 전반적인 러시아군 부대 운용 정보를 미국・영국으로부터 받는 동시에, 튀르키예 및 미국이 지원한 무인기를 자체적으로 운용하여 표적정보를 획득, 타격하였다. 러시아는 우크라이나에 거주하고 있는 러시아인, 친러 주민, 주민을 가장한 정보요원 등을 활용하여 우크라이나군의 동향 파악 및 타격을 실시하였다. 러시아는 후방지역에 있는 우크라이나군 부대와 무기고 위치 등 현황을 대부분 파악하고 있다.

영상정보에서도 러시아는 최근 이란산 무인기뿐만 아니라 자체 개발한 다양한 무인기를 활용하여 표적을 타격하였다. 러시아는 군사위성을 활용하여 전반적인 적 부대운용 파악 능력을 보유하고 있고 신호정보 운용에 있어 러시아는 최근 훈련에서 볼 수 있듯이 다양한 전자전 장비를 운용하여 적 통신을 감청하고, 상황에 따라 통신망에 침투하여 허위 정보를 제공하여 유리한 상황을 조성하였다. 최근 운용장비는 크라수하(Красуха-4), 무르만스크 BN(Мурманск БН), 모스크바(Москва) 등이다. 러시아는 인간, 영상, 신호정보 자산을 효과적으로 운용하여 전투정보를 획득하고 있는 것으로 보인다.

서방에 대한 러시아 정보전의 목표는 서방세계들의 단합을 약화하고 우크라이나에 대한 군사적 지원을 방해하는 것이었다. 이를 위해 나토 회원국인 터키와 경제 및 군사 협력을 지속하였으며, 친미 국가인 이스라엘과도 인도적, 문화적 협력을 추진하였다. 특히, 최근 서방의 인플레이션 심화 및 에너지 가격 급등과 관련하여 "서방은 대러 제재로 자중지란을 겪지 말고 대러 제재를 해소해야 한다"라고 유엔 및 기타 외교무대에서 주장하였다. 우크라이나 전쟁 기간에는 수많은 난민 발생과 국제정세의 불안정을 미국의 책임으로 비난하고, 아울러 미국이 국제적으로 금지된 생물무기를 개발하고 있다고 비난하였다. 러시아는 서방에 대한 비판과 동시에 러시아 발전의 핵심 요소인 CIS 국가와의 협력, 중국 및 인도와 경제 및 군사협력을 통하여 대서방 대항력을 유지하였다. 핵무기 사용 문제에서도 러시아는 "영토 수호를 위해 모든 수단을 사용할 준비가 되어 있다"라고 푸틴 대통령이 언급하는가 하면, 실제로 전략핵무기 사용 태세 시위 및 핵무기 훈련, 극초음속 미사일 발사훈련 등을 통하여 미국 및 나토가 러시아의 우크라이나 전쟁에 직접 개입할 가능성을 억제하였다.

2.5.5.3. 전자전 수행

개전 초기 러시아 공군에 의한 전자전은 매우 효과적으로 진행되었다. 우크라이나 침공 첫날, 러시아군은 재밍 장비와 E-96M 공중 디코이(Decoy)를 사용해서 우크라이나군의 주요 방공망을 교란시켰다. 〈그림 2-10〉과 같은 S-300 및 SA-11 BUK으로 구성된 키이우 북부의 호스토멜-이르핀-체르니히우 방공부대들은 심각한 타격을 받았고, 헤르손 방면과 자포리자 방면의 우크라이나군 방공부대 역시 적잖은 피해를 보았다.

〈그림 2-10〉 SA-11(왼쪽), S-300(오른쪽)

그러나 우크라이나 공군기지에 대한 타격이 제대로 이루어지지 않아 이들은 개전 2~3일 차까지 계속 발진해서 러시아 공군기들과 도그파이팅(Dog fighting)을 마다하지 않고 덤벼들었고, 그 시간 동안 우크라이나군은 점진적으로 방공망을 회복했다. 2022년 3월 3일 완전히 우크라이나 방공군이 전자전 영향에서 벗어나기 전까지, 우크라이나 공군은 러시아 공군을 상대로 육탄전을 벌여 시간을 벌었다. 이 사이 러시아군 역시 대응했는데 Su-34, Su-30SM, Su-35S 전투기가 하루 평균 140회 정도 출격해서 우크라이나 공군기들과 전투를 벌였다. 개전 3일 차까지 이들 전투기의 목표는 우크라이나 방공부대들이었다. 100개 이상의 고정 장거리 레이더 시설과 기지, 군수물자 시설, SAM 사이트 등을 공격했고, 주로 러시아 공수군을 증원할 헬리본(Heliborne)[47]들의 경로를 보호하기 위해 해당 지역을 집중적으로 공격하였다. 그러나 이는 비효율적이었다. 대부분의 공격은 단일 기체로 수행되었으며, 6기 이상의 스트라이크 패키지는 없었으며 오직 다수의 무유도 FAB-500 항공 폭탄과 OFAB-250을 고도 12,000피드에서 발사했을 뿐이다. 게다가 이러한 비효율적인 공격은 별다른 효과를 가져오지 못했으며 명중된 표적의 대부분은 고정 레이더와 구식 S-125 SAM 사이트들뿐

47) 헬리콥터를 이용한 공수작전

이었고, S-300 등 기동이 가능한 지대공 장비들에 대해서는 거의 타격을 입히지 못했다. 그래서 우크라이나군은 초기 전투에서 살아남았고, 3월 3일까지 시간을 벌어서 전열을 재정비할 수 있었다.

한편, 러시아 공군에게 초기 압도당했던 우크라이나 공군은 러시아 공군기가 자국군을 능가한다는 사실을 인지하고 우크라이나 공군은 저고도 비행을 통해 러시아 공군을 기습하는 방식으로 대응하였다. 러시아군의 전자전 등으로 인해 R-27 유도가 종종 빗나가는 경우가 있었지만, 지상에서의 혼란과 지형적 특성을 잘 활용한 우크라이나 공군은 러시아 공군기에 비교적 잘 근접해서 미사일들을 발사하고 후퇴하는 방식으로 맞섰다. 그래서 개전 3일 동안 러시아 공군은 전선 깊숙이 침투한 공군기가 습격을 받아 격파당하는 것을 보자 종심 깊숙이 침투하는 방식을 중단하고 저고도에서 접근하는 우크라이나 공군을 견제해야 할 러시아 공군의 SA-15 토르나 SA-17 BUK는 통신기능 미비로 제대로 작전을 수행하지 못하였다. 러시아 입장에서는 저고도로 침투하는 우크라이나 전투기 저지를 위해서는 벨라루스와 크림에 S-400 트라이엄프 SAM 사이트가 작동하는 3월 초까지 기다려야 했다. 이들이 작동하면서 우크라이나 공군기들은 100피트 미만의 초저고도 비행을 해야 할 수밖에 없었고, 키이우 축선 전체가 이들의 영향권내로 들어갔다. 한편, 돈바스 항공전에서는 러시아군이 A-50 AWACS를 동원해서 하루 2~3회 가동하였으나, 우크라이나군이 A-50을 상대로 전자전을 수행해 작전을 제한시켰고 또 러시아 공군이 지상군에 종속된 형태이기 때문에 A-50의 공중정찰 정보가 곧바로 방공작전 부대에 전달되지 않고 지상군을 거쳐서 제공되기 때문에 적시에 공격을 가할 수 없다는 문제가 있었다. 그렇다고 지상군의 정보 전달능력이 좋은 것도 아니었다. 침공 첫 주가 지나면서 러시아군을 가장 강하게 괴롭힌 것은 우크라이나군의 재블린[48]이나 NLAW[49]같은 대전차미사일뿐만 아니라 군수보급의 부재와 통신 문제였다. 러시아군은 통신 작전계획이 부재했고, 대부분의 부대가 암호화된 무선 교신을 이용하지 못했고 대부분 평문으로 송수신하였다. 그것을 다룰 수 있는 숙련병이 없었기 때문임. 게다가 일부 장비들은 값싼 중국산 장비들로 대체되면서 러시아군이 실시한 전자전에 휘말려 제대로 작동되지 못했다.

전자전은 우크라이나군에게도 타격을 주었으나, 러시아 지상군에게는 더 심각한 타격을 주었고 사실상 팀 킬(Team Kill)을 해버렸다. 지상군 부대 간 통신이 끊기다 보니 지상군에 예속된 러시아 공군이 할 수 있는 것은 없었으며 더욱이 우크라이나 방공

48) 적외선 유도 대전차 미사일
49) 차세대 경량 대전차 무기(Next Generation Light Anti-tank Weapon)

부대가 증원되면서 S-300PS/PT 포대와 S-300V, SA-11이 키이우 방면에 재배치되자 러시아의 S-400 트라이엄프의 지원을 받으며 그동안 공습을 가하던 러시아 공군은 더 이상 중고도/고고도 작전을 진행하기 어렵게 되었다.

러시아군은 지상군을 대거 투입해서 주요 도시들을 공격하기 시작했고, 공군 역시 이에 동원되었으나 기존의 중/고고도 작전은 어려웠기에 우크라이나 공군처럼 저고도 작전을 하면서 싸워야 했다. 우크라이나군은 수천 발의 맨 패드스(MAN Portable Air Defense System)들을 지급받았고, 저고도로 단일 혹은 2기 정도로 진입하는 러시아 공군기들을 조직적으로 격추시켰다. 1주일 만에 8기의 전투기가 저고도 작전 중 손실되었다. 정찰 지원 및 최신 지도가 부족한 관계로 러시아 공군의 무유도 폭탄 공습은 별다른 피해를 주지 못했고, 베테랑 조종사들은 점차 작전을 거부하기 시작했다. 주간에 매복한 맨패드스 팀에게 피해를 입었던 러시아 공군은 3월 9일부터 야간 공습으로 작전을 전환했다. 당시 우크라이나군 맨패드스 팀은 야간투시경이 지급되지 않아 러시아 공군기들이 나름 편하게 작전을 수행하였다. 시리아에서 했듯이 러시아 공군은 포위당한 도시에 집중적인 폭격을 가하며 이들이 스스로 무너지기를 기다렸다. 충격과 공포로 도시의 주민과 군대가 항복하기를 기다렸고, 체르니히우, 수미, 하르키우, 마리우폴에 잔인한 공격을 가했으나 소기의 목작은 달성하지 못했다. 4~8월 사이에 러시아 공군은 계속해서 지상군에 예속된 형태로 전투를 벌였으며 9월 헤르손과 하르키우에서 우크라이나군이 대대적인 반격을 가하면서 주도권을 상실하자, 러시아군은 나머지 전선에서 방어전을 치러야 했다. 특히 우크라이나 공군이 AGM-88 HARM을 발사해 러시아 방공부대를 하나하나 격파했고, 러시아 지상군은 이제 공습에 노출될 수밖에 없었다. 러시아 공군은 우크라이나 영공을 8개 구역으로 나누어 Su-35S와 Mig-31BM 전투기를 이용하여 공격했지만, 러시아 공군은 다층 방공체계를 갖춘 우크라이나군에게 계속해서 밀리다보니 전 전역에서 패배하고 있었다. 따라서 러시아 공군은 아예 자국 공역 혹은 안전한 지역 내에서 장거리 미사일로 우크라이나 공군기들을 공격하는 작전을 폈다. 따라서 하르키우, 루간스크, 헤르손 등에서 퇴각하는 러시아 지상군에 대한 근접항공지원은 거의 이루어지지 못했다. 러시아 요격부대들이 우크라이나 공군을 견제하고 있으나, 반대로 러시아 지상 공격은 우크라이나 지상에 접근하는 것도 불가능했기 때문이다. 게다가 미사일 재고의 부족으로 무유도 폭탄을 투하해야 하는데 접근하기 전에 맨패드스에 격추될 가능성이 큰 상태여서 결국은 우크라이나 상공에서 전쟁은 서로서로 견제하면서 운용하지 못하게 하는 쪽으로 나아갔다.

이번 전쟁이 일어나기 직전까지 나토와 미국이 우려한 것이 바로 러시아의 전자전이었다. 2014년부터 수년간 러시아는 돈바스 지역에 대한 강력한 전자전을 펼쳐 우크라이나군에게 큰 타격을 입혔고, 이번에도 러시아가 똑같은 수법으로 우크라이나군의 지휘통제를 마비시켜 대혼란에 빠지게 할 것으로 생각했다. 하지만 전쟁이 시작한 이후 러시아의 전자전은 우려했던 수준에 미치지 못하고 있다. 우크라이나군이 러시아의 전자전 때문에 마비된 것 같지도 않다. 도대체 그 대단하다던 러시아의 전자전 능력은 어떻게 된 것일까. 심지어 러시아가 전자전 분야에서 우크라이나에게 지고 있는 것 아니냐는 이야기까지 나왔다. 우크라이나도 러시아군의 통신을 감청하고 발신 위치를 분석하는 등의 전자전에 나서고 있고, 그것이 얼마나 효과적인지는 2022년 4월 29일에 러시아 장군 한 명이 우크라이나군의 포격으로 사살된 것에서 알 수 있다. 이지움 인근의 지휘소에서 포격 때문에 사망한 이 장군은 안드레이 시모노프 소장으로, 러시아 육군에서 손꼽히는 전자전 전문가다. 그런데 그가 우크라이나군의 통신감청 등을 통한 위치 추적을 통해 사망했다는 것이다. 정말 아이러니한 일 아닐까? 도대체 왜 이렇게 됐을까. 가장 큰 부분은 우크라이나의 준비다. 우크라이나는 2014~2015년 사이 러시아의 전자전에 정말 호되게 당했고, 그 때문에 절치부심하면서 관련 장비 및 훈련, 전술 마련 등에 최선을 다했다. 특히 2015년 이후 미국 및 나토와의 교류를 통해 장비와 기술을 크게 발전시켰고, 주기적으로 미국 전문가들과 연합훈련을 하면서 전자전에 대한 대비를 키워왔다. 덕분에 개전 초반에 러시아의 대규모 전자전으로 인해 통신에 장애가 발생해도 당황하지 않고 대처할 수 있었다. 또 다른 비결은 서방의 지원이다. 미국에 의해 전쟁 전부터 기존 무전기들보다 보안이 철저한 신형 무전기들이 대량으로 보급됐고, 또 전자전 및 각종 정보 지원에도 미국과 나토가 아주 열심이다. 앞서 언급한 시모노프 소장의 사망같은 주요 타격에 미국의 정보지원이 있었으리라는 이야기는 이미 신기할 필요가 없는 이야기다. 또 다른 우크라이나의 강점은 분산형, 임무형 지휘체계를 수립한 것이다. 기존 구 소련식의 철저한 중앙집중, 상명하복식 체계는 통신 마비 등으로 상부의 지시가 하부로 내려가지 못하면 대혼란에 빠지기 쉽다. 우크라이나도 원래는 구소련식이었으나 2015년 이후 철저하게 나토식의 임무형 지휘체계로 전환했다. 덕분에 일시적인 통신마비 등으로 상부와의 연결이 끊어져도 하부 제대가 자율적으로 필요한 행동을 취했고, 우크라이나군이 우왕좌왕하다 지리멸렬할 줄 알았던 러시아군은 곳곳에서 발목이 잡혔고 보급로가 곳곳에서 막혀버렸다. 보급로가 공격당하고 정체되는 상황은 러시아의 전자전 수행을 더더욱 어렵게 만들었다. 악명높은 '64km정체'등의 문제가 진격로와 보급로 곳곳에서 연출되자 전자전을 위한 장비들이 후방에서 전방으로 넘어가는 것이 더더욱 늦어져 버린 것이다. 심지어 전자전용 항공기들도 우크라이나에서 러시아 공군이 제공권을 완전히 장악하지 못하자 우크라이나 내부로 진입하기 어려워졌다. 최전선 인근까지 간신히 진출한 장비들도 사용에 제한이 걸려버렸다. 우크라이나군의 통신을 교란하려다 러시아군의 통신이 더 처참하게 방해받았다. 앞서 언급한 대로 우크라이나군은 미국제나 서유럽제 디지털 무전기들을 이용해 어떻게든 러시아의 전자전을 극복하려 했다. 그런데 러시아군의 야전 통신체계는 우크라이나군보다 더 구식인 아날로그 장비가 많았고, 그러다 보니 우크라이나군보다 오히려 더 통신장애가 심해졌다. 결국 러시아 전자전 자산들은 자국군의 작전을 위해 전자전을 멈추거나 강도를 약하게 해야 했다. 또 다른 문제는 러시아군의 전자전 장비들이 여럿 노획됐다는 것이다. 가장 타격이 클 것으로 여겨지는 것은 〈그림 2-11〉처럼 키이우 인근에서 노획된 크라슈하-4 전자전 체계의 지휘통제소가 노획된 것으로, 이것만으로도 러시아 전자전 체계의 상당한 비밀이 우크라이나와 나토에 넘어갔을 가능성이 높다고 추측된다.

〈그림 2-11〉 크라슈하-4 전자전 체계

2.5.5.4. 최초 대무인기(Counter UAV) 전자전 수행

러시아와 우크라이나 간 전투 양상이 러시아군의 전자전과 우크라이나군의 민간용 소형 무인기 투입전 간 대결 국면으로 변화하고 있다. 우크라이나군이 그동안 미국 등 서방 국가로부터 구매한 값싼 개인용 무인기를 전술용 무기로 개조해 2023년 10월 러시아군의 대공세에 대응했으며, 이에 러시아군은 최근 전자전 장비를 우크라이나 전선에 배치해 우크라이나군의 무인기 투입 전에 대응하는 등 양측 간 전자전 대무인기 투입전 대결 국면을 보인다.

〈그림 2-12〉 FPV 무인기(왼쪽) Pole-21 전자전 체계(오른쪽)

우크라이나군은 〈그림 2-12〉과 같은 소위 개인용 소형 무인기(FPV, First Person View)[50]를 대량으로 생산하거나 서방 국가로부터 구입해 FPV 소형 무인기에 카메라 · 수류탄 · 소총 등을 탑재하고 간편한 원격 조정기를 이용해 러시아군을 공격했다. 이에 대응해 러시아군은 기존의 크라수카(Krasukha) 전자전 장비를 개조한 Pole-21형 전자전 체계를 우크라이나 전역에 배치해 우크라이나군의 무인기 투입전을 무력화하고 있다. 지난해 2023년 12월 미국 조 바이든 대통령은 우크라이나에 약 3억 달러의 군 지원 예산을 배정했으며, 우크라이나군은 이를 활용해 대당 약 500달러 정도 하는 FPV 소형 무인기를 도입해 전투에 활용하고 있는 것으로 알려졌다. 특히 고가의 군사용 무인기 대부분이 대 전자전 기능을 갖춰 상대방의 전자전 구사에 대응하는 반면, FPV 소형 무인기는 민간용으로 대부분의 공개된 주파수를 사용한다. 러시아군은 이를 이용해 크라수크하 전자전 장비를 개조한 Pole-21형 전자전 장비를 만들어 우크라이나군의 FPV 소형 무인기 투입전에 적극적으로 대응하고 있다. 하지만 우크라이나군이 사용하는 일부 무인기들은 우크라이나 방위산업체가 독자적으로 개발된 것으로 러시아군의 전자전 장비가 제대로 대응하지 못하고 있다. 러시아군이 초기에 미국과 유럽 나토군의 군사용 무인기에 대응하는 크라수카 전자전 장비를 배치했으나, 우크라이나군이 운영하는 탄도미사일을 교란하는 데 효과가 크지 않았고, 우크라이나군이 FPV 소형 무인기를 전장에 운영하자, 이에 대응하기 위한 Pole-21형 전자전 체계를 개발해 우크라이나 전장에 배치하고 있다. 그리고 우크라이나군의 무인기 투입전은 2014년 러시

50) 무인기(UAV)에 실시간 화상 전송 시스템을 설치하여 1인칭 전방카메라를 설치하여 지상 운용자에게 시각 정보를 전달하는 장치, 여기에 폭발물, 기총을 탑재하여 지상 운용자에 의해 사격이 가능하다. 우크라이나와 러시아 양측에서 폭발물을 장착한 FPV 드론을 염가형 TV유도 미사일처럼 사용하여 적 기갑장비, 차량들을 파괴하는 가성비 높은 무기체계로 사용하고 있다. 우크라이나는 FPV 드론 100만대를 생산할 계획까지 갖고 있다

아가 크림반도를 무력으로 병합할 때부터 활성화 됐다. 특히 2023년 중반부터 우크라이나군의 곡사포 탄약이 부족한 상황이 오자, 우크라이나군은 대당 약 500달러 정도의 FPV 소형 무인기를 구매해 러시아군의 곡사포 부대와 지휘소를 공격해 효과를 얻고 있다. 이에 군사 전문가들은 "곡사포가 정확한 표적을 타격하는 데 있어 정확성이 다소 떨어진다면, 우크라이나군의 FPV 소형 무인기를 활용한 러시아군 표적 공격은 비교적 높은 정확도를 보이고 있다"며, "우크라이나군이 저가의 무기로 고효율의 성과를 얻고 있다"고 평가했다. 하지만 일부 군사 전문가들은 "러시아군이 기존 크라수카 전자전 장비를 개선한 Pole-21형 전자전 장비를 배치해 우크라이나군의 FPV 소형 무인기를 교란하고 있다"며 "우크라이나군이 예상한 전투 성과를 얻지 못하고 있다"고 평가하기도 했다. 이에 "우크라이나군은 FPV 소형 무인기를 전선 지역에 아닌, 농가와 강가 등 비교적 러시아군 전자전 장비의 주파수 교란 범위가 못 미치는 전장에 FPV 소형 무인기를 투입해 러시아군을 공격하고 있다"고 평가했다.

전쟁 중반 이후 러시아와 우크라이나는 약 600마일에 걸쳐 지구전 양상을 보이고 있어 전차, 장갑차, 포병 차량 등의 투입 효과가 낮아짐에 따라, 길게 늘어진 전선에 무인기를 투입하는 양상으로 전환되는 모습이 나타나고 있다. 특히 뒤늦게 무인기 투입 작전의 중요성을 인식한 러시아군이 이란 등으로부터 무인기를 구매해 우크라이나군을 공격하고 있다. 하지만 우크라이나군은 전자전 장비가 부족해 러시아군의 무인기 투입전에 적절히 대응하지 못하고 있다. 일부 군사 전문가들은 "이제 3년을 넘은 러시아-우크라이나 전쟁이 점차 첨단 정보통신 기술을 활용한 첨단 무기 투입 경쟁으로 바뀌고 있다"며, "향후 양측 간 무인기 대 전자전 간 대결 양상이 나타날 것"으로 전망되고 있다. 궁극적으로 러시아-우크라이나 전쟁 양상은 수시로 변화되고 있으면서 기존 군사이론에 따른 정형화된 양상이 아닌, 상대방 전술을 묘사한 역발상적 전술이 나타나고 있다.

러시아군은 우크라이나군의 FPV(First Person View) 드론의 적극적인 배치에 대응하기 위해 탱크에 새로운 전자전 시스템을 설치하기 시작했다. 전장에서 무인기와 마주치는 상황에서, 'cope cages' 보호 스크린을 갖춘 개조된 전차들과 8개의 원통형 안테나를 특징으로 하는 새로운 전자전에 대응할 수 있는 전차들을 널리 보급하고 있다. 이 새로운 세대의 전자전 시스템은 우크라이나 드론 공격으로부터 탱크를 보호하고 탱크를 둘러싸고 있는 모든 가능한 통신 주파수를 방해하는 것을 목표로 한다.

2.5.5.5. 우주 정보전 수행

러시아군의 우크라이나 침공 이후 소셜미디어에선 파괴된 러시아군 탱크와 중화기에서부터 길거리의 수많은 민간인 시신들, 학살 현장, 병원·주거 단지 파괴 등 러시아군이 우크라이나에서 벌인 전쟁범죄의 모습들이 생생하게 전달됐다. 그래서 우크라이나가 군사력 열세에도 불구하고, 국제사회의 공분을 초래하는 소셜미디어 전쟁에선 승리했다고들 한다. 더 나아가, 우크라이나군은 인터넷으로 드론을 조종해 폭탄을 러시아군 장갑차·탱크·트럭에 투하하고, 볼로디미르 젤렌스키(Volodymyr Zelenskyy) 우크라이나 대통령은 텔레그램(telegram)으로 계속 국민에게 항전을 독려했다. 하지만, 현대 전쟁에서 상대국 군대의 지휘·통신 체계를 마비시키기 위해, 전쟁 초기에 통신·전력 네트워크를 파괴하는 것은 상식이다. 게다가 러시아는 우크라이나의 통신·인터넷 서비스를 차단·교란할 수 있는 가공할 해킹 능력과 폭격 능력을 갖추고 있다. 실제로, 전쟁 초기에 러시아는 우크라이나 정부 시스템을 파괴하는 와이퍼웨어(wiper malware) 공격을 했고, 웹사이트 접속을 막는 디도스 공격도 했다. 또한 미국의 민간 통신위성인 비아샛(Viasat)을 사이버 공격해 서비스에 일부 지장을 초래했으나 제한적이었다. 그러나, 러시아군은 통신, 인터넷, 전력 네트워크를 근본적으로 파괴하는 물리적 공격은 자제했다. 러시아군은 자체 통신을 우크라이나 민간 통신 네트워크를 사용하고 있었고 러시아군의 작전에 우크라이나의 민간 통신 네트워크가 필요하기 때문이었다. 서방 군사 전문가들은 러시아군이 대부분 특정 주파수 대역에서 암호화하지 않은 통신을 송수신한다는 사실에 매우 놀랐다. 러시아군은 심지어 저가(低價)의 무전기로 송수신 했는데, 현대적인 군용(軍用) 통신 장비는 1초에도 수시로 주파수를 바꾸는 주파수호핑 방법으로 신호를 암호화한다. 우크라이나군은 전투 중에 열악한 러시아군 통신 주파수 대역에 시끄러운 음악을 틀어 통신을 방해하거나, 통신 내용을 엿들었다. 러시아군의 작전 내용과 위치는 그대로 노출됐고, 십여 명의 러시아 장군이 최전선에서 지휘하다가 숨진 배경엔 이 허술한 통신 탓도 있었다. 그러다 보니, 러시아군은 민간 통신 네트워크에 의존하는 핸드폰에 매달렸다.

우주에서 인터넷 지원은 우크라이나의 디지털 장관인 미하일로 페도로프(Mykhailo Fedorov)는 2023년 2월 26일 일론 머스크(Elon Musk)에게 트위터로 우크라이나에 스타링크 서비스 제공을 요청했고 머스크는 즉시 스타링크 서비스를 지원하였다. 이후 5,000개의 인터넷 수신을 위한 안테나 접시 모양의 터미널이 우크라이나에 제공됐고, 이 중 1,330개의 터미널 비용을 바이든 행정부가 지불했다. 민간 통신서비스가 차단돼도, 위성을 이용한 최소한의 통신이 지원되었다. 이처럼 우크라이나는 미국 스타링크 서비스로 위성 인터넷을 사용하여 우주정보지원을 받았다.

2022년 2월 23일, NSSA(National Sequrity Space Association) 주최의 Defense And Intelligence Space Conference에서 크리스토퍼 스콜스(Dr. Christopher Scolese) 미국 국가정찰국(National Reconnaissance Office, NRO) 국장이 "러시아가 우크라이나 침공을 위해 위성을 과녁에 두고 통신 및 GPS 재밍(jamming) 공격을 가할 수 있다"고 경고했다. 스콜스 국장은 러시아가 구체적으로 어떤 행위를 할지는 언급하지 않았지만, 과거의 행동을 토대로 추측하기가 쉽다며, "예를 들어, 러시아는 이미 위성에 GPS 재밍 행위를 하고 있다"라고 언급하였고, GPS 재밍 가능성을 제기하였다. 실제로 러시아군은 GPS 재밍(jamming) 및 기타 형태의 전자공격을 전쟁 초기 적극적으로 수행했는데, 특히, 전파방해 장비를 군대가 먼저 집결하는 지역에 배치하여 운영하기도 했다. 구체적으로 알아보면 러시아는 우크라이나 침공이 시작되기 전인 2022년 2월 24일에는 우크라이나 지역 전체에 GPS 신호 재밍을 실시한 바 있고, 러시아군이 조기경보통제기나 정찰위성과 같은 정찰감시 수단의 SAR 레이다를 재밍하기 위해 개발한 크라슈하(Krasukha)-4와 통신 방해를 위해 개발된 R-330ZH 지텔(Zhitel)을 우크라이나 접경에 배치하였다. 러시아는 GPS에 대한 고도로 효과적인 사이버공격 기술을 갖고 있어 GPS 재밍으로 GPS 시스템 혼란은 물론, 위조된 위치 확인, 항법, 타이밍(PNT) 데이터를 이용해 우크라이나에서 운용중인 GPS 사용자를 속일 수도 있는데, 스푸핑 등 기술을 적용하면 GPS 신호처리가 오작동을 일으켜 항공기, 배, 미사일, 무인기, 육상 차량, 지상 부대를 포함한 모든 군사 활동에 대혼란을 초래할 수 있다. 그동안 러시아는 우크라이나에 대해 몇 년 동안 GPS 재밍을 실시했고, 러시아가 우크라이나를 침공한 날부터 본격적인 GPS 재밍 공격을 수행했다.

러시아는 침공 전후로 우크라이나와 주변 지역에 공급되는 GPS와 상업용 위성통신의 신호를 교란하는 사이버공격도 수행하였다. 실제로 개전 초반 미국의 통신기업 비아샛이 운용하는 통신위성 KA-SAT의 기능이 한동안 마비됐고, 그 결과 이 위성과 연결되어 우크라이나와 주변 나라에 설치된 다수의 위성통신용 모뎀이 먹통이 됐다. 그리고 해당 위성을 이용해 풍력 발전용 터빈을 작동시키는 독일의 에너지 회사 에너콘도 피해를 본 것으로 알려졌다. 또한, 스페이스-X의 스타링크 우주 인터넷도 공격의 대상이 되었다. 러시아의 공격으로 파괴된 우크라이나의 통신망 복원을 위해 스타링크 서비스를 무상으로 제공한 일론 머스크는 우크라이나 전투 지역 근처의 몇몇 스타링크 단말기들이 몇 시간 동안 동시에 전파방해를 받았다면서 전파방해를 피할 수 있도록 최신 소프트웨어 업그레이드를 했다고 하였다.

2.5.5.6. 러시아의 사이버전 수행

2022년 2월 24일 최신 전투기기 Su-57 등 첨단 무기체계를 동원한 러시아의 우크라이나 침공이 실행되기 하루 전날인 2월 23일, 러시아는 파괴형 소프트웨어인 '폭스블레이드(Foxblade)'를 통해 우크라이나 전역의 정부 기관과 주요 사회 기반 시설을 공격하여 주요 기반 시설 데이터 변조 및 삭제를 시도한 사실이 드러났다. 이러한 공격을 위해서 러시아는 최소 2021년부터 우크라이나의 주요 에너지 시설 및 통신 네트워크, 사회 간접 시설에 대한 정찰 및 사이버 공격을 위한 사전작업을 수행해 온 것으로 추측된다.

전쟁 기간을 크게 3단계로 나누어 보면 우선 1단계로 2022년 1월~3월까지 러시아의 우크라이나 침입을 위한 준비와 침공 초기, 2단계로 2022년 4월~2022년 9월까지 러시아의 돈바스 집중을 위한 키이우 진격 철회기, 3단계로 2022년 10월~2023년 12월까지 우크라이나 동부 및 남부에서 우크라이나의 반격과 러시아의 대응기로 러시아의 사이버 공격을 분석해 보면 1단계에서는 네트워크 침입과 데이터 삭제와 같은 파괴적인 공격이 수행되었으며, 2단계에서는 우크라이나 지원을 약화시키기 위한 피싱 메일을 활용한 공격 등이 다수 수행되었고 3단계에서는 군수품 공급망 교란 등 군사 작전과 병행한 사이버 영향력 작전이 강화되었다[51]고 볼 수 있다.

전쟁에서 러시아가 실제 진행했던 물리전과 병행된 하이브리드 사이버공격[52]은 위협적인 무력 사용의 방편으로 활용되고 있으며, 전쟁 교착상태의 지속 및 서방 제재가 장기화하면서 러시아의 경제적 부담이 증가하거나 고립이 증가할 때 러시아는 NATO에 대한 사이버공격, 산업제어시스템(Industrial Control System, ICS) 및 주요 기반 시설 사이버공격 하였다. 러시아는 전 세계를 대상으로 사이버공격을 실시하였으나 실제 사이버공격의 63%가 NATO 회원국을 대상으로 하였다. 주로 우크라이나를 지지하는 국가들의 연합이 우크라이나 방어를 위해 결집함에 따라 러시아에서 사이버 작전을 실행하는 정보총국(лавное разведывательное управление, GRU)[53], 연방보안국(Федера́льная слу́жба безопа́сности Росси́йской Федера́ции, FSB)[54] 등으로 대표되는 러시아 정보기

51) 신범식, 양정윤, "우크라이나 전쟁과 사이버전", 러시아연구, 제 34권 제 1호, 2024.5.31.

52) 물리적 공격과 함께 사이버 공격, 정보전, 심리전 등을 결합하여 전쟁을 수행

53) 러시아 연방군 총참모부 직속 정보기관으로 주 업무인 국내외 군사정보 수집 이외에도 대외 비밀공작 등의 업무를 행한다.

54) 러시아 연방보안국의 기원은 소비에트 사회주의공화국 연방의 정보기관이었던 국가보안위원회(KGB)이다

관 및 민간·군사 정보기관(Russian civilian and military Intelligence Service, RIS)의 우크라이나 외부 동맹국 정부를 대상으로 한 네트워크 침투 및 간첩 활동이 증가한 것으로 볼 수 있다.

마이크로소프트(Microsoft)사 위협인텔리전스센터(Microsoft Threat Intelligence Center, MSTIC)가 제시한 〈그림 2-13〉 분석에 따르면 러시아 사이버공격은 미국에 가장 많이 집중되어 있으며 우크라이나를 제외한 공격 중 미국을 표적으로 한 공격은 총계의 21%를 차지했다. 이외 우크라이나의 군수와 인적 지원 조율을 담당하는 폴란드에 대한 침투가 10%였으며, 발트 3국에 해당하는 라트비아와 리투아니아에 대한 공격도 우크라이나를 제외한 지역의 전체 사이버공격 활동 중 8%를 차지하였다.

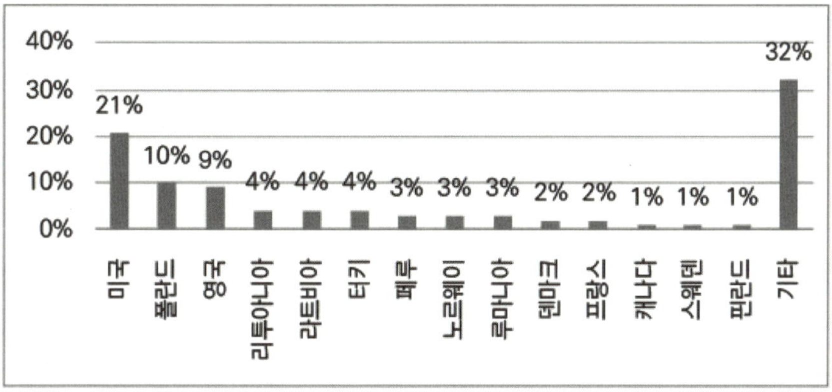

〈그림 2-13〉 러시아의 우크라이나 및 NATO국가 사이버공격 현황(2022.2~2023.3)[55)]

러시아의 군사정보기관은 정보수집, 네트워크 파괴, 러시아에 유리한 정보환경 형성을 위해 사이버 공간을 적극적으로 활용하고 있으며 러시아 정부 기관과 러시아 정부의 지원을 받는 친러시아 공격자들, 애국주의적 해커 등은 우크라이나와 NATO 기관, 군사시설, 주요 기반 시설 등 전방위적 표적을 대상으로 지속적으로 사이버공격을 수행한 것으로 추측된다.

전쟁이 장기화되고 서방의 적극적 지원이 이루어짐에 따라 러시아가 우크라이나를 지원하는 국가의 금융, 전력, 군수 산업시설, 항만, 철도, 공항과 같은 주요 기반 시설을 목표로 하는 공격도 지속될 것으로 보인다. 러시아는 전쟁 초기 실행한 우크라이나군 지휘통제 통신서비스를 제공하는 미국 인터넷 회사 비아셋(Viasat) 사이버공격과 유사한 공격을 지속할 것이다. 비아셋 공격으로 인해 독일에서 풍력 터빈이 오작동하고

55) Microsoft Threat Intelligence(2023)

유럽 내 인터넷 연결이 일시적으로 중단되어 수천 개 기관에 장애가 발생한 것과 같이 러시아의 우크라이나 공격으로 인한 영향으로부터 서방 국가도 자유로울 수 없을 것이다. 러시아는 NATO 회원국의 외교부를 비롯한 정부 기관을 우선 공격 대상으로 삼고 있으며, 군사시설, 전력시설, 싱크탱크, 인도주의적 지원단체, IT 기업, 에너지 등 주요 인프라 공급업체도 공격 대상으로 하고 있다. 해커들은 전쟁 관련 정보수집을 위해 키이우에 있는 20개 대사관을 표적으로 사이버공격을 수행한 바 있으며, 우크라이나 사이버 방어에 허브 역할을 수행한 키이우 주재 미국 대사관 이메일 계정 침입을 시도한 것으로 드러났다. 분석에 따르면 전쟁이 시작된 이래 러시아의 사이버공격 성공률은 29% 정도인 것으로 집계되었으며, 침입에 성공한 공격 중 25%는 침투 대상의 데이터 유출을 목표로 하였으며, 또한 러시아는 우크라이나에 대한 서방의 지원을 약화시키기 위해 적극적으로 허위 정보를 생성, 유포하고 있다. 사이버 수단을 통한 영향력 작전의 목표는 우크라이나에 대한 서방의 신뢰를 약화시키는 것이다. 러시아가 사이버 및 재래식 전력 통합을 위해 고군분투하나 우크라이나의 높은 사이버 방위력으로 사이버 교착상태에 빠져 있으며, 이에 따라 공격 대상을 미국으로 선회함과 동시에 서방의 우크라이나 지원을 감소시키기 위한 영향력 작전에 주력하고 있는 것으로 분석된다. 마이크로소프트는 러시아가 우크라이나 외 40개 이상 국가의 100개 이상 기관의 네트워크에 침입하였다고 발표하였으며, 이러한 활동에는 허위 정보를 생성, 유포하는 APM(Advanced Persistent Manipulator)팀의 공격이 포함되는 것으로 알려져 있다. 러시아는 허위 정보를 통해 전쟁에 대한 러시아인, 우크라이나인, 서방 국가의 인식을 변화시키려고 하며, 이를 위해 가짜 소셜미디어 계정을 생성하여, 조작된 허위 정보를 목표가 된 사용자를 대상으로 봇을 통해 유포하고 있는 것으로 알려졌다.

3장

정보수집 및 처리체계 핵심기술

3장

정보수집 및 처리체계 핵심기술

3.1. 통신정보(COMINT)의 원천, 무선통신 시스템

3.1.1. 무선통신 시스템이란?

무선통신이란 전자기파를 이용한 통신 방법과 사람의 가청주파수를 넘는(들을 수 없는) 초음파 영역을 이용한 통신 방법으로, 일반 신호(사람 목소리 등)를 고주파와 합성하여 전파를 통해 전송하고 수신 측에서 이렇게 받은 고주파 신호를 처리하여 다시 원래의 신호로 바꾸는 방법을 말한다. 20세기 후반에 등장한 이동통신의 보급으로 무선통신 이용자가 급격히 증가하였으며, 다양한 무선통신 기술의 출현으로 음성이나 인쇄전신부호 등의 간단한 정보의 전달을 뛰어넘어 영상 및 데이터의 전송을 실현하게 되었다. 무선통신의 기본적인 개념은 보내고자 하는 정보를 전파로 변조하여 전력증폭기(Power Amplifier)를 통해 전파를 송출하고 수신하는 측에서는 수신된 전파를 복조하여 원래 정보를 복원하게 된다. 쌍방향 무선통신은 송신 주파수(Transmit Frequency)와 수신 주파수(Receive Frequency)를 별도로 두어 동시에 송수신이 가능하도록 고안된 통신이다. 무선통신에는 무전기, 이동통신, 주파수공용무전기, 위성전화, Micro Wave(M/W) 와 같은 음성과 데이터를 전달 목적으로 하는 통신과 무선 인터넷, 와이브로, HSDPA(이동통신 3.5세대)와 같은 데이터 정보 전달을 주요 목적으로 하는 통신이 있다.

무선통신의 시초는 맥스웰(James Clerk Maxwell)이 전자기파(電磁氣波)의 존재를 이론적으로 전개한 것은 1864년이고, 독일의 헤르츠(Heinrich Rudolf Hertz)가 미터파인 초단파의 존재를 실증한 것은 1888년이다. 이탈리아 물리학자 마르코니(Guglielmo Giovanni Maria Marconi)는 1894년에 헤르츠의 실험에 흥미를 가지고 실험을 거듭한 결과 통신을 가능케 하는 단계에까지 이르게 하였다. 전자기파를 이용하여 문자나 숫자를 전기신호로 바꾸어 발진 장치에 의하여 모르스 송신기로 끊었다가 이었다가 하는 방식으로 전신 기호를 전자기파에 실어 보냈다.

무선전신은 1838년 미국의 화가인 모르스(Morse)에 의해 원형이 구상되고 1843년에 실용화된 Morse Code를 사용한다. 이 부호는 짧은 발신전류(점)와 비교적 긴 발신전류(선)를 배합하여 알파벳과 숫자를 표시한 것인데 기본적인 구조는 세계적으로 공통이다. 군에서 사용하는 무전기 통신은 전파를 이용하여 음성, 영상 데이터를 서로 송수신하여 통신할 수 있도록 하는 기기이다. 크기와 이동 여부에 따라 손에 쥐고 사용하는 핸디형(일명 워키토키), 차량이나 선박 등에 설치하는 이동국(모바일), 지상의 일정한 장소에 설치되는 기지국으로 분류된다. 일반적으로 사용하는 무전기는 반이중 통신 방식으로, 서로 통신을 주고받을 수는 있지만 주고받는 것을 동시에 할 수는 없다. 상대가 하는 말은 끝까지 들어야 되는 것이다. 말할 때 Push To Talk 방법을 사용함으로 처음 사용하는 사람들이 실수로 이 버튼을 계속 누르고 있어 계속 채널을 점유하고 있는 경우도 있다. 같은 망을 사용하는 A, B, C, D라는 네 사람이 있을 때 A와 B가 교신 중에는 전혀 관계없는 C와 D의 교신까지 제한되는, 의외로 불편한 물건이다. 이 문제를 해결하기 위해, 반이중 통신 방식에서는 대역폭을 잘게 나누어서 비슷한 대역을 다수의 사람이 쓸 수 있게 하는데 이를 채널이라고 부른다. 채널은 한 서버 상의 다른 채팅방이라고 생각하면 쉽다. 그래도 A가 말하면 B,C,D 모두에게 들리므로 긴급 상황 시 이점이 있기 때문에 업무용으로 꾸준히 쓰인다.

주파수공용무전기(Truncked Radio System, TRS)는 〈그림 3-1〉처럼 몇 개의 주파수를 다수의 TRS 무선통신 가입자가 공유하는 통신방식이다. 사설망과 공중망, 간이 TRS로 크게 나눠는데 사설망은 자체 중계국이나 기지국을 중심으로 네트워크를 구성하여 쓰는 것이고, 혼선이 없이 수백개의 무전기를 엮어 네트워크를 만들 수 있지만, 초기 비용이 대단히 많이 들기 때문에 개인이 사용하는 것이 아닌 군이나, 택시 회사, 물류 회사 등에서 사용한다. 통달 거리는 네트워크 구성에 따라 달라진다.

공중망은 높은 건물 위에 세워놓은 공중 기지국을 통해서 통화를 하는 것이기 때문에 사실상 무전기처럼 생겨먹은 핸드폰과 비슷한 물건이다. 실제로 핸드폰처럼 가입해서 통화 요금내고 사용하는 형태이기도 하다. 디지털TRS시스템은 유럽형 이동통신 시스템과 유사하다. 간이 TRS는 중계국이나 기지국 없이 근거리 통신이 가능하다(단말간 1:1 통신이 가능하다). 이런 TRS도 중계소를 통해 수신되는 방식이다 보니 고지대나 계곡, 고층 건물 사이, 건물 내부 등 음영지역에선 작동하지 않은 경우가 허다해 경찰관이나 소방관들이 임무 수행에 애를 먹는 경우가 많아서 최근에는 휴대폰으로 교신을 하는 등의 문제점이 다수 발생하는 단점이 있다.

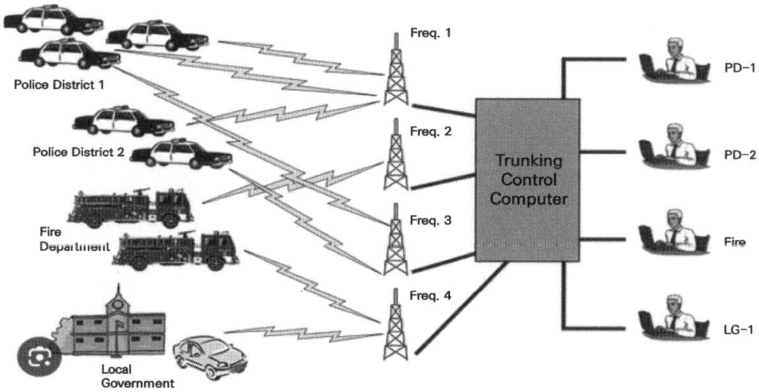

〈그림 3-1〉 주파수 공용무전기(TRS) 시스템 구성

마이크로 웨이브(Micro Wave, M/W)통신이란 1GHz~30GHz(파장 30~1cm) 의 주파수대를 이용한 통신을 말하며, 광대역 특성을 얻기 쉬우므로 초다중 통신에 이용하여 주로 가시거리 통신을 수행하는 통신방식이다. 하나의 무선 회선을 이용, 수백에서 수천 개의 채널을 전송할 수 있어 장거리전화, TV신호중계, 데이터 및 고속 데이터 통신 등에 이용된다. 장애물이 없는 경우 M/W를 이용한 최대 전송거리는 $d=7.14\sqrt{kh}$ [km]이며 (여기서 k는 지표에 대한 굴절을 고려한 조정치로 4/3 이고, h는 안테나 높이임), 장애물이 있는 경우에는 산의 정상에 중계기를 설치하여 중계함으로써 원거리 전송이 가능하다. 아래 〈그림 3-2〉는 M/W 시스템의 계통도를 나타내고 있으며 먼저 송신하려는 변조신호를 변조한 후에 송신기와 안테나를 통해 전송하고, 수신측에서는 수신기를 통해 피변조파를 수신한 후 복조하여 원래의 변조신호를 찾아낸다.

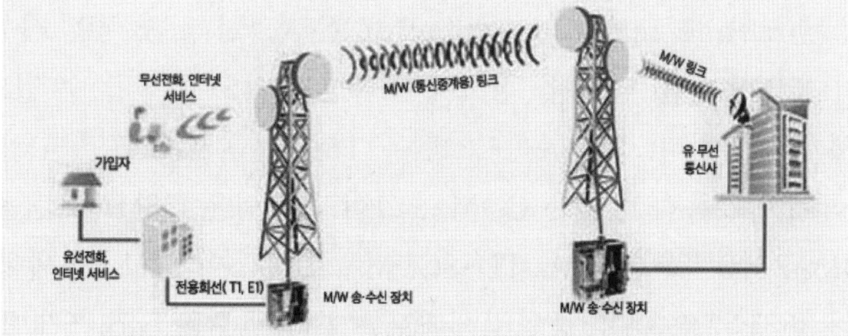

〈그림 3-2〉 마이크로웨이브(M/W) 시스템 구성

디지털 M/W 시스템 계통도는 변조기 전단에 부호기를 넣어 변조신호를 PCM 방식으로 부호화한 다음 시분할 다중화(TDM)와 위상변조(QPSK등) 시켜 전송하고, 수신측에서는 복 조기를 사용해 복조한 후, 복조기 후단에 복호기를 넣어 원래의 변조 신호를 찾아낸다. M/W 시스템에서 사용되는 중계방식으로는 ①직접 중계방식, ②헤테로다인 중계방식, ③검파(또는 베이스밴드) 중계방식, ④무급전 중계방식이 있다. 먼저 직접 중계방식은 수신한 M/W전파를 증폭한 후 약간 다른 M/W 전파로 바꾼 다음 다시 증폭하여 중계하는 방식이며 헤테로다인 중계방식은 수신한 M/W 전파를 증폭하기 쉬운 IF(중간주파수)로 변환하여 증폭한 후 다시 M/W 전파로 바꾸어 다음 중계기나 수신기에 중계하는 방식이다. 검파(또는 베이스밴드) 중계방식은 수신한 M/W 전파를 복조하므로써 얻은 베이스밴드 신호를 증폭한 후 다시 M/W 전파로 바꾸어 다음 중계기나 수신기에 중계하는 방식이며 무급전 중계방식은 금속판이나 금속망과 같은 반사판을 이용하여 M/W 전파의 진행 방향을 변경시켜 중계하는 방식이다.

M/W 통신의 특징은 지향성과 이득이 큰 안테나를 소형으로 제작할 수 있을 뿐 아니라, 높은 반송파 주파수를 사용하므로 광대역 전송도 가능하게 된다. 또한, 높은 주파수를 사용하므로 S/N비가 크고 잡음 특성이 양호하며 안정된 전파특성을 나타낸다. 마이크로 웨이브 통신은 주로 가시거리 통신이 행해지며, 초가시거리(가시거리외)통신을 행하고자 하는 경우에는 전송 도중에 몇 개의 중계소가 있어야 한다. M/W 통신은 회선구성에 융통성이 있고, 회선 건설 기간이 짧고 재해 등의 영향은 적으나, 보안에 취약하고 유지보수에 어려움이 있으며, 전파하는 도중에 비, 구름, 안개 등에 의해 전파가 감쇠 및 산란 되기 때문에 페이딩이 발생하고 기상 상태에 따라 전송품질이 변할 수도 있다.

3.1.1.1. 이동통신 시스템

이동통신시스템(mobile telecommunication)은 〈그림 3-3〉처럼 사용자가 단말기를 통해 음성이나 영상, 데이터 등을 장소에 구애받지 않고 통신할 수 있도록 이동성이 부여된 통신 체계를 말한다. 이동통신시스템은 1세대는 아날로그인 AMPS이며 2세대는 북미 및 한국에서 운용하고 있는 CDMA, 그리고 유럽은 GSM시스템을 운용하였다. 3세대로는 CDMA2000, W-CDMA, TD-SCDMA, UMTS이 있고 3.5세대로는 HSDPA가 운영 중이며 현재 주로 운용 중인 4세대로는 LTE-Advanced, 5세대 이동통신 시스템을 운용하고 있다.

이동통신을 구성하는 네트워크는 크게 코어 네트워크(Core Network)와 액세스 네트워크(Access Network)로 구분된다. 코어 망은 크게 세 가지 기능을 수행한다. 가입자의 번호, 가입자의 현재 위치와 같은 가입자 정보를 관리하는 기능과 유선 전화망 서비스와 연결하는 기능과 다른 부가 서비스의 제공을 위한 서버의 기능이 그것이다. 코어망은 전체 망을 총괄하여 관리하는 부분과 각 지역별 액세스망과 연결되는 부분으로 나눌 수 있다. 액세스 망은 가입자와 직접 연결되는 망으로 가입자의 번호 처리, 서비스의 연결 및 정보의 송수신과 같은 기능을 담당한다. 액세스 망의 주요한 거점은 기지국이다.

기지국의 구성으로 이동통신 서비스를 제공하는 사업자는 서비스 제공 지역을 포괄하는 기지국들을 설치해야 한다. 하나의 기지국이 서비스를 제공할 수 있는 범위를 셀이라 한다. 이 때문에 휴대 전화를 셀룰러 폰(Cellular Phone)이라 하기도 한다. 기지국들은 서로 인접하여 있어서 서비스 제공 지역 전체를 벌집처럼 덮어 사용자가 하나의 셀에서 다른 셀로 이동하더라도 지속적으로 서비스를 제공할 수 있다. 이렇게 지속적으로 서비스를 제공하는 기술을 핸드오프(핸드오버) 기술이라고 한다.

사용자의 단말기에는 각자 고유 번호가 부여되어 있다. 또한 가입자 개개인에게는 이동 통신 번호가 부여된다. 사용자의 단말기는 통화가 없더라도 지속적으로 기지국으로 단말기 고유 번호를 인식할 수 있는 신호를 보낸다. 이렇게 전송받은 단말기 정보는 코어 네트워크에 등록되어 사용자의 현재 위치를 파악할 수 있게 한다. 최초의 이동 통신인 아날로그 방식의 셀룰러 폰은 음성의 송수신이 주된 서비스였으나 최근에는 동영상, 문자, 인터넷 정보, 방송, 사진 촬영, 신용 결제 등 다양한 서비스가 결합된 단말기가 출시되고 있다.

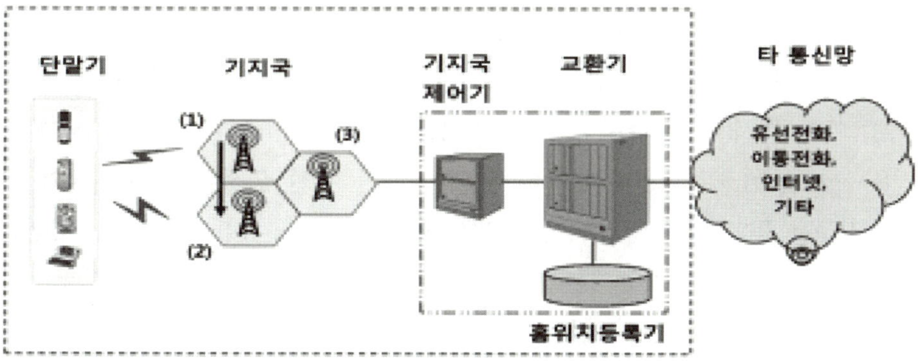

〈그림 3-3〉 이동통신망과 타 통신망과 연동

이동통신과 유선 전화 간에 통신이 일어날 때는 사용자의 서비스 요청이 코어 네트워크에 전달되면 코어 네트워크에서 시내 전화망으로 연결되고 시내 전화망에 의해 통화 요청이 처리된다. 4G는 3G 계열의 뒤를 잇는 이동통신 규격이다. 정확한 규격은 국제전기통신연합의 차세대 이동통신(IMT-Advanced) 규격에 의해 규정되어 있다. 차세대 이동통신의 대표적인 인증 조건은 다음과 같다. 고속 이동 중 100Mbps 지원, 정지 상태 1Gbps 지원, 인터넷 프로토콜과 호환, 주파수 대역폭 5~20MHz 이내, 최대 40MHz까지 가능, 기타 주파수 효율성 bit/sec/Hz의 일정값을 넘어야 하는 것 등이 있다. 5G는 5세대 이동통신 기술로 5세대 모바일 네트워크를 의미한다. 저속 광역망인 6GHz 이하 주파수 대역과(FR1) 초고속 근거리망에 쓰이는 24GHz 이상(FR2) 두 개로 나누어진다. 기존의 4G LTE 셀룰러 네트워크를 발전시키고 보완하였다. 각 세대를 정의하는 기준은 사용된 기술, 신호 송신 후 수신까지 걸리는 시간(대기 시간), 네트워크를 통해 연결된 기기로 데이터를 전송하는 속도 등 여러 가지이다. 5G 네트워크의 데이터 전송 속도는 최대 20Gbps에 이른다. 또한 5G 서비스는 대기 시간이 대폭 단축되었고, 커버리지를 원격 영역까지 확장할 수 있다. 오늘날의 네트워크는 저주파(6GHz 이하) 신호를 장거리 전송하는 대규모 고 출력 기지국에 의존하여 운영된다. 그러나 낮은 무선 주파수에서는 데이터 전송 속도가 빠르지 않다. 그래서 나온 기술이 밀리미터파(mmw), 빔포밍, 네트워크 슬라이싱 기술이다. 5G는 상호 연동되는 몇 가지 기술을 활용해 다운로드 속도를 4G보다 최대 10배 빠른 수준으로 높이는 한편 대기 시간을 최하 1밀리초까지 줄임으로써 이러한 문제를 해결하고자 한다.

3.1.1.2. 위성통신 시스템

지구 상공에서 일정 궤도를 따라 공전하는 인공위성(artificial satellite)을 사용하여 지상과 위성 간 또는 위성 상호 간에 정보를 송수신하는 무선통신 시스템으로 인공위성의 종류는 용도에 따라 군사 위성(military satellite), 기상 위성(meteorological satellite), 과학 위성(scientific satellite), 통신 위성(communication satellite), 방송 위성(broadcasting satellite) 등이 있다. 그 중 통신 위성은 통신 신호를 중계할 목적으로 지구를 돌고 있는 인공위성을 말한다. 위성통신(satellite communications)은 통신 위성을 사용하여 제공되는 통신 및 방송 서비스로 위성통신 시스템은 일반적으로 지구국(earth station), 통신 위성 본체, 위성 탑재 중계기(transponder), 지상 관제소 등으로 구성된다. 위성통신의 대표적인 활용 예로 〈그림 3-4〉처럼 정지궤도 위성을 이용한 대륙 간 장거리 전화를 들 수 있다. 20세기 후반에 광케이블을 사용한 해저 통신 케이블(submarine communications cable) 분야의 발전으로 위성을 사용한 장거리 전화 이용은 줄었지만 대륙으로부터 멀리 떨어져 있어 해저 통신 케이블이 서비스되지 않는 지역, 유선 전화망이 설치되기 어려운 대륙과 국가 등에서는 여전히 사용한다. 또한 시간 지연에 민감하지 않은 광대역 데이터 전송에도 사용한다. 위성통신은 하나의 위성이 서비스할 수 있는 통신 범위가 매우 넓고, 지리적 위치에 대한 제한이 적으며, 통신 품질이 비교적 균일하고, 수 GHz에서 수십 GHz 대역의 전파 사용에 따른 전송이 가능하다. 또한 다지점으로 동시에 동일한 정보를 분배할 수 있는 브로드캐스팅과 다지점 간에 회선을 설정할 수 있는 다중 접속(multiple access)이 가능하다. 반면 원거리 전송에 따른 전송지연과 수신신호 세력 저하, 수신방법 용이성에 따른 취약한 보안성, 높은 주파수 사용으로 강우감쇠 및 태양 간섭 등의 기후에 영향을 받는 등의 단점도 있다.

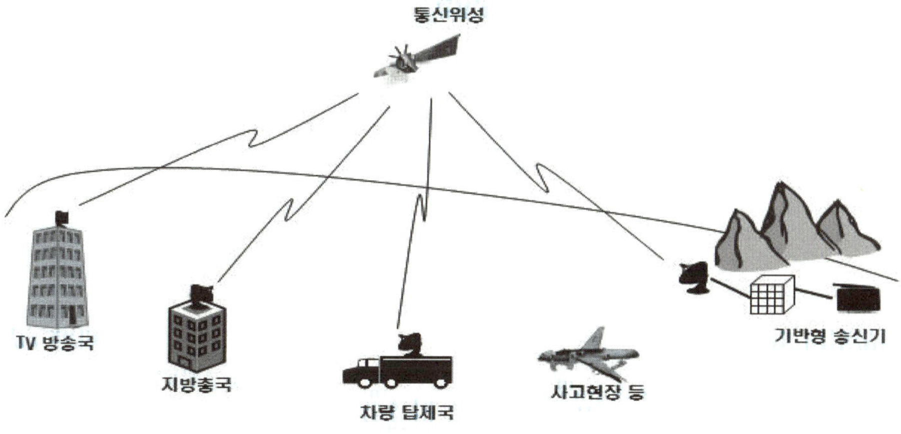

〈그림 3-4〉 위성통신시스템 구성

위성통신은 1957년 10월 4일 소련이 인공위성 스푸트니크 1호를 발사하면서 연구가 시작되었다. 우리나라는 1970년 충남 금산에 위성통신 지구국을 설치하면서 국제 위성통신 서비스를 시작하였다. 이후 1990년부터 위성을 이용한 위성 방송(satellite broadcasting) 사업을 본격적으로 추진하였다. 1995년에 무궁화 위성 1호(KOREASAT 1)가 발사되면서 우리나라는 세계에서 22번째로 상용 위성을 보유한 국가가 되었다. 이어 1996년에는 무궁화 위성 2호, 1999년에는 무궁화 위성 3호, 2006년에는 무궁화 위성 5호를 성공적으로 발사하였다. 통상 무궁화 위성 등의 상업용 위성은 통신용 중계기와 방송용 중계기를 같이 탑재하여 복합적인 서비스를 수행한다. 위성통신 기술은 이동통신 서비스에도 중요하게 활용한다. 3GPP는 이동통신 서비스를 위성통신을 통해 제공하려는 NR over NTN(New Radio over Non-Terrestrial

Network), 사물인터넷(IoT) over NTN 기술을 Release 17 규격에 포함하여 표준화를 진행한다. 이동통신에서 위성통신 기술은 지상뿐 아니라 공중, 해상 이동통신 서비스에서도 활용이 가능하며, 이와 같은 서비스는 6세대(6G) 이동통신에서도 매우 중요한 통신 시나리오 중 하나다. 저궤도 상에 수백 수만 개의 위성을 배치한 군집 위성 기반 위성통신 시스템을 구축하면 전 지구를 대상으로 저지연 서비스를 제공할 수 있다.

3.1.1.3. 무선인터넷 시스템

무선인터넷은 사용자가 무선단말기로 이동 중 무선망(Wireless Network)을 통하여 인터넷 서비스에 액세스하고 인터넷 서비스를 제공받을 수 있도록 하는 환경과 기술이다. 또한 시간과 장소에 구애받지 않고 원하는 정보를 바로 그 자리에서 이동 전화만을 사용하여 주고받을 수 있는 서비스이다. 즉, 휴대전화, 개인 휴대 정보 단말기(Personal Digital Assistant) 등 모든 모바일 기기에서의 인터넷 접속을 가능케 함으로써 이동전화와 인터넷을 하나로 융합시킨 새로운 서비스를 말한다. 협의적으로는 휴대형 단말기, 정보기기, 통신기기 등을 통해 무선으로 인터넷에 접속하여 데이터 통신이나 인터넷 서비스를 이용하는 것을 말하며, 넓은 의미에서는 무선랜이나 광대역 무선가입자망 등 고정 무선인터넷 서비스를 포함하여 무선을 통해 인터넷에 접속하는 것을 뜻한다. 그중 모바일 인터넷은 가입자가 유선(Fixed Line)이 아닌 무선을 통해 데이터 등의 인터넷 서비스를 제공받는 것을 뜻한다. 과거 휴대형 단말기를 통해 데이터 통신이나 인터넷 서비스를 이용하는 것을 의미했으나, 최근 무선 통신 기술 및 휴대 단말기 기술이 빠르게 발전하고 무선인터넷 접속 방법이 다양해지게 되면서 무선랜(wireless LAN)이나 광대역 무선 가입자망(B-WLL, Broadband Wireless Local Loop) 등 무선인터넷의 의미가 확장되었다.

2G부터 시작하여 3G, 4G(LTE)를 넘어 5G로 정보를 교환하는 시대가 왔으며 회사, 집, 공공기관, 지하철, 버스 등 다양한 공간에서 무선공유기를 이용해 언제든지 인터넷에 접속할 수 있어 그 편리성이 극대화되었다. 무선인터넷은 이동통신과 인터넷이라는 두 기술의 결합이며, 인터넷의 발전은 개인용 컴퓨터(PC)의 보급과 같이 진행된다. 개인용 컴퓨터와 이동통신 단말기의 발전에는 반도체 제조기술의 발전이 중요하게 작용했다. 무선인터넷을 이용하면 이동전화나 개인 정보 단말기(PDA, Personal Digital Assistant) 등의 이동통신 단말기로 언제 어디서나 인터넷에 접속할 수 있기 때문에 다양한 정보 검색과 소통, 전자상거래, 엔터테인먼트 등을 이동통신 단말기를 이용해 기존의 인터넷 환경의 시간, 공간적인 제약을 극복하게 된다. 이러한 무선인터넷은 크게

인터넷 혁신의 확산과 무선기술의 발전이라는 이유로 주목을 받으며 등장하게 되었다. 인터넷의 발전은 개인 컴퓨터 혁신과 보급으로 인해 이루어졌다. 원격으로 정보를 교환하고 공유하며 정보를 통합해 관리해야 할 필요성이 커진 것이다. 1990년대 초반까지는 정보의 공유와 교환이 몇몇 특정 정보통신 서비스 업체들의 시스템 내부에서만 이루어졌다. 이러한 폐쇄적인 형태의 정보교환은 지금의 웹(World Wide Web)과는 달리 모든 콘텐츠와 애플리케이션에 대해 개방적인 것이 아니었다. 인터넷이 보급되면서 개방된 형태의 새로운 정보 공유 양식이 널리 퍼지게 되었다. 1995년에 야후, 익사이트, 라이코스와 같은 웹 포털 업체가 검색엔진 기술을 통해 새롭게 등장하면서 전체 인터넷에 대한 접근의 문이 열리기 시작했다. 다양한 콘텐츠와 애플리케이션들의 사용으로 인터넷은 일반 가정과 직장을 보다 편리한 환경으로 변화시키는 데 가장 중요한 수단 중의 하나가 되었으며 세계 정보통신 사업의 중심을 이루며 새로운 거대 기업들을 탄생시켰다. 현재 다양한 기술들을 발전시켜 무선인터넷 대표 기술인 와이파이(WIFI), 5G, 사물인터넷(IoT) 등이 보편화되고 있다.

무선인터넷이 등장하게 된 배경으로는 다음과 같은 5가지 이유를 들 수 있다. 먼저 이동통신 단말기 자체가 또 다른 하나의 인터넷 연결 수단으로 인식되기 시작했다. 이 때문에 호출기부터 시작하여 핸드폰, 개인 휴대 통신서비스(PCS Personal Communication Services), 개인 정보 단말기 등 최근 몇 년 사이의 이동통신 환경은 급격하게 변화 발전하기 시작했다. 둘째, 이동통신 단말기를 이용하여 언제 어디서나 인터넷 접속이 가능하게 되었다. 인터넷의 광범위한 보급과 이동통신기술의 발전은 무선 단말기를 단순한 통신 수단을 넘어서 언제 어디서나 인터넷에 접속할 수 있는 수단으로서 가능성을 보여주고 있다. 사용자는 네트워크의 접속을 유지하면서 원하는 장소로 자유롭게 이동할 수 있게 된 것이다. 셋째, 멀티미디어 서비스가 이동통신 단말기에서 가능하게 되었다. 2002년 3세대 이동통신 규격을 시작으로 고속 데이터 전송이 가능해졌으며 2009년 4세대 이동통신 규격에 이어 2015년에는 5세대 이동통신 규격 등 통신 속도가 갈수록 빨라지고 있다. 이러한 빠른 인터넷을 이용하여 풍부한 정보서비스와 엔터테인먼트를 사용자에게 제공할 수 있게 되었다. 넷째, 기존 전자제품 및 장비에 대한 원격 조종이 가능하게 되었다. 무선인터넷을 통한 기존 전자제품 및 장비들에 대한 원격 조종을 가능하게 하는 블루투스 기술 등의 상용화가 현실이 되었고 인터넷에 접속된 가전제품 및 장비를 집 밖에서 무선 단말기를 이용하여 언제 어디서든 켜고 끄는 것으로부터 상태를 점검하고 조종하는 것에 이르기까지 마치 옆에 있는 것처럼 다룰 수 있게 되었다. 다섯째, 무선 단말기에 맞는 프로토콜과 기술이 지속해서 등장하였다. PC에서 사용하는 응용프로그램을 무선 단말기에서 사용하기에는 배터리 용량, 액정 화면의 크기(Display), 저용량의 프로세서와 메모리 등등 많은 문제가 있었지만, 현재 많은 한계를 극복하였고 계속해서 기술이나 프로토콜들 발전하고 있다.

3.1.1.3.1. 고정형 무선접속

고정형 무선접속(Fixed Wireless Access)은 무선으로 인터넷에 접속하지만, 그 위치가 사무실이나 집, 레스토랑 등 위치가 고정되어 있는 접속을 의미한다. 무선으로 인터넷에 접속하고자 하는 이유는 설치하기에 복잡하고, 비싸며, 이동성이 제한된 연결선 없이 인터넷에 접속하기 위함이다. 무선으로 인터넷에 연결하기 위해 단말기는 하나의 동일한 액세스 포인트(Access Point)를 지닌다. 하나의 단일 공간으로 수용될 수 있는 수영장, 사무실, 집, 레스토랑 등 하나의 단말기는 하나의 단일 공간 범위 안에서만 사용된다. 예를 들어 집에서도 굳이 데스크톱 PC가 설치된 책상 앞이 아니라 소파나 침대, 식탁 등에서 사용할 수 있을 것이며 이러한 편리성이 무선인터넷을 이용하는 주된 이유이다.

3.1.1.3.2. 정지형 무선접속

정지형 무선 접속(Nomadic Wireless Access)은 단말기는 한 개의 액세스 포인트가 수용 가능한 범위를 넘어 이동해 사용될 수 있다. 즉, 여러 장소에 다양한 액세스 포인트를 연결해 인터넷 접속이 가능하다. 빌딩 전체, 대학 구내 전체, 또는 아파트 단지 전체 등에서 각자 여러 개의 독립적인 액세스 포인트를 이용해 접속 가능한 경우이다. 단, 단말기가 여러 액세스 포인트 사이를 이동하되 기존의 연결 상태는 유효하게 지속하여야 하며 이동 중 접속은 아니더라도 이동이 끝난 다음 정지된 상태에서 접속을 재개하는 것이다. 이러한 이동 후 정지형 접속은 굳이 무선이 아니라 유선 접속으로도 가능하다. 유선을 통한 인터넷 접속은 각 액세스 포인트의 성격에 따라 매우 다양하고 복잡하다. 따라서 이동 후 정지형 접속의 최대 관건은 유선이거나 혹은 무선이거나 단순하고 편리한 통일된 접속환경의 제공 여부에 있다. 이 경우 에는 반드시 '일시적/점정적인 접속 환경'이라 할지라도 그 단말기만의 고유한 주소에의 신속한 접근을 보장해야 한다는 것이며 이것을 무선 환경에서는 로밍(Roaming)이라고 한다.

3.1.1.3.3. 이동 중 접속

이동 중 접속(Mobile Access)은 말 그대로 이동하면서 접속하는 것을 말한다. 하나의 세션 동안 여러 개의 동적인 액세스 포인트를 거치면서도 동시에 세션을 유지하는 것이 필요하며 이것을 핸드오버라고 부른다. 핸드오버에도 불구하고 서비스가 연속되는 것이 핵심이다. 핸드오버 중에 정보의 손실이 있어서는 안 되며 사용자가 핸드오버 자체를 인식하지 못할 정도의 부드러운 핸드오버가 보장되어야 한다. 한 번의 핸드오버 중에는 두 개 이상의 액세스 포인트에 동시에 접속을 유지하고 있어야 한다는 것을 뜻하며 이 복수의 액세스 포인트는 동일한 시스템으로 이루어져 있어야 핸드 오버가 가능하다. 전 세계 대부분의 이동통신 회사에서 이 방식을 채택하고 있다.

3.1.1.4. 와이파이(Wifi)

와이파이는 무선 공유기 혹은 인터넷 공유기라고도 하며, 대한민국과 일본에서는 무선랜이라고도 부른다. 무선 통신 표준 기술 중 하나인 IEEE 802.11에 기반한 서로 다른 장치들 간의 데이터 전송 규약이다. 일단 이것을 사용하기 위해서는 무선인터넷 공유기가 필요하다. 데이터 전송 규약이니만큼 표준만 준수하면 스마트폰, 태블릿 컴퓨터, 컴퓨터, 노트북, 개인정보단말기 등 어떤 장치도 사용할 수 있다. 닌텐도 DS나 닌텐도 3DS나 PS 비타 같은 휴대형 게임기부터, 플레이스테이션4(Play Station4), 엑스박스(Xbox), 닌텐도 스위치(Nintendo Switch)와 같은 거치형 게임기, 스마트 TV 등도 와이파이를 지원한다. 백색가전도 최신 제품은 와이파이를 지원하고 있다. 2010년대 이후부턴 드론 같은 무선 조종 컨트롤러에도 쓰이고 있다. 기본은 액세스 포인트에 기반을 둔 일대다 통신 방식(Infrastructure mode)을 사용한다. 연결 장비가 증가하면 전송 속도는 반비례하여 감소한다. 2~3개 연결해서는 체감하기 힘들고 11개가 넘어가면 본격적으로 버벅거림을 느낄 수 있다.

3.1.2. 차세대 인터넷 기술

3.1.2.1. 사물인터넷(IOT)

무선인터넷 시장의 가장 뜨거운 키워드는 사물인터넷(IOT, Internet of Things) 기술이다. 〈그림 3-5〉처럼 인터넷 연결이 가능하고 각종 센서를 탑재한 장치간 커뮤니케이션이 가능하다는 개념으로 해석할 수 있다. 오프라인 정보를 온라인으로 넘기는 오투오(O2O online to offline)을 통해, 실생활에 필요한 정보를 온라인으로 가져오고 그 정보를 활용하여 생산적이고 효율적인 정보의 활용이 가능해진다. 생활에 밀접한 기기들 상호 간, 혹은 모바일과 통신을 하면서 새로운 서비스 또는 유용한 가치를 제공하는 것이다. 세계 여러 나라에서 앞다투어 사물인터넷 관련 연구를 시작하고 발전을 도모하고 있다. 미국을 이어서 독일, 프랑스, 일본 등 각 선진국을 중심으로 사물인터넷에 적극적인 투자와 연구개발을 진행하고 있다. 사물인터넷의 사례로는 문자, 전화, 결제 및 금융 서비스를 제공하는 스마트워치, 모든 전자기기에 IP주소를 할당하여 인터넷에 연결하는 CCTV와 같은 전자장치, 인터넷 연결 전투복 등등 웨어러블 디바이스(wearable device), 각종 무기 시스템 제어 등에까지 사용될 수 있다.

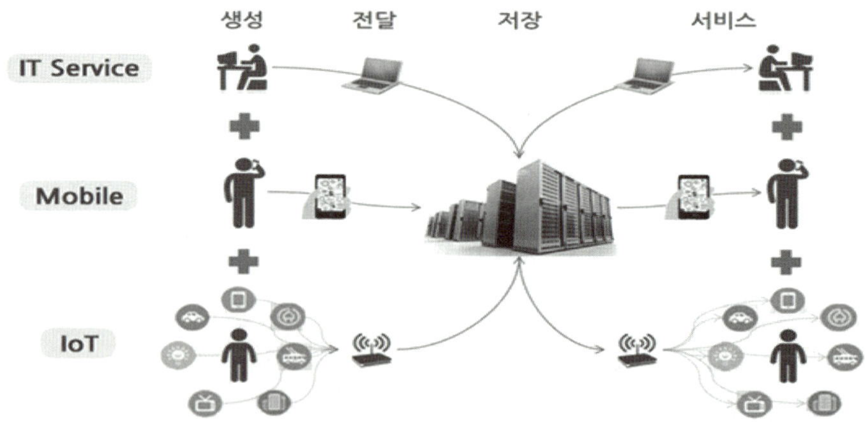

〈그림 3-5〉 사물인터넷(IOT) 개념

3.2. 통신정보(COMINT) 분석 기술

정보의 부호화는 〈그림 3-6〉처럼 전송하고자 하는 정보를 전송로에 의해 전송될 수 있는 신호의 형태로 변환하는 기능으로 전송매체에서 보낼 수 있는 신호형태와 정보의 표현 형태가 동일하도록 정보원인 데이터를 부호로 바꾸는 과정으로 말한다. 수신측에서는 반대의 과정을 거쳐 원래의 정보로 복원하게 되는 과정(Sourece Decoding)을 수행한다. 부호화와 복호화를 수행하는 기기를 신호변환기라 하고 장비 또는 장치는 DSU/CSU, 모뎀, 코덱, PCM기기, 전화기, 방송장비 등이 있다. 아날로그 데이터를 아날로그 신호 또는 디지털데이터로 변환하거나 디지털데이터를 아날로그 데이터 형식 또는 전송하기에 맞는 디지털데이터로 변환한다.

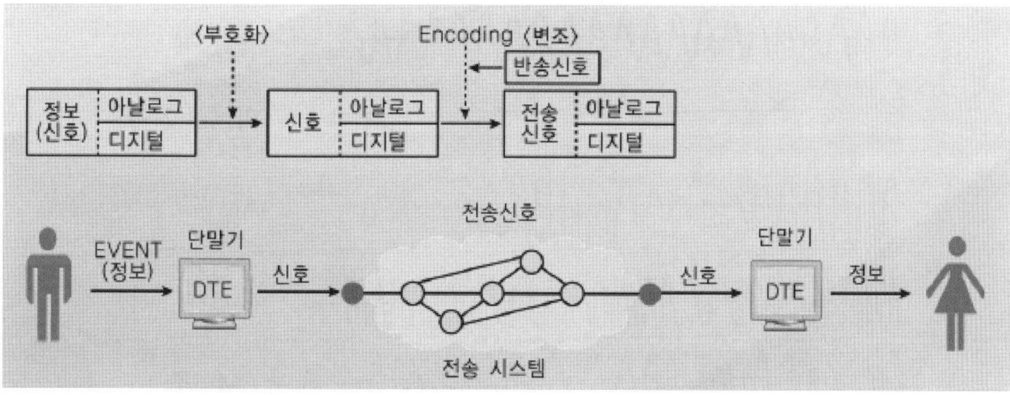

〈그림 3-6〉 정보원(Source) 부호화 과정

3.2.1. 정보를 부호화(Source coding)하는 기술

3.2.1.1. 음성신호의 아날로그 변조

3.2.1.1.1. 진폭변조(AM)

진폭변조(Amplitude Modulation)는 전자 통신, 그 중에서도 일반적으로 라디오 반송파를 통한 정보 송신에 쓰이는 기술이다. 진폭변조는 송신될 신호의 세기를 보내려는 정보에 관하여 변화시킴으로써 작동한다. 이를테면, 신호의 세기를 달리함으로써 스피커로 재생될 소리나 텔레비전 화소의 명암을 나타낼 수 있다. 〈그림 3-7〉처럼 송신될 신호에 따라 반송파의 진폭을 변화시키는 방식인 진폭변조는 구조가 간단하여 회로를 간단하게 할 수 있는 장점이 있기 때문에 초기 라디오 방송에 많이 사용되었다. 전력 효율이 나쁘고 전파의 진폭이 주변의 영향을 받기 쉬우므로 전파의 전달 과정에서 잡음이 섞이고, 전체적으로 음질이 떨어지는 단점이 있다. 낮은 음질의 특성상 높은 주파수가 요구되지 않기 때문에 단파 및 중파 이하의 전파를 통해서 방송한다. 진폭변조는 주로 라디오 중파 방송이나 과거 아날로그 TV의 영상 정보, 항공 무선 통신 등에 사용된다. AM 변조를 이용한 암호화는 신호 진폭을 조작하거나 신호 순서를 시간상으로 바꾸어 전송하고 수신측에서 송신측 암호화 과정의 역순으로 복호화를 진행하여 원신호를 재생한다. 그러나 이러한 암호화 방식은 전문적인 암호화 방식에 비해 보안 수준이 낮아 쉽게 해독된다. 따라서 AM 변조를 이용한 암호화 방식은 보안이 취약하여 요즘은 거의 사용 하지 않는다.

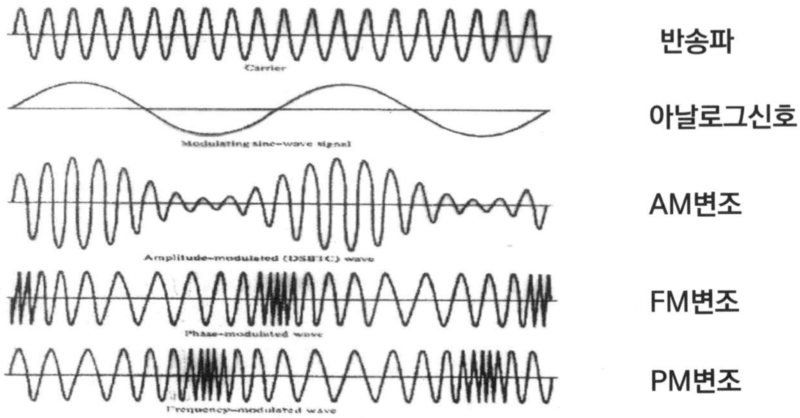

〈그림 3-7〉 아날로그 변조 방식

3.2.1.1.2. 주파수변조(FM)

주파수변조(Frequency Modulation)는 진폭을 일정하게 하여 송신하기 때문에 송신 도중에 진폭이 주변의 영향을 받아도 진폭을 다시 일정하게 맞춤으로서 잡음이 적다. 더불어 진폭변조보다 더 높은 음질로 보낼 수도 있다. 그러나 변조한 파의 진동수 변화 범위가 넓어져서 광대역의 주파수를 요구하게 된다. 그래서 초단파 이상의 전파를 통해서 방송하게 된다. 그리고 진폭변조와 달리 회로가 복잡해지는 점이 있으나, 현재는 기술의 발달과 부품의 대량 생산 등으로 크게 문제가 되지 않는다. 주파수 변호는 주로 라디오 FM 방송이나 과거 아날로그 TV, 군용 통신 등의 음성 정보 송수신에 사용된다.

3.2.1.1.3. 위상변조(PM)

위상변조(Phase Modulation)에서는 변조신호의 진폭에 따라 반송파의 위상을 변화시켜 변조하는데 이때 반송파의 진폭과 주파수는 변화시키지 않는다. 위상변조에서는 변조신호의 변화율, 즉 변조신호 크기 변화의 기울기가 일정할 때는 변조된 신호의 순간 주파수가 변하지 않지만 그 변화율의 크기가 커짐에 따라 순간 주파수도 그에 따라 높아지게 된다. 변조된 신호의 외형만으로는 FM과 PM의 차이를 쉽게 발견할 수 없지만, FM에서는 변조신호의 크기에 비례하여 순간 주파수가 높아지며 PM에서는 변조신호의 기울기에 비례하여 변조신호의 순간 주파수가 높아진다.

3.2.1.1.4. 음성신호의 디지털변조

음성과 같은 아날로그 신호를 디지털 신호로 변환하는 방식을 말하며 그 절차는 아날로그 정보를 표본화, 양자화, 부호화하는 과정을 거쳐 디지털 신호(펄스부호)로 변환한다. 수신측에서는 이를 다시 원래의 아날로그 정보로 복원한다. 과거부터 현재에 이르기까지 전통적인 전화통신에 사용되고 있는 방식이다. PCM이론은 1937년 프랑스의 A.H.Reeves가 이론적인 바탕을 마련하였으나 당시 기술적인 문제로 실용화되지 못하다가 1962년 미국 벨연구소에서 PCM - TDM 방식의 24 채널을 다중화한 T1 캐리어 시스템을 개발함으로써 이때부터, PCM 다중화 통신방식 장비들이 본격 등장하게 되었다. 이 아날로그 음성을 디지털로 변환하는 방식은 국제 표준화 G.711로 공표되어 있다.

디지털로 변환하는 절차를 보면 〈그림 3-8〉처럼 표본화(Sampling)는 연속적인 아날로그 정보를 일정 시간마다 신호값을 추출하는 과정으로 표본화 주기가 길면 원래의 아날로그 신호를 재생하는 능력이 떨어지고, 주기를 짧게 하면 원래의 아날로그 신호를 재생하는 능력이 높아지며 국제 표준화는 초당 8000번을 샘플링 한다.

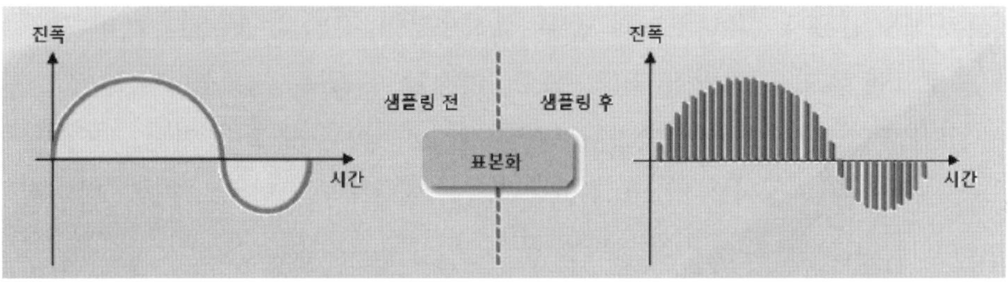

〈그림 3-8〉 음성의 표본화

양자화(Quantization)는 표본화된 신호 값을 미리 정해 둔 불연속한 유한개의 값으로 표시하는 과정으로, 일반적으로 음성의 경우 보통 128단계나 256단계로 구분하여 표시한다. 양자화 비트 수와 양자화 계단 수는 밀접한 관계를 갖는다. 예를 들어서 양자화 계단 수는 2^n으로 하며 단계별로 0과 1의 값으로 n비트 단위로 나타낼 수 있도록 구분한다.

부호화(Encoding)는 〈그림 3-9〉처럼 양자화 과정에서 얻은 결과 정수값을 2진수로 변환하는 것으로 128단계나 256단계 값을 0과 1의 값으로 표시한다. 즉 아날로그 데이터가 디지털 신호 1과 0으로 변환(PCM변조)되는 것이다

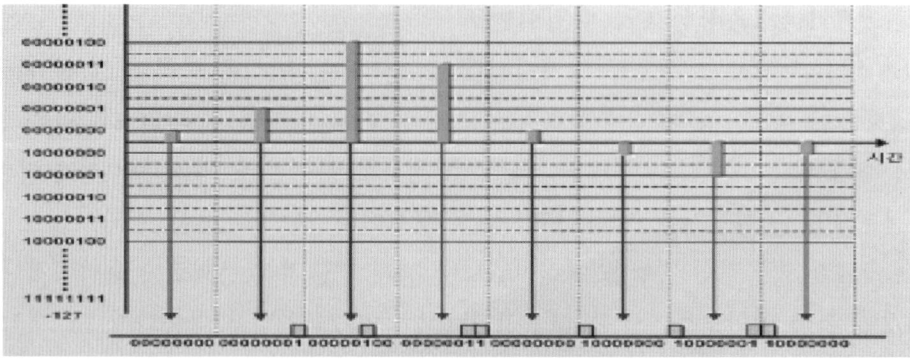

〈그림 3-9〉 음성의 부호화

수신 측에서 0과 1의 조합으로 된 신호인 펄스 열을 수신하여 역순으로 신호를 처리하여 아날로그 신호를 복원한다. 즉 부호화 과정의 역순으로 신호를 처리한다.

3.2.1.2. Text 데이터

텍스트 데이터는 사람이 읽을 수 있는 문자를 사용하여 표현되는 데이터를 말하며, 일반적으로 ASCII 또는 유니코드와 같은 형식으로 저장된다. 텍스트 데이터는 특수한 도구나 프로그램 없이도 사람이 읽고, 쓰고, 이해할 수 있는 정보를 저장하고 전송하는 데 사용된다. 텍스트 데이터는 숫자나 날짜처럼 정형화된 구조가 아닌, 다양한 형태의 텍스트로 이루어져 있다. corpus(말뭉치)는 대규모의 텍스트 데이터 집합이고 document(문서)는 하나의 텍스트 파일 또는 문서를 의미하고 sentence(문장)는 텍스트 문장을 word(단어)는 텍스트를 구성하는 단일 단어를 말한다. 인코딩은 데이터를 컴퓨터가 이해할 수 있는 바이너리 형식(0과 1형태)으로 변환하는 과정이다. 인코딩은 반드시 규칙에 따라 이루어진다. 이러한 Text 데이터를 인코딩 방식은 ASCII, 유니코드가 대표적인 방식이다. ASCII는 7비트로 구성되어 있으며, 0부터 127까지의 정숫값을 각각 특정 문자나 제어 문자에 대응시켜 0과 1의 형태로 변환하는 방식이며 일반적으로 컴퓨터, 통신 등에서 영문 알파벳, 숫자, 한글, 특수 문자 등을 표현하는 데 사용된다. 사람이 읽을 수 있는 텍스트 데이터와 달리 바이너리 데이터는 컴퓨터가 내부적으로 데이터를 저장하고 처리하는 방식에 더 가까운 보다 간결하고 낮은 수준의 표현이기 때문에 컴퓨터에서 정보를 효율적으로 저장하고 처리하는 데 자주 사용된다.

3.2.1.3. 컴퓨터 데이터

0과 1로 표현된 디지털 정보를 〈그림 3-10〉처럼 디지털 신호로 표현하는 방식으로 베이스밴드(Base Band) 전송방식과 디지털 변환방식을 사용한다. 베이스밴드 전송방식은 LAN, PC에 직접 연결된 프린터나 주변장치와 연결하여 사용하는 방식으로 디지털 형태인 0과 1로 출력되는 직류 신호를 변조하지 않은 채 그대로 전송한다. 베이스밴드 전송방식은 기저대역으로 변조 없이 신호 그 자체를 전송하는 것으로 디지털데이터를 신호로 직접 전송한다. 한 채널에 동시에 하나의 신호만 양방향으로 전송할 수 있으며 변복조용 모뎀이 필요 없으므로 가격이 저렴하지만, 거리는 수 km 정도까지이며 주로 이더넷(Ethernet), 토큰 링(Token Ring)에서 사용되고 있다.

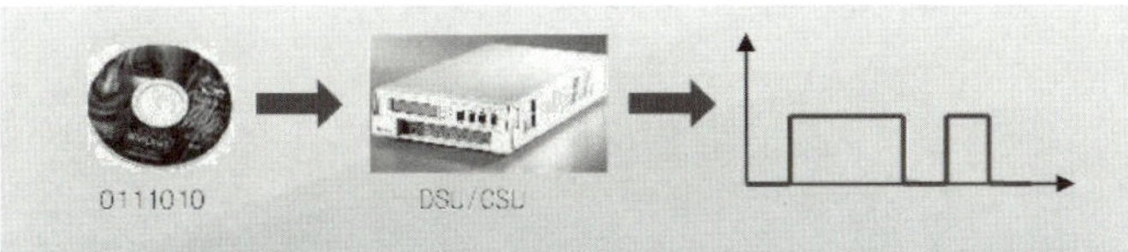

전송 형태	신호변환 방식	변조 방식
디지털 전송	디지털 정보→디지털 신호	베이스밴드
	아날로그 정보→디지털 신호	펄스 부호 변조(PCM)

〈그림 3-10〉 디지털데이터의 디지털 신호변환

디지털 변환은 〈그림 3-11〉처럼 디지털데이터 0, 1을 신호로 변환하기 위해 첫 번째로 +나 - 전압 중 하나만 사용하는 단극형 부호화(Unipolar)와 두 번째로 하나의 논리상태는 +로 다른 하나는 - 전압을 사용하는 극형 부호화(Polar), 세 번째로 하나의 논리상태를 나타내기 위해 -, 0, + 전압 모두를 사용하는 양극형 부호화(Bipolar), 그리고 3가지 이상의 신호레벨을 갖는 Multi-level 형으로 부호를 실행하고 있다. 예를 들어서 단극형 부호화(Unipolar) 방식은 하나의 전압 레벨만 사용하는 방식인데 0, 1을 나타내기 위해서 +나 - 전압 둘 모두를 사용하는 것이 아니라 0은 0전압으로 휴지(Idle) 상태로 나타내고 1은 +나 -전압 중 하나를 사용하는데 장점으로 매우 간단하고 구현 비용이 저렴하나 단점으로 직류성분과 동기화 문제가 있다.

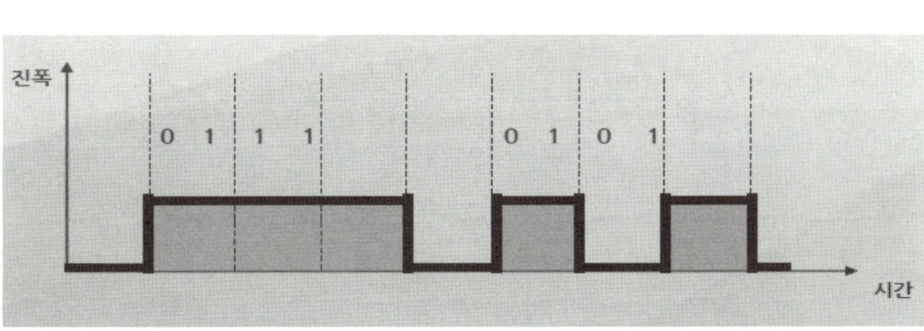

〈그림 3-11〉 Unipolar 방식의 디지털 신호변환

둘째로 극형 부호화(Polar) 부호화 방식은 〈그림 3-12〉과 같이 극형 부호화는 (+)와 (-) 전압 두 개의 레벨 사용하며 평균 전압 크기가 단극형에 비해 줄어들어 직류성분 문제를 완화시킬 수 있다. 방식으로 NRZ (Non-Return to Zero), NRZ-L (Not-Return to Zero Level). RZ (Return to Zero), Biphase(맨체스터, 차등 맨체스터) 방식이 있다.

NRZ (Non-Return to Zero) 방식은 신호의 레벨이 항상 +이거나 -전압 둘 중에 하나의 전압만이 나타나며 0은 아무런 전송이 없는 휴지상태를 나타내며 이 방식은 동기화 문제가 발생할 수 있고 연속되는 0이나 1은 채널 상에서 신호의 상태변화가 없기 때문에 동기화를 위한 클럭 정보를 제공하는 능력이 부족하여 저속 통신에 널리 사용 중이다.

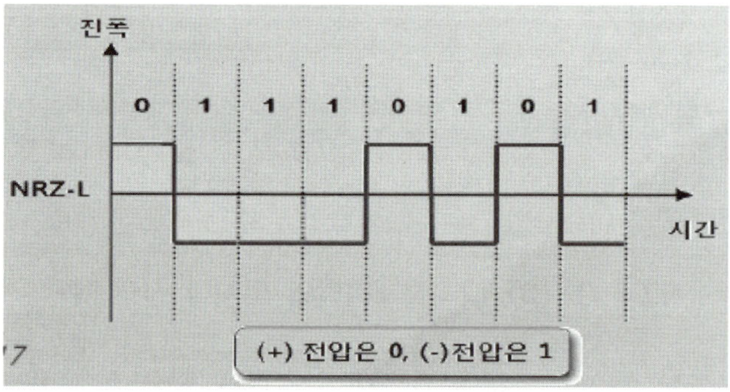

〈그림 3-12〉 NRZ방식의 디지털 신호변환

RZ (Non-Return to Zero)방식은 〈그림 3-13〉처럼 (+), 0, (-) 3개의 전압 레벨을 사용하는데 0일 경우(-) 전압으로 시작해서 중간에 0레벨로 복귀하며 1일 경우(+) 전압으로 시작해서 중간에 0레벨로 복귀하는 방식으로 신호에 동기 정보를 포함시켜 동기화 문제를 해결하지만, 상대적으로 많은 대역폭 사용한다.

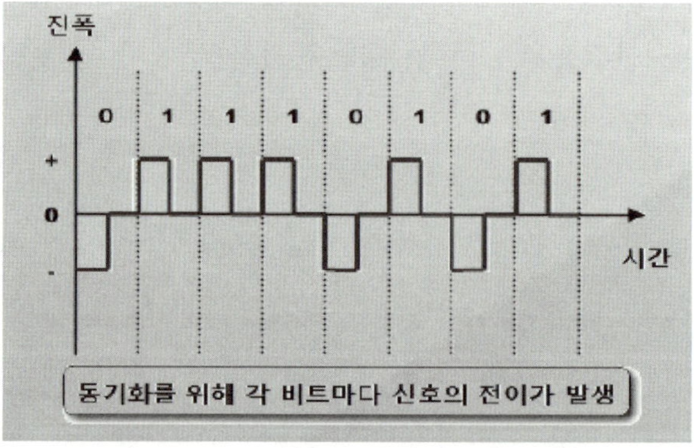

〈그림 3-13〉 RZ방식의 디지털 신호변환

Biphase방식은 〈그림 3-14〉와 같이 비트의 중간에서 0 전압 레벨로 돌아가는 것이 아니라 다른 전압 레벨로 전환하는 방식으로 매 비트마다 신호의 변화가 발생한다. 동기화 문제를 해결하는 방법 중 하나이다. 방식은 맨체스터(Manchester), 차등 맨체스터(Differential Manchester)방식으로 구분되는데 맨체스터(Manchester)방식은 동기화를 위해 비트 중간에서 신호의 반전이 발생하게 되는데 1은 - 전압에서 시작해서 비트 중간에 +전압으로 바뀌 표현하고 0은 +전압에서 시작해서 비트 중간에 - 전압으로 바꿔서 표현하는 방식이다.

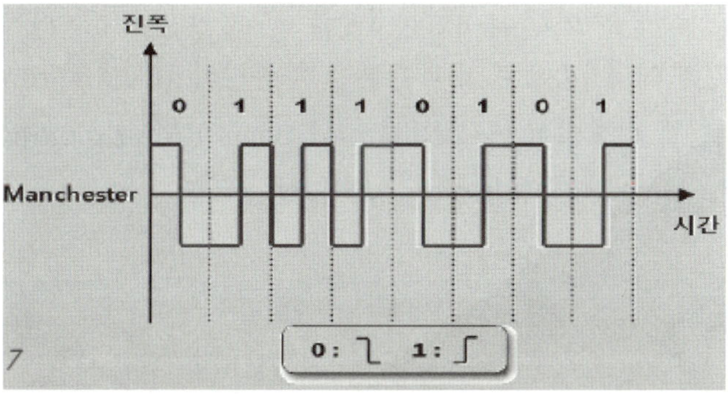

〈그림 3-14〉 Biphase방식의 디지털 신호변환

차등 맨체스터(Differential Manchester) 방식은 맨체스터 방식과 비슷하지만 0,1을 표현하기 위해 정해진 패턴이 있는 것이 아니라 0인 경우 이전 패턴을 그대로 유지하고 1인 경우 이전 패턴이 반대로 바뀌게 된다. 기타 디지털 변환의 방법으로 양극형(Bipolar) 변환방식으로 디지털 데이터 0, 1을 신호로 변환시 (+), 0, (-) 3개의 전압을 사용하는 방식이다. 0 전압 레벨은 0을 나타내기 위해 사용되고 1을 나타내기 위해서는 +와 - 전압 두 개가 모두 사용되는데 처음에 + 전압으로 1을 나타내면 다음에 나타나는 1은 -전압을 사용한다. 양극형(Bipolar) 변환방식은 AMI (Alternate Mark Inversion), B8ZS(Bipolar 8-Zero Substitution), HDB3(High-Density Bipolar 3) 등이 있다. 예를 들어서 AMI (Alternate Mark Inversion) 방식은 아래 그리머럼 0 전압은 0을 나타내고 (+), (-) 전압은 1을 표현하는 데 연속적인 0이 오면 동기화 문제 발생한다. 따라서 이 동기화 문제를 해결하기 위해 B8ZS와 HDB3 사용한다.

B8ZS(Bipolar 8-Zero Substitution) 방식은 미국에서 사용되는 방법으로 연속해서 8개의 0이 나타나면 0 대신 알려진 비트 패턴을 삽입하는데 예를 들어서 마지막 2진수 1이 - 전압을 갖는다면 B8ZS는 00000000 대신에 000-+0+-를 전송하고 수신 측에

서는 000-+0+- 와 같은 비트 패턴을 만나게 되면 대체 코드로 인식하고 8개의 0 스트림으로 바꿔 넣은 방식이다.

3.2.2. 신호 다중화 방식

유무선의 한 전송로에서 서로 다른 여러 데이터 종류를 모아서 동시에 전송하는 방식을 말하며 〈그림 3-15〉처럼 다수의 저속 신호 채널들을 결합하여 하나의 고속 통신회선을 통하여 전송하고 이를 수신 측에서 다시 본래의 신호 채널로 분리하여 전달하는 기술을 말하며 전송로의 이용 효율이 매우 높아지는 현상을 나타낸다. 광섬유, 무선구간 등에서 널리 사용하는 방식이다. 그러한 기능을 수행한 장치를 다중화 장치(MUX, MUItipleXer)하고 한다. 기법으로 주파수분할 다중방식 (FDM: Frequency Division Multiplexing), 시분할 다중방식 (TDM: Time Division Multiplexing), 코드분할 다중방식 (CDM: Code Division Multiplexing)이 있다.

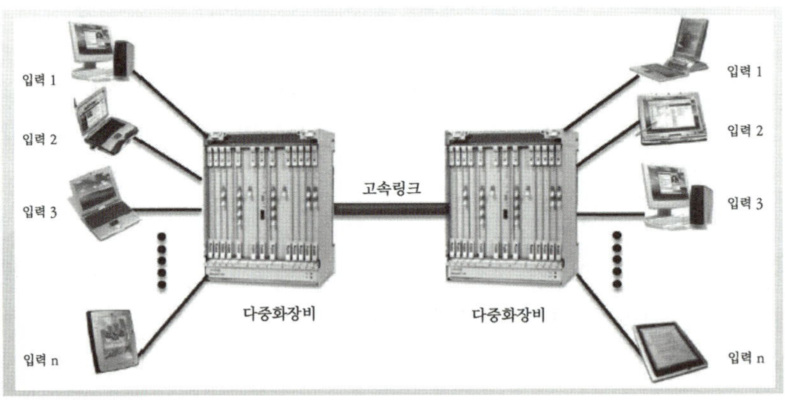

〈그림 3-15〉 신호 다중화 방식

3.2.2.1. 주파수분할 다중화 방식(FDM)

주파수분할 다중화(Frequency Division Multiplexing) 방식은 〈그림 3-16〉처럼 하나의 전송로 대역폭을 작은 대역폭(채널) 여러 개로 분할하여 여러 단말기가 동시에 이용할 수 있게 하는 방식으로 정보를 똑같은 시간에 전송하려고 별도의 주파수 채널을 설정해 이용하며 채널 간에 상호 간섭을 막으려면 보호대역(Guard Band)이 필요하다. 구조가 간단하므로 비용이 저렴하고, 사용자가 추가 하기 쉬우며, 각 사용자의 단말기에서 사용하는 코드와는 상관없이 다중화가 가능하며 아날로그 음성 전송을 위해 개발되었으며 넓은 대역폭을 몇 개의 좁은 대역폭으로 나누어 사용한다.

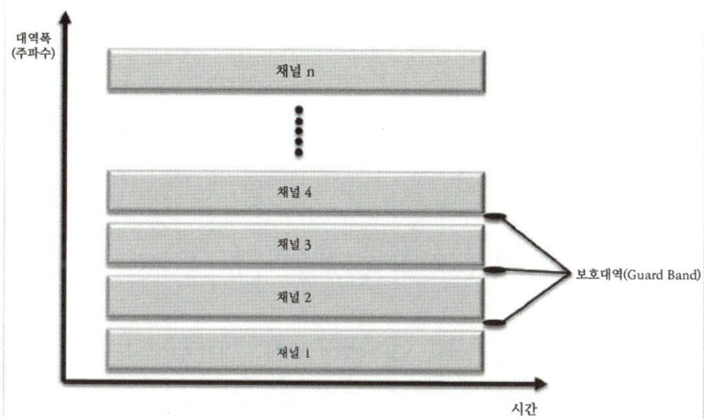

〈그림 3-16〉 주파수분할(FDM) 다중화방식

각각의 신호 소스가 다중화 되어, 각 신호를 각기 다른 주파수 (f1,f2,...,f6)로 변조하여 전송하며 각 변조된 신호는 채널(Channel)이라고 하는 일정량의 대역을 할당한다. 보호대역(Guard Band)을 사용하여 인접한 채널 간의 간섭이 없다. 아날로그 신호를 다중화 하는데 사용되며 고전적인 다중화 방법으로 사람의 음성이나 데이터가 아날로그 형태로 전송되며 시분할 다중화 방식에 비해 비교적 구조가 간단하고 가격이 저렴하나 보호대역에 의한 대역폭 낭비가 있다. TV, AM, FM 방송과 유선방송, 동축 케이블, 광케이블 전송, TV 방송이나 CATV 등에서 주로 사용하고 있다.

3.2.2.2. 시분할 다중화 방식(TDM)

시분할 다중화 방식((Time Division Multiplexing)은 〈그림 3-17〉처럼 하나의 고속 전송 회선에 대한 전체 사용 시간을 작은 시간 단위(Time Slot)로 나누고 작은 시간을 하나의 단말(또는 터미널)에 할당하여 여러 개의 단말(터미널)로부터 전달된 정보들을 하나의 블록으로 묶어 전송하는 방식이다. 타임슬롯으로 나눈 채널에 할당하여 채널 몇 개가 한 전송로의 시간을 분할해서 사용한다. 고속회선의 시분할 속도는 각 터미널들의 채널 총 속도를 넘지 못한다. 일반적으로 대부분의 고속 데이터 다중화 장비 또는 집중화 장비들은 시분할 방식을 사용하며 대용량일 경우는 광통신을 사용한다. 하나의 회선을 시분할하여 각각의 채널들이 타임슬롯 (Time slot)을 이용하여 타임슬롯이 해당 전송 채널에 할당될 때 데이터를 전송한다. T1, E1 등 이상의 다중화 해서 전송할 경우 주로 시분할 다중방식을 사용한다.

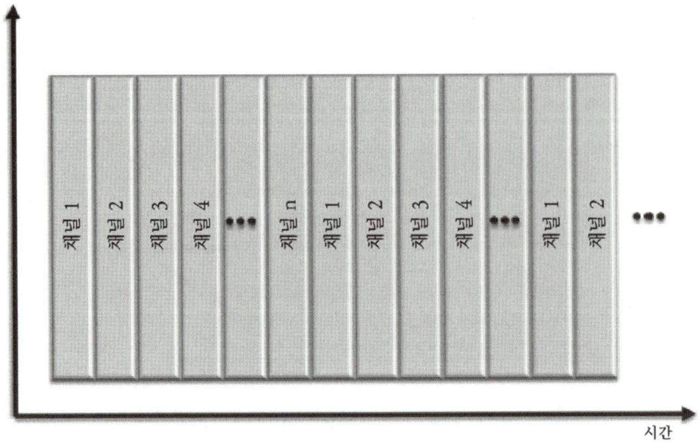

〈그림 3-17〉 시분할(TDM) 다중화 방식

다중화기는 각 터미널로부터 입력을 받아 그것을 세그먼트들로 나누고 각 세그먼트(전송 데이터)들을 고속의 공통채널(전송채널) 내에 시간 순으로 할당하면서 데이터를 전송한다. 수신측에서는 각 신호들을 디멀티플렉서(De-Multiplexer)에 의해 개별신호로 분리되며 분리된 신호는 각 터미널에게 보내진다. 이 방식은 주파수 분할 다중화 방식에 비해 각 터미널의 수가 동적으로 변환이 가능하며 아래 〈표 3-1〉은 시분할 방식에서 사용 중인 전송속도에 따른 통신계위를 나타낸다. 시분할 다중방식은 주로 점대점(Point to Point) 방식에 이용된다.

〈표 3-1〉 통신속도 전송계위

디지털 신호 PCM 다중화계위	북미방식			유럽 방식		
	음성 채널수	비트 속도	비고	음성 채널수	비트 속도	비고
단위 신호	1	64kbps	T0 (DS-0)	1	64 kbps	E0 (DS-0E)
1차 계위	24	1.544 Mbps	T1 (DS-1)	30	2.048 Mbps	E1 (DS-1E)
2차 계위	(x4) 96	6.312 Mbps	T2 (DS-2)	(x4) 120	8.448 Mbps	E2 (DS-2E)
3차 계위	(x7) 672	44.736 Mbps	T3 (DS-3)	(x4) 480	34.368 Mbps	E3 (DS-3E)
4차 계위	(x6) 4,032	274.176	T4 (DS-4)	(x4) 1,920	139.264	E4

디지털 신호 PCM 다중화계위	북미방식			유럽 방식		
	음성 채널수	비트 속도	비고	음성 채널수	비트 속도	비고
		Mbps			Mbps	(DS-4E)
5차 계위	-	-	-	(x4) 7,680	564.992 Mbps	E5 (DS-5E)

3.2.2.3. 코드분할 다중화 방식(CDM)

코드분할 다중화 방식(Code Division Multiplexing)은 〈그림 3-18〉와 같이 필요한 대역폭보다 훨씬 넓은 대역폭으로 데이터를 보내는 확산대역기술(Spread Spectrum)으로 CDMA(Code Division Multiplexing Access) 방식은 1960년대부터 군사용으로 주로 사용되어 온 주파수 대역확산 통신기술을 이용한 것이다. 대역확산 통신방식이 발달한 원인에는 군사용으로 사용한 전자파를 이용한 무선통신에서 적에게 도청이 되지 않고, 적의 방해전파에도 강한 통신방식을 구현하고자 하는 요구 때문이었다. 수신 시에는 송신 시 사용했던 코드와 동일한 코드를 곱하여 원래의 신호를 복원하는 FDM과 TDM의 혼합 방식으로 사용자 단위로 할당되는 코드가 서로 직교관계에 있기 때문에 서로 영향을 미치지 않는다. 사용자간 간섭에 의해 시스템 용량이 제한되므로 수신전력을 일정하게 하는 전력제어가 필요하다.

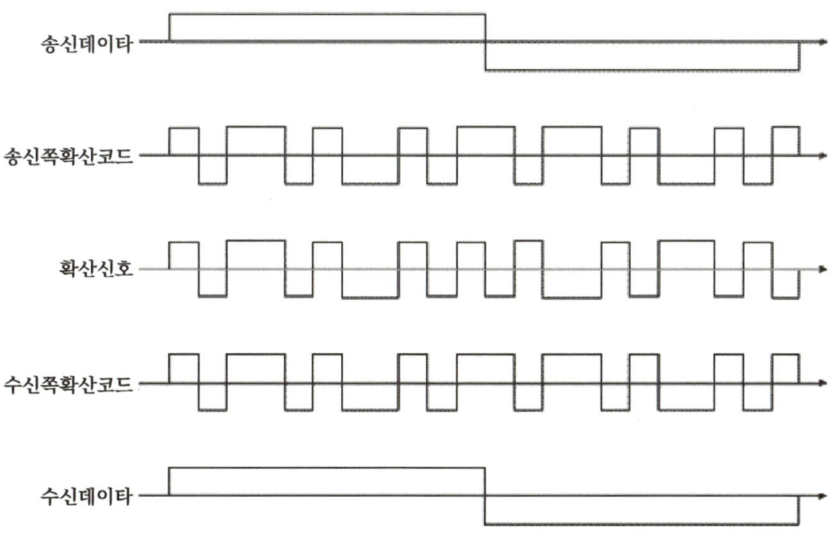

〈그림 3-18〉 코드분할(CDM) 다중화방식

그렇지 않을 시 수신전력이 큰 신호가 다른 신호에 간섭을 일으켜 통화가 불가능해지기 때문이다. 주로 이동통신에 많이 사용하고 있다. 각 단말은 같은 주파수 대역을 사용하지만 각 가입자가 서로 다른 부호분할 다중화 방식을 사용하며 셀간 이동시에도 별도의 코드를 할당받아 사용하게 된다. 여러 사용자가 시간과 주파수를 상호 공유하면서 신호를 송수신할 수 있는 통신 방식이다. 대역확산 방식의 특징을 요약하면, 첫째로 확산코드를 이용해서 대역확산을 하므로 비화 특성이 매우 우수하다는 것이고, 둘째는 확산과 역확산 과정을 거치기 때문에 외부의 협대역 간섭에 매우 강하다는 것이다, 셋째로 주파수 대역이 넓어서 마치 주파수 다이버시티 효과를 얻을 수 있어서 페이딩에 강하다는 것으로 요약할 수 있다. 대역확산을 하는 방식은 지금까지 예로 설명했던 직접확산방식(Direct Sequence Spread Spectrum, DSSS)과 주파수 도약방식(Frequency Hopping Spread Spectrum, FH), 그리고 시간 도약방식(Time Hopping Spread Spectrum, THSS)이 있다. 직접확산방식은 지금까지 설명한 것처럼, 확산코드를 데이타에 직접 곱해서 확산 신호를 얻는 방법이고, 주파수 도약방식은 확산코드에 따라서 주파수 대역을 옮기는 방식을 말하고, 시간 도약방식은 시간축에서 확산하는 방식을 말한다. 초기에는 주파수 도약방식을 많이 사용하였으나, 현재는 반도체 및 디지털 소자의 고속화가 진행됨에 따라서 직접확산방식이 주로 사용되고 있다.

3.3. 암호화 기술

인류의 수천 년 역사 속에서 위대한 왕과 장군들은 모두 효율적인 통신 수단에 의존해 나라를 다스리고 군대를 움직여 왔다 해도 과언이 아니다. 하지만 동시에 지도자들은 이러한 통신 내용이 적의 손에 들어가 귀중한 비밀이 누설되거나 중요한 정보가 들어가지 않을까 늘 우려했다. 그런 의미에서 적이 중요한 정보를 가로챌 수 있다는 위협이야말로 암호를 개발시킨 원동력이었다고 할 수 있다. 이렇듯 비밀 보장이 절실히 필요해짐에 따라 각국 정부는 가능한 한 가장 안전한 암호를 만들어 내고, 이를 이용해 통신의 보안성을 확보하는 부서를 운영하게 된다. 이에 맞서 적국에서는 거기에 담긴 비밀을 빼내려는 암호 해독가를 동시에 양성했다. 암호 해독가들은 언어를 재료로 이용하는 연금술사로, 무작위로 모아놓은 듯한 부호에서 의미를 가진 단어를 뽑아내기 위해 일생을 바치는 신비하고도 특별한 분야의 사람들이다. 암호의 역사는 바로 암호를 만드는 사람들과 이를 해독하려는 사람들이 수백 년에 걸쳐 벌여온 전쟁의 역사이다. 지성을 무기로 한 이 군비 경쟁은 때로는 역사에 극적인 영향을 미치며 그 경로를 바꿔놓기도 했다.

암호의 어원은 그리스어의 비밀이란 뜻을 가진 크립토스(Kryptos)로 알려져 있다. 이는 평문을 해독 불가능한 형태로 변형하거나 암호화된 통신문을 원래의 해독 가능한 상태로 변환하기 위한 모든 수학적인 원리, 수단, 방법 등을 취급하는 기술이나 과학을 말한다. 즉, 암호란 중요한 정보를 다른 사람들이 보지 못하도록 하는 방법을 의미한다. 암호 기술의 발전 역사를 구분할 때 흔히 두 번의 큰 전환점을 기준으로 고대 암호, 근대 암호, 현대 암호 등의 세 단계로 나눠진다. 첫 번째 전환점은 1920년대, 1, 2차 세계 대전에서 무선 통신 기술의 발전을 기반으로 여러 가지 기계적, 전자적 암호 장치를 개발하고 사용한 것이었고, 두 번째 전환점은 1970년대 들어 컴퓨터 사용이 활발해지면서 컴퓨터를 이용한 암호 기술이 발전한 것이다. 이러한 전환점을 기준으로, 고대로부터 1, 2차 세계 대전 이전까지 사용된 초보적인 암호 기술들을 고대 암호라고 하면, 1970년대까지 복잡한 기계 장치와 전자 장치들을 이용한 암호 기술을 근대 암호, 컴퓨터가 개발된 이후 컴퓨터를 이용하는 암호 기술을 현대 암호라고 부른다.

평문(plaintext)은 송신자와 수신자가 이해할 수 있는 형태의 문자를 뜻한다. 송신자가 평문을 암호화 과정(encryption)을 거쳐 암호문(ciphertext)의 형태로 수신자에게 전달하면, 수신자는 전달받은 암호문을 복호화 과정(decryption, 해독이라고도 함)을 통해 다시 평문으로 되돌려 원문을 생산한다(Source decryption). 이때 암호화에 필요한 열쇠가 되는 정보를 암호키라고 한다.

intelligence		ecnegilletni		intelligence
송신자	**〈----------------〉**	**암호문**	**〈----------------〉**	**수신자**
평문		**암호화**		**복호화/평문**

예를 들어 'intelligence'라는 메시지를 암호로 전달한다고 가정하자. 이때 송신자와 수신자는 평문의 알파벳 순서를 거꾸로 해서 암호화하기로 약속했을 경우, 따라서 송신자가 보내고자 하는 'intelligence'라는 평문은 암호화를 거쳐 'ecnegilletni'라는 암호문으로 수신자에게 전달되고, 수신자는 다시 알파벳 순서를 되돌리는 복호화 과정을 통해 'intelligence'라는 평문으로 받아들일 수 있게 된다. 이같이 문자의 위치를 바꾸는 방식의 암호를 '전치 암호(transposition cipher)'라고 한다. 하지만 위의 암호화 방법이 좋은 방법은 아니다. 암호화 방식이 간단해 제삼자가 암호문을 입수하면 쉽게 의미를 알 수 있기 때문이다. 암호의 목적은 중간에서 정보를 획득하더라도 그 의미를 분석

할 수 없게 하는 것이므로, 암호는 중간의 도청자가 쉽게 해독할 수 없고 송신자와 수신자만이 의미를 알 수 있도록 암호를 고안하는 것이 가장 중요하다.

3.3.1. 고대암호(고대 그리스~19세기 말)

전쟁이 잦았던 고대에서 중세 봉건시대까지 암호는 주로 적군으로부터 아군의 정보를 보호하기 위한 목적으로 이용되었다. 역사상 가장 오래된 암호로 알려진 스키테일 암호(Scytale cipher)는 〈그림 3-19〉처럼 스파르타에서 쓰였으며 최초의 군사 암호로 스퀴탈레(σκυτάλη)는 그리스어로 '막대'라는 뜻이다. 영어로는 scytale로 쓰는데 이를 직독하여 '스키테일'이라고 쓰기도 한다. 암호문이 쓰인 긴 양피지를 스키테일(나무 막대기)에 말아 가로로 읽어 해독하는 방식이었다. 평범한 문장이나 그림 속에 암호문을 숨기는 스테가노그래피의 초기 형태로 그 방식은 간단했지만, 암호키(암호화에 사용된 스키테일의 지름)를 모르면 해독할 수 없었다.

〈그림 3-19〉 스키테일 암호[56)]

한편, 평문을 이루는 각각의 문자를 다른 문자로 바꿔 정보를 숨기는 '치환 암호(substitution cipher)'도 있다. 〈그림 3-20〉은 카이사르 암호(Ceaser cipher) 원리를 나타낸 것으로써 이는 로마제국의 황제 카이사르가 사용했던 간단한 치환 암호로, 평문에 쓰인 각각의 알파벳을 알파벳 순서에서 n만큼 뒤에 있는 알파벳으로 치환하는 방식이다. 이때, 암호키는 n이 된다. 카이사르는 3번째 뒤에 있는 알파벳으로 치환하여 암호문을 작성하였는데, 이에 따르면 A는 D, B는 E, C는 F와 같은 방식으로 치환되어 'CEASER'라는 평문은 'FHDVHU'라는 암호문이 된다. 암호문을 받은 수신자는 다시 알파벳 순서에서 3씩 앞으로 이동하여 'CEASER'라는 평문으로 복호화 할 수 있었습니다.

56) https://ko.wikipedia.org/wiki/스키테일

하지만 카이사르 암호는 암호문 안에 쓰인 알파벳을 등장 빈도에 따라 대치시키면 암호키를 쉽게 알아낼 수 있으므로 보안성이 약하다는 단점이 있었다. 예를 들어 영문일 경우 가장 많이 나오는 알파벳은 E, 그다음으로 많이 나오는 알파벳은 T, 그다음은 A… 이런 식으로 알파벳을 계속하여 대치시키면 결국 암호를 쉽게 해독할 수 있다.

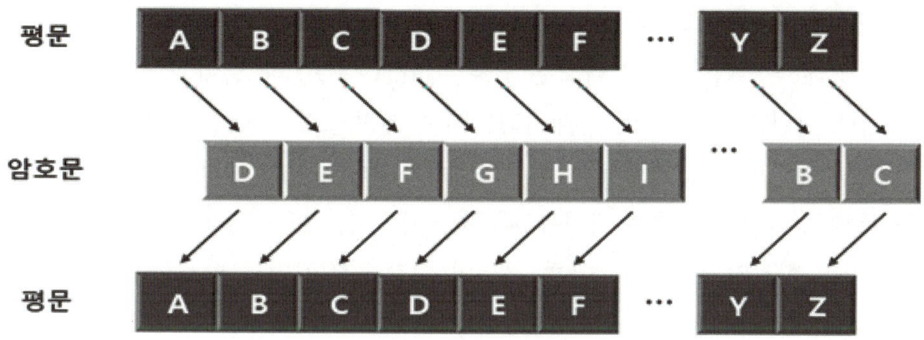

〈그림 3-20〉 카이사르 암호의 원리57)

16세기 프랑스의 외교관 비게네르는 여러 개의 수를 암호키로 사용해 한 층 더 복잡한 다중 치환 암호 비게네르 암호(Vigenere cipher)를 개발했다. 비게네르 암호는 예를 들어 암호키가 (4, 6, 11, 8)일 경우, 'VIGENERE'라는 평문은 V에서 +4, I에서 +6, G에서 +11, E에서 +8, N에서 다시 +4, E에서 다시 +6…에 해당하는 알파벳으로 치환해 'ZORMRKCM'이라는 암호문을 만든다. 이것은 4개의 카이사르 암호를 사용하는 것과 같다. 이때 주기가 4라고 한다. 비게네르 암호는 예시에서도 알 수 있듯이 한 알파벳이 매번 다른 알파벳을 나타낸다는 점에서 카이사르 암호보다 해독이 까다롭지만, 이 또한 주기를 추측해 해독하는 방식이 알려지면서 보안성에 위협을 받게 된다. 따라서 더욱 정교하고 해독하기 어려운 암호화 방식이 요구되었고, 근대에 들어서는 전자식 기계의 발전에 따라 기계를 이용한 암호들이 등장하기 시작했다.

3.3.2. 근대암호(전신의 발명~제2차 세계대전)

전기 통신의 등장과 전자 기계의 발달, 그리고 제 1·2차 세계대전의 발발로 암호학은 비약적으로 발전하기 시작했다. 특히 두 차례의 세계대전은 당대 최고의 학자들이 암호 설계와 해독에 참여하여 근대 암호학의 발달에 크게 기여했다. 근대 암호는 전자기계식 암호화 장치를 이용하는 기계 암호를 특징으로 한다. 과거에도 암호 대치 표나

57) ko.wikipedia.org/wiki/카이사르 암호

막대 등의 보조도구를 이용한 암호화 사례가 있었지만, 기계 암호는 본격적으로 복잡한 수학 이론을 도입했기 때문에 암호키 없이는 해독에 상당한 어려움이 있었다.

기계 암호는 기본적으로 전자적 모터의 일종인 회전자(roter)에 의해 암호화가 이루어진다. 회전자는 쉽게 말하면 회전하는 암호 대치표로, 사용자가 기계에 평문을 입력하면 회전자에 기록된 암호키에 따라 알파벳이 치환되어 암호문이 출력된다. 이때 회전자는 알파벳을 입력할 때마다 회전해 매번 다른 알파벳으로 치환되기 때문에 (예를 들어 A를 반복해서 입력했을 때 나오는 암호는 M, G, Q...와 같이 매번 바뀌게 된다) 고대 치환 암호처럼 어떤 알파벳이 대치되는지 통계적으로 분석하기 매우 어렵게 되었다. 이는 하나의 알파벳이 암호화되는 경우의 수를 계산해 보면 이해할 수 있다. 1개의 회전자를 통해 알파벳이 암호화되었을 때 경우의 수는 26×26=676가지이고, 회전자가 2개 이상이면 회전자의 배치에 따른 경우의 수가 곱해지면서 암호화의 경우의 수는 천문학적으로 증가하게 된다.

〈그림 3-21〉 에니그마의 회전자[58)]

3개의 회전자가 있을 경우를 가정하면 1개의 회전자일 때 경우의 수가 26×26=262이므로 3개의 회전자의 경우의 수는 262×262×262로 3개의 회전자가 어떻게 배치되는가에 따라 암호가 달라지므로 회전자 배치의 경우의 수 3P2와 함께 결과적으로 262×262×262×3P2 =1,853,494,656가지의 암호화 상태가 존재한다. 대표적인 기계 암호로는 에니그마(Enigma)가 있다.

〈그림 3-21〉 에니그마는 1918년 독일에서 발명된 암호화 기계로, 원래 상업적 목적으로 쓰였지만 제1차 세계대전에서 독일군이 사용하면서부터 악명을 떨치기 시작했다. 에니그마는 알파벳을 입력하는 타자기와 암호키가 내장된 회전자, 회전자를 연결하는

58) https://hiveminer.com/Tags/enigma

전기 배선, 그리고 반전자(reflector)로 구성되었다. 에니그마에는 각기 다른 암호키를 가진 3~5개의 회전자가 전기적으로 연결되어 있어, 타자기로 평문을 입력하면 회전자에 의해 다중으로 치환된 암호문이 출력하게 된다. 이 암호문을 회전자와 배선, 반전자의 설정이 동일한 에니그마에 다시 입력하면 평문이 출력되면서 복호화가 이루어진다. 독일군은 에니그마의 보안성을 높이려고 반전자를 도입하고 의도적인 오·탈자까지 내었기 때문에, 똑같은 설정의 에니그마가 없으면 암호해독은 거의 불가능하다고 여겨졌다. 하지만 연합군의 암호 해독팀은 연산 기계를 이용해 에니그마를 해독하는 데 성공하였고, 이는 연합군의 승전에 큰 기여를 하게 되었다.

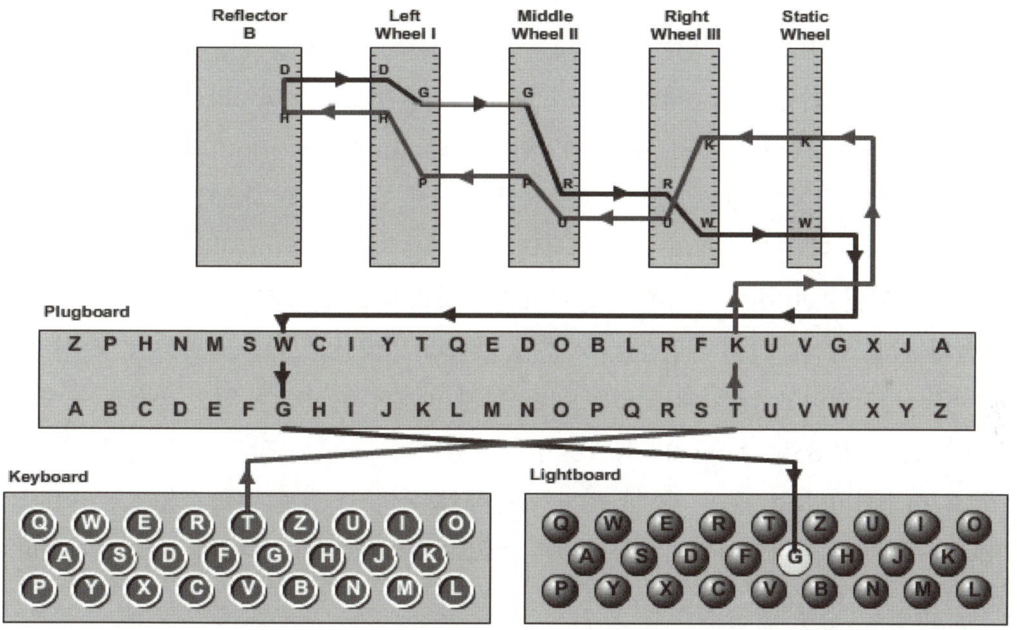

〈그림 3-22〉 에니그마의 암호화 과정59)

위 〈그림 3-22〉은 자판으로 입력한 알파벳 T는 플러그 보드와 3개의 회전자, 반전자를 거쳐 알파벳 G로 암호화되어 출력된다.

3.3.3. 현대암호(제2차 세계대전 종료 이후)

현대 암호는 1970년대 후반 스탠퍼드 대학과 MIT대학에서 시작되었다. 1976년 스탠

59) http://enigma.louisedade.co.uk/howitworks.html

퍼드 대학의 Diffie와 Hellman은 '암호의 새로운 방향(New Directions in Cryptography)'이라는 논문에서 처음으로 공개키 암호의 개념을 발표하였다. 종래의 관용 암호 방식 또는 대칭키 암호 방식에서는 암호화키와 복호화키가 동일한 비밀키를 사용하기 때문에 송신자와 수신자는 비밀 통신을 하기 전에 비밀키를 공유하고 있어야 한다. 반면 공개키 암호 방식에서는 하나의 쌍이 되는 공개키와 비밀키를 생성하여 암호화에 사용되는 공개키는 공개하고, 복호화에 사용되는 비밀키는 사용자가 안전하게 보관하도록 한다. 공개키 암호 방식에서는 송신자와 수신자가 사전에 키를 공유할 필요가 없기 때문에 불특정 다수 사용자 간에 사전 준비가 없이도 암호 통신망을 구축하는데 유용하게 사용할 수 있다. 이어 1978년 MIT 대학의 Rivest, Shamir, Adleman은 소인수 분해 문제에 기반을 둔 RSA 공개키 암호를 개발했는데, 이것은 오늘까지도 가장 널리 사용되는 공개키 암호 방식이다. 공개키 암호의 도입은 현대암호의 발전에 중요한 계기가 되었다. 한편, 1977년 미국 상무성 표준국(NBS, 현 NIST)은 전자계산기 데이터 보호를 위한 암호 알고리즘을 공개 모집하여, IBM사가 제안한 DES(Data Encryption Standard)를 표준 암호 알고리즘으로 채택했다. DES의 표준화를 계기로 하여 금융 시스템을 중심으로 상업용 암호화의 이용이 증가하게 되었고 컴퓨터 통신망을 이용한 문서 전송, 전자 자금 이체 등이 활성화되었으며 암호 방식이 일반인들에게 알려지고 널리 사용되는 계기가 되었다.

이전의 암호 방식에서는 사용하는 키뿐만 아니라 암호 알고리즘도 비밀로 하여 암호문의 비밀을 지키려고 하는 때도 있었으나, 현대 암호에서는 암호 알고리즘을 공개하도록 하고 있다. 1883년 Auguste Kerckhoff는 암호 시스템의 안전성에 대해 '키 이외에 암호 시스템의 모든 것이 공개되어도 안전해야 한다'고 했는데 이것을 Kerckhoff's principle이라고 한다. 이렇게 함으로써 암호 방식의 안전성을 공개적으로 검토하게 하여 안전성을 확인하는 것이다.

표준화된 암호와 표준화된 컴퓨팅 기기들을 사용하는 현대 암호에서는 암호 알고리즘을 감추기가 매우 어렵다. 또한 암호 알고리즘을 감춘다고 해서 암호의 보안성이 높아지는 것도 아니다. 비밀로 다루어진 암호 알고리즘이 일단 공개되고 나면 그 안전성에 문제가 발견되는 사례가 많다. 그러므로 암호 분야에서는 어떤 암호 알고리즘이 많은 암호 학자들에 의해 장기간 세부적으로 수행된 분석에서도 잘 견디어 낼 때까지는 그 알고리즘을 안전하다고 인정하지 않는다. 즉, 암호체계는 '무죄가 증명될 때까지는 유죄'이다. 현대암호는 크게 대칭형 암호와 비대칭형 암호의 2가지로 나눌 수 있으며, 암호화에 사용하는 키 값과 복호화에 사용하는 키 값이 같은지 다른지를 기준으로 구분한다. 암호화할 때 사용한 키로 복호화를 할 수 있으면 대칭형 암호, 암호화 키와 복호화 키를 따로 구분하면 비대칭형 암호다. 통상적으로 대칭형 암호는 비공개키 암호에 사용되며 비대칭형은 공개키 암호에 사용된다.

3.3.3.1. 대칭키 암호 알고리즘

대칭키(Symmetric key) 방식은 〈그림 3-23〉와 같이 암호문을 생성(암호화)할 때 사용하는 키와 암호문으로부터 평문을 복원(복호화)할 때 사용하는 키가 동일한 암호 시스템으로 일반적으로 알고 있는 암호 시스템이다. 하나의 키로 암호화와 복호화를 수행하므로 대칭키(Symmetric key) 또는 비밀키(Secret Key) 방식의 암호화라고 한다. 대칭키 방식의 암호화는 데이타를 블록(Block) 단위로 처리하는 Block cipher 와 연속된 스트림으로 처리하는 Stream cipher가 있으며 일반적으로 대칭키 암호화라고 하면 블록 방식의 암호화를 의미한다. 대칭키 암호는 공개키 방식에 대비하여 구현이 용이하고 CPU/메모리를 적게 사용하고 매우 빠른 암/복호화 속도를 장점으로 갖고 있으며 Windows의 BitLocker 와 OS X 의 FileVault 같이 디스크 전체를 암호화할 때도 대칭키 방식(AES)을 사용한다. 하지만 대칭키 방식은 하나의 키만 사용하므로 상대방과 대칭키 기반으로 암호화 통신을 할 때 상대방도 사전에 같은 키를 갖고 있어야 하므로 대칭키 방식의 최대 단점은 암호화 통신을 위한 키 전달과 관리가 어려운 점이다. 가령 대칭키를 보내는 중간에 유출될 우려가 있고 이로 인해 암호화 통신을 도감청 당할 수 있으며 여러 상대방과 통신할 경우 각각의 대칭키를 관리하기(생성, 전달, 유출시 폐기)가 어렵고 여러 상대방과 같은 키를 사용할 경우 키가 노출되면 모든 채널과 새로 키를 전달해야 하는 치명적인 단점이 있다.

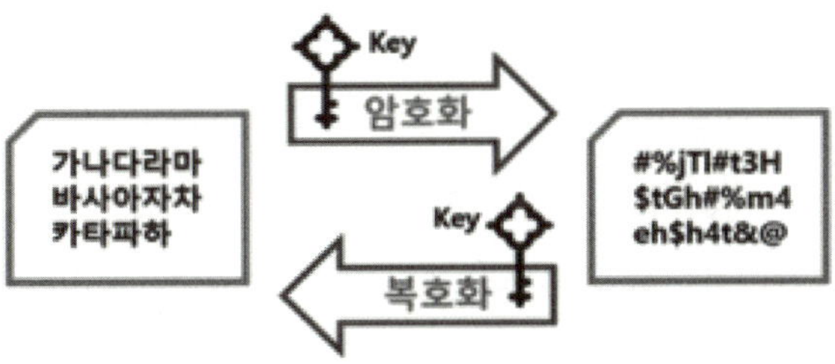

〈그림 3-23〉 대칭형 암호키

3.3.3.1.1. 블록암호알고리즘

블록암호는 평문과 암호문의 크기가 고정되어 있고 평문을 하나 이상의 문자나 비트로 된 블록으로 나누어 블록마다 독립적으로 암호화 한다는 특징이 있다. 블록 암호중에서도 가장 유명한 DES(Data Encryption Standard)는 미국 국립표준국에서 공모한 암호 알고리즘에 채택되어 미국 최초의 미국 표준 암호 알고리즘이 되었다. 대표적인 블록암호이며 DES를 보완 하는 많은 블록암호가 개발되고 있다.

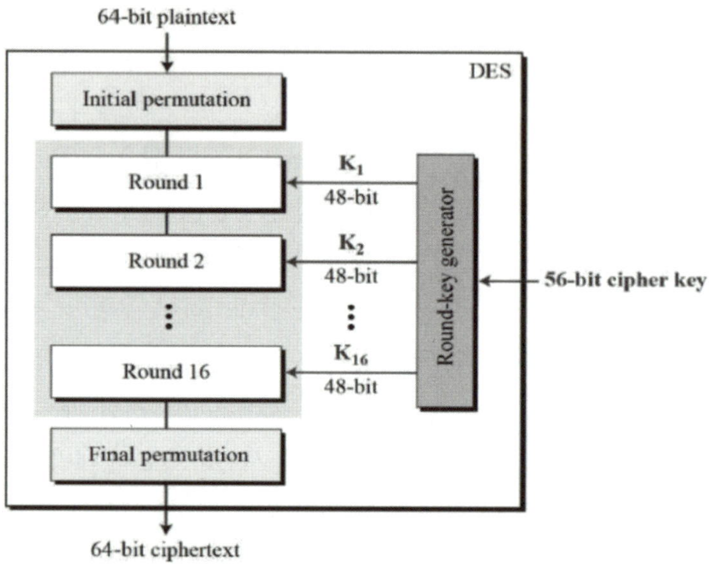

〈그림 3-24〉 블럭 DES 알고리즘

DES는 〈그림 3-24〉처럼 64 bits의 입력과 출력을 가진 블록암호이고 16회전의 feistel 구조를 가진다. 암호화 과정에서 보조키가 사용된다. 먼저 보조키가 생성되는 방식을 살펴보면 key size는 64 bits이지만 이 중 8 bits는 검사용으로 사용되기 때문에 실질적으로 사용되는 key size는 56 bits이다. 블록암호알고리즘으로 AES (Advanced Encryption Standard)는 현재 미국 국가 표준 대칭키 암호화 기법으로 전세계적으로 가장 많이 사용되는 대칭키 암호화 기법이다. 128/192/256비트 키를 사용하고 있다. 또한 3 DES는 DES를 3번 반복한다. DES로 키를 바꿔가며 암호화→복호화→암호화를 해서 키 길이를 늘이는 기법이다. 2 키를 사용하는 경우 112비트, 3 키를 사용하는 경우 168비트의 키 길이를 가지기 때문에 현재도 제법 안전성은 있다고는 하지만 느리다는 문제가 있다. HIGHT는 저전력, 경량 환경에서 사용할 수 있도록 개발된 64비트 블록암호 알고리즘으로 코드 사이즈가 작고 AES보다도 속도가 빠르다. 2010년 12월 ISO/IEC 국제 표준으로 제정되었다. SEED는 대한민국의 국가 암호 표준체계로 128비트 키를 사용하며 2005년에 ISO/IEC 국제 표준으로 제정되었다.

ARIA는 SEED 이후로 나온 대한민국의 국가 암호 표준으로 128/192/256비트 키를 사용한다(AES와 동일). LEA(Lightweight Encryption Algorithm)는 빅데이터, 클라우드, 모바일 등의 환경에 맞게 2013년에 국내 개발된 128비트 경량 암호 알고리즘으로 AES의 1.5~2배의 속도를 낼 수 있다.

3.3.3.1.2. 스트리밍 암호 알고리즘(Stream Cipher)

스트림 암호는 블록암호에 비해 상대적으로 사용 빈도가 낮으나, 블록암호에 비해 경량 및 고속 동작이 용이하여 무선 환경이나 스트리밍 서비스 등과 같은 환경에서 많이 사용되고 있다. 스트림 암호는 블록 단위가 아닌 비트 단위로 암호화되기 때문에 패딩과 운영 모드에 대한 개념이 필요 없으며, 구현이 용이하고 수행 속도가 빠르다는 장점이 있다. 버퍼의 크기가 제한되고 정보가 수신되자마자 실시간으로 처리되어야 하는 통신 애플리케이션의 경우 블록암호는 수신되는 정보가 한 블록에 가득 찰 때까지 버퍼에 저장해 두었다가 한 번에 암호화해야 해서 적절한 수단이 아니지만, 스트림 암호는 수신되는 정보를 바로 암호화할 수 있기 때문에 실시간 처리가 가능하다. 블록암호와 구별되는 스트림 암호의 효율성으로 인해 계산능력이 한정된 경우, 즉 휴대폰이나 RFID, 센서 등에 사용될 수 있다. 스트림 암호는 길이가 n 인 키 K 를 가지며, 이 키로 긴 키스트림(Key Stream)을 생성한다. 이 키스트림은 평문 P 와 XOR 연산을 하여 암호문 C를 만드는 데 사용된다. 스트림 암호를 복호화하기 위해서는 암호화에 사용된 것과 똑같은 키스트림으로 암호문과 XOR 하면 평문이 만들어진다. 따라서 키스트림은 일회성 암호 키로 사용된다. 키스트림 생성 함수를 간단히 표현하며 다음과 같다.

$$\text{StreamCipher}(K) = S$$

여기에서 K는 키, S는 키스트림으로 일회성 암호처럼 사용될 것이다. 암호화 수식은 다음과 같다.

$$C0 = P0 \oplus S0,\ C1 = P1 \oplus S1,\ C2 = P2 \oplus S2\ \ldots$$

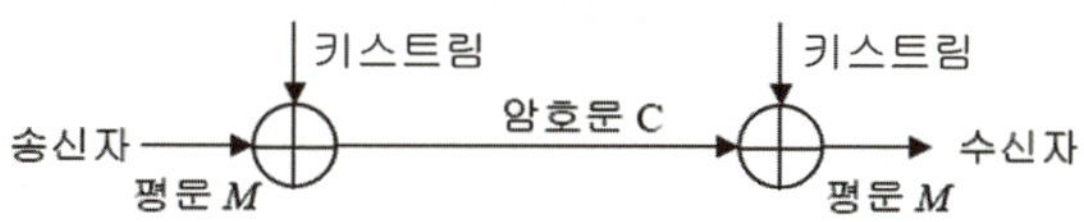

평문	1 0 1 1 1 0 1 1	암호문	0 1 1 1 1 1 1 0
키스트림	1 1 0 0 0 1 0 1	키스트림	1 1 0 0 0 1 0 1
암호문	0 1 1 1 1 1 1 0	평문	1 0 1 1 1 0 1 1

여기서 P = P0, P1, P2 ... 은 평문, S = S0, S1, S2 ... 은 키스트림, C = C0, C1, C2 ... 암호문이다. 암호문 C를 복호화할 때는 다음과 같이 키스트림 S 가 다시 사용된다.

$$P0 = C0 \oplus S0,\ P1 = C1 \oplus S1,\ P2 = C2 \oplus S2 \ \ldots$$

3.3.3.2. 공개키 암호 알고리즘(비대칭키 알고리즘)

공개키 암호화 기법은 위의 비밀키 암호화 기법에서 보안성과 기하급수적으로 늘어나는 키의 개수를 개선하기 위한 방법으로, 〈그림 3-25〉처럼 암호화에 사용되는 키와 복호화에 사용되는 키가 서로 다르고, 암호화 키(공개키)로부터 복호화 키(비밀키)를 계산하기 매우 어렵다. 처리해야 하는 정보량이 많기 때문에 컴퓨터가 발명되고 난 뒤에 생겼다. 비대칭형 암호는 이름 그대로 암호화 키와 복호화 키가 다르다. 암호화를 하면 하나의 키 쌍이 생기고 이 두 개의 키는 수학적으로 밀접한 관계를 가지고 있다. 두 개의 키를 각각 키 A, 키 B라고 했을 때 키 A로 암호화한 암호문은 키 B로만 복호화할 수 있다. 따라서 이 중 하나의 키(B)만 비밀로 보호하고(이를 '비밀키', '개인키'라고 한다) 다른 하나의 키 A는 공중에게 공개해도 관계가 없다(이를 '공개키'라고 부른다). 이렇게 둘 중 하나의 키는 반드시 공개되어야 통상적인 사용이 가능하므로 공개키 암호라고도 불린다. 공개키로 암호화한 암호문은 어차피 개인키를 가진 사람만이 풀어볼 수 있으므로 상호간에 공개키만 교환하고 상대의 공개키로 암호화를 해서 데이터를 교환하면 상대는 자신의 개인키로 복호화를 한다. 따라서 키 배송 문제는 근본적으로 발생하지 않는다.

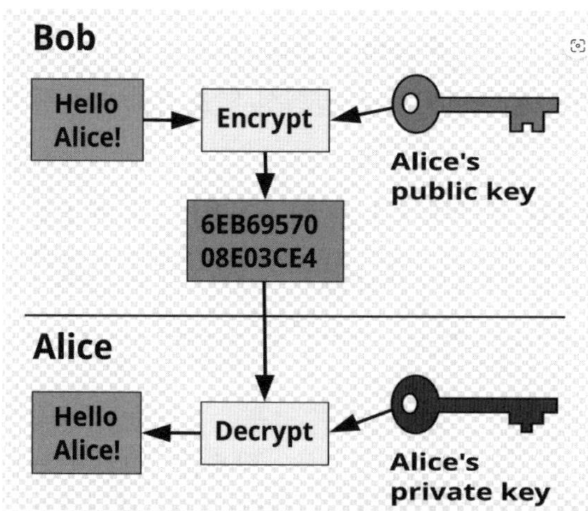

〈그림 3-25〉 공개키 암호 알고리즘

굉장히 참신한 아이디어이지만 비대칭형 암호는 암/복호화가 대칭형 암호에 비해 현저하게 느리다는 문제점이 있다. 따라서 현실적으로는 비대칭형 암호를 이용해서 대칭형 암호의 키를 배송하고 실제 암호문은 대칭형 암호를 사용하는 식으로 이용하는 것이 일반적이다. 그리고 비대칭형 암호라고 약점이 없는 것은 아니어서 중간자 공격(MITM: Man In The Middle Attack)에는 취약하다. 해커가 중간에서 통신을 가로채어 수신자에게는 송신자인 척하고 송신자에게는 수신자인 척해서 양쪽의 공개키와 실제 암호화에 사용되는 대칭키를 모두 얻어내는 기법이 가능하다. 참고로 이 중간자 공격을 미리 차단하기 위해서 사이트 인증서라는 것이 존재한다.

3.3.3.3. 양자 암호 알고리즘

오늘날 흔히 가장 많이 쓰이는 암호화 방식은 소인수분해를 이용한 'RSA 공개키 암호' 방식이다. 공개키 암호 방식은 누구나 확인할 수 있는 문제이지만 풀이하는 중간 과정이 복잡해 정해진 시간 내 정확한 답을 풀이하기가 매우 어려워 오늘날까지도 많이 쓰이는 암호화 방식이다. 하지만 사이버공격이 점점 진화하면서 RSA 암호가 '더 이상 안전하지 않다'고 특히 빅데이터, 초연결의 시대에 새로운 암호화 방식의 필요성이 대두되었고, 이렇게 등장한 것이 양자 암호'이다. 기존의 암호화 기술은 풀기 어려운 수학 문제를 기반으로 안전성을 확보했다면, 양자 암호는 양자역학이라는 물리학 법칙을 기반으로 한다. 더 이상 쪼갤 수 없는 물리학적 최소 단위인 양자(Quantum)의 특성을 이용해 도청이나 해킹이 불가능한 암호를 생성하는 것이다. 양자는 물리적인 성질을 이루는 최소 단위 입자 또는 상태를 의미한다. 다른 말로는 어떤 물리량이 연속적인 값이 아닌, 매우 작은 단위의 비연속적인 값을 취할 때 그 단위를 바로 '양자'라고 한다. 무엇보다 양자는 동일한 양자 상태를 복제할 수 없고 한 번 측정한 후에는 측정 전의 상태로 절대 되돌아갈 수 없는 특징을 갖고 있다. 이러한 양자 만의 특징들 때문에 양자 암호는 무적의 차세대 암호 기술로 알려져 있다.

양자 암호는 00, 01, 10, 11 상태의 양자가 0 또는 1의 상태를 동시에 취하고 있다가 외부 자극을 한 번이라도 받으면 0이나 1 어느 한 쪽으로 상태가 결정돼 버리는 성질을 이용한다. 이 성질을 이용한다면, 양자 암호로 만든 메시지를 누군가 도청하는 위협이 오는 순간 양자 암호가 반응해 메시지를 이뤘던 양자 상태가 0 또는 1 중에서 한 쪽으로 결정되어 버린다. 이처럼 최초의 메시지가 변질되기 때문에 통신 당사자는 도청 사실을 바로 알아차릴 수 있게 된다.

3.3.3.4. 해쉬함수(hash algorithm)

단방향만 가능한 암호화 기법으로(저장과 같은), 해시 함수는 임의의 길이에 데이터를 고정된 길이의 데이터로 매핑하는 함수로 주로 SHA방식이 사용된다. SHA(Secure Hash Algorithm, 안전한 해시 알고리즘)는 서로 관련된 암호학적 해시 함수들의 모음이다. SHA-256, SHA-512 등등 다양한 방식이 있는 데 자주 사용되는 방식은 SHA-256방식으로 변환하기를 원하는 문자들을 256bit 길이의 key로 변환해 준다. SHA-256 과정을 간단하게 설명하면 다음과 같다.

(1) 먼저 변환하고자 하는 문자열을 바이너리 형태(1, 0)로 변환한다.
(2) 바이너리 데이터는 512 비트의 블록으로 나눈다. 만약 블록이 512보다 작다면 패딩을 통해 사이즈를 늘려주고 만약 블록이 512보다 크다면 512비트에서 자른다.
(3) 앞서 512비트로 나눈 블록을 다시 32비트로 자른다.
(4) 압축 함수를 64회 반복 수행한다.
(5) 그리고서 블록별로 해시값을 구하는데, 첫 번째 블록의 해시 결과가 두 번째 블록의 입력값으로 사용되며 두 번째 블록의 해시 결과는 첫 번째 블록의 해시 결과와 두 번째 블록 데이터와 결합해서 구해진다.
(6) 최종적으로 256비트의 해시값이 생성되는데 이것이 SHA-256 결과 값이다.

3.4. 전자정보(ELINT) 분석 기술

3.4.1. 전자정보와 전자전

일반적으로 자유공간에는 수많은 종류의 통신 및 비통신 전자파 신호가 다양한 신호레벨과 방향에서 출현하고 있고 전자정보(ELINT) 또는 전자지원(ESM) 장비는 레이더 또는 전자장비 방사체로부터 방사되는 신호 중에서 전자신호만을 선택하여 전자파의 제원들을 추출하여 분석한다. 레이더 기술의 발달과 각종 첨단 무기체계 지속 발전으로 전자전의 역할과 중요성이 더욱 부각되고 있으며 실제로 걸프전, 이스라엘 하마스전쟁, 러시아 우크라이나 전쟁을 통해 현대전에서 전쟁의 승리는 전자전에 의해 판가름 난다는 교훈을 주고 있다. 현대전은 하드-킬 이라기보다는 소프트-킬 즉, 전자전, 사이버전 등이 전쟁 초기에 중요한 전쟁 승패를 좌우하며 걸프전 이후 전자전의 개념은 상대방을 선제공격할 수 있는 적극적인 형태로 발전되고 있다. 전자전의 승패 요인은 전자파 에너지의 정보를 신속· 정확하게 수집· 분석하는 전자전지원 능력과 상대 레이더의 전자파 에너지 사용을 억제하는 전자공격 능력 및 전자공격으로부터 아측의 레이더를 효율적으로 사용하기 위한 전자보호 능력에 의해 좌우된다.

전자정보 수집장비(ESM 또는 ES장비)는 높은 포착확률과 짧은 응답시간을 가지고 전방향의 광대역 신호를 처리할 수 있는 능력을 보유하여야 하며, 또한 여러 방사체 신호가 혼합된 다중 에미터 신호 환경에서 각각의 방사체별로 신호를 분류하고, 파라미터인 RF, PRF, PW, DOA 등을 분석하기 위해서는 고도의 디지털 신호처리 기술이 요구된다. 반면 레이더의 전자전 보호 기능(EP)은 전자전장비가 레이더 신호의 분석 및 식별을 곤란하게 하거나 탐지, 추적기능을 교란하더라도 신뢰성 있게 표적을 탐색하도록 하도록 해준다. EP 기능에는 RF 주파수 변경(Agile, Hopping), PRI 변경(Stagger, jitter, D & S, Sliding, Wobble, Sinusoidal), 펄스 압축 기법 등의 다양한 형태가 적용되고 있다.

전자공격(EA) 기능은 전파를 수신하여 재밍 전파를 방사하는 것으로서 EA체계는 Stand-in Concept(저출력 재밍), Escort jammer concept(중급 재밍), Stand-off jammer concept(높은 출력 재밍) 체계로 운용되고 있으며, 장비 구성은 DTO(잡음재밍 신호 발생), DRFM(위협 신호 저장 및 위협 신호 송신), CW Repeat(CW 재밍 신호 발생)으로 구성되어 있다.

3.4.2. ELINT 파라미터(전자정보)의 전자지원(ES)

신호 특성을 다양하게 변경하여 EA에 대응할 수 있는 기능을 보유한 현대 미사일 탐색기와 레이더들의 증가로 인해 ES 신호 환경은 훨씬 복잡할 뿐만 아니라 동시에 처리해야 할 신호원의 개 수 또한 증가하고 있는 상황에서 적의 무기체계에 대한 EA를 효율적으로 수행하기 위해서는 위협이 되는 방사체 신호들을 신속히 식별하여 그 제원을 분석하는 ES 신호분석 기법의 개발이 매우 중요하다. 전자전장비는 통상 ES 와 EA 장비를 동시에 운용하는데 신호처리부는 ES 장비가 자유공간에 활동하는 모든 전자신호를 수집, 분석하여 각종 신호원의 제원을 분석하고 저장된 라이브러리 비교하여 방사체를 식별함으로써 EA 장비가 적절한 대응을 하도록 정보를 제공해 준다. 신호처리부는 오경보율을 최소화하면서 실시간 대응을 위한 고속연산을 수행해야 한다. 따라서 전자전 신호처리부는 다중 프로세서를 이용한 병렬처리 구조를 이용하거나 독특한 필터 기능을 추가하여 신호 밀도를 줄여 다중신호가 혼합된 상황에서 에미터 신호를 고속으로 정확히 분석해야 한다. ES장비의 주요 기능 및 그와 관련된 파라미터는 〈그림 3-26〉에 기술되어 있다.

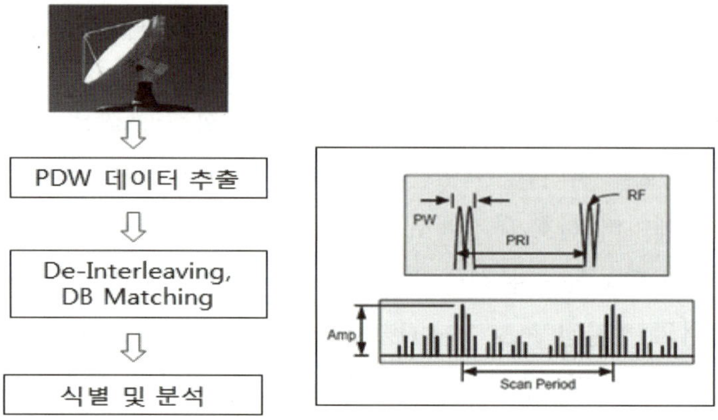

〈그림 3-26〉 ES시스템의 주요 기능(왼쪽)과 주요 파라미터(오른쪽)

먼저 ES 장비는 레이더와 같은 다양한 방사체에 의해 방사되는 펄스 들을 안테나를 통해 수신하고 이 펄스들의 파라미터를 측정한 후 각각의 펄스들이 어떤 방사체에서 방사되었는지를 식별하고 그 결과를 운용자에게 제공해야 한다. 수신된 진폭 포락선(Envelope)은 레이더 주파수 반송파에 의해서 변조된 일련의 펄스들이다. 이 펄스들 각각에 대하여 ES 장비는 〈그림 3-26〉와 같이 펄스 진폭, 펄스 폭, 주파수 및 펄스 도래 방향(AOA)을 측정할 수 있으며 또한 TOA와 동일 방사체로부터 연속적인 펄스들의 도래 시간차를 계산하여 레이더의 펄스 반복 패턴을 얻을 수 있다.

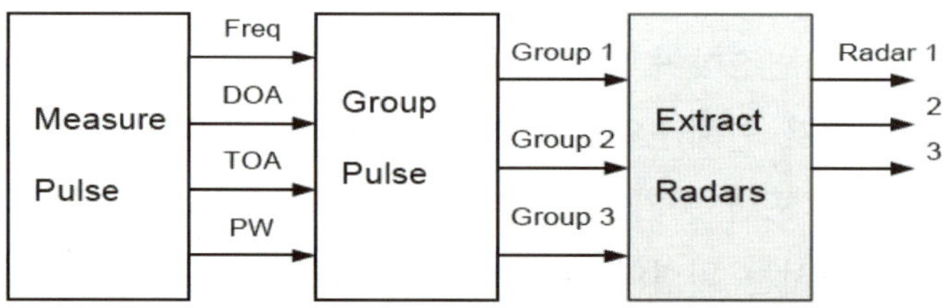

〈그림 3-27〉 ES장비의 대략적인 신호처리 과정

ES 시스템의 개략적인 신호처리는 〈그림 3-27〉과 같이 연속된 부분들로 구성되어 있는데, 첫 번째 단계에서 펄스 열 파라미터들을 측정하고, 두 번째 단계에서 주파수와 도래 방향 같은 파라미터를 이용하여 그룹화하는 단계이며, 마지막으로 펄스열을 분리, 분석하여 이미 저장된 DB와 비교, 방사체를 식별하는 단계이다. 각 부분은 수신된 모든 펄스신호에 대해 병렬로 수행된다.

3.4.3. ELINT 파라미터의 전자공격(EA) 적용

원칙적으로 전자공격은 전파방해 즉, 주변 환경의 전자기적 특성과 레이더 기술적인 대응으로 수행된다. 다시 말하면 무선주파수 밴드에서 전자공격의 기본적인 의미는 전자기 시스템에 직접적인 영향을 주는 다양한 전파방해 신호의 사용이다. 이를 위해서 적절한 고도, 주파수, 위상, 공간, 그리고 시간적인 특성들이 고려된다. 일반적으로 EA 시스템은 정보지원과 시스템 통제, 방해 전파신호를 생산하기 위한 보조시스템, 고출력을 선송하기 위한 증폭기, 발전기, ANT가 해당한다. ELINT 보조시스템은 전파방해 목표물로부터 신호를 수신, 분석을 통하여 방해 목표로 하는 무선 신호를 찾아낸다. ELINT 보조시스템으로부터 획득한 신호정보를 통해서 EA를 수행할 방안을 찾는다. 즉, DTO, DRFM, CW Repeat의 재밍 자원으로 잡음재밍, 기만재밍(거리, 속도, 각도 기만)을 다음과 같은 절차로 EA를 실시한다.

① EA 목표물에 대한 전자기 환경평가

② 방해전파 목표물에 대한 방해전파 신호의 변수 결정

③ 방해전파 전송

전파방해 방법은 대상 목표물의 특성과 주어진 전술적 환경에서 특수한 목표물에 대한 정보 손상을 주는 방해전파의 성능에 의해 결정된다. 정보 손상은 방해전파 전송 후 특별한 시간 간격 동안 공격당한 장비(레이더)의 손실에 대한 정보의 양을 말한다. 전파공격은 레이더 및 무기체계의 기술 발전과 더불어 EP 능력의 향상, 위협 무기체계의 위치 변화, 적 레이더의 신호 특성 변경 등의 위협변화에 신속하게 대응할 수 있어야 한다. 가장 효과적인 전파공격 기법의 하나인 〈그림 3-28〉의 잡음재밍(Noise Jamming)은 레이더의 수신 주파수 대역에 잡음신호를 발생시키는 기법이며, 레이더의 수신기 잡음레벨을 증가시켜 표적의 거리 및 각도 정보 검출 능력을 감소시킨다.

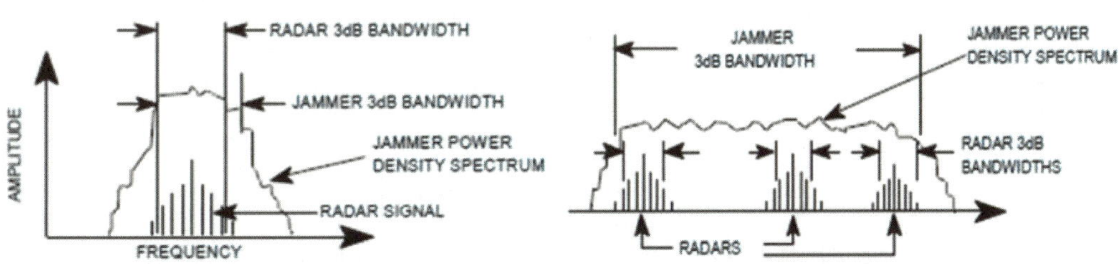

〈그림 3-28〉 EA 재밍기법, Spot재밍(왼쪽), 광대역재밍(오른쪽)

잡음재머가 광대역 잡음(Barrage Noise)을 발생시킨다면 레이더가 주파수 가변이나 호핑(Hopping, Agile)을 통해서 재밍을 회피하기 위한 다른 대역을 찾는 능력이 저하된다. 또한 레이더의 송신주파수를 미리 알거나 Jammer에 의해 측정되면 그 송신 주파수와 동일한 강한 협대역 또는 점 잡음(Spot Noise)을 강하게 송신할 수 있다. 그리고 주어진 주파수 영역을 소인(Sweep)하는 소인 점 잡음(Swept Spot Noise) 등이 있다. 점 잡음은 레이더의 반송 주파수를 중심으로 중간주파수 대역폭을 덮을 수 있을 만큼 잡음신호를 분포시키는 재밍기법이다.

광대역(Wide Band) 잡음은 레이더의 전체 사용주파수 대역을 덮는 데 사용되므로 점(spot) 잡음에 비해 최대 수백 MHz 수준의 넓은 대역폭이 필요하다. 기만기법에는 허위표적(False Target), 거리게이트 이탈(Range Gate Pull Off), 속도게이트 이탈(Velocity Gate Pull Off), 역이득(Reverse Gain) 등이 있다. 허위표적 발생은 재머가 레이더 펄스를 포착한 후 시간 지연된 반사 펄스들을 전송함으로써 이루어지고 이 시간 동안 지연된 반사 펄스들이 레이더 화면상에 허위 표적을 만들어 낸다. 거리 및 속도게이트에 의해서 표적을 추적하는 추적 레이더에 대해서 JAMMER는 레이더의 송신 신호를 포착한 후 추적레이더의 펄스반복간격을 분석하여 동일한 주파수로 변경된 펄스반복간격을 재송신 함으로써 및 속도 게이트를 이탈시켜 표적의 기동을 교란시킨다. 이러한 교란 때문에 추적 레이더는 표적에 대한 Lock-on 기능을 상실한다.

3.4.4. 전자신호 파리미터 종류 및 정의

3.4.4.1. ELINT 수신기에서 수신전력 세기

자유공간에서 ESM 또는 ELINT 수신기에 의한 수신 신호전력은 탐지거리 및 레이더 송신출력, 주파수 함수로 표시되며 수신 신호 세기는 거리 제곱에 반비례한다.

$$S_E(=P_R)= \frac{P_T G_{TE} G_E \lambda^2}{(4\pi R_E)^2 L_E L_T}$$

S_E : ELINT 수신기에 도달하는 신호전력

G_{TE} : 레이더 송신 안테나 이득 / G_E : ELINT 안테나 이득

R_E : 레이더신호 방사체로부터 ELINT 안테나까지 거리

L_T : 레이더 송신기로부터 안테나까지 손실

L_E : ELINT 안테나로부터 수신기까지 거리

λ : c / f

일반적인 레이더 공식이 왕복거리(Round Way) 공식인 데 반하여 위의 공식은 ELINT와 ESM장비에서 적용되고 있는 일 방향(One-way) 공식이다. 따라서 위의 공식은 거리에 관한 공식이 아니라 수신되는 신호레벨에 대한 공식이다. 위에서 언급된 자유공간은 대기의 영향이라든지 지구의 곡률반경 개념이 포함되어 있지 않다. 위의 공식을 dB로 표현하면 다음과 같다.

$$10\text{Log } S_E = 10\text{Log } P_T + 10\text{Log } G_{TE} + 10\text{Log } G_E - 10\text{Log } L_T - 10\text{Log } L_E - 20\text{ Log}(fR_E) + 20\text{Log}(c/4\pi)\ (dB)$$

자유공간 손실 α = 20 Log fR_E + 20Log$(c/4\pi)$ (dB)를 대체하면 다음과 같이 정리될 수 있다.

$$10\text{Log } S_E = 10\text{Log } P_T + 10\text{Log } G_{TE} + 10\text{Log } G_E + 10\text{Log } L_T - 10\text{Log } L_E - \alpha\ (dB)$$

레이더의 송신기로부터 방사되어 ELINT수신기로 전파되어 오며 거리의 제곱에 반비례한다. 목표물을 탐지하기 위해 레이더 송신기에서 방사된 PT는 매우 높은 출력이며 일반적으로 원거리에 있는 ELINT수신기에서 충분히 탐지될 수 있는 Main Lob와 Side Lob가 존재하다.

3.4.4.2. 펄스반복주파수(PRF)

레이더 시스템의 펄스반복주파수(Pulse Repetition Frequency)는 측정된 초당 Pulse수(PPS)가 1초에 발생한 Pulse의 횟수다. 레이더가 송달된 Pulse를 전송하자마자, 그 다음 Pulse를 송달할 수 있기 전까지 반사파를 받고, 그것을 검파할 수 있도록 충분한 시간이 지나야만 한다. 따라서 목표 대상물에서 기대되는 가장 긴 범위는 펄스가 전송되는 비율을 결정한다. 만약 PRF가 너무 높다라면 한 대상으로부터의 반사파 신호가 범위 상에 있는 다음 Pulse와 Pulse와 비슷한 애매모호한 것들이 전송된 후에 도달할 수도 있다. 따라서 그 PRF는 MUR(Maximum Unambiguous Range, 최대탐지거리와 같은 개념)을 결정한다. MUR은 펄스가 움직일 수 있고, 그것의 반사파가 다음 펄스의 송신 전에 되돌아오는 최대 범위에 의해서 정의된다. 레이더의 MUR을 계산할 때 RF에너지가 빛의 속도로 즉, 초당 3×10^8 m/s로 전파되어 간다. MUR을 계산하기 위해 펄스가 일 방향(one way)으로 전파되므로 속도를 반으로 줄인다. 초당 1.5×10^8 m/s(=c/2)로 고려 시,

PRF가 400PPS인 레이더의 MUR값은

$$MUR = (1.5 \times 10^8 \ / \ 400) = 375km$$

다른 예로 3,371PPS인 PRF를 사용한 경우

$$MUR = (81,000 \ / \ 3371) = 44km$$

MUR의 두 가지 예에서의 큰 차이점을 주목하면 PRF가 큰 값이면 단거리 목표물을 탐색할 때, PRF가 작은 값이면 장거리 목표물을 탐색할 때 적용된다고 볼 수 있다. 물론 실제적으로 레이더의 활동 또는 효율은 날씨, 안테나의 높이와 레이더의 평균 출력을 포함하는 많은 다른 인자들에 의해서 일부분 영향을 받는다. 미 N0A의 규정에 의한 PRF의 탐지거리 범주는 〈표 3-2〉에서 보여준다.

〈표 3-2〉 PRF에 의한 MUR 범주

구 분	PRF	예상되는 범위 가능성
LOW	350 PPS 이하	긴 범위
MEDIEM	350-1000 PPS	중간 범위
HIGH	1000 PPS 초과	짧은 범위

시스템 안테나가 일정한 속도로 회전할 때 상대적으로 짧은 시간 동안에 에너지를 가진 빔이 어떤 대상에 가서 부딪힌다. 이 한정된 시간 동안 레이더에서 발생하여진 것이 하나의 신호가 되기 위해서 에너지를 갖는 충분한 양의 펄스들이 전송돼야 한다. 예를 들어, 일 회전당 10초(Second Per Rounding, Scan Rate)로 돌고 있고 PRF가 800PPS인 안테나는 매 1도당 약 22 펄스들을 만들어낼 것이다. 그러므로 부분적으로 안테나의 회전속도는 레이더가 이동할 수 있는 가장 낮은 PRF를 결정한다. 낮은 PRF는 상당히 낮은 평균적인 파워로 아주 높은 피크 파워를 내도록 하는 장점이 있다. 또 다른 이점은 레이더의 유효범위를 확장한다는 점이다. 단점은 약하게 들어오는 것은 잃어버리기 쉽다. 실제적인 ELINT 시스템에서는 PRF가 60이면 잡음 수준의 핍(첨두 전력)이 돌아오는 펄스보다 클 수도 있으며 이럴 때 반사파들은 잃어버릴 수 있다.

3.4.4.3. 펄스반복간격(PRI)

펄스반복간격은 PRF의 역수이다. PRI(Pulse Repetition Interval)는 〈그림 3-29〉에서 보듯이 한 펄스의 시작부터 다음 펄스의 시작 간의 시간으로서 첫째 펄스의 시작 부분과 동일한(유사한) 연속된 다음 펄스의 시작 부분까지 시간으로 특정하여 나타난 값이며, 주로 ㎲로 표현된다. 따라서 레이더에서 펄스를 전송하고 수신하는 시간 과정을 합한 수치이며 PRI와 PRF는 역수의 관계를 갖는다.

PRF = 1/PRI

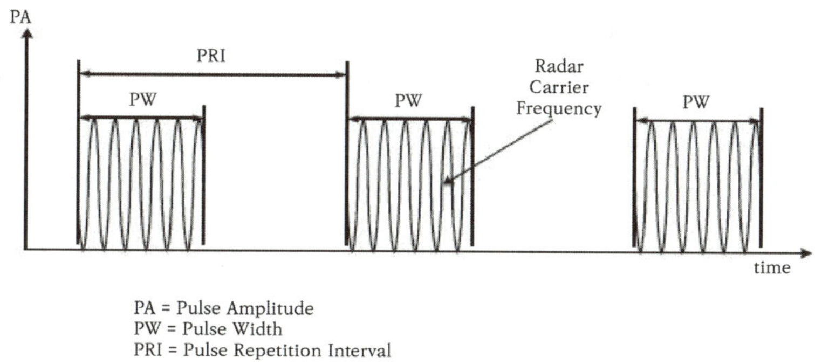

〈그림 3-29〉 레이더 PRI, PW(PD) 개념

PRI는 일정한 변조와 다양한 펄스의 특성들에 대한 정확한 수치를 갖는 전자적인 정보(ELINT)를 제공한다. 예로서 PRF가 1249, 123 PPS(Pulse Per Second)로 작동하는 레이더를 분석하기 위하여 ELINT 분석 장비를 이용하며 그 역수인 PRI는 800, 5617㎲가 된다. 측정된 시간과 레이더가 속한 시간을 비교하거나 평가할 때 PRI를 이용한다. PRI는 인터펄스 방식(펄스간 변조방식)과 인트라 펄스(펄스 내 변조방식) 방식이 있으며 EP를 위하여 여러 가지 방식이 개발 적용되고 있다.

3.4.4.4. 펄스진폭(Pulse Amplitude), 펄스폭(Pulse Width)

펄스는 정보를 전달하고 장비를 조정하거나 목표물의 존재를 감지하기 위해 사용될 수 있는 에너지의 신호를 전송하기 위해 사용된다. 펄스는 직각, 정사각, 톱니, 이중, 급경사, 단계 등 다양한 모양을 갖는다. 펄스는 〈그림 3-30〉처럼 중요한 여러 가지의 전자정보 파라미터인 펄스 진폭(Amplitude), 펄스 상승시간(Rise time), 펄스 하강시간(Fall time), 펄스기간(Pulse Duration), PRI(=1/PRF) 등 여러 가지 신호정보를 얻을 수 있다.

① 펄스 진폭(Amplitude)은 펄스의 바닥부터 맨 위까지 측정된 높이로 세로축에 해당되며 전압, 전류, 전력 값을 측정할 수 있다.

② 펄스 상승시간(Rise Time)은 직사각형 펄스에서 앞선 모서리 부분에 해당되는 시간으로 이상적인 펄스에서는 순간적으로 증가하나, 실제적인 환경에서는 펄스 진폭이 최대치에 도달하기 위해서는 어느 정도 시간이 필요하다. 펄스의 증가시간은 10%에서 90%구간에서 설정된다.

③ 펄스 하강시간(Fall Time)은 직사각형 펄스에서 뒤 모서리 부분에 해당되는 시간으로 펄스의 감소시간은 펄스의 90%에서 10%로 나타나는 구간이다.

④ 펄스 기간(Pulse Duration=Pulse Width)은 ELINT에서 중요한 파라미터의 한 종류로서 PD는 시간으로서 보통 마이크로초(㎲)로 측정된다. 펄스 기간은 진폭이 최대가 되었을 때 처음과 끝 사이의 간격을 의미하다. 일반적으로 실제적인 환경에서는 〈그림 3-30〉처럼 펄스 기간은 최대 진폭의 50% 지점(최대지점으로부터 3dB 지점)을 펄스 기간으로 정의한다. 레이더의 송신 파워출력은 PD값에 비례한다. 공간을 통해 RF에너지가 전파되기 위해서 필수적으로 펄스에는 파워가 포함된다.

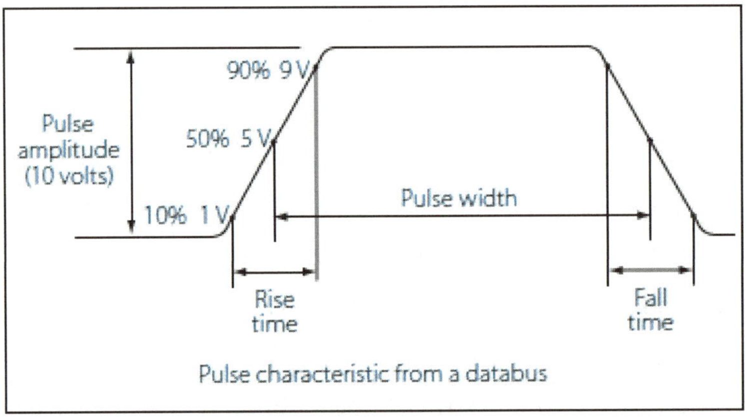

〈그림 3-30〉 전자신호의 펄스 파라미터 구성

결론적으로 긴 PD는 더 큰 평균 파워와 더 멀리 나아가는 RF를 갖고 공간으로 전파할 수 있다. PD는 레이더공학에서 중요한 최소 식별 거리 개념을 갖고 있으며, PD가 작을수록 목표물 간 식별 간격이 더 준다(해상도가 좋아진다). 미 N0A의 규정에 의한 PRF의 최대 탐지거리 범주는 〈표 3-3〉에서 보여주고 있으며 PD가 1㎲ 미만인 경우에 목표물 간 작은 거리라도 식별할 수 있다.

〈표 3-3〉 PD에 의한 목표물 최소 식별 간격

구 분	PD(㎲)	예상되는 식별 범위
좁 음	1 미만	좁은 범위
중 간	1~4	중간 범위
넓 음	4 초과	넓은 범위

최소 식별 간격은 같은 방위와 고도에서 가까이 함께 있는 두 목표물 사이를 구별해 내는 레이더의 능력을 말한다. 2개 이상의 목표물 들이 식별할 수 있는 최소 범위 내에 있을 때에는 한 목표물로 식별하며 최소 범위를 벗어나면 2개 이상의 목표물로 식별한다. 최소 식별거리를 해상도(Range Resolution)라고 하며 다음과 같이 정의된다.

해상도(RR: Range Resolution) = PD × c(m)

예를 들어서 PD가 3㎲인 경우 Range Resolution은 $3\times10^{-6} \times 3\times10^{8}$m로서 최소 900m이상을 확보하여야 대상 목표물을 2개 이상으로 식별 할 수 있다.

3.4.4.5. ELINT신호 처리 시스템 구조

ELINT장비는 〈그림 3-31〉처럼 전자신호를 수신하여 레이더의 제원(주파수, 대역폭, PRI 등 PDW를 생성함)을 측정하는 수신기(협대역, 광대역으로 구분)와 방사체의 고도와 방위각을 측정하기 DF수신기(배열ANT 포함), 그리고 이들로부터 인입되는 수천 ~ 수만 개의 신호를 처리하여 같은 방사체끼리 분류(그룹화)하고 TOA에 의해 PRI를 계산하는 신호분리기(또는 신호분류기, De-interleaving), PRI 변조방식 및 SCAN 등을 결정하는 분석기로 구성되어 있으며 최종적으로는 방사체를 식별하고 그 결과를 글자와 그래프로 시연한다.

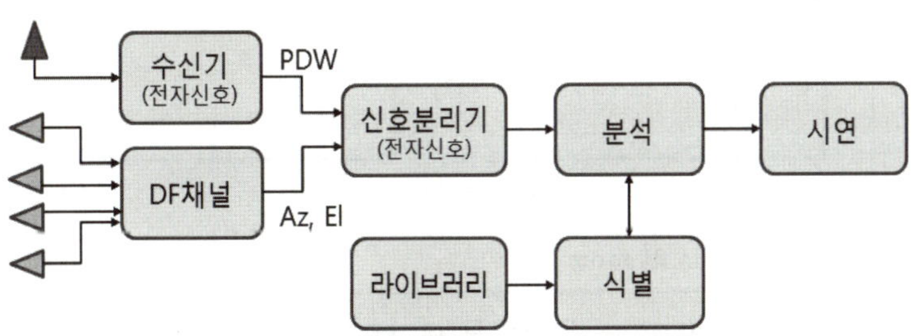

〈그림 3-31〉 ELINT시스템 구조 및 신호처리 절차

3.4.4.6. 전자보호(EP)를 위한 펄스반복간격(PRI) 변경

일반적으로 레이더는 적의 전자전 공격(EA)으로부터 레이더 자신을 보호하기 위해 다양한 수단을 쓴다. 주파수를 수시로 변경하는 방법(Frequency Hopping) 또는 PRI를 수시로 변경하면서 다양한 형태로 변경하면서 사용한다. 심지어 PRI 변경 형태를 그룹화하여 사용하기도 한다. 주파수 변경은 일정한 폭으로 수백 개 주파수를 변경하여 저장하여 두고 알고리즘을 통해서 주파수를 선정하여 방사한다. PRI를 변경하는 방법은 일정한 알고리즘 절차에 의해 간격을 변경한다. 이는 레이더가 자신이 방사한 신호임을 구별하기 위함이다.

PRI를 변경하는 방식으로 〈그림 3-32〉와 같이 Constant PRI는 고정PRI(Steady, 또는 Stable)방식이라고 하며 가장 기본적인 레이더 펄스반복 형태이다. 지터(Jitter) PRI는 평균 펄스반복간격을 중심으로 PRI가 조금씩 변화하며 Random Jitter PRI방식은 펄스반복간격이 어떠한 패턴 없이 불규칙적으로 조금씩 변화하며 Pseudo Random Jitter PRI방식은 불규칙적인 Random한 PRI 값을 가진 프레임(Set)이 반복된 방식을 말하며 이러한 방식을 방사체계가 재밍으로부터 보호하기 위한 방식이다.

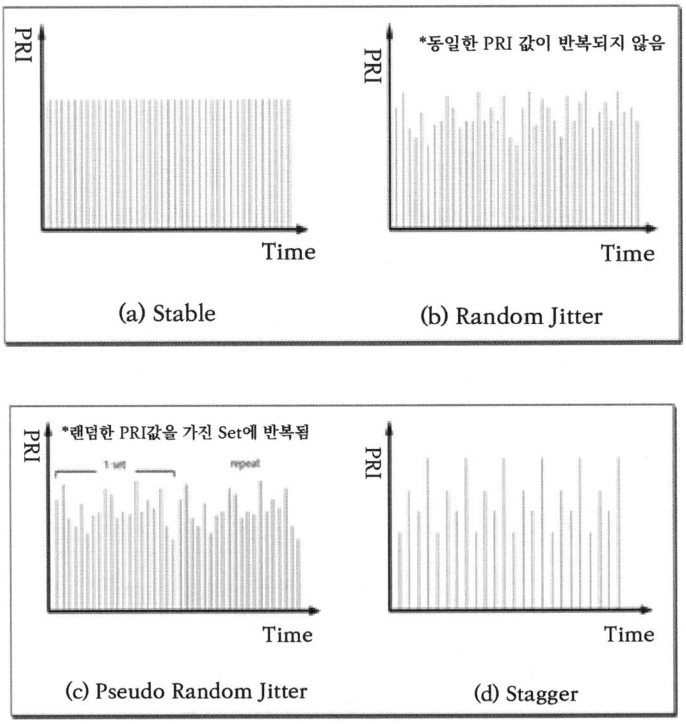

〈그림 3-32〉 고정PRI, Random Jitter, Pseudo Random Jitter, Stagger PRI 형태

Stagger PRI방식은 2개 이상의 PRI가 순차적으로 반복된 경우를 말하며, 특정 형태의 펄스반복간격이 프레임(또는 Set) 단위로 반복되는 형태이다. 특히 Stagger방식의 분석을 위해서 펄스의 도착 시간차 특성을 활용해서 분석하는 것이 매우 이상적인 방식이다. Stagger PRI방식은 대체로 MTI 처리를 위해서 사용된다. 다중 엘리먼트 / 다중 포지션 Stagger는 목표가 탐지될 것으로 기대되는 가능한 모든 것을 측정할 때 사용된다. Sliding PRI는 선형과 비선형에 따라 Linear과 Non-Linear로 구분되며 또한 상향과 하향에 따라 Up, Down Sliding으로 구분된다. 먼저 Linear Up Sliding PRI는 펄스간격이 최초 최소의 값으로부터 일정하게(선형적으로) 커지다가 최대 값 이후 다시 최초의 값(간격)으로 원위치하여 PRI 형태가 반복되는 형태이다. Wobble PRI, Sinusoidal PRI 방식은 <그림 3-33>처럼 펄스반복간격이 진동하는 형태처럼 커지다가 작아지는, 또는 작아지다 커지는 형태이고 한 프레임이 끝난 후에는 다시 처음부터 반복되는 형태이다. Sinusoidal PRI는 sinc파처럼 펄스반복간격이 일정하게 커지고 작아지는 형태로 반복하는 변조형식이다.

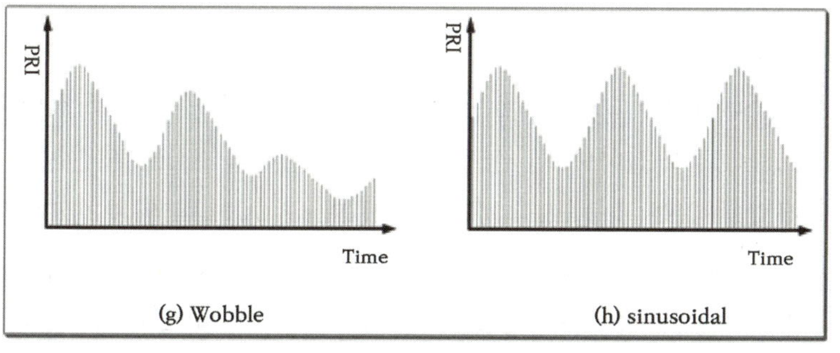

<그림 3-33> Wobble 및 Sinusoidal PRI 형태

3.4.5. 레이더 ANT Scan 유형

안테나는 주파수별로 사용이 구분되며 일반적으로 낮은 주파수 U/VHF대역은 LPA(Log Periodic Antenna), UHF/SHF 주파수 대역은 Parabola, 고대역에서는 혼(Horne) 또는 Spiral 안테나가 주로 사용된다. 따라서 안테나에서 방사하는 펄스 형태를 분석하면 안테나 용도, 무기체계 운용 개념을 분석할 수 있다. 즉, 방사된 펄스의 신호 전력 세기를 장시간 동안 관찰(Scan)하면 지상 탐색(Search)레이더, 추적 레이더, 유도 레이더, 함정 탑재 레이더, 해양 감시레이더 등으로 분류할 수 있다.

3.4.5.1. 고정 Scan

일반적으로 Scan은 안테나의 움직임과 방사 형태에 따라 좌우되며 레이더의 목적과 종류, ANT 크기에 따라 달라진다. 대부분 레이더들은 ANT의 반사체에 의한 지향적인 빔의 모양을 갖고 상대적으로 좁고 높은 에너지의 연속적인 펄스열을 전송한다. 지향적인 빔과 Scan의 목적은 목표물의 방위와 고도의 정보를 얻기 위함이다. 고정Scan은 〈그림 3-34〉처럼 ANT가 Scan을 하지 않으면서 빔을 방사한다. 특별한 고정된 지점에 대해서 전파를 방사하여 목표물을 탐지하는 Scan이다.

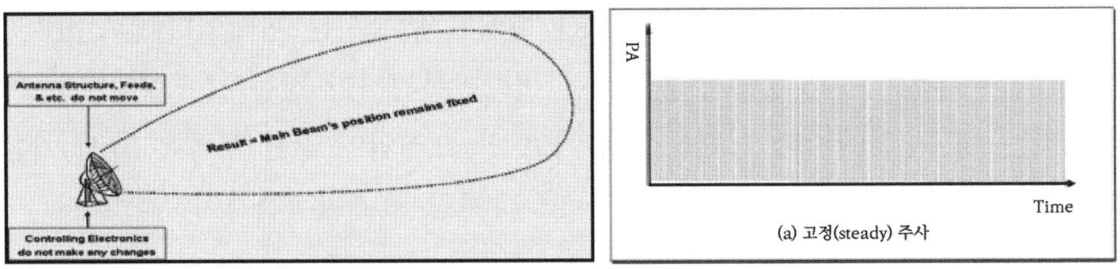

〈그림 3-34〉 ANT의 고정 Scan

3.4.5.2. 원형 Scan

가장 보편적인 Scan형태로서 〈그림 3-35〉처럼 시계방향이나 반시계방향으로 수직적인 축으로 하여 360도 회전하며 한 바퀴 회전하는 시간을 Scan 시간이라 부른다. 탐색레이더는 일반적으로 원형 Scan을 이용하며 긴 Scan 시간은 원거리 탐색을 목표로 하며 중간 정도의 Scan 시간은 지상관제의 요격과 표면 탐지 탐색을 목표로 한다. 빠른 Scan 시간은 항법 보조와 항공감시를 위하여 사용된다. 원형 Scan은 일반적으로 목표의 고도와 방위각을 얻을 수 있도록 수평면은 좁고 수직면은 넓다. 고도를 정확하기 위하여 세 개의 다중 빔 기술(Stacked Beam, V-Beam, 고도 스위칭)을 사용하기도 한다.

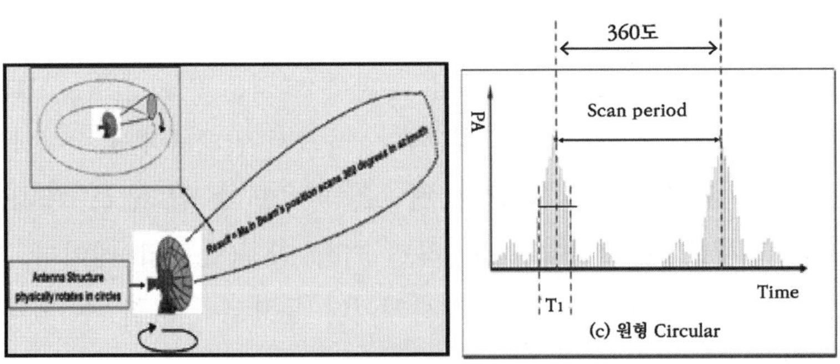

〈그림 3-35〉 ANT의 원형 Scan

3.4.5.3. 섹터 Scan

〈그림 3-36〉처럼 레이더 빔이 우측 한계치에서 좌측 한계치까지 움직임에 따라 수신측에서 본 전파 에너지의 변화이다. 수평 양방향 구역 주사는 원하는 구역을 수평적으로 빔을 방사하는 것이고 주로 사용하는 레이더는 항공항법, 기상회피, 선박 항법용, 해양감시 레이더 등이 있으며, 수직방향 양방향 주사는 상하로 빔이 전송되고 주로 고도를 측정하는데 사용된다. 수직방향 구역주사 주기는 일반적으로 2~4초이며 많은 지상 고도 측정레이더는 기계적으로, 위아래로 움직이는 ANT를 사용한다.

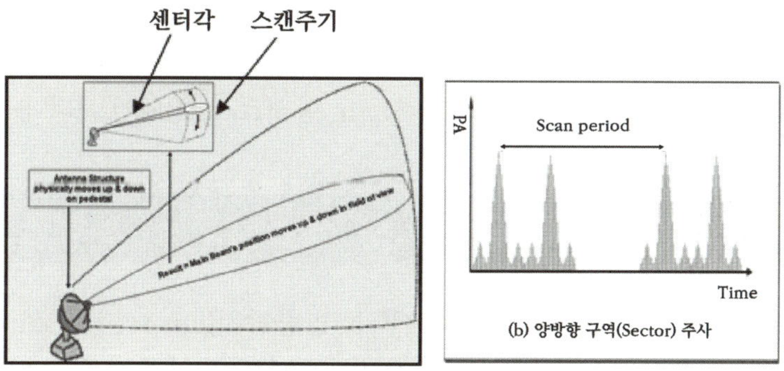

〈그림 3-36〉 ANT의 섹터 Scan

3.4.5.4. Conical Scan

Conical Scan은 빠른 비율로 10~100Hz 비율로 축을 기준으로 뿔 모양으로 포물선 형태로 원형 동작을 하면서 전파를 방사한다. 아래 〈그림 3-37〉처럼 축의 최 가장자리 수신점에서는 오른쪽 구림과 같은 수신에너지의 형태가 나타나고 축의 중심점에서는 고정Scan처럼 나타난다. 이런 형태의 레이더는 일반적으로 목표물을 추적하는데 사용하는데 SAM계열 레이더, 대포병 레이더 등에서 사용되고 있다.

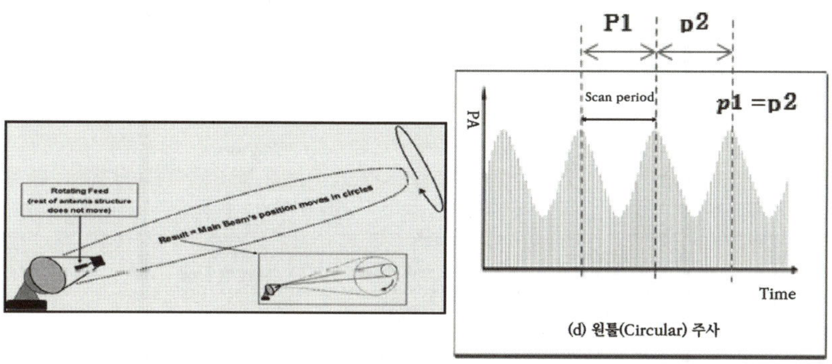

〈그림 3-37〉 ANT의 Conical Scan

3.4.5.5. Raster Scan

레이더 빔이 일자(一)모양으로 Scan하는 방식(바)으로 주로 6~8개 바 래스터 구조가 흔히 사용되며, 항공기 요격용 레이더와 항공기 사격통제용 레이더의 목표탐색을 위해 이용된다. 래스터 Scan은 바의 개수와 레벨의 개수에 따라 구별되며, 각각의 바는 다른 고도의 레벨을 갖는다. 래스터 Scan 주기는 하나의 패턴이 완성되는 시간이다.

3.4.5.6. Helical Scan, Spiral Scan

Helical Scan은 원형 Scan과 수직 Scan의 혼합형이며 고도변화가 계단처럼 된 원형 Scan이다. 사격통제용 레이더에서 넓은 항공지역을 탐색할 수 있는 지상용 레이더에서 이용하며, Spiral Scan은 Conical Scan의 특별한 형태로서 빔 축이 변하면서 원뿔 모양의 중간에서 강한 신호를 갖는 Scan 형태로서 항공레이더에 응용된다.

3.5. 방향탐지 기술(DF)

통신정보(COMINT), 전자정보(ELINT)에서 방향탐지(Direction Finding)는 수동(Passive)적인 방향탐지 기법으로 통신장비 또는 레이더 방사체에서 방사하는 전자파를 수신하여 위치를 찾는 방식으로 과거에는 안테나에 인입되는 진폭이나 위상차를 비교하는 방향탐지 기술이 많이 사용되었으나 최근에는 안테나 도착 시간차를 이용하는 방식이 많이 연구, 실제 적용되고 있다. 방향탐지 시스템은 수 개의 등 간격 배열 선형(또는 원형) ANT, 수신기, 처리기, 제어기 및 출력장치로 구성되어 있다. 수신기는 주파수 합성기를 이용하여 수신된 신호를 분석하며 처리기는 안테나에서 수신된 위상, 진폭, 도플러 변화 등을 비교함으로써 방사원의 위치를 계산한다.

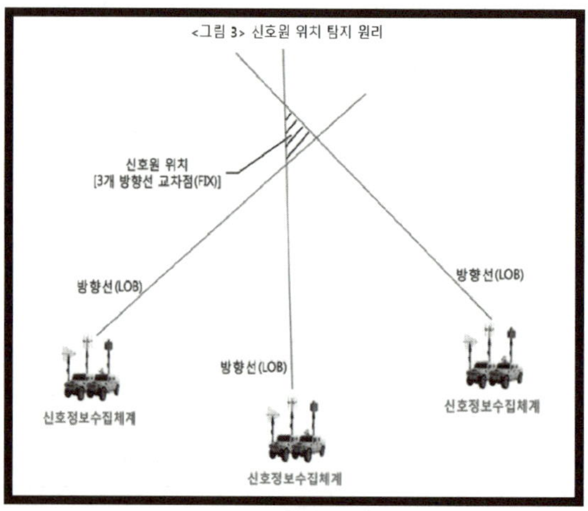

〈그림 3-38〉 방향탐지 원리

기본 개념은 〈그림 3-38〉처럼 레이더나 무선 장비에서 방사되는 전파를 최소 3개 이상의 국소에서 신호를 탐지하여 위치를 결정하는 것으로 1개 국소에서만 탐지될 경우는 일방향(Line of Bearing)만 측정이 이루어지며 2개 국소에서 신호 탐지가 될 경우는 Cut로서 2차원 지점으로 위치 식별이 이루어지고 3개 국소에서 신호가 탐지될 경우 Fix로서 3차원으로 지점을 결정할 수 있다. 즉, 다시 말해서 가능한 많은 국소에서 신호가 탐지될 경우 오차가 그만큼 작아진다.

진폭비교 방향탐지 시스템은 아래 〈그림 3-39〉과 같이 3개의 ANT를 구성(a)하여 방향탐지를 할 경우 ANT사이의 거리 D, 중심으로부터 R인 ANT배열이세 ANT 1-2에서 0^0~120^0방향으로 인입되는 신호의 진폭을 측정 · 비교하고, ANT 2-3에서 121^0~240^0방향으로 인입되는 신호의 진폭을 측정 · 비교하며, ANT 3-1에서 241^0~360^0 방향으로 인입되는 신호의 진폭을 측정 · 비교한다. (b)는 이웃하는 두 안테나의 신호크기를 로그함수로 비교하여 전파의 인입방향을 계산한다. 현재 ELINT 및 RWR장비에 적용되고 있다.

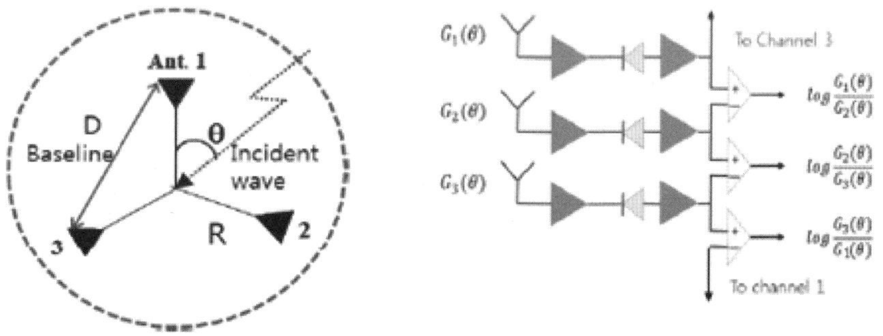

(a) 3개 ANT를 사용한 DF 시스템 (b) 3개 ANT로부터 인입된 신호 진폭비교

〈그림 3-39〉 진폭비교 방향탐지

이 방식은 구성 회로가 간단하여 설치비용이 적게 드나 오차가 크고(5^0~10^0) 간섭신호에 민감하다.

위상비교 방향탐지 시스템(Inter-Ferometer 방식)은 〈그림 3-40〉처럼 2개 이상의 독립된 ANT를 일정한 간격으로 배열하여 이들로부터 인입되는 신호의 위상차를 측정(PDOA)하기 위해 위상비교기를 사용한다. 4, 5개의 안테나를 결합하여 ANT를 회전시키지 않고 위상을 측정하여 방향탐지를 할 수 있다. ANT의 기준선 길이가 D이고 인입 각도가 θ일 때 신호의 파장 λ 일 때 두 안테나에서 측정되는 위상차 $\emptyset$는

$$\emptyset = 2\pi \cdot D \cdot \sin\theta / \lambda$$

와 같이 되며, 거리 D가 커질수록 방탐오차가 줄어드나, 이 기준선의 길이가 입사신호의 반파장보다 길어지면 다른 방향에서 들어온 신호들이 동일한 위상차를 발생시켜 방향 모호성이 발생하게 되어, 이러한 모호성을 제거하기 위해서 여러 개의 ANT를 사용하기도 한다. 이 방식은 간섭신호에 의한 영향이 적고 비교적 정확도가 우수하나 모호성 해결을 위해 구성 회로가 비교적 복잡하고 비용이 증가한다.

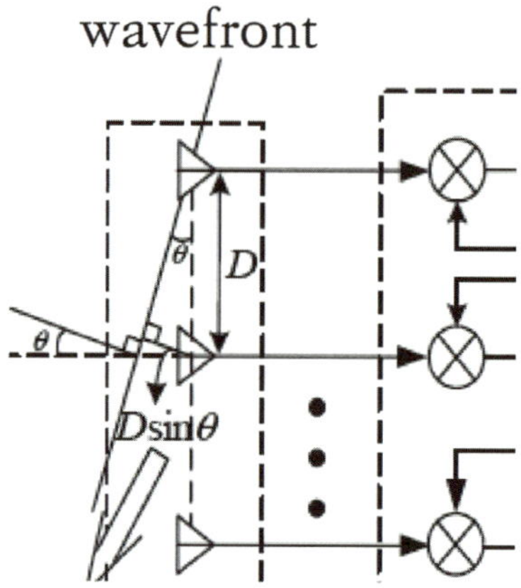

〈그림 3-40〉 위상비교 방향탐지

시간차 방향탐지 방식은 〈그림 3-41〉처럼 두 개 이상의 ANT를 이용하여 ANT에 도착하는 신호의 시간차를 측정하여 전파의 인입방향을 측정한다. TDOA방식에서 방탐 정확도를 높게 하기 위해서 기준선의 길이를 길게 하고 시간측정 오차를 줄이는 것이다. 이 방식은 높은 정확도를 제공하나, 충분한 시간 지연을 얻기 위해서는 ANT 이격거리가 수 km에서 수십 m 정도를 유지해야 한다. 두 안테나에 도착하는 EMITTER신호의 시간차(TDOA)는

$$\sin\theta = c \cdot TDOA \;/\; d$$

$$TDOA = (d/c)\,\sin\theta$$

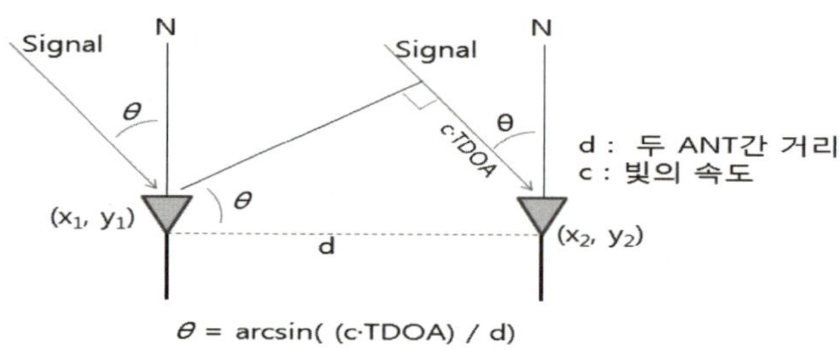

〈그림 3-41〉 신호의 도착 시간차(TDOA) 비교 방향탐지

3.6. 영상정보(IMINT) 분석 기술

3.6.1. 전자광학(EO) 영상

전자광학 영상은 〈그림 3-42〉처럼 Passive형태로 전파를 방사하지 않으며 태양광의 반사파를 이용하여 영상을 만든다. 가시영역 영상은 구름과 지표면에서 반사된 태양광의 강약을 나타내며 반사광이 강할수록 영상에서 밝게 보인다. 일반적으로 바다는 어둡게, 육지는 그보다 약간 밝게, 구름은 매우 밝게 보인다. 단, 같은 물체라도 태양의 고도에 따라 보이는 모양이 다르기 때문에 주의해야 한다. 아침이나 저녁시간, 그리고 고위도에서는 태양광이 비스듬하게 들어오기 때문에 입사광이 적으며 그만큼 반사광도 적어져서 어둡게 보인다. 또한 야간에는 지구가 태양광을 받지 못하므로 가시영역 영상을 이용할 수 없다.

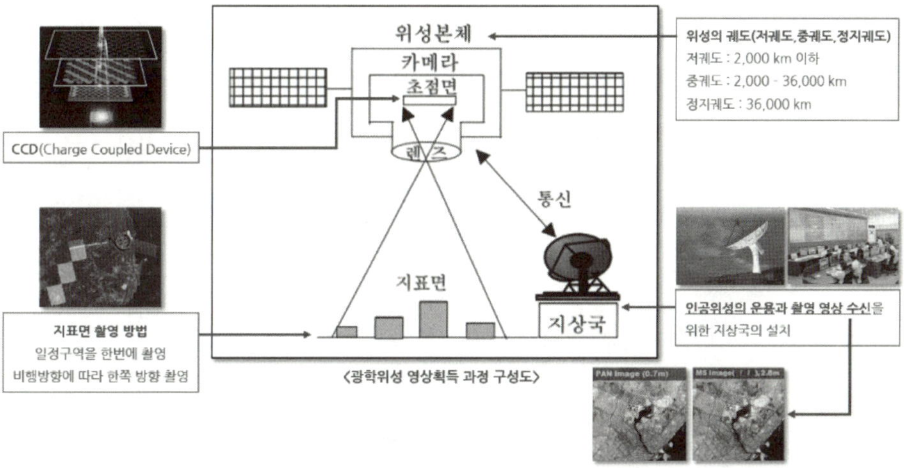

〈그림 3-42〉 전자광학 영상 획득과정60)

구름에 의한 태양광의 반사 강도는 구름의 두께에 따라 변한다. 얇은 구름에서는 입사광의 일부는 구름을 투과하고 일부만 반사된다. 일반적으로 태양광은 상층운을 통과하므로 상층운을 통해서 그 아래에 있는 지표면을 볼 수 있다. 또한, 고도가 높고 두꺼운 구름의 그림자가 주변의 고도가 낮은 구름이나 지표면에 투영되는 것을 볼 수 있는 때도 있다. 아래 〈그림 3-43〉는 가시영역 영상을 이용하여 적설, 해빙, 산불과 연기 등 다양한 기상현상을 관측할 수 있다.

60) 신재민, 나성웅, "전자광학 영상 센서기술", 항공우주산업기술동향, 2012

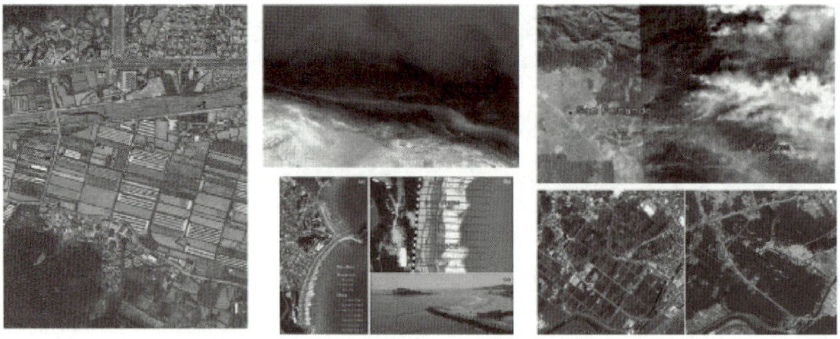

〈그림 3-43〉 전자광학 영상 활용 분야

3.6.2. 적외선(IR) 영상

적외선 영상도 〈그림 3-44〉처럼 Passive형태로 전파를 방사하지 않으며 물체가 방출하는 적외선에 의해서 영상을 만들어 낸다. 방출 에너지양의 많고 적음을 나타낸다. 물체가 방출하는 적외선 에너지양은 물체의 온도에 따라 결정되며, 온도가 높을수록 많다. 따라서 적외선 영상 관측으로부터 물체의 온도를 추정할 수 있으며 이렇게 추정된 온도를 휘도온도(Luminance)라고 한다.

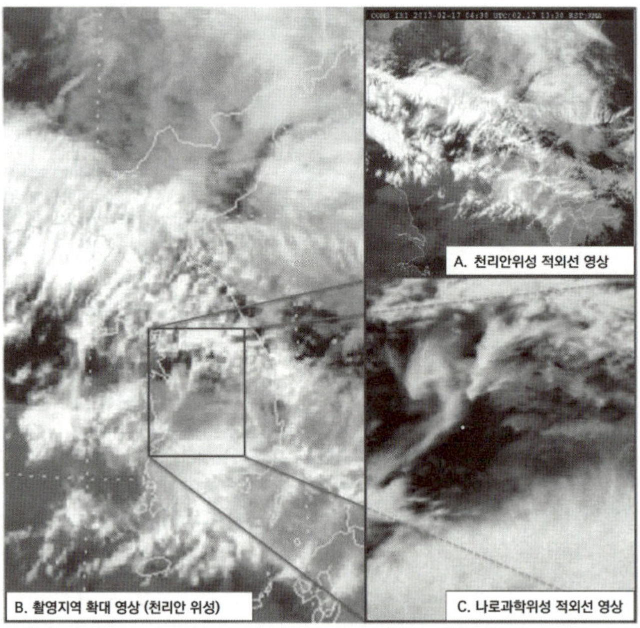

〈그림 3-44〉 적외선 영상 활용[61]

61) https://nmsc.kma.go.kr/위성영상이해/국가기상위성센터

적외선 영상은 물체가 방출하는 적외선 에너지양에 의해 영상을 표출하므로 주·야간 관계없이 24시간 관측이 가능하다. 따라서 연속적으로 기상을 감시할 수 있다. 특히 집중호우 및 태풍 등의 악기상 감시에 유용하다. 일반적으로 대류권에서는 고도가 높을수록 온도가 낮다. 따라서 적외선영상으로 관측한 구름 표면의 온도를 이용하여 구름 표면의 고도를 알 수가 있다. 적외선영상에서는 온도가 높은 구름은 어둡게, 낮은 구름은 밝게 보인다. 따라서 고도가 높은 구름은 밝게 보이고 낮은 구름은 어둡게 보인다. 단, 엷은 상층운이 있을 때는 구름 아래로부터 방출되는 에너지가 위성에서 관측되므로 적외선영상에서는 실제 구름의 온도보다 따뜻하게 관측되어 실제보다 낮은 구름으로 보인다. 〈그림 3-44〉 영상은 천리안위성과 나로과학위성의 성능 점검을 위해 촬영한 적외선 탑재체의 시험 영상으로 한반도 상공의 열 영상과 중국 상공의 열 영상이다.

3.6.3. 레이더(SAR) 영상

레이더 영상은 전파를 방사하여 영상을 획득하는 Active한 시스템으로 영상의 합성 방법에 따라 RAR(Real Aperture Radar)와 SAR(Synthetic Aperture Radar)로 나눌 수 있다. RAR시스템은 비행방향의 오른편에 거리방향으로 좁은 각의 빔을 송신하고 지표에서 반사된 반사신호를 레이더 영상으로 변환하는 시스템이다. 대부분의 항공기 탑재 측면에 관측용 레이더가 이에 속하며, 안테나 위치의 변화에 따른 위상 보상 없이 합성함으로써 거리에 따라 횡거리 분해능이 다르다. 이에 반해 SAR 시스템은 움직이는 레이더에서 수집된 신호들의 펄스간 비교 방법을 이용하여 실제 안테나 빔폭이 제공하는 것보다 높은 방위 방향의 해상도를 얻을 수 있다. 두 기술의 개념적인 차이는 아래 〈그림 3-45〉와 같다. 이 그림에서 δ는 방위 해상도이다. 앞장에서 설명되었지만, 레이더 영상의 거리 해상도는 송신 펄스 또는 압축 펄스의 폭에 의해 결정되며, 방위 해상도는 안테나 빔폭에 의해서 결정된다.

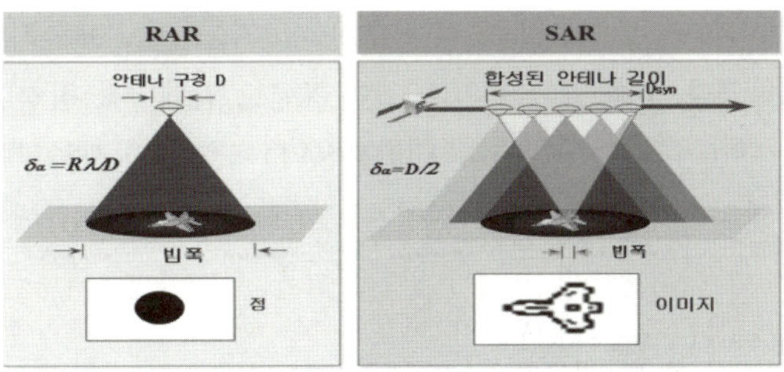

〈그림 3-45〉 RAR, SAR 레이더 영상[62]

이러한 레이더 영상기술은 기존 광학식 방법에 비해 다음과 같은 장점을 가지고 있다[63].

① 마이크로웨이브는 구름, 눈, 연기, 안개 등을 투과하는 성질이 있어 기상 조건의 영향을 받지 않고 영상 획득이 가능하다.

② 반송파(carrier wave)를 발생하여 대상 물체로부터 반사 및 산란되어 오는 전파를 수신하는 능동센서이므로 낮과 밤 모두 관측이 가능하다.

③ 마이크로웨이브는 물을 완전히 투과하지 못하지만, 바다와 호수 등의 물 표면 작용 들을 분석할 수 있어 해양 연구에 이용이 가능하다.

④ 위상 데이터(phase data), 진폭 데이터(amplitude data)로 구성되어 있어 이를 이용하여 대상 물체의 물리적인 특성을 추출할 수 있다.

⑤ 지형의 구조, 표면 거칠기, 토지에 함유된 수분량 등의 정보 취득이 가능하다.

레이더 영상은 1950년에 Carl Wiley가 Doppler beam sharpening 이론을 발표하면서 시작이 되었으며, 1957년 최초로 군사적 목적의 SAR시스템이 미사일과 비행기에 탑재되어 실험되었으며, 1960년대 초부터는 전파망원경을 이용한 행성 표면의 관찰을 위해 사용되었다[64]. 1967년 최초로 미국 걸프만 Panama 지역의 지질 조사 때 최초로 민간용 목적으로 사용되었으며, 1970년대에는 편파 및 주파수가 다양한 고성능의 항공기 탑재용 SAR가 개발되어 원격탐사용 영상 레이더 발전에 크게 기여하였다. 최초의 위성용 SAR 레이더는 1978년 원격탐사용 인공위성 Seasat에 실렸던 SAR인데, 이 SAR는 L-밴드(파장 23㎝), 수평 편파와 20°고정된 입사각으로 운용되었다. 그 뒤 비슷한 특성을 가진 SAR가 1981년에 발사된 우주왕복선 Columbia호에 실린 Shuttle Imaging Radar-A(SIR-A)로서 47°고정된 입사각으로 운용되어 많은 영상 데이터를 제공하였다. 또한, 1984년 SIR-B가 우주왕복선 Challenger호에 실려 L-밴드에서 여러 입사각에서 영상을 획득하였다. 1995년에는 최초의 상용 위성인 RADARSAT-1(캐나다) 및 ERS-2(유럽)가 발사되었다. RADARSAT-1에 탑재된 SAR 센서는 5.3㎓의 주파수 및 수평편파 모드로 작동하였다. 2000년에는 이후 유럽연합, 일본, 캐나다 등에서 각각 위성을 발사하면서 SAR를 탑재하여 빙하, 기름유출, 표면지형, 홍수, 해수파 등의 관측에 활용하였다. 대한민국은 2012년에 X밴드 안테나를 장착한 다목적 실용위성(Korean Multi-Purpose Satellite, KOMPSAT) 5호를 발사하였다. 일반인들에게는 아리랑 5호로 알려진 위성이다. 이 위성은 Pan모드에서는 1m 해상도, 표준모드에

---

62) https://m.blog.naver.com/SAR위성
63) 이훈열, "SAR 영상의 활용", 한국전자파학회지, 2011.11
64) 곽영길, "위성영상 레이다(SAR) 기술동향", 한국전자파학회지, 2011.1

서는 3m 해상도, 일반모드에서는 20m 해상도로 구분되며, 수명은 5년, 고도는 550㎞, 탑재체 질량은 880㎏의 저궤도위성으로 반복 주기는 28일이다. 이처럼 세계적으로 인공위성에 탑재되어 운영되고 있는 SAR 시스템은 사용하는 주파수는 1.2㎓~5.3㎓가 대부분이며, 일부 9.6㎓ 대역을 사용한 때도 있다.

SAR 영상은 전자기파의 밝기만을 얻는 보통의 광학센서와는 달리 전자기파의 위상 데이터가 서로 간섭할 수 있는 형태(가간섭성, Coherent)로 기록되고 보존되기 때문에, 위성의 고도에 상관없이 뛰어난 해상도를 구현할 수 있다. 또한, 시간과 위치를 달리하면서 취득된 영상들의 위상차를 이용한 SAR 간섭기법은 연간 수 ㎝에 걸쳐 일어난 지표의 미세한 움직임을 측정해 낼 수 있어서, 지진, 화산, 빙하의 움직임, 지반 침하 등으로 인한 지표의 변위를 정밀하게 측정하는 용도로 사용되고 있다.

일반적인 레이더는 짧고 강한 펄스 형태의 전파 빔을 목표지역에 발사하여 그 반사파가 레이더 안테나로 되돌아오는 시간 또는 파형을 측정하여 분석하는 시스템이다. 그러나 이러한 레이더를 이용해서 2차원 영상을 획득하기 위해서는 전파 빔이 가늘고 예리해서 목표지역의 좁은 부분에서 나오는 반사판만 골라서 수신할 수 있어야 하는데 이것은 방위 해상도와 관련되어 있다. 또한, 전송하는 전파 펄스 자체가 시간적으로 짧아서 반사파도 짧은 펄스로 돌아와야 하는데, 이것은 거리 해상도와 관련되어 있다. 전자파의 분산이나 굴절을 최소화하기 위해서는 되도록 높은 주파수를 사용해야 한다. 방위 해상도를 높이기 위해 예리한 방향성을 가진 오목거울처럼 생긴 포물면 안테나(parabolic antenna)를 쓰는데, 이 안테나의 직경이 전파의 파장에 비해 크면 클수록 전파의 회절이 적어져서 예리하게 빔을 한 지점으로 집속하여 보낼 수 있고 받을 수 있다. 이는 천체 망원경으로 토성이나 목성같은 천체를 자세히 찍으려면 직경이 큰 렌즈나 반사경을 가진 천체 망원경을 사용해야 하는 것과 같은 이치이다. 단지 배율만 높이면 빛의 회절 때문에 상이 뭉개져서 알아볼 수 없게 된다. 안테나의 직경을 전파의 파장으로 나눈 값을 안테나 구경비(Aperture Ratio)라고 하는데, 이 구경비가 클수록 빔이 예리해지고 안테나 이득도 높아진다. 그러나 항공기에 탑재해야 하는 안테나는 크기나 무게에 제한이 있고 또 큰 안테나를 빠르게 회전시켜야 하는 어려움이 있다. 전파의 파장을 짧게 하는 것도 기술적 한계나 감쇠가 심해지는 등 실용적 문제가 있어서 종래의 레이더 방식으로는 해상도에 제한이 있을 수밖에 없다.

그래서 안테나의 직경을 크게 하지 않으면서도 높은 방위 해상도를 얻을 수 있도록 개발한 것이 합성구경레이더인 SAR이다. SAR에서 사용하는 전파 빔은 비교적 펄스폭도 넓고 안테나 직경도 작아서 빔의 각도 범위도 넓은 편이다. 그 대신 레이더를 비행기나 인공위성에 싣고서 빠르게 이동을 하면서 레이더 반사파를 연속적으로 수신하는데, 이렇게 하면 전파가 반사되어 돌아오는 동안 이동한 거리만큼 마치 레이더 안테나의 직경이 길어지는 효과가 나타나므로 보다 예리하게 반사파를 수신할 수 있게 된다. 따라서 공중에서 지상의 넓은 범위를 고해상도의 영상을 획득하는 데 아주 효과적이다. 고속으로 이동하며 위상이 일치하는 전파 빔을 방사하면 전파 빔을 방사한 안테나의 위치와 반사되어 돌아온 반사파를 수신하는 안테나의 위치가 상당한 차이가 나고, 이러한 위치 차이가 수신된 전파의 도플러 편이(Doppler shift)로 나타난다. 이 도플러 편이의 상대적인 편이 특성을 이용해서 대상물과 레이더 안테나 사이의 거리 차에 대한 위상보정 방식을 사용하거나 수신지점은 다르지만, 위상이 같은 신호를 더하여 합성된 안테나 신호를 획득한다. 즉 레이더가 이동한다는 것을 이용하여 구경(aperture)이 작은 안테나로 수신된 연속적인 여러 개의 레이더 신호들을 합성하여 구경이 큰 안테나의 구경을 수학적 방법으로 합성한다. 실제로는 빠르게 이동하면서 수신한 여러 신호들을 정지한 레이더의 영상처럼 선명하게 보이게 하려면 복잡한 신호처리가 필요하다. 반사된 가시광선의 강도만을 기록하는 광학센서와는 달리 SAR는 각 화소의 정보가 복소수이다. 복소수는 절댓값과 편각을 가지는데, SAR 영상에서의 절댓값은 해당 지형 또는 물체의 레이더 반사도와 직접적인 연관이 있고, 편각은 전자기파의 위상으로 레이더와 목표물 사이의 거리 정보를 일부 가지고 있다. 대부분의 SAR 해상도는 사용하는 전자기파의 파장에 비하여 매우 길어서 하나의 SAR 영상에서 볼 수 있는 위상 정보는 큰 의미가 없다.

SAR의 기술은 영상화 기법 및 단순 해석 기법 이외에도 스테레오 기법, 간섭 기법 및 차분 간섭 기법, 고정 산란체 기법, 다편파 분석법, ATI 등 매우 다양하며, 이러한 기술적인 진보가 새로운 인공위성 SAR 시스템의 등장을 촉진시키고, 또한 다양한 활용 분야를 만들어 내고 있다. 육상 분야에서는 농업, 고고학, 지형고도, 산림, 지질, 지구조, 수문, 지진, 토양, 화산, 도시 및 인공구조 등의 관측에 사용된다. 해양 분야는 해풍, 표면파, 내부파, 해류, 해저지형, 유류/생물막, 선박탐지, 조석 간만 차이로 조차가 발생하는 조간대 등 관측에 응용이 될 수 있다. 그리고 극지활용 분야에는 빙하의 이동 등의 연구에 활용되며, 대기 분야는 폭풍, 비, 바람, 기상 등의 연구에 활용된다.

3.7. 사이버 공격 기술

21세기 첨단과학과 정보통신기술의 비약적인 발달로 사이버영역[65]이라는 새로운 공간이 나타나고 사이버전[66]이라는 새로운 전쟁영역이 등장하였다. 최초 사이버전은 1988년 11월 2일, 미국 한 대학원생의 유닉스 시스템에서 비밀번호 없이 로그인할 수 있는 시스템 간의 취약점과 네트워크 간의 연결 상태를 확인하는 프로그램의 취약점을 이용하여 웜을 유포하였고 유포된 웜은 인접 시스템 침투하여 자신을 복제하면서 약 6,000대를 마비시켰다. 이 사건을 계기로 웜이나 기타 방법에 의하여 타인의 컴퓨터 파괴가 가능함을 일깨워 주었고 더욱더 발전하여 해커의 존재 가능성을 각인시켜 주었다.

사이버전은 기술의 발전과 행위 주체에 따라 개인이나 해커 중심으로 상대 정부기관이나 군 홈페이지를 해킹하는 수준으로 1999년 3월에 NATO의 공습으로 시작된 코소보전은 인터넷을 활용한 사이버 심리전으로서 1세대 사이버전으로 간주되고 있으며 2003년 3월 이라크에 대한 11개국 다국적군이 수행한 인터넷의 해킹전은 2세대 사이버전의 효시로서 군이 해킹으로 주도적으로 하여 홈페이지뿐만 아니라 군 정보시스템을 공격하여 중요한 정보를 획득하는 2007년까지를 2세대 사이버전으로 간주한다. 3세대 사이버전은 2008년 이후로 물리적인 작전과 연계한 통합된 전력의 한 축으로 발전하는 시기로 군사력 일부로 작전을 수행하며 ICT 발전에 따라 국가 인프라를 순식간에 붕괴시킬 수 있는 다양한 형태로 사이버전이 끊임없이 진화하고 있다.

사이버전의 특징으로 방어자보다 공격자가 유리하며 이를 수행하는 사람도 국가 단위뿐만 아니라 소프트웨어 개발 능력을 갖춘 누구도 사이버 무기를 제작하여 공격할 수 있기 때문에 사이버전 수행 주체가 광범위하며 큰 물리적인 피해 없이 정보를 파괴, 위조, 획득이 가능하다. 좀비 PC를 이용하거나 타국의 서버를 이용하여 공격할 때 공격자의 식별이 어렵고 이를 역추적하여 정당한 보복을 수행하기가 힘들다. 일반적으로 모든 PC나 서버가 연결된 네트워크는 인터넷으로 연결되어 그 피해 규모가 막대하다.

사이버전의 공격 기술은 ICT발전에 따라 다양한 형태로 발전되고 있다. 다양한 이유는 모든 단말이 반드시 거쳐야 하는 네트워크 접근 프로토콜과 다양한 형태로 저장된 데이터, 소프트웨어 수단을 이용한 자료 처리 및 저장 등으로 인하여 여러 가지 방법으로 공격 행위가 이루어지고 있다. 미인가자의 자료 획득, 저장된 자료의 위조 및 변조, 삭제, 파괴, 과부하에 의한 시스템 다운 현상, 시스템 해킹을 통한 체계 파괴, 군 무기

---

65) 컴퓨터와 네트워크의 활용으로 나타난 물리적인 현실세계와 다른 특성이 있는 새로운 정보환경을 말하며 디지털화된 정보가 유통되는 가상적인 공간을 말한다. 최근에 사이버공간의 개념 및 정의가 변화 발전되어 가고 있으며 미 국방성은 지리적, 물리적 네트워크, 논리적 네트워크, 사이버 인격, 인격의 5가지 요소로 구성되는 물리적, 논리적, 사회적(사이버 인식요소) 계층으로 구분

66) 컴퓨터 및 컴퓨터 네트워크에 내재되어 있는 정보 또는 네트워크 자체를 공격하여 붕괴시키거나 정보활동을 통해 적의 네트워크를 이용하는 한편, 아군에 대해서는 이를 보호하는 군사 및 군사 관련 영역에서 정보작전 활동(합참 합동작전, 2010.12)

체계 오작동, 개인 또는 국가 공공기관 시스템 파괴 등 다양한 분야에서 공격이 이루어지고 있다. 사이버공격 분류는 적용 기술에 따라 소프트웨어적, 하드웨어적으로 분류하기도 하고 공격 유형에 따라 수동적, 능동적, 내부자, 배포자 공격으로 분류하기도 한다. 침해 결과 유형으로 해킹과 악성 프로그램으로 분류하며 공격 도구 형태로 다음과 같이 네 가지로 분류하였다.

첫 번째로 물리적인 공격과 프로토콜의 취약점을 이용하는 공격으로 태핑(Tapping)은 데이터가 송수신되는 통신망에 물리적으로 장비를 접속하여 데이터를 비인가적으로 획득하는 방법이며 프로토콜의 취약점을 이용하는 방법으로 기능 마비(또는 서비스 거부), IP 주소 위조(IP Spoofing), 가로채기(Sniffing) 등이 있으며 기능 마비의 대표적인 것으로 DDoS(Distribute Denial of Service) 공격이 있는데 〈그림 3-46〉처럼 다수의 네트워크에 연결되어 사용하는 TCP, UDP 프로토콜의 취약성 혹은 매커니즘을 이용한 접속을 통해 네트워크나 서버, PC 등에 대량의 데이터(패킷)를 전송하여 시스템을 마비시키는 방법이다. 즉 서비스를 거부하는 방법이다.

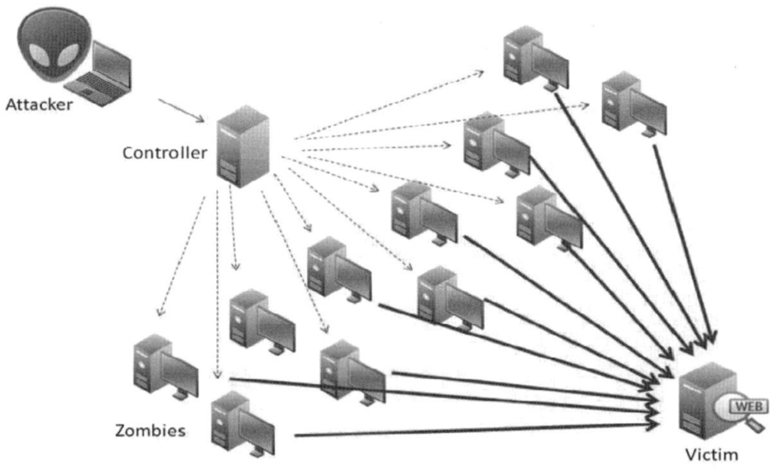

〈그림 3-46〉 DDoS 메카니즘[67]

DDoS방법으로 SYN Flood(특정 TCP 포트로 허용치 보다 초과된 대량의 SYS 패킷 연결 요청 전송[68]), UDP Flood(허용치 보다 초과된 수의 UDP 패킷 전송), ICMP Flood(허용치 보다 초과된 수의 ICMP 패킷 전송), Source Flood(단일 Source가 허

67) "인공지능과 인간, 강력한 사이버 보안" https://m.post.naver.com/viewer
68) 대부분 Source IP가 Spoofing 되어 있다

용치보다 많은 수의 IP 패킷을 전송하는 경우), Zombie 공격(너무 많은 합법 IP Source로부터 합법적인 TCP 패킷을 전송하는 경우), DNS 공격(허용치 보다 초과된 수의 패킷이 UDP 포트 53으로 전송) 등 매우 다양한 공격 방법이 개발되어 활용되고 있다.

여러 가지 방법 중에서 SYN Flood(Flooding) 방법을 간단히 설명하면 연결지향형 TCP프로토콜을 사용하는 Client와 서버 간 연결 설정 과정에 3-Way handshaking 절차시 SYN 패킷을 송수신하는 과정에 취약점을 이용한 방법으로 서버가 두 번째 SYN+ACK를 보내고 난 다음 Client로부터 ACK가 올 때까지 계속 RAM을 대기상태(Listen)로 되는데, 이것을 이용하여 공격자가 계속적으로 패킷을 보내면 RAM 용량을 초과하여 더 이상 데이터를 받아들일 수 없게 되는 방법이다. 현재 국내외의 많은 네트워크 장비업체, 솔루션 업체에서 DDoS 방어 장비, 솔루션이 출시되고 있으나 워낙 다양한 공격에 대처하기에는 기반 기술 자체의 한계로 인해 효용성이 떨어지고 있다. 스푸핑(Spoofing)은 의도적인 행위를 위해 타인의 신분으로 위장하는 것으로 매체 접근 제어(MAC) 주소, 인터넷 프로토콜(IP) 주소, 포트(Port), 전자우편 주소 등을 이용한다. 예를 들어 IP Spoofing의 경우 공격자가 상호 신뢰관계에 있는 서버와 클라이언트 사이에서 TCP/IP의 구조적 결함을 이용해 Client의 IP주소를 도용[69]하여 공격 목표인 서버에게 위조된 주소를 활용하여 SYN packet을 보내면 서버는 위조된 주소로 SYN/ACK를 보내고 공격자인 IP가 응답한다. 이때 최초에 도용당한 Client와 서버간 관계는 끊어진 상태가 되고 공격자가 그 끊어진 Client의 IP를 사용하는 개념이 된 것이다. Sniffing은 네트워크 주변을 지나다니는 패킷을 엿보면서 계정(ID)과 패스워드를 알아내는 행위다. TCP/IP 프로토콜은 학술적인 용도로 인터넷이 시작되기 이전부터 설계된 프로토콜이기 때문에 보안을 크게 고려하지 않았다. 패킷에 대한 암호화, 인증 등을 고려하지 않았기 때문에 데이터 통신 보안의 기본 요소 중 기밀성, 무결성 등을 보장할 수 없었다. 특히 Sniffing은 보안의 기본 요소 중 기밀성을 해치는 공격 방법이다. 패킷이 송수신될 때 패킷은 여러 개의 라우터를 거쳐 지나가게 되며 중간 ISP 라우터에 접근 권한을 가지는 사람이라면 해당 패킷을 쉽게 열어볼 수 있다.

두 번째로 웹이나 서버의 취약점을 이용한 체계취약점 공격 방법으로 여러 가지가 있으며 버퍼 오버플로우는 지정된 버퍼의 크기보다 큰 사이즈의 문자열로 대상을 덮어 씌워 버리는 공격방식[70]인데 이 공격 방법은 많은 곳에 사용되고 있으며, 보호 기법[71]

69) 이때 도용당한 Client는 over flow되어 작동이 정지된 상태가 된다.
70) 주로 strcpy(), strcat()등의 보안에 취약한 함수를 사용 한다

도 다양하다. 전자우편 폭탄72)은 특정한 사람이나 시스템에 엄청난 양의 전자우편을 보내는 것으로 서버에 할당되어 있는 수신자의 디스크 용량을 처리하기에 어려울 정도로 많은 양을 전송하여 서버의 작동을 멈추게 하는 것을 말한다. SQL Injection 공격은 데이터베이스를 입력, 삭제, 변경할 수 있는 명령언어를 이용한 공격으로 비정상적으로 접근하여 데이터를 조작, 개인 정보 유출, 서버 장악. 관리자 권한을 획득하여 계정 권한도 갖는다. 과거 SQL 공격은 서버의 취약점을 이용하여 백도어를 설치하여 특정 DB정보를 얻는 것이 목표였으나 최근에는 사용자가 인지하지 못하도록 서버의 정보를 변조하는 것을 목표로 하고 있다. 또 다른 서버 공격 방법으로 PHP Include 공격73)과 CGI 취약점 공격이 있다.

세 번째로 바이러스를 이용한 공격으로 트로이목마, 트랩도어, 백도어, 쉽핑, 악성코드, 논리폭탄 등이 있다. 트로이목마는 자료삭제, 정보탈취 등 사이버테러를 목적으로 사용되는 악성 프로그램이다. 해킹 기능을 가지고 있어 인터넷을 통해 감염된 컴퓨터의 정보를 외부로 유출하는 것이 특징이다. 그러나 바이러스처럼 다른 파일을 전염시키지 않으므로 해당 파일만 삭제하면 치료가 가능하다. 이것은 인터넷에서 다운로드 파일을 통해 전파되는데 사용자가 누른 자판 정보를 외부에 알려주기 때문에 신용카드번호나 비밀번호 등이 유출될 수 있다. 이것은 유용한 프로그램으로 가장하여 사용자가 그 프로그램을 실행하도록 속인다. 사용자가 의심하지 않고 그 프로그램을 실행하게 되면 실제 기대했던 기능을 수행한다. 실제 목적은 사용자의 합법적인 권한을 사용해 시스템의 방어체제에 침해하여 접근이 허락되지 않는 정보를 획득하는 것이다. 트랩 도어(Trap Door)나 백도어는 비슷한 공격의 방법으로 원래 의미는 운영체제나 프로그램을 생성할 때 정상적인 인증 과정을 거치지 않고 운영체제나 프로그램 등에 접근할 수 있도록 만든 일종의 통로이다. 다른 말로 Administrative hook라고도 한다. 트랩도어가 해커에 의해 발견되면 운영체제의 치명적인 취약점이 된다. Shipping은 컴퓨터나 정보통신장비, 전자정비에 원격조정이 가능한 툴이나 소프트웨어를 설치하여 원격으로 조정하여 정보를 획득하는 방법이다, 과거 미국이 폴란드에 전자교환기를 수출할 때 전자교환기를 통제할 수 있는 기능을 삽입하는 경우와 같다, 최근에 중국이 5G 이동통신장비를 수출하는 것에 대해서 미국을 비롯한 우방국이 사용을 못하게 하는 경우도 바로 이

71) DEP(Data Excution Prventaion), StackGuard, ASLR(Address Space Layout Randomization) 등이 있다.

72) 방법은 Mass Mailing, Zip bombing 이 있다.

73) 외부 홈페이지 주소를 참조하는 명령어에 해커가 의도하는 홈페이지 주소를 삽입하여 악의적으로 PHP코드를 실행, 홈페이지 정보 또는 자료를 획득하거나 서버 장악 등의 목적으로 공격한다.

러한 기능 때문인 것이다. 논리폭탄은 특정 시간 또는 특정 조건을 만족시키면 컴퓨터 파일을 교란시키도록 프로그램 된 일종의 시한폭탄과 같은 컴퓨터 바이러스라고 할 수 있다. 적의 군사시설을 직접 공격하지 않고 컴퓨터를 이용하여 군사정보 통신망을 비롯해서 교통 · 통신 · 금융 등의 정보통신망을 파괴시키는 전투방식이다. 만약, 사이버 전쟁이 발발할 경우 컴퓨터 바이러스를 적국의 전화국에 집어넣어 기간통신망의 기능을 상실시키거나 컴퓨터 논리폭탄을 이용하여 상대국 주요 기관의 컴퓨터 시스템을 파괴한다는 것이다. 웜은 프로그램 안에서 스스로 자신을 복제하거나 프로그램과 프로그램 사이 또는 컴퓨터와 컴퓨터 사이를 이동하여 전파시키는 프로그램으로서 일반적으로 악성 프로그램은 제작자가 의도적으로 사용자에게 피해를 주고자 만든 것으로 바이러스와 달리 네트워크 환경에서 전파되는 것을 의미한다. 웜과 바이러스의 차이는 증상의 심각성 정도로 구분되는 것이 아니라 감염 대상(숙주)의 유무에 따라 구분된다. 둘 모두 복제되기는 하지만 바이러스가 파일이나 부트영역 등 어떤 대상에 기생하거나 겹치는 형태로 존재한 데 비해 웜은 숙주 없이 자기 스스로 복제되는 것이 특징이다.

네 번째로 사회공학적 기법을 이용한 공격 방법으로 피싱, 스푸핑, 해킹, 스미싱 등이 있다. 피싱(Phishing)은 개인의 중요한 정보를 부정하게 얻으려는 공격 시도이다. 개인정보를 낚으려는(fishing) 의도가 반영된 단어에서도 알 수 있듯이, 일반적으로 피싱 공격자는 전자메일이나 메신저와 같은 전달 수단을 통해 신뢰할 수 있는 사람 또는 기업이 보낸 것처럼 가장된 메시지를 공격대상자에게 보낸다. 그리고 이를 통해 미리 공격자가 만들어 놓은 위장된 사이트로 들어온 공격대상자의 주민등록번호, 비밀번호, 그리고 금융정보와 같은 기밀이 요구되는 개인정보를 얻으려고 한다. 메일 및 메신저와 같은 웹 기술을 이용하는 피싱은 기존의 전통적인 방식의 사기와는 달라 이에 대한 기술적 대응이 필요하다. 최근에는 DNS 하이재킹 등을 이용해 사용자를 위장 웹사이트로 유인하여 개인정보를 절도하는 피싱의 진화된 형태인 파밍(Pharming)도 출현하고 있다. 스푸핑(Spoofing)의 사전적 의미는 '속이다'로서 스푸핑 대상은 MAC 주소, IP 주소, 포트 등 네트워크 통신과 관련된 모든 것이 될 수 있다. 스푸핑 공격은 시스템 권한 얻기, 암호화된 세션 복호화하기, 네트워크 트래픽 흐름 바꾸기 등 다양하게 사용된다. IP 스푸핑은 쉽게 말해 IP주소를 속이는 것으로, 다른 이가 쓰는 IP를 강탈해 어떤 권한을 획득하는 것이다. 트러스트 관계(Trust, 신뢰관계)가 맺어져 있는 서버와 클라이언트를 확인한 후 클라이언트에 서비스 거부 공격을 하여 연결을 끊고, 공격자가 클라이언트의 IP주소를 확보하여 실제 클라이언트처럼 패스워드 없이 서버에 접근하는 것이다. DNS(Domain Name System) 스푸핑은 실제 DNS 서버보다 빨리 공격 대상에게 DNS Response 패킷을 보내, 공격 대상이 잘못된 IP주소로 웹 접속을 하도록 유도하는 공격이다. DNS 스푸핑 공격은 때로는 웹 스푸핑과 비슷한 의미로서 예를 들어 인터넷 익스플로러에 사이트 주소를 입력하고 엔터키를 눌렀더니 쇼핑몰이나 포르노 사이트가 뜨는 경우가 있다. 이는 DNS 서버의 오류로 인해 생길 수도 있지만, DNS 스푸핑과 같은 공격으로도 이루어진다.

4장

중국의 정보수집 능력

4.1. 우주자산을 이용한 정보수집

4.2. 항공기와 무인기를 이용한 정보수집

4.3. 지상 정보수집체계

4.4. 해상 정보수집체계

4.5. 중국군의 전자전 능력

4.6. 사이버영역에서 정보수집

4.7. 중국의 민간기업을 이용한 정보수집

4장

중국의 정보수집 능력

4.1. 우주자산을 이용한 정보수집

중국군의 우주공간 자원 활용은 동중국해와 남중국해, 태평양에서 활동하는 미군 또는 주변국의 항공모함이나 잠수함, 함정, 전략 폭격기 등의 움직임을 추적하기 위해 중국 해·공군에게 절대적으로 필요한 부분이며, 2020년 중반에 중국 자체적으로 전력화한 베이더우(BeiDou) 항법위성은 전 세계적으로 이용할 수 있으며 시간 및 위치정보를 필요로 하는 중국의 다양한 무기체계에 표준 시간 및 동기 신호를 제공해 줌으로써 인민해방군의 군사작전 능력을 획기적으로 향상시켜 주고 있다. 위성을 이용한 감시능력을 확보하기 전까지 수십 년 동안 외국으로부터 영상분석 기술, EO 및 SAR, ELINT 위성 기술 획득, 신호처리에 많은 예산을 투입했다. 그 결과 중국은 전 세계를 대상으로 작전구역을 모두 커버하는 정찰 및 감시위성체계, 데이터 중계를 위한 위성통신 중계처리체계, 즉 위성 C4ISR[1]체계를 구축 완료하였다. 특히 지상 지구국과 가시영역이 확보되지 않은 영역에서도 데이터 중계 위성인 Tianlian[2]위성을 이용해서 어느 지역에서라도 감시정찰 위성에서 획득된 자료를 실시간으로 중국의 모든 핵심부서에 데이터를 중계하고 있다.

2030년까지 지구 전체를 디지털 기반으로 한 네트워크 노드를 구축하기 위해 북극, 남극, 브라질에 지상국을 설립할 계획을 하고 있으며 이러한 모든 계획은 대외적으로 지구 및 해양탐사를 표방하지만, 실제적인 목적은 군사작전을 지원하는 데 있다. 그중에서도 군사적 활용 목적으로 EO, IR, SAR, ELINT의 Yaogan 시리즈 위성이 운용되고 있고 Shijian 시리즈 위성은 대외적으로 해상지형 탐사용으로 운용되고 있다고 하지만

1) Command (지휘), Control (통제), Communications (통신), Computers (컴퓨터), Intelligence (정보), Surveillance (감시), 그리고 Reconnaissance (정찰)을 의미한다.
2) 2025년 5월까지 정지궤도에 8기를 쏘아 올려 5기를 운용 중이다.

실제로 ELINT 위성 체계 구축을 위한 사전 시험용으로 활용한 것으로 추정한다.

중국은 지상, 해상, 우주 기반 C4ISR 기능을 전략적으로 키워 왔다. 정지궤도(GEO)에 있는 ISR 위성의 수는 지난 몇 년 동안 두 배로 증가하였고 지구 저궤도(LEO)에 있는 ISR 위성의 수는 세 배로 증가했다(2024년 기준). 또한, 중국군의 GEO의 영상 획득 능력 확보와 LEO 위성의 전자신호 자동 탐지 및 추적을 포함한 새로운 기술을 개발하고 상호간 네트워킹이 가능한 위성체계를 구축하기 위해 지속적으로 노력하고 있다. 이러한 노력은 중국의 반 개입 작전에서 탐지 및 표적을 피하려는 미국 및 우리나라에 많은 위협을 주고 있다.

2024년 2월 29일, 미국 우주사령부 사령관 스티븐 휘팅(Stephen Newman Whiting)[3]장군은 중국이 군사 우주 능력의 발전을 적극적으로 추구하고 있다고 밝혔다. 휘팅 장군이 미국 상원 군사위원회에 제출한 서면 증언에 따르면, 2024년 1월 기준으로 중국의 정보, 감시 및 정찰(ISR)위성은 359개를 보유하고 있으며, 이는 2018년 이후 궤도상 수집 보유량의 세 배 이상 증가한 수치입니다. 또한 중국은 지상 및 궤도상에서 미군과 연합군을 감시, 추적 및 표적화할 수 있는 능력을 획기적으로 향상하였다고 증언하였다.

중국이 2000년에야 최초의 군사 전용 통신위성, 최초의 실시간 영상위성, 최초의 베이두 항법위성을 발사했다는 점을 고려하면 중국의 군사 우주 능력 발전은 놀라울 정도로 발전했다. 79년 이후에도 중국군의 궤도상 존재감은 미미했으나 2010년 이후에 크게 성장했다. 현재 중국군은 매년 수십 개의 위성을 발사하고 있으며 민간 우주 능력을 크게 활용하고 있는 것으로 보인다. 2023년 중국의 군사 및 민간 우주 발사는 총 67회로 200개 이상의 위성과 기타 우주선을 궤도에 올려놓았다. 2023년 기록적인 발사 횟수는 2022년에 64회 발사되어 이전의 위성 발사 기록을 넘어섰다. 중국의 시진핑 주석은 우주를 전략적 고지(strategic high ground)라고 설명했다. 따라서 중국은 가능한 한 많은 고지를 점령할 계획임이 분명할 것이다. 최근 중국의 위성군과 궤도를 조사한 결과 중국은 우주 개발에 많은 우선순위를 두고 있고 적군에 대한 대응 능력을 많이 확보한 것으로 드러났다.

2024년 4월에 전략지원군(SSF)에서 중앙군사위원회(Central Military Committee) 직속으로 재조직한 항공우주시스템부(ASF)의 소속으로 시안 위성통제센터(XSCC)라고도 알려진 제26 시험훈련기지는 중국 우주 원격 측정, 추적 및 통제(TT&C) 네트워크

---

3) 초대 우주작전사령관

의 핵심이다. 반 개입(counter-intervention) 작전 시나리오에서는 ISR 위성이 잠재적인 목표를 찾고 추적하는 임무가 XSCC와 전국적인 TT&C 기지 네트워크를 통해 수행될 것이다. 항공우주시스템부의 항공우주정찰국(Aerospace Reconnaissance Bureau, ARB)은 아마도 우주 기반 ISR 분석을 담당할 것으로 판단된다. 이 두 주요 조직은 중국군의 반 개입(counter-intervention) 작전에서 미국과 우리나라, 대만 군의 움직임을 탐지하고 추적하는 데 직접적으로 관여할 가능성이 높다. 중국의 우주 지상 부문은 광범위하며 소수의 국제 지상 기지도 포함될 수 있다. 향후 중국 항공우주시스템부(ASF)가 미국과 우리나라를 포함한 동맹국의 군 움직임을 추적하고 표적으로 삼는 과정에 대해서 대응을 위한 많은 연구가 필요할 것이다. 중국의 ISR위성에서 수집된 데이터를 중국의 항공우주시스템부(ASF)에 전송하기 위해 2019년부터 2022년까지 2세대 천리안 데이터 중계 위성(Tianlian data relay satellites) 8기를 발사했다. 이 중계 위성은 저궤도 위성이 중국 본토로부터 음영지역에 있을 때 지궤도(LEO) 위성과 중국 지상 관측소 간의 임무 수행 및 영상, 전자정보 데이터를 중국의 지상 구간에서 데이터를 실시간 중계해 주는 중요한 역할을 할 것이다.

4.1.1. 정지궤도위성(GEO) 정보수집

정지궤도(Geosynchronous Equatorial Orbit, GEO)에 위치하고 있는 대부분 중국의 위성들은 중국과 동아시아로 상공에 위치하고 있다. 정지궤도에 있는 모든 중국군의 위성들은 중국 본토 내 또는 그 근처에서 수집 접근성과 데이터 처리량을 극대화하기 위해 배치된 것으로 보인다. 원래 정지궤도 위성의 시야 각도는 지구 표면의 약 3분의 1을 차지할 정도로 넓다. 따라서 정지궤도의 중국군 군 통신 및 ISR 위성들은 이론적으로 서아프리카에서 태평양 중부까지의 범위를 제공할 수 있지만, 원거리에서는 통달 범위와 비스듬한 각도에서 신호 저하와 수집 능력 상실이 발생할 가능성도 있을 수 있다.

정지궤도에 있는 중국군의 ISR 위성 수는 2020년 6개의 정지궤도 ISR 위성에서 2024년 1월 현재 총 14개의 위성으로 2021년 이후 많이 증가했다. 이 위성들은 정지궤도에 있는 동안 실제 임무에 대한 단서를 거의 제공하지 않고 있다. 현재 정지궤도에 있는 중국 군사 및 민간 위성은 아래 그림에 나와 있다. 위성의 종류로 신호정보(SIGINT), EO/IR, SAR, 조기경보, 군 통신위성이 운용되고 있다. 중국의 반 개입 작전에서 중요한 기능을 제공할 수 있는 정지궤도 위성은 〈그림 4-1〉에 나와 있다.

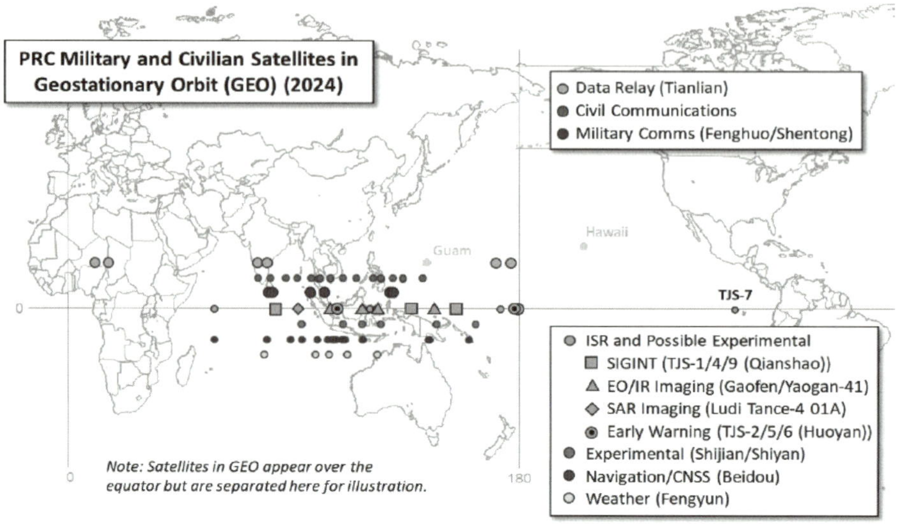

Figure 7. PRC Military and Civilian Satellites in Geostationary Orbit (GEO), 2024 [81]

〈그림 4-1〉 중국(군, 상용)의 정지궤도에 운용 중인 위성 현황[4)]

위 그림에서 중국군은 아마도 정지궤도에 최소 세 개의 신호정보(SIGINT) 위성을 운영하는 것으로 판단된다. 그 위성은 TJS-1, TJS-4, TJS-9로 인민해방군 지정자인 '첸샤오(Qianshao)로 알려져 있다. 세 개의 첸샤오 SIGINT 위성은 중국군의 반 개입(counter-intervention) 작전을 지원하는 데 중요한 기능 중 하나인 통신 및 전자신호를 수집하여 실시간으로 중국 군부에 전송할 것이다. 정지궤도 위성은 주기적으로 오버헤드만 통과하는 저궤도(LEO) 위성과 달리 전장의 중요 일정 부분을 지속적으로 감시(stare)할 수 있는 장점이 있다. 일반적으로 SIGINT 위성은 미약한 신호를 수집해야 하므로 저궤도로 운용하고 있다. 그러나 정지궤도에서 SIGINT 위성을 운영할 경우 목표하는 지점을 지속적으로 감시할 수 있는 장점이 있다. 고품질의 신호를 요구하지 않고 단순한 신호 출현 여부 목적으로 운영할 때 충분히 유용한 수단으로 활용할 수 있다.

4) J. Michael Dahm, “China C4ISR and Counter-Intervention”, Mitchell Institute for Aerospace Studies, March 21,2024

〈표 4-1〉 중국의 정지궤도에서 운용 중인 위성 현황(24년 기준)[5]

Satellite Name	Possible PLA Designator	Likely Mission	GEO Slot (Deg. Longitude)	Launched
TJS-1	*Qianshao*-3 1	SIGINT	155.1	2015
TJS-4	*Qianshao*-3 2	SIGINT	83.5	2019
TJS-9	*Qianshao*-3 3	SIGINT	137.3	2021
TJS-2	*Huoyan*-1	Early Warning (probably IR)	107.4	2017
TJS-5	*Huoyan*-1	Early Warning (probably IR)	178.0	2020
TJS-6	*Huoyan*-1	Early Warning (probably IR)	179.0	2021
TJS-7	*Qianshao* or *Huoyan* (?)	SIGINT or Early Warning	-99.0	2021
TJS-10	(?)	Unknown	173.3	2023
TJS-11	(?)	Unknown	120.4	2024
Yaogan-41	(?)	Poss. 2.5m EO + IR Imagery	123.5	2023
Gaofen-4	(civil-military)	50 m EO + IR Imagery	105.7	2015
Gaofen-13	(civil-military)	15 m EO + IR Imagery	118.0	2020
Gaofen-13-02	(civil-military)	15 m EO + IR Imagery	146.7	2023
Ludi Tance 4-01	(civil-military)	SAR Imagery L-band	90.5	2023

이 SIGINT 위성은 인도양에서 태평양 중부까지 작전 중인 미군 또는 연합군의 신호를 위치 파악하거나 정보를 수집하는 데 사용될 수 있다. 서반구 상공에서 유일하게 사용되는 GEO 위성인 TJS-7에 대해서는 공개적으로 알려진 바가 거의 없으나, 조기경보위성 또는 신호정보 위성으로 추측된다. 정지궤도에 운용 중인 신호정보 위성은 전자신호 수집을 목표로 할 것이다. 이는 통신에서 사용하는 신호는 일반적으로 주파수가 낮아 가능한 양호한 신호를 수신하기 위해서는 매우 큰 안테나를 필요로 하나, 전자신호(예, 레이더)의 경우는 주파수가 높고 또한 신호 세기가 크기 때문에 정지궤도에서 전자신호를 수집할 수 있는 환경이 통신 신호보다 양호하다. 또한 광역지역에서 중국의 A2AD 전략에 부합하는 작전을 지원할 수가 있다. 2024년 기준으로 〈표 4-1〉에서 정

5) J. Michael Dahm, "China C4ISR and Counter-Intervention", Mitchell Institute for Aerospace Studies, March 21,2024

지궤도에 영상위성으로는 EO/IR, SAR위성 8기를 운용하고 있고 해상도는 높은 궤도의 정지궤도로 인하여 비교적 낮은 편이다. 중국군 전용 통신위성(ChinaSat)으로 UHF, C-, Ku-band에 9기를 운용하고 있으며, 민간 위성(Tiantong)에도 군 위성통신망을 구축해서 사용하고 있다. 또한 영상위성으로 GEO에 전자광학(EO) 이미지 위성을 보유한 유일한 국가로, 중국군의 반 개입(counter-intervention) 작전에 큰 영향을 미칠 수 있는 것으로 알려져 있다. 첸샤오 SIGINT 위성과 마찬가지로 이 고궤도 EO 위성도 인도-태평양 대부분 지역에 걸쳐 지속적인 이미지를 획득하는데 미국 및 우방국의 지상군, 항공모함, 잠수함, 함정 및 선박 이동을 감시하고 있다. 위성은 지구 상공에 너무 높기 때문에 자세한 이미지 해상도를 제공할 수 없으나 2020년과 2023년에 발사된 두 개의 민간 위성인 가오펜-13은 15미터의 이미지 해상도를 제공하는 것으로 알려졌다. 이는 해상에서 함정을 탐지하고 추적하기에는 충분히 높은 수준이지만, 함정의 종류를 식별하기에는 충분하지 않을 수 있으나, 저해상도 이미징 기능과 SIGINT정보를 융합 분석할 경우 전투원과 민간 함정을 구별하고 전자의 지속적인 추적을 유지하는 경우 저해상도 이미징 기능은 여전히 반 개입 작전에서 유용할 것으로 판단된다.

2023년에 GEO에 발사된 Yaogan-41은 2.5미터 해상도를 제공하는 것으로 알려진 전용 군사 위성이다. 사실이라면 Yaogan-41은 다양한 종류의 선박을 감지하고 분류할 수 있을 것이다. 물론 GEO 이미지 위성은 LEO와 마찬가지로 구름으로 덮여 있으면 목표물을 볼 수 없다. 2023년 8월, 중국은 세계 최초의 합성 개구 레이더(SAR) 위성으로 추정되는 Land Survey-41을 발사했다. 이 위성은 광대한 해상에서 선박을 감지하고 추적할 수 있는 전천후 조건에서 20미터 해상도의 이미지를 수집할 수 있는 것으로 알려졌다.

4.1.2. 저궤도위성(LEO) 정보수집

중국의 저궤도 감시정찰(ISR) 능력, 특히 정지궤도 ISR 능력과 결합할 때, 중국군의 반 개입(counter-intervention) 작전에서 탐지 목표가 되는 것을 피하려는 미국 및 연합군에게 큰 위협을 줄 것이다. 현재 대부분 중국군의 감시정찰 위성 능력은 LEO에 의존하고 있으며, 구축된 LEO(Low Earth Orbit) 위성으로 EO 및 적외선(IR) 이미지 위성, SAR 이미지 위성, SIGINT(COMINT 및 ELINT) 수집 위성, 그리고 소수의 실험 통신위성으로 구성되어 있다. 현 중국군의 ISR 위성 기술 능력은 미국 국가정찰국(NRO)의 기술 능력을 초과하지 않을 것으로 판단되나, 중국군과 일부 중국 민간 업체들이 동아시아 우주에서 밀집된 고도별 LEO 위성 군(layered LEO constellations)을 구축하여 지구 전체를 기반으로 한 ISR 커버리지를 제공하고 있다. 2018년 이후 발사된 12개 이상의 위성군에서 213개의 LEO ISR 위성들이 식별되었으며 이 위성들은 PLA 반 개입(counter-intervention) 작전에서 미국 및 연합군의 위치를 파악하는 데 중요한 능력을 제공할 것이다. 이 213개의 위성 중 76%인 162개의 위성이 2021년 이후 발사되었다.

중국의 핵심 군사위성으로 활용되고 있는 것은 Yaogan 시리즈 위성으로 2006년 4월 최초 발사 이후 2024년 10월까지 수십 기가 발사되어 ELINT, EO, IR(저해상도 및 고해상도로 구분 운용) 및 SAR 위성들이 유기적으로 지구 궤도를 돌면서 한반도 주변 및 대양에서 활동하고 있는 미군과 동맹국들의 군 이동, 무기체계 이동, 항공모함, 함정, 잠수함, 전략 폭격기 등의 이동 경로를 추적하고 있다.

4.1.2.1. 전자신호(ELINT) 수집 위성

중국군의 LEO ELINT 위성군은 레이더, 적아식별, 고도 측정 및 기타 관심 신호를 감지하고 위치를 지정하며, 중국군에 전천후, 주야간, 미국 및 연합군을 탐지하고 추적하며 잠재적으로 목표로 삼을 수 있는 능력을 제공하고 있다.

Yaogan 위성은 극궤도와 태양 동기 궤도로 회전하며, 중국군에 위협을 주는 각종 레이더 운용과 관련된 전자신호 수집, 저해상도 및 고해상도 영상, 군사 목표물의 글로벌 이미지를 획득하여 인민해방군에 제공하고 있다. 중국은 대양에서 이동하고 있는 항공모함의 움직임을 추적하기 위하여 1960년대 후반부터 상하이항공국의 주도 아래 701 프로그램 일환 Shijian-6시리즈 위성 연구가 시작되었고 2004년 9월에 저궤도로 최초 발사되었다. Shijian-6 시리즈 위성은 〈표 4-2〉와 같다.

〈표 4-2〉 Shijian-6 시리즈 위성[6]

위 성		발사 일	기능
Group 1	Shijian-6 A, B	'04. 9	지구 탐사, 실험
Group 2	Shijian-6 C, D	'06.10	
Group 3	Shijian-6 E, F	'08.10	
Group 4	Shijian-6 G, H	'10.10	

6) "SJ (Shi Jian) Satellite Series of China", https://earth.esa.int/web/eoportal/satellite-missions/s/shi-jian

〈표 4-2〉에서처럼 Shijian-6 위성은 2004년 9월부터 2기가 한 세트로 발사되었으며, 최종적으로 2010년 10월에 2기의 Shijian-6 위성이 발사되었다. 동 위성은 공개적으로 지구탐사 및 곡물 생산량 예측 등을 목표로 하는 위성으로 발표했지만 2기가 한 세트로 발사된 것을 보면 실제적으로는 전자신호를 수집하고 방사체 위치(2차원)를 확보하기 위한 기술 시험을 시행했을 것으로 판단된다. 다른 중국 과학 위성들과 달리 동 위성은 어떠한 임무를 수행했는지를 공개적으로 공표한 바가 없다. 그러나 비공식적인 자료에 의하면 각 쌍의 위성은 해양 감시를 위한 광범위한 우주 기반 센서 네트워크를 기반으로 한반도 및 태평양, 대만해협, 남중국해 지역에서 활동하는 미 항공모함과 잠수함, 함정, 전략폭격기 등을 타격 표적으로 두고 효과적인 대함탄도미사일 능력을 확보하기 위해서 중국 근해로부터 수천 km가 넘는 지역에까지 항구적으로 감시할 필요성이 제기되어 Shijian 위성을 활용, 전자신호 수집 가능성을 시험했을 것으로 추측된다. 정확한 위치 파악을 위해 3기(3차원)가 필요하나, 바다에 있는 무기체계의 신호를 수집 목표로 할 경우는 해면 고도를 고려하여 2기 가지고 방사체 전자파를 수집하는 시험을 했을 것이다. 이는 각 위성이 Passive 형태로 수신된 전자신호를 지상으로 보내면 지상에서 신호처리하여 목표물 위치를 확인(방향탐지)했을 것이다. 그리고 그 이후에 다가오는 위성을 똑같은 방법으로 확인하여 목표물의 이동 경로를 조금 전에 지나간 위성과 연관 지어서 확인하고 경로를 지속 추적했을 것이다. 물론 이렇게 이동 경로를 지속적으로 DB화하고 미국과 관련 우방국 무기체계의 이동 경로를 예측할 것이다. 항공모함이나 잠수함, 함정 등은 어느 정도 항로가 일정하기 때문이다. 이러한 과정을 수년간 시험하였을 것이다.

ELINT 신호를 수집하기 위한 최초의 Yaogan 위성 시리즈로 중국 주천(酒泉) 위성 발사센터에서 2010년 3월에 발사된 Yaogan-9(A,B,C)[7]위성은 중국의 1세대 전자신호 수집체계로 이는 미 NOSS[8]와 유사한 성격을 지녔다. Yaogan-9 위성 임무는 〈표 4-3〉에서 보는 바와 같이 한 기가 아닌 세 기가 정교하게 짜인 삼각대형으로 함께 궤도를 돌았으며 이 대형은 1089km×1107km, 63.4도 대형을 이루고 있다. 이는 미 해군의 White Cloud NOSS 위성 삼각편대 초기 모습과 매우 유사[9]한데 이는 삼각 측량법을 이용하여 대양에서 작전활동을 수행하는 항공모함, 함정, 잠수함 등의 무기체계 방사체의 이동을 추적하기 위한 신호를 수집한 것으로 보인다.

---

7) Yaogan-20위성으로 대체되었다.
8) 1970년대 초반 미해군에서 전자신호를 수집하여 러시아 항모, 잠수함으로 추적하는 위성시리즈
9) 이용식, 엄상호, 임재성, “중국의 주변국 해양감시를 위한 전자신호 수집위성 연구개발”, 한국위성정보통신학회논문지 제12권 제3호, 2017년, pp 54~62

〈표 4-3〉은 현재 중국 인민해방군에서 ELINT 신호를 수집하기 위한 ELINT 군사위성으로 사용하고 있는 Yaogan 위성을 나타낸 것으로 중국의 원거리 동쪽이나 남쪽에서 활동하는 항모나 잠수함, 함정을 감시하기 위한 레이더 등의 전자신호를 포착하기 위해 집중적으로 위성을 발사한 것으로 볼 수 있다. 운용하고 있는 ELINT 위성은 3기의 위성이 군집형태로 이루어져 있으며 2024년 12월 기준으로 현재 약 99개 위성을 발사하였고, 저궤도 위성의 수명을 3~5년으로 고려시 약 66개 위성들이 대략 22개 위성군으로 운영 중인 것으로 여겨진다. 이 위성들은 전자신호를 수집, 분석함으로써 주요 무기체계의 활동을 식별, 추적을 가능하게 한다. 특이한 것은 다양한 고도와 다양한 각도로 3기의 위성이 한 그룹으로 짝을 이루어 ELINT 신호 수집 위성군(Constellation)을 형성하며 한반도 및 태평양, 남중국해 지역에서 활동하는 주변국의 무기체계 움직임을 세밀히 감시하고 있다. 즉 이들은 항공모함과 항공기, 잠수함, 함정, 대공 및 사드 미사일, 조기경보, 해안감시 레이더 등이 작동할 때 방사되는 ELINT 신호를 수집하여 무기체계의 활동을 감시하고 있는 것을 것이다. 또한 각 위성이 수집한 전자신호는 직접적으로 지상 수집 통제소로 전송되어 오지만 가시거리(LOS)가 확보되지 않을 때는 중국에서 구축한 위성 C4I 통신망을 통해 지상 국소로 근실시간 전송될 것이다.

〈표 4-3〉 Yaogan ELINT 위성[10)]

Yaogan		발사일	기능	궤도	Apsis(km)	경사각 (도)	업체	로켓	발사 장소
9	A	2010.3.5	ELINT	LEO	781*1412	63.4	CAST	Long March 4C	JSLC
	B	2010.3.5	ELINT	LEO	781*1412	63.4	CAST	Long March 4C	JSLC
	C	2010.3.5	ELINT	LEO	781*1412	63.4	CAST	Long March 4C	JSLC
16	A	2012.11.25	ELINT	LEO	855*1338	63.4	CAST	Long March 4C	JSLC
	B	2012.11.25	ELINT	LEO	855*1338	63.4	CAST	Long March 4C	JSLC
	C	2012.11.25	ELINT	LEO	855*1339	63.4	CAST	Long March 4C	JSLC
17	A	2013.9.1	ELINT	LEO	867*1326	63.4	SAST	Long March 4C	JSLC
	B	2013.9.1	ELINT	LEO	867*1326	63.4	SAST	Long March 4C	JSLC
	C	2013.9.1	ELINT	LEO	866*1326	63.4	SAST	Long March 4C	JSLC
20	A	2014.8.9	ELINT	LEO	893*1300	63.4	CAST	Long March 4C	JSLC
	B	2014.8.9	ELINT	LEO	893*1300	63.4	CAST	Long March 4C	JSLC
	C	2014.8.9	ELINT	LEO	893*1300	63.4	CAST	Long March 4C	JSLC
25	A	2014.12.10	ELINT	LEO	912*1282	63.4	CAST	Long March 4C	JSLC
	B	2014.12.10	ELINT	LEO	912*1282	63.4	CAST	Long March 4C	JSLC
	C	2014.12.10	ELINT	LEO	912*1282	63.4	CAST	Long March 4C	JSLC

10) https://en.wikipedia.org/wiki/Yaogan

30-01	A	2017.9.29	ELINT	LEO	600*603	35	IAMCAS	Long March 2C	XSLC
	B	2017.9.29	ELINT	LEO	599*604	35	IAMCAS	Long March 2C	XSLC
	C	2017.9.29	ELINT	LEO	598*606	35	IAMCAS	Long March 2C	XSLC
30-02	A	2017.11.24	ELINT	LEO	600*604	35	IAMCAS	Long March 2D	XSLC
	B	2017.11.24	ELINT	LEO	598*605	35	IAMCAS	Long March 2D	XSLC
	C	2017.11.24	ELINT	LEO	599*604	35	IAMCAS	Long March 2D	XSLC
30-03	A	2017.12.25	ELINT	LEO	599*605	35	IAMCAS	Long March 2C	XSLC
	B	2017.12.25	ELINT	LEO	598*606	35	IAMCAS	Long March 2C	XSLC
	C	2017.12.25	ELINT	LEO	598*605	35	IAMCAS	Long March 2C	XSLC
30-04	A	2018.1.25	ELINT	LEO	597*606	35	IAMCAS	Long March 2C	XSLC
	B	2018.1.25	ELINT	LEO	600*604	35	IAMCAS	Long March 2C	XSLC
	C	2018.1.25	ELINT	LEO	600*604	35	IAMCAS	Long March 2C	XSLC
31	A	2018.4.10	ELINT	LEO	980*1213	63.4	CAST	Long March 4C	JSLC
	B	2018.4.10	ELINT	LEO	980*1213	63.4	CAST	Long March 4C	JSLC
	C	2018.4.10	ELINT	LEO	980*1213	63.4	CAST	Long March 4C	JSLC
30-05	A	2019.7.25	ELINT	LEO	598*606	35	IAMCAS	Long March 2C	XSLC
	B	2019.7.25	ELINT	LEO	595*608	35	IAMCAS	Long March 2C	XSLC
	C	2019.7.25	ELINT	LEO	601*603	35	IAMCAS	Long March 2C	XSLC
30-06	A	2020.3.24	ELINT	LEO	598*605	35	IAMCAS	Long March 2C	XSLC
	B	2020.3.24	ELINT	LEO	600*604	35	IAMCAS	Long March 2C	XSLC
	C	2020.3.24	ELINT	LEO	601*603	35	IAMCAS	Long March 2C	XSLC
30-07	A	2020.10.26	ELINT	LEO	602*602	35	IAMCAS	Long March 2C	XSLC
	B	2020.10.26	ELINT	LEO	600*604	35	IAMCAS	Long March 2C	XSLC
	C	2020.10.26	ELINT	LEO	597*606	35	IAMCAS	Long March 2C	XSLC
31	D	2021.1.29	ELINT	LEO	1054*1139	63.4	CAST	Long March 4C	JSLC
	E	2021.1.29	ELINT	LEO	1054*1139	63.4	CAST	Long March 4C	JSLC
	F	2021.1.29	ELINT	LEO	1058*1142	63.4	CAST	Long March 4C	JSLC
	G	2021.2.24	ELINT	LEO	1053*1140	63.4	CAST	Long March 4C	JSLC
	H	2021.2.24	ELINT	LEO	1063*1140	63.4	CAST	Long March 4C	JSLC
	J	2021.2.24	ELINT	LEO	1053*1140	63.4	CAST	Long March 4C	JSLC
	K	2021.3.13	ELINT	LEO	1063*1140	63.4	CAST	Long March 4C	JSLC
	L	2021.3.13	ELINT	LEO	1063*1140	63.4	CAST	Long March 4C	JSLC
	M	2021.3.13	ELINT	LEO	1055*1138	63.4	CAST	Long March 4C	JSLC
30-08	A	2021.5.6	ELINT	LEO	599*605	35	IAMCAS	Long March 2C	XSLC
	B	2021.5.6	ELINT	LEO	598*605	35	IAMCAS	Long March 2C	XSLC
	C	2021.5.6	ELINT	LEO	600*603	35	IAMCAS	Long March 2C	XSLC
30-09	A	2021.6.18	ELINT	LEO	598*605	35	IAMCAS	Long March 2C	XSLC
	B	2021.6.18	ELINT	LEO	599*605	35	IAMCAS	Long March 2C	XSLC
	C	2021.6.18	ELINT	LEO	598*605	35	IAMCAS	Long March 2C	XSLC

30-10	A	2021.7.19	ELINT	LEO	598*606	35	IAMCAS	Long March 2C	XSLC
	B	2021.7.19	ELINT	LEO	591*604	35	IAMCAS	Long March 2C	XSLC
	C	2021.7.19	ELINT	LEO	601*603	35	IAMCAS	Long March 2C	XSLC
35 02	A	2022.6.23	ELINT	LEO	499*508	35	CAST SAST	Long March 2D	XSLC
	B	2022.6.23	ELINT	LEO	498*509	35	CAST SAST	Long March 2D	XSLC
	C	2022.6.23	ELINT	LEO	496*506	35	CAST SAST	Long March 2D	XSLC
35-03	A	2022.7.29	ELINT	LEO	499*508	35	CAST SAST	Long March 2D	XSLC
	B	2022.7.29	ELINT	LEO	496*511	35	CAST SAST	Long March 2D	XSLC
	C	2022.7.29	ELINT	LEO	497*510	35	CAST SAST	Long March 2D	XSLC
35-04	A	2022.8.19	ELINT	LEO	491*502	35	CAST SAST	Long March 2D	XSLC
	B	2022.8.19	ELINT	LEO	490*502	35	CAST SAST	Long March 2D	XSLC
	C	2022.8.19	ELINT	LEO	488*500	35	CAST SAST	Long March 2D	XSLC
35-05	A	2022.9.6	ELINT	LEO	502*491	35	CAST SAST	Long March 2D	XSLC
	B	2022.9.6	ELINT	LEO	501*488	35	CAST SAST	Long March 2D	XSLC
	C	2022.9.6	ELINT	LEO	501*489	35	CAST SAST	Long March 2D	XSLC
36-02	A	2022.10.14	ELINT	LEO	499*487	35	CAST SAST	Long March 2D	XSLC
	B	2022.10.14	ELINT	LEO	498*486	35	CAST SAST	Long March 2D	XSLC
	C	2022.10.14	ELINT	LEO	498*485	35	CAST SAST	Long March 2D	XSLC
36-03	A	2022.11.27	ELINT	LEO	501*511	35	CAST SAST	Long March 2D	XSLC
	B	2022.11.27	ELINT	LEO	493*505	35	CAST SAST	Long March 2D	XSLC
	C	2022.11.27	ELINT	LEO	500*509	35	CAST SAST	Long March 2D	XSLC

36-04	A	2022.12.14	ELINT	LEO	500*511	35	CAST SAST	Long March 2D	XSLC
	B	2022.12.14	ELINT	LEO	495*507	35	CAST SAST	Long March 2D	XSLC
	C	2022.12.14	ELINT	LEO	502*510	35	CAST SAST	Long March 2D	XSLC
36-05	A	2023.7.26	ELINT	LEO	508*498	35	CAST SAST	Long March 2D	XSLC
	B	2023.7.26	ELINT	LEO	508*498	35	CAST SAST	Long March 2D	XSLC
	C	2023.7.26	ELINT	LEO	507*495	35	CAST SAST	Long March 2D	XSLC
39-01	A	2023.8.31	ELINT	LEO	496*510	35	CAST SAST	Long March 2D	XSLC
	B	2023.8.31	ELINT	LEO	496*508	35	CAST SAST	Long March 2D	XSLC
	C	2023.8.31	ELINT	LEO	491*512	35	CAST SAST	Long March 2D	XSLC
39-02	A	2023.9.17	ELINT	LEO	500*491	35	CAST SAST	Long March 2D	XSLC
	B	2023.9.17	ELINT	LEO	497*485	35	CAST SAST	Long March 2D	XSLC
	C	2023.9.17	ELINT	LEO	496*483	35	CAST SAST	Long March 2D	XSLC
39-03	A	2023.10.5	ELINT	LEO	501*491	35	CAST SAST	Long March 2D	XSLC
	B	2023.10.5	ELINT	LEO	502*489	35	CAST SAST	Long March 2D	XSLC
	C	2023.10.5	ELINT	LEO	501*490	35	CAST SAST	Long March 2D	XSLC
39-04	A	2023.10.23	ELINT	LEO	502*491	35	CAST SAST	Long March 2D	XSLC
	B	2023.10.23	ELINT	LEO	502*489	35	CAST SAST	Long March 2D	XSLC
	C	2023.10.23	ELINT	LEO	501*489	35	CAST SAST	Long March 2D	XSLC
39-05	A	2023.12.10	ELINT	LEO	502*491	35	CAST SAST	Long March 2D	XSLC
	B	2023.12.10	ELINT	LEO	500*489	35	CAST SAST	Long March 2D	XSLC
	C	2023.12.10	ELINT	LEO	501*489	35	CAST SAST	Long March 2D	XSLC

43-03	A	2024.10.23	ELINT	LEO	501*493	35	CAST/SAST	Long March 2C	XSLC
	B	2024.10.23	ELINT	LEO	502*490	35	CAST/SAST	Long March 2C	XSLC
	C	2024.10.23	ELINT	LEO	501*491	35	CAST/SAST	Long March 2C	XSLC

처음에 발사된 ELINT 위성의 경사각이 63.4도로 운영하다가 최근에는 주로 35도 경사각으로 운영하고 있다. 이는 매우 중요한 시사점을 주고 있다. 중국의 수집 목표는 주로 대양(태평양)에서 활동하는 항공모함이나 잠수함, 함정 등의 무기체계에서 방사되는 레이더 신호를 광역지역을 커버하면서 오랫동안 신호를 수집하기 위한 것으로 볼 수 있다. 운영 고도도 처음에는 비교적 저궤도에서 높은 고도로 운영하였으나 ELINT 위성 운용 노하우와 가능한 정밀 추적을 위하여 저궤도의 낮은 궤도로 ELINT 위성을 운영하는 듯하나.

현재 운용 중인 가장 유능한 LEO ELINT 위성군은 아마도 Yaogan-30, -31, -40 위성일 것이다. 30개의 Yaogan-30 위성 각각의 궤도는 동아시아와 서태평양의 거의 일정한 ELINT 커버리지를 제공하기 위해 균등하게 배치되어 있다. 이 위성들이 제공하는 밀집된 ELINT 커버리지는 LEO ELINT 커버리지의 작은 틈에서 레이더나 통신을 방사하려는 우리나라 등 동맹국에게 큰 도전과제를 주고 있다.

Yaogan-31 위성군은 15개의 위성이 비교적 밀집된 형태로 세 개의 위성으로 구성된 다섯 세트에서 궤도를 돌고 있다. 이러한 지형은 아마도 관심 신호, 특히 해상 표적을 감지하고 지리적 위치를 결정할 것이다. Yaogan-30 위성군과 비교했을 때, Yaogan-31 위성은 일일 재방문율이 훨씬 짧아서 목표로 하는 넓은 ELINT 커버리지를 제공하고 있다. 그러나 이 위성들은 북위와 남위의 높은 목표를 추적할 수 있다.

ELINT 위성의 3인조는 전자신호를 방출하는 다양한 무기체계로부터 신호를 수신하여 정확한 목표 위치를 산정, 중국의 해군과 공군, 로켓군에 위치정보와 영상 자료를 전송한다. 2017년 9월 29일부터 발사하기 시작한 Yaogan 30-01~30-09 위성군은 고도 약 600km의 저궤도에 안착한 소형위성으로, 공식적으로 선박을 탐지하기 위한 위성이라고 하지만 ELINT 신호를 수집하여 주변국의 함정 위치와 지대공 무기체계의 운용 상태를 감시하여 함정의 종류, 편대 구성, 속도, 도착시간, 이동 경로, 거리 등을 모두 산출 가능한 것으로 판단한다. ELINT 위성으로부터 처리된 목표물 전자신호 데이터들은 실시간으로 지상으로 송신되며 지상에서는 타당성 있는 데이터들이 수신될 경우 EO, IR, SAR 위성에 임무를 주어 영상을 촬영할 것이다. 주요 긴급 목표신호가 지구상에서 중국의 반대편에서 활동할 경우 정지궤도의 데이터 중계위성을 통해서 중국 본토로 전송될 것이다. 만약 새로운 무시체계 신호가 활동하거나 파라메터를 변경한 전자신호가 출현할 경우 law 데이터를 저장한 후 가시거리가 확보되는 지점에서 지상으로 전송할 것이다.

4.1.2.2. 영상정보(IMINT) 수집 위성

LEO 이미지 위성은 중국군이 미국과 우리나라 등 우방 군의 목표물에 대해 시각적으로 탐지, 추적 및 잠재적으로 표적으로 삼아 반 개입(counter-intervention) 작전을 수행할 수 있게 수행할 수 있도록 역할하고 있다. 중국의 전문 분석가들이 움직이는 표적에 대한 무기를 실시간으로 표적으로 삼는 데 이미지 위성을 사용하고 있다. LEO 위성 이미지만으로도 해상도가 높아 지상의 항공기, 레이더, 통신 시설 또는 항구의 선박과 같이 고정되거나 움직이는 표적을 식별하고 표적으로 삼는 데 충분히 활용하고 있다. 2025년 1월 현재에도 이미지 정보를 획득하는 데 정지궤도에 다수의 위성을 운용하고 있다. 비록 해상도가 20~50m로 다소 낮지만, 정지궤도에 IR 조기경보 위성 추정되는 TJS 2, TJS 5, TJS 6을 운용하고 있고, 저궤도 EO/IR위성으로는 Yaogan-41, Gaofun[11]-4, Gaofun-13, Gaofun-13-02를, SAR 위성으로 Ludi Tance-4-01을 배치하여 운용하고 있다.

중국의 이러한 정지궤도에 이미지 정보를 얻기 위해 종류별 다수의 위성이 있음에도 불구하고 〈표 4-4〉처럼 LEO에는 3개의 고해상도 EO/IR 및 8개의 SAR 이미지 위성을 운영하고 있다.

중국군에서 군사용으로, 핵심적으로 운용하고 있는 저궤도 이미지 위성인 EO Yaogan 위성은 2018년 이후로 예상보다 많이 발사하지 않고 있다. EO/IR위성으로 저궤도에는 3기, 정지궤도에 1기 이렇게 4기를 발사하여 운용하고 있다. 저궤도 EO위성은 약 700~1,100km의 거의 원형궤도로 돌고 있으며 해상도는 50cm~10m 범위로서 중국의 ASBM(Anti-Ship Ballistic Missile) 임무에 데이터 정보를 제공하고 있는 것으로 판단된다. 중국군은 EO, SAR 위성보다는 여러 면에서 작전에 활용하기 위한 효율성이 높은 ELINT 위성을 주로 이용하고 있다.

11) 高分, high resolution 의미가 있다.

〈표 4-4〉 Yaogan EO, SAR 위성[12)]

Yaogan위성	발사일	기능	궤도	Apsis(km)	각도	로켓	장소
Yaogan 32 A	2018.10.9	EO	SSO	700.2*702.3	98.1	Long March 2C	JSLC
Yaogan 32 B	2018.10.9	EO	SSO	700.3*702.1	98.1	Long March 2C	JSLC
Yaogan 34	2021.4.30	EO	LEO	1083*1105	63.4	Long March 4C	JSLC
Yaogan 41	2023.12.15	EO	SSG	정지궤도	4.97	Long March 5	WSLC
Yaoga n33R	2020.12.27	SAR	SSO	683*686	98.3	Long March 4C	JSLC
Yaogan 33 02	2022.9.2	SAR	SSO	688*680	98.18	Long March 4C	JSLC
Yaogan 33 03	2023.9.6	SAR	SSO	703*701	98.2	Long March 4C	JSLC
Yaogan 33 04	2023.9.26	SAR	SSO	695.6*692.3	98.1	Long March 4C	JSLC

2018년 이후 SAR위성은 〈표 4-4〉에서 보는 것처럼 현재 4기의 SAR 위성이 활동하고 있으며 영상 촬영 폭(Swarth)은 약 25~30km의 범위를 갖는다.

한편, 중국군은 군사위성인 Yaogan위성의 기능과 위성 수를 대외적으로 적게 알려지게 상업용 위성을 적극 활용하고 있는 것으로 여겨진다. 대외적으로 상업용 이미지 위성이지만 군사용으로 사용하고 있는 것으로 추정한다. 상업용 이미지 획득 위성은 Gaofun 위성으로 정지궤도에 EO/IR 이미지 획득을 위해 3기를 운용함과 동시에 저궤도에는 십여 기 위성을 발사하여 운용하고 있다. Gaofun 위성은 고해상도 지구 관측 시스템(CHEOS) 프로그램 하나로 대외적으로 환경 모니터링에 사용한다고 발표했지만, 군사용으로 사용하기에 부족함이 없다. 2018년 이후 저궤도에 발사하여 운용 중인 Gaofun 위성은 〈표 4-5〉와 같다.

〈표 4-5〉 Gaofun 위성[13)]

Gaofun위성	발사일	기능	궤도	Apsis(km)	각도	로켓	장소
Gaofun 1-02	2018.3.31	2m PAN 8MMSI	SSO	645*649	97.9	Long March 4C	TSLC
Gaofun	2018.3.31	2m PAN	SSO	642*651	97.9	Long March 4C	TSLC

12) https://en.wikipedia.org/wiki/Yaogan
13) https://en.wikipedia.org/wiki/Gaofen

Gaofun위성	발사일	기능	궤도	Apsis(km)	각도	로켓	장소
1-03		8MMSI					
Gaofun 1-03	2018.3.31	2m PAN 8MMSI	SSO	644*650	97.9	Long March 4C	TSLC
Gaofun 5	2018.5.8	303km MSI	SSO	706*707	98.3	Long March 4C	TSLC
Gaofun 6	2018.6.2	MSI	SSO	641*654	97.9	Long March 2D	JSLC
Gaofun 11-01	2018.7.31	EO	SSO	493*512	97.6	Long March 4B	TSLC
Gaofun10R	2019.10.4	?	SSO	632*634	97.9	Long March 4C	TSLC
Gaofun 7	2019.11.27	2x 0.8m PAN,2.5m	SSO	500*517	97.4	Long March 4B	TSLC
Gaofun 12	2019.11.27	SAR	SSO	493*511	97.9	Long March 4C	TSLC
Gaofun 9-02	2020.5.31	EO	SSO	439*511	97.4	Long March 2D	JSLC
Gaofun 9-03	2020.6.17	EO	SSO	491*513	97.4	Long March 2D	JSLC
Gaofun DUOMO	2020.7.3	EO	SSO	635*657	97.9	Long March 4B	TSLC
Gaofun 9-04	2020.8.6	EO	SSO	497*506	94.4	Long March 2D	JSLC
Gaofun 9-05	2020.8.23	EO	SSO	493*511	97.4	Long March 2D	JSLC
Gaofun 11-02	2020.9.7	EO	SSO	500*505	97.4	Long March 4B	TSLC
Gaofun 13	2020.10.11	50m VIS, 400mMWIR	GEO	36000	0.2	Long March 3B	XSLC
Gaofun 14	2020.12.6	EO	SSO	492*198	97.4	Long March3B	XSLC
Gaofun 12-02	2021.3.30	SAR	SSO	634*636	97.9	Long March 4C	JSLC
Gaofun 5-02	2021.9.7	303km MSI,	SSO	705*710	98.2	Long March 4C	TSLC

Gaofun위성	발사일	기능	궤도	Apsis(km)	각도	로켓	장소
Gaofun 11-03	2021.11.20	EO	SSO	498*504	97.4	Long March 4B	TSLC
Gaofun 3-02	2021.11.22	SAR C Band	SSO	757*759	98.4	Long March 4C	JSLC
Gaofun 3-03	2022.4.6	SAR C Band	SSO	757*758	98.4	Long March 4C	JSLC
Gaofun 12-03	2022.6.27	SAR	SSO	633*367	98	Long March 4C	JSLC
Gaofun 5-01A	2022.12.8	HIS	SSO	706*709	98.1	Long March 2D	TSLC
Gaofun 11-04	2022.12.27	EO	SSO	498*504	97.4	Long March 4B	TSLC
Gaofun 13-02	2023.3.17	?	GTO	36000	3	Long March3B	XSLC
Gaofun 12-04	2023.8.20	SAR	SSO	626*630	97.9	Long March 4C	JSLC
Gaofun 11-05	2024.7.19	EO	SSO	?	?	Long March 4B	TSLC
Gaofun 12-05	2024.10.15	SAR	SSO	?	?	Long March 4C	JSLC

중국군 명명인 Jianbing-16으로 알려진 Gaofen 위성은 최대 10cm EO 이미지 해상도를 가진 것으로 알려져 있다. 참고로 비교를 위해 2020년부터 미국과 서구의 상업용 위성 이미지 제공 업체들은 30센티미터 해상도의 이미지를 제공해 왔다. 대외적으로 Gaofun은 중국 고해상도 지구 관측 시스템(CHEOS) 프로그램의 하나로 발사된 중국 고해상도 지구 이미징 위성이다. 2006년에 제안되고 2010년에 승인된 CHEOS 프로그램은 우주 기반 위성의 Gaofen 시리즈, 비행선 및 UAV와 같은 근거리 우주 및 공중 시스템, 데이터 수신, 처리, 보정 및 작업을 수행하는 지상 시스템, 관측 데이터를 다른 소스와 융합하여 사용 가능한 정보와 지식을 생성하는 애플리케이션 시스템으로 구성되고 있다. 처음 7개의 Gaofen 위성과 탑재체는 매우 상세하게 대외적으로 발표를 했지만, Gaofen 8 및 그 이후의 위성에 대한 세부 정보는 거의 또는 전혀 공개되지 않아 Gaofen 위성이 민간과 군사 임무를 지원하는 이중 목적일 수 있다는 제안을 불러일으키고 있다.

중국군에서 운용하고 있는 저궤도위성의 특이한 점은 중국 인민해방군 우주부는 군사위성인 Yaogan 이미지 위성을 많이 발사하지 않고 전자신호를 수집하는 Yaogan ELINT 수집 위성만을 집중적으로 발사하여 운용하고 있다. 이는 ELINT 수집위성 활용 시 항공모함, 잠수함이나 전략 폭격기 등의 이동을 EO나 SAR위성에 비해 더욱더 정밀한 이동 정보를 확보할 수 있기 때문이다. 거의 동일한 경사면에서 삼각형 형태로 비행하는 각 ELINT 위성군은 목표 신호가 탐지될 때 방향탐지 시스템을 이용하여 대략적인 위치를 판단함과 동시에 EO와 SAR 감시위성에 통보하여 고해상도의 이미지를 획득하여 이동하는 표적을 식별하고 탑재된 무기체계의 종류나 수행 중인 작전을 판단할 수 있어 신뢰도가 높게 미군이나 우리나라 무기체계 움직임을 판단할 수 있을 것이다. 그들은 중국 내 지상에 전개하고 있는 탄도 미사일 시스템에 정확한 표적 위치정보를 제공함으로써 잠수함과 대형 항공모함 등에 대한 추적과 공격을 할 수 있도록 ISR 체계가 구성되어 있다. 특히 2024년 4월에 여러 기능이 통합된 전략지원군이 해체되면서 우주 임무만 수행하는 우주부대가 설립되면서 일원화된 지휘 체계하에 중국 주변에서 활동하는 모든 무기체계에 대한 목표 추적과 대공 무기체계의 작전활동을 ELINT 위성과 저·고해상도 EO, SAR위성을 이용하여 매우 촘촘히 실시간으로 감시하고 있어 중국으로 접근하는 주변국의 항모나 함정, 잠수함에 대해 적극적으로 대처할 수 있는 능력을 확보한 것으로 평가한다.

4.1.2.3. 저궤도 다중 위성 열(列)

최근의 중국군 저궤도 ISR 위성은 아마도 동일한 궤도에서 한 줄로 이동하는 세 개의 위성으로 구성된 위성 열에 여러 수집 방법을 통합하는 것이다. 이러한 혁신은 위성이 자동화된 팁핑 및 큐잉(tipping and cuing)을 수행하고 있음을 나타낼 수 있다. 예를 들어, 첫 번째 위성은 관심 신호를 감지하고 지리적 위치를 지정하는 ELINT 위성일 수 있다. 위성 열의 첫 번째 ELINT 위성은 Passive 형태의 위성으로 사전에 입력된 전자신호의 라이브러리와 비교하여 신호를 확인하므로 목표물의 이동을 가장 먼 거리에서 탐지할 수 있다. 그 이후 EO, IR 또는 SAR 페이로드를 가질 수 있는 후행 위성은 신호가 감지된 영역을 자동으로 큐잉하여 신호를 방사하는 묵표물을 이미지로 식별한다.

그러나 아직 이러한 ISR 위성 세트에 대한 공개 정보는 중국에서 비밀리에 발사하고 운용하기 때문에 없다. 또한 특이하게도 Yaogan-35, 36, 39 시리즈 위성은 2021년에서 2023년 사이에 발사되었으며 각 시리즈에는 5개의 트리플렛이 있으며, 시리즈당

15개씩 총 45개의 위성이 있다. 다시 말해, Yaogan-31 위성처럼 촘촘한 형태로 함께 궤도를 도는 대신, 위성들은 400~1,000km 간격으로 일렬로 이동한다. Yaogan 36 트리플렛과 위성들의 시야각은 아래 〈그림 4-2〉와 같다.

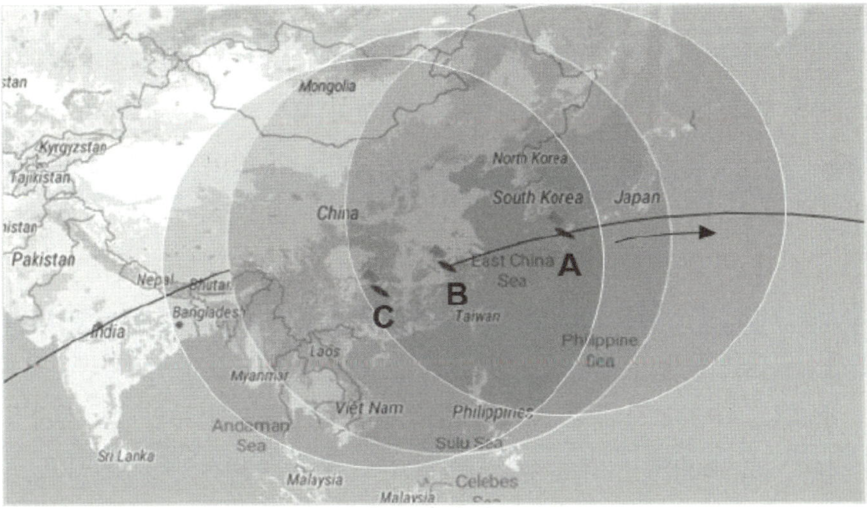

〈그림 4-2〉 Yaogan-36 03 위성 궤도[14)]

이 위성 열은 미국 또는 동맹국 군의 속임수(decoys and deception)에 대응하도록를 설계되어 운용되고 있다. 예를 들어, Decoy는 선박의 레이더 신호를 전송할 수 있으며 첫 번째 ELINT 위성에 의해 탐지된다. 그러나 후행 위성(cued trailing satellite)이 선박을 촬영하지 않으면 기만으로 인식하게 될 것이다. 반면 신호와 영상이 선박으로 상관관계가 있는 경우로 판명되면 중국군은 선박의 위치를 즉시 확인할 수 있을 것이다.

4.2. 항공기와 무인기를 이용한 정보수집

일반적으로 위성에 비해 항공기를 이용한 감시정찰 및 정보수집은 전술적으로 융통성이 용이하고 경제적으로 이점이 있기 때문에 육상, 해상 감시에 많이 활용하고 있다. 중국은 한반도와 원거리의 항공모함 및 잠수함, 주요 무기체계 움직임을 탐지하기 위하여 고정익 항공기를 감시정찰에 맞게 개조하여 감시정찰 및 COMINT(Communication

14) yaogan simulation 결과

Intelligence), ELINT(Electronic Intelligence) 정보수집에 많이 활용했고 최근에 중국 자체적으로 항법위성 개발, 항공기와 통신위성 간 고속 데이터 링크 연결 체계 구축으로 항공기와 무인기의 감시정찰 능력이 획기적으로 향상되고 있다.

4.2.1. 항공기를 이용한 정보수집

일반적으로 위성보다 항공기나 무인기를 이용한 항공모함, 잠수함, 전투함, 지대공 미사일 레이더의 전자신호 수집은 전술적으로 융통성이 용이하고 경제적으로 이점이 있어서 육상, 해상 감시에 많이 활용하고 있다. 중국은 한반도와 같이 근거리에서 활동하는 다양한 무기체계 움직임을 탐지하기 위하여 고정익 항공기를 감시정찰에 맞게 개조하거나 장거리 및 장시간 비행이 가능한 무인기를 개발하여 ELINT 정보를 수집하고 분석하여 전자전 공격을 위한 데이터로 활용하고 있고 최근에 중국 자체적으로 구축한 베이더우 항법위성과 통신위성을 통하여 위성 간, 항공기 간, 항공기와 무인기 간, 항공기와 함정 간, 항공기와 위성 간, 위성과 지상 간 데이터 링크 연결로 항공기와 무인기의 전자정보 수집 및 분석, 자료 공유 능력이 획기적으로 향상되었다. 중국은 러시아의 AN-12B 수송기를 복제하여 Y-8 중형 수송기를 개발, ISR 플랫폼으로 개발하여 COMINT, ELINT, 통신중계, 전자전, C3I, 공중 조기경보기, 대잠수함전(ASW) 등의 용도로 활용하고 있다. 조기경보기(Airborne Early Warning)로 운용하고 있는 항공기로 KJ-2000, Y-8W/KJ-200, Y-8J/W 등이 있고 감시 정찰기로는 Su-30MKK(SAR), Y-8H, J-8F/JZ(EO), J-8/JZ(EO)가 있으며 전자신호 수집과 분석, 전자전을 수행할 수 있는 항공기로 Y-8CB, Y-8G(COMINT 및 ELINT), Y-8EW(ELINT), Tu-154M/D(EW/ELINT), JH-7A(COMINT 및 ELINT), Y-8JB/DZ (COMINT 및 ELINT)를 보유하고 있고 대잠수함 항공기로는 Y-8Q(ASW)를 운용하고 있다[15]. Y-8은 터보프롭 엔진으로 순항속도 550km/h에 불과하며 중국군의 최신형 전투기인 J-10, J-11 등과 혼합하여 전술 운용을 할 수 없는 단점을 보유하고 있다. 다시 말해서 최근 전자전 개념이 전투기와 같이 작전하는 EA-18G Growler 개념(Escort Jammer형)으로 바뀌고 있는 데 비하여 중국군 전자전기는 그러한 작전이 제한된다는 것이다. 따라서 중국군은 당분간 원격에서 전자전을 지원하는 Stand Off형 개념의 전자전을 지원할 수밖에 없어 한반도와 같이 산악지형이 많은 곳에서는 전자전 지원이 제한될 수밖에 없다.

중국이 국가적인 역량을 집중하여 개발하고 있는 중국군의 전자전 분야는 '가오신

15) Andrew S. Erickson, "Chinese Air- and Space-Based ISR", 2014.2.11

공정(高新工程)'으로 불리는 공중기반 전자전 현대화 계획으로 우주는 Yaogan위성으로, 항공분야는 무인기를 포함한 가오신 공정으로 하여 지상 수집기지와 해상 정보함에서 전자신호를 실시간 수집, 분석, DB화, 전자전 공격 및 보호에 활용하고 있다.

해 · 공군에서 운용하고 있는 전자신호 수집 및 분석, 공격용으로 운용하고 있는 전자전기를 구체적으로 살펴보면, 〈그림 4-3〉처럼 가오신 1호기(高新1号, Y-CB)는 미국 EP-3에 비교되는 전자전 수행과 전자정보를 수집할 수 있는 항공기로서 중국에서는 전자대항정찰기(電子對抗偵察機)로 부른다. 기체 밑에 SAR 레이더가 부착되어 있고 UHF, SHF대역의 다양한 전자신호를 수집하기 위하여 하부 후미에 돌출된 패치형 안테나가 설치되어 있다. 기체 상부에는 위성과 통신할 수 있는 위성용 안테나가 설치되어 있으며, SAR 레이더는 기체 자체를 보호하기 위한 정찰용으로 활용되고 있다. 전자전기 내부에는 1초에 수백만 개의 다양한 펄스를 처리할 수 있는 신호처리 장비와 신호를 식별할 수 있는 라이브러리가 설치된 것으로 추측된다. 임무는 다양한 레이더 신호를 수집하고 분석하여 전자정보를 획득하며 또한 유사시에는 레이더에 재밍을 가하여 전파사용을 방해한다. 또한, COMINT 기능을 수행하는 장비가 탑재되어 있어 통신정보를 획득하여 실시간 지상으로 전송하며 전자정보와 통신정보를 상호 융합하여 주변국의 군사 동태를 파악한다.

〈그림 4-3〉 가오신 1호, 전자정보(ELINT) 수집 및 전자전기[16)]

가오신 1호는 〈그림 4-3〉과 같이 1990년에 러시아 TU-154를 도입하여 모든 장비를 Y-8에 이전 설치하는 개념으로 제작한 것으로 중국의 전자전 능력을 처음으로 항공

16) "우주 · 첩보 · 사이버군 통합, 중국군 살상력 일취월장", 중앙일보(2018.1.14)

기에 적용한 것이다. 2000년 1월에 선보인 가오신 1호는 기체 각부에 다양한 안테나가 장착되어 전자신호를 수집하였다. 특히 동체 아래쪽에 카누형 덮개가 설치되어 있으며, 이 안에는 합성개구레이더가 장착되어 있는 것으로 추정되고 있다. 합성개구레이더는 지상으로 전파를 발사해 지표면의 영상을 만들어 내는 장비이다. 이밖에 수직 꼬리날개 근처에는 데이터 링크용 위성 통신안테나가 설치되어 수집된 정보를 실시간으로 지휘부에 보고한다. 가오신 1호는 중국 공군에서 운용했다.

가오신 2호(高新2号, Y-8JB/Y-8X/Y-8MPA)는 중국해군에서 해상초계, 대잠수함전에 사용하는 전자정보를 수집할 수 있는 항공기이다. 중국 내부에서는 Y-8JB로 불리고 있으나 서방세계에서는 Y-8X, Y-8MPA로 불리고 있다. 1985년 최초 배치되었으며 해양을 감시할 수 있는 탐색 레이더와 잠수함과 함정에서 활동하는 표면 탐색 레이더 신호를 수집할 수 있는 장비가 탑재되어 있다. 해상에서 활동하는 잠수함 등을 탐색하기 위한 적외선 잠수함 탐지장비, 소노부이, 소나 등이 탑재되어 있으며 레이더 경보수신기(RWR), 채프, 플레어 등의 자체 보호 전자전 장비가 설치되어 있다. 최대 작전 가능시간이 10시간 30분으로서 폭격기 H-6G와 함께 운용하고 있다. 유사한 전자전 능력을 가진 항공기로 1990년대 중반에 영국 레이컬 일렉트로닉스(Racal Electronics) 회사로부터 표면 탐색 레이더를 구매하여 해군 전자전기로 운용 중인 Y-8J를 8대 운용하고 있다. 가오신 3호(高新3号, Y-8G)는 미 공군에서 운용하는 EC-130에 버금가는 전자전기로 전방 및 좌우측에 전자신호를 수신할 수 있는 안테나가 설치되어 있어 전자신호 수집 뿐만 아니라 Source의 위치를 탐지할 수 있는 방향탐지 장비까지 탑재되어 있다. 이 전자전기는 중국 공군에서 전자전 훈련시 자주 등장하는 통신 전자교란기이다. 가오신 4호(高新4号, Y-8T)는 공중지휘기로 외부로 유출된 정보가 없으나 SAR 및 EO장비가 탑재되어 있고, 외부로 위성을 통한 지상 지휘소와 통신을 위한 위성용 안테나가 설치되어 있고 기체 내부에는 사무실, 회의실, 통신 통제센터가 있는 것으로 보아 사단급 이상 작전을 지휘하는 항공기로 활용하는 것으로 추정된다.

가오신 5호(高新5号, KZ-200)는 공중조기경보통제기로서 외형은 스웨덴 SAAB 2000 Erieye와 매우 유사하다. 상부에 AESA레이더가 설치되어 있고 탐색 각도 양방향 각각 120도로서 항공 전자장비는 미국 Honeywell사 제품이 설치되어 있다. 현재 중국 공군이 7대, 해군이 3대를 운용하고 있다. 가오신 6호(高新6号, Y-8GX6)는 대잠초계기로 잠수함을 탐지하기 위한 8M의 자기탐지기인 매드(MAD)가 설치되어 있다. 가오신 7호(高新7号, Y-8XZ)는 미공군의 EC-130J와 같은 기종으로 강력한 전파교란기를 탑재하여 라디오나 TV방송을 교란시키고 중국군이 원하는 AM, FM, TV방송을 발송할 수 있는 전자전 심리전기로 운용하는 항공기로 대만에서 가장 가까운 복건성에 배치하여 운용하고 있다. 가오신 8호(高新8号, Y-9JZ)는 Y-9에 전자전 장비를 탑재하여 Stand Off형처럼 해군에서 작전지역 외곽에서 비행하면서 광범위하게 전자전을 지원하는 개념으로 운용 중이며 최근에는 전자전장비를 탑재한 H-6G와 함께 J-11B과 편대비행하는 것이 자주 목격되고 있다.

가오신 9호(高新9号, GX-9)는 심리전기로 도입했던 가오신 7호를 Y-9에 동일 장비를 탑재하여 상대군의 통신기능을 마비시키고 중국군의 라디오나 TV방송을 보장하는 심리전기로 네트워크에 침입하여 네트워크 사용을 제지하는 사이버 작전을 수행할 수 있는 기능을 하고 있다.

가오신 10호(高新10号, KJ-500 AEW&C)는 공중조기경보통제기로 가오신5호 KJ-200을 개량한 후속 모델로 2014년에 시험비행을 마치고 2015년에 36대가 실전 배치되어 운용하고 있다. 공중 급유를 할 수 있는 프로브가 장착되어 있다. 가오신 11호(高新11号, Y-9G)는 가오신 1호 또는 가오신 3호를 대체하는 EC-130에 버금가는 전자전기이며, 가오신 12호(高新12号, Y-9DZ)는 〈그림 4-4〉와 같이 현재 개발 중인 차세대 전자전기이다. 현재까지 중국군은 Y-8CB, Y-8JB, Y-8G를 중심으로 22대의 전자전기를 운용하고 있으며 Y-9G로 대체되어 가고 있다. 현재까지 Y-8항공기를 이용한 감시정찰 항공기는 100여 대 이상을 5대 전구에, 신호정보 수집기는 난징의 전자전 연대와 뤄양의 5비행사단 등에 약 30대 이상을, Y-9 전자전기는 베이징의 34 수송사단 등에서 7대 이상을 운용하고 있는 것으로 추측된다.

〈그림 4-4〉 중국군의 최신 정보수집 항공기, Y-9DZ

위 Y-9DZ는 중국이 새로 개발한 산시항공기회사(Shaanxi Aircraft Company)의 제품인 Y-9 중형 전술 수송기의 전자전 버전이다. Y-9DZ는 2017년에 처음 목격되었으며, 중국은 2019년에 이를 또 다른 전자전 버전과 Y-9G와 함께 공식 공개했다. Y-9DZ 변형은 중국이 개발한 가장 진보된 정보수집 항공기이다. 최첨단 센서와 통신 시스템을 갖춘 Y-9DZ는 전자 감시, 신호정보, 영상정보 등 다양한 관측 임무를 수행할 수 있다. Y-9DZ의 특징은 후방 동체 양쪽에 두 개의 대형 직사각형 모양의 ESM/ELINT(전자 지원 조치 및 전자정보) 안테나와 항공기 전체에 전략적으로 배치된 다양한 기타 안테나이다. 타원형 접시 모양의 ESM 안테나가 수직 미익 상단에 위치해 있으며, 동체 중앙에는 위성 통신 안테나가 존재한다. 또한 전방 동체 아래에는 SAR(레이더 영상 기술) 안테나가 있을 가능성이 있다. 보고서에 따르면 동체 측면에 파이프 모양의 안테나가 있는 것으로 보아, 그 목적이 심리전(PSYOP)과 관련이 있을 수 있다. 이러한 구성은 Y-9DZ가 ELINT, SAR 감시, 통신 방해, 심리전 등 특수 임무를 수행할 수 있는 차세대 다목적 전자전 항공기임을 강력히 시사한다. 중국군은 일반적으로 이 항공기에 대한 세부 정보의 상당 부분을 공개하지 않아, 이 항공기의 전체 능력은 크게 알려지지 않았으며, 이 항공기가 몇 대 운용되고 있는지도 알려지지 않았다. 그런데도 Y-9DZ는 외국군의 육상, 해상, 공중 레이더 신호를 효과적으로 탐지하고 식별하면서 중국 군에서 중요한 임무를 수행할 것이다. 첨단 센서와 레이더가 장착된 Y-9DZ는 중국 전투기의 작전을 지원하는 중요한 전략 정보를 제공할 수 있다. 감시 및 정보 수집에서 중요한 자산으로, 상황 인식을 향상시키고 군사작전을 지원하는 위협적인 무기이다.

또한, 중국은 최근에 방공레이더 탐지 범위 내 지대공 미사일 사정거리 밖에서 전투기에 전자전을 지원할 수 있는 Escort형 근거리 전자전 지원개념의 전자전기를 실전 배치하고 있다. 공군은 전폭기 J-16[17]에 전자전 장비를 탑재하여 J-16D[18]를 개발, 공군기지에 배치하였고, 해군은 〈그림 4-5〉와 같은 J-15[19]에 전자전 장비를 탑재, 항공모함용 전자전기 J-15D를 개발, 배치하였다. 두 기종 모두 주익과 동체 하부에 전자전 포드를 장착하여 우리의 항공기 또는 함정의 레이더 및 통신 시스템을 교란하는 전자전 수행을 통해 아측의 방공망 제압 및 중국군 항공기의 생존성 증대에 기여할 것으로 예상된다.

---

17) F-15E에 해당하는 최신 전폭기 버전이며 2013년에 작전배치하여 128대 이상을 운용하고 있다.
18) D는 중국어로 전자(Elecronic)을 의미하는 Diaze에서 유래한 것이다.
19) 항공모함용으로 수호이-33을 복제해 개발한 항공기로 2013년에 작전배치, 50대를 운용하고 있다.

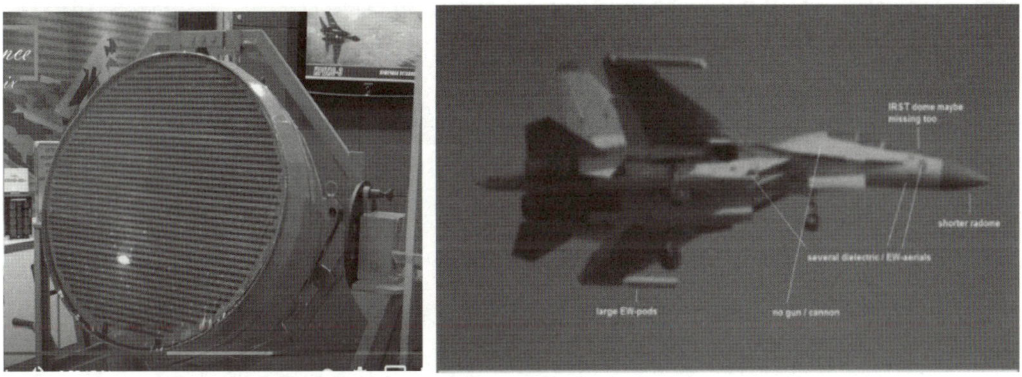

〈그림 4-5〉 중국 해군에서 운용중인 Stand Off형 전자전기 J-15D

미해군이 F/A-18F를 개조하여 전자전 공격을 수행하는 EA-18G를 개발, 운용하는 사례를 고려하여 중국도 J-15과 J-16의 기존 플랫폼을 개조하여 전자전기 개발에 나선 것으로 판단된다. J-16D는 전력화 테스트를 마치고 2017년부터 비행사단에 배치하였으며 전자전 장비 구성은 EA-18G와 매우 유사하게 윙팁에 AN/ALQ-218와 같은 전자신호 수신기를 장착하였는데 이 장비는 주변국의 전자파를 수신하여 전파의 제원을 추출, Pod 내 DB에 저장된 제원들과 비교, 방사체의 Source를 파악하는 역할을 하고 있다. 현재 활동하는 방사체의 종류와 레이더 전자파의 특성을 파악한 후에 기체 외부에 장착된 재밍 Pod에서 전자전을 수행한다. EA-18G가 기체 외부에 최대 5개의 재밍 Pod[20]를 탑재한 데 비해 J-15D, J-16D는 기체 외관을 고려할 경우 2~4개의 재밍 Pod 탑재가 가능한 것으로 판단된다. 중국 측의 주장에 따르면 이 재밍 Pod의 능력은 대략 145km에 이르는 방사체에 대해 전자전을 수행하면서 필요할 경우 J-15D, J-16D에 탑재된 KH-31, YJ-91 대레이더 미사일을 발사하여 레이더를 파괴할 수 있다. 항공모함용으로 개발된 J-15D는 항공모함에서 이륙하기 위한 추력이 부족하여 별도의 성능개량이 없이는 항공모함에서 운용하는 것은 제한될 것으로 본다.

4.2.2. 무인기를 이용한 정보수집

중국은 주변국가의 군사이동을 감시하기 위하여 위성 또는 항공기뿐만 아니라 무인기 개발도 매우 중요시하고 있는데 특히 무인기에 대해서는 군사용뿐만 아니라 민수용까지 집중적인 투자로 해양, 산업, 기후, 물류 부분까지 활용하기 위해 많은 연구개발을 하고 있다. 중국이 무인기 개발에 적극적인 이유는 국방에 활용하는 데 있어서 항공

20) 145km까지 재밍이 가능하다.

기와 달리 인원 및 경제적 리스크가 적고 여러 가지 목적[21]으로 활용할 수 있다는 장점이 있으며 특히 감시정찰 자산으로 이용할 경우 매우 경제적인 활용이 가능하다는 점이다. 또한 ISR 자산으로 장거리 감시능력 확대가 가능하며 중국이 미국에 부족한 위성기반 감시능력을 대체할 수단으로 이용이 가능하기 때문이다.

중국은 군사용으로서 무인기는 목표물 감시 및 정찰, 미사일 발사 및 폭탄 투하, 자폭형, 전자전, 신호정보 수집 등 다양한 영역에 활용하기 위하여 여러 종류의 플랫폼을 개발하여 실전 배치하거나 첨단 무인기를 개발 중이고 일부 종류는 생산하여 해외 수출까지 하는 실정이다. 중국의 무인기 개발 및 운용은 장거리 경우 A2/AD (Anti-Access / Anti Denial) 정책에 의하여 원거리 타겟팅에 활용될 수 있고, 단거리 전술 무인기는 동중국해, 남중국해, 대만 등의 주요 군사시설 및 무기체계 움직임을 감시 및 정찰용으로 사용하고 있다. 최근 개발하고 있는 무인기는 스텔스 기술, 센서공학, 정보통신 및 컴퓨터, 레이더 기술, 원격제어기술 적용 등으로 장거리 비행 능력과, 스텔스 기능, 미사일 탑재, 폭탄 투하 등을 할 수 있는 능력을 구비하고 있는 여러 용도로 사용할 수 있는 다용도 플랫폼 형태의 무인기를 개발하고 있다.

특히 중국이 심혈을 쏟고 있는 무인기는 장시간 비행, 스텔스 기능, 전자전 기능, 무기(미사일, 폭탄) 탑재에 중점을 두고 개발하고 있다. 원거리 타격, 즉 항공모함이나 한반도의 주요 핵심 군사시설을 공격 목표로 하여 중앙군사위원회 산하 장비발전부(구 총장비부)의 집중적인 예산지원으로 수백 업체가 참여하여 높은 능력의 무인기를 개발하고 있다.

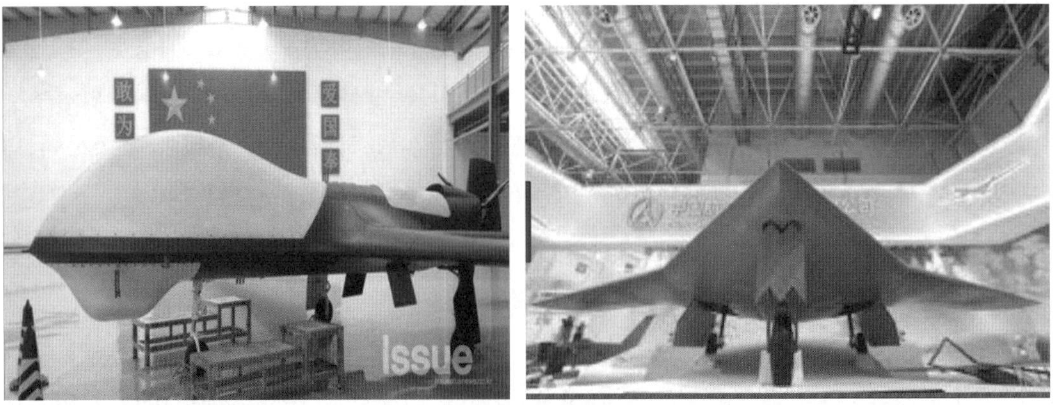

〈그림 4-6〉 최첨단 스텔스 무인기 '천응(텐잉)'[22]과 채홍(차이홍)-7(CH-7)(오른쪽)

21) 감시정찰, 전자정보 및 통신정보 수집, 공격기, 조기경보, 전자전 등
22) "中, 최첨단 스텔스 무인기 '텐잉' 시험비행 공개", 『이슈플러스』, 2019년 1월 17일

최근에 중국항천과공집단(CASIC)에서 개발한 〈그림 4-6(왼쪽)〉과 같은 비행접시 모양의 스텔스 천응(天鷹)[23]은 고고도용으로 장시간 체공과 3km 고도에서 자동차번호 식별이 가능하며 650kg의 연료와 임무장비 탑재가 가능하므로 고성능 EO 및 SAR장비, ELINT 및 COMINT장비, 레이더, 전자전 장비, 미사일 탑재(4개 걸개 부착)가 가능한 다용도의 플랫폼 무인기이다. 또한 남중국해와 대만해협을 감시하고 유사시 미 항공모함의 개입을 효과적으로 차단할 수 있는 무인기인 샹룽(翔龍)은 우수한 스텔스 기능을 갖고 있으며 34Kg을 적재하고 6시간까지 공중에 머무를 수 있어 센서를 탑재할 경우 장시간 동안 정찰 임무 수행이 가능하다. 2018년 싱가포르 에어쇼에서 선보인 '스타 쉐도우'는 높은 정찰능력과 타격능력을 보유한 전투형 정찰기로 비행거리는 4천km, 4백kg의 장비 또는 무기를 탑재할 수 있어 EO 및 레이더 장비, 신호정보 수집장비, 전자전 장비 등이 탑재 가능하다.

정찰 및 공격 겸용 무인기인 채홍(彩虹) 계열 무인기는 중국항공우주연구원(CAAA)에서 개발하였으며 이집트, 요르단, 아랍에미리트, 멕시코, 이라크 등 10여 개국에 수출하고 있고 최근에 개발한 CH-5(채홍-5)는 비행시간 및 탑재 용량이 세계 최고일 뿐 아니라 서방에서 우수한 무인기로 판명되는 MQ-9 리퍼의 성능과 비슷하다. 날개 길이는 21m로서 1만km 비행거리에 최대 60시간 체공과 1,000kg 탑재가 가능하다[24]. 또한 대전차 미사일 24발까지 탑재할 수 있으며, 고해상도 카메라와 레이더의 조기경보 시스템을 탑재하고 있고 전자정보도 수집할 수 있는 다용도 무인기이다. CH-7(채홍-7)은 고고도의 전략정찰 및 전자전 임무를 위하여 개발된 스텔스 무인기로 13t의 첨단 정찰 장비와 무기를 탑재할 수 있고 스텔스 능력을 위해 전자파 흡수 물질로 만들어졌다. CH-4(채홍-4)는 미국의 MQ-1 프레데터와 동급으로 이라크가 구매하여 IS 근거지를 정밀 타격하는데 성공[25]한 적이 있으며 대당 가격이 약 100만 달러로 MQ-1 프레데터 가격의 4분의 1 수준이다. CH-4의 최대 비행 중량은 1,300~1,350kg으로 MQ-1 프레데터의 1,020kg보다 많으나 탑재 무기 중량은 떨어진다. 비행 속도는 시속 150~180km로 항속 시간은 무기 탑재 시는 14시간, 탑재하지 않았을 때는 30~40시간가량이며 최고 비행고도는 7,500m까지 가능하다. AR-1 레이저 유도 탱크 공격용 미사일 등 6발의 미사일 탑재가 가능하다.

2011년에 중국 청두사가 최초 개발한 윙룽-1(Wing Loong)은 대략 미국의 MQ-1

---

23) 중국 해군에서 감시용으로 운용중인 BZK-005의 업그레이드 버전이다.
24) "中, 첨단 군용드론 CH-5 양산체계 구축... 국제시장 진출 본격화", 『뉴시스』, 2017년 7월 16일
25) "中 무인기 '차이훙', 이라크로 수출돼 IS 전선에 실전배치", 『동아일보』, 2015년 10월 14일

프레데터 규모이고 2018년에 개발한 윙룽-2는 MQ-9 리퍼 규모이다. 윙룽-1호는 중고도 무인 정찰기로 다양한 레이저 유도 폭탄, GPS 유도 폭탄, 레이저 유도 대전차 미사일을 장착할 수 있다. 윙룽 1호는 정찰 기능과 함께 대전차 미사일 2발을 장착했는데, 윙룽 2호는 미국 리퍼와 비슷한 무인기로 미사일 12발이나 장착할 수 있다. 〈그림 4-7〉의 윙룽-3는 공대공 미사일을 탑재하고 6,200마일(1만km) 항속거리를 갖춘 치명적 대륙간 드론으로 2022년 11월에 대외적으로 공개했다. 윙룽-3의 등장은 대륙간 탄도 미사일에 이어 대륙간 드론 공격 시대를 가져오게 된다는 것을 의미한다. 그의 항속거리는 미국 공격 드론 MQ-1C 그레이 이글의 2배가 넘고 항속시간 40시간, 항속거리 1만km로 늘려 전투용 드론을 완전히 다른 수준으로 끌어올렸다. 이를 위해 중국은 윙룽-3의 길이를 윙룽-2 30피트(9.05m)에 비해 훨씬 긴 40피트(12.2m)로 드론의 크기를 상당히 늘렸다. 윙룽-3의 날개폭은 78.74피트(24m)로 윙룽-1의 거의 46피트(14m)보다 훨씬 넓고 16기의 미사일을 장착할 수 있어 대공, 대지, 대함, 대잠, 수색, 구조, 정찰을 수행할 수 있는 다기능 무인기이다.

〈그림 4-7〉 윙룽-3(왼쪽)과 윙룽-10(오른쪽)

윙룽-10 UAV는 시험비행이 완료되고 현재 중국 공군에서 운용에 들어간 것으로 추측된다. 이 무인기는 공식 명칭인 WZ-10 또는 WL-10으로 전용 전자전(EW) 무인기로 기존 윙룽 드론을 기반으로 한다. 이 신형 드론은 공식적인 발표에 의하면 200km에서 100~300MHz 사이의 전자기 신호를 수신할 수 있도록 설계되었다. 그러나 기체의 구조나 주파수 특성을 고려하면 훨씬 더 고대역인 UHF, SHF, EHF 대역의 주파수까지 수신할 수 있다고 본다. 이 UAV는 최대 이륙 중량이 3,200kg이고, 최대 작동 고도 12,500m에 도달하고, 8시간 이상의 내구성을 가지며, 시속 520km로 비행이 가능하다. 크기는 글로벌 호크나 WZ-7 UAV보다 훨씬 작다. 주로 EW UAV인 것처럼 보이지만, ECM을 의미하는지, ELINT를 의미하는지 아직 불명확하다. 또한 사드에 대응하기 위하여 ASN-301 무인기를 개발하였는데 크기는 길이 2.5m, 날개폭 2.2m로서 시속 220km로 4시간 동안 체공이 가능하며 반경 228km 내에 있는 레이더를 파괴할 수 있다. 레이더 커버리지 내에 선회하다가 레이더 신호를 포착하면 레이더 송신기로 돌진하여 무력화시키는 자폭형 무인기이다. 중국은 스텔스화한 유인기와 인공지능의 무인기를 상호 복합적으로 운용하는 방안을 모색하고 있다. 이동하는 무인기가 서로 인식해 집단 행동을 하는 Swarming Warfare(벌떼전)로서 유·무인기가 편대를 구성해 365일 언제 어디서든 항공작전에 투입하기 위해 실험을 한 것이다.

중국의 무인기 개발은 저가의 정책으로 별다른 수출제한(Export Restrictions)이나 허가(Export License) 없이 타국에 무인기 판매나 기술 수출이 가능하므로 남미, 중동 등 글로벌 시장으로 확대할 가능성이 크다. 특히 미국은 무기수출 규제로 인하여 무인기 수출이 제한되지만, 중국은 저가 정책과 비밀 계약 추진으로 향후 세계 군용시장의 강자로 굴기할 것이다. 2020년 기준으로 중고고도 급 무인기를 약 1,000대 운용하고 있으며 체공시간도 탑재 중량도 지속적으로 확대할 계획이다. 그러나 아직까지 중국의 무인기는 미국에 비해서 정교함이 다소 떨어지며 중국 무인기가 사용하는 C밴드(4~8GHz)에 대한 전자전에도 취약[26]하다. 그래서 무인기 성능개량에 정부차원에서 적극 지원에 나서고 있으며 2025년까지 무인기 개발에 146억 달러를 투자할 계획이다.

4.3. 지상 정보수집체계

중국의 SIGINT 핵심 업무인 신호수집 및 분석, 암호분석, DF, 전자정보 분석, 자동처리 SW 및 HW 개발, DB 구축 등의 업무는 2015년 12월에 중국인민해방군(PLA) 구조가 바뀐 이후 전략지원군 소속의 네트워크시스템부(NSD)의 54연구소, 56연구소, 57연구소 등에서 담당했으며 2024년 4월에 전략지원군이 폐지되고 새로운 조직인 사이버군(CSF)이 중앙군사위원회 직할 조직으로 창설되면서 이곳에서 SIGINT 업무를 수행하고 있다. 또한 국가안전보위부에서도 일부 SIGINT업무를 수행하고 있는 것으로 여겨진다. SIGINT 수신 국소는 국내뿐만 아니라 중국 주변국가의 SIGINT정보를 획득하기 위해 중국 국경에 수십여 SIGINT 수집시설이 설치되어 있다. 심지어 해외 지역에도 SIGINT 업무를 수행하는 수집소가 있는 것으로 발표되고 있다. 자국 내에서는 베이징 외교가를 중심으로 외교망에 대한 SIGINT 정보를 획득하기 위해 노력하고 있

26) '내 드론 어디갔지?' 전자파로 무인기 훔치는 세상 온다", 『세계일보』, 2015년 5월 26일

고 주변국에 대해서는 한반도, 러시아, 일본, 대만, 동남아시아, 인도를 목표로 수십 개의 SIGINT 정보수집 국소를 국경에 따라 설치하여 운용하고 있다.

중국의 SIGINT 업무를 핵심적으로 수행하는 세 곳은 〈그림 4-8〉처럼 베이징 북서쪽 변두리에 있는 SIGINT 기술통제소와 중국 북동쪽 끝자락에 있는 Kinghathu, 쓰촨성 Chengdu에서 핵심 역할을 수행하고 있다. 러시아를 겨냥한 것으로 보이는 국소 가운데 동북쪽 Jilemutu와 Jixi, 몽골 국경 부근의 Erlian과 Hami에 신호를 수집하는 SIGINT 수신소가 있으며 러시아의 미사일과 위성 발사를 감시하기 위해 신장지역의 Qitai에도 SIGINT 수집시설이 구축되어 있다. 남쪽과 동남아 지역을 겨냥한 다른 수신소들은 쓰촨성의 Chengdu가 통제하는 각 SIGINT 수집기지가 네트워크로 연결되어 베트남과 인도 국경을 따라 수십여 신호 수집 시설들이 구축되어 있다.

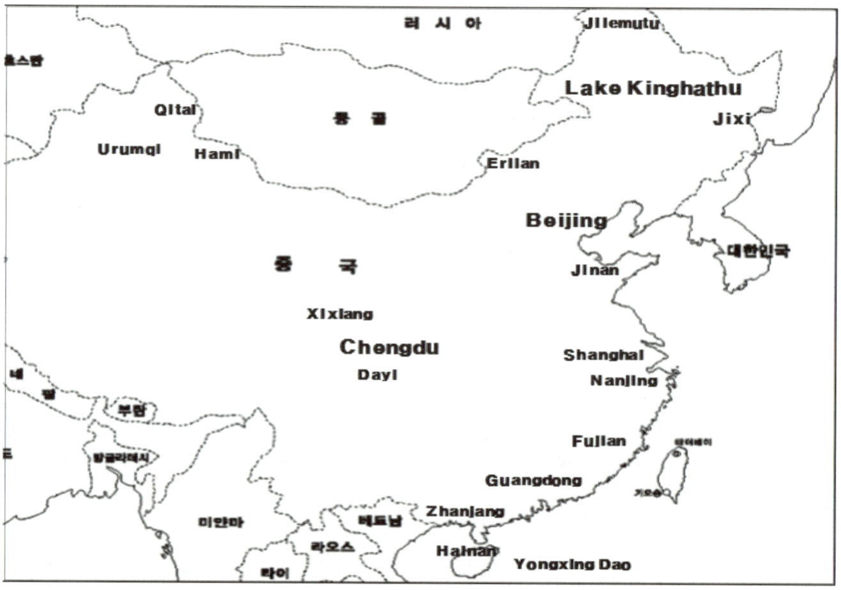

〈그림 4-8〉 중국의 SIGINT 지상 수집기지

다른 중요한 SIGINT 시설들은 Urumqi, 우디섬의 Yongxing Dao, 선양의 Xixiang, Jinan 그리고 Nanjing과 Shanghai에 위치해 있다. 대만을 수집 목표로 한 Fujian과 Guangdong에 추가 SIGINT 수집시설이 있다. 베트남과 가까운 하이난섬에는 남중국해를 감시하는 해군 SIGINT 시설과 미국과 러시아 위성을 겨냥한 지상 국소가 있다. 중국은 또한 섬 북쪽의 Zhanjang에 있는 남해함대 사령부 소속으로 선박과 항공기에 SIGINT수집 플랫폼을 가지고 있는데 여기에서 COMINT와 ELINT정보를 수집하고 있다. 수집 주파수 범위는 COMINT인 경우 LF~UHF 대역, ELINT인 경우

VHF~SHF 대역까지 수집할 것이다.

이들 수집기지는 목표 국가의 신호 활동에 따라 COMINT 신호인 SCPC(Single Channel Per Carrier), MCPC(Milti Channel Per Carrier), M/W, 위성통신, 이동통신 신호 등을 수집함과 동시에 방향탐지도 할 것이다. ELINT인 경우에는 전파의 직진성으로 인하여 지구곡률반경에 의해 쉽지는 않지만, 목표물과 근거리를 고려하여일부 기지는 수집시설이 구축되어 있을 것으로 보인다.

SIGINT와 전자전 업무는 CSF에서 수행하는 것으로 보이며 ISF는 과거 군기지의 통신부대를 통합해서 만들어지는 군으로 정보시스템 네트워크 구축, 네트워크시스템 방어 등을 담당하고 있는 것으로 추측된다. 사이버군의 54연구소(전략지원부대 전자전부 소속, 구 총참모본부 제4부)는 전자정보(ELINT) 포트폴리오를 가지고 있다. 전자전부는 전자신호를 수집하여 분석하고 그 자료를 데이터베이스화 하고 항공기와 함정, 위성 등 무기체계에 전자정보 자료를 입력하도록 전자전장비를 운영하고 육군, 해군, 공군에 분석자료를 제공할 것이다. 또한 여러 수집 플랫폼에서 전자신호 수신 시 자동적으로 분석하는 하드웨어와 소프트웨어를 제작할 것이며 동시에 전자전의 핵심인 전자 대응책(ECM)을 개발할 것이다. 한반도 주변에서 작전하는 모든 항공기 및 함정, 잠수함, 지상 레이더 등 모든 무기체계에서 방사되는 전자신호를 대상으로 하여 수집하고 분석하여 각 항목별로 분석자료를 저장할 것이다. ELINT 수신기 개발 및 신호처리는 SWIEEE(Southwest Institute of Electronic Equipment)에서 담당하며 항공기 탑재 ELINT Pod도 여기에서 제작하고 있다.

4.4. 해상 정보수집체계

중국 인민해방군 해군은 각 함대 사령부(북해, 동부, 남부) 소속으로 전투지원함 개념으로 사령부별로 정보함을 2~3척 운용하고 있다. 정보함은 815형 1척과 815A형 7척 등 8척의 정보함을 3개 함대에 분산 배치하여 해상 정보수집 목적으로 운용하고 있다. 815A형은 2010년 최초 전력화 배치되었으며 특정 범위 내에서 다양한 표적을 전천후, 24시간 감시할 수 있으며, 저피탐, 신속한 신호처리 능력 등이 대폭 개선되었는데 상부에는 적이 발사한 무선 신호와 요격용 레이더 등이 설치된 대형 돔(dome)이 여러 개 설치돼 있으며, 이는 중국이 상대국 함정, 항공기, 화기 등의 성능을 파악하는 데 중요한 역할을 하고 있다. 주변국의 레이더 전파나 통신 전파를 수집하여 그 전파의 주파수 대역, 암호화 코드 같은 민감한 정보를 분석할 수 있고, 우수한 소나를 탑재해 해저 지형을 조사하거나 수중 음향 정보를 수집할 수 있다. 이 정보함은 길이 130m, 너비 6.5m, 배수량 6천t 규모로 250명의 승무원을 태우고 37㎞의 속도로 항진할 수 있다. 아래 〈그림 4-9〉 왼쪽 그림은 중국해군 함대 위치와 오른쪽은 최신 정보함인 815A형을 보여주고 있다.

〈그림 4-9〉 중국의 해군기지와 SIGINT 정보함

중국 인민해방군 해군의 북해함대는 관할지역은 발해만과 황해로서 사령부 청사가 위치한 곳은 산둥성 칭다오시에 자리 잡고 있으며 정보함 소속은 북해함대 제11 정보함대대로서 5개 전구(戰區) 중 북부전구 지역에 속하며 정보작전 지원을 하고 있다. 북해함대 소속의 815A급 전자정찰선(815A型电子侦察船)은 2척으로 854함(텐랑싱, 天狼星), 856함(카양싱, 开阳星)이다. 동해함대는 상하이 인근의 저장성 닝보에 자리 잡고 있으며 작전구역은 동중국해이다. 즉 센카쿠 열도(댜오위다오)나 오키나와, 대만 등의 해역과 관련된 작전업무를 수행하는 중국해군의 핵심 사령부이다. 정보함은 3척을 운용하고 있으며 815A형 전자정찰함은 858함(Yuhengxing), 855함(Tianshuxing), 구형인 815형 전자정찰함은 1척으로 851함(Polaris)을 운영하고 있다. 남해함대 사령부는 광둥성 잔장(湛江)항에 위치해 있으며 담당 해역은 남중국해로 대만해협 남단이랑 남중국해 남사군도 쪽을 담당한다. 정보함은 남해함대사령부 전투지원함 제3지대 소속으로 815A형 전자정찰선인 797함(일권성), 852함(해왕성), 853함(천왕성) 등 3척을 운용하고 있으며 남부전구 사령원의 지휘를 받는다.

실제 중국 정보함의 작전은 여러 곳에서 발견되고 있다. 동중국해 센카쿠(尖閣 · 중국명 댜오위다오〈釣魚島〉) 열도 부근 공해상에서 다수 활동하고 있는데 이는 미국, 일본의 군사훈련 등에 대한 정보수집이나 중국해군의 해상작전 범위 확대 움직임 등과 관련이 있을 수 있다고 볼 수 있다. 또한 과거 미국 하와이 근해에서 있었던 한미일 환태평양(림팩) 합동군사훈련에서도 중국은 당시 이 훈련에 구축함 하이커우(海口), 호위함 웨양(岳陽), 보급함 첸다오후(千島湖), 병원선 허핑팡저우(和平方舟) 등 4척의 함정을 파견했는데 이때도 815형 정보함 한 척도 근해에 파견했다. 물론 미 해군은 참가국 해군의 전술과 장비 등을 현장에서 관찰하지 못하도록 중국 정보함을 훈련이 벌어지는 해역 바깥에서 머물도록 했으나 중국 정보함은 거리낌 없이 주요 훈련이 시행되는 해역 근처까지 접근해 정보를 수집했다. 또한 최근 인도양에서 펼쳐지는 미국, 일본, 인도 간 연합 해상훈련 '말리비르'를 감시하기 위해 중국 정보수집함이 인도 남부 첸나이 항과 그 주변 해역에서 전개하였는데 공격형 재래식 잠수함, 보급지원함과 함께 함대를 편성해 움직였다. 말라바르는 인도양과 태평양에서 매년 돌아가며 실시하는데 동중국해 일원에서 있은 연합훈련 기간에도 중국 정보수집함이 출현해 인도 군함 등을 뒤쫓은 적이 있다.

중국 정보수집함(艦)은 〈그림 4-10〉처럼 매년 동해에서 열리는 한미 해상 연합훈련을 앞두고 동해에 진입하여 한미 연합훈련 통신정보 및 전자정보를 수집했다. 당시에 중국은 정보함뿐만 아니라 미사일 구축함 등 다수의 함정과 같이 한미 해상 연합훈련 근처에서 정보수집 작전을 수행하였다.

〈그림 4-10〉 한미 훈련시 동해로 이동 중인 중국 함정과 정보함

또한 중국은 해양조사선도 대만 인근 해역 활동은 전자전에 대비하기 위한 것이라는 전문가 분석이 나왔다. 중국이 보유하고 있는 해양조사선 샹양홍(向阳紅, Xiangyanghong) 등 60여 척은 지상, 해상, 해저 및 우주에서 통신 및 전자정보, 음향정보를 수신할 수 있는 첨단 장비를 보유하고 있어 해양조사선의 활동은 잠수함 및 전자전 대비 정보 수집에 목적이 있을 수 있기 때문에 지속적인 감시가 필요하다. 또한 해상작전을 지원하기 위한 정보수집 항공기, 특히 전자정보 수집기인 YJ-8J/Y-8JB 등 10대 이상을 해군에서 운영하고 있다.

4.5. 중국군의 전자전 능력

4.5.1. 전자전 추진 전략

PLA는 전자전에 있어서 세계 최고의 능력을 보유하고 있다. PLA는 기술적 능력과 상당한 전자전 능력을 모두 갖추고 있어 반 개입(counter-intervention) 작전에서 초기 PLA 정보 지배력을 보장하지는 않더라도 상당한 전자기 스펙트럼 공격 및 방어 작전을 수행할 수 있다. 미국방부의 2023년 중국 군사력 보고서(DoD's 2023 China Military Power Report) 발표를 위한 미디어 행사에서 국방부 고위 관계자는 PLA가 전자전(EW)에서 상당한 도전에 직면해 있다고 믿고 있다고 암시했다. 이 관계자는 PLA가 이야기한 것 중 일부는 복잡한 전자기 환경에서 어떻게 작동할 수 있는지, 아니면 더 잘 작동할 준비가 되어 있어야 하는지에 관한 것에 의문이 든다고 하였다. PLA와 그 지도부는 전자기 스펙트럼(Electromagnetic Spectrum, EMS) 지배의 중요성을 강하게 이해하고 있으며, EMS에서 군사 작전의 본질적인 복잡성에 대해 상당한 우려를 품고 있을 수 있다. 그러나 PLA가 현재 매우 유능한 전자전(EW) 부대가 아니라고 주장하는 것은 PLA 능력의 심각한 오해일 것이다. 사실, PLA의 전자전 능력은 양적인 측면이나 질적인 측면에서 러시아 군보다 앞서거나 심지어 미군의 전자전 능력에 미치고 있다. PLA는 냉전 동안 초강대국 경쟁에 대한 관찰을 바탕으로 1980년대에 EW 역량에 처음 투자하기 시작했다. 현재의 PLA의 EW개념은 EW 적용에 대한 서구의 생각보다 '라디오-전자 전투(radio-electronic combat)'라는 소련의 개념(소극적 개념)을 기반으로 하고 있다. 미국의 정밀 타격을 목표로 한 제2차 상쇄 전략(Second Offset Strategy)[27]에 대한 러시아의 전략은 본질적으로 미국의 정찰 공격

27) 소련과 동구권에 대응하기 위해 스텔스 항공기 개발, C4I 체계 개발, 핵전쟁 대비 독립 네트워크 구축, 장거리 정밀타격 미사일 개발을 추진하였다.

(reconnaissance strike complex)에 대한 EW 공격을 통해 미국의 스마트 정보 무기체계 작동을 제한하는 것이었다. 중국의 정보화 전쟁 전략은 여러 면에서 동적(무기체계 이용) 및 비동적(SW 무기체계 이용) 수단을 활용한 EW를 기반으로 한 작전 수준의 정보 우위에 대한 소련의 접근 방식의 진화라고 볼 수 있다. PLA의 중요한 EW 능력 개발은 PLA 정보화 전쟁 개발과 병행하여 이루어졌다. 2001년 초, PLA의 중요한 훈련 지침인 군사훈련 및 평가 개요(Outline of Military Training and Evaluation, OMTE)에서 PLA는 복잡한 전자기 환경(complex electromagnetic environment, 复杂电磁环境)에서 전자전에 대응해야 함을 정의하고 있다. 2006년까지 PLA의 고위 지도부는 전자전(电子战)에서의 성공과 정보화 전쟁 사이에 명확한 연관성을 확립했다. 2015년 PLA의 군사전략은 복잡한 전자기 환경에서 훈련을 강화하도록 언급하고 있다. PRC 2019 국방백서는 중국의 국방이 우주공간, 전자기 공간, 사이버 공간에서 중국의 안보 이익을 보호하는 것을 목표로 하고 있으며, 이는 아마도 전략지원군의 창설과 보조를 같이하고 있다(그러나 2024년 전략지원군은 4개 부대로 해체되었다). 그 후 20년 넘게 다른 첨단 PLA 무기 시스템과 동일한 수준의 기술 투자와 혁신이 PLA EW 능력 향상에도 이루어졌다.

중국 군사작전의 맥락에서 통합 네트워크 전자전(integrated network electronic warfare, INEW)의 PLA 개념은 사이버 능력보다 전자전을 더 강조하고 있다. 사이버 능력은 중요한 역할을 하지만 작전 전투 공간과 실제 전투에서는 제한적인 유용성을 가질 수 있다. 즉 기본적으로 사이버 능력은 접근성에 의해 제한을 받을 수 있다. 폐쇄된 전투 시스템(closed-loop combat systems)에 대한 외부에서 네트워크 및 시스템 접근은 대부분 사람이 생각하는 것보다 훨씬 어렵다. PLA가 상대국의 네트워크 내에 침입하기도 어렵고, 설령 침투했다 할지라도 이식된 멀웨어(implanted malware, 바이러스)를 통제할 수 없는 상태에 이를 수 있고(상대국의 폐쇄된 네트워크로 인해), 따라서 그 바이러스가 잘 작동하는지에 대해 우려할 수밖에 없다. 그래서 PLA가 접근할 능력이 되어 있고 통제 가능한 수단 중 하나는 바로 전자기 스펙트럼이다.

전자전 분야는 세 가지 상호 연관된 기능으로 구성된다. 전자전 지원(ES)은 본질적으로 전자정보(ELINT)와 동의어[28]이지만 차이점은 되도록 이른 시일 안에 주변의 적 무기체계 신호를 감지, 식별 및 위치 파악하는 것을 목적으로 한다. ES는 EA 또는 기타 무기에 대한 지원을 표적으로 삼는 데 큰 역할을 한다. 세 가지 상호 연관된 EW 기능

28) 근본적인 개념은 유사하나 ES(ESM)은 주변의 많은 무기체계 활동하는 신호를 식별하는 것에 목표를 두지만, ELINT는 새로 출현하는 Source의 전자신호를 수집해서 분석하는 것을 목표로 한다.

은 앞서 소개한 정보 전력의 상호 연관된 요소와 관련이 있다. 단일 PLA EW 기능이 EMS 우위를 점하지는 않을 것이나 이들의 시너지 효과를 종합하면 엄청난 효과가 발생할 것이다. 전자공격(EA), 또는 전자 대응책(ECM)은 전자기 에너지를 사용하여 적의 신호를 방해하거나 속이는 것을 말한다. EA는 또한 적의 전자장비를 기능적, 물리적으로 파괴하기 위해 방향 에너지 또는 방사가 되지 않도록 호밍 무기를 사용할 수도 있다. 전자 보호(EP) 또는 전자 대응책(ECCM)은 적의 EA로부터 운용 중인 레이더와 같은 전자신호와 장비를 지속적으로 운용이 가능하도록 보호하는 조치이다. ES, EA/ECM, EP/ECCM 등 세 가지 분야의 역량을 검증하거나 정량화하는 것은 공개된 출처를 통해 쉽게 관찰할 수 없는 EW 역량과 기술적 특징의 특성을 고려할 때 사실상 어려운 일이다. 중국 과학자들과 국방 관련 연구 기관은 10년 넘게 세계적 수준의 레이더, 통신, 전자전 연구 논문을 발표해 왔다. 일부 PLA EW 관련 역량을 관찰할 수 있는 곳에서는 PLA가 EW에 상당한 규모의 투자를 하고 있고 투자를 늘리고 있다는 것이 분명하다. PLA ES 기능은 이전에 ISR 기능에 대한 많이 설명되었듯이 중국 본토의 지상에 설치된 SIGINT 수집 시설과 선박의 ELINT 센서, GEO 및 LEO 위성, UAV, 특수 임무 항공기는 EA 및 기동하는 표적(kinetic targeting)을 지원하기 위해 계층적이면서 중복된 ES 기능을 구축하여 운영하고 있다.

PLA의 EA(=ECM) 능력을 보면 구축된 상당수 EA 체계는 5대 전구를 지원하기 위해 ES와 함께 지상 기반 기동 ECM 여단에서 운영하고 있다. PLAA(육군), PLAN(해군), PLAAF(공군)는 각각 TRB(기술정찰국)에 ES 및 EA 능력을 제공하는 ECM 여단을 보유하고 있다. PLA EA 차량은 공개적으로 전시되는 경우는 드물지만, 상업용 위성 이미지를 통해서 대외적으로 가끔 나타나고 있다.

지상 기반 EA는 공중 표적에 효과적일 수 있지만, EA 항공기는 지상 및 공중 표적에 대한 광범위한 커버리지를 제공한다. PLAAF는 현재 많은 수의 특수 제작 EA 항공기를 보유하고 있지 않은 것으로 판단한다. 그러나 지난 몇 년 동안 몇 가지 새로운 유형의 전자전 항공기가 등장하여 그 수가 증가하고 있다. PLAAF는 여전히 구형 Y-8G EA 항공기를 운항하는 것으로 보이나 최근 수년 전부터 특수 임무 항공기 생산 급증의 일환으로 2019년에 새로운 Y-9G EA 항공기를 운용하기 시작했다. 2021 중국 에어쇼에서는 미 해군 EA-18G 그라울러와 유사한 J-16 전투기 폭격기의 EA 버전인 PLAAF J-16D가 첫선을 보였다. J-16D는 현재 운용 중이며 2022년 대만해협 근처에서 훈련을 실시한 것으로 알려졌다

PLA EP 기능은 사실 평가하기 가장 어려운 기능 중 하나이다. PLA가 EW에 중점을

두고 있기 때문에, PLA 레이더, 통신 및 ISR은 이러한 시스템을 적 EA로부터 보호하는 하드웨어나 신호처리를 확실히 가지고 있을 것으로 여겨지지만 오픈 소스에서는 이를 찾아볼 수 없다. PLA가 EP 노력의 하나로 볼 수 있는 것은 PLA C4ISR 시스템의 주파수 다양성이다. PLA는 적의 전자 방해 공격뿐만 아니라 C4ISR 시스템에 대한 공격(kinetic attacks)도 완전히 예상할 것이다. 따라서 PLA는 다양한 시스템으로 광범위한 주파수 스펙트럼을 포괄하고 있으므로, 정교한 적이라도 PLA의 전장 정보 접근을 크게 제한하기 위해 충분한 PLA C4ISR 전자 시스템을 동시에 방해하거나 파괴하는 데 어려움을 겪을 수가 있다. 다양한 PLA 시스템은 넓은 주파수 스펙트럼을 커버하고 있다. ISR에 사용되는 지상 기반 레이더는 앞서 언급한 HF대역의 OTH 레이더부터 VHF, UHF, L, S, C, X 밴드까지 다양하다. 마찬가지로, PLA 통신 시스템은 저주파 HF 통신에서부터 X 밴드 대역의 초고주파(EHF) 위성통신까지 확장된다고 볼 수 있다. 또한, PLA는 신호 수집(intercept)이 어렵고 전파 산란 방해가 어렵도록 오래된 통신 기술에도 여전히 투자하고 있으며, 따라서 미국과 동맹국의 EW는 거의 또는 완전히 그 기능이 제한될 수 있다.

2007년에 PLA는 미국의 Link-16/JTIDS(Joint Tactical Information Distribution System) 데이터 링크와 유사한 공동 데이터 링크 시스템을 구축하기 시작했다. 이 PLA 데이터 링크는 공동 정보 분배 시스템(Joint Information Distribution System) 또는 JIDS(联合信息分发系统)로 알려져 있다. Link-16과 같이 아마도 JIDS는 intercept와 jam에 강한 주파수 도약(hopping) 기술이 적용된 데이터 링크일 것이다. PLA는 이제 PLA 방위산업체인 CETC가 개발한 차세대 전술 데이터 링크인 DTS-03을 통합하여 운영할 것이다. DTS-03은 Link-16/JIDS보다 훨씬 낮은 지연 시간에서 데이터 교환 속도가 훨씬 높으며, 기동적이면서 재밍에 강한 메시 네트워크(Mesh Network)를 만들기 위해 기술을 도입한 것으로 알려져 있다.

4.5.2. 지상 이동형 전자전체계

중국 인민해방군 육군이 운용하는 전자전 무기체계는 기동성 발휘에 융통성 있게 설계되었다. 이동형 전자전 무기체계는 〈표 4-5〉과 같이 장갑차와 트럭으로 구성되어 있으며, 지형 극복과 분산 및 위치 재조정이 쉽도록 설계되었다. 재밍 장비나 전자신호 수집 및 처리장비를 탑재한 차량은 전자기파 수집 및 방해에 최적화된 지역에 이동하여 안테나를 펼쳐 전자전 작전을 수행하게 되어 있다.

〈표 4-5〉 중국 육군 이동형 전자전 무기체계[29]

장비 구분	기 능	비고
Type-08	전자전용 장갑차	
ZBL-09	전자전용 장갑차	
EQ2050 4x4	신호정보 기지국	재머트럭
EQ2101 6x6	자동화 재밍 기지국	이동형 지휘소
SX2190 6x6	전자전 정찰트럭	
TAS5501 10x10	전자전 트럭	
CSZ181	신호수집 / 방향탐지	
UAV Swarming Launch Vehivle	무인기 발사차량	
Drone Jammer Station	드론제어 기지국	

장갑차형 Type-08 전자전 장비(왼쪽), 지상 이동형 전자전장비(CSZ181)[30]

〈그림 4-11〉 중국군 이동형 전자전 장비

또한, 지상군의 이동형 전자전 무기체계는 〈그림 4-11〉과 같으며 믹스 앤 매치(mix and match, 짜맞추는 방식) 방식으로 운용된다. 특정 대역에 최적화된 재머를 탑재한 차량들은 전자기 정찰기지국으로 정보를 제공하고, 정찰기지와 통신 가능한 지휘통제

---

29) 권정욱, "중국군의 전자전 인식과 운영개념, 능력 연구", 한국군사학회논집, 第77輯 제3권, 2021.10

30) JANES, "PLAGF units training with new vehicle-mounted EW systems", 2020,5.15

기지의 통제로 통합 재밍을 실시하게 된다.

아래 〈그림 4-12〉는 남중국해에 배치된 이동식 전자전 차량의 배치도를 도해한 것으로써, 지휘통제기지국과 통신하는 정찰기지국이 각각의 재머차량에게 적 정보를 제공하면 각 재머차량은 담당구역에 대한 방공임무를 지원하거나 적 지상군에 대한 통신을 교란하는 개념을 보여주고 있다. 중국 언론은 2019년 열병식에서 공개된 차량과 장갑차에 초단파(VHF)에서 초고주파(SHF)까지 전파를 감시하고 방향을 탐지할 수 있는 텔레스코픽 마스트(telescopic mast)로 전자지원조치(ESM)를 수행하는 78집단군의 훈련모습을 공개하기도 하였다.

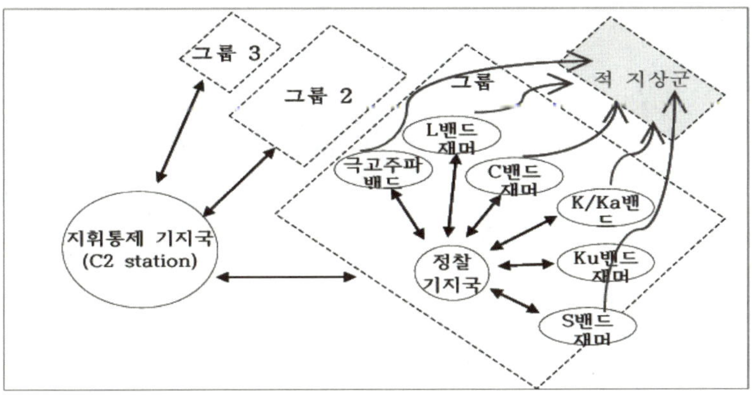

〈그림 4-12〉 중국 지상군 전자전 장비 구성도

한편, 각 군의 전자대항여단은 DZ-9001 전자정보체계, 트럭 탑재용 BM/DJG 8715 및 970형 레이더 재밍체계, 개인 휴대용 ZJ 9301-1 전자지원체계 등의 장비를 운용[31]하고 있으며, 이들은 대부분 러시아의 지원으로 발전된 것으로 알려져 있다.

4.5.3. 대방사(ARM) 무기체계

대방사 무기(Anti-Radiation Weapons, ARM)[32] 체계는 지상 또는 공중 교란기보다 더 중요한 것은 레이더나 중요 통신국소 표적을 하드킬하기 위해 전자기 신호로 유도하는 다양한 유형의 대EA 방사 무기체계도 전자전을 이용하는 장비이다. PLAAF는 2000년에 러시아의 AS-17 대방사 미사일(ARM)을 인수하여 YJ-91 ARM을 성공적으

31) 권정욱, "중국군의 전자전 인식과 운영개념, 능력 연구", 한국군사학회논집, 第77輯 제3권, 2021.10

32) 적의 전파 방출원 탐지(적 레이더, 재머, 통신 등)하여 공격하는 무기체계

로 재설계했다. 2020년 이후로 여러 가지 새로운 PRC 생산 ARM이 등장했습니다. 〈그림 4-13〉과 같은 대방사 미사일 TL-30, 또는 AKF088C로도 알려진 이 TL-30은 2022년 중국 에어쇼에서 PLAAF 항공기에 처음으로 소개되었다.

〈그림 4-13〉 중국 공대지 방사무기체계(AKF088C)[33]

TL-30/AKF088C는 최대 280킬로미터(150해리)까지 비행할 수 있으며 목표 신호를 검색하면서 비행하며 신호를 미 탐색할 경우 최초 입력지점 근처에서 신호 탐지까지 주변을 비행하는 대방사 순항 미사일이다. PRC 방위 산업은 또한 탄도 미사일에 대한 대방사선 탐색기를 판매하고 있으며, 이는 이러한 유형의 탐색기가 미국이나 연합군에 대항하여 사용될 수 있는 PLARF 탄도 미사일에 통합되었을 가능성이 높다는 것을 나타낸다.

2024년 초, 언론 보도에 따르면 이란에서 생산된 〈그림 4-14〉의 샤헤드 -136 (Shahead-136)[34]의 카미카제 공격 드론이 우크라이나에서 러시아 군대에 의해 큰 효과를 발휘했다. 외관만 놓고 보면 샤헤드-136은 PRC에서 생산한 ASN-301 이동식 대방사 드론 시스템의 이란산 모조품으로 최소 2017년부터 PLA 목록에 포함되어 있는 대방사 무기체계이다. 이러한 유형의 저고도, 저속 비행 대방사 무인기는 탐지되지 않고 목표 지역에 접근하도록 설계되었기 때문에 특히 강력한 무기가 되고 있다.

---

33) https://user.observersnews.com/main/content?id=1097464

34) 2022년 러시아의 우크라이나 침공 이후 러시아 측에 지원되어서 운용 중이다. 러시아 측의 정식 명칭은 제라늄을 뜻하는 '게란-2(Г е р а н ь -2)'이다. 샤헤드-136은 란쳇 무인기와 함께 레이더 시스템과 화포를 각각 노리는 식으로 운용되고 있다.

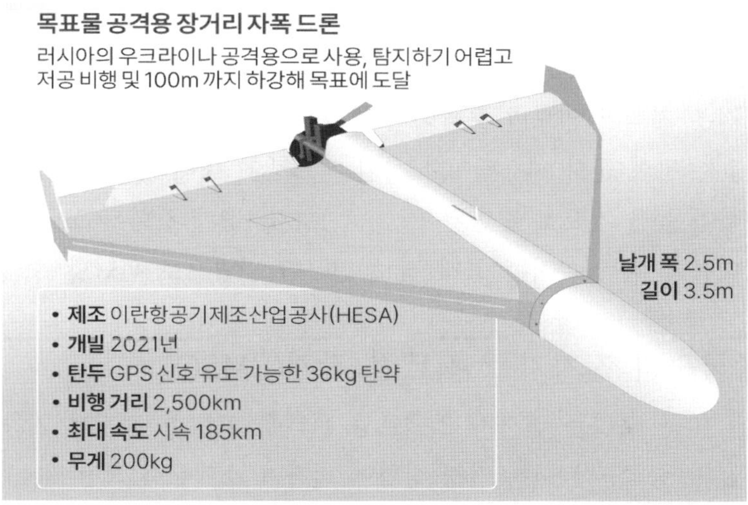

〈그림 4-14〉 러시아에서 운용한 대방사 Shahead-136 미사일

4.5.4. 대우주(Counter-space) 전자전체계

2020년 이후, (구) 전략지원군은 외부 위성통신(SATCOM)에 대항하여 대우주 EA를 수행할 수 있는 능력과 역량을 많이 증가시켰다. 미국 및 동맹국인 SATCOM에 대한 비 기동적인 공격은 PLA의 반 간섭(counter-intervention) 작전에서 첫 번째 조치가 될 가능성이 매우 높다. (구)전략지원군의 대우주 EA 기능은 중국 허베이성 랑팡(Langfang)에 본부를 둔 32090 부대(32090 部队)라는 전략지원군의 대우주 ECM 여단 산하에 통합되었을 것으로 보인다. 기동 SATCOM 교란 대대가 주둔한 랑팡 시설은 2021년부터 2022년까지 기지 인프라로 대폭 업그레이드되었다. 중국 동부에 위치한 잉탄(Yingtan) 대우주 ECM 시설은 이동형 SATCOM 재머를 보유하고 있으며, 2020년 이전에는 공개 정보에서 확인된 유일한 대우주 ECM 시설이다. 2020년 이후 티베트, 상하이 인근, 하이난섬에 추가로 32090 부대 대우주 ECM 시설이 6개 건설되었다[35]. 2022년까지 이 6개 시설은 PLA 대우주 EA를 지원하기 위해 SATCOM 신호를 식별하고 추적하기 위한 고정 안테나 인프라가 500% 증가한 것으로 나타났다. 또한 하이난섬에서는 2022년부터 새로 건설된 많은 대규모의 이동식 SATCOM 재머도 추가로 확인되었다. 2022년 이후로 많은 시설이 계속 확장되어 2024년 초까지 규모가 두 배로 증가했다.

PLA 비 기동형 EA 능력은 공개 정보를 기반으로 평가하는 것은 거의 불가능하다.

35) J. Michael Dahm, "China C4ISR and Counter-Intervention", Mitchell Institute for Aerospace Studies, March 21, 2024

PLA 재밍 기능이 PRC EW 연구를 기반으로 추정되었더라도 재밍은 반드시 재머와 수신기(레이더, 통신 또는 기타 시스템) 간의 상호작용을 포함하고 있다. EA 표적의 EP 기능에 대한 깊은 지식이 없으면 포괄적인 효과를 평가할 수 없다. PLA는 EP가 거의 없거나 전혀 없는 구형 군사 시스템이나 상업 시스템에 대해 상당한 EA 기능을 보유하고 있을 가능성이 높을 것으로 판단된다. PLA EA가 EP가 강화된 고급 미군 시스템에 대해 어떻게 대응할 수 있는지는 공개 정보 연구를 기반으로 판단할 수 없다.

4.5.5. 중국군의 전자기 스펙트럼 작전(EMSO)

최근 개정된 미군 교리는 전자기 스펙트럼 관리를 포함한 전자전 기능을 EMSO의 산하에 두고 있다. 중국군 PLA는 가정 상황에 전자기 스펙트럼 작전(Electromagnetic Spectrum Operations)을 군사작전에서 중요한 수단으로 여기고 그 역량을 발전시켜 왔다. 미군과 연합군에 대한 반격 작전을 고려하여 PLA는 동일한 전자기전 환경을 고려하여 훈련, 작전을 수행했고 향후에도 그렇게 진행할 것이다.

PLA는 또한 군부대와 민간 정부, 업체 등과 전시 주파수 스펙트럼 사용을 차단, 운용하는 절차, 조직, 체계 등 주파수 관리 장치를 갖추고 있는 것으로 보인다. 중국의 2010년 전파통제 규정은 주파수 스펙트럼 관리에 대한 군사적 책임을 군 전자기 스펙트럼 관리청(Military Electromagnetic Spectrum Management Agency, 军队电磁频谱管理机构)과 군 지역 전자기 스펙트럼 관리청(Military Region electromagnetic spectrum management agency 军区电磁频谱管理机构)에 부여하고 있다. 2016년에는 이러한 개혁과 함께 현재 주파수 스펙트럼 통제 그룹(다두이, Dadui)(Frequency Spectrum Control Group 频谱管控大队)으로 알려진 것이 CMC 합동참모부로 이관되었다. 현재 TC는 아마도 이전의 MR(군구) 스펙트럼 관리 기관을 통합하여 CMC 합동참모부의 조직을 반영하여 전역 주파수 스펙트럼 통제그룹(네트워크전자전국)으로 전환했을 것으로 추측된다.

전자전 능력과 전자기 스펙트럼 작전은 분명히 PLA의 최우선 순위일 것이다. PLA는 현지 전자기 환경에 대한 신속한 접근성을 활용하여 미국과 연합군에 비운동적 기동적인 EW 공격(non-kinetic EW strikes)을 제공할 가능성이 높다. 분쟁이 격화됨에 따라 PLA는 전자기 환경과 정보 전장에서 우위를 확보하기 위해 파괴적이고 동적인(kinetic) EW 능력도 사용할 가능성이 크다.

4.6. 사이버영역에서 정보수집

중국의 인민해방군(PLA) 전략사이버사령부(2024년 4월 창설)는 중국 공산당(CPC)으로부터 전 세계의 기업과 정부에 대해서 체계적인 사이버 스파이 활동과 비인가적인 데이터 획득을 임무를 부여받고 있으며 그 임무를 수행하는 부대는 과거 총참모부 3부 소속인 61398부대[36]로 알려졌다. 61398부대는 최근 바뀐 군 조직에서 해커작전, 중국의 군 및 민간인 정보시스템 방어 임무를 수행하는 사이버전부[37]에 소속되어 있으며 컴퓨터 네트워크를 접속하여 정치, 경제, 군사와 관련된 정보를 집중적으로 수집하고 있으며 이는 미국을 비롯한 영어권 국가뿐만 아니라 한국도 그 대상으로 하고 있다.

61398부대의 요원들의 능력을 보면 컴퓨터 전공을 기본으로 하고, 운영체계(OS), 컴퓨터 네트워크, DB, 보안통신, 인터넷, 디지털신호 처리, 영어 구사 등에 전문가들로 구성되어 있고, 특히 다양한 사이버 공격 툴 운영에 풍부한 노하우를 갖고 있는 사람들로 구성되어 있다. 61398부대에서 수행하고 있는 컴퓨터 네트워크 공격방법은 백도어(Backdoor)나 스피어 피싱(Spear phishing)[38]방법을 이용한 '지능형 지속적 위협(Advanced Persistent Threat, APT)'방법으로 수백여 개의 조직을 목표로 하여 장기간에 걸쳐 주기적으로 네트워크에 접근하여 항공우주기술, 무기체계 개발, 핵무기 제조, 반도체 기술, 생명공학, NASA 기밀자료, 이지스 미사일 방어체계, 글로벌 호크 전략 무인기, F-35 등의 자료를 획득[39]한 것으로 알려졌다.

구체적으로 지능형 지속적 위협 방법을 이용한 정보 탈취방법은 61398부대 요원들은 스피어피싱 방법을 사용하여 백도어와 같은 악성코드를 심어놓고 압축된 파일들을 비밀리에 다운받아 왔으며 사용된 코드들은 소프트웨어 발전에 따른 환경에 맞게 지속적인 업그레이드를 해왔다. 이러한 일련의 과정을 사이클로 보면 제일 먼저 공격하고자 하는 컴퓨터는 침해 목표를 설정한 후에 스피어피싱 이메일에 악성 첨부파일을 연결하는 하이퍼링크로 설정된 메일을 보낸다. 아래 〈그림 4-16〉처럼 제목 줄과 본문에는 보통 수신자와 관계있는 내용으로 채워지며 수신자는 자연스럽게 메일을 열어보고 첨부

36) 상하이 푸동지방에 위치해 있으며 약 2000여명이 근무하고 있다.
37) 미국의 국가안보국(National Security Agency), 국방외국어학교(Defense Language Institute), 국방정보시스템국(Defense Information System Agency)의 임무를 통합한 것과 같다.
38) 수신자에게 익숙하고 믿을만한 송신자 혹은 지인의 형태, 또는 쇼핑몰의 계정으로 가장하여 메일을 보내며 수신자의 개인정보를 요청하거나 정상적인 문서 파일로 위장한 악성코드를 실행하도록 하여 공격하고자 하는 대상에 대한 정보를 수집한다.
39) 표상호, 정맹석, 조관행, "미국의 사이버 전략에 관한 연구", 『국가안보와 전략』, 국가안보전략연구원, 제16권 4호, 2016년

파일도 실행하도록 유도한다.

날짜 : 2019.3.3. 수요일 07:32:42
발신 : 국민은행〈ys8016@chibank.com〉
제목 : 귀하 국민은행 계좌 업그레이드
안녕하세요
귀하의 신용도가 향상됨에 따라 귀하의 계좌가 VIP로 업그레이드 되었습니다. 자세한 내용을 보시려면 이곳을 클릭하세요

국민은행장

〈그림 4-16〉 스피어 피싱 예

위에서 언뜻 보면 국민은행장이 메일을 보낸 것 같지만 실은 ys8016@chibank.com에서 보낸 것이며 이 계정은 공격자가 스피어피싱을 위해서 등록한 메일이며 만약 링크를 클릭하면 백도어를 설치하는 악성 실행파일이 실행된다. 일반적으로 첨부파일은 Zip 파일이 사용되어 Zip파일 내에 정상적인 Adobe PDF파일처럼 보이게 하나 실제는 실행파일 확장자인 "exe"실행되어 백도어[40]가 설치된다. 백도어가 표적 컴퓨터에 설치되면 외부에서 그 침해된 컴퓨터(서버)를 명령과 제어(C2서버)가 가능한 상태가 되며 이는 방화벽[41]이 있더라도 이미 네트워크 내부에 시스템이 설치되어 있기 때문에 외부와 통신하는 것을 차단하지 못한다. 시스템 내부에 침입한 백도어와 외부 공격자 C2서버 간에는 HTTP 프로토콜이 아닌 모방된 프로토콜(예 MSN Messenger)로 보이도록 하며 이때 통신은 암호화된 SSL 프로토콜은 사용한다. 시스템 내에 설치된 백도어는 더 많은 자원에 접근하기 위해 파일 사용자의 패스워드를 획득하며 다양한 공개적인 툴[42]을 사용하여 합법적인 사용자 인증을 받기 위해 피해자 시스템에서 패스워드 해시[43]를 수집한다. 침입자는 침해된 컴퓨터에 대한 내부 정보를 수집한다. APT는 침

40) 백도어는 비치헤드 백도어와 표준 백도어가 있다. 비치헤드 백도어는 파일 검색과 같은 간단한 기능을 수행하여 기본적인 시스템 정보를 수집하며 대화식 명령 수행, 파일 다운로드, 지정된 시간 비활성화 등을 수행하며 표준 백도어 기능 수행을 위한 기반을 제공한다. 표준 백도어는 프로그램 작성 변경, 삭제, 실행, 파일 업로드 다운로드, 디렉토리 작성 및 삭제, 프로세스 시작, 중지, 시스템 레지스트리 변경, 패스워드 획득, 시스템 셧다운 등 다양한 기능을 수행한다.
41) 방화벽은 외부에 악성코드가 있을 경우 내부에 있는 시스템과 통신 시 잘 차단하지만, 내부에 이미 설치된 경우는 차단하기가 어렵다.
42) 공개적인 툴로서 cachedump, fgdump, gsecdump, lslsass 등 다양한 툴이 있다.

해된 컴퓨터 운영체제의 명령어를 이용하여 시스템과 네트워크 환경을 탐색한다. 탐색한 결과 피해자 네트워크 설정, 서비스 리스트 작성, 시스템 계정 리스트, 관리자 권한 계정 리스트, 현재 연결된 네트워크 리스트 작성, 네트워크 공유 리스트 작성, 네트워크에 설치된 다른 시스템 리스트 작성, 네트워크 그룹 리스트 등을 작성하여 텍스트 파일로 저장한다. 침입자는 네트워크 내부 거점 확보와 인증을 거치고 나면 컴퓨터 내부와 네트워크 주변을 자연스럽게 이동하면서 다른 시스템에서도 명령어를 실행하여 침입자의 목적을 수행한다. 한편 침입자는 지속적이고 장기적인 침해 컴퓨터 제어를 위해서 피해 컴퓨터 환경에 연결된 더 많은 시스템을 침해하기 위하여 새로운 백도어를 설치한다. 한 백도어가 탐지되더라도 다른 백도어를 사용할 수 있도록 하였으며 공격자들은 합법적인 사용자 이름과 패스워드를 사용하여 피해자 네트워크의 VPN으로 로그인하였고 관심 있는 파일을 찾으면 RAR 아카이브 유틸리티를 사용하여 그 파일을 압축한 후에 패스워드를 적용하여 외부로 유출하였다.

특이한 것은 이 모든 공격 행위는 상하이 61398부대에서 직접 피해자시스템으로 연결되는 예는 없었고 중간에 수십 국가를 통하게 함으로써 피해 시스템들이 중국이 아닌 그 중간 국가로부터 공격을 받는 것처럼 위장하기 위하여 홉 포인트 시스템을 사용하였다. 사실 이럴 때 공격자가 누구인지 쉽게 확인하기가 어렵다. 그 중계 시스템을 통하여 한국을 비롯한 수십여 국가의 수천 개 시스템을 제어하였다. 이러한 것은 IP주소와 Remote Desktop[44] 프로토콜을 분석하여 홉 중계 국가를 알 수 있다.

4.7. 중국의 민간기업을 이용한 정보수집

4.7.1. 통신기기의 해킹용 임베디드시스템(embedded system)

IT기기의 백도어로 들어오는 백도어 해킹은 컴퓨터 네트워크상에서 허가받지 않은 상태로 접속하거나 시스템 내부 정보를 불법적으로 열람 또는 변조하여 탈취하는 행위를 말한다. 이러한 해킹 공격으로부터 방어하기 위해 방화벽이나 백신 프로그램 등 다양한 보안 장치들이 마련되어 있지만 완벽하게 차단할 수는 없다. 특히 해커들은 주로 관리자 계정을 이용해서 접근한다는 특징이 있다. 백도어란 뒷문이라는 뜻 그대로 정상적인 인증 절차 없이 몰래 드나들 수 있도록 만든 비밀 통로를 말하는데, 주로 운영체

43) 해시(Hash)는 하나의 문자열을, 이를 상징하는 더 짧은 길이의 값이나 키로 변환하는 것을 말한다.
44) 이 프로토콜은 홉 중계시스템에 접근하도록 하며 공격한 시스템(원격)에 사용자가 시스템 앞에서 앉아서 데스크톱, 키보드, 마우스를 직접 사용하게 하는 프로토콜이다.

제나 응용프로그램 개발자가 작업 편의성 및 유지 보수 용이성 확보 차원에서 만들어 놓은 통로이다.

그러나 사이버 범죄자가 이러한 우회 진입 지점인 백도어를 사용하여 데이터와 시스템에 무단으로 액세스하면 대규모 데이터 도난, 스피어 피싱 공격[45], 사이버 스파이 활동, 사이버 전쟁[46] 등을 수행할 수 있어 상황에 따라서 치명적인 결과를 초래할 수 있다. 실제로 지난 2013년 전 세계 약 20만 대의 PC를 감염시킨 랜섬웨어 워너크라이 사태 당시에도 마이크로소프트 윈도 운영체제 내 버그 취약점을 악용했을 뿐만 아니라 이미 배포된 수만 개의 악성코드 샘플로부터 수집한 데이터 베이스와 대조작업을 거쳐 맞춤형 미끼 파일을 제작했다는 사실이 밝혀져 충격을 주기도 했다. 최근 수년 전부터 중국산 전산장비(라우터 등), 각종 통신장비 등에 보안 문제가 수면 위로 떠오르고 있다. 특히 중국산 Wi-Fi 공유기, IP 캠, IT 기기를 노리는 해킹이 국제적으로 증가하고 있는 현상이다.

통신기기와 통신망에 대한 해킹은 소프트웨어에 의한 해킹과 하드웨어를 통한 해킹으로 구별할 수 있다. 특히 통신을 해킹하기 위하여 통신용 단말기에 백도어를 설치할 수 있는 분야는 OSI 7 Layer와 유사한 구조로 몇 개의 단계로 분류할 수 있는데 제일 위 단계는 데이터로부터 하단은 하드웨어 장비로 분류되는데 하단으로 내려올수록 외부에서 공격이 어렵다. 그러나 제조사가 의도적으로 하드웨어에 백도어를 설치하여 해킹하는 방법은 가장 악성이며, 치명적이라고 할 수 있다. 소비자 또는 감시기관은 통신기기에 이러한 백도어가 설치되어 있는지를 탐지하는 것이 거의 불가능하기 때문이다. 특히 몇 개의 트랜지스터와 커패시터(transistors and capacitors)에 설치된 백도어는 탐지할 수 없다. 왜냐하면, 백도어 설치를 위해서는 수십억 개 중에서 3~4개의 트랜지스터와 커패시터만으로 백도어를 설치할 수 있기 때문이다. 또한 어떠한 소프트웨어 방어 프로그램도 하드웨어에 설치된 백도어를 제거할 수 없다. 또한 소프트웨어가 하드웨어에 설치된 백도어를 탐지한 이후에도 치료할 수 없다. 어떠한 보안용 패치도 하드웨어에 설치된 백도어 프로그램을 제거할 수 없기 때문이다.

또한 펌웨어와 소프트웨어 백도어(Firmware and Software Backdoor)는 외부의 공격에 매우 취약한 약점을 가지고 있다. 예를 들어 백도어의 경우, 제조사가 디폴트로

45) 백도어를 사용하여 이메일 계정이나 조직 내 기타 내부 메시지 시스템에 액세스한 다음 손상된 계정의 연락처로 표적 피싱 이메일을 보낼 수 있으며 이를 통해 멀웨어나 백도어, 트로이 목마를 다른 계정으로 확산시킬 수 있다.

46) 해커가 민감한 정보를 훔치거나 오작동을 일으킬 수 있다. 전력망, 정수장, 금융망, 미사일 시스템 및 건강과 안전에 필수적인 기타 중요한 인프라는 모두 백도어 공격에 취약하다.

특정한 유저네임과 패스워드를 사전에 추가해 놓으면, 제조사는 소비자의 모든 정보를 탈취할 수 있다. 해킹은 소프트웨어 보안 영역에서 이루어지는 것이지만, 하드웨어에 심어진 해킹 시스템은 통신기기 자체가 정보 탈취를 위한 기기가 되는 것이어서 최고의 성과를 거둘 수 있다.

4.7.2. IT업체를 이용한 정보수집

중국의 국영 선전기관들이 자국 정보기술(IT)업체와 협력해 외국인 데이터를 수집하고 있다. 중국 정부가 통제하는 국영 선전기관들이 미국을 비롯한 전 세계 수억명의 사용자를 보유한 쇼핑, 게임 앱과 중국 IT 기업으로부터 데이터를 건네받고 있다. 중국 국영 기업을 비롯해 1000개 이상의 정부 기관과 민간기업의 유착 관계가 있는 것으로 보인다[47]. 여기에는 1억 명 이상의 미국 사용자를 보유한 인기 전자상거래 앱 '테무'와 중국 공산당 기관지인 인민일보 미디어 그룹 간의 계약 관련 내용도 포함되어 있다. 구체적으로는 테무의 모회사 격인 핀둬둬가 인민일보 계열의 데이터 관리회사인 인민데이터베이스(人民数据 · 인민DB)와 파트너십을 맺고 있다. 인민DB 홈페이지에는 핀둬둬가 자사의 기업 파트너 시진핑 국가주석 통치하에서 중국은 선전 단위 웹, 검열 제한 및 기술 인프라를 통해 정보 교류를 엄격히 통제해 왔다. 이를 통해 비판 여론은 조기에 진압하고 우호적인 여론을 적시에 조성할 수 있었다.

WP는 인민일보와 온라인판인 인민망 등 인민일보 미디어 그룹이 이러한 중국 선전 전략에 앞장서고 있다고 짚고 있다. 인민망이 과거 중국 경찰과 정보기관을 대신해 서방 사회관계망서비스(SNS) 등에 대한 광범위한 해외 감시를 수행하고 있다. 중국은 이런 회사를 이용해 중국 내뿐만 아니라 전 세계에서 전략적으로 가치 있는 데이터를 수집하고 사용하고 있는 것으로 추측한다.

뉴욕타임스에 의하면, 미국의 국가안보국(National Security Agency, NSA)은 중국의 화웨이가 자사 제품에 백도어를 심어놓았으며, 중국인민군이나 중국 정부의 지원을 받는 해커들이 미국 회사나 정부의 정보를 탈취할 수 있도록 만들어 놓았다고 확인해주고 있다. 또한 뉴욕타임스는 보도에서. 에드워드 스노우든(Edward Snowden)이 폭로한 자료에 의하면, 미국의 NSA가 화웨이의 본사인 중국선전에 있는 서버를 감시하고 있었다. NSA가 중국의 20개의 해킹 그룹을 추적한 결과 해킹집단의 반 이상은 중국인민군의 육군과 해군이었다고 한다. 이들 해킹집단이 미국의 정부와 기업, 구글, 미

47) 아시아경제, "테무, 중 선전매체와 한통속 . . . 외국인 테니터 수집", 2024.5.2.

국의 드론과 핵무기 제조업체 등을 해킹하였다. 화웨이는 전 세계 인구의 1/3의 통신망을 연결하는 라우터와 디지털 스위치를 공급하고 있다. NSA는 중국 당국이 전 세계 회사의 최고경영진의 통신을 검색(monitor)하였으며 실제 정보를 탈취한 것을 확인하였다. 2019년부터 화웨이는 서방 선진국들로부터 심각한 비난에 직면하였고 따라서 미국, 오스트레일리아, 일본, 뉴질랜드, 영국, 네덜란드. 핀란드 독일 등 국가들은 화웨이 제품 전체를 사용하는 것을 금지하고 있다.

중국의 화웨이와 ZTE 회사는 덤핑가격으로 세계시장을 장악하였다. 중국의 화웨이와 중국의 통신회사들은 중국 정부의 재정적 지원을 바탕으로 세계시장에서 지속적으로 성장하고 있다. 그리고 이들 중국기업은 중국 정부의 공개적인 보안 이슈로 중국 정부와 중국의 기업이 견고하게 연계되어 있다. 2019년도에는 화웨이(Huawei)는 사이버 보안 문제(보안 취약성)와 관련하여 여러 차례 논란에 휘말렸습니다. 이러한 논란은 주로 회사의 소유 구조, 중국 정부와의 관계, 그리고 제품의 보안 취약성에 대한 많은 우려가 있었는데 여러 국가는 화웨이가 중국 정부의 통제를 받으며, 이에 따라 자사의 통신 인프라에 대한 스파이 활동이나 데이터 수집이 이루어질 수 있다고 주장했다. 이를 근거해서 미국 정부는 화웨이가 중국 정부에 정보를 제공할 수 있는 가능성을 강조하며, 이를 근거로 화웨이 제품의 사용을 금지하거나 제한하는 조처를 했고, 이어서 세계 주요국가에서 통신장비 사용을 금지하거나 제한하는 정책을 시행했다.

5장

일본의 정보수집 능력

5.1. 일본의 정보활동 역사

5.2. 자위대의 정보수집 능력

5.3. 저궤도 감시정찰 위성

5.4. 탄도미사일(BM) 감시체계

5.5. 지상 및 공중 전자전체계

5.6. 항법위성(QZSS) 위성

5.7. 미국과 정보업무 교류

5장

일본의 정보수집 능력

5.1. 일본의 정보활동 역사

5.1.1. HUMINT 업무 시작

일본의 정보기관 및 정보력 발전은 크게 3단계로 구분할 수 있다. 1단계는 휴민트의 지대한 역할로 동북아지역을 유린했던 시기인 2차대전 종료 시기까지와 2단계는 패전 후 경제 부흥기에 밀려 정보기관의 발전이 더딘 1990년대 말기까지로 구분할 수 있고 3단계로 일본의 보통국가로 발돋움하면서 미국의 암묵적 지원 아래 정보의 중요성을 인식하면서 고도화된 IT기술을 발판으로 각종 이웃 국가의 정보를 수집하기 위한 시스템을 구축하고 실행에 옮기고 있는 2000년대 이후 오늘날까지로 구분할 수 있다.

태평양 전쟁기까지 일본의 국가 정보체계는 군(軍) 정보기관과 경찰이 중추적 역할을 맡고 현지의 정보원들을 광범하게 활용하는 인간정보(HUMINT) 네트워크가 주축이었다. 1881년 정예 요원 349명으로 출범해 육군성 소속기구로 활동을 개시한 헌병대, 참모본부 휘하의 특무부대, 내무성의 특별고등경찰(특고) 등이 민간인 사찰기구이다. 특히 친일 정보원을 통한 정탐과 매수를 주요 수단으로 한 일본의 인간정보 네트워크는 만주국(1932~1945) 수립 및 중국 침략 전후 헌병대를 중심으로 지속적으로 확장되었다. 또 만주 주둔 관동군은 특히 현지 정보 수집능력이 탁월해 각종 침략주의적 공작활동[1]의 중심이 되었다. 당시 인간정보 네트워크의 핵심역량은 나가노정보학교 출신 요원과 만

---

1) 1928년 만주 펑텐(심양)역(驛)에서의 장작림(張作霖) 폭파 사건은 관동군 대좌 카와모토 타이사쿠가 주도했고, 1931년 펑텐 교외에서 일어난 유조구(柳條溝) 사건도 관동군 작전참모인 이시하라 중좌를 중심으로 치밀하게 사전에 모의한 사건이었다. 관동군은 유조구에서 열차 폭파사건을 중국인의 소행이라고 뒤집어씌워 '만주사변'을 일으키고 특무기관원들이 주도해 청나라 마지막 황제 푸이를 괴뢰 만주국의 황제로 옹립하는 공작을 수행했다. 또 화북 분리공작, 내몽고 자치정부 수립 공작, 왕조명 정부와 같은 중국 내 괴뢰정권 수립 공작은 일본 본토의 특무부대와 현지 관동군이나 화북 주둔군의 특무부대가 주도한 것이다.

철(滿鐵) 조사부 요원들, 특히 일본 군부가 정보요원을 양성하기 위해 전쟁 전에 세운 나가노학교 출신들은 전후에 일본 민간기업에 취직해 정부와 민간기업간 해외정보 공유의 핵심적 고리역할을 했다. 이들은 군사 첩보보다 경제를 우선시하였던 태평양전쟁 이후 민간부문의 해외 산업 정보수집으로 수출입국에 성공하고 경제대국으로 부활할 수 있었다. 특이한 것은 대륙침략의 발판이 된 국책회사인 만주철도주식회사의 조사부 또한 전후에 일본의 해외투자 및 무역에 관한 높은 수준의 첩보를 제공함으로써 일본을 부흥시키는 데 큰 공헌을 했다. 당시 4,500여 명의 우수한 인력을 보유한 만주철도주식회사 조사부[2)]는 만주와 중국 그리고 동남아까지의 국제정세, 현지 경제 및 법 관행 조사뿐만 아니라 역사 · 문화 · 지리를 학술적으로 총괄하는 사실상의 종합 연구기관으로 첩보활동을 수행하여 일본군의 만주 통치를 뒷받침하는 두뇌역할을 했다.

5.1.2. 일본의 SIGINT 업무 태동과 발전

종전 후 일본의 SIGINT 능력은 미군의 소련 태평양 진출을 억제하기 위해 직접 및 간접적으로 기술과 운영 노하우를 지원해 주면서 시작이 되었다. 미 해군은 1946년 요코스카(Yokosuka) 해군기지에 SIGINT 국소를 처음으로 창설하였다. 현재까지도 요코스카에는 일본 해군 정보작전사령부(Navy Information Operations Command NIOC)를 운영하고 있으며, 이 사령부에서 미 제7함대 본부에 SIGINT, 정보작전 및 사이버 전쟁 지원하고 있다. 미공군은 1951년 3월에 미사와(Misawa)에 SIGINT 수집 국소를 설치, 운영하였으며 1990년대에 이르러 〈그림 5-1〉처럼 세계에서 가장 큰 AN/FLR-9[3)] Circularly-Disposed Antenna Array(CDAA) 안테나, 위성 통신(SATCOM) 신호 수집장비, 암호해독 센터(Misawa Cryptologic Operations Center, MCOC)를 운영하였다. 최근에는 AN/FLR-9이 철수되고 다른 첨단 수집장비로 대체되었다. AN/FLR-9은 HF/DF 방향 탐지를 위한 것으로 3개 링의 매우 큰 원형배치 안테나 어레로 구성되어 있다. 각 링은 1.5-30MHz 무선 스펙트럼의 할당된 부분에 대한 RF 신호를 수신하는데 외부 링은 일반적으로 2-6MHz 범위를, 중앙 링은 6-18MHz 범위를, 내부 링은 18-30MHz 범위를 수신한다.

---

2) 현재 일본의 노무라총합연구소(NRI), 미츠비시총합연구소 같은 민간 대기업의 연구기관이 해외경제동향 및 정세분석의 중추 역할을 하는 것은 과거 만철 조사부가 닦은 역량과 무관하지 않다.
3) AN/FLR-9는 초대형 원형 배치 안테나 어레이의 일종으로, 냉전기간 동안 우선 순위가 높은 표적의 HF/DF 방향 찾기를 위해 8개 위치에 구축되었다. 지구상의 거의 모든 곳에서 HF 통신의 방향을 찾을 수가 있다. 타워는 1,056개의 수직 강철 와이어로 구성되며 AN/FLR-9는 일반적으로 '코끼리 우리'라는 별명으로 불렸다.

〈그림 5-1〉 AN/FLR-9 시스템[4)]

미국은 1945년부터 1990년대 중반까지 초기에는 소련을 대상으로 90년대 들어와서는 중국과 북한의 굼 움직임을 감시하기 위해 일본 내 약 100개 지점에서 SIGINT 국소를 설치했으며, 수집기지들을 여러 치례에 걸쳐 통합, 축소, 확대를 통해서 SIGINT 국소를 유지하였다. 특히 냉전 시대에는 일본에 다른 어떤 나라보다 SIGINT 관련 사이트가 많았다. 1967년 냉전 기간 미국의 암호화 활동에 대한 NSA 역사에서 언급했듯이, 당시 일본은 미국의 적과 같은 상태였으나, 남하하는 소련에 대응하기 위해 유리한 지리적 위치에 있는 일본을 활용할 수밖에 없었다. 일본의 지리적 위치는 SIGINT 수집에 매우 이상적인 위치에 있었으며(매우 양호한 플랫폼과 같았음) 또한 미국 점령으로 인해 준종속적 외교적 지위에 있었기 때문이다. 미군정 하에 있던 오키나와는 미국 SIGINT 수집을 위한 매우 양호한 환경을 제공해 주었다.

요코타 공군기지는 한때 극동지역에서 미 공군 SIGINT 작전의 주요 기지였으며 최근에는 주요 인터넷 감시업무를 하고 있으며 미 국가안보국(NSA)의 고위 대표부가 있는 곳이기도 하다. 오키나와의 가데나 공군 기지는 서태평양에서 활동하는 미 공군 RC-135 및 미 해군 EP-3E SIGINT 항공기의 일본 내 주요 기지이다. 냉전 기간 미군의 SIGINT 시설은 규모, 기능, 생산성 측면에서 다양하게 구축 운영되었다. 특히 초기에는 소규모 다수의 기지를 운영하였고 소수의 인원이 SIGINT 장비를 운용하였으나 HF대역의 방향 탐지(DF)기지, AN/FLR-9 CDAA와 SATCOM(위성통신) 수집기지, AN/FRD-10 시설 등 일부 기지는 큰 규모였다. 미사와기지의 SATCOM(Ladylove SATCOM) 수집기지는 NSA의 에셜론 프로젝트에 포함되어 다양한 통신 신호를 수집하였다. 1945년 시작부터 일본 SIGINT 수집국소에는 일본인을 포함하여 수천 명의

4) 위키피디아

SIGINT 요원들이 근무하였는데 가미 세야(Kami Seya)에는 약 1,500명의 인원이, 와카나이에는 약 500명이, 오키나와 온나 포인트(Onna Point)에 약 865명의 인원이, 1968년에는 오키나와 토리(Torii)국소의 합동소베처리소(JSPS)에 700명 이상의 인원이, 1983년 미사와에는 1,900명 이상의 인력이 근무하였다. 1960년대 후반 인원수가 정점에 달했을 때 일본 전역에서 SIGINT 활동에 참여한 인원은 약 6,000명이었다. 미국의 일본 SIGINT 활동은 냉전 이후 70년 동안 엄청난 변화를 겪었으며, 그 주요 요인은 예산, 미일 정치의 변화, 냉전의 변화, 동북아 지역 안보 환경의 변화, 한국전쟁, 베트남 전쟁, 그리고 '테러와의 글로벌 전쟁'에 대한 미국의 개입 요구, 기술 발전 및 미국 정보 커뮤니티 내 조직 변화 등으로 많은 SIGINT정책이 변화하였다. 1972년에는 미군의 예산 삭감으로 인해 와카나이, 하카타, 요코타에 있는 SIGINT 국소들이 폐쇄되고 1972년 오키나와가 일본으로 반환됨과 동시에 홋카이도의 일부 SIGINT 국소, 특히 와카나이와 치토세, 가데나 SIGINT 시설과 운영이 일본으로 이전되면서 일본의 SIGINT 능력은 한 단계 더 발전할 수 있는 좋은 기회를 갖게 되었다.

1952년 미국 공군보안국(USAFSS)은 와카나이에 VHF 수집시스템을 설치하여 라 페루즈(La Perouse) 해협과 사할린섬 주변의 소련 VHF 통신을 훌륭하게 수집했다. 소련의 활동이 많은 VHF 신호를 추가로 수집하기 위해 홋카이도 연안의 오쿠시리섬과 혼슈 북서부의 헤나시 사키에 소형 VHF SIGINT 시설을 지속적으로 구축하였다. 미 해군도 1956년부터 1962년까지 일본해를 마주하고 있는 사카타에 ELINT 신호 수집 기지를 설치하여 소련 군함 이동을 감시하였다. 그러나 지상에서 수집은 가시영역의 제한으로 VHF 통신과 ELINT 신호는 항공기에 의해 양호하게 수집되었으며 1950년대 초부터 현재까지 요코타, 미사와, 아츠기, 가데나와 같은 기지에서 SIGINT 수집 장비가 장착된 항공기를 운영하고 있다. 1960년대 초, 와카나이는 소련 위성 스푸트니크 1호에서 전송하는 원격 측정 및 음성 통신을 모니터링하기 위한 트랙마스터 시스템(Trackmaster system)을 구축하여 운영하였다. 위성신호를 수집하기 위해 1963년 치토세(Chitose)에 코드명 뱅크헤드 II(Bankhead II)라는 업그레이드된 시스템이 설치되었고 미사와에는 1980년에 민간 또는 군사 통신에 사용되는 소련의 라두가(Raduga) 및 고리존트(Gorizont) 지구 동기 통신 위성과 몰니야 위성들을 감시하기 위해 레이디러브(Ladylove) SATCOM 시스템을 구축하였다.

1952년 10월 24일 대통령 지시에 따라 NSA가 설립되었다. NSA는 국방부 내에 국방부 장관 직속으로 구성되었고 COMINT 활동뿐만 아니라 작전계획에 필수 불가결한 것으로 간주되는 ELINT 신호 수집, 처리에 대한 업무도 주요 임무로 추가되었다. NSA

의 SIGINT에 대한 수집 및 처리 활동, 지원 메커니즘이 정상화될 때까지 몇 년이 더 걸렸으며 이는 1956년에 전 세계에 12개 정도의 COMINT 통신중계센터(COMINT Communications Relay Centers, CCRC)[5)]가 구성되었으며 일본에는 오키나와에 위치하여 일본의 11개 주요 COMINT/ELINT 수집소와 연결되어 수집된 정보를 미 NSA로 전송하였다. 주일 미군 SIGINT 부대인 와카나이(Wakkanai)와 치토세(Chitose)기지는 소련의 ICBM 시험 시 태평양 상공의 원격 측정 신호를 수집하기 위해 활용되었으며, 1950년대 후반 요코타(Yokota)와 1963년부터 1972년까지 아츠기(Atsugi)에 주둔한 RC-135S 코브라볼 항공기를 통해 러시아, 중국, 북한 미사일 시험에서 전송된 원격 측정신호를 수집하였다. 일본에서의 미국 SIGINT 활동은 미국의 핵전쟁 계획을 직접적으로 지원해 왔다. 트패픽(Traffic)[6)] 분석과 HF DF 삼각 측량을 통해 적의 지휘 및 통제센터와 주요 군사 작전 기지의 위치를 식별하고 표적 목적 위치를 제공했다. ELINT 정보수집 활동으로 수집된 적의 방공에 관한 정밀하고 최신의 전자전투질서(EOB) 데이터는 폭격기 침투 경로를 계획하는 데 필수적으로 활용되었다. 한국전쟁과 베트남 전쟁은 작전 및 전술적인 SIGINT를 요구하였다. 한국전쟁 당시 일본에 있는 미국 SIGINT 기지인 존슨 공군기지(Johnson Air Base), 아시야(Ashiya), 하카타(Hakata), 모모야마 후시미(Momoyama Fushimi) 기지는 한국에 파견되었다. 1960년대 초 베트남 전쟁이 격화되면서 오키나와의 카데나(Kadena), 토리이(Torii), 캠프 한자(Camp Hanza), 온나 포인트(Onna Point)와 도쿄 인근 후쿠치(Fukuchi)에 있는 태평양 사령부(PACOM) ELINT 센터들이 주요 SIGINT 활동을 지원하였다. 또한 카미 세야(Kami Seya)와 아쓰기(Atsugi)에 주둔한 SIGINT 부대는 1990-91년 쿠웨이트와 이라크에서 사막 방패 작전과 사막 폭풍 작전 동안 미군/연합군을 지원하는 직접적인 역할을 수행했다.

2011년 9월부터 미국의 SIGINT 활동은 테러와의 글로벌 전쟁, 특히 미사와(Misawa)와 요코타(Yokota)에서는 국제 네트워크 감시에 집중하고 있다. 이 기간에, 미국 SIGINT 기관들은 잠재적인 적들에 의한 신호 수집 또는 신호분석이 되지 않도록 통신의 보안을 보장하는 병행 임무도 담당했다.

5.1.3. 종전 후 정부기관 중심의 정보활동

종전 이후 국내적으로 일본은 이전의 군 정보기관 중심의 국가 정보체계는 해체하

5) 전 세계에 구축되어 있는 NSA의 중간 지부로 생각할 수 있다.
6) 통신 신호를 수집하여 신호분석과 암호분석을 통하여 그 정보를 획득하는 것을 말한다.

고, 군사 안보보다는 경제 중심의 대외관계에 무게를 두면서 민간 연구기관과 현지에 파견된 종합상사의 상사원들이 수집하는 경제 및 산업정보가 통산성 등과 공유되는 채널을 발전시켰고 이러한 경제정보 공유체계는 전후 일본의 급속한 부흥과 경제대국의 성공에 결정적으로 큰 공헌을 하였다. 전후 일본의 정보기관으로 관방조사실은 1952년 8월 총리부 설치령으로 내각 관방장관 산하에 창설되었고, 1976년 12월 현재의 내각정보조사실로 명칭을 바꾸고 총리의 중요정책 수행을 위한 정보수집과 분석을 수행하였다. 공안조사청은 1952년 한국전쟁 중 일본 내 좌익단체의 활동을 통제하기 위한 파괴활동방지법 및 공안조사청 법에 근거해 법무성 외청으로 설치되어 2000여 명의 요원으로 대내 정보활동을 시작했으나 탈냉전 후 96년 조직 개편으로 구공산권 정보 및 국내 이념세력에 대한 정보수집 대신 주로 해외정보 수집과 국내 광신도 종교집단 감시 임무를 수행하고 있다. 1954년 설립된 방위청(Japan Defence Agency)에서는 본래 육·해·공 각 막료감부마다 따로 정보부서를 두었고 방위청도 따로 정보부서를 두어서 업무 중복이 많았으나 17대 통합막료회의장이었던 이시이 마사오는 미국의 국방정보국을 본떠 육·해·공 자위대 정보를 통합하는 방위성 정보본부를 1997년 1월 20일에 창설하였다.

5.2. 자위대의 정보수집 능력

5.2.1. 육상자위대의 SIGINT 수집체계

일본의 SIGINT 업무는 총 19개소에서 지상, 바다, 공중에서 송수신되는 다른 나라의 통신 및 비통신 신호를 수집하고 처리, 분석하여 신호정보를 생산하고 있다. 이 지상 수집시설은 일본 영토의 4면으로 수신되는 모든 신호를 수집할 수 있는 능력이 있으며 일본 주변에서 활동하는 주변국의 군사 활동, 무기 개발 관련 연구소, 항공기, 선박 등에서 방사하는 신호를 수집한다. 또한, 해상 및 항공자위대 소속의 수십여 대의 공중 신호정보 수집 항공기, SIGINT 수집을 위한 다수의 함정을 보유하고 있으며 이 규모는 전 세계의 3위에 해당하는 능력이라고 볼 수 있다. 일본의 지상 SIGINT 신호수집체계는 〈그림 5-2〉처럼 러시아 사할린을 모니터하기 위한 북쪽 제일 끝 지점인 와카나이(Wakkanai)로부터 쿠릴지역을 모니터하기 위한 동쪽 제일 끝 지점인 네무로(Nemuro), 중국을 감시하기 위한 남서쪽 끝 지점에 요나구니(Yonaguni)와 서쪽 태평양지역을 모니터하기 위해 이우오토(Iwoto)에 SIGINT지상 수집처리 시설들이 다수 구축되어 있다.

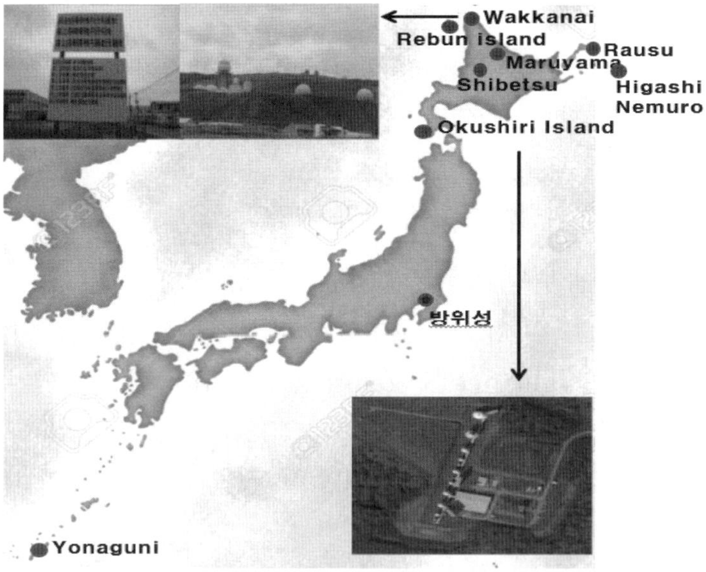

〈그림 5-2〉 육상자위대 SIGINT수집기지

이들 주요 수집시설은 일본 해안으로부터 5,000km 이상 떨어진 중국과 러시아의 지상, 공중, 해양에서 활동하는 HF, U/VHF 신호를 탐색, 수집하여 육상·해상·항공자위대와 방위성에 수집자료를 실시간으로 제공하고 있으며 방위성을 통해서 미 NSA와도 실시간으로 공유하고 있다. 또한, 일본의 배타적 경제수역 내에서 SHF 주파수대역 신호를 사용하는 중국, 러시아, 북한의 잠수함, 함정, 선박, 항공기에 대한 SIGINT 업무를 통하여 철저히 감시하고 있다. 2차 대전 후 1990년 중반에까지 일본은 쵸베츄(Chobetsu)라는 육상자위대(JGSD) 소속으로 소규모 SIGINT 부대로 유지해 왔다. 쵸베츄는 JGSDF의 제 2 조사부 소속으로 내각연구실(Cabinet Research Office)에 직접 보고하였다. 후에 중장급 지휘하는 방위성의 정보본부(DIH) 소속으로 변경되었다.

1970년대 후반부터 쵸베추는 9개의 SIGINT 국소를 운용하였는데 홋카이도 북서쪽에는 와카나이(Wakkanai), 북동쪽으로는 네무로(Nemuro)와 히가시네무로(Higashi Nemuro), 혼슈 서쪽으로 고부나토(Kobunato)와 미호(Miho), 도쿄 근처의 오이(Ooi), 류큐(Ryukyu) 섬지역 북쪽에 키카이지마(Kikai-Jima), 홋카이도 남서쪽 오쿠쉬리(Okushri) 등의 수집국소를 운용하였다. 1991~1993년 사이에 ELINT 업무 증가에 따라 홋카이도 Chitos 등 다수의 기지에 수집시설이 구축되었다. 1997년 정보본부 창설에 따라 육상자위대 작전을 위해 필요한 SIGINT 기지를 제외한 일본 전역에 골고루 퍼져 있는 6개 기지를 정보본부에 넘겨주었다. 방위성 정보본부와 육상자위대 소속의 주요 7개 수집기지는 HF대역 방탐기능을 갖고 있으며 Miho, Chitos, Kikai jima에는 규모가 큰 CDAA(방향탐지체계)가 있어 5,000km 거리에 이르는 방사체에 대해 대략 0.5도 오차범위를 갖는 매우 정밀한 방향탐지 데이터를 얻고 있다.

5.2.2. 해상자위대의 정보수집체계

5.2.2.1. 해상자위대의 정보수집 아키텍쳐

일본 해상자위대(JMSDF)의 정보는 해양정보[7]를 획득하는 것이 주 임무이며 이를 위해서 SOSUS(Sound Surveillance Systems, 음향감시)의 잠수함 탐지 및 추적 시스템, 지상 전자정보 수집시스템, 고주파 방향탐지(DF) 시설, 정보함, 해상 감시 항공기 등 방어 활동을 지원하는 데 있어 직면한 다양한 상황을 감시하기 위한 종합적인 해양감시 시스템 아키텍처를 갖추고 있다. 이 모든 시스템의 정보는 도쿄만 서쪽 가나가와현 요코스카에 있는 JMSDF 함대본부에 있는 JMSDF의 해양감시정보시스템(JMSDF's Ocean Surveillance Information System, JOSIS)에 통합, 저장되고 있으며, 현재 버전은 공식적으로 JMSDF OSIS 진화 개발(JMSDF OSIS Evolutionary Development, JOED) 시스템이라고 불리고 있다.

일본의 해저 감시 네트워크는 24시간 쉬지 않고 해저 감시 및 청취 기능을 제공하고 있으며 이 네트워크는 약 30개의 수동 하이드로폰 배열(passive hydrophone arrays)로 구성되어 있고 약 14개 이상의 해안 기지에 연결되어 있다. 수중 감시 시스템은 처음에는 항구 방어를 위해 설계되었으며, 이후 일본의 내부 및 인접 해협을 통한 움직임을 감시하기 위해 보완되었다. 그중 일부는 장거리 심해 감시 시스템이 설치된 홋카이도 남서부의 마쓰마(Matsumae) 해안 기지, 혼슈 북동쪽의 시모키타반도의 히가시도리(Higashidori), 오키나와의 화이트 비치(White Beach in Okinawa) 등을 포함하고 있다. 자기 측정 시스템(Magnetic measurement systems)은 쓰가루(Tsugaru) 해협과 쓰시마 해협(Tsushima straits)을 가로질러 해저에도 배치되었으며, 오사카만(Osaka Bay)과 사세보(Sasebo Bay) 만에도 자기 측정소가 설립되었는데 후자는 지뢰제거함(minehunters)의 자기 신호를 측정하고 제거(degaussing)하는 데 사용하지만, 이 두 주요 지역에 잠수함이 진입하는 것도 감지할 수 있다.

일본에는 현재 신호수집 및 방향탐지(HF DF) 활동을 위해 원형으로 배치된 안테나 배열(Circularly Disposed Antenna Arrays, CDAA)이 장착된 8개의 SIGINT 국소

7) 해양의 해상·해저·공중에서 음향 또는 비음향 정보 감지기를 사용하여 획득되는 모든 첩보 및 정보. 수중 음향 정보, 해양 환경 정보, 영상 및 신호정보를 포함한다.

가 있다. 규모가 큰 CDAA는 수집된 신호에 대해 신뢰할 만한 정확도로 방위각을 제공한다. 1977년에 운영을 시작한 첫 번째 기지는 돗토리현 혼슈 서해안의 Miho에 위치해 있으며, 북한의 신호를 모니터링하는 일본의 주요 SIGINT 기지 중 하나이다. 두 번째 기지는 1987년에 건설되었으며, 홋카이도의 Chitose에 있으며, 이 기지는 러시아 극동지역의 신호를 수집하는 주요 기지이다. 2004~2005년에 건설되어 2006년에 운영을 시작한 세 번째 기지는 규슈와 오키나와의 중간쯤에 있는 Amami Oshima 섬 근처의 Kikai jima에 위치해 있으며, 주로 중국 신호를 수집하는 데 중점을 두고 있다. 홋카이도 북서쪽 끝에 위치한 Wakkanai, 홋카이도 북동쪽 끝에 있는 Nemuro, 동해 일본측 연안에 있는 니가타현의 Kobunato, 규슈 북부에 위치한 Tachiarai, 그리고 류큐 열도(Ryukyu archipelago) 남단에 있는 Ishigaki에는 5개의 7 elements CDAA가 있다.

JMSDF는 정보수집함으로 2025년 3월 현재 니치난 AGS/AGI(Nichinan AGS/AGI), 쇼난 AGS(Shonan AGS), 와카사 등 3척을 보유하고 있으며(그림 5-3 참조) 해저 음향 감시 시스템인 감시 견인 배열 센서 시스템(Surveillance Towed Array Sensor System, SURTASS) 3척을 보유하여 해양 감시 업무를 수행하고 있다,

〈그림 5-3〉 해상자위대 SIGINT신호 수집함

항공기 감시로 미국 해군에 이어 세계에서 두 번째로 큰 해상 감시 항공기를 보유하고 있으며, P-3C 오리온(P-3C Orion) 장거리 해상 순찰(long range maritime patrol, LRMP) 항공기와 SH-60J 시호크 순찰 헬리콥터로 구성되어 있다. 또한 이와

쿠니(Iwakuni)에 기반을 둔 5대의 EP-3 SIGINT 항공기와 관련 전자 데이터 분석부(Electronic Data Analysis Department)가 있다. 또한, 현재 공식적으로 일본 해양경비대라고 불리는 해양경비안전국(Maritime Security Agency. MSA)은 1948년 이후 그 능력과 역할에서 크게 확장되었다. 이 기관은 대규모 경비함정을 보유하고 있고 수로 및 항해 보조 서비스를 제공하고 있으며, 해양 감시를 위한 첨단 HF DF 기지와 최신 디지털 통신 시설을 유지하고 있다

요코스카 나가세(Nagase)에 위치한 방위청 기술연구개발원(Technical Research and Development Institute, TRDI)의 제5연구센터(Naval Systems Research Center)는 해저 탐지 활동에 관한 전문 지식과 역량을 갖추고 있다. 제1분과는(1st Division specialises) 소나 및 수중 음향 시스템 개발을 전문으로 하고 있으며, 가와사키 지부는 자기 센서(magnetic sensors)를 연구하고 있다. TRDI는 관련 분야 연구를 위해 특별 제작된 실험선인 쿠리하마 ASE 6101(Kurihama ASE 6101)과 JMSDF의 시모키타 한토(JMSDF's Shimokita-hanto) 해양 관측소 옆 시모키타반도 히가시도리에 실험센터(Experimental Center at Higashidori)를 두고 있다.

JMSDF의 해상 감시 능력은 미 해군과의 협력 및 교류 협정을 통해 크게 강화되고 있다. 미일 방공임무 수행과 관련하여 일본 항공자위대(JASDF)와 미 공군(USAF)이 2005년까지만 해도 협력에 제한되었던 것과 JMSDF는 설립 이후 미 해군과 광범위하게 적극적으로 협력해 왔다. 여기에는 해저 감시 및 대잠수함전(Anti-Submarine Warfare, ASW) 활동과 관련된 작전 협력도 포함되어 있다. 1950년대 후반, 미 해군은 도쿄와 사세보만(Sasebo bays) 입구를 지키는 JMSDF의 해안 방어 기지에 장비를 신속하게 배치하였다. 1980년대 초 JMSDF와 미 해군은 효과적인 분업에 합의하여, 일본은 ASW와 소련 해군의 소야(Soya), 쓰가루(Tsugaru), 쓰시마 해협(Tsushima straits) 접근을 차단하는 임무에 집중하고, 미 해군은 공격 작전에 집중하기로 했다. 이후 미일 해군의 군사 정보 및 작전 공유 업무는 정보, 기술, 장비, 물자 및 자원을 상호 공유하고, 함께 운영하며, 훈련하며, 서로 신뢰하고, 존중하고 있다.

미국 해군과 직원들은 JMSDF의 감시 활동에 직접 참여하고 있다. 예를 들어, 미국 기술자들은 JMSDF의 두 척의 SURTAS 함정에서 센서 장비를 운용하며, 이 함정들이 수집한 데이터는 미 해군과 직접 공유하고 있다. 1980년대와 1990년대에는 약 6~7명의 미 해군 인력으로 구성된 소규모 팀이 JMSDF의 마쓰마에 SOSUS 기지(Matsumae SOSUS Station)에 주둔했다. 요코스카에는 텍사스 댈러스에 있는 E-Systems(E-Systems in

Dallas)의 인력이 지원하는 JMSDF-미 해군 프로젝트 6100(JMSDF-US Navy Project 6100) 공동 사무소에서 3개의 SOSUS 유형 시스템을 관리하고 있다.

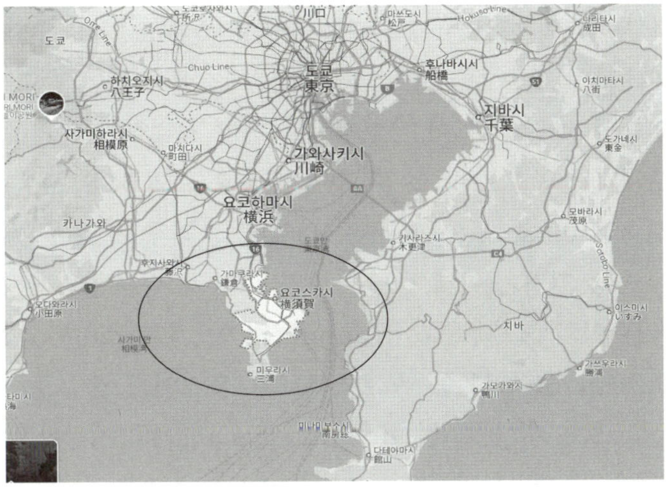

〈그림 5-4〉 해상자위대의 정보업무 중심지 요코스카시 위치

미일 해상 정보 협력 활동은 미 해군 제7함대 본부와 요코스카(그림 5-4 참조)에 있는 JMSDF 함대 본부의 공동 위치 덕분에 크게 촉진되었다. 미 해군의 해양 감시 정보 시스템(Ocean Surveillance Information System, OSIS)은 전 세계 SOSUS 시설, HF DF 기지, 공중 시스템 및 해양 감시 위성 네트워크(이전 명칭은 Classic Wizard, 현재는 Intruder)에서 정보를 제공하며, 이를 위해 다운링크 기지(코드명 ICEBox)가 혼슈 북동부 미사와 근처에 위치해 있다. JMSDF의 JOED(JMSDF OSIS Evolutionary Development) 센터는 미국 시스템과 직접 데이터를 교환하고 있다. JOED 컴퓨터 네트워크는 현재 노스롭그루먼 코퍼레이션(Northrop Grumman Corporation)의 자회사인 리튼 PRC(Litton PRC)가 관리하고 있다. JMSDF의 콩고급 구축함(air warfare destroyers)은 미 해군의 이지스 전투 시스템과 AN/SPY-1D 탐색 레이더를 장착하고 서태평양에 주둔한 미 해군 이지스함과 직접 공중 및 미사일 추적 데이터를 교환한다. 1990년대에 네 척의 콩고급 구축함이 취역했으며, 다섯 번째 구축함은 2007년에 취역했고, 여섯 번째 구축함은 2009년에 함대에 합류했다. 2007년 12월 18일, 콩고(DDG 173)는 하와이 카우아이(Kauai)에 있는 미 해군 태평양 미사일 사거리 시설에서 발사된 탄도 미사일 목표물을 탐지, 추적하여 성공적으로 교전하였다.

5.2.2.2. 해상자위대 지상 ELINT 수집체계

일본 해상자위대(JMSDF)는 수중 하이드로폰 배열(underwater hydrophone arrays) 시스템과 ELINT/ESM 시스템을 최소 14개의 감시 국소를 보유하고 있으며 일반적으로 해상 감시 레이더 사이트와 때로는 광학 관측 장비도 갖추고 있다. 2004년 6월 보안 및 국방 역량 위원회에서 발표한 보고서에 따르면 12개소에서 해안 감시 업무를 수행하고 있는 것으로 확인되었다. 그러나 이 보고서에는 해양 사령부가 관리하는 두 개의 핵심 해양 관측소가 포함되지 않았으며, 이 두 관측소는 모두 일본의 다른 출처에서 음향 감시 시스템(sound surveillance systems, SOSUS)을 갖추고 있는 것으로 알려졌다.

확인된 14개의 운영 기지는 아래 〈표 5-1〉과 같이 소야 해협의 남쪽을 정의하는 곶의 끝에 있는 와카나이의 노샤푸(Noshyappu), 서쪽으로는 소야(Soya) 해협으로 접근하는 레분(Rebun) 섬, 동쪽으로는 오호츠크해와 홋카이도 북부로 접근하는 시베츠(Shibetsu), 남서쪽으로는 홋카이도의 마쓰마에(Matsumae)와 시라카미 사키(Shirakami Saki), 북서쪽 혼슈의 쓰가루반도(Tsugaru Peninsula)에 있는 타피 자키(Tappi Zaki), 시라카미 사키에서 쓰가루 해협을 바로 건너는 시모키타 반도(Shimokita Peninsula)의 히가시도리(Higashidori), 도쿄(만) 입구에 있는 간논 자키(Kannon Zaki), 태평양에서 기이 해협과 오사카 만(Kii Strait and Osaka Bay)으로 가는 입구에 있는 와카야마현의 기이(Kii), 간몬 해협(Kanmon Strait)과 내해로 가는 서쪽 입구에 있는 무쓰레지마(Mutsure-jima), 쓰시마 섬(Tsushima Island)에 있는 두 개의 기지(북섬과 남섬), 쓰시마 섬과 규슈 사이에 있는 와카미야(Wakamiya), 오키나와의 화이트 비치 해양 관측 시설(Ocean Observation Facility)이 있다.

〈표 5-1〉 해상자위대 음향 및 SIGINT 국소

번 호	지상 SIGINT / 해저 감시시스템 국소	특 징
1	Rebun Island	1979년 창설, 일본 육상자위대(301 해안감시) 수집 시스템 공유 HF/ V/UHF, DF
2	Noshyappu, Wakkanai,	A single LQO-3 array, 7-element CDAA
3	Shibetsu, Hokkaido	7-element CDAA, JASDF SIGINT site
4	Matsumae/Shirakami, Hokkaido	1968 창설, long-range hydrophone array LQO-4, ELINT

번 호	지상 SIGINT / 해저 감시시스템 국소	특 징
5	Tappi Zaki, Aomori	1901년 창설, LQO-4 system, ELINT/ESM
6	Shimokita Peninsula, Higashidori, Aomori	Shimokita-hanto Ocean Observation Station, SOSUS system
7	Kannon Zaki, Tokyo Bay	해저(잠수함) 감시, HF, ESM
8	Kii, Hino-misaki, Wakayama Prefecture	1975 창설. 해저 감시, an LQO-3A array
9	Kami-tsushima, Tsushima Islands	LQO-4 array, ELINT
10	Shimo-tsushima, Tsushima Islands	LQO-4 array, undersea surveillance
10	Mutsure-jima, Shimonoseki	1957. ELINT/ESM
12	Wakamiya, Iki Island	1963. LQO-4 array, HF/VHF, ESM
13	Kogozaki, Sasebo, Kyushu	anti-submarine net, hydrophones
14	White Beach, Katsuren, Okinawa	SOSUS array, ELINT, low-frequency active (LFA) system, SOSUS array
기타	Yonaguni	hydrophone array. (가능성)

일본 해상자위대의 ELINT 또는 ESM시설은 JMSDF기지 내 혹은 육상, 항공자위대와 기지를 공유한 개념으로 구축되어 있다(그림 5-6 참조). 해상자위대의 ELINT 시설은 러시아, 중국, 북한의 COMINT를 동시에 수집할 수 있도록 SIGINT 시설이 구축되어 있다. ELINT는 방위성 정보본부와 정보를 공유하고 있으며 ESM은 해상자위대 작전을 지원하기 위해 구축되어 있다. 특히 많은 기지에서 해저감시체계인 LQO시스템과 같이 운용하고 있는 것이 특징이다. 수중 센서 네트워크인 SOSUS는 잠수함을 탐지하고 추적하며 ELINT는 일본을 위협하는 주변국의 전투기, 함정의 전자신호를 수집 분석하여 적의 움직임을 복합적으로 감시할 것이다.

〈그림 5-6〉 해상자위대 SIGINT 수집기지

해상자위대 ELINT / ESM체계는 HF대역에서부터 함정 또는 잠수함에서 운용하는 SHF대역까지 전방향에서 인입되는 전자신호를 수집할 수 있는 능력을 보유하고 있다. 방향탐지(DF) 능력도 갖추고 있어서 수집기지에서 처리된 모든 자료는 실시간으로 요코스카에 있는 해상자위대의 정보 중앙통제소로 전송되고 있으며 미측과도 실시간 공유되고 있다. 해상자위대 정보조직은 Ⅵ장에서 논한다.

5.2.2.3. 해상자위대 정보수집함

일본 해상자위대(JMSDF)는 다양한 해양 감시정찰 활동을 위해 해양 감시 및 측량, 연구를 위한 함정과 기타 보조 선박으로 구성된 소규모 함대를 보유하고 있다. 함대에는 해양관측함[8]이라는 명분으로 신호정보(SIGINT) 수집 활동을 위해 장비된 세 척의 함선(요코스카 해양 사령부 본부에서 운영하는 니치난 AGS/AGI 5105 및 쇼난 AGS 5106, 그리고 와카사 00000)과 함대 정보 사령부(FIC)에서 운영하는 세 척의 감시 견인 배열 센서 시스템(Surveillance Towed Array Sensor System, SURTASS)인 해

8) 해양관측함은 잠수함 작전 지원을 위한 작전지역 수온, 조류 등 수문학(Hydrology) 정보수집과 적성국 함정, 항공기의 음향, 전파정보, 자기장 정보 등을 수집하고 해저 지형도를 작성한다.

양/해저 감시 함선(히비키 AOS 5201(Hibiki AOS 5201) 및 하리마 AOS 5202 (Harima AOS 5202)) 등 〈표 5-2〉처럼 총 7척을 보유하고 있다.

〈표 5-2〉 일본 해상자위대 정보함

정보함 명칭	용 도	척 수	취역 연도
니치난(Nichinan)	해양관측(SIGINT포함)	1	1999
쇼난(Shonan)	해양관측(SIGINT포함)	1	2011
Wakasa	해양관측(SIGINT포함)	1	1986
Hibiki, 하리마, 아키, 빙고(2026)	음향정보(음문데이터)	4	1992

JMSDF의 첫 번째 SIGINT 수집용 선박은 아카시(Akashi, AGS/AGI 5101)로, 1968년 9월 요코하마 인근 쓰루마에서 일본제철소가 건조하여 1969년 5월 진수하고 1969년 10월 취역했다. 길이 74미터, 배수량 1,420톤, 항속거리 26,500킬로미터(14노트)로 승무원은 약 10명의 SIGINT 기술자를 포함하여 총 75명이었다. 레이더 신호 수집을 위한 NEC NOLR-6 ESM 시스템을 포함하여 많은 수의 전자신호 수집 시스템이 탑재되어 있었다. 1999년에 퇴역하고 니치난(Nichinan)으로 대체되었다. 니치난 AGS/AGI 5105는 1996년에 계획되었고, 1997년 8월에 설계되었으며, 1998년 6월에 진수되어 1999년 3월에 취역했다. 미쓰비시가 시모노세키 조선소에서 건조한 이 차량은 길이 111미터, 배수량 3,300톤으로 감시정찰 능력 향상을 위해 주요 디젤 엔진 외에도 소음을 적게 발생시키는 전기 추진 시스템을 갖추고 있다. 이 정보수집함에는 해양 관측 시스템(ocean observation system), 견인식 사이드 소나 어레이(towed side sonar array), 소노부이(sonobuoys), 원격 조작 차량(remotely operated vehicle, ROV) 등이 포함되어 있고 관측 기자재 등이 모두 디지털화되었다. 또한 선박을 자동으로 고정된 위치에 유지하는 동적 위치 확인 시스템(dynamic positioning system, DPS)도 갖추고 있다. 니치난 정보함의 활동은 일반적으로 발표되지 않고 보고되지 않는다. 그러나 2006년 2월 10일, JMSDF는 보도자료를 통해 니치난 정보함이 규슈 남쪽의 대륙붕을 조사하고 있다고 밝혔다. 이 보고서는 조사가 진행 중이지만 당시 발표는 해양 관측선의 일반적으로 매우 비밀스러운 활동에서 이례적인 예외라고 명시했다. 다른 공식 소식통에 따르면 니치난호는 2004~2005년 일본의 배타적 경제수역(EEZ) 내 중국 관측선과 해양조사선의 침입에 따라 대륙붕을 구분하기 위해 대륙붕

조사를 시행한 것으로 판단했다. 니치난호의 활동은 2014년 1월, 2013년 11월 30일 쓰가루 해협에서 운항 중이던 선박과 장치를 연결하는 케이블이 끊어지면서 ROV(Remotely Operated unterwater Vehicle, 수중 무인탐사기)를 잃었다는 보도가 나오면서 다시 언론의 주목을 받았다. 일본 방사청 관계자는 1월 29일 ROV가 해협의 수중 지형과 해류 및 온도를 조사하는 데 사용되고 있다고 밝혔으나, 사실 이러한 데이터는 주변국 잠수함의 움직임을 추적하는 데 사용될 것이다. 중국 보고서에 따르면 ROV는 길이 3미터, 높이 1.7미터, 폭 1.7미터, 무게 4톤, '카메라와 음파 탐지기'가 장착된 SCV-3000으로 확인되었으며, 최근 몇 년간 중국 잠수함이 조용해졌기 때문에 JMSDF는 개선된 해양 데이터가 필요하다고 밝혔다. 이츠노리 오노데라(Itsunori Onodera) 방위성 고위관리는 1월 31일 MSDF가 보유한 다른 ROV 중 하나를 사용하여 수중 조사를 재개했다고 밝혔다.

쇼난(Shonan)호 AGS 5106은 2006 회계연도에 승인되어 2008년 12월에 건조되었고, 2009년 6월에 진수되었으며, 2010년 3월에 완공되어 2011년 3월에 취역했다. 길이 103미터, 폭 16.4미터, 표준 배기량 3,200톤, 적재량 4,150톤으로 16노트의 속도를 낼 수 있으며, 80명의 승무원을 태우고 작전하고 있다. 니치난호와 쇼난호 외에도 1982년에 운항을 시작한 수마(Suma) AGS 5103, 후타미(Futami) AGS 5102를 운영하다 현재는 퇴역하였고 와카사(Wakasa) AGS 5104은 현재 해양조사선으로 운용 중이다. 와카사호는 1986년에 취역했으며 길이 97미터, 폭 15미터, 표준 배기량 2,050톤이다. 수로 측량 및 케이블 부설용 장비를 갖추고 있으며, RCV-225 원격 조종 수중 측량 잠수함(remote controlled underwater survey submarines)을 탑재하고 있다. 2009년 9월에 일본 최초로 여성 대위가 취임하게 되어 화제가 된 함정이다. JMSDF는 1960년대부터 통신정보(COMINT)와 전자정보(ELINT)를 수집할 수 있는 극지방 쇄빙선인 후지(Fuji) AGB/AGI 5001(1965~1983)과 시라세(Shirase) AGB/AGI 5002(1982-2007)를 운영하였다. 이들은 보통 북반구 여름 동안 남극에서 몇 달 동안 운항했지만, 겨울철에는 홋카이도 북쪽 지역에서 활동했다. 후지 정보함은 쓰루미(Tsurumi)에 있는 일본제철소에서 제작되었으며, 1965년 7월에 취역했다. 길이는 100미터였고 정상 배기량은 7,760톤이었습니다. 후지는 SIGINT 신호수집을 위해 대형 수평 HF 로그 안테나(HF log periodic antenna), 항법 및 기상 레이더, SQS-11A 소나 시스템, HF DF 교차 루프 안테나(crossed loop antenna) 시스템, NIPRORI-1 해상 중력계 시스템(sea gravimeter system), 헬리콥터 3대, 작전요원 200명과 35명의 과학자가 탑승하였다. 그 후 후지는 1983년에 시라세 AGB/AGI

5002로 대체되었다. 후지 정보함과 동일하게 일본제철소가 건조하였으며, 1981년 3월에 완공되어 1982년 11월에 취역했다. 길이 134미터, 배수량 11,600톤이었으며 작전요원 170명, 60명의 과학자가 탑승하였다. 이 정보함에는 JRC OPS-18-1 G밴드 표면 탐색 레이더, OPS-22 I밴드 내비게이션 레이더, 두 개의 ESM 시스템, HF DF 크로스 루프 안테나, 대형 레이돔의 기상 레이더, 다양한 해양 관측 장치(various ocean observation units), 그리고 세 대의 헬리콥터가 탑재하였다. 시라세(Shirase) AGB 5002는 2007년 4월에 퇴역했고 후속 기종인 시라세 AGB 5003이 2009년 11월부터 운영되기 시작했다. 이 정보함도 시라세 AGB 5002와 동일하게 극지방에서 운용하고 있으며 2014년 2월 남극에서 좌초되기도 하였고 2017년 8월 17일에는 탑재된 CH-01헬기가 추락하기도 하였다. JMSDF는 또한 세 척의 SURTAS(Surveillance Towed Array Sensor System) 음향 측정선(acoustic measurement ship)을 보유어 운영히고 있다. 〈그림 5-7〉처럼 히비기 AOS 5201과 하리미 AOS 5202는 J-AOS(일본 보조 해양 시스템(Japanese Auxiliary Oceanographic System)라고도 불리며 1991년과 1992년에 운항을 시작했다.

〈그림 5-7〉 히비키 AOS 5201 정보함

히비키와 하리마는 각각 1991년과 1992년에 취역했으며 JMSDF는 처음에 5척의 SURTAS 선박을 조달할 계획이었지만 냉전이 끝나면서 프로그램이 중단되었다.

이후 중국 인민해방군 해군(PLAN) 잠수함의 역량이 2020년까지 중국은 70척의 잠수함을 보유할 것으로 추정되어 2021년 3월에 아키(Aki) AOS 5203 정보함을 다시 취역하였다. 국제정세의 급격한 변화에 따라 2026년에 빙고 AOS 5204 정보함을 추가로 취역시킬 예정이다. 히비키와 하리마 정보함은 타마노(Tamano)에 있는 미쓰이 조선소에서 건조되었다. 두 함정 모두 40명의 작전요원이 탑승하며 둘 다 쿠레(Kure)기지를 모항으로 하고 있다. 히비키 AOS 5201에는 미국 UQQ-2 SURTAS 배열 안테나가 설치되어 있으며 일본에서는 NQQ-2라고 불리고 있다. 이 패시브 어레이는 깊은 물 속에서는 1,830m 길이의 케이블로 견인되며, 얕은 물에서 작동할 때는 두 개의 짧은 케이블(800미터)로 twin 라인 견인 어레이로 견인된다. 취역 후 한동안 미 해군 기술자 5명이 각 함정에서 복무하였으며 이들은 센서장비를 운영하고 획득된 해저 감시정찰 데이터는 일본과 미국이 공유하였다.

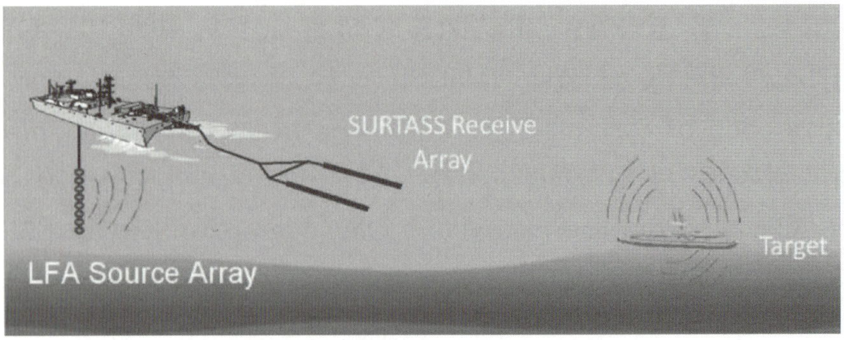

〈그림 5-8〉 SURTAS 시스템 운영 구조

이 두 정보함은 1997~1998년 미 해군의 SURTAS 함정의 주요 블록 업그레이드(block upgrade) 시에 포함되어 업그레이드되었다. 주요 개선된 사항으로 수동 음향 데이터 수집 및 분석 시스템의 기능은 탐지 능력이 향상과 고해상도 스펙트럼 분석 기능이 추가되었고, 목표 베어링 개선을 위해 축소된 직경 배열(reduced diameter array, RDA) 안테나와 상용 부품(commercial off the shelf) 처리 시스템이 추가되었다. 또한 통신 시스템은 SURTAS 선박과 전술 플랫폼 간에 추가적인 UHF 위성통신(Satcom) 가능하도록 업그레이드되었다. 블록 업그레이드는 얕은 해역과 연안 해역에서 조용히 침투 중인 잠수함을 탐지하기 위한 WQT-2 LFA(저주파 능동시스템) 시스템을 포함하는 견인 배열에 능동 보조 장치를 추가했다. 저주파 능동시스템에는 능동 전송 배열 및 처리 시스템 외에도 전력 증폭 및 제어 시스템, 능동 신호처리 및 디스플레이 수신 시스템, 환경 분석 시스템이 포함되었다. 휴즈사는 또한 1998년 2월에 'SURTAS/J-AOS 블록 업그레이드 시스템 소프트웨어 유지보수' 계약을 체결했다. SURTAS 선박에서 수집한 데이터는 AN/WSC-6(V)1 위성 통신 시스템을 사용하여 요코스카에 있는 데이터 수집 및 분석 국소로 전송된다. AN/WSC-6(V)1은 직경

1.57m, 높이 2.16m의 레이돔에 직경 1.22m의 반사판 접시를 장착하고 있다. AN/WSC-6(V)는 미국 국방위성통신시스템(DSCS)-III 위성 시스템을 사용하며, 7.9~8.4GHz 대역에서 송신하고 7.25~7.75GHz 대역에서 수신한다. 해상자위대 개발 훈련사령부(Development and Training Command)에서 운용하는 아스카(Asuka) ASE 6102 레이더 및 소나 시험선은 다양한 전자 감시, 레이더, 소나 및 대응 시스템을 테스트하고 평가할 수 있는 장비를 갖추고 있다. 스미토모 중공업(Sumitomo Heavy Industries)에서 1995년 3월에 건조하였고 요코스카(Yokosuka)를 모항으로 하고 있다. 이 함정의 길이는 151m로, 4,250톤, 헬리콥터 1대 비행갑판, 작전요원 72명이 탑승하고 있다. 이 함정에는 FCS-3 무기 제어 시스템이 장착되어 있으며, 미니 이지스 SPY-1D형 E/F 밴드 공중 탐색 레이더와 멜코 OPS-14B D/표면 탐색 레이더, JRC OPS-18-1 G 밴드 표면 탐색 레이더, 그리고 Type-3 I/J 밴드 사격 통제 레이더가 장착되어 있어 다양한 전자 무기체계를 시험할 수 있다. 또한 캐나다 앨버타에 있는 데이비스/국방연구소 서필드(Davis/Defence Research Establishment Suffield, DRES)에서 생산한 적외선 억제 시스템(infra-red suppression system, IRSS)을 갖추고 있으며, 이 시스템은 가스터빈 엔진에서 발생하는 뜨거운 금속과 가스를 냉각하여 적외선 신호를 줄이기 위해 1994년 1월 스미토모 중공업에 공급했습니다.

세 번째 아키(Aki) AOS-5203호는 가능한 많은 음향 데이터를 수집하기 위해 바다에 배치할 수 있는 매우 긴 장거리 능동/수동 소나인 감시 견인 어레이 센서 시스템(SURTASS)을 갖추고 있다. Aki호의 선체 구조는 SWATH(Small Waterplane Area Twin Hull)라고 하는 매우 특징적인 구조로 해수면 근처에서 선박의 부피를 줄여 파도 저항을 줄이고 항해 중 안정성을 높인다. Aki함은 길이 67m, 최대 폭 29.9m, SURTAS 장치 1세트가 장착되어 있다. Aki함은 최신 SURTASS함으로 대외적으로 공개된 정보가 없다.

네 번째 SURTASS 함정으로 빙고 AOS 5204호로 명명된 새로운 해양 보조 감시선이 2023년 3월에 오카야마현 남부 타마노시에 위치한 조선소에서 진수했다. 이 선박은 세토 내해 중부의 해역인 빙고해(備後灘)의 이름을 따서 명명되었다. 히비키급의 모든 선박은 각 지역의 해안을 따라 명명되었다. 이 함정은 2026년 3월로 인도할 예정이다. 길이 67m의 이 선박은 1991년과 1992년에 각각 취항한 히비키(AOS 5201)와 하리마(AOS 5202)라는 클래스의 첫 두 척에 장착된 것보다 더 업그레이드된 감시 견인 배열 센서 시스템(SURTASS)을 갖추고 있다. 표준 배수량은 2,900톤으로 아키(AOS 5203)와 동일하며, 히비키와 하리마보다 50톤 더 크다. 이 빙고함은 최고 속도가 11kt

이며 작전요원 40명이 탑승하며 헬리콥터 운항을 위한 비행갑판도 갖추고 있다. 해양 감시 제1사단은 도쿄 남쪽 가나가와현 요코스카 해군기지에서 해양학 ASW(대잠전) 지원 사령부의 통제 속에 있다.

5.2.2.4. 해상자위대 항공기 정보수집

제 2차 세계대전 당시 일본 해군은 제1차 세계 대전 동안 해군 정찰을 위한 항공기의 유용성을 인식하고 수상 비행기(seaplanes)를 수색 임무에 사용했다. 1930년대에 일본은 적 항공모함에 대한 공격이라는 새로운 교리와 관련하여 항공 정찰의 중요성을 강조했다. 1950년대에 미국의 요구로 해군 항공이 화려하게 부활하였고, 1950년대 후반에 미국은 일본 해상자위대가 록히드 P2V-R 넵튠(Neptune)[9] 대잠전(ASW) 해양 초계기 인수에 동의했다. 가와사키(Kawasaki)는 1959년부터 1960년대 초까지 기푸(Gifu) 공장에서 48대의 P2V-R을 조립했다. 1963년 가와사키는 P2V-R을 터보프롭 엔진으로, 성능 향상된 전자 장비를 수용할 수 있는 동체 확장, APS-80 탐색 레이더를 장착할 수 있는 새로운 넵튠 변형(Neptune variant)인 P-2J로 변환하는 프로그램을 시작했으며, 이후 미 해군도 신형 P-3C 오리온 장거리 해상 순찰(long-range maritime patrol, LRMP) 항공기에 APS-80 탐색 레이더를 장착하여 기존 APS-20을 대체하였다. P-2J는 총 83대가 가와사키에서 건조되었으며, 첫 번째 항공기는 1966년 11월에 해상자위대(JMSDF)에 인도되었으며 마지막 83번째 정찰기는 1979년 3월에 일본 해상자위대에 인도되었다. 주요 P-2J 작전 기지는 혼슈 북동부 하치노헤(Hachinohe)에 있었으며, 비행 순찰대대는 큐슈 남부의 가고시마현 카노야(Kanoya)와 오키나와 나하(Naha)에 있었다. 1988년에는 40대의 P-2J로 구성된 4개의 비행대대가, 1989-91년에는 30대로 구성된 3개의 비행대대가, 1993년에는 6대의 항공기로 구성된 1개의 비행대대가 확대 운영되었다. 이들 항공기는 노후로 1994년까지 단계적으로 모두 도태되었다. P-2J는? 1989년부터 1990년까지 미쓰비시 중공업이 시코르스키의 라이선스 하에 제조한 HSS-2A/B를 185대 생산하여 ASW 순찰 헬리콥터로 작전 배치되었다. 185대의 헬리콥터는 훈련용과 작전용으로 6개의 비행대대에 배치되었다. 그들은 모두 1990년대 후반에 작전에서 퇴역하였고 일부는 매년 열리는 에어쇼에 전시되고 있다. P-2J는 1980년대와 1990년대에 걸쳐 P-3C 오리온으로 대체되었다. 1978년 12월 내각의 승인을 받아 P-3C 인수가 이루어졌다. 이 중 처음 세 대는 미국

9) 1945년부터 미 해군에 납품되어 1960년대 중반까지 미 해군의 지상 기반 대잠전 초계기로 운용되다가 1960년대 중반부터 P-3A 오라이언(Orion)과 임무를 교대했다.

록히드에서 생산되어 1981년 4월 JMSDF에 넘겨졌다. 다음 네 대는 1982년에 가와사키가 기푸에서 록히드에서 제조한 부품을 사용하여 조립했고 또 다른 100대는 EP-3와 UP-3와 같은 특수 임무를 위한 약 12가지 변형이 포함되어 가와사키에서 생산되었으며 1990년 3월까지 60대가 인도되었고, 1995년까지 모두 인도되었다. P-3C는 여전히 세계 최고의 ASW 및 해상 감시 시스템으로 인정받고 있다. 4엔진 항공기로 무기를 가득 싣고 2,500km를 비행하고 4시간 동안 순찰한 후 기지로 복귀할 수 있다. 다양한 잠수함 탐지 시스템이 장착되어 있는데 여기에는 소노부이, 적외선 탐지 시스템, AN/ASQ-81 자기 이상 탐지(MAD) 시스템, 두 개의 AN/ARR-78 소나 수신기, 두 개의 AN/AQA-7(V) DIFAR(방향탐지, 음향 주파수 분석 및 기록) 소노부이 세트가 포함되어 있으며 AN/APS-115 탐색 레이더(360° 커버리지)와 내비게이션 및 통신위성 시스템, 또한 AN/ALQ-78 ECM 세트와 자기 방어를 위한 AN/ALR-66(V) ESM 시스템도 갖추고 있다.

〈그림 5-9〉 해상자위대 초계기 P-3C(왼쪽), EP-3C(오른쪽)

JMSDF는 현재 80대 이상의 P-3C(그림 5-9 참조) 오리온 부대를 운영하고 있다. 이들은 각각 10대의 항공기로 구성된 8개의 비행대대와 도쿄 남쪽의 아르스기에 위치한 소규모 부대인 제51훈련개발비행대대에 배치하고 있다. 이와쿠니에 본부를 둔 제31함대항공비행단 소속의 81항공비행대대는 EP-3C, OP-3C, UP-3D 등 특수항공기를 운용하고 있으며, EP-3C 항공기는 5대로서 JMSDF SIGINT 수집활동에 운용되고 있다

〈표 5-3〉 해상자위대 대잠 초계기 및 신호정보 수집기

함대 비행단	위치	기종	비고
제1함대항공비행단	카노야(Kanoya))	P-3C	20대

함대 비행단	위치	기종	비고
		UH-60J	
제2함대항공비행단	하치노헤(Hachinohe)	P-3C	20대
		UH-60J	
제4함대항공비행단	아르스기(Arsugi)	P-3C	20대
		UH-60J	
제5함대항공비행단	나하(Naha)	P-3C	20대
		UH-60J	
제21함대항공비행단	타테야마(Tateyama)	SH-60J	헬기
		SH-60K	
제22함대항공비행단	오무라(Omura)	SH-60J	헬기
제31함대항공비행단	이와쿠니(Iwakuni)	EP-3C, OP-3C, UP-3D 등	5대
51함대항공개발 비행대대	아츠키(Atsugi)	P-1, P-3C, UP-3C/D, OP-3	-

나하(Naha) 비행대대는 20대의 P-3C를 보유하고 있으며, 일반적으로 JMSDF의 P-3C 편대 중 가장 분주하고 가장 밀집된 지역에서 작전을 수행하는 것으로 알려져 있다. 그들 작전지역은 매일 센카쿠 열도와 주변 해역을 감시정찰 비행한다. 임무 데이터는 오키나와 북부 쿠니가미(Kunigami)의 이지(Iji) 마을에서 동쪽으로 약 3km 떨어진 JMSDF의 쿠니가미 수신소로 P-3C에서 직접 전송된다. 1988년 8월 JMSDF는 제5함대 항공비행단에 '항공 대잠전 센터 및 통신 시설'의 필요성을 발표했고 1990년 11월 쿠니가미 부지에서 공사가 시작되어 1991년 9월에 완공되었다. 그 통신 국소 대지 면적은 560m^{2}를 차지하며, 대형 건물, 7개 엘리먼트 원형(7-element circular HF array) HF 배열(중앙에 마스트 중 하나가 있고, 외부 마스트는 원형 85m 패드에 직경 63m 배열을 형성함) 안테나, 6개 엘리먼트 원형 HF 배열(마스트가 직경 80m 원형 패드에 직경 43m 배열을 형성함) 안테나, 두 개의 마이크로파 접시가 있는 마이크로파 타워, 두 개의 마스트 사이의 HF 와이어 안테나, 그리고 북서쪽 약 300m 지점에 대형 LPA 안테나로 구성되어 있다. 안테나는 고해상도 Google 어스 이미지에 명확하게 보인다. 광섬유 케이블이 국소와 이지 마을 사이의 도로변을 따라 구축되어 있다. 2001년 11월, 가와사키는 노후화된 P-3C를 대체할 새로운 프로젝트를 설계하고 생산하는

계약을 체결했다. 처음에는 P-X라고 불렸지만, 2007년 7월 가와사키 기푸 공장에서 첫 번째 시제품 항공기가 출시되면서 XP-1로 재지정되었다. 2007년 9월에 처녀비행을 성공적으로 완료했다. 첫 번째 시험 비행기는 2008년 8월에 방사청에 인도되었고, 또 다른 네 대는 2010년 3월에 인도되었다. 현재 P-1이라고 불리는 첫 두 대의 생산 모델은 2013년 3월 26일에 JMSDF에 인도되었다. 이들은 아쓰기(Atsugi) 기지에 배치되어 2년 동안 비행 테스트를 받은 후 해상 순찰 임무를 시작했다.

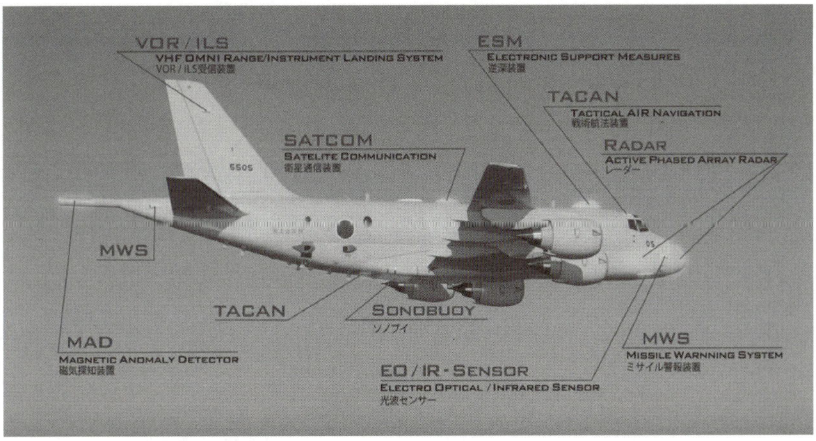

〈그림 5-10〉 P-1 항공기 탑재 장비 구성[10)]

일본 중기 방위력 증강 계획(Mid-Term Defense Build-up Plan)에 의하면 2010년 12월, 정부는 약 2천억 엔, 즉 항공기 한 대당 약 2억 달러의 비용으로 잠수함과 수상한 배를 감시하기 위해 2013년 실전 배치 후 2024년 12월 말까지 총 33대를 P-1(그림 5-10참조)을 구매하여 작전 배치하였다. 향후 추가로 80대 이상을 생산하여 P-3C를 모두 대체할 예정이다. P-1은 길이 38m, 날개 길이 35m, 최대 무게 약 80,000kg이다. 이시카와지마-하리마 중공업(Ishikawajima-Harima Heavy Industries)에서 생산한 4개의 F7-10 터보팬 엔진으로 구동되며, 크루즈 속도는 시속 830km, 최대 속도는 시속 996km로서 P-1은 P-3C보다 약 1.3배 더 빠르게 주행하며, 더 높은 속도로 운항할 수 있게 성능이 향상되었다. 또한 더 높은 고도로 10시간 이상 감시 비행이 가능하여 P3-C보다 더 넓은 지역을 감시할 수 있다.

주요 탑재 장비로 위 그림처럼 레이더는 도시바에서 제조한 HPS-106 X밴드 다기능 레이더를 3면 고정하여 배치하였다. 질화 갈륨(GaN) 기반 AESA 레이더#1, #2로 수상

10) namu.wiki/w/P-1

수색, 잠망경 탐지뿐만 아니라 대공 탐지 능력도 갖추었다. 일본 방위성에서는 레이더의 성능에 상당히 만족, 함재용으로도 전환하여 신형 호위함인 아사히급에 OPS-48이란 명칭으로 탑재시켰다. 또한 HLR-109B ESM 시스템과 HSQ-102 자기탐지장치(MAD), HAQ-2 전자 광학/적외선 센서(EO/IR) 터렛을 장착하며, 지식 기반 기술이 적용된 HYQ-3 정보처리장치를 통해 센서 데이터들을 융합, 최적의 공격 방식과 루트 등을 자동으로 산출해 주어 즉응성을 향상시키고 승무원들의 부하를 저감해 줄 수 있다고 한다. 타 기관에서 수집 관련 데이터도 연관성을 고려하였는데 내각조사실 소속의 정찰 위성이나 해상보안청 소속의 군함 등과 실시간으로 정보 공유를 할 수 있고, 링크-16을 통해 육상자위대 혹은 해상자위대의 지·함대함 미사일을 위한 초수평선 표적 획득 및 중간 유도 역시 가능하다. 또한 방위성은 이지스함과 E-2D와 함께 P-1 초계기에도 CEC 능력의 부여하는 것을 검토하고 있다고 한다. 그렇게 되면 P-1 초계기도 대공 목표를 레이더로 포착한 후 표적 정보를 함정이나 전투기와 교환해서 P-1이 제공하는 조준 정보에 따라 여러 미사일을 이지스함의 레이더 범위 밖과 지평선 너머로까지 유도가 가능한 합동 교전 능력을 갖추게 된다. P-1에 탑재되어 있는 소노부이에는 뛰어난 바이/멀티 스태틱(static) 송수신 기술까지 적용되어 더 정밀하게 잠수함을 탐지할 수 있다. 2020년 이후에는 센서의 탐지거리와 정밀도를 업그레이드하고, 전투 시스템에 SAR나 ISAR로 분석된 표적의 이미지를 자동으로 식별해 주는 인공지능을 적용해 근무하는 승무원 수를 낮추며, 도플러 LIDAR와 레이더 조합으로 해수면 파도의 움직임을 정밀 측정해 얕은 수심에서 항해하고 있거나 잠망경을 내놓고 있는 잠수함을 장거리에서 탐지할 수 있는 신기술을 채용하고 있다, 2022년 12월 개정된 안보 문서를 통해 해상자위대가 공격용 무기, 무인기 확보 및 이지스함 능력 증대를 결정하면서 그 여파로 대잠 항공부대 축소 및 P-1 등 생산량 축소가 결정되었다. 그 계획에 따르면, 기존 70대 배치계획에서 9대 삭감되어 총 61대가 배치될 예정이며, 대잠 능력이 있는 무인기와 함께 연계해 운용될 계획이다. 또한, P-1을 개조하여 조기경보통제기 버전과 항공자위대가 운용 중인 E-2C의 대체기로서 개발이 제안되었으나 사업 반영이 이루어지지 않았다. 앞으로는 현 전자정보 신호수집용으로 운용 중인 EP-3C, 영상정보 획득용인 OP-3C, 전술개발과 장비 시험용인 UP-3C도 조만간에 P-1으로 대체될 것으로 전망된다.

1990년에 미쓰비시 중공업에 의해 생산한 대잠초계기 HSS-2B(HSS-2B Sea King) 헬리콥터는 SH-60J(Sea Hawks)가 그 뒤를 이었다. 미쓰비시 중공업이 시코르스키(Sikorsky) 라이선스 하에 제조한 SH-60J는 1991년부터 JMSDF에 인도되었다.

SH-60J는 최초 시코르스키/미 해군 버전과 비교하여 특히 항공 전자기기와 관련하여 첨단 전자장비로 광범위하게 개조되었다.

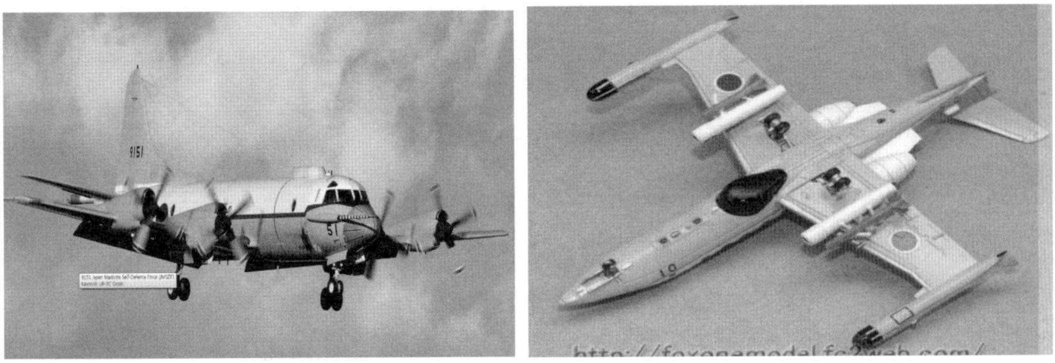

〈그림 5-11〉 해상자위대에 운용 중인 UP-3C/D(왼쪽), UA-36A(오른쪽)[11]

UP-3C/D, UA-36A 항공기(그림 5-11 참조)는 다양한 ESM, ECM 장비를 장착하고 있는 해상자위대의 전자전 훈련기로 사용 중이다. UA-36A는 Shin Maywa사에서 1985~1990년 중반까지 해상자위대의 함대 전자전 훈련지원용으로 개량되었으며 Iwakuni 81대대에서 전개한 후 ECM 임무와 대함정 미사일 시뮬레이션에 사용되고 있다. UA-36A는 장거리 해양감시 레이더(Long Range Ocean Surveillance Radar)와 AN/ALQ-6 jammer, AN/ALE-43 Chaff Dispenser를 탑재하고 있어 주로 전자공격(ECM) 훈련지원용으로 사용되고 있다. UP-3C/D 4대는 전자전 훈련 지원기로 가와사키에서 1994년에 주문받아 1995~ 1999년까지 해상자위대에 인도하였다. 이 항공기는 Flying Testbed로 또는 EW 훈련기로 사용되고 있다. ESM 기능으로 AN/ALR-66(V)[12] 장비가 탑재되어 있다. UP-3D는 고도로 복잡한 전자전 환경을 만들고 전투함정에서 효과적으로 방공 훈련하는 데 지원하는 항공기이다.

SH-60J(그림 5-12참조)는 미국에서 제작한 텍사스 인스트루먼트사 AN/ASQ-81D2 MAD, 제너럴 인스트루먼트사 AN/ALR-66 (VE) 레이더 경보 수신기(RWR), AN/ARR-75 소노부이 수신기 및 레이시온사 AN/AAS-44 FLIR/레이저 탐지 시스템을 장착하고 있다.

11) "해상자위대 항공집단" https://namu.wiki/w/
12) 대잠함용 항공기에 장착된 RWR장비이다.

<그림 5-12> 해상자위대의 대잠/초계기 SH-60J/K/L

일본 고유의 장비인 HPS-104 탐색 레이더, HLR-108 ESM 시스템, HQS-103 디핑 소나(HQS-103 dipping sonar), 조종석 디스플레이, 전술 데이터 프로세서 및 데이터 링크가 장착되었다. 이 장비의 운용 범위는 약 1,000km로서 작전 반경이 매우 넓다. JMSDF는 현재 해안 5개 비행대대와 함정에 SH-60J 헬기 4개 비행대대를 보유하고 있다. 해상자위대 소속으로 해안에 있는 부대는 각각 10대의 헬리콥터를 보유하고 있으며, 타테야마(Tateyama)에 위치한 101, 121, 123함대 비행대대와 규슈 북서부의 오무라(Omura)에 위치한 122, 124 함대 비행대대로 구성되어 있다. 아쓰기(Atsugi)에 위치한 제51 훈련 개발 비행대대도 전술개발을 위한 소수의 SH-60J를 보유하고 있다. 미쓰비시는 SH-60J의 다음 버전인 SH-60K를 2001년 9월에 개발 완료, 시제품이 출시하였고 2005년에 JMSDF에 7대의 초기 생산 헬기를 납품했다. 2017년까지 총 71대를 납품하여 대참초계기로 그 성능을 발휘하고 있다. SH-60K는 데이터 링크를 포함한 항공 전자기기를 대폭 업그레이드했으며, 미사일 경고 시스템과 채프 디스펜서(chaff dispenser)를 포함한 방어 대응 시스템을 강화했다. 2015년부터 개량형인 SH-60L을 개발 착수하여 2021년 5월에 최초 비행하였고 2022년에 JMSDF에 인도하였다. SH-60L은 AN/APS-153 다중모드 레이더와 AQS-22 ALFS 항공 능동 저주파 디핑 소나, 추적장비인 AAS-44C(V)1 MTS EO/IR 시스템이 탑재되어 있다. 현재 일본은 대잠/초계 용도로 SH-60J/K/L 기종을 87대를 도입해서 운용하고 있으며 앞으로도 SH-60L을 약 80대를 추가 도입, 운용할 계획이다.

5.2.2.5. 해상자위대 해저 감시체계(SOSUS)

일본 해상자위대(JMSDF)는 1950년대 중후반에 새로운 해안 방어 기지 여러 곳에 소위 1세대 하이드로폰(hydrophone) 시스템을 설치했다. 이 시스템은 직경 4m, 높이 2.5m의 드럼 모양의 하이드로폰을 사용했으며, 식별 능력이 많이 떨어졌다. 그러나 상향식 배열(upward-looking arrays)은 주요 좁은 해협을 건너는 데도 사용될 수 있어서 당시 주요 해안 방어 기지인 도쿄만으로 이어지는 우라가(Uraga) 해협 건너편의 카논 자키(Kannon Zaki), 오사카만 북서쪽의 아와지(Awaji), 간몬 해협 입구에 있는 무쓰레지마(Mutsure-jima), 사세보 만 입구에 있는 고가자키(Kogozaki)에 설치하였다. 1960년대 후반과 1970년대에 초기 하이드로폰 시스템은 일본에서 생산된 총 19개의 LQO-3 배열로 대체되었다. LQO-3는 비교적 수심이 얕고 좁은 해협에 유리하여 쓰가루(Tsugaru) 해협과 쓰시마(Tsushima) 해협에 설치하였다. 당시 쓰시마 해협에는 다섯 세트가 설치되었는데, 그 중 첫 번째 세트는 1968년에 가미쓰시마(Kami-tsushima)와 이키(Iki) 섬에 설치되었고, 다른 세트는 1972년에 시모쓰시마(Shimo-tsushima)에 설치되었다.

1968년부터 쓰가루(Tsugaru) 해협 바닥에는 마쓰마에(Matsumae)와 타피 자키(Tappi Zaki)의 해안 기지, 해협 서쪽 입구의 북쪽과 남쪽, 그리고 쓰가루 해협 동쪽 끝에서 태평양으로 통과하여 해협에 접근하는 잠수함을 감시하는 하치노헤(Hachinohe)에 연결된 다섯 개의 LQO-3 배열이 설치되었다. LQO-3 배열은 1980년대 초에 LQO-3A 시스템으로 업그레이드되었다. 이 시스템은 1,000야드 범위에서 6노트로 이동하는 잠수함을 탐지할 확률이 70%, 탐지 못할 확률이 15%였다. 또한, 이 국소들은 음향 녹음, HF 및 VHF 전파를 전송을 위한 마이크로파 안테나, 전자정보(ELINT) 신호 수집을 위한 VHF/UHF/SHF 안테나를 갖추고 있어서 수집된 자료는 ESM 시스템 및 전자전(EW) 전술 개발에 사용되었다. 또 다른 SOSUS는 1960년대 후반에 개발되어 1970년대 초에 여러 기지에 설치되었다. 1970-71년에 JMSDF는 요코하마의 오션컴퍼니(Ocean Company Ltd, OCL)에서 제조한 세 개의 긴 케이블과 미 해군에서 설계한 신호 증폭기를 제공받았다. 이 케이블들은 미국에서 최초의 대서양 횡단에 사용한 전화 케이블로서 심해에 적용하는 케이블과 부스터 스테이션을 배치하는 기술들이 포함되었다. 적용할 수 있는 케이블의 길이는 200km(110해리), 330km(180해리), 1,150km(620해리)로서 비교적 두껍고 심해 사용에 적합했다. 중계기/증폭기의 간격은 평균 약 70km(38.7해리)였다. LQO-4는 LQO-3 또는 LQO-3A보다 낮은 주파수로 수중 무기체계를 탐지할 수 있는 장거리 시스템이었다. 일본 기술연구개발원(TRDI) 제5연구센터가 설계했으며 1985년에 개발 완료하여 1985년에 배치되었다. 1985년 2월, 쓰가루 해협 서쪽 입구 북쪽과 남쪽의 시라카미(Shirakami) 곶과 타피자키(Tappi

Zaki)에 있는 LQO-3 변형 모델은 신형 모델 LQO-4로 대체되었고 한국과 쓰시마 해협 사이에는 7대의 LQO-4가 배치되어 가미쓰시마(Kami-tsushima), 시모쓰시마(Shimo-tsushima), 이키(Iki)섬의 해안 기지와 연결되어 설치되었다. LQO-4는 2007년경까지 주요 하이드로폰 시스템으로 사용되었다. 2007년 이후 LQO 시스템의 성능 개선에 따라 LQO-4B-1L, LQO-5, LQO-6가 지속 개발, 설치되었다. 1940년대부터 현재의 LQO-4 및 LQO-5 시스템을 포함한 모든 연속적인 LQO 시스템 설계 및 개발, 생산에 참여한 주요 회사는 오키 덴키(Oki Denki)였다. 하이드로폰 시스템은 진동 소음을 줄여 감도를 향상시켜 소음원의 방향, 범위 및 위치를 추정하는 높은 신뢰성을 제공하는 방향으로 발전되었다. 또한, 최근에는 광섬유 하이드로폰(fibre hydrophones)이 개발되어 압전 센서보다 더 높은 감도를 얻었다. 광섬유가 탄성 실린더에 감겨 있어 하이드로폰이 높은 수압에 저항하면서도 높은 감도를 유지할 수 있는 광섬유 하이드로폰 개발에 심혈을 기울였다. 간섭계 설계에서 신호 강도를 유지하기 위해 광섬유 브래그 격자(fibre Bragg gratings)를 사용하는 광섬유 하이드로폰을 개발하여 심해 환경에서 적용할 수 있으면서 대량 생산이 쉬운 페브리-페롯(Fabry-Perot) 간섭계를 사용, 소형 광섬유 하이드로폰 배열을 개발하였다.

일본은 하이드로폰 기술의 발전과 함께 여러 배경 소음에서 음향 신호만을 추출하는 신호 처리 능력에서도 엄청난 발전을 이루었다. 과거 일본의 음향 시스템은 개별 잠수함의 신원은 말할 것도 없고 소리 특성만으로는 국적을 파악할 수 없는 경우가 많았다. 그러나 1990년대 이후 일본은 디지털 음향 신호 처리 기술의 군사적 응용으로 미국에 이어 두 번째로 잠수함 식별 능력이 향상되었다.

다양한 하이드로폰 배열 외에도 JMSDF는 해저 소나 시스템과 함께 작동하는 주요 해협을 통한 항구 방어 및 잠수함 통과 모니터링을 위한 다양한 자기 이상 탐지(Magnetic Detection Systems, MAD) 시스템을 개발했다. 제2차 세계 대전 동안, 자기 루프(magnetic loop) 탐지 시스템은 일반적으로 대잠수함 보호를 위해 모든 주요 항구에 설치되었다. 분고(Bungo) 해협의 경우, 해저에 7개의 자기 루프 시스템이 설치되었으며, 외부 입구 남서쪽의 Fuka-Shima 앞바다에 3개, 그리고 건너편에 4개의 시스템이 설치되었다. 1950년대 중반과 후반에 중요한 항구의 방어를 위해 유사한 자기 탐지 시스템이 설치되었다. 여기에는 칸논 자키(Kannon Zaki, 도쿄만), 아와지(Awaji, 오사카만), 무쓰레지마(Mutsure-jima, 칸몬 해협) 및 고고자키(Kogozaki, 사세보만) 기지가 포함되었다. 현재 오사카 만과 사세보 만에는 자력 측정소가 운영되고 있다. 아와지 마을 북쪽에 위치한 카리야(Kariya) 국소에서 고베-오사카(Kobe-

Osaka)로 접근하는 잠수함을 감지할 수 있다. 사세보(Sasebo) 만의 경우, 1976년에 지어진 사세보만 입구 남동쪽의 사키베(Sakibe)와 1986년에 지어진 사세보 항구 지역 서쪽의 타테가미에 자력 측정소가 설치되었다.

1980년대에 쓰시마 해협과 쓰가루 해협에 많은 자기 탐지 시스템이 설치되었다. 이 MAD 시스템은 잠수함이 그 위를 지나가면서 발생하는 자기 이상 현상을 감지하고, 이 센서는 음향 배열을 피할 수 있는 조용히 항해하는 잠수함을 감지할 수 있다. 1990년대 중반, 소련이 붕괴된 후 이 시스템은 캄차카 반도(Kamchatka Peninsula)의 태평양 쪽 블라디보스토크(Vladivostok)와 페트로파블로프스크(Petropavlovsk)를 오가는 러시아 잠수함을 감시하고 있다.

5.2.2.6. 해상자위대의 ELINT 수집정보 전송체계

JMSDF의 EP-3 SIGINT 항공기가 수집한 전자정보(ELINT)는 야마구치현 이와쿠니(Iwakuni)에 있는 전자데이터 분석 부서로 전송되어 2차 정밀 분석을 수행한다. 긴급한 주요 정보 사항은 1997년 전자작전지원부대(Electronic Operations Support Unit, EOSU)에서 이름을 변경한 요코스카 함대 본부의 전자정보센터(Electronic Intelligence Center, EIC)로 직접 전송된다. 그 분석된 정보들은 다시 함대 정보 센터(FIC)로 전송된 후 요코스카에 있는 JMSDF 함대 사령부로 전송되고 추가 적으로 융합분석이 이루어진다. 예를 들어, 1998년 8월 31일 북한이 일본 상공에서 대포동 미사일을 발사했을 때 미사일이 발사한 원격 측정 신호는 EP-3에 의해 수집되고 항공기가 이와쿠니에 착륙했을 때 테이프는 전자정보 데이터 분석 부서로 직접 이관되고, 데이터는 요코스카의 EOSU에 실시간으로 전송되고 있다.

〈그림 5-13〉 해상자위대의 핵심 요코스카 해군기지 전경

그러나 현재는 이와쿠니 중앙센터에서 원격 실시간 통제에 의해 수집, 제어되고 있으며 중요한 SIGINT 신호가 출현할 경우 실시간으로 그 출현 정보가 통지되고 저장된 자료는 착륙후 데이터 분석센터로 이송되고 분석된다. 요코스카의 EIC는 주변국의 선박과 항공기가 방사하는 모든 전자신호는 JMSDF의 선박, 공중 및 해안 기반 ELINT 시스템에 의해 수집, 처리 및 분석되고 있다. 1990년대 후반에 약 200명의 인원을 보유한 FIC의 임무는 JMSDF 전방 작전부대의 작전에 필요한 전자정보를 수집하고 분석하여 관련 해상자위대 부대에 그 정보를 제공하는 것이다. 이치가야(Ichigaya)에 있는 방사청의 국방정보본부(DIH)의 기초정보센터(Basic Intelligence Center, BIC)와 요코스카에 있는 작전정보센터(OIC), 그리고 EIC로부터 정보를 주고, 받고 있다.

5.2.3. 항공자위대의 정보수집체계

5.2.3.1. 항공자위대의 정보수집 아키텍쳐

지난 20여 년 동안 일본 항공 자위대(JASDF)는 공중의 정보 및 감시체계는 많은 변화를 겪어왔다. 미사일 방어 능력. 첨단 지상 기반 신호정보(SIGINT)와 레이더 시스템이 개발되어 현재 대부분 일본 전국에서 운영되고 있다. 구형 시스템은 광범위하게 업그레이드되었다. 모든 항공 정보 및 레이더 시스템이 하나의 복합체로 완벽히 통합되었다. 레이더 시스템은 포괄적으로 네트워크화 되어 있으며, 통신(COMINT) 및 전자정보(ELINT) 수집, 조기경보체계, 항공기 및 미사일 추적 활동이 자동 처리되고 여러 수준에서 정보체계간 상호 연동되어 자료 교환이 자동적으로 이루어지고 있다. 또한, JASDF의 방공사령부(JASDF"s Air Defence Command) 본부는 요코타(Yokota) 공군 기지에 있는 주일 미군 본부로 이전하여 미국 우주 기반 미사일에 보다더 쉽게 직접 접근할 수 있게 되었다.

미사일 발사 탐지 시스템 및 기타 미국 미사일 방어 자산과 연동. 새로운 시설 중 상당수는 북한의 무기체계 전자신호 활동을 모니터링하고 일본 영토를 겨냥하거나 통과하는 북한 장거리 탄도 미사일을 추적할 수 있는 곳에 명확히 배치되었다. 현재 오키나와(Okinawa)와 류큐 제도(Ryukyu Island chain)의 다른 지역에 배치된 다른 감시 시설들은 중국에서 방출되는 전자기 신호 수집을 확대하고 중국의 현대화된 공중, 해상 및 미사일 부대에 대한 방어를 강화하기 위한 일본의 광범위한 노력의 산출물이다.

새로운 감시체계들은 북한이 발사할 수 있는 단거리, 중거리 및 장거리(핵무장 포함) 미사일을 높은 신뢰도로 탐지, 추적 및 요격할 수 있는 능력을 제공할 것이다. 중국의 경우 오키나와 남쪽 섬 주변의 중국 전투기 및 정찰기, 무인기 등 공중 활동에 대한 전자신호(ELINT) 모니터링 및 레이더 커버리지를 완료하는 것이 최우선 과제이다. 그러나 중국의 다양한 발사 시스템을 갖춘 전략 핵전력에 대해서는 여전히 문제가 되고 있다. 2010년 12월 내각이 승인한 일본의 가장 최근 국방 프로그램 개요에 따르면, 현재 일본이 직면한 복잡한 냉전 이후 안보 환경에 대한 주요 대응 중 하나로 자위대(SDF)의 정보 능력을 업그레이드하고 확장하는 것이 정부의 최우선 과제가 될 것이라고 하였다. 당시 그 보고서에 따르면 미래의 SDF를 국가와 그 주변 지역에서 지속적인 정보감시정찰(ISR)을 통해 정보 우위를 보장하기 위해 국방정책을 추진할 것임을 직시하고 있다. 따라서 그 이후에 육상, 해상, 항공자위대의 ISR 능력은 엄청나게 확장되었다. 이러한 정책의 하나로 항공자위대의 정찰감시 능력도 획기적인 발전을 이루게 되어 일본 본토 공격에 대한 조기 경보를 제공하고 공중 및 미사일 방어 시스템에 전술 정보를 제공하기 위해 항공기 조기경보체계, 지상 레이더 및 전자정보(ELINT) 시스템의 매우 포괄적인 아키텍처를 유지하고 있다. 이 시스템들은 신형 무기체계 도입 및 IT 발전에 따라 지속적으로 업그레이드되고 확장되었으며, 앞으로도 계속될 것이다. 최근에도 몇 개의 새로운 신호정보(SIGINT) 수집국소와 이동형 지상 전자전 공격체계도 전력화가 이루어지고 있다. 최근에는 항공자위대의 신호정보 수집체계가 큐슈(Kyushu)의 미야코지마(Miyako-jima)에 새로 구축되었으며 류큐 제도(Ryukyu Island)의 남쪽 끝에 위치하여 쿠릴열도를 감시할 것이다.

일본의 지상 방공관제체계인 JADGE의 조기 경보 및 방공 시스템은 전자전 수행이 가능하고 및 탄도미사일 탐지가 가능한 첨단 J/FPS-4 및 J/FPS-5 레이더 시스템으로 현대화하여 주변국의 탄도 미사일뿐만 아니라 항공기의 장거리 탐지 및 추적 능력을 확보하였다.

항공자위대는 정보수집 및 조기 경보 목적으로 ELINT의 수집과 처리에 관여하는 여러 기지를 운영하고 있다. 여기에는 홋카이도의 와카나이, 네무로, 오쿠시리에 위치한 항공 정보 수집 부대, JADGE 기지와 관련된 기타 ELINT 부대, JASDF의 SIGINT/ELINT 항공기가 수집한 ELINT의 처리 및 분석을 담당하는 ELINT 지상 기지 등을 보유하고 있다. 과거 정보수집 부대는 후추Fuchu) 공군기지의 방공사령부(Air Defense Command), 햐쿠리(Hyakuri) 공군기지의 JASDF ELINT 처리 센터, JASDF의 정보사단(JASDF"s Intelligence Division), 도쿄 방위성 본부 등 다수의 정보 관련 부서에 정보 처리결과를 보고하고 있다. 그러나 최근 항공자위대의 항공 정보체계 현대화로 모든 데이터가 JADGE를 통해 프로세스가 이루어짐으로써 자료 전송 및 보고 체계가 훨씬 간소화되었다.

레이더 감시체계인 JADGE와 항공자위대의 SIGINT 지상국 및 SIGINT 항공기가 수집한 SIGINT/ELINT 정보는 2012년 3월부터 요코타 공군기지에 새로운 시설로 이전한 방공사령부와 방위성 본부의 합동참모본부로 실시간으로 전송되고 있다. 2009년까지 BADGE(기지 방공 지상 환경)로 알려진 JADGE 레이더 시스템은 홋카이도 도베츠(J/FPS-4 시스템)에서부터 오키나와 요자다케(Yozadake, J/FPS-5 시스템)에 이르기까지 일본 전역에 걸쳐 첨단 레이더 시스템으로 업그레이드되었다. 항공자위대는 최근에 중국 항공기의 동해안 진출과 남중국해의 갈등, 그리고 북한의 중장거리 미사일 발사 관련하여 4개의 J/FPS-5 레이더 시스템을 구축하였다. 4개 중 2개는 중국의 항공기와 무인기 궤적에, 나머지 2개는 북한에 초점을 맞추고 있다. 1993년 5월 북한의 노동-1 중거리 탄도미사일(IRBM) 시험 발사, 1998년 8월 대포동 대륙간 탄도미사일(ICBM) 시험 발사로 인해 일본은 탄도미사일 방어(Ballistic Missile Defence) 시스템 획득에 점점 더 많은 열정을 가지고 착수하게 되었다. 이 시스템은 현재 약 200대의 패트리어트-3 요격 미사일과 SM-3 미사일을 장착한 8척의 콩고급 이지스(Aegis) 구축함과 연동되어 있다.

탄도미사일 방어체계(BMD)에는 JADGE 레이더 시스템과 신호정보체계(signals interception stations)를 포함한 JASDF의 조기 경보 네트워크는 미국의 탄도미사일 방어체계에 연동되어 있다. JADGE 네트워크의 경우, 원래 미 공군에 의해 건설되었지만 1970년대, 1980년대, 1990년대에 걸쳐 항공자위대는 미국과의 공유에 강력히 반대했으나 2005년경에야 이를 허용했다.

5.2.3.2. 지상 방공관제 조기경보체계(JADGE)

일본의 지상 방공관제 조기경보체계(JADGE)는 미국의 소련 남하를 저지하기 위한 구상으로 미공군이 일본 해안가에 설치한 방공관제 레이더 운용부터 시작하였다. 미공군은 1940년대 후반과 1950년대에 걸쳐 약 50개의 레이더기지를 건설했으며 이들 기지는 미공군에서 운용하다가 1970년대까지 대부분 일본 항공자위대로 이관되었다. 이들 기지는 AN/CPS-1, AN/CPS-5, AN/FPS-3 장거리 탐색 레이더와 AN/CPS-4, AN/TPS-10D, AN/FPS-6 고도 탐지 레이더 등의 장비가 설치되어 운용되었으며 일본은 이 레이더 기지를 인수받은 후 10~20년 동안 더 운용하였다. 이후 일본은 미측의 도움으로 최초의 일본 항공자위대의 방공관제시스템인 BADGE(Base Air Defense Ground Environment) 시스템이 1964년부터 개발을 시작하여, 1969년도부터 가동을 시작하였다. 또한, 일본 항공자위대는 BADGE 시스템의 단말 레이더인 방공관제 레이더 개발을 착수하였다. 우선 1단계로 휴즈사와 라이센스 계약으로 일본 전후 대규모 방위산업 프로젝트[13]를 추진하여 1세대 조기경보레이더인 J/FPS-1를 개발하여 와지마(제 23 AC&W대), 오타키네야마, 미네오카야마, 카사토리야마, 혼슈 서쪽 다카오야마, 세부리야마 등 7개 싸이트에 설치하였다. 이들 레이더로부터 획득된 항적 데이터를 종합, 처리하는 BADGE 시스템은 일본 영공의 공중 표적에 대한 자동적인 탐지/식별/요격을 위하여 지상 레이더망을 통합하는 최초의 통합 방공관제체계가 되었다. 이후 BADGE 시스템은 1983년에 NEC를 주계약자로 하여 휴즈사가 시스템 설계, 운영, 하드웨어 제작 하청 업체로 선정되어 포착범위 확대를 위한 BADGE의 최신화, BADGE와 패트리어트/개량 호크와 연동, 공중 조기경보시스템과 연동, 오키나와 등 주요지역 커버를 위한 BADGE 시스템 재확장, 기존 지상레이더를 3차원 시스템으로 성능을 개량하였다. 따라서 기존 지상레이더 J/FPS-1 11식을 J/FPS-2 위상배열 레이더로 교체하였다. 2세대 방공관제 J/FPS-2 레이더는 1979~1990년 사이에 NEC가 개발한 3차원 레이더로 방위각의 위상/주파수 스캔과 기계적인 방향 설정을 갖는 평면 위상어레이(Phased array) 기술을 적용했다. 레이더 탐지거리는 약 370km로서 클러터 제거 및 ECM/ECCM을 위해 향상된 디지털 처리기술을 사용하며 이 기술은 심각한 재밍에도 항공기 탐지 및 추적이 가능하고 카마부세, 킨포쿠, 와까나이, 네무로, 야마다, 오마에자키, 미시마섬, 유니섬, 시모노세키, 오키나와 요자다케, 미야코지마 등 7개 기지에 설치되었다.

1989년부터는 생존성 강화를 위하여 대레이더 미사일(ARM) 대처를 위한 유사 전파 발생장치와 신호처리 장치를 구비한 3세대 J/FPS-3 액티브 위상배열(array)레이더를 배치하기 시작하였다. J/FPS-3 레이더는 장거리 레이더와 단거리 레이더로 구성되었고 평면 배열 기술이 적용되었다. 장거리 레이더는 6rpm, 단거리 레이더는 15rpm으로 회전하며 직경 17m의 한 쌍의 레이더로 설치, 운용되었다. 장거리 레이더는 L밴드에서 고도 10~20km, 거리 390~650km까지 목표물을 탐지할 수 있고 단거리 레이더는 S밴드를 사용하며 탐지거리는 150km에 이르렀다. J/FPS-3 시스템은 1989~1991년 교가미사키(교토현), 카모(아키타현), 아타키네야마(후쿠시네마현)에 설치되었으며 1세대 레이더 J/FPS-1 운용 7개 기지가 1990년대 말에 J/FPS-3으로 모두 교체되었다. 1987년 방위성은 통합방위디지털망(IDDN)을 구축하여 중앙통제소와 명령, 통제, 통

13) 일본 NEC와 다른 하청 업체가 1971년 휴즈항공기회사와 라이센스 계약을 맺고 30억엔을 투자하여 J/FPS-1 레이더 시스템을 개발에 착수하였다.

신, 정보시설, BADGE 레이더 기지간 안전한 통신링크를 구축하였고, 이때 통합디지털망은 유선, M/W, 위성망으로 구축된 3개의 망을 구성하였으며, 특히 중요한 것은 미국의 조기경보망과 상호운용이 가능하도록 데이터 포맷을 구체화했다. 1990년 초 미국은 항공자위대의 JADGE 시스템과 전투기간 연동을 위해 링크-11[14] 포맷 기술자료를 제공했으며, 링크-11은 HF(2~3MHz) 밴드와 UHF 대역을 이용하여 JADGE 기지에서 획득된 항적 자료를 항공방위통제센터와 항공자위대 전투기 간 자료교환이 이루어지게 되었다.

〈그림 5-14〉 항공자위대 방공관제레이더 J/FPS-4

일본의 방공능력 확장에 따라 1994년 패트리어트 120기 도입, 2000년도에 E-767 AWACS기 전력화에 따라 BADGE 시스템과 연동을 위해 또다시 성능개량이 이루어졌다. 1990~2000년대 까지 JADGE 시스템은 미국 데이터 링크-16 포맷형태로 통합 정보 분배시스템(JTIDS)과 다중 정보 분배시스템(MIDS)을 구축했으며, 따라서 안전하고 빠른 디지털 데이터링크를 제공하여 기지 및 전투기 간 데이터, 전술 영상 교환이 가능해졌다. 1999년 방위성은 10년 이상 운용한 구형 레이더의 항공정보 및 통제능력을 보장하고 고속 표적을 추적하는 기능과 전자전[15] 기능 보강, 데이터 처리 및 통신능력을 향상하기 위한 4세대 JADGE 시스템인 J/FPS-4(그림 5-14 참조) 레이더 개발하여

14) HF 또는 UHF를 사용하여 함정, 항공기 및 지상 기지 간 사용하는 전술 데이터 망으로 실시간 암호화 데이터를 전송하는 체계. TDMA 방식을 사용하며 양쪽 방향으로 신호를 전달할 수는 있으나 동시에 한쪽으로밖에 이용할 수 없는 반이중 전송 방식(halfduplex transmission)이다.
15) ECM/ECCM 기능을 보강하였고 J/FPS-4 1개 시스템이 교체되는 예산은 2억1천만엔이 소요 되었다.

2008년까지 J/FPS-3 레이더 7개 기지, 세부리야마, 카사토리야마, 카모, 와지마, 오타키네야마, 쿄가미사키, 토베츄 기지가 모두 J/FPS-4로 교체되었다 J/FPS-4 레이더는 항공기 추적만이 아니라 최종 진입단계로 들어오는 탄도미사일도 탐지·추적할 수 있는 능력을 갖추었다.

항적 자동화 BADGE 방공관제시스템은 2009년에 차세대 고성능 자동 제어 시스템인 JADGE(Japan Aerospace Defense Ground Environment)으로 명칭이 바뀌면서 그 성능도 대폭 향상되었다. 폐기된 BADGE 자동화 시스템과 비교하면 새로운 JADGE 방공관제시스템은 몇 배 더 많은 양의 정보를 처리하고 새로운 위협에 더 신속하게 대응할 수 있으며 탄도탄까지 탐지할 수 있는 능력을 보유하게 되었다.

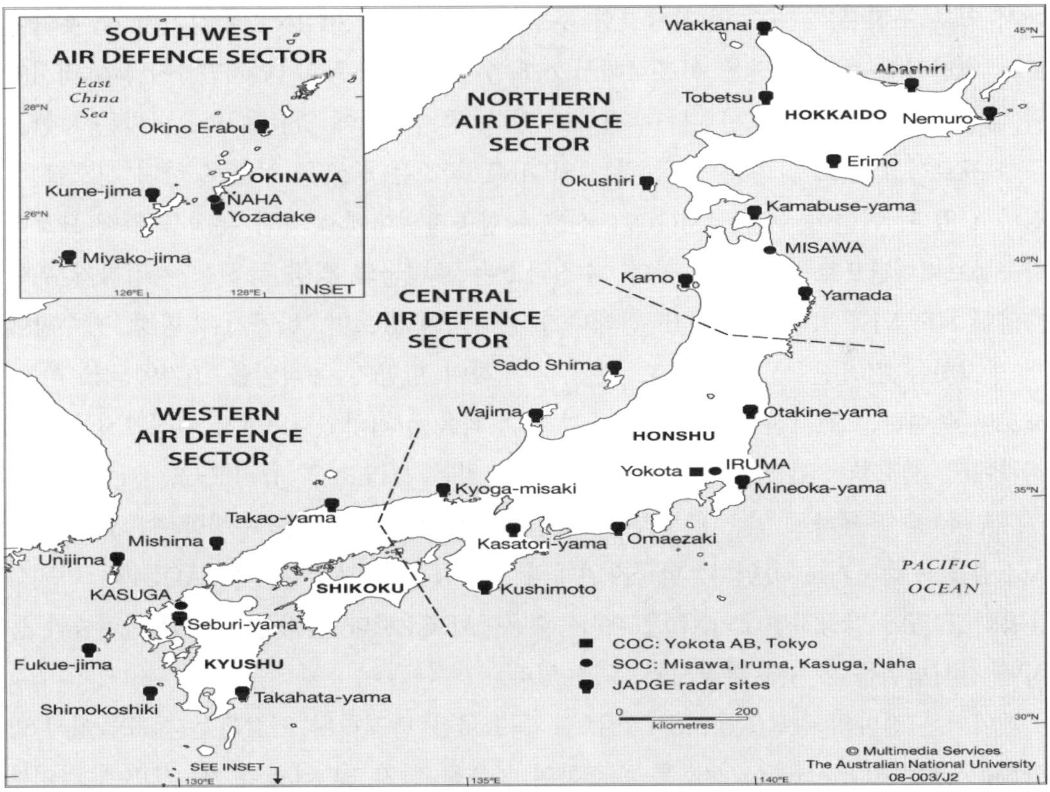

〈그림 5-15〉 일본의 지상 조기경보기지(28개)

JADGE 시스템은 모든 항공기의 위협에 대한 조기경보를 제공할 뿐만 아니라 공중방어 태세의 기본 요소인 전투기지 및 지대공 미사일 부대와 직접 연결되어 있다. 현재의 JADGE 시스템은 항공방위사령부(도쿄) 전투운용센터(우리의 MCRC와 유사), 지역

운용센터 4개(우리의 CRC와 유사), 28개 레이더 싸이트, 네트워크, 데이터링크로 구성되어 있다. 많은 JADGE 레이더기지는 전자장비 및 정보시설(Intelligent facility) 장비에 연결되어 있다. 특히 전자전 공격(EA)과 전자전 보호(EP) 측면에서 시스템은 지속적으로 현대화되고 있으며 기지 대부분은 광케이블로 구축되어 있고 위성통신으로 2중화 되어있어 제어 및 데이터 송수신이 이루어지고 있다.

5.2.3.3. 항공자위대 지상 SIGINT 수집체계

2024년 12월 현재 항공자위대(JASDF)는 8개의 SIGINT 기지를 보유하고 있으며, 이들 기지는 항공자위대의 항공 정보 수집부대에 의해 운영되는데 도쿄 서부 요코타 공군 기지에 위치한 항공자위대 방공사령부 항공정보비행단(작전 정보부대라고도 함)에서 업무 조정 통제하고 있다. 〈그림 5-16〉처럼 8개의 SIGINT 수집기지 중 홋카이도는 냉전시대 주로 소련을 목표로해서 4개 수집국소가 구축되었지만, 지금은 러시아를 대상으로하여 SIGINT신호를 수집하고 있다. 혼슈지역에 있는 다까오야마는 북한을 주 목표로하고 있고 남쪽 지역에 있는 SIGINT 국소는 중국을 목표로 하여 신호를 수집하고 있다. 이들이 수집한 SIGINT 신호는 항공자위대에서 종합 분석을 위해 요코타 항공정보비행단으로 전송되고 있다. 수집국소는 주변국의 항공 통신을 수집하기 위한 다양한 HF, VHF, UHF 및 SHF 안테나가 설치되어 있으며, 항공기나 함정, 잠수함에서 방사하는 전자신호를 감지하고 수집, 추적하여 항공기 움직임을 조기에 경고하고, 새로이 출현하는 전자신호를 저장하고 초기 분석을 실시하였다. 현지 수집기지들은 도시바에서 제조한 SIGINT 업무를 수행할 수 있는 J/FLR-2, J/FLR-3, J/FLR-4 및 J/FLR-4A을 운용하고 있으며 일부 기지는 전자전의 방해작전을 수행할 수 있는 ECM 시스템을 구축하기도 하였다. 항공자위대의 SIGINT 기지는 일본의 JADGE와 이원화 운용하고 있어 항공자위대의 주변 감시능력은 JADGE보다 신뢰성을 향상 시켜줌과 동시에 감시범위를 2~3배 확장시켜 주고 있다.

레이더는 전파의 왕복(Round trip)으로 목표물을 탐지하나 ELINT는 목표물에서 방사하는 단방향(One way) 신호를 수집하여 목표물 탐지 및 식별이 가능(DB에 라이브러리가 저장되어 있을 경우)하므로 훨씬 먼거리에서 조기에 경보를 할 수 있다. 특히 레이더는 전파가 왕복하면 가시거리 확보가 중요하나 ELINT의 경우는 단방향으로만 가시거리를 확보하면 된다.

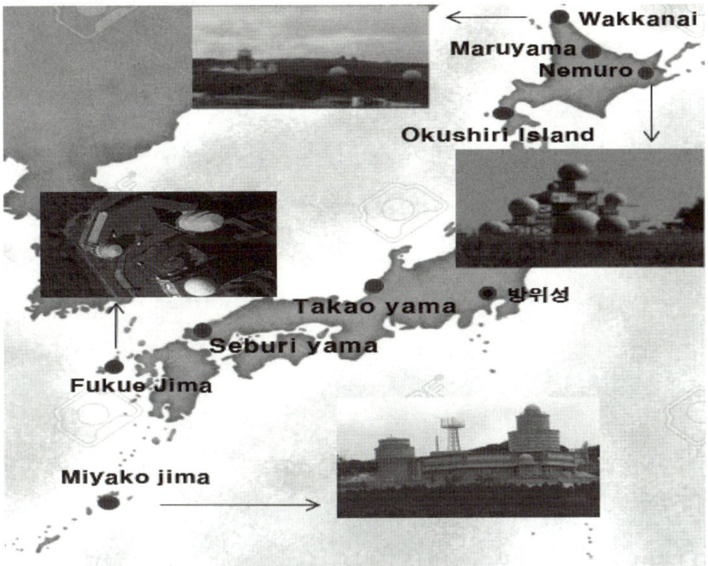

〈그림 5-16〉 항공자위대 지상 SIGINT 수집기지

홋카이도 북쪽에 있는 와카나이(Wakkanai), 마루야마(Maruyama), 네무로(Nemuro) 항공 정보수집 부대는 1970년대에 설립되었다. 와카나이는 홋카이도 제일 북쪽에 위치해 있으며, 사할린 섬에서 소야 해협을 건너 약 45km 떨어져 있다. 네무로는 제2차 세계 대전 이후 러시아가 점령한 북방 영토 맞은편 북동쪽에 있다. 오쿠쉬리는 홋가이도 제일 남쪽에 있는 SIGINT 국소로 동해 남쪽으로 비행하는 러시아 항공기의 신호를 와카나이에서 수집하지 못한 항공기 SIGINT 신호를 수집할 수 있는 곳으로 이들 4개 부대의 주요 목적은 소련 공군 활동에 대한 COMINT 및 ELINT를 수집하여 JASDF에 전술 정보를 제공하고 JASDF 항공기의 ESM 시스템 개발을 지원하는 것이었다. 그들은 또한 이러한 활동과 관련된 소련 공군의 통신, 예를 들어 조종사 간 대화와 항공기와 지상 관제탑 간 통신을 수집하였다. 왓카나이는 제1 항공 정보 수집 부대로서 1988년에 80명의 직원이 근무하였다. 이들은 BADGE 기지 바로 아래에서 수행된 ELINT 신호와 COMINT 신호를 수집하였다. 네무로에 있는 제2 항공 정보 수집부대는 100명 이상의 직원이 근무하고 있었으며 주요 시설로는 직경 약 4m에서 7m에 이르는 6개의 반원형 레이돔, UHF/SHF 안테나를 수용하는 3m 높이의 원통형 돔, 6개 엘리먼트 VHF DF 배열 및 6 엘리먼트 UHF DF 배열 안테나, 기타 여러 개의 VHF 및 UHF 안테나로 구성된 복합 구조를 유지하고 있었다.

JADGE 기지가 항공기를 추적하여 항적 정보를 생성하는 동안, SIGINT 부대는 항공기의 레이더 및 기타 전자 방출을 모니터링하고 항공기의 무선통신을 수집하였다. 항공자위대 항공정보비행단은 1991년에 오쿠시리(Okushiri) 섬에 COMINT/ELINT 수집국소를 설립했다. 이 국소는 JADGE 레이더 싸이트에서 남서쪽으로 약 1km 떨어진 곳에 대형 안테나와 소형 LPA 안테나 등이 설치되었으며 이 수집기지의 목적은 시베리아에서 소련의 통신을 감시하고 ELINT를 수집하는 것이었다.

〈그림 5-17〉 J/FLR-4 SIGINT system at Seburi-yama

1990년 이후에 이들 SIGINT의 시설과 지휘체계가 변경되었다. 작전 건물 증축과 다수의 원통형 레이돔 설치, 신형 안테나 및 수집장비 교체 등이 있었고 SIGINT 신호 수집 보고체계도 과거 미사와(Misswa) SIGINT 기지에서 현 항공정보비행단으로 직접 보고하는 것으로 변경되었다.

1998년에 항공자위대는 한반도 동해 남부의 시마네 한토에 위치한 다카오야마(Takao Yama)에 있는 JADGE 기지 내에 COMINT 시설인 대형 원형 안테나 배열(CDAA) 및 LPA와 같은 여러 통신 안테나를 갖춰 북한의 공대공 및 지대공을 통신 신호를 모니터링하였다. 특히 한반도와 매우 가까이에 있어 우리나라의 전투기와 지상, 전투기 간 통신 내용도 수집하였을 것으로 판단된다. 2004~2006년에는 새로운 ELINT/COMINT 수집 국소가 일본 최남단 큐슈 세부리야마에 설립되었다. 세부리야마에는 최신 조기경보 레이더인 J/FPS-4가 설치되어 있는 곳으로 J/FLR-4 SIGINT 장비가 설치되었다. 새로운 SIGINT 시설은 2004년 봄에 시작되어 2005년 5월경에 대부분 완료되었으며 높이 20m, 길이 70m, 폭 30m의 거대한 작전 건물과 건물 상단에 안테나 설치용 두 개의 대형 타워로 구성되어 있었다. 또한 JASDF는 남중국해를 비행하는 중국 전투기의 COMINT 및 ELINT신호를 수신하기 위해 2007년에 큐슈 북서쪽 후쿠에지마에 SIGINT 국소를 또 설립하였다. 그 수집기지의 주 목표 대상은 중국의 군사활동을 감시하기 위한 SIGINT 시설이었고 J/FLR-4A 장비 설치와 작전실 설치 공사는 2011년에 시작하여 2014년에 전력화하였다.

일본의 최남단인 미야코지마 섬에 또 다른 JASDF ELINT/COMINT 수집기지를 건설하기로 한 결정은 2004년 11월에 이루어졌다. 이 기지의 목적은 중국 군함과 항공기의 통신 신호를 수집하고 처리하는 것이었다. 미야코지마 SIGINT 수신 국소는 설치는 2006년 10월에 시작되었고 2007년 10월에 전력화되었다. 이 국소는 중국 항공 활동과 관련하여 ELINT와 COMINT를 모두 수집하고 있으며 처리결과 데이터는 전자전 공격용(ECM) 입력 자료로 활용되고 있다. 미야코지마는 일본어로는 센카쿠, 중국어로는 댜오위라고 불리는 섬에서 동쪽으로 약 180km 떨어진 곳에 있다. 미야코지마 SIGINT 수집기지는 2007년부터 도시바 J/FLR-4A 장비를 설치하기 시작하여 2008년 12월에 전력화되어 2009년 1월부터 운영하기 시작하였다.

5.2.3.4. 항공기 COMINT, ELINT 수집체계

일본은 2차대전 때부터 신호정보와 전자전이 전쟁에 있어서 결정적인 역할을 한다는 것을 일찍이 인식하였다. 신호정보에 대한 SIGINT 장비 탑재 능력이 없었을 때는 주로 지상에 SIGINT 장비를 설치하여 일본에 위협이 되는 주변국가의 SIGINT 신호를 수신하였다. 2차대전 후에 일본의 항공기 산업이 발전하고 IT분야에서 선두 주자를 유지하면서 미국의 강력한 지원으로 항공기에 SIGINT 신호를 수신할 수 있는 장비를 탑재하여 운용하기 시작했다. 특히 ELINT 기술을 이용하여 ESM과 ECM 장비를 상호 관련지어 운용함으로써 그 능력을 배가시키고 있다. 실제로 일본은 미국, 중국, 러시아, 일부 유럽 국가들을 비교하여도 항공분야에 신호정보 및 전자전 능력은 세계 3~4위 규모의 수집 및 처리 능력을 보유하고 있다. 현재 일본은 〈표 5-4〉처럼 항공자위대에서만 신호정보 수집 및 전자전 ESM과 ECM과 관련된 항공기를 21대 운용하고 있으며 향후에는 28대로 확대할 예정이다.

일본 항공자위대는 전자전 능력을 지속적으로 강화하고 있다. 노후화된 전자전 장비를 신형으로 교체하며, 전자전 훈련도 강화하는 추세이다, 별도의 전자전 훈련기를 가지고 있어서 조기경보 및 지대공 미사일 레이더 기지, 항로관제 및 해안감시 레이더 기지를 대상으로, 시스템적으로 전자전 훈련을 수행하고 있고 비상시에는 전자전 공격기로도 활용할 것이다.

〈표 5-4〉 일본 자위대의 항공기분야 신호정보 / 전자전기 현황

전자전장비 탑재 항공기	댓 수	운용기지	비 고
EC-1 / EC- 2	1 / (+4)	Iruma AB	· 1985 · ELINT / ECM
RC-2	1 (+3)	Iruma AB	· 2020 · 신호정보 수집
E-2C/D	13 / 2	Misawa AB	· 2012~2014 · 신호정보(전자)
E-767	4	Hamamtsu AB	· 1998~1999 · 신호정보(전자)

EC-1(그림 5-18 참조)은 전자전 훈련기로서 가와사키에서 제작한 쌍발 수송기 C-1을 개조해 1985년 일선 배치되었으며, 이 항공기는 Iruma 공군기지에서 전자전 훈련부대에서 운용하고 있다. 신호정보 수집장비 J/ALR-1과 TRDI(Technical Research & Development Institute) / MELCO에서 제작한 J/ALQ-5 ECM(전파 방해) 시스템을 탑재하였다. 이 항공기의 전방 레이돔, 후방 레이돔, 전방 동체 조종실 창문 뒤쪽 양편의 돌출부, 후방동체 양편의 돌출부, 동체 밑에 2개의 안테나가 설치되어 있으며, 최초 2대가 계획되어 있었으나 예산확보 문제로 1대만 제작되어 1985년도에 항공자위대에 인도되어 현재까지 운용 중에 있다.

〈그림 5-18〉 일본 항공자위대의 전자전훈련기 EC-1(왼쪽)[16], RC-2

현 Iruma 공군기지는 과거 항공자위대의 핵심 전자신호 수집 및 전자전 공격 항공기인 YS-11기를 운영한 기지이다. 이 항공기는 항속거리가 짧고 탑재량이 많지 않은

16) “항공자위대 EC-1 광역 재밍 훈련기”. https://bemil.chosun.com/nbrd/gallery/view.html

노후 항공기로 전자전 지원보다는 전자전훈련 지원용으로 사용하나 상황에 따라 전자전 작전용으로 활용할 수 있다. 공식적으로 항공 혹은 해상자위대 방공부대에 전파방해를 걸어 공격 상황을 재현하는 용도로 쓰이며, 임무 특성상 너무 강력한 방해전파를 내면 민간 시설이나 통신까지 영향을 받으므로 가능한 도시 등으로부터 멀리 떨어진 곳에서 훈련을 진행하고 있다.

2024년 12월 일본 방위성은 1986년부터 운용된 전자전 공격기인 EC-1과 YS-11EA[17]를 대체하기 위해 가와사키 C-2 수송기 플랫폼을 이용하여 스탠드오프 전자전(SOJ) 항공기 EC-2 4대를 획득하기로 하였다. 실제 방위성은 EC-2 스탠드오프 전자전(SOJ) 항공기 개발 프로그램을 이미 시작했다. 개발은 두 단계로 나뉘어 진행 중인데 첫 번째 단계는 2020년부터 2026년까지 데이터 링크 방해전파 기능 구축과 다중 전자전 플랫폼 통합에 중점을 두고 있다. 두 번째 단계는 2023년부터 2032년까지 이러한 기술을 개선하고 운영하는 것을 목표로 83억 엔을 반영하였다. 이 항공기에는 J/ALQ-5 전자 방해 장치 및 첨단 전파 수집 및 처리 시스템을 포함하고 있다. 현재 운용 중인 EC-1은 가와사키 C-1에서 파생된 전용 전자전 플랫폼으로서 J/ALQ-5 전자전(ECM) 시스템, 도시바 ELINT 시스템, 그리고 미국산 ECM 및 ELINT 항공전자 장비가 탑재되었다. 항공자위대는 적 항공기와 레이더뿐만 아니라 중국과 북한의 미사일 위협이 심각하게 다가오면서 강력한 고출력 전자파를 발사, GPS 등을 무력화해 적의 순항미사일과 탄도미사일까지 교란시키는 것도 염두에 두고 있다. 전자정보 수집기로 가와사키 C-2를 기반으로 2015년부터 전자전기 RC-2(그림 3 참조) 개발이 시작되었는데 C-2 수송기가 항공자위대에서 공식적으로 운용되기 시작한 것이 2016년 6월이므로 수송기와 전자정보 수집기의 개발이 거의 동시에 이루어졌다. 2020년 10월 항공자위대는 이루마 공군기지에서 도입행사를 열고 RC-2 ELINT수집 항공기 배치를 공식 선언[18]하였다. 2010년 처녀비행한 C-2는 쌍발 수송기로서, 최대 이륙중량 141톤, 수송량 36톤으로 장거리 비행이 가능하여 일본을 중심으로 한 동북아시아지역에서 전자정보 수집 및 전자전 작전용 플랫폼으로 활용 가능성이 큰 기체라고 할 수 있다. RC-2에는 ALR-X로 명명된 차세대 ELINT신호 수집 장비를 탑재하고 있으며, 이 장비는 도시바에서 제작한 장비로 고도로 자동화되어 전방향에서 탐지되는 광대역 및 협대역 전자신호, 통신신호를 자동으로 수집, 분석하여 지상에 실시간으로 전송하는 능력을 갖추

17) YS-11E 전자정보수집기는 1985부터 ELINT 신호 수집장비인 J/ALR-1가 설치되었으며 1991년 NEC사의 J/ALQ-7 전자방해 장비가 탑재되었다.

18) "日, 전자전 능력 개선에 주력…최신형 전자전기 실전배치", 매일경제, 2020년 10월 6일

고 있다. 또한, 탐지되는 모든 신호를 자동 녹음할 수 있는 대용량의 저장 컴퓨터, 정밀 방향탐지 능력, 지상에서 통제하여 특정 목표물 신호를 실시간으로 제어, 통제, 수집할 수 있는 능력도 보유하고 있다. 항공자위대의 YS-11E(전자정보 수집 및 전자전 공격기)를 대체할 신형 ELINT기로 선정되었다.

항공자위대에서 운용하고 있는 호크아이 E-2C/D는 1976년 벨렝코 중위가 MIG-25를 몰고 망명한 사건을 계기로 공중감시에 있어서 허점이 드러나자, 자위대 조기 경보 능력 강화를 위해 1982~1983년부터 도입하기 시작되었다(그림 5-19참조). 저공으로 날아든 MIG-25를 놓쳐 하코다테 공항에 착륙할 때까지 단 한 대도 요격하지 못하고 멀뚱멀뚱 쳐다만 보고 있었다. 자위대 E-2C/D에는 전자전 장비로 수동 탐지시스템인 ESM 장비가 탑재되어 있는데 레이더 탐지거리보다 보통 두 배 이상 먼 거리에 있는 레이더 등 전파신호를 전방위에서 탐지해 낼 수 있으며, 대략적인 거리와 위치까지 파악할 수 있다. 탐지 가능 거리는 고도에 따라 달라지겠으나, ESM 시스템 AN/ALR-73은 600km 이상 신호 수집이 가능하다. E-2D 호크아이에 탑재한[19] L-3사의 AN/ALQ-217 시스템은 더 정확하고 빠르게 신호정보를 수집 및 분석하고, 종류를 파악해 내는 것이 가능하며 거리도 더 늘어났다. 1987년부터 13대가 태평양, 동해 그리고 오츠크해에 배치하여 북한과 중국 위협에 대응하고 있다. 신형 E-2D형을 2016년에 2대를 도입하여 운영 중이며 이즈모급 헬기항모와 연계하여 NIFC-CA 전술을 개발하고 있다. 향후 일본 해상자위대는 총 9대 E-2D형 AEW&C 호크아이 정찰기를 도입해 실전에 투입할 것으로 알려져 있다.

〈그림 5-19〉 조기경보기 E-C(왼쪽) E-767(오른쪽)

1991년 항공자위대는 E-3 Sentry 도입을 추진했으나, 보잉 707이 단종되자 보잉

19) L-3사 AN/ALQ-217은 대전자전 체계로 중국 전자전기가 허위 표적을 보내는 것을 70% 수준까지 식별할 수 있다.

767-200ER 기체에 레이더 시스템을 장착한 E-767을 도입하기로 하였다. 일본은 1993~1994년에 각각 두 대씩 총 4대를 주문하여 99년 1월까지 전량 인도가 완료되었고, 2000년부터 정상적으로 운용을 시작하였다. 항속거리 및 체공시간은 300해리에 13시간으로 주 임무에 사용되는 AN/APY-2 레이더 외에 AN/AYR-1 ESM 장비를 장착하고 있어 E-2C/D와 마찬가지로 조기경보 임무 외에 전자신호와 같은 신호정보 수집 활동과 방사체의 방향도 탐지할 수 있다. 성능 업그레이드를 통해서 기존 데이터 처리 컴퓨터를 높은 신뢰성과 성능을 가진 다중코어 프로세서 컴퓨터를 설치하는 RSIP(Radar System Improvement Program)으로 감도 및 ECCM 능력이 대폭 향상되었으며 또한, 임무 컴퓨터 성능개량으로 ESM도 향상되었다.

5.2.3.5. 무인기 SIGINT, IMINT 수집체계

일본에서 무인기 플랫폼을 이용한 신호정보 수집기나 전자전 무인기 개발 징후는 보이지 않으나, 미국에서 개발된 고고도 무인기인 글로벌호크를 도입, 전력화하였다. 일본은 2013년도 중기방위력정비계획에 의거 노스롭그루만사와 RQ-4B[20] 고고도(High Altitude Long range Endurance) 무인정찰기(Unmanned Aerial Vehicle) 글로벌호크 Block 30[21]형을 2015년 예산으로 3기 구입하고 별도 1기를 미사와 기지에 배치해 미군과 운영비를 공동 분담, 운영하는 것을 결정했으나 이후 도입을 미루다 2019년에 이르러 1기를 추가하여 총 4기를 도입 추진하였다. 그러한 계획에 의거 4대 중 1대가 2022년 9월에 정식 인수되었다. 그리고 일본 항공자위대가 도입 예정인 RQ-4B HALE 무인정찰기의 정비와 수리를 위한 지원센터를 미사와 공군기지에 2022년에 일본에 구축하여 미군과 공동으로 운용하고 있으며 지원센터의 주요 임무는 노스롭그루만사의 정비요원 상주, RQ-4B HALE 무인정찰기 임무 수립, 지상 관제요원 교육훈련, 임무수행 이후 부품 교체, 각종 소프트웨어 수리 등이다. 일본의 글로벌호크 도입으로 한번 이륙하면 고고도에서 30시간 이상 비행과 약 3,000km에 달하는 작전반경으로 북한과 중국의 군사 활동 감시가 가능하고 탄도미사일 발사 징후를 조기에 포착하는 등 첩보 위성에 버금가는 감시 능력을 확보하였다.

---

20) 주요 제원으로 중량 1.3t, 길이 14.5m, 날개길이 39.9m, 높이 4.7m로 시산낭 570㎞의 순항속도를 내며, 작전거리는 22,780㎞이며, 순항시간은 약 30시간으로 고도는 평균 18,000m이고, 이착륙과 원격통제를 위해 3명의 요원이 투입된다.

21) 최초 RQ-4 Block 10은 퇴역했고 Block 20은 IMINT와 통신 노드용으로 개발되었고 Block 30은 고대역~저대역 SIGINT장비를 탑재하였다.

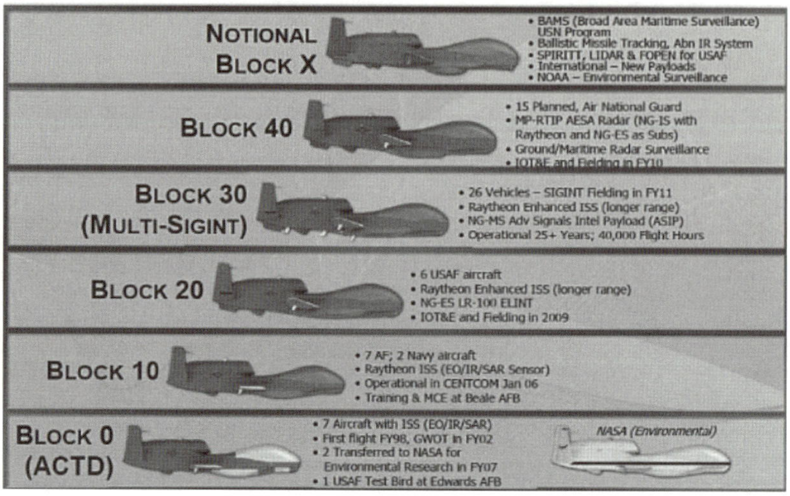

〈그림 5-20〉 글로벌 호크 기종별 탑재 장비(Block 30)[22)]

RQ-4 Block 30은 〈그림 5-20〉처럼 COMINT 및 ELINT 수집센서인 ASIP(Advanced Signals Intelligence Payload)와 SAR(Synthetic Aperture Radar) 레이더, 광학 및 적외선센서(Electro-Optical/ Infrared Sensor Radar)를 탑재하고 있어 전자신호를 고도 18,000m에서 약 100,000㎢ 면적[23)]을 30시간 이상 체공하면서 수집할 수 있는 능력을 갖추고 있다(그림 5-20 참조).

일본 항공자위대는 2022년부터 도입된 RQ-4B를 독자적으로 운용하기보다는 2013년에 미군이 괌에 배치한 제319 RQ-4 HALE 해군용 무인정찰기 트리톤과 2014년에 일본 내 미사와 공군기지에 배치한 RQ-4 HALE 무인정찰기와 연동하여 운용하고 있다. 일본 항공자위대가 RQ-4B 무인정찰기를 북부 지역에 있는 미사와 공군기지에 배치하는 것은 북한과 러시아를 중점적으로 감시하며, 추가로 동중국해에서 중국 해군 활동을 정찰하고 감시하기 위한 것으로 추측된다. 일본 방위성은 북한, 중국 등 극초음속 무기 등을 탐지, 추적하기 위해 장시간 공중을 비행할 수 있는 고정익 무인기를 동해, 남중국해 상공에 다수의 무인기(드론)를 상시로 띄워 SAR, EO 및 적외선 센서와 신호정보 센서를 복합 운용하고 있다. 참고로 우리나라도 2020년 동일 기종 4기가 전력화되었으나 신호정보 수집체계는 탑재되지 않아 영상정보만 수집할 수 있다.

22) "밀리터리/공중무기체계 글로벌호크(RQ-4) 블록별 차이" https://pgtyman.tistory.com/200
23) 100,000㎢ 규모는 한국과 아이슬란드 국가 면적에 해당한다.

5.3. 저궤도 감시정찰 위성

일본의 첩보위성은 2024년 12월 현재까지 광학위성 4기(IGS O-8, IGS O-7, IGS O-6, IGS O-5호), 레이더위성 4기(IGS R-8, IGS R-7, IGS R-6, IGS R-58) 등 총 8기의 저궤도 감시정찰 위성을 하고 있다. 일본은 2008년 우주기본법(Basic Space Law)을 제정하여 국가 우주정책을 국가전략 수준으로 향상하고 2009년에는 우주의 군사적 사용 목적으로 정보수집, 조기경보, 정찰, 통신, 위치추적, 내비게이션, 기상 활용 등을 정의하였다. 1998년 8월 북한의 대포동 미사일 발사를 계기로 독자적인 정보수집 위성개발을 적극적으로 추진하였으며 2003년 3월 H-IIA 5호기에 의해 최초로 해상도 1m급 광학 1호기를 쏘아 올린 이후 총 17회 정찰위성을 발사하여 8기가 운용되고 있다. 가장 최근에 발사된 SAR위성 8호기가 2024년 9월에 발사되었는데 해상도가 30cm 정도이며(2018년 6월에 발사된 SAR위성 6호인 경우 50Cm급) 광학위성의 경우 2024년 1월에 발사된 IGS O-8인 경우 25cm보다 높은 해상도를 갖고 있어 매우 선명한 영상을 확보할 수 있다.

위성 운용은 〈그림 5-21〉과 같이 내각 위성정보센터(도쿄 방위청 근처)에서 주관하며 약 200명이 근무하고 있다. 방위성 정보본부는 내각 위성정보센터처럼 위성으로부터 직접 데이터를 수신하여 영상정보를 생산하고 있다. 방위성 정보본부는 신호정보와 미측에서 분석된 자료를 토대로 융합정보를 생산하여 내각정보조사실에 보고하고 있다. 일본의 정찰위성 운영개념은 주변국에 대한 정보요구에 따라 정보 소요가 수립되고 이러한 수요에 따른 각각 분야에 대한 수집 및 처리할 자원을 할당하며 이미지 데이터 수집 우선 수위를 작성한 위성의 운영계획수립이 우선적으로 이루어진다.

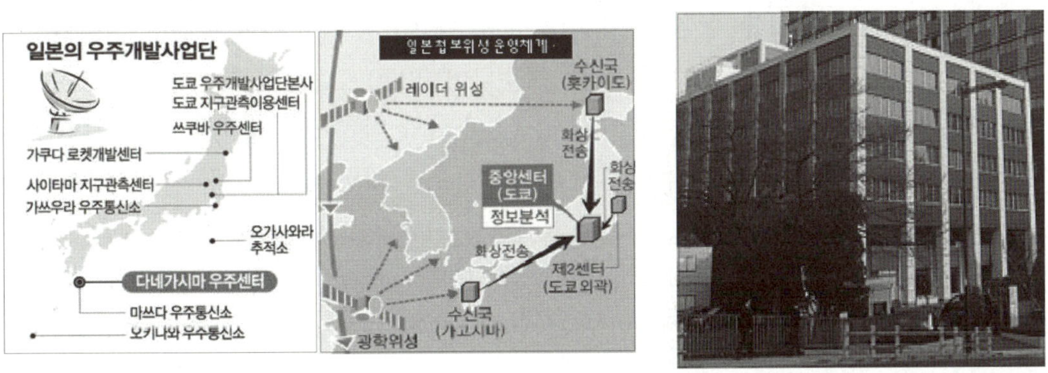

〈그림 5-21〉 일본 우주 개발 기지(왼쪽), 정보수집 위성 운용(중앙)[24], 도쿄 위성정보센터 (CSIC)

수집 운영계획에 따라 위성의 관제부문에서 지역별로 할당된 임무수행 범위, 이미지 목표지점에서 체제시간 등에 기반하여 구체적인 궤도제어, 이동범위, 빈도 등을 작성하고 이에 따라 위성상태 감시, 제어, 이미지 데이터를 획득하기 위한 자원을 운용하며 그 결과로서 위성에서 획득된 데이터를 지상으로 보내온 신호를 처리하여 이를 화상으로 변환 후 화상 자료를 분석부서로 보낸다. 분석부문에서 이렇게 획득된 데이터를 판독, 해석하여 유용한 정보를 생산한다. 이러한 운영 개념이 적용된 지상 시설로는 주 통제소 역할을 하는 중앙통제소는 도쿄에 있으며 여기에서 관제분야의 업무를 중앙제어하고 있으며 각 지역에 있는 수신국을 통하여 위성을 통제하고 있다.

지역 수신국은 위성 통제 및 이미지 데이터 신호 수신을 직접 하고 있는 곳으로 위성과 지상 수신소 간 가능한 송수신 시간을 많이 하고자 아래 그림처럼 남과 북에 길게 걸칠 수 있도록 북쪽 홋카이도와 남쪽 가고시마현에 각각 1개의 수신국소를 운영하고 있다. 중앙통제소의 비상시 대비 이바라키현에 예비센터를 운영하고 있고 또한 해외 오스트레일리아에 일본의 수신국 고장시 운영하기 위해 예비로 수신국이 구축되어 있다. 일본의 감시 정찰위성 운용은 내각정보연구소 위성정보센터(Cabinet Satellite Intelligence Center, CSIC)에서 정찰위성 획득, 감시정찰위성 운용계획 수립, 관리, 관제, 이미지 분석 등을 수행하고 있다. 위성정보센터는 크게 3개 부서로 구성되어 있는데 분석부는 위성정보센터의 핵심부서로 약 100여명이 EO위성이나 SAR위성에서 획득된 이미지 자료를 판독, 분석하여 필요한 정보를 생산한다.

5.4. 탄도미사일(BM) 감시체계

방위성은 북한 탄도미사일(Ballistic Missile)의 지속적인 발사 실험에 따라 고속 항공기 및 미사일을 추적할 수 있는 레이다 개발 필요성이 제기되어 방위성 기술연구소(TRDI)가 주관, J/FPS-5 레이더를 개발 착수하여 2000~2003년 사이에 J/FPS-5시스템 개발 완료하였다. J/FPS-5 시스템은 2,000km의 탐지거리 능력을 보유하며 높이 30m, 너비 20m의 거대한 삼각형 구조로 되어있으며 회전 레일을 따라 회전하며 직경 18m의 레이더가 마주해 있다. 2004~2005년 J/FPS-5 레이더의 기능 시험을 하여 2004년 러시아 잠수함 발사 탄도미사일을 추적하는 데 성공하였고 2006~2020년 사이에 가고시마현 시모노세키, 카타현 사도지마[25], 아모리현 카마부스야마, 오키나와 섬

24) "막강해진 '일본의 눈'… 한반도엔 숨을 곳이 없다", 신동아, 2003.4.25
25) 카마부스기지와 사도지마기지는 북한 미사일을 추적하는데 최적의 장소이다.

요자다케[26]에 4기[27]를 설치 완료하여 운용에 들어갔다. J/FPS-5 레이더 4개 기지에서 수집된 탄도미사일 항적 자료는 J/FPS-4 레이더 및 이지스함에서 수집된 자료 간 상호 교환이 가능하도록 포맷이 연동되어 있다.

〈그림 5-22〉 탄도미사일 추적 J/FPS-5 레이더(왼쪽), 이지스함 탄도추적 SPY-1D 레이더

이지스함의 전투체계는 탐지와 추적, 조준이 모두 통합된 체계로서 탄도 및 순항미사일 탐지, 추적능력이 뛰어나다. 이지스함에 탑재된 레이더는 AN/SPY-1 레이더로 주파수는 S-밴드(3.1~3.5GHz) 또는 X-밴드를 사용하고 있으며 4면이 각각 독립적으로 360도를 커버하며 한 면당 각 200개 항적, 즉 동시에 800개 항적을 탐지 및 추적하게 되어있는 3차원 위상배열 레이더이다. 탄도미사일 탐지거리는 목표물의 RCS에 다소 영향을 받지만 1,000km까지 탐지할 수 있다. 레이더는 계속 업그레이드되고 있으며 일본 이지스함 콩고급에는 SPY-1D, 아타고급에는 SPY-1D(V)가 탑재되어 있는데 SPY-1D(V)레이더가 연안 운용능력이 보다 강화되어 고밀도의 클러터나 ECM 상황 속에서도 소형 고속 목표의 추적능력과 천정 부근의 탐지/추적 능력이 업그레이드된 레이더이다. 일본 해상자위대는 2024년 12월 현재 공고급(9500톤, AN/SPY-1D(V) 위상 배열 레이더) 이지스함 4척, 아타고급(7,700톤, AN/SPY-1D(V) 위상 배열 레이더) 이지스함 2척, 마야[28]급 2척 등 8척을 보유하고 있다.

26) 시모노세키기지와 요자다케기지는 중국이 탄도미사일 발사 시 미사일 추저에 최적의 장소이다.
27) 1개 기지 구축하는데 총 32억엔이 소요되었다.
28) 길이 170m, 만재 배수량은 1만 250톤이며 SM-3 블록 2A와 SM-6 요격 미사일을 장착하고 있어 탄도미사일을 타격할 수 있다. RIM-66 SM-2 함대공 미사일과 RIM-162 개량형, 스패로우 미사일(Evolved Sea Sparrow Missiles) 장착으로 탄도미사일 요격 능력이 향상되었다.

5.5. 지상 및 공중 전자전체계

미래전(FW)은 첨단 무기 플랫폼도 중요하지만, 전쟁 초기에 적의 작전 양상과 형태를 좌우할 전자전(EW) 능력에 따라 승패가 결정된다. 일본 방위성은 육상, 해상, 항공 자위대의 전자전 능력이 주변 강대국인 러시아와 중국보다 열세하다고 평가하여 향후 주변국가와 미래 분쟁에 대비, 우주전, 사이버전, 전자전 능력[29]을 향상하기 위해 일본 정부 차원에서 심혈을 기울이고 있다. 특히 2014년에 발생한 우크라이나전쟁 시 러시아가 지상용 전자전 공격장비를 동원하여 나토(NATO)의 군사작전을 방해하였고 최근에 중국군의 Y-8, Y-9 또는 무인기가 남중국해 상공에 자주 출현하여 미군(USFJ)과 일본 자위대 군사작전을 엿보거나 방해하고 있으며, 2019년 7월 23일 한반도 동해에서 러시아 공군의 A-50 공중조기경보기와 중국 KJ-2000 공중초계기, Y-9 해상초계기와 연합작전을 실시하면서 일본 방공식별구역(JADIZ)을 진입하여 ELINT와 COMINT를 수집하는 등 일련의 정보활동 행위를 접하면서, 전자전이 미래 러시아와 중국과의 분쟁 시 게임 체인저(Game Changer)로 간주하여 대대적인 증강 조처를 하고 있다. 우선 육상자위대는 다양한 형태의 전자전 임무 수행조직과 전자전 지원 및 공격, 전자전 보호를 위한 시스템 개발, 전문 운용 인력을 양성하고 있다.

〈그림 5-23〉 육상자위대 신형 전자전체계(NEWS), 육상자위대 전자전 부대(8)배치[30]

일본 육상자위대의 전자전 공격 수행부대는 최초로 러시아를 주요 목표로 1981년

29) 2020 일본 방위백서 한국어 다이제스트 판
30) "日, 전자파로 적 막는 전자전 부대 거점 1곳→8곳 확대", 연합뉴스, 2020년 10월 9일

북부방면대 홋카이도 히카시치토세기지에 대령급이 지휘하는 제1전자대(第1電子隊) 창설[31]하여 운영해 왔다. 2010년부터 방위성 산하 방위장비청(ATLA)에서 네트워크 전자전체계(Network Electronic Warfare System) 개발에 착수, 2014년에 개발을 완료하여 2015년에 후지종합화력연습장에서 전자전 시험을 완료하고 전력화하였다(그림 5-23 참조). 이 전자전체계는 미쓰비시사가 전자전 장비를 개발하여 도요타사의 중형 트럭에 탑재하였으며 초단파(VHF), 극초단파(UHF), 초고주파(SHF), 마이크로파(EHF) 대역에서 적의 전파를 수집, 분석하고, 적 네트워크에 대한 재밍을 실시하는 체계이다. 후지종합화력연습장과 육상자위대 통신학교에서는 처음으로 레이더 전자파와 무선통신에 대한 전자파를 수집, 분석하여 재밍까지 수행하는 전자전 연습 시나리오 과정을 채택하여 전자전장비 운용요원을 교육시키고 있다. 육상자위대는 2023년까지 전자전 임무 수행부대 8개를 남북 규슈에서 오키나와를 잇는 열도의 호(列島の弧) 축과 오키나와에서 대미도까지 이이지는 남시의 호(南西の弧) 축으로 진자진부대를 구축하였다(그림 10 참조). 열도의 호는 2021년까지 3개의 전자전 부대가 남북을 중심으로 한 축을 형성하는데 홋카이도 히가시치토세(기존)에 제1 전자전 부대, 구마모토현에서 제2 전자전 부대, 도쿄도 아사카 기지에 제3 전자전 부대를 구축 완료하여 중국, 러시아 해군의 원거리 통신망인 단파(HF)를 탐지하여 군사활동을 감청하고 있으며 필요시는 재밍도 수행할 예정이다. 남서의 호는 2023년까지 나가사키현 아이노우라초, 가고시마현 아마미초, 오키나와 나하시, 대마도, 요니쿠니섬에 각각 80여 명으로 부대를 창설하여 중국의 함정, 항공기, 무인기 활동에 대응하고 있다.

항공자위대는 2020년 10월에 노후화된 NAMC YS-11EB 전자전기(1981년부터 운용)를 도태하고 C-2 대형 수송기를 전자전기(ELINT)로 개조한 RC-2 1대를 배치하였고 추가로 3대를 더 도입할 계획이다. 또한, 항공자위대는 가와사키중공업과 2020년부터 2032년까지 독자형 차세대 전자전기(ESM, ECM)를 개발하여 4대를 실전에 배치할 계획이며, 주요 요구사항으로 ① 러시아와 중국군의 레이더 활동과 전술통신 정보를 원거리에서 수집할 수 있어야 하고, ② ELINT와 COMINT를 수집하면서 동시에 기만작전이 가능한 기능을 갖추어야 하며, ③ 전자전 수행 작전시간이 24시간/365일 체제로 제시하였다. 또한, 항공자위대는 F-35A 스텔스기와 F-15 전투기에 전자전 장비를 탑재하여 정보정찰, 감시 및 표적임무를 수행하는 방안도 고려하고 있다. 또 해상자위대가 운영 중인 4대의 EP-3C 오리온 ELINT수집기를 대체하기 위해 미국 방산업체 록

31) 원래 SIGINT 부대로 1968년에 창설되었다.

히드마틴의 C-130J 슈퍼 허큘리스 수송기를 도입하는 방안도 검토 중이다.

미래 전장은 초연결 네트워크 전쟁이 되고 있다. 지상, 해상, 공중, 우주 공간이 주파수 스펙트럼으로 연결된 미래 전장에서 전자전(EW: electronic warfare)과 사이버전(CW: cyber warfare) 영역은 점차 더 중첩될 것이기 때문에 효과적으로 군사작전을 수행하기 위해서는 두 기술을 융합한 사이버전자전(CEW: cyber electronic warfare) 기술 접근이 절대 필요하다. 사이버전자전은 전자전의 원거리 고출력 전자파 송출능력과 사이버전의 정보(메시지) 조작/교란능력을 통합하여 시너지 효과를 발휘하는 기술이다. 따라서 IT분야에 있어서 세계 최고인 일본은 우주와 사이버, 전자전 등 3개 분야를 새 안보 영역의 핵심축으로 보고 역량을 강화하고 있다. 일본은 그러한 사이버전자전의 중요성을 인식하여 2022년 3월 사이버 공격에 대응하는 사이버방위대를 방위성 직할 부대[32]로 발족했다. 사이버방위대 인원은 약 540명 규모로 사이버 공격 대처, 사이버 전문 인력 양성, 실전적 훈련 지원, 정보통신 네트워크를 관리·운영 등의 임무를 수행한다. 일본은 두 분야에 핵심 IT기술을 보유하고 있어 향후 사이버전자전 역량을 더욱 확장시킬 것으로 판단된다.

5.6. 항법위성(QZSS) 위성

일본의 지역 위성항법시스템인 QZSS(Quasi-Zenith Satellite System)[33]는 도심지역에서의 항법 정밀도 보장을 목적으로 하고 있다. 일본 도심지역의 경우 고층 빌딩이 밀집해 있어 위성항법 정보의 정밀도가 현저히 떨어지며, 이를 보완하기 위하여 미국과의 협력을 통해 QZSS를 개발하였다. QZSS는 3개 위성으로 이루어진 준극궤도 위성시스템으로 일본 상공에 1개 위성이 상시 관측이 가능하도록 설계되었다. 궤도 경사각 39°~47°, 고도 42,164km에서 24시간 주기로 구성된다. QZSS신호 6개 중 5개는 상호 호환이 가능[34]하도록 GPS 및 위성 기반 보정시스템(Satellite Based Augmentation System)과 동일한 신호 구조, 주파수, 확산코드(PN code), 메시지 형식으로 이루어져 있다. QZSS 신호는 WA-DGPS(Wide-Area Differential GPS Augmentation

32) "일본 '자위대 사이버방위대' 설치…540명 규모", 연합뉴스, 2022년 3월 17일
33) 준천정 위성이란, 미국이 운용하는 GPS 위성의 보완, 보강을 목적으로, 일본이 독자적으로 개발을 진행하는 측위 위성으로 2010.9.11.일에 첫 위성이 발사되었고 네 번째 발사는 2017년 10월 10일에 이루어져 2018년 11월 1일부터 4기의 인공위성을 통한 시스템을 운영하고 있다.
34) 1575.42MHz L1-SAIF 신호는 미국의 WAAS(GPS 정밀도 보강)와 유럽의 EGNOS와 같은 SBAS(위성기반보강시스템)와 호환이 된다. 또한 Galileo의 E6 신호와 호환된다.

Signal) 보강 신호 L1-SAIF(Submeter-class Augmentation with Integrity Function)를 제공하며, 주파수[35]는 L1 C/A(1575.42MHz), L1C(1575.42MHz), L2C(1227.6MHz), L5(1176.45MHz), E6(1278.75MHz), L1 SAIF(1575.42MHz), LEX(1278.75MHz) 주파수를 이용한다.

GPS는 토목, 교통, 각종 정보통신기술(ICT) 서비스 등 일상생활에서도 중요하지만, 군사작전을 수행하는 데에도 필수적이다. 일본은 현재도 미국과 자국의 GPS를 결합해 6㎝ 오차의 정교한 위치 정보를 얻을 수 있는 체계를 갖췄지만, 2023년까지 모두 7기의 자체 GPS 위성을 운용해 미국 GPS에 의존하지 않고 자국의 위성만으로 위치 정보를 얻는 체계를 구축하였고, 2030년까지 11기 체계로 운영할 예정이다. 일본은 그동안 군사분야에 있어서 미국의 GPS체계를 이용해 왔으나 최근에 자국의 QZSS체계로 항공모함인 이즈모, 잠수함, 전투함, 구조함, 부설함, 항공기, 지상 작전체계, 미사일 등에 대해서 일본형 GPS 수신기를 탑재하여 운영[36] 중이다. 이는 자국 플랫폼 무기체계에 일본의 위성항법시스템을 탑재함으로써 적국으로부터 GPS 재밍 영향을 덜 받을 수 있고 또한 순항미사일 같은 정밀 유도무기는 위성항법시스템에 따라 목표물로 유도되기 때문에 GPS 재밍으로부터 영향을 받지 않을 것이다. 특히 일본의 QZSS체계는 고도로 암호화된 Code를 사용하기 때문에 방해전파나 위조 신호를 상대가 발사해도 방해받지 않을 수 있다. 유사시 북한이나 주변국의 전파 방해에 대비한 것으로 볼 수 있다.

5.7. 미국과 정보업무 교류

5.7.1. 일본과 미국의 군사동맹 변천과정

2차 세계대전 후 미국의 초기 대일 점령정책의 기본 방향은 일본이 다시는 다른 국가를 침략하지 않는 평화국가로 만들기 위한 비군사화와 민주화에 있었다. 즉, 일본이 다시는 미국 및 세계의 평화와 안정에 위협이 되지 않도록 제도적이나 내용적으로 보장한다는 것과 다른 국가의 권리를 존중하고 유엔헌장의 이상과 원칙에 명시된 목적을 지지하는 평화적이고 책임있는 민주정부를 수립한다는 것이었다[37]. 그러나 일본의 무력화

35) 하지현, 천세범, "위성항법시스템 운영 현황 및 개발 계획", 항공우주산업기술동향 8권 2호, pp.46-53, 2010
36) "日, 항모화 추진 이즈모에 일본형 GPS 수신체계 탑재", 연합뉴스, 2019년 1월 16일
37) 1945년 9월 22일 공표된 "항복 후 일본에 대한 미국의 초기방침"에 나타나 있다. 이러한 상황에 일본은 맥아더 3원칙을 토대로 평화헌법을 제정하여 전쟁의 포기, 전력의 미보유, 교전권의 부인을 명시함으로써 평화주의를 실현하였다.

(無力化)를 목표로 했던 미국의 점령정책은 당시 소련의 팽창 정책과 중국의 공산정권 수립으로 아시아 정책을 크게 바뀌게 되었다. 1945년 2월 얄타회담 직후부터 동구유럽에 대한 영향을 둘러싸고 미국과 소련 간에 대립하는 초기 냉전을 시작으로, 1946년 한반도 문제처리를 위한 미소공동위원회의 의견대립, 중국에서의 국·공 내전 등 동서진영의 대립은 첨예하게 진행되었고, 1947년 3월 4일 발표된 트루먼 독트린으로 전후 세계는 냉전이 본격화되기 시작하였다. 특히 중국이 국·공 내전으로 국민당 정권이 무너지고 공산당 정권이 수립됨으로써 미국이 아시아-태평양 지역정책에서 중국의 국민당을 동맹국으로 상정했던 정책을 포기하고 일본을 아시아-태평양 정책의 요지로 구축하려는 새로운 방침으로 선회하였다. 1949년 10월에 중국의 공산정권 수립과 1950년 한국전쟁이 발발하자 1951년 5월 미국 국가안전보장의회에서 일본이 아시아-태평양 지역의 안전보장과 안정에 기여하도록 하기 위한 대일 강화조약의 조속한 체결을 요구하였다. 1947년 초 미·소의 대립이 본격화되면서 맥아더의 "일본 조기 강화론"이 제기되는 것을 계기로 일본은 미국과의 안보협력만이 가장 현실적이며 효과적인 방책임을 간파하였고 이러한 양국의 입장 속에서 1951년 9월 4일 대일 강화회의가 샌프란시스코에서 개최, 승인되던 날[38], 샌프란시스코의 제6군사령부에서 '미 · 일 안보조약'이 체결됨으로써 미국과 일본 간의 동맹관계가 최초로 정식 출범하게 되었다[39]. 미 · 일 동맹관계는 미·소 간의 냉전으로 베를린 봉쇄, 중국의 공산화 및 북한의 남침까지 이르자, 아 · 태 지역에서의 공산세력 확장을 봉쇄하기 위한 일본을 군사적으로 이용하기 위해 일본과 강화 및 안보조약을 체결한 미일 군사동맹이다. 1951년 미 · 일 안보조약 체결 이후 일본은 미국의 군사지원 하에 재군비 및 자위대 창설로 이어져 공식적인 방위력을 증강시키게 되었으며 미국은 일본을 동아시아의 전진기지로서 사용하게 되었다. 일본은 미국으로부터 주요 군사 장비, 부품의 대여 및 공여뿐만 아니라 병력의 선발 및 군사교육까지 지원받았고 특히, 1954년 '미·일 상호방위 원조협정'이 체결됨으로써 일본은 피원조국으로서 미국으로부터 경제 · 군사적 원조를 지원 받았다. 특히 미국으로부터 중요한 군사정보분야를 제공받아 왔으며 이 동맹관계가 체결된 후에 미국은 소련의 항공기, 함정과 잠수함의 움직임을 감시하기 위하여 일본 북동쪽에 있는 와카나이, 치토스에 통신신호 및 전자신호 수집장비(Panoramic Collection System) AN/FLR-12를 설치하여 신호정보를 획득함과 동시에 획득한 정보를 일본과 공유하기 시작하였다. 일본 자위대는 미군

38) 일본을 포함한 미국, 소련 등 52개국이 참여하였고, 평화조인을 거부한 소련, 체코슬로바키아, 폴란드를 제외한 49개국의 승인으로 샌프란시스코 평화조약이 조인되었다.

39) 유지아, "전후 대일강화조약과 미일안보조약 과정에 나타난 미군의 일본주둔과 일본재군비 논의", 일본락 연구, 단국대학교 일본연구소, pp.95~121, 2014

과의 협조로 전파 제원 정보를 제공받아 러시아 군의 이동 관련 정보를 수집하였으며 미군이 1972년 철수하면서 관련 장비를 육상자위대에 인계하였다[40]. 점차적으로 미국이 일본에 요구하는 군사적 역할이 증대됨에 따라 종래의 단편적 조약에서 쌍무적 조약으로 바꾸어야 한다는 원칙하에 1960년 1월 19일에 '미 · 일 상호협력 및 안전보장 조약'이 체결되었다. 이는 군사적인 면뿐만 아니라 정치 · 경제 · 문화의 타 분야에서도 상호협력 내용을 포함하게 되었으며 이러한 신안보조약(新安保條約)의 체결로 일본은 형식적 이나마 대등한 미국과 파트너 관계를 유지할 수 있게 되었다.

1975년 월남 전의 패배를 계기로 유사시 일본 자위대와 미군의 조정된 행동을 보장하기 위한 '미·일 방위협력지침(가이드 라인)[41]'을 채택하였다. 1980년대에는 대소강경론(對蘇强硬論)을 주장한 레이건 정부하에서 자위대의 행동반경의 1천 해리 확대, 일본의 림팩 훈련 참여, 미일 양국의 합동군사훈련인 태평양연습을 시행하였고 1990년 8월 걸프전이 발생하자 일본은 미국으로부터의 '국제적 협조와 공헌'의 요청에 따라 130억 불의 전쟁비용을 제공하여 미일 관계가 대등한 관계로 발전하기 위한 일본의 적극적 협력을 보여 주었으며 1996년 4월 17일 동경에서 개최된 미 · 일정상회담에서 냉전 종식 이후 미·일 안보협력 방향을 제시하는 '신안보공동선언[42]'을 발표하며 아시아-태평양지역의 평화와 안전을 위해 미 · 일 안보협력유지가 불가결하고 주변사태에 공동대응할 것을 천명함으로써 양국 방위협력을 일본 방어 중심에서 일본 주변 유사시 공동 대응으로 확대함에 따라 미 · 일 협력관계의 정치적 기반으로, 국제방위의 산파적 역할로, 또한 폭넓은 외교기반으로서도 중요한 역할을 하게 되었다.

미·일간의 군사지휘체제는 1978년 협약한 '미 · 일 방위 협력지침[43]'에서 '자위대 및 미군은 긴밀한 협력하에 각각의 지휘계통에 따라 행동한다.'라고 명시하여 미 · 일간의 작전협력체제는 양자의 지휘체제가 독립적으로 운용하되 병립적(竝立的) 체제를 유지하

40) 이용식, "일본의 주변국 감시를 위한 IT분야 기술정보 역량강화와 그 함의", 국가정보연구, 제10권 2호, 2017

41) 월남전 이후 미국의 극동전략의 변화, 그 중에서도 일본자위대의 역할 확대를 반영한 것으로서 침략을 미연에 방지하기 위한 방위태세와 일본에 대한 무력 공격 시의 대처 행동에 관해 언급하고 있다

42) 주요 내용은 극동에서 유발되는 외부 위협에 대한 공동 대응을 위한 군사적 협력관계뿐만 아니라 다양한 분야에서의 상호 협력을 약속하고 있다. 양국이 그들의 위협에 대하여 국제연합의 목적과 헌장에 따라 공동 대응할 것과 국제분쟁의 해결과 국제 평화와 안전의 유지를 위하여 상호협력하고 노력하는 군사적 문제뿐만 아니라 경제를 포함한 다양한 분야에서의 상호 협력, 일본 영토 범위를 벗어난 지역에 대해서도 동맹국 관계를 이행할 수 있다는 뜻으로 미국은 일본군사력의 다양한 활용을 의중에 두고 있었다.

43) 김호섭, "미 · 일 방위협력 지침 관련 법안과 한반도 안보환경", 한국정치연구, pp.425-442, 1999

며 위기 시나 전시에 있어서는 지휘체제 간의 협력 및 조정을 위한 기관을 설치, 연합작전의 효율성을 제고하고 있다. 이 조정기관은 평소에도 운영할 수 있도록 각 군별로 '작전 조정소'가 있으며 이 기관을 통하여 지휘 및 조정, 통신, 전자활동, 정보교환, 후방지원 등 상호 긴밀하게 협력하여 미국은 이 지역에서 패권세력으로 계속 남아있고 일본은 미국의 방위부담을 경감시켜 주면서 아시아에서 군사적인 역할 범위를 점점 확대해 나가고 있다.

5.7.2. 조기경보자료 공유

해상자위대가 미해군과 일본의 이지스함에서 획득된 정보자료를 공유하는 것에 비해, 항공자위대는 미공군과 항공정찰자료 공유하는 데 미온적이었다. 미군은 일본의 JADGE 시스템에서 획득한 항적자료를 꾸준히 요구하였으나 일본은 방공망의 안전 및 보안을 이유로 자료 제공에 소극적이었다. 그동안 일본은 본토에 위협이 되는 미사일 방어를 위한 통제시스템과 관련해서는 필요시 스스로 일본 열도를 방어하는 중요한 임무 때문에 항공자위대의 JADGE 시스템은 독립적이며 자율적으로 결정되는 시스템이어야 한다는 것을 강조하였다. 1964년 일본은 최초 JADGE 시스템을 설계할 때 미군과 상호운용이 안 되도록 하는 시스템을 구현되도록 하였다. 1990년대 초반 미군은 링크-11에 대한 자료를 일본 측에 제공해 주고 자료공유 필요성과 교육, 미일 항공방위정보시스템의 통합 필요성을 제시하였다. 이를 위하여 1993년 초에 미국 미사일 탑재 이지스 순양함 Bunker Hill을 활용하여 완벽한 일본 대공방어 일환으로 항공자위대의 JADGE 시스템 운용기지와 링크-11 연동을 통한 자료 공유 훈련을 시행했다. 그 결과 일본은 자료교환이 양측에 매우 유익했고 JADGE 시스템이 링크-11 통해 해상자위대 E-2C와 연동되어 자료교환 성과를 이루었다.

일본 정부는 93년 3월 북한 노동미사일 1호 발사 이후 탄도미사일방어(BMD)시스템 개발을 신중히 고려하기 시작하였다. 98년 9월 대포동 1호 미사일 발사 이후 일본은 미국의 BMD기술에 관심을 보이기 시작했고 99년 9월 탄도미사일방어시스템개발을 위한 합동 연구협정을 체결하였다. 2003년 12월 탄도미사일방어시스템을 개발하기로 했으며 2004년 미사일 방어를 위한 정보 공유 토론에서 미국은 JADGE 항적자료에 대한 완전한 접근을 원했다. 같은 해 미일 양국은 미사일 방어프로그램에 대한 협력을 강화하기 위한 협정을 체결하였다. 2005년 일본은 중요한 결정을 내리는데 미일동맹을 위해 미국이 X-밴드 레이더를 일본 내 샤키리 캠프에 전개하는 것을 동의하였고 해상자위대의 미해군간 이지스함에서 수집된 자료를 공유하고 있는 것을 고려하여 JADGE 시스템에서 수집된 자료도 공유하는 정책으로 방향을 선회하였으며 2006년 1월에 동년 말까지 미사일 방어와 관련된 정보망을 통합하기로 합의하였다. 2007년 일본의 조기경보시스템 J/FPS-X에서 수집된 모든 자료(JADGE)와 미국 조기경보위성, 샤리키 및 미 이지스함에 탑재된 X-밴드 레이더에서 수집된 자료는 상호 공유되기 시작하였다.

5.7.3. 미 DSP위성 영상자료 공유

지상 조기경보 레이더망인 JADGE망을 미국 BMD체계에 통합시킴으로써 일본은 SBIRS(Space-Based Infra Red System)의 미사일 발사 탐지시스템에 직접 접속할 기회를 갖게 되었다. 1996년 3월부터 미국은 일본에 DSP자료를 직접 제공하면서 동시에 일본이 신속히 대공미사일방어체계를 배치하도록 설득하였다. 1998년 9월 대포동 1호 발사시 발사정보를 콜로라도에서 일본 항공자위대로 직접 전송하는 네트워크를 구축했으며 DSP/SBIRS 자료를 직접 수신하기 위해 요코나기시에 AEWSCDF 난발기를 설치하였다. 2006년 7월 DSP위성은 대포동 2호, 노동미사일을 포함해 7차례의 탄도미사일 발사를 감지하였다. 미사일 발사 관련 모든 DSP자료는 요코다기지로 전송되었다. 2007년 3월 미일은 합동전술지상처리시스템(JTAGS: Joint Tactical Ground Station) 1개 시스템을 일본에 설치하여 DSP위성으로부터 미사일 발사 및 추적자료를 직접 수신하도록 했다. JTAGS 프로그램은 DSP에 연결된 광대역 데이터에 대한 수신 및 처리능력을 제공하기 위해 1990년 말에 운용 시작되었으며 목적은 발사된 탄도미사일의 예상 낙하지점과 비행 중인 탄도미사일의 위치, 속도 등을 신속히 판단하여 미사일 방어부대에 관련 정보를 제공해 주는 것이었다. JTAGS는 항공기에서 나오는 적외선 추적도 가능하며 구성은 3개의 안테나와 1개의 데이터 처리 시스템으로 구성되며 24명이 운용하고 있다. 이 시스템 운용은 미군 USAMDC(U.S. Army Space and Missile Defense Command) 제 53신호대대에서 담당하고 있으며 운용개념은 탄도미사일의 발사 적외선을 탐지하여 샤리키에 있는 레이더 시스템에 자료를 건네주면 레이더가 자료를 찾아내어 고고도 요격기에 목표 정보를 전송한다. 데이터는 요코다 공군기지와 일본 방위성으로 전송된다. 이로써 일본은 DSP위성에 수집한 자료를 직접 수신하여 JTAGS에서 자료처리 후 지휘관에게 실시간으로 미사일 발사 첩보자료를 보고함으로써 탄도미사일 방어와 조기경보능력이 한층 더 강화되었다.

5.7.4. 신호정보 수집 및 암호분석 기술 공유

미국은 냉전 동안 러시아의 군 이동을 감시하기 위하여 일본에 약 100개 지역에서 신호정보(SIGINT) 수집 활동을 유지했는데, 이는 아마도 전 세계 어떤 나라보다 많았다. 미군은 2024년 현재 일본 내 6곳에서 신호정보(SIGINT) 수집 및 분석, 사이버전 활동을 위해 약 1,000명의 SIGINT분야 인원이 요코스카(해군), 미사와, 도쿄의 요코타 공군기지, 오키나와의 캠프 한센과 가데나 공군기지, 그리고 도쿄의 미국 대사관에서 SIGINT 작전, 인터넷 감시, 네트워크 작전 활동에 참여하고 있다. 일본 내에서 미국 SIGINT 활동은 주로 HF DF 시설과 함께 트래픽 분석을 통해 표적 지정 목적으로 적의 지휘 통제 센터와 주요 군사 작전 기지의 위치를 식별하였으며 ELINT 활동에서 수집한 적의 방공망에 관한 정확한 최신 EOB(Electronic Order of Battle) 데이터는 미 폭격기 침투 경로를 계획하는 데 필수적으로 활용되었다. 미국의 일본 내 SIGINT 활동은 한국전쟁, 베트남 작전, 미국의 핵전쟁 계획, 그리고 2011년 9월 이후 '글로벌 테러와의 전쟁'을 직접 지원해 왔다. 냉전의 종식은 월드 와이드 웹과 인터넷 시대의 시작을 알렸으며 인터넷과 컴퓨터 네트워크 시스템에 대한 감시가 최우선 과제가 되었고 국가 및 군 관련 정보는 작전과 결합하게 되면서 정보작전(IO)과 사이버 전쟁 관련 임무가 급증했다.

2차대전 이래 일본 해상자위대는 과거 미 해군이 운영하던 SIGINT 시설 인수, 신호처리 및 분석, 암호해독, 안테나, 방향탐지, 정비유지 등 신호정보 분야에서 다양한 기술 이전과 지속적인 교육 등에서 긴밀한 관계를 유지해 오고 있다. 일본 해상자위대 여러 플랫폼이 획득한 SIGINT 원천 자료는 미 해군과 공유되며 미 NSA로 직접 전송된다. 또한 NSA에서 분석 결과(암호해독 포함)도 해상자위대 정보 부서로 피드백된다. 미국 정부 기밀 네트워크인 DNI-U[44]에는 일본 해상자위대 수중 음향 센서, 해안 레이더기지, 해상 순찰기, 해군 및 해안 경비대 함정에서 추출한 COMINT 및 ELINT 자료, 이미지 자료를 일본 측으로부터 수신하여 처리, 저장하고 있다. 한편, 혼슈 북동부에 있는 미사와 위성국은 2001년부터 미 해군 해양감시시스템으로부터 ELINT 신호를 수신하는 지상국 역할을 하고 있다. 1946년 4월 미 해군 SIGINT 기지로 처음 문을 연 도쿄 만의 요코스카 미 해군 기지는 현재 SIGINT, 정보 및 사이버 작전을 제공하는 해군 정보작전사령부(NIOC)에 주둔하고 있다.

1951년 3월 미 공군에 의해 설립된 아오모리현 미사와에 있는 SIGINT 기지는 1990년대에 이르러 세계에서 가장 큰 기지 중 하나가 되었으며, 거대한 AN/FLR-9 CDAA[45](Circularly-Disposed Antenna Array), SATCOM(Large Satellite

44) 2006년 OSIS(Open Source Information System)에서 명칭이 변경되었다.
45) AN/FLR-9는 초대형 원형 배치 안테나 어레이의 일종으로, HF대역 방향(DF)을 탐지한다.

Communications) 위성 감청 시설을 설치하여 운영하였다. 태평양 지역에 주둔하는 미 군부대 및 미군과 연관된 자위대 운영 암호장비, 그 장비와 관련된 Code를 관리하는 MCOC(Misawa Cryptologic Operations Center)를 운영하였다. 도쿄 근처의 요코타 공군기지는 극동에서 미 공군의 SIGINT 작전(종합센터)을 위한 일본의 대표적인 주요 기지이며 현재 미 국가안보국(NSA)의 고위 대표인 국방부 특별 대표(DSRJ)의 사무실이 소재하고 있다. 주요 인터넷을 감시하고 있으며 네트워크 전쟁을 위한 중심 센터가 되고 있다. 2002-06년 오키나와의 캠프 한센에 거대한 CDAA가 건설되었으며 오키나와의 가데나 공군기지는 현재 서태평양에서 작전을 수행하는 미 공군 RC-135와 미 해군 EP-3E SIGINT 항공기의 일본 주요 기지이다.

한국전쟁과 베트남전쟁 시에는 일본에 주둔한 미 SIGINT 부대는 많은 작전지원을 하였다. 한국전쟁 동안 일본에 있는 미군 SIGINT 기지인 존슨기지, 아시야, 하카타 및 모모야마 후시미(교토) 기지는 각각 한국에 파견대를 보내 SIGINT 작전을 지원했다. 1960년대 초, 베트남 전쟁이 격화되면서 오키나와의 가데나, 도리이, 캠프 한자, 온나포인트, 그리고 도쿄 근교 후추에 있는 태평양 사령부(PACOM) ELINT 센터에서 베트남에 있는 미군에 SIGINT 지원을 하였다. 카미세야(Kami Seya)와 아츠기(Atsugi)에 주둔한 SIGINT 부대는 1990~91년 쿠웨이트와 이라크에서 사막의 방패와 사막의 폭풍 작전(Operation Desert Shield) 동안 미군/연합군을 지원하는 데 직접적인 역할을 했다. 2011년 9월 이래 미국의 모든 관련 활동은 테러와의 전쟁에 중점을 두고 임무를 수행하고 있으며, 일본 내에 있는 미사와[46]와 요코타의 네트워크 감시 시설에서 그 일을 수행하고 있다.

46) 예로 Misawa의 Ladylove 시설에서 네트워크 감시 업무를 수행하고 있다.

6장

중국과 일본의 정보조직

6.1. 중국의 정보조직

6.2. 일본의 정보조직

6장

중국과 일본의 정보조직

6.1. 중국의 정보조직

6.1.1. 시진핑 시대 중국군의 정보조직 변화

과거 중국은 총 13차례에 걸쳐 군 개혁을 단행했지만, 조직조정보다는 감군에 초점을 맞춰 진행했으며 등소평 집권시 1985년에 기존 11개 군구를 7개 군구로 개편하였으며 병력도 당시 400만 명에서 1987년에 100만 명, 2000년에 50만 명, 2005년에 20만 명을 감축하여 현재는 육·해·공·로켓군·전략지원군의 5개 전구에 230만 명의 병력을 유지하고 있다. 그동안 중국군 관련 학자들 사이에 새로운 시대에 맞게 군구조 개혁을 강력히 요구하였으나 장쩌민(江澤民)이나 후진타오(胡琴燾)는 군 경험이 없어 군에 대한 장악력이 부족하여 군 개혁을 추진하기가 어려웠다. 시진핑은 2012년 11월 중국공산당 총서기에 취임한 직후 중화민족의 위대한 부흥을 실현하겠다는 국가전략 구상인 '중국몽'을 주창하였다. 시진핑의 '중국몽(中國夢)'은 바로'강군몽(强軍夢)'이며, 강군몽은 중국몽을 실현하기 위한 가장 튼튼한 뒷받침이자, 강력한 군사역량 확보를 의미하는 것이다. 2015년 말부터 시작된 시진핑의 군 개혁은 군사적인 측면에서는 정보화시대 일체화 합동작전 능력 구비를 목표로 하고 있지만, 그 궁극적인 목적은 시진핑의 권력 공고화와 강한 군대 육성에 있다. 즉 중국공산당(지도부)은 이를 통해 강력한 국가 기반 위에서 역내 사무를 주도하면서 국가이익을 확보하고, 국제적 위상 높여서 세계무대에서 영향력을 발휘하려고 한다.

시진핑에 의한 중국군 개혁의 핵심 내용은 '중앙군사위원회가 군사를 총괄하고(軍委管總), 전구는 작전과 전투 수행에 주력하며(戰區主戰), 각 군은 부대 건설과 관리에 매진한다(軍種主建)'라는 3대 원칙이다[1].

1) 조현규, "시진핑 시대의 중국군 개혁 연구" 박사논문, 단국대학교, 2020.12.

첫째, '군위관총'분야에서는 4대 총부를 해체하여 15개 직능부서로 개편하였다. 즉, 상부구조인 중앙군사위원회가 군사 전 분야의 핵심이 되도록 지휘부의 권력을 강화하고, 정보화로 대표되는 현대전에 대처하는 데 초점을 두면서 합동작전 지휘체계와 합동군수지원 체계를 확립하였다. 그리고 최상위 지휘기구인 중앙군사위원회 합동작전지휘센터를 설립하고, 예하에 전구합동작전지휘센터를 신설하여 강력한 중앙통제를 바탕으로 한 합동작전 수행체제를 확립하였다.

둘째, '전구주전'분야에서는 7대 군구를 5대 전구로 개편하여, 전구가 작전 및 전투수행에 주력하도록 하였다. 이는 전구와 군종 간 권한과 책임을 혁신적으로 조정하고 전·평시 일체화(一體化)를 구축하여 군사전략을 구현할 수 있는 기본 틀을 정립했다는 점에서 매우 큰 의미가 있다. 또한, 각 군종(軍種) 사령부는 부대 건설과 관리를 담당하는 군정권(軍政權)을 가지고 전구(戰區)는 작전을 지휘하는 군령권(軍令權)을 가지게 됨으로써, 군종은 부대 건설과 관리에, 전구는 작전 및 전투지휘에 진력할 수 있는 효율적인 혁신이 이루어졌다. 전구는 전 평시 모두 중앙군사위원회 합동작전지휘센터의 지휘하에 전구 합동작전지휘센터를 통해 모든 작전을 주도한다.

셋째, '군종주건'분야에서는 각 군이 부대 건설과 관리에 매진한다는 원칙에 따라 육군지휘기구·전략지원부대·로켓군을 창설하여 5개 군종(육·해·공·로켓군·전략지원부대) 체제로 변모했다. 이러한 군종체제의 정립은 중국이 합동작전과 미래전을 대비할 수 있는 군대 건설과 합동작전 위주의 군사전략 수행에 부합하는 체제로의 개편이라는 점에서 큰 의미가 있다.

따라서 중국군의 개혁은 시진핑을 중심으로 한 중앙군사위원회 주석 책임제 시행과 군에 대한 공산당의 통제하에 지도관리체제와 합동 작전지휘체계 확립이었다. 중앙군사위원회가 모든 군사정책(군정권), 작전(군령권)을 총괄하고 5개 전구가 작전을 담당하며 5개 군종이 각 군의 군사력 건설과 유지를 담당하는 조직 구성이었다. 즉, 군정은 중앙군사위원회-군종(각군)-집단군으로 이루어지고 작전(군령)은 중앙군사위원회-전구-집단군으로 일원화하였다. 지도관리체계는 총참모모부 등 4개 총부를 해체하여 중앙군사위원회 산하의 직할 조직으로 편성하였으며 합동작전 능력을 향상하기 위해 합동지휘센터를 설립하고 시진핑이 합동작전지휘센터 총지휘라는 직책을 부여하여 군 통수권을 수행하며 각 전구에도 합동작전지휘기구를 신설하여 육·해·공·로켓군·전략지원군을 작전 지휘토록 하였다. 중앙군사위원회는 전문화, 체계화, 효율성을 달성하는 합동참모부, 정치공작부, 후근보장부, 장비발전부, 훈련관리부, 국방동원부, 판공실을 두었고 기타 3개 위원회(기율검사위원회, 정법위원회, 과학기술위원회)와 5개 직속 기구를 두었다. 기존 총참모부의 기능 중 군사훈련 및 교육, 동원, 전략기획 및 계획은 중앙군사위원회로, 사이버작전 및 전자전은 전략지원군으로, 총정치부 일부는 기율검사위원회와 정법위원회로 분리 독립되었으며 5대 전구 예하에는 육·해·공군으로 요원으로 편성되었다. 로켓군은 미국과 일본의 미사일 방어체계를 강화하고 미국과 핵무기 경쟁에서 적극적으로 대처하며 전략지원군은 정보, 우주전, 전자전, 사이버전, 기술정찰, 심리전 등의 영역을 담당하게 하였다. 지휘체계도 기존 집단군-사단-연대-대대에서 집단군-여단-대대 개념으로 되면서 지휘체계를 단순화하였으며 집단군의 기본형태는 합성군 형태[2]로서 존재하고 있다. 합성여단의 경우 다수의 대대로 구성되는데 중형(重型)합성여단의 경우 4개의 합성대대, 포병대대, 방공대대, 작전지원대대, 근무보관대대로 구성되며 합성대대[3]는 일선 전투 단위로 1개의 참모장과 4개의 참모조직, 그리고 탱크, 보병, 포병, 공병 등 육군의 거의 모든 기초 병종이 포함되어 있으며 7~9개의 중대로 구성되어있다. 합성여단 작전을 지원하는 작전지원대대 구성을 보면 기본적인 기능을 수행하기 위한 통신중대, 화학중대, 공병중대, 장갑보병중대, 정보분야를 지원하는 정찰중대가 있으며 정찰중대는 무인기 정찰소대, 계기정찰소대, 장갑정찰소대가 있고 여단의 전체적인 전자전을 수행하기 위한 전자대항중대가 편제되어 있다. 합성대대에는 지원중대(정찰, 통신, 공병) 소속으로 정보기능을 수행하는 3대의 정찰 차량, 인원과 차량 등을 탐지할 수 있는 레이더, EO장비, 전장지역을 감시할 수 있는 휴대형 무인기를 보유하고 있다.

6.1.2. 정보전을 대비한 전략지원군(SSF) 창설

중국의 전략지원군에 관한 연구는 1980년대 중반부터 전투영역이 상호 밀접한 관계인 우주, 사이버, 전자전 영역에 관해 꾸준한 연구와 진화를 해왔다. 중국은 1991년 걸프 전쟁의 교훈으로 새로운 군사전략의 개념이 이론적 탐구에서 실질적인 이행 단계로 이동했다는 것을 느꼈으며 걸프전에서 얻은 교훈은 중국 자신의 취약점에 대한 이해뿐만 아니라 전쟁의 미래를 바라보는 방식을 근본적으로 바꾸어 놓았다. 전쟁에서 정보의 전략적 역할의 중요성은 수십 년 동안 유지해온 중국의 기존 전쟁의 개념을 송두리째 변화시키기를 요구했다. 중국은 걸프전에서 두 가지 주요 교훈을 얻었다. 첫째, 전쟁은

2) 표준형 합성집단군은 기갑사단 1개, 기계화보병사단 1개, 차량화보병사단 2개, 방공여단 1개, 포병여단 1개, 다연장 로켓트여단 1개, 자동차 수송연대, 통신연대, 공병연대, 수색대대, 의무대대, 전자전대대, 화학방호대대, 부교대대, 항공대대, 긴급대응대대, 기상관측소를 두고 있다.

3) 합성대대는 중월 전쟁이후 1979년에 보병대대, 탱크중대, 캐넌유탄포중대, 무반동포중대, 고사기관총중대, 공병소대, 통신소대, 화학분대, 화염방사기분대, 후근부대로 구성하여 최초 설립되었다.

정보기술의 광범위한 통합이 전쟁에 압도적인 군사 우위를 부여할 수 있음을 증명했다[4]. 그 결과 군사적 맥락과 더 넓은 사회적 차원에서 정보화(信息化) 자체의 발전은 국가안보의 핵심이며 이를 위해 PLA는 현재 네트워크 중심전쟁이라고 하는 작전개념을 연구하고 채택해야 한다는 것을 인식[5]했다. 우주기반 지휘, 통제, 통신, 컴퓨터, 정보, 감시 및 정찰(C4ISR)의 통합 작전 운용은 특히 시선을 끌었으며 PLA 내에서 정보화 전쟁 연구는 핵심 이슈로 떠올랐다[6]. 둘째, PLA는 미국이 이러한 기술을 사용함으로써 전쟁에서 승리할 수 있었다는 결론에 도달하였고 이 사고방식은 우주, 사이버 및 전자전 영역의 중요 노드에 대한 비대칭 정보 대책을 적용하여 '열등한 우월자를 극복'하고자 하는 중국의 고유한 정보전 전략의 길을 닦게 해주었다[7]. 많은 교리 반복을 수행한 후에는 PLA는 1990년대 중반 정보전에 대한 중국의 전략과 개발을 위한 기초 개념을 성공적으로 완료했다.

중국의 지휘부는 2000년대에 주로 통합 네트워크 및 전자전(Integrated Network and Electronic Warfare, INEW)과 같은 폭넓은 개념과 작전수준을 통해 정보전의 개념과 교훈을 적용하는 데 중점을 두었다. PLA는 2010년 말까지 일부 Beidou 항법위성[8], 우주 기반 감시 플랫폼, 이중으로 운용 가능한 통신 및 중계 위성을 개발, 발사하여 운용하는 데 성공하였다. 이러한 위성들은 지역 감시, 정찰 및 정밀 타격, 통신을 가능하게 하여 초기 중국의 통합된 C4ISR 시스템의 기초를 형성했다. 동시에 중국은 공격적인 정보 업무를 시작하는 능력을 빠르게 개발하고 있었다. PLA 전자전 부대는 2009년까지 미국의 우주 기반 C4ISR 및 항법운용을 거부하거나 방해하는 기본 기능을 수행할 수 있는 능력을 확보했으며, 2000년대 중반부터 중국의 사이버 능력은 컴퓨터 및 SW 기술능력의 향상으로 상대국의 네트워크 침입을 위한 정교함이 커져 한국, 미국 등 몇 개의 나라에 사이버 공격으로 전 세계의 주목을 받았다. 중국은 또한 2007년 1월 우주에서 수명이 다한 위성을 중국 본토에서 미사일을 발사하여 파괴함으로써 첨단 우주기술 확보를 대외적으로 입증[9]했다.

중국의 우주, 사이버 및 전자전 기술력의 발전은 이루었는데 인민해방군의 정체된 운영조직 구조는 2000년대 내내 거의 변하지 않았다. PLA의 2015년 개편 직전에 수

4) 정종필, "중국의 사이버 안보 전략, 사이버 안보의 주변 4강과 한반도 세미나", 2016년 4월 25일
5) 구자선, "중국 국방·군 개혁 현황 및 전망," IFANS, 2016년
6) 김태호, "중국군의 전면적 개혁: 한국 안보에 대한 함의", 중국 군사연구회 2분기 세미나(육본), 2019년 6월
7) 노훈, 이재욱, "사이버전의 출현과 영향, 그리고 대응방향", 『국방과 정책 연구』, 2001년 가을
8) 중국에서 개발한 GPS위성을 의미한다.
9) 『뉴시스』, 2007년 5월 12일

년간, 기술 역량이 아닌 PLA의 구조와 조직이 현대화 노력에 직면한 가장 큰 장애물로 등장했다는 군사학계 인식이 커지고 있었다. 우주, 사이버 및 전자전 임무를 담당하는 주요 조직은 PLA의 여러 부분에 분산되어 있었으며 PLA 지휘부에서는 이러한 조직의 통합을 요구하였다. 따라서 인민해방군이 현시점에서 우주, 사이버 및 전자전 기능을 통합하고 재조종할 기회로 본 것은 놀라운 일이 아니었다. 전략지원군의 창설은 PLA의 변곡점에서 이루어졌다. 중국은 동해와 남중국해뿐만 아니라 육지 기반 영토 방어에서 확장된 전력 투영으로 군사 조직의 지속적인 전환을 가속했다. 이러한 변화의 하나로 중국 지도자들은 우주, 사이버 공간 및 먼 바다의 전략적 경계에서 더 멀리 자국의 이익을 보호하려는 갈망[10]이 커지고 있었다.

전략지원군은 평시에 우주와 사이버 영역에 중국의 접근성을 향상시키며 전시에는 우주와 사이버 영역에서 적국과 경쟁하는 것으로 전략지원군의 원격작전은 먼바다와 그 너머에서 자국에 대한 반 간섭(Counter-intervention)과 전력 예측을 통해 전략적 국가 목표를 달성하는 것으로 한다. 전략지원군이 창설되기 전에도 PLA의 커뮤니티 내에서 미래의 전쟁 요구를 충족시키기 위해 현 조직을 재구성해야 한다는 요구가 끊임없이 제기되었다. 2009년에 미국 사이버사령부(USCYBERCOM)가 설립된 후, PLA 군 전력 관계자들은 이에 상응하는 자신의 대등한 체제를 구축해야 한다는 많은 요구를 하였다[11]. 우주와 사이버 부대를 단일 군으로 통합하려는 PLA의 결정 모델로 미전략사령부(USSTRATCOM : United States Strategic Command)를 선정하였다.

전략지원군은 PLA의 4개 전 총괄 부서를 해체한 후 중앙군사위원회 내의 15개 합동 기능 기관과 3개 위원회를 재조직하면서 2015년 말에 창설되었다. 총참모부(GSD)[12]는 새로운 CMC 합동참모부(JSD)로 변경되었고, 총정치부(GPD)는 정치공작부(PWD)로, 총장비부(GAD)는 장비개발부(EDD)로, 그리고 총후근부(GLD)는 군수지원부로 되었다. 〈그림 6-1〉은 전략지원군이 창설되기 전, 후의 PLA 조직체계를 보여주고 있는 것으로 4개 총부 소속의 조직이 일부 이관되면서 조직의 명칭도 바뀌고 새로운 조직이

10) 당시 군사부문에 권위 있는 Science of Military Strategy 2013년 판은 "새로운 전략적 공간을 위한 전투 준비와 사전 배치는 한 나라가 이러한 국제 공동 공간을 사용하는 데 중요한 버팀목이며 또한 중요한 행동이다"라고 주장하였고, 중국의 2015년 군사전략 백서에서도 이 세 가지(우주, 사이버, 먼바다)를 중국의 핵심 영역으로 묘사하고 중국의 국가이익에 대한 중요성을 반영하고 있다.

11) 2012년 PLA 징보진 진문가 Ye Zheng은 전략지원군의 사이버 군과 부분적으로 유사한 동합 네트워크-전자-심리전군으로 정보전 분야의 개념적이고 조직적인 통합을 제안했다.

12) General Staff Department, Joint Staff Department, General Political Department, Political Work Department, General Armaments Department, General Logistics Department

생겨났으며 우주, 사이버 및 전자전, 심리전 영역을 담당하는 군종으로 전략지원군이 생겨났다.

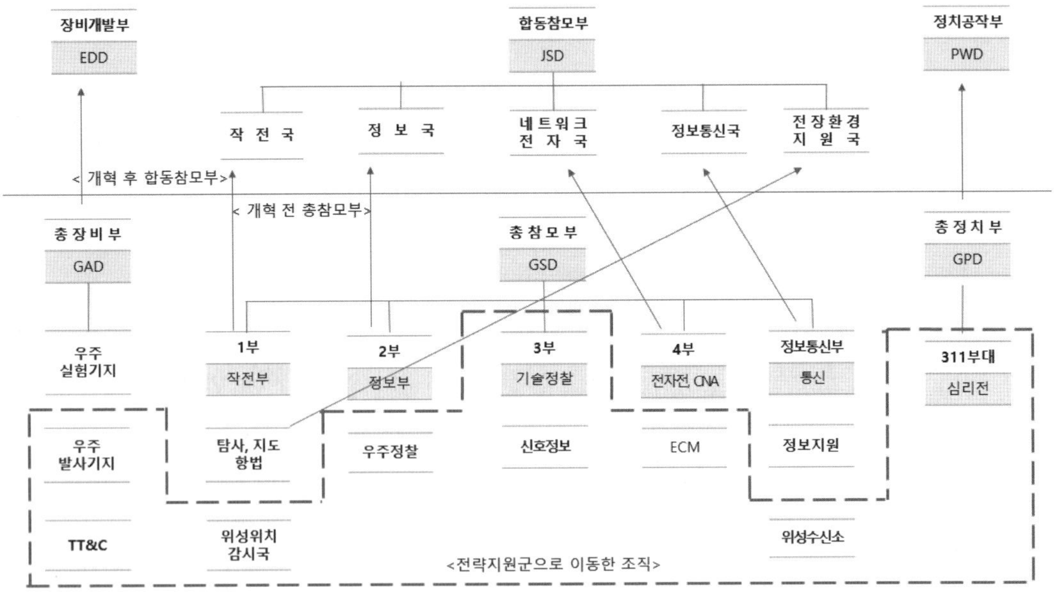

〈그림 6-1〉 전략지원군 창설 전 · 후 PLA조직 변화[13]

전략지원군 조직 구성으로 우주 임무는 주로 이전 GAD 부대와 우주 기반 C4ISR을 담당하는 GSD의 일부 부대를 이전하여 구성되었으며 정보전 임무는 주로 기술정찰과 공격적인 사이버 운영에 대한 책임을 맡았던 총참모부의 3, 4부에서 온[14] 것이다. 사이버, 전자전 및 우주전에 대한 정보전의 상호 연결된 하위 구성요소 개념을 유지하면서 심리전 작전을 담당하는 총정치부(GPD)의 심리전을 수행하는 요소도 전략지원군으로 통합되었다[15]. 심리전 영역은 PLA의 삼전(三种战法) 영역인 심리전(Psychological operations), 여론전(Public opinion warfare) 및 법률전(Legal warfare)의 조화로운 운용을 요구하는 적군에 대한 우위를 점할 수 있는 독특한 중국 전쟁 모델이다.

PLA 지도부가 2020년까지 다년간을 통하여 군 개혁을 수립했을 때 2단계 접근방식을 선택했다. 첫 번째 단계는 중국군의 전반적인 설계를 계획하는 상위조직 개편이고

13) Center for the Study of Chinese Military Affairs Institute for National Strategic Studies, “China’s Strategic Support Force”, National Defense University Press, Oct, 2018
14) 『국방일보』, 2019년 12월 2일
15) https://www.uscc.gov/sites

둘째 단계는 하부조직 개혁으로 PLA 기관과 운영을 더욱 세밀한 수준으로 재구성하는 단계로 접근하였다. 이 계획에 따라 PLA는 전략적 지원부대를 창설하기 위해 조직을 완전히 섞은 방식이 아닌 부대(부서)의 소속을 변경하는 방식으로 접근했다. 즉, 기존 기관을 전체적으로 구성하고 나중에 더 작은 다른 요소를 배열하는 방법으로 추진하였다. 이러한 개편은 우주 및 사이버전 부대에서 볼 수 있으며, 그 중심 요소는 GAD의 우주분야에서 근무한 간부들과 이전의 GSD 3부에서 차출된 인원으로 구성[16]되었다. 이들은 새로운 각자의 임무를 통해 총참모부와 각군에서 이전해 온 새로운 조직의 하위부대에 기둥 역할을 하게 된다. PLA의 조직개편 이전에는 우주, 사이버, 전자전 부대가 전투영역보다는 정찰, 공격, 방어 등의 분야인 임무 유형에 따라 조직되었다. 이것은 PLA의 사이버 임무를 볼 때 가장 명백하다. 이전에는 사이버 영역에서의 스파이 및 기술정찰을 총참모부 3부가 담당했고, 공격 임무에는 4부가 담당[17]했다. 이와는 별도로, 총참모부 정보화부서(信息化部)는 정보시스템 방어의 핵심 요소들을 취급했다. 전략지원군에서 접근하는 방식은 우주, 사이버 공간 및 전자전 스펙트럼을 다른 영역의 지원 요소로서가 아니라 그 자체로 일차적인 전투영역으로 처리함으로써 더 효과적인 전체적인 스펙트럼 전쟁을 가능하게 하기 위한 것[18]이다. 전구 도메인 중심에서 정보전의 요소를 적용하면 이전 구조에서는 불가능했을 통일된 계획, 적 무력화, 작전적 수준을 가능하게 한다는 인식을 하게 되었다. 즉 군사력 건설 업무가 각 군으로 이동하지만 정보화 기능이 전구 영역에 도입되면 작전에만 집중하는 효율적인 전구 지휘체계 수립이 가능하다는 것이다. 정보화 기능의 적용과 비적용 차이는 평시와 전시에 걸쳐 사이버 무기를 만드는 데 필요한 취약성을 빨리 발견하고 개선하고 전개하여 작전을 수행할 수 있는지 여부이며 이것은 정보화의 기본 기능이다. 전략지원군의 구조 계획에 영향을 미친 것으로 보이는 또 다른 중요한 원칙은 마오쩌둥주의자들의 필수 요건인 전·평시가 분리되지 않은 연속적인 작전수행이다. 과거 PLA는 평시에서 전시로 전환 시 조직 구조를 전쟁 발발 직전 전시태세로 전환하도록 하였다. 전략적인 수준의 정보작전을 위해, 여러 제대에 걸쳐 GSD, GAD, GPD 및 전구 지역 부대 간의 전례 없는 조정을 요구했다. 그러나 전략지원군과 전구사령부 창설은 중국의 재래식 및 정보전 부대를 전시 지휘체계로 원활하게 전환하도록 설계된 영구적인 작전그룹으로 구성함으로써, 이 과정을 극적으로 단순화[19]시켰다. 비록 그 전환이 실제로 얼마나 순조롭게 이루

16) 이용식, “중국의 정보 수집능력과 정보조직 변화 연구”, 『군사논단』, 2019년 6월호
17) https://namu.wiki/
18) 최근의 군사과학전략 2015년 PLA 전략 글에서 이 접근법을 통합 정찰, 공격, 방어라고 불렀다.
19) 이창형, “중국 육군 전술제대의 개혁동향”, 중국군사연구회 2분기 세미나(육군), 2019. 6.

어질지는 아직 확실하지는 않다.

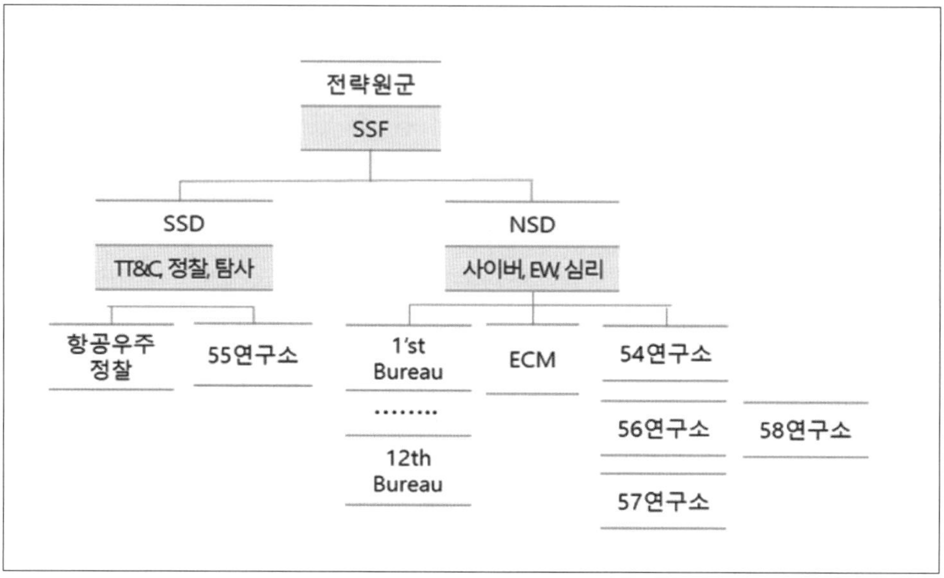

〈그림 6-2〉 전략지원군 조직 및 관련 기관(2015.12~2024.4)

그래서 2015년부터 중국은 과거 총참모부 조직 아래 지상군 중심의 7개 군구(Military Region)로 운영해 왔던 군 조직을 육군 · 해군 · 공군 · 로켓군 중심의 5대 전구(Theater)로 조직하면서 정보조직도 효율적인 작전 수행을 지원하기 위하여 분산되어 운용하던 조직을 〈그림 6-2〉처럼 완전히 통합, 재구성하였다. 특히 중요한 것은 지역적, 통합적 개념인 5대 전구의 효율적인 작전수행을 위해 대양을 포함한 광범위한 지역에서 수집된 정보를 무기체계 운용에 필요한 목표 정보를 신속히 제공하기 위해 위성을 포함한 C4I네트워크를 구축하고 정보조직을 재정립하였다. 과거 총참모부조직에서 정보분야 업무를 총괄한 2부, SIGINT업무와 사이버작전을 담당한 3부, ELINT 및 전자전을 수행한 4부, 7개 군구 및 각 군별 운영된 정보조직을 전략지원군(Strategic Support Force)으로 통합하여 우주부시스템부(SSD, 우주발사 및 위성제어), 네트워크시스템부(NSD, 사이버전 및 SIGINT, 전자전)로 창설하였다.

네트워크시스템부는 육 · 해 · 공 · 로켓군[20], 5대 전구의 기술정찰국(Technical Reconnaissance Bureaus) 함께 중국 국내 외교망 및 해외 통신정보를 수집하기 위한 광대한 기반시설을 갖추고 있으며 미래에는 통신신호를 수집하기 위한 COMINT

20) 로켓군은 핵과 미사일과 관련된 업무로 6개 군단급, 3개의 군수기지, 32개의 미사일 여단으로 구성되었다.

신호 수집위성 발사를 계획하고 있다. 가시권영역 내에서 무선통신이나 음성신호를 수집하며 고도의 암호분석 능력을 보유하고 있다. 또한, 다른 나라에서 중국의 신호정보를 획득하지 못하도록 통신보안 업무와 Computer Network의 보안에 대한 핵심 역할도 수행하는데 이는 미국이 중국의 Computer 망에 대한 자료를 획득하여 분석하고 있다는 가정하에 정보보안 업무를 수행하고 있다.

〈표 6-1〉 전략지원군 네트워크시스템부(NSD) 세부조직

기 관	고유번호	임 무	비 고
제1국	61786	암호화, 정보 안전	총참모부 제3부 등에서 이전
제2국	61398	미국, 캐나다 정보 수집, 위성사진 처리분석	
제3국	61785	무선통신 수집 · 관리, 사이버 통제	
제4국	61419	한국, 일본 정보 수집	
제5국	61565	러시아 정보 수집	
제6국	61726	위성, 고공 정찰사진, 전자파, 사이버 데이터 정보수집	
제7국	61580	사이버공격, 우루무치 방향 위성 관리	
제8국	61046	유럽, 중동, 아프리카, 남미 정보 수집, 베이징 서부 위성통신소 관리	
제9국	-	전략정보 분석 및 데이터베이스 관리	
제10국	61886	중앙아시아, 러시아 정보수집	
제11국	61672	러시아 정보수집 및 분석	
제12국	61486	위성통신 차단 및 신호정보 분석	

네트워크시스템부(사이버전부)는 정보획득을 위하여 암호분석, 수집센서, 컴퓨팅 분야에 3개의 핵심연구소를 두고 있다. Jiangsu지방에 위치해 있는 56^{th}연구소는 Jiangnan Computer Technology Research Instituter(江南電算技術研究所)로 알려져 있으며 전 세계에서 가장 빠른 첨단 컴퓨터를 보유하고 있고 신호정보와 사이버 작전을 위한 암호해독 및 사이버 공격 소프트웨어를 지원해주고 있는데 모두가 소프트웨어 전문가들로 구성되어 있다. Chengdu에 본부를 두고 있는 57^{th}연구소는 Southwest Institute of Electronic and Telecommunications Technology(西南電子通信技術研究所)로 알려져 있으며 통신 신호를 수집하는 수집장비와 안테나, 신호처리 등을 연구하며 위성통신 신호처리에도 심혈을 기울이고 있다. 58th연구소는 암호해독과 정보

보안 업무를 수행하는 곳으로 Southwest Automation Research Institute(西南自動化硏究所)로 알려져 있으며 Mianyang지방에 위치하고 있다. 효율적인 암호해독 업무를 수행하기 위하여 난징과학기술대학과 기술협력을 하고 있다.

사이버전부의 인원들에 대한 교육은 2개 기관에서 수행되는데 Luoyang에 있는 PLA University of foreign Language에서 대부분 외국어 교육이 시행되며, 전자공학 엔지니어, 통신신호 분석가, 컴퓨터 공학, 네트워크 보안 등 기술교육은 Zhengzhou에 있는 PLA Information Engineering University에서 진행되고 있다.

사이버전부는 사이버 작전분야와 3개의 연구소를 제외한 핵심 조직으로 위 〈표 6-1〉처럼 12개국이 있는데 8개국은 베이징에 있으며 2개국은 상하이에, 나머지 2개국은 Quingdao와 Wuhan에 각각 소재하고 있다. 이들 12개국은 5대 전구의 기술정찰국, 육·군·군·로켓군의 감시정찰 업무와 별도로 조직화되어 정보업무를 수행하고 있다. 그렇지만 사이버전부는 이들이 정보 또는 신호를 수집하여 분석하는데 메타 데이터와 같은 기반자료를 제공하고 있다. 12개국 아래는 다수의 하부 기관(Office), 수집 Site들이 각각 구성되어 다양한 목적의 업무를 수행하고 있다.

이들 신호정보 임무는 한반도를 포함한 주변국가들의 무선 및 위성 통신 신호수집 및 분석, 방향탐지, 암호분석, 언어번역, 정보보증, 정보분석, 군 내 보안을 위한 PLA 통신 감시 등이다. 주변국에서 이벤트 발생시 특별한 지역의 방사체를 감시하기 위하여 신호수집 항공기, 정보수집함을 파견하여 집중적으로 신호를 수집한다. 사이버전부의 하부기관인 12개국의 업무를 대략 살펴보면 제1국(61786부대)은 베이징 북쪽에 사이버전부 본부와 같은 위치에 있으며 하부에 12개의 조직이 여러 지역에 분산되어 있다. 임무는 암호화와 암호분석, 군을 대표하여 정보보증 업무를 수행하고 있다. 제2국(61398부대)은 미국, 캐나다를 대상으로 하여 정치, 경제, 군사 등에 대해 정보를 수집 및 분석하는 것을 목표로 하고 있다. 하부기관 대부분은 상하이에 집중되어 있으나 Kunning 및 Dachangzhen 등에도 위치해 있다.

제3국(61785부대)은 베이징 남쪽에 있으며 국경 통제망, 가시영역 신호수집, 방향탐지, 신호 방사 통제 및 보안 등을 수행하며 각각 대령급이 지휘하는 12개의 수집 및 분석조직으로 구성되어 있다. 그 조직의 위치는 Harbin, Dalian, Beijing, Hangzhou, Ningdu, Xiamen, Shenzhen, Kunning, Xian, Urumqi에 있다. 특이한 것은 Shenzhen은 홍콩과 마카오에 대한 무선통신 신호를 수지하고 있다.

제4국(61419부대)은 Quingdao에 있으며 한국과 일본에 관한 업무를 담당하고 있다. 여러 하부기관이 Hangzhou, Jimo, Dalian, Beijing, Shanghai 등 다양한 곳에 분산되어 있으며 한국과 관련된 하부기관은 두 번째 조직으로 한국어에 능숙한 분석가들이 많이 포진해 있다. 제5국(61565부대)은 Beijing에 있으며 다수의 파라볼라 안테나가 러시아 방향으로 있어 러시아에 관련된 업무를 수행하고 있는 것으로 추측된다. 제6국(61726부대)은 Wuhan의 Wuchang지방에 있으면서 타이완과 남아시아에 대한 정보수집 및 분석업무를 담당하고 있다. 주요 하부 기관들이 Kunning, Xiamen, Nanchang, Xinagfan, Wuhan, Jingmen 등에 분산되어 있다. 제7국(61580부대)은 Beijing 북서쪽 Haidian지방에 있으며 10개의 하부기관이 있으나 그 임무는 아직 확인되지 않고 있다. 그러나 7국은 Computer Network의 공격과 방어에 관한 임무를 수행하는 것으로 추측되는데 그 이유는 PLA의 Information Engineering Academy와 Computer Network attack and defense 연구를 하고 있고 네트워크 침입 탐지 패턴에 활용하는 SVM(Support Vector Machine)을 연구하고 있기 때문이다. 제8국(61046부대)은 베이징의 북서쪽에 있으며 서부 및 동부 유럽과 중동, 아프리카, 라틴아메리카 업무를 담당하고 있다. 다양한 위치에 10개 하부기관을 두고 있으며 위성수신소는 베이징의 북서쪽에 위치해 있다.

제9국은 전략정보 분석과 데이터를 관리하는 것으로 추측되나 구체적인 업무는 확인되지 않고 있다. 제10국(61886부대)은 베이징의 북서쪽에 있으며 중앙아시아와 러시아에 관련된 업무를 수행하고 있는데 미사일 개발과 관련된 Telemetry 신호를 수집하여 분석하거나 핵실험과 관련된 분석업무를 수행하고 있다. 다수의 하부기관이 있는데 이들은 Xinjiang, Kashgar, Urumqi등에 분산되어 있다. 제11국(61672부대)은 2020부대라고도 알려져 있는데 러시아에 관련된 업무를 수행하고 있으나 5국과의 차이는 아직 밝혀지지 않고 있다. 제12국(61486부대)은 상하이에 있으며 위성통신 신호를 수집하여 분석을 하고 있으며 위성과 관련된 SIGINT 업무를 수행하는 것으로 추정된다. 57th연구소와 같이 업무를 수행하고 있고 하부조직 및 수집기지는 상하이, 중국의 북서쪽, 남서쪽, 북동쪽, 남동쪽에 걸쳐 있으며, 일부 조직은 SAR레이더의 영상을 수신하여 분석하고 있다.

전략지원군 전자전부는 한반도와 주변, 대양에서 활동하는 항공모함, 잠수함, 사드지대공 레이더 신호등을 수집하여 분석하며 분석된 데이터를 DB화하여 무기체계에 입력하여 전자전을 지원하는 임무를 수행한다. 전자신호를 자동 분석하는 소프트웨어와 하드웨어 프로세서를 개발하여 정찰 항공기나 정보함, Yaogan위성에 탑재하고 있다. 아측의 항공기나 함정, 무인기, GPS신호를 사용하는 무기체계에 대한 취약점을 분석하여 잡음 및 기만의 전자공격 등 효과적인 전자전을 수행하기 위한 기술연구 및 장비를 개발하고 있다.

중국은 과거 2000년 초기부터 다수의 고급 인적자원과 IT분야의 급성장 배경으로 한국을 비롯한 일본, 미국에 대한 인간정보뿐만 아니라 사이버 작전을 통해서 수많은 정보를 비밀리에 획득하여 왔다. 특히 첨단 로켓기술, 고해상도 광학 및 SAR위성 탑재 기술, 신호처리 기술, 위성 제어 및 네트워킹 기술 활용과 원거리 전자신호 수집 위성군(Constellation) 구축 등으로 주변국의 군사활동을 세밀히 감시할 수 있어 한국을 비롯한 이웃 국가들에게 많은 위협을 주고 있고 특히 대규모 사이버작전 인력 활용으로 우리의 첨단기술과 군사비밀 노출의 위험성은 점점 더 커지고 있다. 더욱이 중국의 태평양 진출을 위한 한반도에서 한국군뿐만 아니라 우방국의 군사 이동 및 훈련, 첨단무기체계 개발, 배치, 운용 등에 대한 정보 획득을 위해 위성, SIGINT 수집체계, 해·공군 정보 자산 운용은 날로 증가하고 있다.

6.1.3. 정보지원군, 항공우주군, 사이버군 창설(2024.4)

그러나 2024년 4월 19일, 중국은 2015년도에 창설한 SSF(Strategic Support Force의 해체를 발표했다. SSF는 2015년에 PLA의 우주, 사이버, 전자전 및 심리전 분야에 전략적인 역량을 중앙군사위원회에 집중화하기 위해 창설되었다. SSF는 CMC(Central Military Commission)에 직접 보고하고 지휘를 받았으며 전체 PLA의 역량을 지원했다. 당시 PLA 국방 백서는 SSF의 현대화 목표를 '주요 분야에서 큰 발전 진전을 이루고 통합 개발을 가속하려는 것'이라고 설명했다. 그러나 SSF가 해체되면서 〈그림 6-3〉처럼 그 하부 조직이 ASF(항공우주군, 軍事航天部隊, Aerospace Force), CSF(사이버군, 網絡空間部隊, Cyberspace Force), ISF(정보지원군 信息支援部隊, Information Support Force), JLSF(연합군수지원군, 联勤保障部, Joint Logistic Support Force)가 CMC 직속[21])으로 재편성되었다.

ASF는 이전에 SSF의 SSD(Space Systems Department)로도 알려졌으며, 우주 공간 및 대우주 작전을 담당하였다. CSF(구 NSD : Network Systems Department)는 기술 정찰, EW, 사이버 전쟁, 심리 작전을 포함한 정보전을 담당한다. 또한 CMC 산하에 있는 ISF(Information Support Force)는 PLA 네트워크 정보시스템의 개발 및 적용을 조정하고 PLA에 통신 지원을 제공하고 있다. PLA는 ASF, CSF, ISF, JLSF는 PLA의 네 가지 서비스로 PLA 작전업무에 핵심적인 지원업무를 하고 있다.

---

21) US DoD, "Miltary and security developement involing the Peoples's Republic of China 2024"

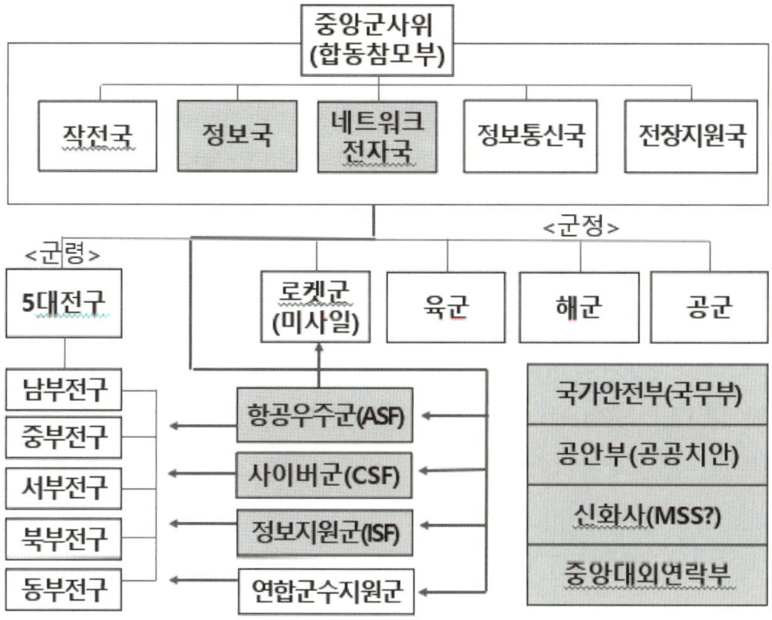

〈그림 6-3〉 항공우주군, 사이버군, 정보지원군 구성

CSF는 사이버 전쟁, 기술 정찰(SIGINT 신호 수집), EW, 심리전을 포함하는 임무를 수행하는 정보 전쟁을 담당한다. CSF는 5개 전구(5 theater Commands)를 지원하기 위한 기술정찰기지, 여러 신호정보 기지, 그리고 여러 연구소(암호해독 등)를 운영하고 있다. CSF는 지리적 중국 전역에 분산된 작전기지로부터 수집 분석된 작전 정보 상황을 제공하기 위해 다양한 지상 기반 정보수집 기지를 운용하고 있다. 또한 CSF는 PLA와 관련된 심리전, 여론전, 법률전으로 구성된 세 개의 전쟁 개념을 수행하고 있다.

항공우주군(ASF)은 과거 SSF의 SSD였으며 ASF는 우주 발사 및 지원, 우주 감시, 우주 정보 지원, 우주 원격 측정, 위성 추적 및 통제, 그리고 우주 전쟁을 포함한 거의 모든 PLA 우주 작전을 담당한다. 중국은 합동작전을 위해 PLA의 C2(Command and Control)를 강화하고 실시간 감시, 정찰 및 경고 시스템을 구축하고 있다. 통신 및 정보 위성뿐만 아니라 베이두 내비게이션 위성 시스템을 포함한 우주 시스템의 수와 역량을 늘리고 있다. ASF는 중국의 지상 및 해상으로부터 우주에 이르기까지 C4ISR 아키텍처에 필수적인 위성 발사, 추적, 연구개발 및 운영을 핵심 임무로 하는 기지를 포함하여 최소 8개의 기지를 운영하고 있다. ASF는 전 세계 여러 곳에서 추적, 원격 측정 및 명령(TT&C) 스테이션을 운영하여 지구뿐만 아니라 우주(우주와 달 사이), 원해 등에서 우주 임무를 수행한다. 또한 ASF는 위성 및 ICBM 발사를 추적하는 업무가 할당되어 있고 우주발사 기지로는 육상 발사장 4곳과 해상 발사장 1곳 등 총 5곳이 운용되고 있다. ASF의 위성 발사 및 추적 통제국은 고정 발사장 4곳을 모두 운영하고 있다.

모든 중국의 위성을 관제하기 위해 TT&C 지원 선박 시스템, 관제 센터인 시안 위성 관제 센터(Xian Satellite Control Center)와 베이징 항공우주 관제 센터(Beijing Aerospace Control Center)를 운용하고 있다. 재사용할 수 있는 우주선 기술의 개발은 CASC(China Aerospace and Technology Corporation)에서 추진하고 있으며 2025년까지 미래 우주 임무를 위한 재사용 가능한 우주 발사체(space launch vehicles, SLV) 를 개발하기 위한 노력을 주도하고 있다. iSpace는 2023년 11월 2일 재사용 가능한 SLV인 Hyperbola-2Y를 발사하였고 2025년에 Hyperbola-3 SLV를 저궤도(LEO)로 발사할 계획이다[22]. 중국의 랜드스페이스(Landspace)는 2025년에 재활용할 수 있는 SLV인 Zhuque-3를 LEO low-Earth orbit로 발사할 계획이다. 중국은 2020년, 2022년, 2023년 12월에 재사용 가능한 우주 비행선(reusable space plane)을 발사하여 궤도 내 비행시간, 기동성, 시스템 작동, 탑재물 운반 및 배치 능력을 테스트하였다. 또한 HGV(Hypersonic Glide Vehicle)의 개발 노력도 우주 응용 분야에서 상당한 성과를 가능하게 할 것이다. 중국은 셴룽(Shenlong)과 텡윈(Tengyun) 우주 비행체를 개발 중이며, 이 중 전자는 미국의 X-37B 우주 비행기와 크기가 비슷한 것으로 알려졌다. 중국의 추가적인 우주 및 대우주(counter space) 조직으로 군사, 민간, 방위 산업 및 상업 부문의 조직으로 구성되어 있으며 PLA에서 우주 프로그램을 민간 및 군사적 이익을 위하여 지속적으로 관리하고 있다. 여기에는 S&T 부문 강화 및 투자, 국제 파트너십 확대, 우주 기반 ISR, SATCOM, 위성 항법, 인간 우주 비행 및 로봇 우주 탐사 분야에서 중화인민공화국의 역량 향상이 포함됩니다. 공기업은 중국의 주요 우주 계약업체이지만, 중국은 경쟁을 강화하고 우주 산업의 혁신을 강화하기 위해 상업용 우주 부문을 탈중앙화하고 성장시키는 데 더 중점을 두고 있습니다.

국무원 산하 과학기술산업국(State Administration for Science, Technology, and Industry for National Defense, SASTIND)은 우주 연구개발 자금 배분을 포함하여 중화인민공화국의 우주 활동을 조정하고 관리하는 주요 민간 조직이다. 중국군의 군사 획득을 감독하는 PLA 조직과 협력 관계를 유지하고 있다. SASTIND는 중국군의 우주 활동을 수행하는 국영 기업을 위한 정책을 조정 통제하고 있다. 중국은 현재까지 34개 이상의 국가 및 4개의 국제기구와 100개 이상의 협력 우주 관련 협정을 체결하고 있으

22) https://ispace-inc.com/

며, 위성 및 우주 기술의 강력한 수출국으로 떠오르고 있다.

중국은 순환적으로 회의를 주관하는 다자기구인 아시아태평양우주협력기구(Asia-Pacific Space Cooperation Organization, APSCO)를 이끌고 있으며 방글라데시, 이란, 몽골, 파키스탄, 페루, 태국, 튀르키예가 회원국이며 이집트, 인도네시아, 멕시코가 준회원국으로 활동하고 있다. APSCO는 중국과학원의 중국 국가천문대를 통해 수집된 관측 데이터를 바탕으로 우주 감시 망원경 네트워크를 연결되어 있으며 여기서 수집된 데이터를 상호 공유하고 있으며 이러한 데이터와 우주감시 광학 시스템과 상호 연동하여 운용하고 있다.

과거 SSF는 PLA 합동 훈련과 훈련에 정기적으로 참여했으며, 합동 작전을 위한 다양한 지원 기능을 제공하는 능력을 평가하고 개선하여 왔다. SSF는 훈련 중에 우주 및 지상 기반 여러 센서로부터 획득 처리된 데이터를 제공하였고, 지휘소와 각 작전부대 간 통신을 구축 지원하였으며, 모의 전투 시나리오에서 훈련 현실성을 높이기 위해 전자전 방해 활동도 수행하였다. SSF는 2023년 정밀 타격을 포함한 공중, 해상 및 재래식 미사일 작전을 지원하는 합동 훈련에 참여하였다.

정보지원군(ISF)은 항공우주군(ASF) 및 사이버군(CSF)과 긴밀히 협조할 것으로 보인다. ISF의 주 임무는 네트워크 중심전(NCW), 전자전(EW) 및 정보작전(IO)뿐만 아니라 우주 및 대 우주 작전을 통합, 연결하는 책임을 맡게 될 것이다. 네트워크 중심 전쟁은 정보 우위의 원칙에 따라 운영되며, 지상군, 센서, 무기체계, 정보를 제공하기 위한 네트워크 구축 및 지원, 해킹으로부터 데이터를 보호하기 위한 방어 등 군사 지휘에 정보기술을 활용, 다양한 정보의 흐름을 보장하여 전투 효율성을 향상시키는 개념이다. 이는 전장의 병력과 무기체계 들이 수집한 정보와 멀리 떨어진 곳에 있을 수 있는 의사결정권자 간의 격차를 해소하여 더 빠른 대응과 더 빠르고 더 치명적인 작전을 가능하게 하는 정보공유 개념이다. ISF는 보안 네트워크 구축 및 유지 관리, 사이버 작전(공격 및 방어 모두) 수행, 정보수집을 위해 적 네트워크를 활용하는 데 우선순위를 둘 것으로 예상된다. 전자전은 중국 인민해방군이 적의 통신과 레이더를 교란하는 동시에 자국의 시스템을 보호하는 것을 의미한다. 이러한 목표를 달성하기 위해 ISF는 전파 방해 장비를 통제, 지휘하고, 대 드론 전술을 고안하고, 잠재적으로 적의 전자 시스템에 대한 공격적인 사이버 공격을 실행할 것이다. 정보작전은 적국과 동맹국 모두의 인식을 형성하는 데 초점을 맞출 것이다. ISF는 적군의 사기를 꺾기 위해 심리 작전(psyops)을 수행하고, 잘못된 정보를 퍼뜨려 불화를 조장하고, 심지어 내국인을 통제하기 위해 언론 매체를 통제할 것이다. 우주 및 대우주 작전은 처음에는 SSF의 관할이었으나 이

제는 ISF의 담당하에 있을 가능성이 높다. 통신 및 항행을 위한 위성의 중요성이 커지고 있다는 점을 감안할 때, ISF는 중국의 우주 자산을 보호하고 잠재적으로 적국의 우주 자산을 교란하는 임무를 부여받을 수 있다. 그러나 중국은 항공우주군(ASF)도 유지할 것이다. 따라서 ISF가 구체적으로 어떤 우주 및 반우주 작전을 수행하고, 어떤 것이 항공우주군의 관할권 내에 있게 될지는 불확실하다.

6.1.4. 5대 전구와 한반도지역 정보지원을 위한 정보조직

과거 총참모부 육군 중심의 7대 군구(18개 집단군) 중심을 해체하고 2016년에 중앙군사위원회 하부구조로 육·해·공군의 합동성이 강화된 동 · 서 · 남 · 북 · 수도 중심의 5대 전구[23]로 개편하면서 현대화, 정보화, 합동화에 초첨을 두고 전략지원군을 창설하였다. 전략지원군은 지상, 해상, 우주에서 정찰, 공격, 방어를 일체화한 개념으로 전군에 정확하고 효율적이며 신뢰할 수 있는 정보를 제공해 주는 것이 주 임무이다. 즉 위성, 사이버, 정보, 전자 자원을 통합해 전군에 정보자료를 제공하는 것이다. 과거 총참모부, 7대 군구, 육·해·공군·제2포병이 각각 운용하던 정보자산 및 조직은 최종적으로 항공우주군(ASF), 사이버군(CSF), 정보지원군(ISF)으로[24] 통합하여 중앙군사위원회 직속으로 조직[25]화했다. 과거 정보는 정부 조직인 국가안전부와 공안부 안전보위국에서 독자적으로 정보를 유지해 왔으며 군 정보는 총참모부 2부가, 신호정보 및 사이버전은 총참모부 3부, 전자전은 4부가 각각 담당하였으나 이들을 ASF, CSF, ISF로 통합함으로써 핵심인 정찰위성, 민간 영상위성, Beidou 위성, 통신위성, 탄도 전략미사일 감시, 인공지능, 빅데이터, 인공지능, 전자전 환경 등 미래전에 대응하기 위한 조직적인 기반을 갖추고 있다고 볼 수 있다. 7대 군구[26]에 정보를 지원하던 기술정찰국(Technical Reconnaissance Bureau, TRB)은 군구별로 최소 1~2개 이상의 기술정찰국을 두었는데 이 기술정찰국도 5대 전구 구조에 맞게 조직화 되었을 것으로 판단되나, 아직 명확하게 공식화된 자료는 없다. 기술정찰국의 임무는 통신정보, 전자정보, 방향탐지, 트래픽 분석, 번역, 컴퓨터 네트워크 방어, 적국의 컴퓨터 네트워크 분석, 영상분석 등을 수행하여 해당 전구 작전에 정보를 지원하고 있다. 과거 육군의 7대 군구에 정보를 지

23) 사령관은 작전지휘(군령권), 전구에 소속된 육 · 해 · 공군 · 로켓군을 지휘한다. 작전지휘를 제외한 모든 권한은 해당 군종 사령관에 속한다.

24) 중국군은 육군, 해군, 공군, 로켓군, 항공우주군, 사이버군, 정보지원군으로 분류된다.

25) http://www.ajou.ac.kr/mdc/board/board05.jsp?mode=view&article

26) 마오쩌뚱의 '인민전쟁' 산물로서 관할 구역 내 모든 부대에 대한 작전 지휘권을 갖고 훈련, 군수, 보급, 예비역 동원, 모병, 민병 등 군사에 관한 권한을 갖고 있으나 해·공군과의 합동작전 개념은 없다.

원하던 각 기술정찰국의 특징은 해당 군구의 지역적 작전 환경에 필요한 정보를 지원하기 위한 임무가 부여되었는데 5대 전구도 육·해·공군이 포함된 지역적인 개념으로 구분되었기 때문에 7대 군구의 기술정찰국 임무와 해·공군의 기술정찰국 임무를 통합시킨 것으로 볼 수 있다. 따라서 수도방어와 전략 예비부대 성격을 띤 중부전구[27](베이징전구 및 진안전구)에는 Beijing과 Jinan에 각각 기술정찰국을 두고 있는데 Beijing의 Xiangshan 근처에 있는 기술정찰국은 중국 내의 모든 기술정찰국의 업무를 감시 및 통제하고 있으며 과거에는 10개 하부 수집기지가 내몽고를 따라 구축되어 있어 러시아를 대상으로 정보업무를 수행하였으나 그 임무와 조직은 북부전구로 이관되었을 것으로 추측한다. Jinan 기술정찰국은 약 700명의 정보수집 및 분석 전문가들이 Jinan 지역을 중심으로 다수의 수집기지와 분석업무를 수행하고 있는데 이들은 한국어, 일본어, 영어 등을 잘하는 전문가들이 구성되어 있다.

한반도와 관련 있는 북부전구는 한반도 유사시를 대비하여 산둥반도와 칭다오의 북해함대를 포함시켜 구성되어 있고 여기에 소속되어 있는 기술정찰국은 Shenyang에 있으며 러시아, 한국을 목표로 정보를 수집하고 있으며 하부 수집 및 분석조직들이 Harbin, Dalian, Jiamusi, Heilungjiang, 내몽고, Hunchun 시 등에 분산되어 있다. 대만과 일본, 센카쿠 열도 지역 작전을 담당하는 동부전구는 닝보의 동해함대를 포함하여 조직되어 있으며 정보를 지원하는 기술정찰국은 2개가 편재되어 있다. 하나는 서태평양 지역에서 미군의 활동과 타이완의 군사 활동, 통신과 컴퓨터 네트워크 활동을 수집, 분석하고 있는데 8개의 하부조직으로 구성되어 있고 두 번째 기술정찰국은 Fuzhou시에 있으며 타이완에 대해서 정치, 경제, 군사 등의 정보업무를 수집하기 위해 Dafu Mountain, Feifeng Mountain, Fuzhou 등에 하부조직이 분산되어 있다. 남중국해 및 베트남, 마카오에 대한 작전을 수행하는 남부전구는 중국의 남해함대(전장)를 포함하며 기술정찰국은 Guangzhou를 중심으로 교외에 8개의 하부조직을 운용하고 있는데 이 조직은 Internet의 VoIP와 Computer Network의 Viruses 관련된 임무를 수행하고 있다. 인도, 파키스탄, 아프가니스탄, 러시아, 몽고와 같은 다수의 나라와 국경을 작전 지역으로 하는 서부전구에는 여러 개의 기술정찰국이 있는데 Chengdu에는 있는 기술정찰국은 적국의 Computer Network 분석을 하고, Kunming에 있는 기술정찰국은 인도, 파키스탄, 아프가니스탄, 키르기스스탄 등의 국가들에 국경을 따라 다수의 정보수집 기지를 운용하여 신호정보를 생산하여 전구에 지

27) 구자선, “중국 국방, 군 개혁 현황 및 전망”, IFANS, 2016-53

원하고 있다. Urumqi Shuimogou에 소재하고 있는 기술정찰국은 러시아, 몽골의 국경에 따라 상대국의 군사활동을 탐지하는 중요한 SIGINT 역할을 하고 있다.

6.1.5. 해·공군·로켓군 작전지원을 위한 정보조직

인민해방군의 해군과 공군, 로켓군[28]은 각 군의 특성에 맞게 ASF, CSF, ISF 인원들이 포함된 기술정찰부대(Technical Reconnaissance Unit)를 운용하고 있다. 공군은 3개의 기술정찰국을 운용하고 있고 해군은 함대 작전을 위하여 2개의 기술정찰국을 운용하고 있다[29]. 공군은 주변 국가의 공군활동을 감시하기 위하여 군용 및 민간 항공기를 이용한 SIGINT 업무를 수행하고 있으며 독립적으로 컴퓨터 네트워크 작전(CNO)도 수행한다.

공군의 첫 번째 기술정찰국(95830부대)은 Beijing의 Huangsi에 있으며 국가 영공방어를 위해 동쪽과 북동쪽에서 상대국의 신호 방사체에 대한 방향탐지 네트워크를 운용하고 Nanyuan 공군기지에서 이륙하는 SIGINT 신호 수집 항공기를 운용하여 한반도를 비롯한 주변국에서 방사되는 통신 및 전자신호를 수집하여 신호정보를 생산하며 하부조직의 일부는 Computer Network의 보안을 연구하는 기관을 보유하고 있다. 또한 서산(西山, Western Hills)에서는 인민해방군 전 공군의 Network를 통제하는 통제센터가 자리 잡고 있다. 인민해방군 공군의 두 번째 기술정찰국은 Nanjing에 본부를 두고 있으며 Fujian과 Guangdong 지방 해안을 따라 타이완 공군에 대한 신호수집과 방향을 탐지하는 네트워크를 운용하고 있다. 주로 수집하는 신호는 지상 관제소와 조종사 간 통신, 조종사간 통화내용, 항공기와 지상 간 데이터링크[30] 신호 등을 수집하고 있다. 수집시설은 Fuqing의 Donghanzhen, Dongjing Mountain에 있으며 또 다른 하부기관들이 Shanghai, Fuzhou, Xiamen, Kuangzhou에도 있다. 인민해방군 공군의 세 번째 기술정찰국은 Chengdu의 Fenghuang Mountain에 있으며 중국의 남서쪽, 서쪽, 북서쪽 국경지역에서 활동하는 상대국들의 공군활동을 감시하고 있다. 하부에는 연대급의 13개의 조직으로 구성되어 있다. 공군의 기술정찰국에서 생산된 모든 정보는 연합작전을 수행하는 해당 전구의 연합작전 지휘센터와 공군사령부가 있는 베

---

28) 육·해·공·로켓군·전략지원군 사령부는 현재 베이징에 있으나 지방으로 이전을 추진하고 있다. ("중국 인민군 총사령부 베이징 떠난다…이유는?", 『뉴스 1』, 2019년 4월 17일

29) Mark A. Stokes, Jenny Lin and L.C.Russell Hsiao, "The Chinese People's Liberation Army Signals Intelligence and Cyber Reconnaissance Infrastructure", Project 2049 Institute, Nov 2011

30) Posheng 프로젝트로 도입된 Data Link는 고도로 암호화 되어 있다.

이징으로도 전송될 것으로 추측된다.

해군은 2개의 기술정찰국을 운용하고 있는데 함대 소속이 아닌 해군사령부(베이징) 소속으로 되어 있으며 첫 번째 기술정찰국(91746부대)은 Beijing에 본부를 두고 있으며 Hunchun, Qingdao, Yantai 등에 수집 사이트를 두고 중국의 북쪽 바다에서 활동하는 한반도의 해군기지와 잠수함, 함정, 항공모함 간의 통신망을 감시하고 있다. 두 번째 기술정찰국은 Xiamen에 본부를 두고 Ningbo, Wenzhou, Xiamen, Shantou, Haikou 등에 활동하는 대만, 일본, 미군의 함정 통신망을 감청하여 정보를 수집하고 있다. 수집된 정보는 각 함대사령가 소속되어 있는 전구의 연합작전지휘센터와 베이징에 있는 해군사령부로 보고될 것이다.

로켓군의 기술정찰국은 Beijing 외곽에 본부를 두고 있으며 하부조직과 임무, 위치 등이 아직까지 확인된 자료가 없으나. 항공우주군에서 운용하고 있는 Yaogan위성(전자신호, EO 및 SAR 영상)으로부터 수집된 적의 항공모함과 잠수함, 중요한 무기체계의 이동, 작전 운용 등의 정보가 로켓군에게 최우선으로 전송될 것으로 보인다.

6.1.6. 중국 국가안전부((MSS)

6.1.6.1. 임무와 기능

국가안전부(国家安全部, Ministry of State Security)는 덩사오핑 집권 이후 개혁개방정책을 배경으로 하여 외국과 접촉 및 교류가 확대되고 외국인, 외국기관의 중국 유입과 관련 활동이 증대됨에 따라 이에 대처하기 위하여 국가안전부가 창설되었다. 이는 당시 중국이 처한 대내외 정세와 정책 변화에 대한 대응이며 또한 신안보관 하에서 제시된 안보와 발전 사이의 병행을 반영하고 있기도 하다. 이러한 점은 국가안전부의 역할과 임무를 볼 때보다 여실히 드러난다. 국가안전부(그림 6-4 참조)는 국가안보 및 방첩공작을 영도 관리하며 사회주의 현대화와 대만과 조국통일 대업을 보위하고 이를 촉진함을 기본 임무로 내걸었다(領導 管理國家安全和反間諜I作 保衛 促進社會主義現代化建設和統一祖國大業). 여기에는 변화하는 정세 속에서 해외에서 기술과 지식, 자본을 도입하여 경제 및 기술 발전을 추진하되, 외부와의 교류 확대로 인하여 체제가 위협받을 가능성을 방지하고 이러한 발전은 어디까지나 중국의 국가체제와 일당 집권을 유지하는 기반에서 진행한다는 중국지도부의 정책 방침이 반영되어 있다. 국가 주권의 측면에서는 국가의 독립, 공산당 일당 집정체제 및 사회주의 제도를 유지하고 영토적 통합성을 수호하는 데 중점을 두고 있다. 이를 위하여 내부적으로 반체제, 반혁명, 반정부 활동 및 소수민족 분리 독립 등을 포함한 국가 전복 및 분열 활동 및 그 시도를 감시하고 관련 세력을 탐지, 사찰하여 색출한다. 방첩은 외국의 정보기관 특히 대만에 의한 중국 내 침투 및 첩보활동을 감지하고 중국 주요 인사의 망명이나 이에 대한 지원을 방지하며 국가기밀 유출을 차단한다.

정치안전에 관해서는 공산당 일당 집권 체제에 기반한 국내의 정치체제를 위협하는 일체의 정치 사회적 불안 및 갈등 요소를 파악하고 이를 억제하는 데 주력하고 있다.

개혁개방으로 인한 빈부격차 확대, 부정부패 범람과 같은 사회문제가 심화되고 외부 정보의 유입 확대, 중국 사회의 다원화 등으로 인하여 안정 유지의 범위와 활동의 폭도 증대되었다. 여기에는 국가기관에 대한 테러 및 파괴 활동에서부터 정부의 공식적 입장과 방침에 반대되는 정보의 유포 및 선전, 대중 시위, 항의 활동 등 광범위한 대상을 망라하고 있다. 이러한 활동과 관련하여 외국 기구에서 자금지원이나 편의제공을 받거나 이와 협력하는 중국 국내 단체나 개인이 이에 관련되면 이 역시 외국과 결탁한 국가안보 위해행위로 규정하고 있다. 이들 분야의 활동은 궁극적으로 공산당 권력의 유지와 체제 보위를 목적으로 하며 이는 중국 정보체계의 가장 우선적 목표이며 정치안보와 직결되는 사안이다.

사회주의 현대화 촉진은 중국이 4대 현대화를 내걸고 개혁개방을 본격적으로 추진하면서 경제발전이 국가의 최우선 과제로 부상함에 따라 정보활동을 통하여 이를 지원하는 데 역점을 두고 있다. 현대화는 경제발전을 중심으로 하여 과학기술, 산업 전반의 수준을 높이고 국가의 경쟁력과 종합 국력을 향상시키는 국가 종합적 발전 전략이다. 이를 위하여 경제 산업, 과학기술 분야에서 중국이 필요한 각종 첨단기술 및 각종 산업, 경제 동향, 전문 지식 및 자료, 관련 업계 동향을 수집, 분석한다. 개혁개방 이래 중국은 이 분야에 방대한 자원을 투입해 왔다. 중국의 경제 및 산업 기술 정보수집은 공식적 국가기관들뿐만 아니라 공개적으로 이루어지는 유학생 파견, 관련 인사 초청. 교환 학자 방문과 같은 학술, 교류 활동, 주요 기술 관련 기업투자 및 인수. 합작 회사 설립, 상업계약을 목적으로 한 기술진 방문, 이민자, 방문객, 정부사절단과 같은 다양한 형태로 이루어지고 있다. 그 범위는 공개된 문서, 간행물, 기술 자료 및 정보의 수집, 관심 기업에 대한 투자 및 인수, 위장회사를 이용한 기술 이전, 비밀 정보활동을 포함하여 합법적 비합법적 수단을 망라하고 있다.

따라서 국가안전부의 중국 이익과 관련된 정보활동은 대외적으로 공개되지 않고 있으나 정보력에서 미국 CIA, 영국 비밀정보부(MI6)와 더불어 세계 최고 수준으로 꼽히고 있다.

〈그림 6-4〉 중국 국가안전부(MSS), 북경소재

중국의 경제가 발전하고 기업 활동이 증대되면서 기술정보 수집에서 사적 이익, 영리 추구를 위한 경향이 등장함에 따라 국가의 정보수집과 사적 영리를 위한 산업 첩보활동이 혼재되어 경제 첩보의 문제는 한층 더 복잡한 양상을 보인다. 이러한 경제발전 중심의 국가 목표는 또한 정보활동의 성격과 방향에도 큰 변화를 가져왔다. 첨단기술 및 산업 관련 정보활동이 급증하는 한편 중국과 외부와의 관계가 심화되고 발전하면서 경제적 이해관계가 확대됨에 따라 상대적으로 국제무대에서 고립되었던 과거보다 국제적 동향과 사건들이 더 폭넓게 중국에 훨씬 큰 영향을 끼치게 되었고 이에 민감하게 반응하게 되었다. 이에 따라 중국이 세계 정세에 대하여 가지는 관심의 폭도 이전의 정치, 군사 중심에서 경제, 과학기술, 산업, 금융 등 다양한 분야로 확대되었고, 이는 정보목표와 정보수집의 대상에도 반영되었다.

중국의 통일 대업은 홍콩 및 마카오 반환 그리고 대만 재통합을 통하여 중국의 국가적 통일을 완성하는 것을 목표로 하고 있다. 현대 중국은 공산당과 국민당 간의 치열한 내전을 거쳐 공산당의 승리를 통하여 성립되었으며, 따라서 이러한 흐름을 이어 대만을 통합하여 중국의 통일을 완성하는 것은 신중국 건국 이래의 국가목표이다. 이러한 목표를 달성하기 위하여 대만공작은 국가 차원의 역량을 결집하여 공개적 교류, 협상, 금융, 투자 등의 경제활동, 정보수집과 비밀공작, 군사적 위협, 정치적 압력 등 다양한 수준에 걸쳐 광범위하게 진행되고 있으며 정보활동은 이를 뒷받침하고 있다. 대만에 대한 정보활동은 국공내전 당시 중국 공산당과 국민당 사이의 특무전쟁에 연원을 두고 있으며 이는 현대 중국 정보활동의 모태이기도 하다. 특히 과거와 같이 무력 충돌과 대치가 줄어든 상황에서 정보활동은 양자간 대립의 최전선을 이루게 되었다. 대대만 정보활동에서 중국은 군사정보를 우선시하고 있다. 중국은 다수의 조직과 기관을 동원하여 종합적 전쟁 수행 잠재력, 군사전력, 전비태세, 각종 군사 장비, 외국, 특히 미국과의 군사협력과 이에 관련된 첨단 무기기술 정보를 수집한다. 그 외 대만 국내정세, 대외관계, 경제, 사회, 여론 동향을 파악하고 대만 중요정책 기구의 고위관리, 정책결정 관련 인사 및 내부자를 주요한 목표로 삼고 있다. 또한 통일전선 공작을 전개하여 대만 내에 친중 세력을 지원하고 중국의 입장에 우호적인 입장을 강화하려고 한다. 이를 위하여 홍콩, 마카오 지역을 비롯한 해외 화교들과 폭넓은 연락, 협력관계를 수립하고 이들 사이에서 친중적 분위기를 조성한다. 대만에 대해서도 친지 방문, 사회, 문화, 체육, 사회, 학술 분야 등 다양한 교류를 시행하고 관련 단체를 통하여 대만의 정치, 경제, 사회, 문화, 학술 관련 분야 주요 인사와 대만 대중 일반과 광범위하게 접촉한다. 이를 통하여 대만 내부에서 독립 움직임 등 반중 입장이 부각되는 것을 방지하며 대만 내에 중국지지 기반을 확대하고 일반여론에 영향을 미치려 한다.

중국은 주권, 국가안보, 영토 완정성, 국내 안정 및 체제 유지를 국가안보의 핵심에 두고 중국의 이해관계가 넓어지고 국내외 환경이 변화함에 따라 경제사회 발전, 해양권익 확대 등 국가이익을 포함시켜 국가안보의 범위를 확장시켜 왔다. 현재 중국의 국가안보 목표는 총제적 국가안보관에 따라 국가안보를 포함한 국가 핵심 이익으로 나타나고 있다. 여기에는 국가체제 및 공산당 집정체제 유지, 티베트, 위구르, 홍콩 문제 및 국내 사회질서 안정, 대만 재통일 같은 전통적 안보 목표에서부터 경제, 사회의 지속적 발전을 위한 국가 현대화, 데이터 주권, 핵심 상업 기밀, 과학기술 혁신에 이르기까지 폭넓은 범위를 포괄되어 있으며 국가이익의 사안을 구체화하고 있다.

이에 따라 국가안전부의 관심대상 역시 대폭 증가하였으며 정보에 대한 요구와 종류도 다양화, 세분된 것으로 여겨진다. 이상의 내용을 종합해서 볼 때 국가안전부의 주요 임무[31]는 다음과 같이 정리될 수 있다.

첫 번째로 중국의 국가안보 수요를 충족하기 위한 정보를 제공한다. 중국의 국가안보 목표가 폭넓게 확장됨에 따라서 정보수요의 범위도 확대되었다. 이를 위하여 국가안전부는 전 세계적 범위에 걸쳐 정치, 군사, 경제, 산업, 과학기술, 사회, 자원, 에너지, 농업, 생태 등 다양한 분야에서 주요 동향을 수집하며 안보환경과 정세 분석을 수행하여 중국이 세계정세를 바라보는 중점이 되고 있다. 세계 각국의 중국에 대한 견해와 태도,

---

31) 전윤근, “중국 국가안보이익의 확장과 정보기관의 역할”, 한림국제대학원대학교 석사논문, 2022

중국과의 관계는 주요한 관심사항이며 국제적인 지정학적 환경을 파악하여 중국의 국가이익 실현을 지원하고 있다. 이러한 바는 중국이 국제적 위상이 상승하면서 세계적, 지역적 차원에서 영향력 확대를 추구하며 중국에 우호적인 국제질서와 환경을 조성하기 위하여 적극적으로 대외정책을 전개함에 따라 이를 뒷받침하기 위한 것으로 여겨진다. 이와 관련하여 특히 중국에 중요한 영향을 미치는 현안에 대한 각국의 입장을 파악하는 것이 주요 관심 사항으로 꼽히고 있다. 이에 따라 각종 다자회의나 지역별 기구에 대한 상황, 특히 이들의 대중 입장에 대한 정보를 수집하는 것 또한 중요해지고 있다.

두 번째로 방첩 및 보안 활동 기능을 수행한다. 외부세력이 중국에 대해 수행하는 정보수집 및 각종 공작 활동을 사전에 방지하고 이를 저지하는 것은 국가안전부의 고유임무이다. 국가안전법 그리고 이를 대체한 반간첩법에서는 국가안전부를 방첩 활동의 주무 기관으로써 규정하고 있다. 이에 따라 중국내 외국 첩보망을 파악, 적발하고, 중국인 협력자들을 체포한다. 이러한 임무를 수행히기 위히여 외교관, 언론인, 기업가 등을 비롯한 중국 내 외국인 및 외국 공관, 기업지사, 사회단체 등을 감시하고 의혹 사항이나 동향을 파악한다. 중국 내 출입제한 시설이나 지역에 대한 외국인의 접근을 철저히 감시하고 있으며 관광객 등을 가장한 첩보활동을 방지하고 있다. 중국과 세계 각국과의 관계가 더 밀접해지고 인적 물적 교류가 확대됨에 따라 방첩의 범위와 규모도 커지고 있다. 더욱이 중국의 공세적 대외정책과 정보활동에 대한 우려가 커짐에 따라서 외부에서도 역시 대중 정보수집을 확대하고 있으며 이에 따라 중국도 외국 정보기관에 대한 감시와 대책을 강화하고 있으며 이러한 일련의 과정을 거쳐서 방첩 활동은 더욱 강화되고 있다. 중국의 경제발전과 국가안보목표 확대에 따라 국가 중요업종에 대한 보안 지도 및 경제기밀 유지도 강화되고 있으며, 이 분야의 국가안전부 활동도 증대되고 있다.

세 번째로 해외 안전 보위업무를 들 수 있다. 이는 해외 중국 공관을 비롯한 각종 재외 중국 기관 및 해외 주재 중국 인원에 대하여 대만을 비롯한 외부의 정보기관이 접근하여 침투하는 것을 방지하며 이들에 대한 감시 및 보호를 수행한다. 또한 해외 반정부, 반체제 인사들을 사찰, 감시하며, 이들의 반중 활동을 저지하고 와해시키는 것도 이 업무의 중요한 부분을 이루고 있다. 특히 이른바 5독이라고 지칭하는 해외 민주화운동, 대만독립, 신장위구르 분리독립, 티베트 분리독립, 파룬궁 등 다섯 세력을 주요 표적으로 삼아 이들이 해외에서 활동을 감시하고 저지하려 한다. 이를 위하여 관련 조직에 대하여 정보를 수집하고 내부 침투를 수행하고 있다. 그 외 해외 화교 사회 동향과 각종 화교 단체 성향을 파악하고 수집한다. 최근 중국의 해외 진출이 확대되고 경제적 비중이 커짐에 따라 해외 국가이익 보호에 대한 필요성이 대두되었고 이에 따라 해외 안전보위 업무도 이를 맡아서 그 역할이 확대되고 있는 것으로 보인다.

네 번째로 국내안정 및 정치안전 유지를 들 수 있다. 이는 반혁명, 국가 전복, 테러리스트 등 국가안보 위해세력 및 적대세력으로 인식되는 개인, 조직 및 관련 활동을 대상으로 하며 공산당 집정에 위협이 될 수 있는 각종 다양한 불안 요소, 사회 현상 및 소요 등을 파악하여 이들을 제지하고 미연에 방지한다. 또한 국가안보를 위해하는 각종 문건, 정보와 관련 음성 화상 등을 날조, 유포하거나 방송하는 것을 단속하며, 특히 사이버 상에서 이러한 정보가 유통되는 것을 차단하는 데도 힘을 기울이고 있다. 정치안전과 관련하여 국가안전부는 이러한 국내적 불안요소가 외부 세력과 연계되는 것을 저지하는 데 역점을 두고 있으며 이와 관련하여 해외 종교 및 비정부기구의 중국 내 활동을 감시하고 이들에 대한 조사활동을 전개한다. 이러한 안정유지 활동은 국가안전부뿐 아니라 타 기관과도 연계하여 종합적 국가정책 차원에서 수행되며 이를 위한 기관 간 의사협의체제에도 참여하고 있는 것으로 보인다.

다섯 번째로 대만 관련 정보수집 분석 및 관련 정책 지원을 담당한다. 대만과의 통합은 중국 건국 이래의 국가 목표이자, 국가 핵심 이익의 중요한 요소로써 중국이 국가적 자원을 결집해 온 사안이다. 국가안전부는 대만 정보수집 및 방첩 활동을 전개하여 이를 지원하고 있다. 각종 첩보활동을 통하여 대만의 군사, 정치, 사회, 여론 상황을 수집하고 대만 정보기관의 중국 내 활동을 감시 저지하며 대만 내부 동향을 분석하여 상부에 제공한다. 또한 통일전선 활동을 전개하여 대만의 민·관 관계자, 단체와의 교류 및 연락을 통하여 대만 사회 일반과 광범위하게 접촉하며 대만 내 친중 세력을 양성하고 친중 여론을 조성하려고 한다. 그 외 국가안전부는 대만공작영도소조에 참여하여 대대만정책을 뒷받침하며 막후교섭 및 협상을 전개하기도 한다.

여섯 번째로 대테러대책을 수행한다. 구 국가안전법 및 반간첩법의 관련 조항에 따라 국가안전부는 여타 관계기관과 같이 국가안보를 위해하는 테러행위의 조직, 계획 및 실행을 방지, 제지하고 이를 법적으로 처벌한다. 이에 따라 국가안전부는 테러 관련 사안에 대한 정보수집 및 분석에서부터 이에 대한 수사를 담당한다. 국가안전부는 다른 공안 및 보안기관과 협력하여 중국 국내외에서 중국인 및 중국 기관에 대한 테러행위를 미연에 방지하고 테러를 저지르는 조직을 와해시킨다. 특히 중국의 해외 진출이 확대되고 해외 거주 중국인 및 중국 시설에 대한 각종 테러 위협이 확대됨에 따라 대테러대책은 더 다층적이고 복합적으로 전개되고 있으며 이에 따라 그 범위와 기능도 확대되고 있다.

일곱 번째로 국가안보 관련 선전 및 사상교육 활동을 담당한다. 각 기관, 기업 및 각종 학술 교육기관이나 사회단체에 국가안보 위협에 대한 인식 및 사상교육, 홍보 선전을 수행하고 각 단위와의 연락업무를 담당한다. 이러한 선전 및 교육은 방첩, 보안 및 기밀 유지와 함께 공산당 체제의 정당성에 대한 사상 이념적 성격을 같이 담고 있으며, 이는 광범위한 대중을 대상으로 국가안보 및 체제 수호에 협력적인 의식을 형성하는 것을 목표로 한다. 국가안전법에서는 국가안전 선전 및 여론 지도를 강화하며 국가안전 선전 교육활동을 전개할 것을 규정하고 있다. 국가안전부는 이를 수행하며 이러한 활동의 하나로 국가 안전교육 관련 선전교육을 맡고 있다.

6.1.6.2. 조직 구성 및 활동

중국 국가안전부의 조직과 내부 운영은 보안을 중시하는 그 업무 특성상 대부분의 국가에서 기밀 사항으로 관리하고 있다. 특히 중국의 경우 체제 특성상 정보기구 관련 내용은 더욱 은폐되어 있으며, 조직 구성과 실제 활동사항 그리고 정보의 평가와 활용 및 정보체계의 운영에 대한 세부적인 내용은 고도의 비밀사항으로 외부에 알려지지 않고 있다. 이에 따라 기존의 연구들은 국가안전부를 비롯한 중국 정보기관의 활동과 체계를 다룰 때 주로 대만, 홍콩 자료 혹은 그 영역판에 의존하고 있다.

한 기관의 조직 구조는 해당 기관이 자신의 임무와 역할을 수행, 달성하고 이를 위하여 조직을 운영하는 업무 분담과 운영체계의 종합으로 이해될 수 있다, 따라서 이러한 조직 구조는 그 기관의 주요 목표, 기본 업무와 기능을 반영하고 있으며, 특정한 과제나 역할이 부여되면 조직 구조에도 영향을 미치게 된다.

국가안전부의 정보활동 부서는 〈그림 6-5〉처럼 주로 기능적 분류에 따라 구성된 것으로 나와 있다. 국가안전부에는 과거 미주/유럽, 유라시아, 아시아 아프리카 등 지역별 담당국이 편성되어 있었으나 최근에 통합하여 국제정보국으로 편성하였다. 이 조직이 해외 정보활동의 주축을 이루고 있는 것으로 보인다. 특히 주목할 만한 것은 국방, 과학기술, 정보 분야로 조직을 보강하였다. 민간 연구기관 등으로 위장한 국가안전부 지역연구소 기관의 장은 국가안전부 소속을 감추기 위하여 가장 신분으로 이용되고 있다. 특이할 점은 이들의 근무 경력, 전문성이 해당 지역연구소 업무 영역과 대략적으로 합치되고 있다. 2025년 현재 국가안전부는 부장, 부(副)부장 4명, 예하에 1청, 2실, 2부, 20국으로 구성되어 있으며 우선 홍콩•마카오•대만 담당국은 해당 지역 정보수집 및 특수 공작을 담당하고 있으며 대만 정보에 초점을 맞추고 있다.

〈그림 6-5〉 국가안전부(国家安全部) 조직 구조(2024)[32]

대만과 대치 상황에 있고 통일을 국가의 핵심 정책목표로 삼는 중국의 입장에서 대 대만 정보활동에 방대한 역량을 투입하고 있다. 대만 정보활동은 대만의 군사전력, 군사시설, 장비 같은 군사정보를 중심으로 하여 내외정세, 경제, 사회 정보를 수집한다. 중국과 대만 사이 각종 경제, 사회, 문화 교류와 접촉이 활발해짐에 따라 정보요원들은 언론, 문화 체육 등 다양한 가장 신분으로 대만을 방문하여 활동하는 것으로 알려져 있다. 이들 중 적지 않은 수가 장기체류나 정착을 통하여 대만에 머무르고 있으며 전 대만 국방부 부부장 린중빈이 밝힌 바에 따르면 3,000~4,000여 명의 중국 간첩이 대만에서 활동한다고 알려져 있다. 또한 국가안전부는 중국과 교류하는 기업인, 정치 인사, 학자나 중국 거주 대만 인사 들을 대상으로 공작을 전개하고 있으며, 특히 중국을 방문한 전직 안보 관계 인사들을 중요한 목표로 삼고 있다.

정보분석통보국은 수집된 정보에 대한 분석 및 보고와 정보수집에 대한 지도를 담당한다. 이 부서는 과거에는 7국으로 지칭되었다가 이후 5국으로 개칭된 것으로 여겨진다. 정보기관의 기본적 임무는 정책 결정에 필요한 정보를 수요자에게 제공하는 데 있다. 이러한 정보는 단순히 각종 경로를 통하여 수집된 단편적인 내용을 그대로 전하는 데 그치는 것이 아니라 그 내용을 검증하고 진위를 판명하여, 정보 수요와의 연관성, 필요성 등에 대한 종합적 평가를 거친 산물로써 정보 수요자들에게 전달된다. 이 국은 각종 비밀 정보나 혹은 공개 정보원 등의 경로를 통해 획득된 내용을 평가하여 정보로 생산해서 정책결정자를 비롯한 정보 수요자에게 보고한다. 중요 기밀정보의 경우 국 산

32) 전윤근, “중국 국가안보이익의 확장과 정보기관의 역할”, 한림국제대학원대학교 석사논문, 2022

하 신식처信息處)를 통하여 중앙판공청을 거쳐 정책지도부에 보고되며, 실무 차원의 정보는 관계 부처들에 전달된다.

과기정보국은 과학기술 산업 분야 정보수집을 담당한다. 국가안전부에 대한 다수의 자료는 이 분야의 정보를 전문으로 수집하는 부서가 존재하고 있다고 지적하고 있다. 또한 경제 및 과학기술 정보수집은 중국이 현대화와 발전을 국가 핵심 목적으로 내세운 이래 중요한 정보목표로써 각종 첩보활동을 포함한 다양한 경로의 기술 이전은 국가 발전 전략을 뒷받침해 왔다. 국가안전부를 위시한 정보기관들은 첨단 기술 산업 관련 정보나 수출 제한 품목의 입수에 큰 노력을 기울이고 있다. 이를 위하여 공개 및 반공개 기술 자료 및 문서 수집, 유학생, 관광객, 기업가 등 광범위한 정보원을 활용하거나, 위장 업체 및 중개자를 이용한 제한품목 반출, 관련 기술 보유 업체와의 조인트벤처 설립 및 기업 인수, 천인 계획과 같은 해외 인재 유치와 이를 이용한 포섭, 주요 연구소 및 기업 내 인적 침투, 사이버 해킹 등의 다양한 수단을 이용하고 있다. 전문 정보관이 아니라 학자. 유학생, 기업인, 관광객 등의 비전문인원이 각기 분야에서 접하는 공개 정보 및 자료나 비기밀 정보들을 대량으로 수집한다는 중국 정보활동에 대한 통상적 견해는 이러한 경제 산업 첩보활동에서 기인한 바가 크다.

반간첩정보국 및 반간첩정찰국은 방첩정보와 방첩 수사를 담당하며 각기 7국과 8국으로 알려져 있다. 전자는 방첩 정보수집을 담당하며 외국 정보기관의 대중 정보활동을 감지•파악하고 이에 대한 대처를 맡고 있다. 후자는 방첩 및 기밀 유출 사안에 대한 수사를 담당한다. 전통적으로 방첩 활동은 국가안전부에서 핵심 업무로 꼽혀왔으며 국가안전부는 방첩 사안에 관련된 주무 기관으로 전술한 바와 같이 수사권은 물론, 구류, 예심 권한을 보유하여 방첩 관련 활동을 전적으로 총괄하고 있다. 이러한 활동의 하나로 중국 내 외국 공관, 기업, 연구소를 포함한 외국 기관이나 외국인 거주지를 상시적으로 감시하고 외교관, 특파원, 기업 인사, 비정부기구 관련자 등 외국인들의 동향을 파악하고 이들의 행적을 사찰한다. 중국이 기밀로 간주하는 사항이 외국이나 외국인에게 유출되지 않도록 방지하고 중국 내 출입제한 시설이나 지역에 대한 외국인의 접근을 철저히 통제한다. 외국인에 의한 중국 내 각종 측량이나 GPS 사용 등도 중요한 주목 사항이다. 또한 이들과 접촉하는 중국 인사 및 관련 단체를 상대로 미행 및 도청 등 전자감시를 수행하기도 한다. 중국 내 외국 언론 기자들 역시 주요 감시 대상으로 이들이 중국 내 기밀을 탐지, 유출하는 것을 방지하는 것 외에 중국 내 반체제, 반정부 및 인권 활동가와 접촉하는 것을 차단하는 것도 주요한 임무이다.

기술정찰국/사이버보안국은 우편 검열. 통신 감청 및 그 외 기술 수단에 의한 감시 및 첩보 수집 활동과 기술 보안 검사, 기밀 유출 방지 및 안전 조치를 담당한다. 해당 업무는 과거 10국에서 담당했었는데 이후 9국으로 개편된 것으로 추정된다. 또한 기술 감시 및 관련 첩보 활동 외에도 각종 정보통신 시설과 우정을 비롯한 관련 기반시설에 대한 보안, 특히 기술적 침투 방지 업무도 맡고 있다. 산하의 국가안전기술보위 판공실은 기술적 수단에 의한 각종 중요 정보 유출 방지를 담당한다. 이부서는 당 및 국가 주요 지도자 및 각종 당정 주요 회의에 관한 기술 안전 보안을 담당하고 주요 당 및 국가기관 내 전자 사무기기에 대한 보안 점검, 방호검색, 각종 통신전자 기기 및 인터넷, 위성 TV 수신설비, 기타 전자 매체에 대한 국가안전 관련 심사 및 기술 안전 조치를 실시한다. 아울러 출입국, 우편 통신, 세관 등 각종 섭외 관련 시설 · 건물 혹은 중요 기반시설이나 외국 기관이나 기업, 관련 인사들이 관계된 건축 사항에 대한 각종 기술 관련 보안 검사 점검 업무도 담당하고 있다. 아울러 기술정찰국은 방첩활동을 비롯한 국가안전부의 각종 수사를 지원하기 위한 기술지원 및 사법 감정 업무를 수행하여 현장 검증을 비롯한 각종 감식 활동을 수행하고 있다. 간첩을 비롯한 국가안전 위해 사안과 관련하여 각종 첩보활동 장비들을 노획 획득하거나 그러한 혐의가 있는 기기들을 검색, 입수하여 성능을 분석, 파악하고 대응조치를 시행한다. 정보화의 확산과 새로운 매체의 부상에 따라 이 부서의 담당 범위와 업무 영역도 확장되었고 특히 인터넷. 이동통신, 기타 멀티미디어 및 정보통신 네트워크 전반에 대한 감시 및 통제가 대폭 확대되어 해당 분야의 보안 지침 수립, 기술 지도, 심사, 단속 감시 업무를 담당한다. 더불어 국가암호, 컴퓨터 네트워크를 비롯한 정보보안 보안 정책을 기획 수립하고 사이버 업무를 관장하는 것으로 알려져 있다. 이런 추세에 따라 기술정찰국을 기반으로 해서 사이버보안국(網格安全局)이 설치되어 해당 업무를 담당하고 있는 것으로 여겨진다. 이 부서는 사이버스페이스, 인터넷, 컴퓨터 네트워크 등에 대한 정보보안과 더불어 인터넷 및 각종 사이버 네트워크를 이용한 첩보활동, 국가분열 및 전복 행위와 같은 국가안보 위해 행위 등을 감시하고 이를 위하여 인터넷, 모바일, 앱 등 사이버 전반에 걸친 감독체계를 구축하고 있는 것으로 알려져 있다. 그와 관련하여 중국 정부에서 각 기업들에 인터넷, 모바일 등을 통하여 수집한 개인 정보를 취합하는 데이터베이스를 구축하도록 하고 있으며 사이버 보안국은 데이터베이스 구축과 디지털 정보수집에 대한 통합적 기준을 구축하고, 해당 정보를 공유하여 국가안보 위해 사안을 발견하여 이를 처리한다. 그 외 사이버보안국은 국가안전과 관련된 기술정찰 활동을 수행하며, 여기에는 해킹을 비롯한 사이버 침투도 포함된 것으로 추정된다.

섭외안전보위국은 중국 국내외의 보안 감시 활동을 담당한다. 이 부서는 과거 9국으로 알려졌는데 이후 10국으로 개편된 것으로 보인다. 해외 보안과 관련하여 재외 중국 공관 및 기업, 조직, 단체, 개인에 대한 보안유지, 기밀보호, 망명방지 및 해외 반정부 세력에 대한 공작을 담당한다. 이를 위하여 이 부서는 해외에 있는 중국 기관 및 해외 주재 중국 인원들에 대한 방첩 및 보안 업무를 맡아서 이들에 대한 외국 정보기관의 접근을 감시하고 차단한다. 그 외 유학생을 비롯한 해외 거주 중국인이나 관련 단체 및 해외 반정부 인사 및 관련 세력에 대한 감시 사찰 및 저지도 중요한 임무 중의 하나로 꼽히고 있다. 해외 유학생 관리 및 감시는 천안문 사태 이후 비중이 증대하였으며 유학생들의 민주화 운동 협력이나 관련 활동에 관련된 사항을 사찰하고 이를 저지하는 데 중점을 두고 있다. 이러한 해외 보안활동은 이후 지속적으로 확대되어 파룬궁, 티베트, 신장 위구르, 대만 독립, 중국 민주화 관련 인사 및 조직을 대상으로 이들의 해외 상황과 활동 동향을 면밀하게 감시하며, 각종 관련 행사나 활동을 방해하고 저지하는 것으로 알려져 있다. 이와 관련하여 해외 화교 사회, 각종 화교 단체들의 성향을 파악하고 친중 세력을 지원하여 해외 친정부 세력 부식 및 육성에도 관여한다. 섭외안전보위국은 산하에 국가섭외건설항목 안전사항심사판공실(國家涉外建設項目 安全事項審查辨公室)을 두어 외국기관이나 외국인 관련 건축물의 국가안전 위해 여부 사항을 점검하고 주요 보안 시설 건축과 관련된 보안문제를 파악한다. 이 부서가 관장하는 범위에는 외국인, 해외 인사 및 외국 기관이 점유, 근무, 거주, 활동하거나 이들이 출입하는 숙박, 주거 및 각종 업무, 편의 시설(외국 자본 합작 투자 관련 시설 포함), 국제공항, 항만 부두, 출입국 세관, 우정 및 통신 중추, 정보통신 네트워크 시설을 망라하고 있다. 이 판공실은 이러한 시설 및 건축물에 대한 건설, 개축, 증축 사항을 심사하여 인허가 여부를 판정한다.

사회연락국은 각종 사회단체 연락 및 사회 일반여론, 민의 조사 및 동향 수집을 담당하는 것으로 알려져 있다. 몇몇 자료에서는 이 부서를 12국으로 기술하고 있으며 사회 동향 및 민의 조사를 수행하고 있다고 기술하고 있다. 그 외 이 부서는 사회단체 연락도 담당하며 중국 내 각종 사회단체 및 조직들과 교류하며 해당 단체들에 연락 업무와 이를 통한 감시를 수행한다. 특히 중국내 외국인이나 외국과 관계를 맺는 단체나 학술 직능 문화 단체들을 주로 대상으로 하는 것으로 여겨진다. 외국(대만 및 홍콩 마카오 및 화교 관련 포함)과 연락이나 교류가 있는 다수의 사회 민간단체에는 국가안전부 요원이 해당 단체의 구성원으로 활동하는 것으로 알려져 있다. 이 부서는 외국과의 접촉 및 교류와 관련하여 감시나 단속 외에도 일정 부분 범위 또한 이는 외국과의 교류 연락 창구를 이용한 첩보 수집과도 이어져 있다. 이런 업무를 수행하기 위하여 국가안전부는 다수의 외곽단체를 운영하거나 사회단체들과 관계를 맺고 있다. 일례로 전 사회연락국장 마오궈화 (毛國華) 의 경력을 보면 다수의 사회 직능단체 임원을 겸직한 바 있는 데 이들 단체 상당수가 국가안전부와 관계를 맺고 있는 것으로 여겨진다. 이러한 사례로 중국국제문화교류센터(中國國際文化交流中心를 비롯하여 중화문화교류및협력촉진회(中華文化交流三合作促進), 국제문화출판공사(國際文化出版公司), 다수 조직이 있다. 중국국제문화교류센터는 국가안전부가 운영하는 대표적인 외곽단체로 알려져 있다. 이 센터는 개혁개방 정책 초기에 사회, 문화, 공보 및 경제, 학술 및 과학기술 분야의 국제 교류 협력을 통하여 개혁 개방 정책을 지원하며 외국과의 교류 및 접촉을 관리할 목적으로 1984년 설립되었다. 형식상으로는 문화부가 관할하고 있지만 실제로는 국가안전부의 외곽단체로 창설 이래 다수의 국가안전부 인사들이 주요 임원을 맡아 왔다. 이 센터의 이사장은 정치국 위원급이나 정협 부주석급 인사가 맡았고 실제 운영을 담당하는 상무 부이사장은 정보계 출신 인사들이 담당해왔다.

과기국은 첩보활동에 필요한 각종 장비, 기자재의 및 관련 기술의 연구, 개발을 담당한다. 현재 IT가 과학기술 분야에서 비중이 높은 현 상황을 반영하여 과기국 업무의 상당 부분이 이 분야에 할애되어 있는 것으로 여겨진다. 과기국 산하에 중국정보보안검측평가센터(中國信息安全測評中心, China Information Technology Security Evaluation Center, CNITSEC)를 두고 있으며 정부 차원 정보보안을 비롯한 사이버 관련 업무에 깊이 관여하고 있다. 이 센터는 중국의 국가 차원 정보보안 시험 평가 및 위협 평가 기관으로 각종 정보보안제품 및 네트워크 시스템의 안전 평가 취약성 분석을 총괄한다. 또한 정보기술 제품, 시스템에 대한 안정성을 측정 시험하여 평가하며 정보보안 기술시험 평가 이론을 연구하며 관련 분야의 측정평가 표준과 규범을 제정한다. 추가로 정보보안업체 및 해당 분야 업체 종사자에 대한 능력 평가와 자격심사 인증을 수행한다. 중국의 정보보안 평가 및 위협분석을 총괄하는 중국 정보보안검측평가센터가 국가안전부 산하 기구라는 데 대해서 우려를 제기했으며, 이 센터의 역할에 대한 의혹이 불거지고 있다. 일례로 중국 내 사이버보안법에 따라서 중국 정부가 기업들에 대한 이용자 정보를 포함한 광범위한 정보제공을 요청할 수 있으며, 이에 따라 이 센터가 OS 소스코드를 비롯한 각종 정보보안제품 및 서비스에 대한 안전 심사를 시행하여 확인된 정보 보안상 취약점을 파악하고 이를 사이버 공격 및 침투에 이용할 가능성이 제기되기도 하였다. 이러한 의혹은 이 센터가 국가정보보안취 약점데이타베이스(國家信息安全W洞庫, China National Vulnerability Database of Information Security)를 운영한다는 점에서 더욱 가중되고 있다. 이 데이터베이스는 제로데이, 악성코드 등을 비롯한 각종 정보통신 보안상 취약점을 집약하는 데 이 센터에서 데이터베이스를 운영하며 취약점을 발견하고도 공개를 미룬 정황이 발견되어 사이버 첩보활동 연루 의혹이 제기된 바 있다.

통신국은 암호 및 통신 관련 기자재 개발 및 관리를 담당한다. 외교부와 공동으로 외교통신총대를 운영하여 해외 지부 및 공작원과 본국 사이 통신 연락 업무를 관장하고 있다. 주요 인력은 전자공학, 통신공학, 마이크로웨이브, 무선기술, 컴퓨터 응용 분야 전공자를 모집하고 있다.

정보기술국은 부내의 정보시스템 및 웹을 비롯한 각종 네트워크의 관리와 내부 정보보안 업무, 사이버 정보수집 및 분석을 관장하고 있다. 정보통신 기술의 발달과 정보화 추세 속에서 이 부서의 역할과 업무도 확대되어 특히 내부 정보망 보안 유지 및 침입 방지에 상당한 비중을 두고 있는 것으로 보인다. 또한 산하에 정보화센터를 두고 부내의 정보화 및 정보관리 업무를 담당하는 것으로 보인다. 이 부서는 정보통신기술 관련 연구 개발을 위하여 자체 연구소를 두고 있으며 대외적으로 베이징정보기술응용연구소(北京信息技術應用研究所)로 알려져 있다. 이 연구소는 초기에 베이징통신기술응용연구소로 설립되었으며 국가안전부의 통신 장비 및 기술 관련 연구개발을 담당했던 것으로 보인다. 이 연구소는 국가안전부 정보기술국(정보화센터 포함)과 긴밀하게 연계되어 있으며 연구소 주요 임원진은 정보기술국 간부가 겸임하고 있다.

대테러국은 테러 대책을 담당한다. 중국 국내나 혹은 해외에서 중국인 및 중국 관련 시설에 대한 테러나 파괴 활동을 예방하고 이에 대한 대책을 담당하는 것으로 보인다. 9·11 이후 전 세계적으로 테러 대책 사안이 정보기관의 핵심적인 임무로 떠오른 추세와 맞물려서 중국 역시 이 분야의 조직과 자원을 강화하고 있다. 특히 안정유지를 중요한 국가정책의 지침으로 삼고 정보목표로 내걸고 있는 상황은 이런 흐름을 가속화하고 있다. 중국에서 대테러 업무는 국가 대테러공작영도소조가 총괄하고, 이는 관련 부처 또는 기관으로 구성되며 국가안전부 역시 그 구성원으로 참여하여 대테러 활동에 있어 이 소조의 지시와 감독을 받고 있다. 2015년 12월 반테러법이 통과됨에 따라 테러 방지를 위한 당국의 정보수집 및 수사권이 훨씬 강화되었고 국가 반테러정보센터가 설립되어 각 부문 기관을 결집하여 테러 관련 정보를 일원적으로 통괄하게 되었다. 국가안전부도 이 센터의 주요 구성원으로 참가하며 특히 해외 연계 태러 정보 업무를 다루고 있다. 테러 대책 분야에서 중국의 주된 관심은 소수민족 분리주의 세력 특히 위구르 계열에 상당수 집중되어 있으며, 이들이 국내에서 테러. 파괴 활동을 저지르거나 혹은 해외 중국 관련 시설, 인사들을 공격할 가능성을 우려하고 있다. 또한 이 과정에서 이들 세력이 해외 지원 세력이나 기타 외부 세력과 연계를 우려하여 이를 차단하기 위하여 노력하고 있는 것으로 보인다. 중국에서 대테러 정책의 주된 핵심은 공안부가 맡고 있고 국가안전부의 대테러 활동은 외국 행위자 및 외국 조직과 연계된 사안에 대하여 중점을 두고 있으며 주로 비밀 업무를 통한 정보수집에 치중하고 있는 것으로 알려져 있다.

국제협력국은 과거 외사국을 개편하여 설치되었으며 외국 정보기관과의 연락 및 협력을 담당한다. 9·11 이후 대테러 전쟁을 계기로 전 세계적으로 정보기관들은 이들 각 기관은 정보 협력 및 공조 관계를 강화하였고 양적 차원이나 협력 및 공조 의심도는 비약적으로 향상되었다. 이러한 추세에 맞추어 국가안전부도 종전의 외사국을 국제협력국으로 개편하고 관련 업무를 확대한 것으로 여겨진다. 정보협력의 주요한 목표는 대테러 정보협력의 강화에 있는 한편 정보협력 및 연락을 통하여 중국과의 관계를 강화하는 활동도 펼치고 있다. 특히 대상국에 대한 보안 원조는 중국에 대한 의존도를 높이고 중국의 영향력을 강화하기 위한 수단이기도 하다. 최근 이러한 보안 원조는 대상국 내 중국인 및 중국 기업 시설 보호와 관련하여 진행되고 있으며 이는 일대일로 정책과 맞물려서 계속 규모가 확대되고 있다

정치부는 공안부의 경우 인사 및 교육 선전을 담당하고 있으며 이에 따라 국가안전부 내에서도 부 내의 인사, 조직, 채용, 교육 훈련, 선전, 교육 등을 맡고 있는 것으로 여겨진다. 또한 정치부는 기관당위를 비롯한 부내 당조직을 관장한다. 공안부와 같이 국가안전부에서도 인사국/인사, 교육훈련국, 선전교육국은 정치부 산하에 소속되어 있는 것으로 보이며 각기 해당 업무의 실무를 맡고 있다. 이 중 선전교육국은 종전의 조직선전국을 개편한 것으로 여겨진다.

판공청은 부장을 비롯한 지도부의 업무를 보좌하며 비서 업무를 수행하고 부장 및 지도부의 지시를 받아 부 전체 업무에 대한 조정, 각종 정책 및 방침의 조율 및 시행을 담당한다. 또한 다른 기관의 판공청과 마찬가지로 부 내에서 지도부에 대한 정보보고를 관리할 것으로 여겨진다.

6.2. 일본의 정보조직

6.2.1. 일본의 정보조직 태동

일본의 정보기관 조직 발전은 크게 3단계로 구분할 수 있다. 1단계는 휴민트의 지대한 역할로 동북아지역을 유린했던 시기인 2차대전 종료 시기까지와 2단계는 패전 후 경제 부흥기에 밀려 정보기관의 발전이 더딘 1990년대 말기까지로 구분할 수 있고 3

단계로 일본의 보통국가로 발돋움하면서 미국의 암묵적 지원 아래 정보의 중요성을 인식하면서 고도화된 IT기술을 발판으로 각종 이웃 국가의 정보를 수집하기 위한 시스템을 구축하고 실행에 옮기고 있는 2000년대 이후 오늘날까지로 구분할 수 있다.

태평양 전쟁기까지 일본의 국가 정보체계는 군(軍) 정보기관과 경찰이 중추적 역할을 맡고 현지의 정보원들을 광범하게 활용하는 인간정보(HUMINT) 네트워크가 주축이었다. 1881년 정예요원 349명으로 출범해 육군성 소속기구로 활동을 개시한 헌병대, 참모본부 휘하의 특무부대, 내무성의 특별고등경찰 등이 민간인 사찰기구이다. 특히 친일 정보원을 통한 정탐과 매수를 주요 수단으로 한 일본의 인간정보 네트워크는 만주국 수립 및 중국 침략 전후 헌병대를 중심으로, 지속적으로 확장되었다. 또 만주 주둔 관동군은 특히 현지 정보수집 능력이 탁월해 각종 침략주의적 공작활동[33]의 중심이 되었다. 당시 인간정보 네트워크의 핵심역량은 나가노정보학교 출신 요원과 만철(滿鐵) 조사부 요원들, 특히 일본 군부가 정보요원을 양성하기 위해 전쟁 전에 세운 나가노학교 출신들은 전후에 일본 민간기업에 취직해 정부와 민간기업간 해외정보 공유의 핵심적 고리 역할을 했다. 이들은 군사 첩보보다 경제를 우선시하였던 태평양전쟁 이후 민간부문의 해외 산업 정보수집으로 수출입국에 성공하고 경제대국으로 부활할 수 있었다. 특이한 것은 대륙침략의 발판이 된 국책회사인 만주철도주식회사의 조사부 또한 전후에 일본의 해외투자 및 무역에 관한 높은 수준의 첩보를 제공함으로써 일본을 부흥시키는 데 큰 공헌을 했다. 당시 4,500여 명의 우수한 인력을 보유한 만주철도주식회사 조사부[34]는 만주와 중국 그리고 동남아까지의 국제정세, 현지 경제 및 법 관행 조사뿐만 아니라 역사 · 문화 · 지리를 학술적으로 총괄하는 사실상의 종합 연구기관으로 첩보활동을 수행하여 일본군의 만주 통치를 뒷받침하는 두뇌역할을 했다.

패전 후 국제정세가 미국과 소련 양극체제의 냉전기에 돌입함에 따라 미국은 동아시아에서 소련의 군부 움직임, 특히 함정에 대한 감시가 매우 필요하였다. 따라서 일본 홋카이도(Hokkaido)에 SIGINT 시설을 많이 설치하고 일본에 SIGINT 임무를 부여하

---

33) 1928년 만주 펑톈(심양)역(驛)에서의 장작림(張作霖) 폭사사건은 관동군 대좌 카와모토 타이사쿠가 주도했고, 1931년 펑톈 교외에서 일어난 유조구(柳條溝) 사건도 관동군 작전참모인 이시하라 중좌를 중심으로 치밀하게 사전에 모의한 사건이었다. 관동군은 유조구에서 열차 폭파 사건을 중국인의 소행이라고 뒤집어씌워 '만주사변'을 일으키고 특무기관원들이 주도해 청나라 마지막 황제 푸이를 괴뢰 만주국의 황제로 옹립하는 공작을 수행했다. 또 화북 분리 공작, 내몽고 자치 정부 수립 공작, 왕조명 정부와 같은 중국 내 괴뢰정권 수립 공작은 일본 본토의 특무부대와 현지 관동군이나 화북 주둔군의 특무부대가 주도한 것이다.

34) 현재 일본의 노무라총합연구소(NRI), 미츠비시총합연구소 같은 민간 대기업의 연구기관이 해외 경제동향 및 정세 분석의 중추 역할을 하는 것은 과거 만철 조사부가 닦은 역량과 무관하지 않다.

면서 많은 SIGINT 운용 노하우를 전수하였다. 그 이후 일본은 이러한 노하우를 이용, 중국 및 러시아의 군사동향 정보를 획득하기 위해 독립적으로 시스템을 구현, 운용하였으며, 1970년대 초기에는 미국에서 건설한 수집기지인 치토스(Chitos), 와카나이와 같은 기지를 장비와 같이 인수하였다. 1990년대에 들어서면서 일본의 SIGINT 능력은 IT기술의 발전을 통해 그들의 수집 및 분석능력을 고도화하였으며 홋카이도 외에 일본 전지역을 대상으로 SIGINT장비를 추가로 장비를 설치하였다. 90년대 중반 이후 중국의 군사 대국화, 북한의 미사일 및 핵 개발을 감시하기 위한 SIGINT 시설을 대폭 확장하였다.

종전 이후 국내적으로 일본은 이전의 군 정보기관 중심의 국가 정보체계는 해체하고, 군사 안보보다는 경제 중심의 대외관계에 무게를 두면서 민간 연구기관과 현지에 파견된 종합상사의 상사원들이 수집하는 경제 및 산업정보가 통산성 등과 공유되는 채널을 발전시켰고 이러한 경제정보 공유체계는 전후 일본의 급속한 부흥과 경제대국의 성공에 결정적으로 큰 공헌을 하였다. 전후 일본의 정보기관으로 관방조사실은 1952년 8월 총리부 설치령으로 내각 관방장관 산하에 창설되었고, 1976년 12월 현재의 내각정보조사실로 명칭을 바꾸고 총리의 중요정책 수행을 위한 정보수집과 분석을 수행하였다.

공안조사청은 1952년 한국전쟁 중 일본 내 좌익단체의 활동을 통제하기 위한 파괴활동방지법 및 공안조사청 법에 근거해 법무성 외청으로 설치되어 2000여 명의 요원으로 대내 정보활동을 시작했으나 탈냉전 후 96년 조직개편으로 구공산권 정보 및 국내 이념세력에 대한 정보수집 대신 주로 해외 정보수집과 국내 광신도 종교집단 감시임무를 수행하고 있다. 1954년 설립된 방위청(Japan Defence Agency)에서는 본래 육, 해, 공 각 막료감부마다 따로 정보부서를 두었고 방위청도 따로 정보부서를 두어서 업무 중복이 많았으나 17대 통합막료회의장이었던 이시이 마사오는 미국의 국방정보국을 본떠 육, 해, 공 자위대 정보를 통합하는 정보본부를 1997년 1월 20일에 창설하였다.

6.2.2. 일본 정부 정보기관 구조

일본의 국가안보 정보조직에 대한 통합·조정 역할을 담당하는 기관으로 내각정보조사실과 내각정보회의(内閣情報会議), 합동정보회의(合同情報会議)가 쌍두마차의 역할을 하고 있다. 〈그림 6-6〉처럼 내각정보조사실(CIRO)은 일본의 정보업무를 핵심적, 실질적으로 수행하는 기관으로 모든 국제, 국가정보를 총괄하고 있다. 여러 정보기관이 수집 · 분석한 정보를 융합 분석하며, 내각정보위원회(CIC)와 합동정보위원회(JIC)는 종합적인 평가, 분석을 수행하고 있다. 내각정보위원회(CIC, 차관급)와 합동정보위원회(JIC,국장급)는 내각정보조사실이 본래의 기능을 충분히 발휘하지 못하자 1998년 새롭게 영국의 합동정보위원회(JIC: Joint Intelligence Committee)를 참고하여 설치한 것이 내각정보회의와 합동정보회의이다. 하지만 본래의 설립 취지와는 달리 내조와 마찬가지로 국내외 정보에 대한 종합적 파악과 각 정보 관련 기관 간의 연대를 제대로 실현하지 못하고 있다는 것이 일반적인 평가다.

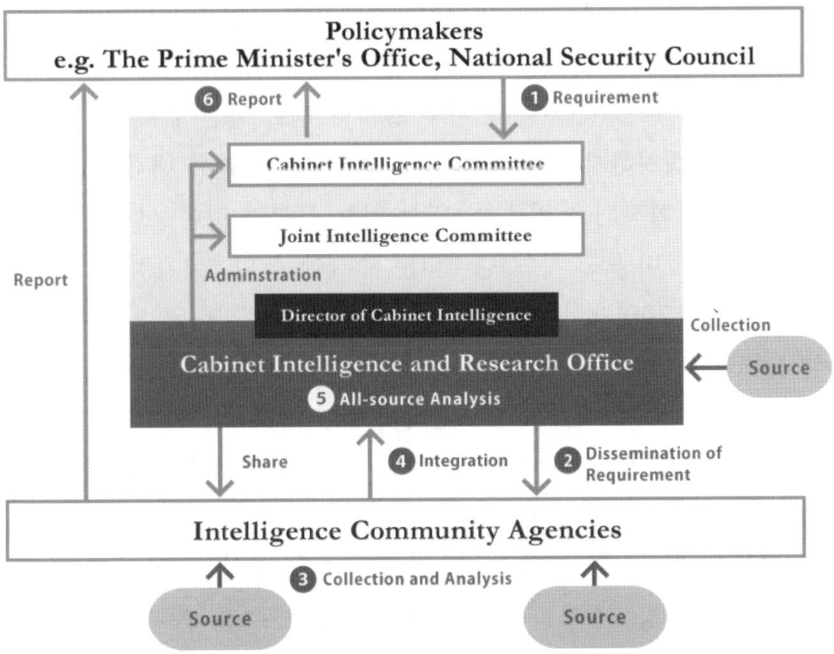

〈그림 6-6〉 내각정보조사실과 내각정보회의/합동정보회의 관계35)

일본 정보조직의 가장 큰 특징은 인간정보(HUMINT) 수집이나 비밀공작(Covert Action)을 수행하는 독립된 대외 정보기구가 존재하지 않는다는 점이다. 그렇다고 해서 패전 이후 일본이 국가 차원의 정보수집 및 분석 활동을 전혀 해오지 않은 것은 아니다. 주로 정부 각 성 · 청별로 필요에 따라 부문별 정보기관이 정비되어 정보활동을 해오고 있다. 일본의 정보조직은 중추적인 역할을 하는 내각정보조사실을 중심으로 분야별로 외무성(국제 정보통괄관조직), 방위성(정보본부), 경찰(경비국) 그리고 공안조사청이 수행하고 있다. 중추적이지는 않지만, 내각정보조사실과 협조하면서 분야별로 국

35) https://www.cas.go.jp/jp/

가적인 정보업무를 수행하는 금융청, 재무성, 경제산업성, 해상보안청 등이 2008년에 정보공동체로 구성되어 있다. 이들은 내각정보실을 중심으로 다른 기관들과 긴밀히 협력하여 국내외 정보수집과 분석을 수행하고 있다.

6.2.2.1. 내각정보조사실(CIRO)

내각정보조사실은 1952년 일본 최초의 국가적 차원의 정보기관으로 총리부 산하에 관방조사실이 설치되었으며 이 관방조사실은 1957년에 정부조직 개편에 따라 총리부에서 내각관방으로 이전되어 내각조사실로 개편되었다. 이후 1986년 내각의 종합, 조정기능 강화 목적으로 내각조사실은 내각정보조사실로 확대 개편되었다. 2001년 시행된 행정 개혁으로 내각정보조사실장이 내각 정보관으로 승격하면서 국가정보의 중앙조정, 통제기능이 강화되었다. 냉전 종식 이후 일본의 안보 관심이 확대되고 국제적 불안정 국내 위기 상황에 대처하기 위한 정보력 강화가 강조되면서 내각정보조사실의 규모와 인원은 계속적으로 확장되고 있으며, 위성 정보 운영과 같은 새로운 임무를 부여받게 되는 등 그 역할과 비중도 계속 증대되는 추세에 있다. 내각정보조사실의 인력은 2012년 기준으로 약 170명에서, 현재는 약 200명으로 추정하고 있으며 2001년 신설된 내각위성정보센터의 인력 213명을 더하면 조직의 인력은 약 500명에 이를 것으로 판단한다. 내각정보조사실은 내각의 중요정책에 관한 정보의 수집 및 분석 이외의 조사에 관한 사무를 담당하고 있고, 구성은 〈그림 6-7〉처럼 내각정보관의 아래 차장 및 총무부문, 국내부분, 국제부문, 내각정보집약센터 및 내각위성정보센터로 분담해 활동하고 있다. 총무부문은 인사, 예산, 홍보 및 정보의 종합 분석 등에 관한 일을 담당하고 있고, 국내부문은 국내 정보수집, 국제부문은 국외정보 수집, 경제부문은 국내외의 경제정보 수집을 담당하고 있다. 내각정보집약센터는 일본 내의 긴급사태에 관한 정보수집을 맡고 있다.

국제부는 일본의 기업 종합상사에서 수집된 정보를 종합하는 상사반과 해외정보기관과의 정보를 교환하는 교환반, 한반도 지역 정보를 수집 분석하는 한반도반, 중국 및 대만정보를 수집 분석하는 중국반, 일본의 주변국 군사정보를 수집 분석하는 군사반, 러시아 정보를 담당하는 러시아반, 미주반, 중동반 등으로 구성되어 있다, 특히 특명반은 총리의 명을 받들어 특별 정보활동 임무를 수행한다.

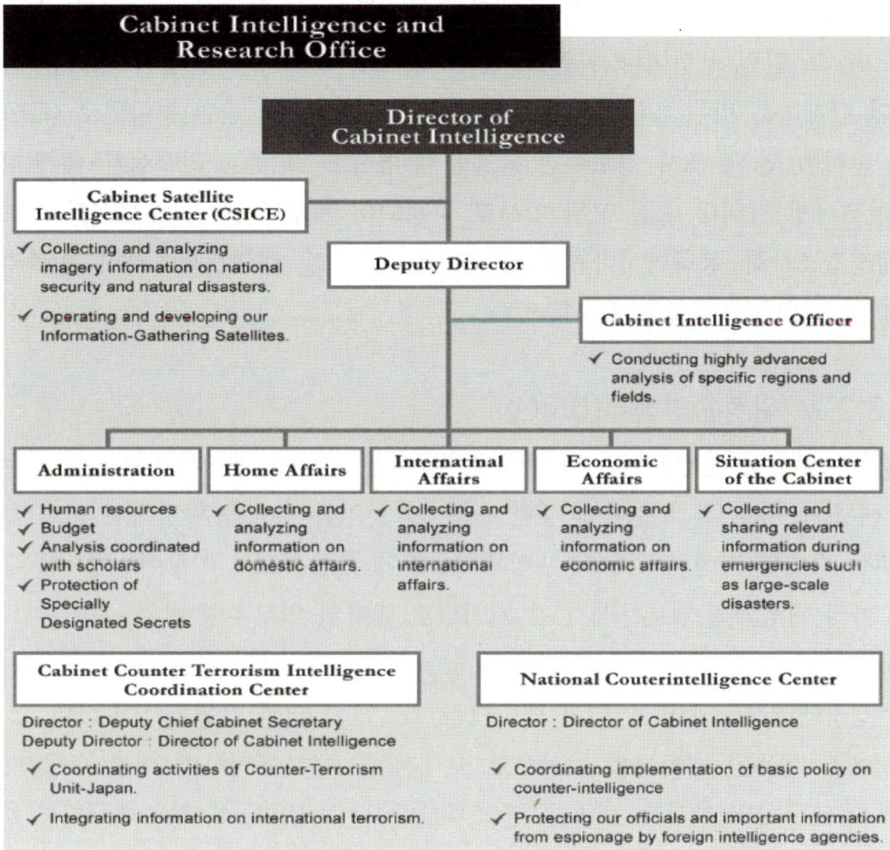

〈그림 6-7〉 내각정보조사실(CIRO)조직, 2022.12 기준[36)]

내각위성정보센터는 국가안전의 확보, 대규모 화재 대응 등에 관한 영상정보 수집의 임무를 담당하고 있다. 대방첩센터(National Counter-Intelligence Center)는 각 행정기관의 방첩 시행과 관련하여 필요한 정책 사항을 수립하고 일본의 중요한 정보나 직원 등의 보호를 도모하는 것을 목적으로 하고 있다. 내각정보조사실에 3명의 내각정보관이 국내, 대외, 방위의 3분야를 담당토록 하고 경찰청, 외무성, 방위성 등에서 분석된 정보를 융합 분석하여 총리에게 보고하게 된다. 내각정보조사실은 경찰청과 밀접한 관련을 맺고 있다. 지금까지 역대 내각정보조사실 주요 간부를 살펴보면 대부분 경찰청 출신이 점하고 있고 직원도 대부분 경찰청 출신이 차지(약 70%)하고 있다.

내각정보조사실의 정보활동에 있어 빼놓을 수 없는 중요한 요소로 외곽단체들을 들 수 있는데 내각정보조사실은 민간연구소 등 많은 외곽단체를 운영하면서 정보수집 및 분석 등의 도움을 받으면서 외곽단체의 예산을 부담하고 있다. 외곽단체는 내조의 위탁

36) https://www.cas.go.jp/jp/

을 받아 각종 연구, 조사 활동들을 수행하는 조직들로서 내각정보조사실의 지원과 지도를 받으며 그 인원 구성이나 활동에 있어 내각조사실과 직·간접적으로 관계를 맺고 있다. 이 단체들은 방위, 외교, 안보, 시사, 특정지역 등 각 관련 분야별로 내조의 관심사항에 관하여 연구, 조사 정보수집 활동을 수행하고 그 주요 간부들은 대개 내조, 경찰, 공안조사청 자위대 출신 고위 인사로 구성되어 경우가 많다. 대표적인 외곽단체로는 세계정경조사회, 동남아시아연구회, 국제정세연구회, 내외정세조사회, 민주주의연구회, 국민출판협의회37) 등을 들 수 있다.

6.2.2.2. 위성운영센터(CSIC)

일본의 정찰위성 운영개념은 주변국에 대한 정보요구에 따라 정보소요가 수립되고 이러한 수요에 따른 각각 분야에 대한 수집 및 처리할 자원을 할당하며 이미지 데이터 수집 우선 수위를 작성한 위성의 운영계획수립이 우선적으로 이루어진다. 이 수집운영계획에 따라 위성의 관제부문에서 각 지역별로 할당된 임무수행 범위, 이미지 목표지점에서 체제시간 등에 기반하여 구체적인 궤도제어, 이동범위, 빈도 등을 작성하고 이에 따라 위성상태 감시, 제어, 이미지 데이터를 획득하기 위한 자원을 운용하며 그 결과로서 위성에서 획득된 데이터를 지상으로 보내온 신호를 처리하여 이를 화상으로 변환 후 화상 자료를 분석부서로 보낸다. 분석부문에서는 이렇게 획득된 데이터를 판독, 해석하여 유용한 정보를 생산한다.

이러한 운영개념이 적용된 지상시설로는 주 통제소 역할을 하는 중앙통제소는 도쿄에 있으며 여기에서 관제 분야의 업무를 중앙제어하고 있으며 각 지역에 있는 수신국을 통하여 위성을 통제하고 있다. 지역 수신국은 위성통제 및 이미지 데이터 신호를 수

---

37) 세계정경조사회는 내조의 외곽단체 중 가장 대표적인 조직으로 국내·외의 각종 정치 경제 사회 상황에 대한 종합적인 조사 연구를 수행한다. 국내외 정치 경제 사회 군사 문화 전반에 걸친 조사 연구 활동에 있어 광범위한 영역에 걸쳐 공개 자료 정보를 수집, 번역 분석하고 있으며 특히 한반도, 중국, 러시아에 주안점을 맞추고 있다. 동남아시아연구회는 내각정보조사실의 위탁을 받아 동남아 및 서남아 각 국 및 역내 관련 정치 경제 사회 관련 정보를 수집 조사하고, 내외정세조사회는 국내외 뉴스정보 자료의 수집 분석 처리 및 배포를 담당하며 그 외 여론 조사 시장조사를 시행하고 국내외 정치 경제 조사와 관련사항에 대한 위탁조사를 실시한다. 국제정세연구회는 국제 정세에 관련된 사안들을 조사 분석하고 일본에 관련된 중요한 영향을 미칠 수 있는 국제적 사건 동향에 대한 종합적 판단자료를 작성한다. 민주주의연구회는 민주주의 이론과 제도 운영에 대한 연구와 조사를 담당하며 국민의 민주주의에 대한 이해를 높이고 민주의식을 고향하는 것을 목적으로 내걸고 있지만 실제로는 국 내외 정세와 시사 문제 전반에 대한 광범위한 조사 분석을 실시하여 그 결과를 내조에 제출하는 역할을 담당하고 있다. 국민출판협회는 매스컴 사회조류에 대한 관련 자료를 수집 조사하고 이를 편집 출판한다. 여기에는 신문 출판 방송 및 각종 대중 매체 보도 전반에 대한 수집과 동향 분석 논조 파악 여론조사가 포함되어 있다.

신하는 곳으로 위성과 지상 수신소 간 가능한 송수신 시간을 많이 하고자 남과 북에 길게 걸칠 수 있도록 북쪽 홋카이도와 남쪽 가고시마현에 각각 1개의 수신국소를 운영하고 있다. 중앙통제소의 비상시 대비 이바라키현에 예비센터를 운영하고 있으며 또한 해외 오스트레일리아에 예비 수신국이 구축되어 있다.

최초로 쏘아올린 EO 정찰위성 광학센서는 팬크로마틱(panchromatic) 모드와 다중대역 모드로 지상의 이미지를 촬영하고 있는 것으로 알려져 있다. 팬크로마틱 모드는 0.5~0.8μm의 가시광선 영역의 주파수대에서 작동하는 센서를 여러 개를 탑재하여 이미지를 촬영하는 것으로, 지형 및 지물의 대한 입체적인 환경 분석이 가능하며 현재의 해상도는 수십 cm로 알려져 있다. 다중대역 모드는 적색, 청색, 황색 등 가시광선 영역과 적외선 영역 등에서 이미지를 촬영하여 지상으로 송신하면 지상에서 목표물의 주파수대역에 따른 반사광의 특성을 이용하여 목표물의 이동, 전개 등을 분석할 수 있는데 특히 이 다중모드 대역에서는 은폐나 엄폐한 시설물을 구분할 수 있다.

일본의 정찰위성 운용 조직은 크게 두 군데서 수행하고 있는데 북한의 1998년 대포동 미사일 발사 계기로 다목적 정보수집위성(Intelligence Gathering Satellite, IGS) 도입이 결정되면서 프로젝트 관리와 운용을 위해서 2001년도에 그림 3처럼 내각 아래에 내각정보연구소(CIRO: Cabinet Intelligence and Research Office)의 위성정보센터(CSIC: Cabinet Satellite Intelligence Cente)가 창설되어 정찰위성 획득, 위성 운용 계획 수립, 관리, 관제, 이미지 분석 등을 수행하게 되었다. 위성정보센터(그림 6-8 참조)는 크게 3개 부서로 구성되어 있는데 관리부는 위성정보센터의 업무를 총괄하며 인사, 교육, 예산, 회계, 시설 관리를 담당한다. 내각의 정보 소요를 받아 국가적 정보차원의 정보 우선순위를 결정하며 이에 따라 이미지를 획득 및 분석하기 위한 정보 운용계획을 수립한다. 조직은 총무과, 운용정보관리과, 회계과로 구성되어 있다. 핵심인 운용정보관리과는 위성운영과 정보계획의 주무 부서로 이미지 시스템의 운용과 이미지 수집계획을 작성하고 이를 기반으로 정보 운영계획을 수립한다. 생산된 정보를 관리하고 이러한 정보를 외부 수요자에게 배포하고 보고하며 정보분석 생산에 필요한 각종 정보자료나 데이터베이스를 운영한다. 분석부는 위성정보센터의 핵심부서로 EO 위성이나 SAR위성에서 온 이미지자료를 판독 분석하여 필요한 정보를 생산한다. 이미지 판독은 고도의 전문성과 숙련된 인원이 필요하며 현재는 약 100여명이 판독업무를 하고 있다. 관제부는 수립된 위성 운영계획에 따라 위성운영을 수행하는 부서로 위성의 제어, 관제, 궤도감시, 위성상태 확인 등을 담당하며 위성으로부터 수신되는 데이터를 처리하여 이를 미미지로 변환하여 판독되도록 한다. 내각위성정보센터에서 근무하고 있는 인원은 북쪽 홋카이도와 남쪽 가고시마현의 수신국소, 이바라키현 예비 중앙통제소 센터, 오스트레일리아 해외 수신국소 운용요원 등을 포함하여 2015년 기준 약 380명이 근무하고 있다.

일본의 정찰위성을 운용하는 조직으로서 다른 한 곳은 방위성의 정보본부(DIH)를 둘 수 있다. 정보본부 영상분석국(DIH Imagery Directorate)은 1997년에 기존 육상자위대의 중앙지형부대(Central Geography Unit)와 다른 자위대의 이미지 분석부서와 통합으로 창설되었다. 일본의 독자적인 정찰위성이 없었을 때는 미 Space Imaging, 프랑스 Spot위성 운영 업체로부터 이미지를 구매하여 분석했으며, EO, SAR 위성을 쏘아 올리면서 수십 명의 이미지 분석가들을 채용하였고 그 이후 일본의 주변국가에 대한 영상정보의 중요성이 증대되면서 지리정보국(Directorate for Geospatial Intelligence)으로 조직이 확대되었고 현재는 약 400명의 전문 분석가가 이미지 판독 업무를 수행하고 있다[38]. 지리정보국은 획득된 이미지를 군사적으로 활용하기 위하여 등고선을 참조, 3차원의 세부적인 지도를 작성하여 주변국의 항공기나 미사일과 같은 정밀 첨단무기의 비행경로를 감시하고 있는 것으로 추측된다.

〈그림 6-8〉 정찰위성을 운용하는 위성정보센터(CSIC, 도쿄)[39]

영상정보 업무수행을 위해 방위성은 EO, SAR위성 발사 수년 전부터 약 1,600억 원을 투자하여 영상정보지원시스템(Imagery Intelligence Support System)[40]을 구축하여 분석에 활용하였다. 이 시스템은 1999년 9월, Space Imaging 사에서 쏘아올린

38) Defence Intelligence Headquarters (DIH), https://fas.org/irp/world/japan/dih.htm
39) https://ko.wikipedia.org
40) William W. Radcliffe(2010), p 18.

Ikonos 위성으로부터 영상자료를 처리하여 82cm의 해상도를 지원해 줄 수 있는 우수한 시스템이었다. 영상정보지원시스템은 방위성 정보본부뿐만 아니라 내각위성정보센터에서도 원격으로 동시에 활용하였으며 1세대 정찰위성 발사 이후에도 상업용 위성인 Radarsat, Landsat, Spot으로부터 이미지 자료를 획득하여 이 지원체계를 이용하여 영상정보를 얻고 있다. 즉 이 영상정보지원시스템은 일본 고유의 정찰위성뿐만 아니라 상업용 위성의 영상자료 처리에도 활용할 수 있는 체계라고 볼 수 있다.

6.2.3. 방위성 정보본부(DIH)

방위성[41]에서는 본래 육·해·공 각 막료감부마다 따로 정보부서를 두었고 방위청도 따로 정보부서를 둬서 업무 중복이 많았고 부서 이기주의로 인해 정보의 유통도 잘 되지를 않았다. 그 탓에 통합막료회의의장이었던 이시이 마사오가 미국의 국방정보국을 본떠 1997년 1월 20일에 방위청 정보본부를 창설하였다. 전신은 통합막료회의사무국 제2막료실(統合幕僚会議事務局第2幕僚室)이었다. 창설 당시 규모는 1,700명이었으나, 2024년 현재 2,400명 수준으로 규모가 점차 늘어나는 추세다.

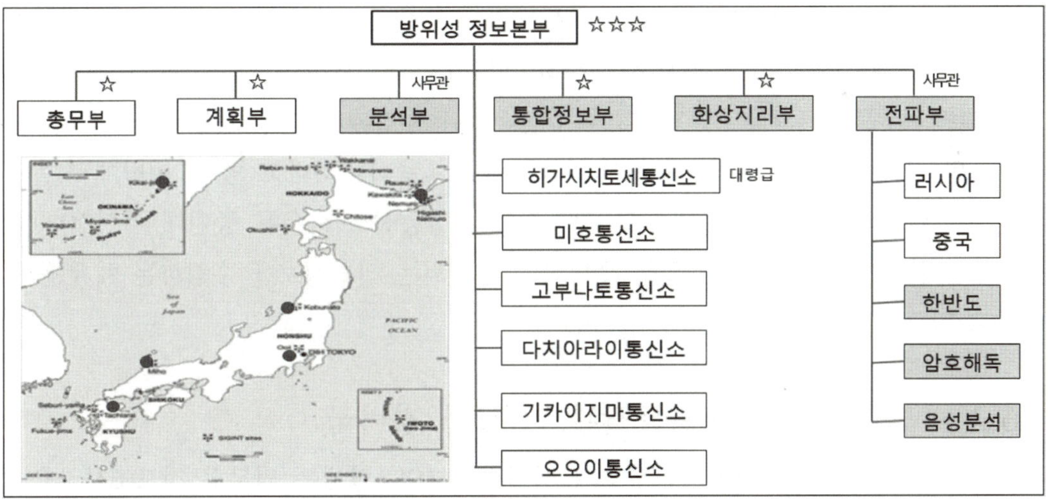

〈그림 6-9〉 방위성 정보본부 구성

도쿄도 신주쿠구에 있는 방위성 내 청사에 본부를 두고 있는 이 조직은 〈그림 6-9〉처럼 자위대 소장[42]이 본부장을 맡고 하부조직으로 6개 부서와 각 지역별 통신소를 두

41) 1954년 발족한 방위청은 2차대전에 대한 반성으로 탄생한 내각부의 외국(外局)으로 반드시 총리를 거쳐 안건을 각료회의에 제출해야 했고 독자적으로 예산을 요구할 수 없었다. 방위성으로 2006년 12월에 승격되었다.

고 있다. 본부장은 방위성 설치법에 따라 방위회의 위원을 겸하며, 부본부장은 관방성 대신의 방위 서기관 업무를 겸하는 민간인이 맡아 본부장을 보좌하거나 유고시 본부장을 대신한다. 조직에서 정보와 관련된 주 업무를 하는 전문 인력으로 4명의 분석정보관을 두고 있는데 이들은 각각 사무관(2)과 자위관(2)으로 나눠 업무를 분담한다. 여기서 사무관은 주로 정보를 총괄하는 역할을 하며 자위관은 담당 지역의 군사 동향과 정세를 분석, 총괄한다. 또 이들 아래 각 2명씩에 걸쳐 정보평가관과 보전관을 두고 있다. 정보본부의 부서는 총 6개로 이들 부서 가운데 계획부는 정보관리와 수집에 관한 계획을 수립하는 부서로 각 부서간 연락과 조정 업무도 동시에 수행하고 있다. 또 분석부는 수집된 정보를 분석하는 부서며 이 외에도 통합 방위 계획과 특수부대 운용 등에 대한 정보를 취급한다. 통합정보부는 정보본부의 핵심부서로 자위대에 직접 군사정보를 지원하는 역할을 하며, 특히 긴급을 요하는 국내외 군사 동향을 파악하는 것이 주된 임무다.

아울러 화상지리부는 내각정보위성센터와 정보를 공유하여 저궤도 위성으로부터 수신된 목표 지점의 지형적인 변화를 분석하여 분석부와 통합정보부에 자료를 제공하고 있다. 상업용 위성신호 및 CSIC에서 발사한 EO, SAR 위성신호를 직접 수신하여 분석한다. 전파부는 SIGINT업무, 즉 주변국의 통신신호, 전자신호를 무선 감청하여 COMINT, ELINT, FISINT 정보를 생산하고 있다. 미국 NSA와 실질적인 정보수집 자료와 분석업무를 공유하고 있고, 일본 주변국에서 수집된 통신신호에 대한 신호분석, 암호분석, 방향탐지, 전자신호에 대한 분석자료를 각종 DB화하고 있다. 이밖에 직할로 6개 지역에 대령급으로 통신신호 및 전자신호 수집통신소를 운용 중인데 무선전파 감청시스템과 레이더 돔을 통해 일본 주변국에 수집되는 신호정보를 수집하는 체계를 구축하고 있다.

6.2.4. 외무성 국제정보통괄관, 경찰청 경비국

1879년 외무성 관방 조사기획부로 탄생했으며 1984년에는 외무성 정보조사국으로 격상됐다. 1993년에는 국제정보국으로 바뀌었고 2004년에는 국제정보통괄관(Intelligence and Analysis Service)으로 변경되었다. 국제정보통괄관은 국제 정보 분석, 평가를 전문적으로 실시하는 조직으로 시시각각 변화하는 국제정세에 기민하게 대응해 중요한 정보와 정확한 정세판단을 실시해 정책에 반영시키기 위한 목적을 가지고 활동하고 있

---

42) 육, 해, 항공자위대 출신이 교대로 보직한다.

다. 국제정보통괄관 조직[43]은 정보수집 활동을 직접적으로 하지 않아[44] 정보기관(첩보기관)이라기보다는 분석, 평가기관으로 성격이 강하다. 조직은 국장급인 국제정보통괄관을 장으로 해서 현재 약 80명이 근무하고 있다.

경찰청(National Police Agency)[45] 산하의 정보기관인 경비국은 전국 공안경찰을 지휘하는 사령탑이다. 우리의 경찰로 치면 경비국, 정보국, 보안국, 외사국을 모두 합친 광범위한 업무 영역을 관장하고 있다. 경비국의 주무과인 경비기획과(警備企画課)는 공안경찰을 지휘해 공산주의자, 북한 공작원 그리고 외국 범죄조직 및 테러리스트, 마약 밀매 조직, 야쿠자, 우익단체 등의 정보를 수집하고 있어 미국의 FBI와 CIA를 합쳐 놓은 조직이라고 할 수 있다. 또한, 하부조직인 외사정보부(外事情報部)는 해외정보를 수집하고 외국인 범죄 수사를 지휘하고 사이버 특별수사대는 2022년 4월 1일 급증하는 국내외 사이버 공격에 대응하기 위해 설립되었다.

6.2.5. 육상 · 해상 · 항공자위대 정보 조직

육상자위대 중앙정보대(Military Intelligence Command)는 〈그림 6-10〉처럼 육장보(육군소장)가 보임하는 정보부대이다. 2007년 3월 28일에 지형(지리)정보 업무를 수행하는 중앙지리대와 외국군의 정보를 담당하는 중앙자료대 두 부대를 합쳐서 만들었다. 인원 규모는 600명 수준이다. 휘하의 주요 부서로는 기초자료대와 지리정보대가 있고 그 외에 정보처리대, 그리고 휴민트를 담당하는 현지정보대가 있다. 기초정보대(基礎情報隊, JGSDF Basic Intelligence Unit)는 대령급이 보임하며 제1과부터 제5과, 기술과가 있는데 제3과가 한국 관련 정보를 수집한다. 1과는 동유럽, 2과는 중국, 4과는 국내 자료, 5과는 기타 해외 자료를 수집하고 분석한다. 지리정보대(地理情報隊, Geospatial Intelligence Unit)도 대령급이 보임하며 5개 중대로 구성된다. 핵심 업무는 자위대의 작전을 위하여 최신 지형 및 지리정보를 제작 지원해 주고 있다. 최근에는 디지털 지도를 제작해서 C4ISR에 기초자료로 제공해 주고 있다. 정보처리대(情報処理隊, Intelligence Analysis)는 육상자위대 작전을 위해서 작전적, 전술적 정보를 분

43) 제1 국제정보관실, 제1 국제정보관실, 제3 국제정보관실, 제4 국제정보관실로 구성되어 있다.

44) 미행, 감시, 외국 정부나 조직 내부에 스파이망 구축, 통신/전파 감청 등 정보수집 활동을 하지 않는다.

45) 내각부의 외국(外局)인 국가공안위원회(国家公安委員会) 산하 특별기관으로 경찰청이 설치되어 있는 구조이며 일단 법적으로는 일본 총리와 내각이 직접 관할하는 기관은 아니다. 경찰청을 관할, 감독하고 수장인 경찰청 장관의 임면권을 가지고 있는 국가공안위원회는 위원장 1명과 위원 4명으로 이뤄진 합의제 행정기관으로, 경찰의 민주적인 운영과 정치적 중립의 역할을 도모하고 있다.

석, 지원해 주고 있다. 현지정보대는 해외 파병시 현지에서 '협력자'를 확보하는 등 고도의 정보수집 활동을 전개하는 부대이다. 또한 지역 방면정보대로서 연대 단위 이상에서 수집한 정보들을 통합하기 위해서 정보수집 및 처리, 보고를 위한 방면정보대(북부방면정보대, 중부방면정보대, 서부방면정보대)를 두고 있다. 육상자위대는 2009년 말에 자위대원의 주특기로 처음 '정보과'를 신설, 기존의 '시설과'와 '기갑과', '통신과' 등과 마찬가지로 정보 분야의 전문가인 자위관을 육성하고 있다. 현재 육상자위대의 정보분야 간부로 자위관 이상 약 1,300명, 부사관급은 약 2,000명의 정보전문관이 보직하고 있다. 아래 그림은 방위성 정보본부와 육상 · 해상 · 항공자위대 정보 조직을 보여주고 있다.

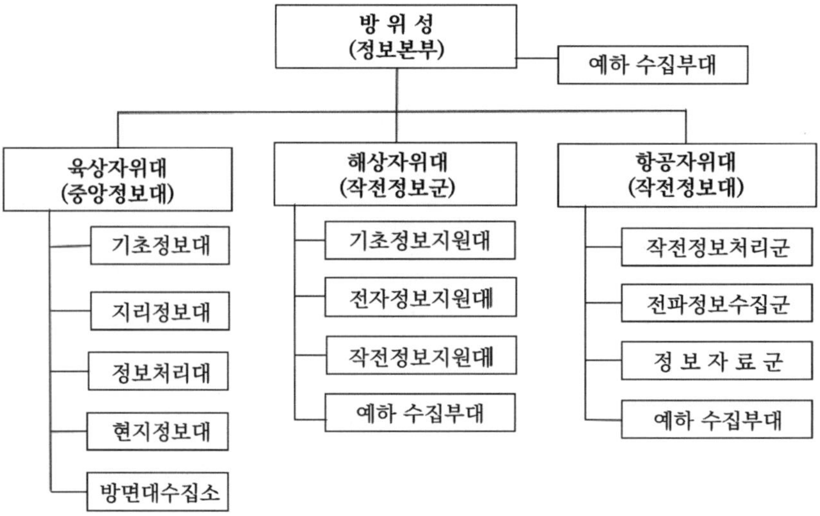

〈그림 6-10〉 육상 · 해상 · 항공자위대 정보조직 구조

해상자위대의 요코스카 항구는 도쿄만 입구 남서쪽에 있는 곳으로 대규모 JMSDF 함대 기지가 있다. 혼슈 동부 해안의 중부, 이와테현에서 미에현까지, 도쿄만을 중심으로 방어하는 역할을 담당하고 있다. 현 정보업무군(情報業務群) 역사로 1952년 4월 일본 해양경비대(JCG) 해상 순찰대가 설립되었고 이조직은 1952년 8월 해상 안전 부대의 요코스카 지구 본부가 되었다. 정보업무군(情報業務群)은 1997년에 방위성 정보본부와 함께 편성되었고 자위함대 소속으로 창설되었다.

2020년에 이르러 이 정보업무군(情報業務群)은 함대정보군(艦隊情報群, Fleet Intelligence Command)으로 재편성되었다. 이때 하부조직은 작전정보지원대(作戰情報支援隊), 기초정보지원대(基礎情報支援隊), 전자정보지원대(電子情報支援隊)로 조직되었다. 해상자위대의 정보업무는 자위함대 정보업무군에서 수행하고 있는데 일본의 주요 해역에서 활동하는 주변국의 수상함이나 잠수함, 항공기 등이 방사하는 전자파를 수집하고 분석, 생산하며 자위함대 정보를 지원해 주고 있다. 2024년 기준 약 250여 명이[46] 근무하고 있다. 해상자위대 함대 본부가 있는 요코스카 정보업무군에서는 예하부대 EP-3 항공기(5대), 전자정보(ELINT) 해안 수집기지(14개) 및 정보함(3척)에서 수집한 전자정보를 처리, 상관 분석하는 전자정보지원대, 전자정보와 다양한 해양 감시 시스템의 정보를 융합분석하여 작전 지휘관에게 정보 보고서를 제공하는 작전정보지원대로 구성되어 있다.

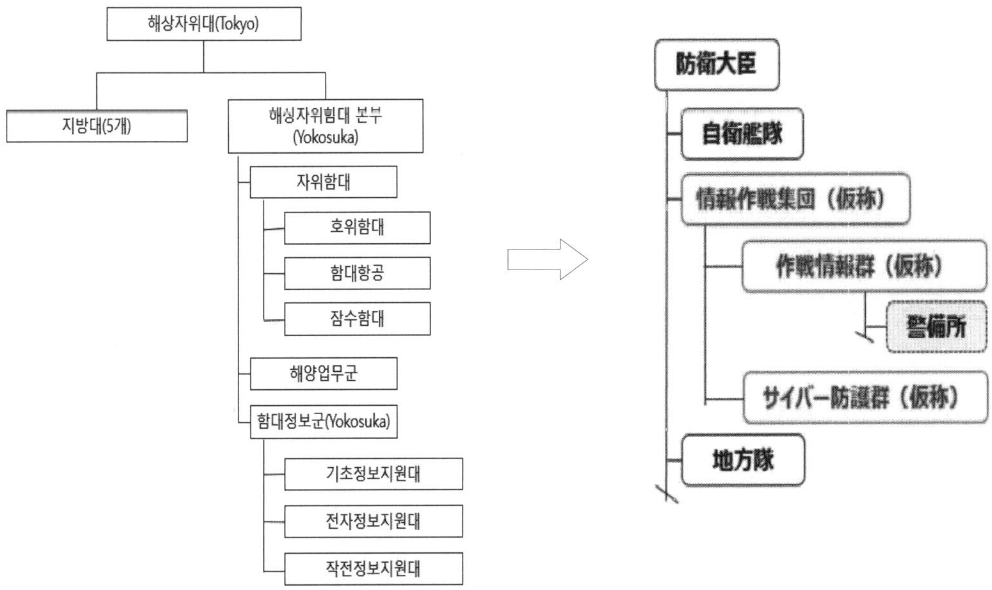

〈그림 6-11〉 최근 해상자위대의 함대정보전사령부 조직 변경(2024 이후~)

일본 해상자위대는 〈그림 6-11〉처럼 2024년 9월 9일 함대정보사령부(艦隊情報群)를 폐지하고 새로운 함대정보작전사령부를 창설하였다. 인지 영역(cognitive dimension)을 포함한 정보전에 대한 대응 능력을 강화하고 신속한 의사 결정이 가능한 시스템을 구축하기 위해 일본 해상자위대는 정보 관련 기능과 역량을 갖춘 조직을 재편성하고 통합하여 새로운 함대정보작전사령부(情報作戦集団, Fleet Information Warfare Command, FIWC)로 재조직하였다.

46) Desmond Ball and Richard Tanter, "The Tool's of Owatatsumi-Japan's Ocean Surveillance and Coastal Defence Capabilities,' (ANU Press, 2015),

함대정보작전사령부(FIWC) 창설은 통합 정보전(integrated information warfare)에 대한 대응 능력을 강화하기 위해 기존 함대정보사령부(艦隊情報群), 해양학 ASW 지원사령부(海洋業務-対潜支援群), 경비초소(Guard Post, 警備所), 통신사령부(Communications Command, システム通信隊群)를 재편성하여 함대정보작전사령부(Fleet Information Warfare command)로 재편성하였다. 현재 일본 해상자위대에는 4개의 주요 정보작전 부대가 있다. 두 개는 일본 해상자위대 자위대(自衛艦隊) 산하의 함대정보사령부(艦隊情報群)와 해양학 대잠수함 지원 사령부(海洋業務・対潜支援群)이고 이 두 곳 외에도 일본 방위상이 직접 관할하는 5개 지구(地方隊) 산하의 경비초소(警備所)와 사이버를 담당하는 통신사령부(システム通信隊群)가 있다. 이 4개 함대가 모두 새로운 함대정보작전사령부로 통합되는 것이다. 그런 다음 함대정보작전사령부는 작전정보그룹(作戦情報群)과 사이버방어그룹(サイバー防護群)으로 구성된다.

일본 해상자위대는 미국 함대 사이버사령부를 모델로 함대정보작전사령부를 편성했다. 기존 함대정보사령부의 임무인 작전정보(OPINTEL) 외에도 잠수함 음향 신호 분석, 사이버 전쟁, 전자전, C4ISR 등을 융합한 광범위한 정보전을 수행하는 임무를 부여했다. 해상자위대는 새로운 정보전(IW) 조직을 위하여 사전에 미일 합동 훈련을 시행했다. 2021년 12월, 일본 해상자위대는 ANNUALEX-2021에 참가하여 미 해군(USN)과 함께 통합 지휘 통제 시스템, 협업 위협 및 환경 평가를 수행하면서 최초의 정보전(IW) 기반 훈련으로 진행하였다. 2024년 2월, 일본 해상자위대는 영국 해군과 함께 합동 훈련에 참가하여 인도 태평양 국가와 관련된 모의 사이버 공격 훈련에도 참여했다. 이후 2024년 5월에는 일본 해상자위대-미국 태평양 함대-호주 해군 IW(정보전) 협력 각서(MOU)가 체결됐다. 이 각서는 정보, 통신, 기상학/해양학, 전자기학, 사이버 및 우주 영역과 관련된 비운동 정보 작전에 대해 일본 해상자위대, 미 해군 및 호주 해군(RAN)과 협력할 것을 촉구했다. 다가오는 함대정보작전사령부(FIWC)의 설립은 일본 해상자위대의 정보전(IW) 역량을 강화하고 우주, 사이버 및 전자기 영역에서 군사적 위협과 신흥 기술에 즉각적으로 대응하는 능력을 확보할 것이다.

방위성에 따르면 함대정보작전사령부(FIWC)는 2025년까지 작전 정보 그룹(Operational Intelligence Group)과 사이버 방어 그룹(Cyber Defense Group) 능력을 확보하기 위해 2,000명을 충원할 계획이다. 다가오는 FIWC 설립은 장기적으로 일본 자위대의 정보전 능력을 크게 향상시킬 것이다. 방위력 증강 정책은 일본이 우주, 사이버, 전자기 영역에 걸쳐 다수의 적대에 대응하기 위해 다중영역방위군(MDDF) 개념을 즉각 준비하고 강화해야 한다는 우려를 불러일으켰다. 이는 일본이 미국과 협력하여 억지력을 강화하는 데 도움이 될 것인데, 이는 일본이 IW 작전을 수행한 상당한 경험을 가지고 있기 때문에 미국과 상호 통합함으로써 억제 능력을 강화하는 데 도움이 될 것이다.

자위대의 사이버와 정보를 통합하여 사이버 공격 및 방어를 위한, 새로운 함대정보작전사령부가 구축되면 주변국에 대한 자위대의 사이버/정보전 부대가 기밀 유지 및 기습 공격의 원칙에 따라 일련의 사이버 공격 작전을 수행할 것이라고 추론할 수 있다. 여기에는 적의 군수물자 지원체계와 전투지원체계를 공격하고, 적의 통신체계를 교란하고, 통신, 군수공업, 농업, 에너지, 수도 · 전력시설 등 국민경제와 민생에 지탱되는 기반 시설망을 공격하여 사회 혼란을 초래하고 적국을 비방하고 중상모략하는 행위 등이 가능하다.

항공자위대 작전정보대는 항공총사령부의 직할부대로서 항공자위대의 핵심기지인 후츄시시에 있으며 내령이 보직한다. 주요 임무로 항공작진과 관련된 정보를 수집, 분석, 배포, 관리를 담당한다. 또한 조기경보기(AWACS)와 예하 9개 SIGINT 정보 수집부대를 총괄한다. 부대편성으로 작전정보처리군(作戦情報処理群), 전파정보수집군(電波情報収集群), 정보자료군(情報資料群)부서로 구성되어 있으며 작전정보처리군 하위부서로 제1경계자료처리대, 제2경계자료처리대가 있다. 전파정보수집군으로 전 지역에 걸쳐 제1수집대(와카나이), 제2수집대(네무로), 제3수집대(오쿠쉬리), 제4수집대(미자와)가 있고 정보자료군 하위 조직으로 제1자료대, 제2자료대가 있다.

작전정보처리군은 예하 수집부대에서 수집하여 전송해 온 SIGINT 신호(주로 항공자위대를 분석하는 부서이며 제1경계자료처리대는 주변국의 항공모함, 함정, 잠수함 작전과 관련된 COMINT 신호를 분석하며 제2경계자료처리대는 전투기나 무인기 등(공중작전 관련) 무기체계 움직임과 관련된 신호를 분석하는 곳으로 추측한다. 전파정보수집군의 각 수집기지는 80~100여명[47]이 근무하고 있으며 총 8개 SIGINT기지에서 통신신호(COMINT)와 전자신호(ELINT)를 수집하여 항공기의 이동 정보를 제공하고, 전자전을 지원한다. 전자신호 수집장비는 일본에서 자체 생산한 HF, VHF, UHF, SHF대역을 모두 커버 가능한 J/FLR-2, 3, 4를 운용하고 있으며 일본 지상방공관제 시스템인 JADGE(Japan Air Defence Ground Environment)의 레이더와 같은 지역에 주로 설치되어 적의 침입시 상호 보완하고 있다. 방공관제 레이더기지는 항공기를 추적하며

47) Desmond Ball and Richard Tanter, "The Transformation of the JASDF's Intelligence and Surveillance Capabilities for Air and Missile Defence', Security Challenge, Vol, 3(Spring 2012), pp 23

전자정보는 레이더, 적아 식별장치 및 고도 측정 신호를 수집한다. 타카오야마(통신정보), 세부리야마(통신 및 전자정보), 후쿠에지마(통신 및 전자정보), 미와코지마(통신 및 전자정보) 기지에서도 신호정보를 수집하며 항공기를 이용한 신호정보수집기지로 쇼쿠리 공군기지에 있으며 항공기에 ELINT Pod를 탑재하여 방향탐지 정보와 함께 수집결과를 항공에서 지상처리시설로 전송한다. 정보자료군(情報資料群)은 제1자료대, 제2자료대가 있으며 각종 전자정보 자료를 데이터베이스화하고 전자전을 지원하고 있다. SIGINT 신호를 수집하는 항공기를 운영하는 비행단은 도쿄 북쪽 사이타마현의 이루마 공군기지로 항공자위대의 전자정보대(RC-1 운영), 전자전대(EC-1 운영)가 자리 잡고 있다. 조기경보기(E-2 C/D, E-767)는 미사와 공군기지애서 운영하고 있다.

우주분야 작전을 위하여 2020년 5월 18일 70여 명 규모로 우주작전대(Space Operations Squadron)를 창설하였으며, 2022년 3월 17일, 부대를 군급으로 승격시켜서 우주작전군(宇宙作戰群, Space Operation Group)으로 개명하고, 2022년 3월 17일에 후주 기지에서 우주작전대와 우주작전지휘소운용대를 창설하였다. 2023년 3월 16일, 작전인력이 120여 명으로 증대되었고 조직도 우주작전대에 서수를 붙여 제1우주작전대로 개명하고, 제2우주작전대를 야마구치현 산요오노다시에, 그리고 우주시스템관리대를 창설하였다. 주요 임무로 일본 자국 상공 3만 6천km 고도(정지궤도) 아래의 인공위성과 직경 10cm 이하의 우주 쓰레기들을 탐지, 추적할 수 있는 초고감도 레이더 및 광학 탐지 센서를 방위성과 JAXA에 설치하는 한편 적성국 인공위성을 자세히 식별할 수 있는 광학 위성, 접근해 망가뜨리는 방해 위성의 개발도 계획하고 있다. 현재는 미군과 긴밀한 공조로 우주 상황인식, 감시체계 구축 계획 수립 등을 추진하고 있으며 향후에는 우주작전군 인력을 1만 4천 명까지 늘릴 계획이다.

6.2.6. 사이버 운영조직

일반적으로 사이버전쟁(cyber warfare)은 국가 또는 비국가 행위자들이 컴퓨터 바이러스나 디도스(DDoS)공격 등의 수단을 통해 특정 국가 또는 특정 집단, 개인의 컴퓨터 네트워크나 정보 네트워크에 대해 위해를 가하여 대상 목표를 약화시키는 목적으로 수행되는 대규모의 사이버 공격을 의미한다. 2022년 러시아-우크라이나 전쟁은 사이버전이 현대 전면전(full-fledged war)에서 실제로 어떻게 전개될 수 있는지를 보여주는 좋은 사례였다. 그동안 사이버전은 지역적인 국지전 개념에서, 물리적 전쟁이 동반되지 않은 사이버전에 대한 개념을 주로 다루어 왔다.

금번 러시아-우크라이나 전쟁의 사이버전은 전면전에서 사이버전이 얼마만큼의 파괴력을 발휘하며 전세에 영향을 끼치는지 혹은 그러한 영향력이 어떤 한계를 갖는지 보여주는 사례로 나름의 의미가 있다. 이번 전쟁에서 사이버전이 사이버 공간뿐 아니라 육·해·공 및 우주공간의 물리적 군사활동과 밀접하게 연계되어 현대전에서 핵심적인 역할을 수행하고 있음을 여실히 보여주었다. 이번 전쟁의 사이버전과 관련하여 제기된 의문은 하이브리드 위협(hybrid threats)[48] 수단으로 활용되며 과거 상당한 파괴력을 보여준 러시아의 사이버전력이 기존에 알려진 것과 달리 상당히 제한적으로 발휘된 것처럼 보였고 사이버전이 예상보다는 덜 파괴적인 것처럼 보였으나 실제적으로는 양국 간 사이버전은 언론을 통해 알려진 것보다 훨씬 강력하고 복잡한 공격과 방어의 상황이 전개되었다. 이번 러시아-우크라이나 전쟁에서 러시아의 사이버 전력과 전술이 기존의 역량에 비해 제한적으로 보인 것은 우크라이나에 대한 서방의 전폭적인 사이버전 지원과 그동안 촘촘하게 구축되어 온 서방과 우크라이나의 사이버전 대비 태세가 영향을 끼친 것으로 설명할 수 있을 것이다. 이번 전쟁에서 러시아가 펼친 사이버 공격의 특징으로 사이버전은 실제 물리적 공격에 앞서 전세를 공격자에게 유리하게 만들어놓는 '전초전'으로서 군사공격과 사이버 공격이 합동작전을 펼치는 것과 같이 함께 수행되었다(하이브리드전). 또다른 특징으로 사이버전이 러시아-우크라이나 간에 이루어진 것이 아니라 우크라이나, 미국, 유럽(NATO) 국가 대 러시아, 중국 등 다수의 국가가 참여한 것처럼 보인다. 현대는 모든 국가가 인터넷 네트워크로 연결된 특징이기도 하다. 전쟁 개시 전 러시아가 우크라이나에 대해 수행한 2월 15일 사이버 공격에 대해 앤 뉴버거(Anne Neuberger) 美 사이버·신기술 담당 국가안보 부보좌관이 러시아 총정찰국(GRU)이 우크라이나 아이피(IP) 주소와 도메인에 대량의 트래픽을 전송한 기술정보를 확보하고 있다고 언급하였고, 일론 머스크의 스타링크(Starlink) 위성[49] 인터넷 서비스제공, 이스라엘의 인터넷 공격 유형 분석 등을 하였고 중국[50]과 벨라루스의 해커조직이 러시아를 지원하며 우크라이나에 대한 사이버 공격에 가세한 것으로 보이는 정황이 포착되기도 하였다.

일본의 사이버전 대응 준비는 1990년대 후반부터 시작되었으며 전자적 침해행위에

48) 하이브리드전은 정규군의 군사작전 외에도 비정규 무장조직, 사이버공격, 선전을 동시다발로 벌이는 현대전 양식이다.

49) 스타링크는 지구 고도 550km 저궤도에 소형의 군집위성을 띄워 전 지구적으로 인터넷 망을 연결시키는 초고속 인터넷 서비스이다.

50) 러시아의 우크라이나 침공 직전 우크라이나 원전과 우크라이나 국방부를 포함하여 600개가 넘는 우크라이나 웹사이트에 대한 중국 정부와 연계된 해커조직의 소행으로 의심되는 수천 번의 사이버 공격이 발생하였다.

적극적으로 대응하기 위해 1998년에 경시청에 컴퓨터 해킹 범죄와 사이버테러에 맞설 조직을 구성했고 당시 방위청은 사이버테러에 의한 자위대의 첨단 정보통신시스템을 보호하기 위해 2000년대 초반에 자위대에 사이버부대를 창설 계획을 수립하였다. 2000년 1월 일본정부 사이트가 중국 해커로부터 해킹을 당한 후, 정보전 공격에 대비한 보호대책을 적극적으로 강구하여 내각관방 산하에 국가정보보호센터를 설립하였고 정부, 주요 인프라, 민간(개인, 기업)을 대상으로 정보보호 기본계획의 대책을 2006년부터 3년간 'e-Japan Plan'을 추진하였다. 일본 자위대는 사이버 공간에서의 사이버 공격에 효과적으로 대응하기 위해 2014년에 사이버방위대를 창설하고 전문인력 90명으로 본격적인 직무수행을 개시하였다. 방위성에 따르면 2016년도에 사이버 공간에서 일본 정부에 대한 위협으로 인지된 움직임은 711만 건에 이르렀으며, 따라서 2018년 말에 채택된 신(新)방위대장에서 적극적 사이버 방위를 내세워 사이버 공격에 대한 반격권(공격) 행사를 인정하였다.

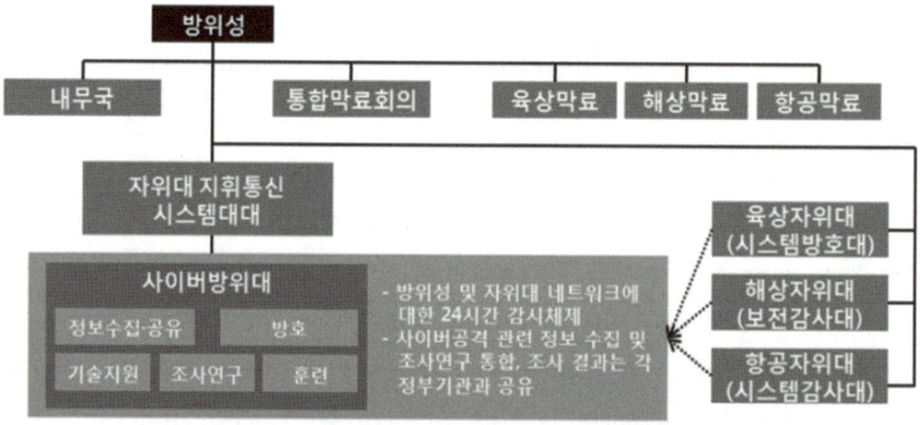

〈그림 6-12〉 방위성 산하 사이버방위대 조직[51)]

사이버방위대는 육 · 해 · 공 자위대별로 분산되어 있던 사이버 방어체계를 단일부대로 통합하는 성격의 조직(그림 6-12 참조)으로, 현재는 국가방위를 넘어 민간 부문에서 사이버보안까지 포괄하는 조직으로 성장하였으며, 방위성과 자위대의 네트워크 시스템을 24시간 근무 체제로 감시하여 실시간 사고 발생 시 즉각 대응하는 임무를 수행-하고 있다. 현재 방위산업체, 주요 기반시설 등 민간 영역에 대한 방호 임무는 아직 사이버방위대의 담당 밖이나, 방위성의 직무가 민간 방위산업과 협력이 필수적인 만큼 사이버방위대의 역할도 지금보다 확장될 것으로 예상한다.

51) "일본 '자위대 사이버방위대' 설치…540명 규모", 연합뉴스, 2022년 3월 17일

현재 일본의 사이버 인력은 방위성 사이버방어대 540명, 육상·해상·항공 자위대에 속한 전문요원 350명 등 약 900명이 사이버 방어 임무를 수행하고 있어 여전히 주변국에 비해서 적은 인력이 사이버전 임무를 수행하고 있다. 일본 방위성은 2027년도까지 사이버방어대원을 포함한 전문요원을 4천 명으로 확대하고, 사이버 방어와 관련된 기초지식을 지닌 대원 1만 6천 명을 육성할 방침이다.

6.2.7. 일본판 CIA 창설 노력

일본은 21세기에 들어와 일본을 둘러싼 안보환경이 급변하면서 취약한 대외정보기능을 강화하기 위한 정보기구 창설 필요성이 수차례 제기되었다. 2001년 미국에서 발생한 9.11테러 사건, 2002년 고이즈미(小泉純一郎) 총리의 방북에 의한 일본인 납치문제의 실태 발각, 2003년 이라크 전쟁에 대한 일본 자위대 파견, 2000년대 중반 이후 지속해서 실시된 북한의 핵실험(2006.10~)과 미사일 발사실험(2006.7~), 중국의 군사 대국화 및 팽창 정책 등은 일본에서의 정보기능 강화 필요성 논의가 군과 민관영역을 중심으로 활발히 전개되도록 하였다. 최근에는 러시아의 우크라이나 침공이 사이버 공격과 정보전을 결합한 하이브리드전 양상으로 진행되고 있다고 판단해 국가안전보장전략을 개정하는 과정에서 정보기관 설치를 더욱 촉진하고 있다.

사실 일본은 종전 후 요시다 시게루 총리(1946~47년, 1948~54년 재임)가 "부처별로 흩어진 정보를 모아서 분석, 정리하는 기관을 설치해야 한다"고 주장하며 '일본판 CIA'를 만들려 했으나, '군국주의 시절의 '내각 정보국'이 부활하는 것 아니냐'는 비판에 봉착, 1952년 현재의 내각정보조사실을 만드는 데 그쳤다. 일본에는 총리 관저 직속의 내각정보조사실을 중심으로 경찰청, 외무성, 방위성 등 9개 정보기관이 운영되고 있지만, 부처별로 정보를 수집해 왔다. 정보 담당 부처가 많고 부처마다 정보를 수집하면서 정보수집, 분석이 효율적이지 않을 뿐만 아니라 부처의 이기주의로 인하여 정보공유가 잘 이루어지지 않고, 주요 국가정보를 경찰이 장악하고 있어 주변국의 중요 정보, 특히 군사정보에 있어서 고급정보 생산능력이 떨어질 것으로 판단한다.

정부와 정당 및 민간연구 영역을 중심으로 발표되는 국가정보와 관련된 다수의 내용들은 총리가 중장기적인 전략수립과 국가안보상의 주요 사항에 대해 책임있는 판단을 내리기 위해서는 일본판 NSC가 가지는 전략정책 기능뿐만 아니라 정보수집·분석능력이 절대적으로 필요하며 이를 위해 기존 조직의 틀을 넘어 대외정보기구를 신설해야 한다는 것이다. 전략적인 분야에서의 상대의 의도를 파악하기 위해서는 체계적이고 지속적인 HUMINT 수집활동이 절대적으로 필요하며 이들은 정보기관의 임무 대상을 일본과 영토문제를 안고 있는 국가, 일본의 주권에 도전하는 국가, 일본에 안보상의 위협을 가하는 국가라고 하여 동아시아 지역의 전략정보를 총리에게 제공하여야 함을 주장하고 있다.

대외 정보기관의 설치 형태는 미국의 CIA처럼 내각정보조사실을 총리 관저로부터 독립시킨 뒤 규모를 대폭 확대하는 방안이 유력[52]하지만 총리가 의장인 국가안전보장회의의 하부조직으로 두는 방안도 검토 대상이다. 일본이 검토하고 있는 대외정보기구 형태는 다양한 형태가 검토될 수 있는데, 현재의 일본 내 정보조직 특징 또는 단점을 보완할 수 있는 정보조직을 창설할 것으로 보인다. 고려할 수 있는 조직의 형태로 '일본판 CIA', '일본판 MI6', '일본판 국가보안위원회(KGB)[53]', 또는 현행조직에서 HUMINT조직 보강 등의 모델로 접근할 수 있을 것이다. '일본판 KGB'는 현재 일본에는 경찰청 경비국이나 법무성의 공안조사청, 공안조사청에는 정보기관이 존재하지만, 이는 수사기관이지 방첩기관이라 할 수 없으므로 해외정보활동과 방첩기능을 동시에 수행할 수 있는 일본판 KGB형태도 검토할 수 있을 것이다. 둘째로 '일본판 MI6'은 해외정보활동 조직을 외무성 하부에 두되 HUMINT 인원을 보강하는 방안이다. 세번째로 현행조직에서 단순히 HUMINT조직을 보강하는 방법으로 재외공관에 정보전담 부서를 설치하여 정보수집 전문가를 파견하는 방안이다. 네 번째로 일본이 선호하는 해외정보조직형태로 일본판 CIA조직이다. 비록 미 CIA 조직이 크고 권한이 방대하지만, 일본판 CIA는 전 세계를 무대로 활동하는 거대한 정보조직 보다는 일본의 국력에 걸맞은 총리 직속의 독자적인 대외정보기구를 창설하는 방안을 추정할 수 있다. 이는 총리가 중장기적인 국가 정보전략 수립과 국가안보상의 주요 사항에 대해 책임 있는 판단을 내리기 위해서는 일본판 NSC가 가지는 전략 정보정책뿐만 아니라 정보수집, 분석능력이 절대적으로 필요하며 이를 위해 기존 조직의 틀을 넘어 대외정보기구를 신설해야 한다는 것이다.

52) "일본, CIA같은 중앙정보기관 설치 검토 중", 디지털뉴스, 2015.02.28

53) CIA는 해외 정보활동을 담당하는 분야별 정보기구이자 독립 정보기구이며, MI6는 해외 정보활동을 하는 분야별 정보기구이자 외무성 산하의 정보기구이다. KGB는 해외 정보활동과 방첩활동 등을 포괄적으로 수행하는 통합 정보기구이면서 동시에 독립정보기구이다.

7장

한국의 국가 정보조직 발전방향

7.1. IT기술 발전에 따른 정보환경 변화

7.2. 미국의 정보조직과 특징

7.3. 일본의 정보조직 특징

7.4. 영국과 독일의 정보조직 특징

7.5. 우리나라 정보조직 발전방향

7장

한국의 국가 정보조직 발전방향

7.1. IT기술 발전에 따른 정보환경 변화

7.1.1. 미래전의 핵심 정보전(IW)

정보전과 사이버전의 구분은 시대적 및 분쟁적 측면, 전문가, 운영 측면과 군사 교리적인 측면에서 여러 가지로 정의되고 발전되고 있으나 일반적으로 정보전은 포괄적인 개념으로 접근되고 있고 사이버전은 좁은 의미의 정보전을 의미한다. 미국 합참 교리에 의하면 '정보전(IW: Information Warfare)[1]이란 자신의 정보, 정보기반 프로세스, 정보시스템 그리고 컴퓨터기반 네트워크를 보호함과 동시에 정보의 압도적 우위에 기초하여 적의 정보, 정보 기반프로세스, 정보시스템 그리고 컴퓨터기반 네트워크에 우리의 의도대로 영향력을 행사하는 행위를 의미한다'[2]라고 정의하였다. 한국 공군은 '아군의 정보와 정보체계는 보호하고 보장하는 한편 적의 정보와 정보체계는 영향을 미침으로서 군사전략을 지원함에 있어 정보 우위를 달성하기 위하여 취해지는 방책이다'[3]라고 정의하였다. 미 국방대학 마틴 리비키(Martin C. Libicki)교수는 정보전을 여러 가지 유형을 포괄하는 개념으로 정의 하였는데 지휘통제전, 첩보전, 전자전, 심리전, 해커전, 경제정보전, 사이버전 등으로 분류하였다. 따라서 이들을 보다 구체적으로 종합하면 정보전은 정보기술을 통한 지휘, 통제, 통신, 컴퓨터 및 정보, 감시, 정찰체계의 효과적인 통합과 운영을 통해 전력 시너지의 극대화를 추구하는 첨단 전쟁 수행개념을 지칭하는 것이다.

---

1) 미합동교리에 의하면 정보작전(Information Operation)은 우군의 정보체계를 보호하고, 적의 정보체계 영향을 미치는 행위(평시, 위기, 분쟁, 평화시)를 의미하며 정보전은 위기나 분쟁시 적들에게 특정 목표를 달성하거나, 상황을 조성하는 정보작전(분쟁시, 특정 적을 상대)을 의미한다.

2) 이상호, "한국군 미래 사이버전 능력강화 방안 연구: 해군 사이버전력 건설 중심으로," 『국가정보연구』, 제7권 2호, 2015.

3) 민진규(2007), "국가정보학", 도서출판 배움, 2010,

사이버전은 정보화시대에 출현한 정보전의 협의 개념으로, 정보전 수행을 위한 네트워크 거점, 중요시설 및 무기체계에 컴퓨터 바이러스 등을 유포하거나 정보를 조작함으로써 적의 공격 능력을 무력화시키는 것을 말한다. 예를 들어 전력 및 교통전산망 파괴와 함께 국방전산망, C4ISR체계 등 각종 정보시스템을 마비시켜 국가의 전쟁수행 능력을 교란시키는 것도 포함된다. 또한, 사이버전은 적대 국가를 공격하는 공식적인 전쟁 행위이다. 2008년 러시아와 그루지야 전쟁의 경우가 그렇다. 당시 그루지야의 모든 인터넷과 정보 네트워크는 러시아에 의해 차단, 장악되었고, 이로 인해 러시아는 손쉽게 전쟁의 주도권을 손에 쥘 수 있었다.

사이버테러의 개념은 좀 더 다양한 해석이 가능하다. 개인 또는 특정 집단이 자신의 정치적 목적이나 이념을 관철시킬 의도로 대중 또는 정부기관이나 공공 기반시설 등에 대해 위협을 가할 수 있는 무기로 컴퓨터의 사용과 이에 기반을 둔 사회 주요시설에 대한 물리적 공격을 의미하는 것으로 볼 수 있다. 대부분의 국가에서는 정보전이나 사이버테러를 예방하고 방어하기 위한 기술개발에 주력하고 있지만 미국, 중국, 북한[4] 등의 국가는 정보전을 수행하기 위한 공격기술을 개발하고 있다. 미국은 1992년 걸프전에서 정보전을 수행하였고 1998년 코소보내전에서 유고슬라비아의 방송, 전력, 관제시스템 등 핵심시설을 공격하여 무력화 시킨 바 있다. 중국군의 경우 2015년 군 구조 개편 및 군사력 건설 목표를 보면 군의 현대화 정책을 계속 추진하면서 정보전(IW, 사이버전, 우주전) 능력 강화, 정보를 유통하는 전투지원체계 구축 및 상호운용성 확대[5]를 강조하고 있다.

이러한 정보전에서 사용하는 사이버 무기로 해킹(Hacking)은 컴퓨터의 하드웨어, 네트워크, 소프트웨어, 웹 사이트 등 각종 정보체계가 본래의 설계자나 관리자, 운영자가 의도하지 않은 동작을 일으키도록 하거나 주어진 권한 이상으로 정보를 열람, 복제, 변경 가능케 하는 행위를 말하며[6] 컴퓨터 바이러스는 컴퓨터 간에 파일이 교환될 때 정상적인 파일에 침투하여 자신을 스스로 복제하고 본 프로그램을 수정하면서 치명적인 질병 등을 전파, 번식시키는 프로그램을 말한다. 바이러스와 달리 자기 복제능력이 없고 유용한 프로그램으로 위장하여 사용자가 의심 없이 작동하도록 유인하여 시스템을 파괴하는 트로이목마(Trojan)와 네트워크상의 컴퓨터를 오가면서 스스로를 복제하지만 다른 프로그램을 수정하지 않고 데이터를 파괴하지 않으면서 통신 속도 등을 떨

4) 북한의 해커 양성기관으로 414대학은 정보전 관련 정보를 수집하고 모란대학, 압록강대학, 미림대학, 자동화대학 등에서는 해커를 양성하고 있다.
5) 『프레시안』, 2016.1.27.
6) ko.wikipedia.org/wiki/해킹

어뜨리는 웜(Worm), 특정 단말에 엄청난 양의 메일을 보내 통신망을 파괴하는 메일폭탄과 시스템 내에서 일정 조건이 되면 활동하는 논리폭탄 등이 있다.

물리적인 수단에 의한 정보전에 사용되는 무기체계로 고출력 전자총(High Energy Radio Frequency Gun)은 미리 선정한 전자목표물(컴퓨터 또는 전자회로)에 고출력 무선신호를 쏘아 목표물의 전자장치에 기능 장애를 일으키도록 하는 것이며, EMP(Electro Magnetic Pulse)는 고출력 전자총과 유사하지만, 단일 목표물이 아니며 폭탄 주변에 있는 모든 대상물의 장비를 파괴(컴퓨터, 반도체 부품, 경보장치, 전화설비, 통신장비 등)하며, Laser는 주파수 순도가 높으며 에너지 강도가 높아 대상물에 비추었을 경우 기능장애가 상당히 초래할 수 있다. 또한 운용 중이 있는 전자장비, 통신장비에 대해 동일한 주파수를 방사하여 전자장비 기능이나 통신기능을 못하게 하는 재밍이 있고 기타로서 치핑[7], 나노머신[8] 등이 있다. 이러한 정보전의 공격 사이버 무기에 대한 방어기술로 네트워크상에서 침입탐지시스템을 설치하고 인증시스템을 도입하며, 제어시스템과 정보시스템간에 침입차단시스템인 방화벽을 설치한다. 국방부는 1999년부터 CERT를 창설하였고 2001년에 정보보호를 위한 통합보안관제시스템을 설치하여 정보시스템 취약점분석 및 침입차단시스템, 침입탐지시스템, 안티바이러스 시스템을 종합적으로 구축하여 모니터링을 하고 있다. 2010년 국방개혁 2020과 7·7 DDoS공격을 계기로 정보본부 예하 약 500여명으로 사이버사령부를 창설[9]하여 정보전을 수행하도록 발전시키고 있으며 2012년에는 김정은 지시로 설립된 북한의 전략 사이버사령부에 대응하기 위하여 1,000여 명으로 늘어났다. 향후에 정보전 대응을 위한 전문화된 인력 양성과 방어 및 공격 기술개발이 필요하며 이러한 기술 적용을 위해 민간 업체나 조직을 활용하는 것이 절대적으로 필요하다.

7.1.2. 북한의 정교한 사이버공격 능력

김정은은 핵 · 미사일에 이어 사이버 전력을 3대 전력으로 규정하고, 사이버전에도 주력할 것을 강력히 요구했다. 북한은 군사적 · 경제적 · 기술적으로 한국과 경쟁할 수 없으므로 사이버 영역을 통해 새로운 주도권, 경제적 이익을 확보하고자 노력하고 있다. 북한의 전략은 군사력을 제외한 경제적 · 기술적 분야에서 한국보다 강해질 수 없으므로 사이버를 통해서 핵심 국가 기술을 획득하거나 사회 기반 시설 운영을 방해하고

7) 컴퓨터 시스템 내부에 공격자가 원하는 기능을 포함시켜 사용자의 인지 없이 공격하도록 하는 행위
8) 적의 컴퓨터 슬롯 등에 나노크기의 로봇을 잠입시켜 컴퓨터나 네트워크를 파괴하는 것을 말함
9) ko.wikipedia.org/wiki/국군사이버사령부

있다. 북한은 6천여 명(사이버공작 요원 1,700명, 지원 및 기술인력 4,300명)의 사이버요원을 두고 사이버 공작을 진행[10]한다. 사이버 공작의 주요 거점은 중국 다롄, 광저우, 선양, 베이징, 내몽골 등이다. 북한은 무역회사 등으로 위장한 해외 사이버 공작 거점을 만들고, 사이버 공작을 진행하고 있다.

북한의 주요 해킹조직은 총참모부 소속 정찰총국 121국 산하 조직으로 라자루스그룹(Lazarus Group), 블루노로프(BlueNorOff), 안다리엘(Andariel), 김수키(Kimsuky) 등이다. 라자루스그룹(2007년 구성)은 히든 코브라, ATP 38과 동일 조직으로 추정된다. 블루노로프(2014년 구성)는 약 1,700명 안팎의 규모이고, 금전적 이익을 얻을 수 있는 공격만 진행하였다. 안다리엘(2016년)은 약 1,600명 안팎의 규모이고 주로 방산업체, 조선업체 등 국방 분야를 주된 공격 대상으로 하고 있다. 김수키(2010년 구성) 해킹그룹은 북한 정권의 글로벌 정보수집 임무를 담당하며, 일반적인 사회공학 전술, 스피어 피싱, 워터링 홀 공격 등을 사용해 피해자로부터 원하는 정보를 색출한다.

북한의 사이버공격 유형은 금전적인 사이버공격(방글라데시은행 공격, 대만 극동국제은행 공격 등), 군사 · 정보 수집(한국 국방부 공격, 방위산업 공격 등), 이념 · 영향력 공작(소니 픽쳐스 공격, 탈북자 공격 등), 파괴적인 공격(WannaCry 랜섬웨어 공격 등), 사이버 간첩교신(사이버 드보크) 등으로 구분한다. 사이버 해킹은 평양이나 해외 거점에서 실시간으로 한국의 주요 국가 기관망, 공공망, 상용 포털망 등에 접속해서 조직 동향, 관련 자료 등을 탐색하고, 정보를 수집한다. 대표적인 사이버 해킹은 2014년 한수원 해킹, 2015년 서울메트로, 2016년 인터파크, 국방데이터센터, KT그룹, 2017년 암호화폐 거래소의 금융정보 해킹, 워너크라이 랜섬웨어 해킹, 2018년 평창 동계올림픽 개막식 사이버공격, 암호화폐 거래소 빗썸 해킹, 2019년 암호화폐 거래소 업비트 해킹, 2021년 서울대 병원 해킹 및 개인정보 유출 등이다.

사이버테러는 DDoS, V-DDoS(변형된 DDoS) 공격기법을 개발했다. 북한은 2010년 61개국에 있는 586대의 공격 명령 서버를 이용해서 총 47개 사이트를 공격한 7.7 사이버 대란을 일으켰고, 2011년 3월 3~5일 72개국 748대의 서버를 활용하여 국내 40여개 공공망에 대한 D-DOS 공격을 감행했다. 북한은 2011년 4월 농협 전산망 해킹, 2013년 3.20 사이버공격, 6.25 사이버공격 등을 진행했다. 2013년 6.25 사이버공격은 방송사 · 신문사 서버, 청와대 · 국무조정실 홈페이지 변조, 정부통합전산센터 D-DOS 공격, 경남일보 등 43개 민간기관 홈페이지 변조 등 총 69개 기관을 연쇄적으로 공격했

10) 오경섭, “러북의 정보기관 협력과 한국 정부의 대응방안”, 통일연구원, 2024.4.3.

다. 또한 북한은 300명 이상 댓글 전문요원으로 구성된 댓글팀을 운영한다. 댓글팀은 허위 정보와 역정보 등 가짜뉴스를 확산해서 여론을 왜곡하고, 남남갈등과 사회 혼란을 고조시킨다. 사이버 외화벌이는 북한 사이버 공작팀의 핵심 임무이다.

사이버 공작팀은 사이버테러, 사이버 금전 탈취, 사이버도박, 불법 사이버 도박회사 운영 등을 통해 연간 10억 달러 규모의 외화벌이를 진행한다. 북한은 2015년 12월부터 2019년 5월까지 최소 17개국의 금융기관과 암호화폐 거래소를 대상으로 35차례에 걸친 사이버 공격을 통해 최대 20억 달러를 탈취했다. 또한 2024년 북한 해커들은 전 세계에서 발생한 암호화폐 탈취 사건의 61%를 차지하며, 약 13억 달러(1.34 billion USD)를 탈취하였다. 유엔 대북제재위원회는 2024년 3월 20일 전문가 패널 연례보고서에서 북한이 해킹, 사이버 공격 등 악의적 사이버 활동으로 전체 외화벌이의 약 50%를 조달했다는 유엔 회원국 보고 내용을 기술했다. 또한 대량살상무기 개발 프로그램 재원의 40%가 이 같은 불법적인 사이버 수단으로 조달됐다고 지적했다.

사이버 간첩 교신은 북한 상부선과 국내 간첩 사이에 외국계 이메일 계정을 개설해서 아이디와 패스워드를 공유하면서 음어화된 보고 내용과 지령 내용을 올려놓고 교신한다. 사이버 드보크는 2010년 적발된 간첩 한춘길 사건에서 등장했고, 2023년 1월 적발된 민주노총 간부 간첩 사건에서 사용됐다. 또한 북한은 2011년 왕재산 간첩단 사건과 2021년 청주간첩단 사건에서 스테가노그라피(Steganography) 방식을 활용했다. 스테가노그라피 방식은 간첩 교신 수단으로 비밀 메시지를 이미지 · 오디오 · 비디오 또는 텍스트 등 커버라 불리는 다른 미디어에 숨겨서 전송하는 첨단 과학적 기법이다.

우리나라에 사이버전 위협은 현실이다. 북한은 사이버 도발 수위를 날로 높이고 있다. 공격 방식 또한 갈수록 지능화, 고도화하고 있다. 북한은 앞으로도 한반도 사이버 평화에 대한 위협 수위를 계속 높여갈 것이다. 북한의 사이버 전사들은 평양과 해외 거점의 데스크에서 우리의 국가 기관 망, 금융망, 통신망, 교통망, 에너지망, 교육망 및 상용 망 등에 접속해 원하는 정보를 광범위하게 수집하고, 더 나아가 해킹 등 사이버테러도 불사하고 있어 북한이 사이버 공간에서 자행하고 있는 공작은 국가안보를 위협하는 핵심 요인으로 부각되고 있다. 따라서 북한의 사이버 위협에 효과적으로 대응하기 위해서는 국가 차원의 사이버 안보 전략의 목표, 작전개념 및 대응전략 계획을 수립하고, 방어 중심의 사이버전 수행체계를 공세적 사이버전 대응전략을 구현할 수 있는 조직 및 체계로 발전시켜야 한다. 외부 사이버 공격에 대한 사후 대응만으로는 한계가 있으므로 효율적인 사이버전 대응체계를 구축하고 소극적 방호를 넘어 적극적 방호, 나아가 공격까지도 포괄할 수 있는 대책을 강구할 필요가 있다.

7.1.3. 디지털 환경의 정보수집 및 처리체계

정보화시대의 전장 환경은 단순한 디지털과 아날로그가 공존한 정보통신 환경이라고 볼 수 있다. 1, 2차 세계대전 발발 시만 하더라도 주요 강대국 들은 전차, 항공기, 장거리 폭격기를 이용한 대량 파괴 전쟁 양상이었으나, 3차 산업혁명시대에는 운용자의 경험과 수동적인 분석 자료를 활용한 전자전, 위성의 영상자료를 정보 분석가들이 과거자료와 일일이 비교 분석하여 목표를 식별하는 감시정찰, 지휘통제 중심전의 양상으로 이어졌다. 정보조직은 1차 세계대전을 통해서 정보조직의 필요성이 증대되었고 2차 세계대전을 거치면서 미사일, 핵무기 등장과 함께 정보를 수집 및 분석하기 위한 거대한 정보조직[11]이 창설되었고 1990년대 들어서면서 구소련의 몰락과 함께 냉전체계가 종식되면서 주로 군사정보를 수집하던 각국의 정보환경이 국제정세 변화와 함께 정치, 과학기술, 경제정보를 획득하기 위한 변화의 길을 모색하게 되었다. 21세기 4차 산업혁명시대에는 과거처럼 군 고유기술을 통한 대규모 플랫폼(전투기, 함정, 미사일 등)과 같은 무기체계를 개발하기 보다는 이러한 재래식 무기체계에 4차 산업혁명기술 요소인 인공지능, IoT, 빅데이터, 로봇 또는 자율 주행 기능, 6G 등의 기술을 접목시키는 방향[12]으로 전력발전이 이루어지고 있으므로 정보수집 및 처리, 저장, 분배도 이러한 기술이 융합되므로 많은 무기체계의 기술변화가 예상된다.

지능화 시대인 21세기 전쟁 양상의 핵심으로 전쟁 수행의 기초가 정보에 의해 이루어지며 이러한 정보는 정형, 비정형 데이터가 대량으로 획득되며 빅데이터 환경에서 인공지능 기술을 적용하여 최적의 예측 가능 정보를 도출하고 분석하여 정확한 데이터를 수요군과 정밀 무기체계에 신속히 제공될 것이다. 전장 환경이 지 · 해 · 공 · 우주에서 사이버 공간으로 확대되고 정보를 획득하기 위한 수단도 위성은 기본이고 인간을 대신한 로봇, 자율기능을 이용한 차량형 수집체계를 이용하는 방법까지 연구되고 있으며 수집 영역도 물리적인 영역을 벗어나 사이버 영역으로 확대 되고 있다. 특히 과거의 전투행위가 화력 위주의 전투였다면 오늘날에는 무인기, 전자전기 등을 활용하여 감시정찰체계를 무력화시키는 전자전 수행, 컴퓨터 및 통신시스템을 마비시키는 사이버 전쟁, 고성능 컴퓨터와 빅데이터 처리, 상황인식이 가능한 인공지능, 초연결 네트워크를 활용하여 획득된 정보를 공유하면서 전쟁을 수행하는 최첨단 정보전으로 발전되고 있다. 전장의 모든 요소가 디지털화 되어 고도의 분석시스템을 통한 예측된 결과에 대한 의사

11) 1941년 일본의 진주만 기습공격시 일본군의 침략의도를 평가하지 못하자 루수벨트 대통령은 1942년에 전략정보국(OSS)을, 1946년에 CIA의 전신인 중앙정보단(CIG)을 창설하였다.
12) 박지훈, "4차 산업혁명시대 한국군 군사혁신 추진방향," 『주간국방논단』, 제 1704호(2018)

결정 지원체계, 첨단 정밀무기체계, 전장 지원체계, 정보수집 및 처리체계 등 모든 체계가 IP에 기반하여 정보가 유통되고 그 정보 중에서 필요한 정보만을 획득하여 사용함으로써 전쟁의 승패를 가르는 핵심요소가 될 것이다. 따라서 미래전에서는 적국 부대 정보체계의 무력화가 중요시되기 때문에 전투부대뿐만 아니라 정보를 유통하는 지휘통제체계, IoT센서 단말체계, 정보융합체계, 군수정보체계 등 다수의 체계가 주요 핵심 공격 목표로 설정될 것이다.

7.1.4. 우주와 해양 정보전으로 확장

적 국가에 대한 정보를 우주와 하늘에서 수집하는 방법은 지상보다 훨씬 수월할 뿐만 아니라 국제적인 긴장이 발생했을 때 목표 지역의 상공에서 적의 방해 없이 24시간 감시가 가능하고 항공기와 드론의 경우 전술적인 방법으로 전장상황에 맞게 정보수집 활동이 가능하다. 우주공간에서 정찰위성을 사용한 정보수집이 가능한 나라는 수 개 나라밖에 없으며 특히 신호정보 수집위성 운용은 2개 국가에서 정보 수집활동이 가능하나 나머지는 시험운용 단계이거나 개념 연구 중이다. 미국은 최초 로켓 발사부터 초보적인 우주공간에서 탐사능력을 확보하기까지 약 10여년[13]이 소요되었다. 1954년 아제나(Agena) 로켓 개발, 이를 이용한 1960년 8월 디스커버러(Discoverer) 12호[14] 발사 성공, 1961년 1월 사모스 위성[15]을 발사하여 소련의 탄도미사일 개발 및 이동 관련 정보를 탐지[16]하였다. 1960년 5월 U-2기의 소련 영공에서 지대공 미사일에 피격되었으나, 미국은 사모스위성을 이용하여 러시아 내에서 대륙간탄도미사일 개발에 대한 정보를 충분히 파악하였다. 특히 위성정보전의 시초라 할 수 있는 사모스 위성을 통하여 러시아가 쿠바에 배치하는 위성이 60기라는 사실과 대륙간탄도미사일 SS-6미사일 성능이 생각보다 뛰어나지 않다는 정보를 획득함으로써 미국은 쿠바 해상을 강력하게 봉쇄함으로서 러시아는 쿠바에서 미사일을 철수해야만 하였다.

미국은 1960년 후반부터 정찰위성뿐만 아니라 전자정보 수집위성을 발사하여 운용해왔으며 1970년대 들어서 잠수함을 식별하기 위한 페렛(Ferret)위성[17]을 발사하여 운용하였다. 또한 리오라이트(Rhyolite)[18] 전자신호 수집위성을 쏘아 올려 탄도미사일

---

13) 권제상, 『첩보전쟁』 (서울: 자작나무, 1999), pp. 214.
14) 디스커버러(Discoverer)호 최초발사는 1959년 2월이었고 캡슐회수에 처음으로 성공한 것은 12호였다.
15) 최초로 위성에서 전파를 이용하여 영상정보를 지상으로 전송하였다.
16) 권제상(1999), p216.
17) 페렛위성은 소련의 잠수함이 사용한 주파수와 암호를 수신하여 잠수함을 식별하였다.
18) 신호정보위성으로 1세대는 Ferret(1960년대)위성 이후 Rhyolite위성(1970년대)이 2세대 위성

발사시 방사되는 Telemetry 신호를 탐지하여 무기와 발사로켓 정보를 얻었다. 이 위성은 단파와 초단파를 식별할 수 있는 능력이 있었으며 1978년까지 정지궤도에 4기가 발사되었다. 미사일 발사 적외선 정보를 얻기 위해 미다스(Missile Defense Alarm System, MIDAS)[19]계획을 추진하였다. 적외선 센서를 탑재한 위성을 1960년에 정지궤도에 발사하기 시작하여 1968년부터 본격적으로 운용하기 시작하였다. 최초에는, 이 위성을 블록 647형으로 불렸으며 1970년에 DSP(조기경보)위성으로 세상에 알려졌다. 위성 내부에는 2000개의 적외선 센서 셀이 탑재되어 미사일 발사 정보를 얻고 있다.

우주에서 정보전을 효과적으로 수행하기 위해 미국은 1982년 1월 우주사령부(AFSPC)를 창설하였고 미국 및 나토 주변지역의 정보수집과 우주공간에 있는 위성과 지상의 위성처리시설을 파괴하는 우주 작전을 수행하고 있다. 중국은 2015년 전략지원부대를 창설하여 정찰위성, 과학, 정보통신, 위성 · 우주항공, 산업 · 경제 · 통상 등에 전방위적으로 정보를 수집하였으나 2024년 거대한 조직의 비효율적인 정보업무 수행을 탈피하고자 다시 기능적인 업무 구분으로 항공우주군(ASF), 사이버군(CSF), 정보지원군(ISF)을 창설하였다. 항공우주군은 우주(선) 발사 및 지원, 우주 원격 측정, 추적 및 통제(TT&C), 우주 정보지원, 우주 공격 및 우주 방어를 수행하며 4개 위성발사센터(주취안, 타이위안, 시창, 원창)와 지원 · 통제 시설을 운영하는 것이다, 이는 우주기반 C4ISR체계 자산을 구축하고 육 · 해 · 공군과 로켓군 그리고 5개 전구에 대해 전략 정보를 제공하기 위한 것이며 이를 통해 중국군은 기존의 국지전의 범위를 벗어나 아시아 전역과 타 지역에까지 진출할 수 있는 능력을 구비하였다.

무인기를 이용한 전술항공 정찰은 1970년대 후반에 이스라엘에서 전자광학, 전술항공, 위협식별 목적으로 시작되었으며 텔레비전 카메라가 장착되었다. 그 이후 전자전기, 탄착 관측기, 목표 포착용, 감시용으로 사용하기 시작하였고, 1982년도에 지상과 무인기간에 디지털 데이터링크를 사용하여 주변국의 전력 이동을 연속해서 관찰할 수 있는 기술을 선보였다. 미국의 무인기는 과거 전략적 정찰 및 감시에서 작전술 수준의 정밀타격, 수중감시, 전술용 전장감시, 공격용 무인기 등으로 확대되고 있으며 향후 인공지능과 정밀항법, 표적기능을 갖추게 되면 미래전의 주역이 될 것으로 평가 받고 있다.

현대전에서 지상군이 활용하는 세 가지 전술정보 즉, 적군의 전략, 능력, 부대 전개 등에 대해서 반드시 정보를 수집해야 하며 이러한 정보를 획득하기 위한 수단으로 통신정보와 상공에서 촬영한 영상정보, 사람을 활용한 정보수집이 있다. 통신정보는 통신

으로 미사일 Telemetry신호를 수집하였다.

19) 1960~2007, 정지궤도위성, 미사일 방위경보 시스템

신호를 수집하여 신호분석, 암호분석, 발신원(Source) 방향 탐지 등을 하여 정보를 획득하며 영상정보는 레이더(SAR), 적외선(IR), 광학 카메라를 항공기, 무인기에 탑재하여 획득하며, 인간정보는 척후대 보고, 심문, 서류 및 장비 등으로부터 얻는 정보수집 방법이 포함된다. 정보를 수집하기 수단으로 정보 요원, 감지센서 또는 대인 레이더를 운용하는데 나토의 경우, 첫째로 진동센서는 빗방울 수준에서 지진까지 지면에 도달되는 진동을 감지하는데 사람의 경우 약 10여m, 차량의 겨우 약 400m까지 지나가는 차량의 종류, 사람 수까지 감지할 수가 있다. 둘째로 음향센서(Acoustic Sensor)는 일종의 마이크로폰과 같으며 음향(탱크, 총, 포 소리 등)의 발신지 방향을 알 수 있는 방법이다. 셋째로 자기센서는 철 성분의 금속이 움직이면 약 30m 이상 떨어진 곳에서도 차량을 감지할 수가 있다. 마지막 네 번째로 전자장 센서는 침입을 감지하는데 사용되며 전자장 내 움직임을 포착한다. 대인감시 레이더는 적의 움직임을 조기에 경보할 때 사용하며 사람의 경우 수 km떨어진 곳에서도 움직임을 포착할 수 있다.

해양정보전의 임무는 적 함대의 소재지를 파악하고 그 함대의 수와 능력, 상황, 전개, 다음에 무엇을 할 것인가를 알아내는 데 있다. 이 문제는 오늘날 모든 해군을 갖고 있는 나라들의 공통된 문제이다. 해군 정보수집에는 여러 자료가 사용된다. 그중에서는 잠수함처럼 비밀스러운 것도 있지만 대부분 공개적이다. 모든 함정은 다른 나라 해군의 훈련과 이동을 감시하고 있고 통신 및 전자신호, 레이더 항적 등을 수집, 분석하여 적 함정이 어디에서 작전하고 있는지가 대부분 모니터링 된다. 미국은 EO · SAR정찰위성과 전자정보 수집위성을 통하여 대양에서 활동하는 적 함정의 기동 정보를 획득하며 연안에서는 해상감시 레이더와 해안에 설치된 지상 전자정보 수집시설로부터 적 함정의 이동을 파악하고 있다. 일본의 경우는 EO · SAR위성과 해상감시 레이더, 해군에서 설치, 운용 중에 있는 통신정보 및 전자정보 수집기지, 십 여척의 정보함로부터 한국을 비롯한 주변국 함정의 작전을 감시하고 있다.

7.1.5. 현대 정보의 핵심 기술정보(TECHINT)

신호정보는 각종 통신 및 전자장비에서 방출되는 전자파를 분석하여 획득된 신호에 관한 정보로 20세기 들어서서 가장 널리 활용되는 정보활동 수단으로 2차 세계대전 이래 암호해독과 송신기의 위치탐색 조합으로 상대방에 관한 정보를 취득하는 가장 중요한 수난으로 활용되었다. 본격적인 신호정보 수집활동은 무선통신이 군에 도입된 제1차 세계대전부터 시작되었다. 1차 세계대전 초기 영국해군은 북해지역으로 진입하려는 독일해군의 움직임을 조기에 탐지하기 위해 독일에서 미국, 아프리카, 스페인 등지로 운용하던 해저케이블(Telegraph cable)을 절단했다. 그 결과 독일은 유선 대신 무선을 활용하였고 이에 따라 영국 신호정보 수집기지에서 독일의 무선통신 정보를 쉽게 얻을 수 있었다. 제2차 세계대전 때에는 무선통신이 더욱 활발하게 활용되면서 신호정보의 중요성이 더욱 증가했다. 영국과 미국은 각각 '울트라(Ultra)'와 '매직(Magic)' 작전[20]을 통해 독일과 일본의 무선통신을 감청하고 암호를 해독하여 전쟁의 승패에 영향을 줄 수 있는 귀중한 정보를 취득할 수 있었다. 1945년 이후 동서 진영 간에 냉전이 시작되고 통신장비가 비약적으로 발전하면서 신호정보 수집의 중요성이 더욱 증가하게 되어 미국과 소련은 각기 상대방에 대한 통신감청을 위해 많은 노력을 기울이고 있고 현재는 중국이 강국으로 급부상하면서 주요 강대국간의 통신정보를 획득하기 위하여 보이지 않은 정보전쟁을 하고 있다. 통신정보의 수집 목표로 전통적으로 외교 통신망과 군사 통신망이 가장 중요한 감청 목표로 설정된다. 대부분 통신정보는 무선통신을 감청하지만 때로는 유선으로 통신하는 내용을 감청하기도 한다. 한편, 미국은 NSA 주도하에 영국, 캐나다, 호주, 뉴질랜드 등 영연방 국가들과 함께 '에셜론(ECHELON)'이라는 비밀 감청 조직을 결성하여 전 세계의 무선통신, 위성통신, 전화, 팩스, 전자 우편 등을 감청해 왔다.[21].

전자정보는 레이더와 같은 전자장비로부터 방출되는 전자파를 추적, 분석해서 취득되는 방사체에 대한 정보를 의미한다. 전자정보를 활용하여 방공레이더, 지휘통제센터 등 주요 군사시설에 대해 지속적인 감시 및 추적 활동이 가능하다. 특히 전자정보는 스텔스 작전을 지원하는 데 매우 유용하게 활용된다. 즉 스텔스 항공기라 할지라도 적의 추적을 완전히 피할 수는 없으므로 전자정보를 활용하여 어떤 지역이 적에게 노출될 위험이 있는지를 알아낼 수 있다. 전자정보의 수집 수단으로 지상시설, 함정, 정찰항공기, 드론 및 위성 등이 활용되고 있으며 향후에는 자율형 차량도 적극 활용될 것으로 여겨진다.

영상정보란 정찰위성, 정찰기 또는 드론에서 EO · SAR, 적외선 센서를 이용하여 획득된 첩보를 분석하여 생산된 정보를 말하며, 적 군사시설, 무기체계 개발 및 이동, 적 지형 변화, 적의 군사 작전활동 사항 등에 대한 정보를 제공한다. 20세기 초반 1차 세계대전 때 영국 공군기로 독일군의 공격 방향을 알기 위해서 정찰 임무를 수행한 것이 영상정보 수집활동의 시초이며 오늘날 정보를 획득하기 위한 주요 수단이 되고 있다. 최근에는 디지털과 암호학의 만남으로 정보원(Source) 획득이 매우 어려워 영상정보와

20) 이재원, "한 권에 담은 2차 세계대전의 거의 모든 것," 『인문노총』, 제57집(2007), pp.387-395.
21) weekly1.chosun.com

위치정보 융합분석은 더욱 중요해지고 있다. 즉, EO · SAR 정찰위성이나 항공 감시정찰 자산, 드론 등으로부터 획득된 영상정보와 위치정보 자료를 상호 유기적으로 융합하여 생산된 정보는 암호해독의 제한사항을 보완시켜 주고 있다.

7.2. 미국의 정보조직과 특징

7.2.1. 미국의 정보공동체(IC)

전 지구적인 세계화의 심화와 정보화의 확산에 기인하여 국가안보개념이 이제 전통적인 군사안보로부터 경제, 사회, 문화, 자원, 환경, 사이버안보 등 포괄적 안보 개념으로 확대되고 있으며 WMD를 포함한 대량 살상무기 확산에 대한 공동 대응문제, 종교적 급진세력과 불특정 세력의 테러 공격문제, 북한의 핵 문제, 에너지/자원경쟁의 심화와 에너지문제, 사이버 공격대비 강대국 간 역학관계, 미국의 패권유지와 세계 역량 강대국 간의 힘의 균형과 동맹관계 변화, 세계화에 따른 시장경제체제의 심화와 불평등 파급 문제, 군사적으로는 미국 주도의 군사적 단극체제, 경제적으로는 지역권별 경쟁이 심화되는 경쟁적 다극체제, 정치 · 외교적으로는 유럽연합 및 중국의 부상과 중동지역의 반발이 심화되는 불안한 다극체제의 형태로 그 어느 때보다도 정보의 역할이 중요시되고 있었다. 이러한 급변하는 국제환경에서 1981년 미국의 외교정책 및 국가안보 이익을 지원하는 정보활동을 수행하는 미국 연방 정부 정보기관 및 하위 정보기관을 그룹화한 것이 〈그림 7-1〉과 같은 정보공동체(Intelligence Community, IC)이다. 미국 정보공동체(IC)[22]는 각각 독립적으로 또는 공동으로 활동하며 USIC(United States Intelligence Community)에 속한 조직들은 정보기관, 군사 정보기관, 연방 행정부 내 민간 정보 및 분석 사무소들을 포함한다. 미국은 미국 정보공동체(IC)는 미국 대통령에게 직접 보고하는 국가정보국장(DNI)이 이끄는 국가정보국장실(ODNI)의 감독을 받으며 1981년 12월 4일 로널드 레이건 대통령이 서명한 행정 명령 12333(미국 정보활동)에 의해 설립되었다. 미국의 정보활동에 있어서 핵심 역할을 수행하는 기관으로 중앙정보국(CIA)과 국방부 소속의 정보공동체(Intelligence Community)인 DIA, NSA, NGA, NRO, 우주군 과 육 · 해 · 공군 · 해병대 4개 군 정보조직으로 전 세계를 조정, 통제하는 데 필요한 정보를 얻기 위해 미국이 보유하고 있는 지상에서부터 위성에 이르는 정보수집체계를 총동원하여 모든 관심지역에 대한 감시, 감청을 하고 있다.

22) 2024년 기준, 가장 최근에 가입한 미 우주군을 포함하여 17개 기관으로 구성되어 있다.

〈그림 7-1〉 미국의 정보공동체(17개 기관)23)

중앙정보국(Central Intelligence Agency, CIA)은 미국의 정보 부처 정보기관으로서, 외국 정부, 기업, 사이버 공간 등과 개인에 대한 정보를 수집 및 분석하여 미국 정부의 여러 부처에 보고하는 임무를 가진다. 본부는 미국 버지니아주 랭글리(Langley에 있다. CIA는 정보관이나 공작관, 간첩 등을 통해 수집하는 HUMINT(공작원, 협조자 등 인적 네트워크를 통한 정보 수집)를 주로 다룬다. CIA는 2차 대전 때 활약한 OSS(Office of Strategic Service)를 모체로 1947년 만들어졌으며 디지털혁신부(The Directorate of Digital Innovation), 정보부(Directorate of Intelligence), 분석부(Directorate of Analysis), 작전부(Directorate of Operations), 과학기술부(Directorate of Science and Technology), 지원부(Directorate of Support) 등 6개 부를 두고 있다.

DIA는 워싱턴 부근 볼링(Bolling)기지 안에 본부를 두고 있으며 주로 국방과 군사작전에 필요한 모든 군사정보를 전투사령부와 국방정책 결정자들에게 제공하고 있다. DIA 요원들은 미국 본토는 물론 해외 여러 지역에서 활동하며 미군의 군사작전 승리를

23) https://www.gao.gov/intelligence-community

위해 많은 역할을 해왔다. 적국의 전력, 군사력 이동, 무기체계 개발 등을 분석하며 우리 군의 정보기관들과도 긴밀하게 협력하며 대한민국 방위를 위해 많은 기여를 하고 있다. NGA는 전 세계를 대상으로 국가안보에 필요한 지리정보를 분석 · 전파하는 국방부 예하 정보기관으로서 워싱턴에서 한 시간 거리의 포트 벨보아 육군기지 안에 있으며 NSA는 국방부 예하의 국가급 정보기관으로서 U-2와 같은 정찰기나 위성, 함정, 지상으로부터 신호를 수집하여 암호해독을 통한 통신정보와 전자정보를 생산하고 사이버 안보 업무를 담당하며 메릴랜드주 포트 미드기지에 있다. 영상정보를 획득하기 위한 NRO는 위성이나 정찰기, 고고도 무인기를 이용한 영상정보 자료를 획득하며 분석은 NGA에서 수행한다. 각 군은 고유의 작전을 위하여 신호정보 수집과 암호해독, 영상정보 업무를 수행하며 수집 및 분석된 자료를 관련 기관과 공유하고 있다. 2012년에 미 정부와 국회가 합의한 '신(新)전략지침'은 향후 10년간 국방분야의 사이버전, 정보수집, 정찰을 강화하는 핵심 정책으로 정보수집에 최우선을 두고 있다.

NSA는 1952년 11월 국가급 신호정보기관으로 창설된 이래 비밀리에 활동해 최고의 정보기관으로 활동 내용과 규모가 정보보호법에 의거 공개되지 않고 있지만 약 4만여명의 인원이 근무하는 거대 정보조직으로 알려져 있다. 현재 편성은 미 국방부 예하의 신호정보기관으로 메릴랜드주 포트 미드(Fort Mead)에 위치하고 있으며 육 · 해 · 공군 4성급 장군이 교대로 보직하며 사이버사령관 보직과 중앙안보국(CSS)장을 겸임하고 있으며 부국장은 민간인이 임명되고 있다. 편성 초기 국가안보국 책임자는 소장급 군인을 국장으로 임명하였으나 2대~16대(1956-2007년)까지 중장으로 지위가 격상되었고 16대 국장 알렉산더 중장이 대장으로 진급하면서 점증하는 사이버테러 위협에 대응하도록 사이버사령관까지 겸직하도록 구조가 개편되었다. 현재는 22대 국장 LTG William J. Hartman(육군)이 2025년 4월부터 임무를 수행하고 있다.

NSA는 국방정보국이나 중앙정보국이 외국의 인간정보를 통한 첩보 수집행위를 수행하는 것과 달리 외국 정부기관과 협조하여 신호정보를 통한 첩보수집을 주 임무로 한다. 1990년대부터 NSA는 작전처(신호정보 수집 및 처리), 신호해독 및 처리시스템 연구처(첨단 신호기술 연구), 정보시스템 안보처(보안임무), 기획정책 프로그램처, 지원근무처로 조직이 구성되어 지역별로 활동하는 구역과 대상을 나누어 임무를 수행하고 있다. NSA 직원의 규모는 비밀로 분류되고 있으며 1961년에는 59,000명의 군인과 민간인으로 구성되었고 1969년에는 93,000명까지 늘어났으며 현재는 예산 삭감으로 4만여 명을 유지하고 있다. 이들은 암호해독을 위한 우수한 정보통신 및 수학자, 전자신호 분석을 위한 레이더 공학 전문가 집단을 가지고 있으며 위성을 이용한 통신 및 비통신 신호수집을 위한 조직도 운용하고 있다.

미 국가지리정보국(National Geospatial-intelligence Agency, NGA)은 미국지명위원회(BGN)에서 논의된 사항과 지구상의 모든 지형물에 대한 정보를 수집, 분석하여 최종 결정하는 임무[24]를 수행하는 미 국방부 산하 정보기관으로서 1차 세계대전에서 1939년까지는 육군 공병단에 의한 지상 측량법으로 지도를 제작, 배포하였다. 제2차 세계대전 중 항공기술이 발전하면서 지상 측량방식은 사라지고 항공사진 측량법(photogrammetry)과 사진해석기법(photo interpretation), 측지학(geodesy)이 발전하게 되었으며 1943년 항공지도창(Aeronautical Chart Plant)을 창설하였다. 1961년 아이젠하워 대통령은 지도와 영상 분석 관련 부서들인 중앙정보국, 육군, 해군, 공군 자산을 통합하여 합동으로 운용될 국가사진분석센터(National Photographic Interpretation Center)를 중앙정보국 내에 창설하였는데 이들의 주요 임무는 영상정보의 분석이었다. 1972년 미국은 군내의 지도제작 기능을 통합하여 국방지도국(Defense Mapping Agency)[25]을 출범시켰는데 지도 및 영상정보의 통합운영을 위한 것이었다. 국방지도국은 1996년에 중앙영상국(Central Imagery Office), 국방전파기획국(Defense Dissemination Program Office)과 함께 국가영상지도국(National Imagery and Mapping Agency)으로 흡수 통합되어 영상 획득, 처리, 전파기능이 통합되었다. 정보 기능이 더욱더 중요하게 됨에 따라 2003년 국가영상지도국은 국방 법에 의거 지리정보(GEOINT)를 총괄하는 오늘날의 국가지리정보국(National Geospatial-intelligence Agency)으로 재창설되었고 현재는 약 3,000명의 항공학 분석, 지도 제작, 특정지역 분석, 영상분석, 해양분석, 물리 과학, 측지학, 컴퓨터 및 전화 통신 기술, 사진 측량법 그리고 이와 관련한 영상정보 전문가들이 근무하는 핵심 기관으로 성장하였다.

국가정찰국(National Reconnaissance Office, NRO)[26]은 국방부 소속 정보기관으로 버지니아주 페어팩스 카운티에 위치하며 신호, 영상 첩보위성을 획득하여 운용[27]하고 수집한 신호 및 영상정보 자료를 관련 정보기관에 제공하는 17개 정보기관 중 가장 비밀스런 정보조직이다. 1960년 5월 1일 구 소련 상공에서 U-2기를 이용, 소련의

---

24) "National Geospatial Intelligence Agency," https://www.nga.mil/Pages/Default.aspx
25) 육군 항공지도창은 1952~1972년까지 항공지도정보센터로 개칭되어 운용되었다.
26) 국가정찰국의 존재에 대해서는 1971년 1월 뉴욕타임즈(NT)가 간략히 언급한 바 있었으나 공식적으로는 존재를 부인하며 베일에 가려져 있었으며 미국 정부는 NRO의 존재에 대해 시인도 부인도 하지 않는 정책(NCND정책)을 펴오다 1992년 NRO를 처음으로 인정했다.
27) 정찰위성은 플로리다 케이프 커내버럴 공군기지와 캘리포니아 반덴버그 공군기지에서 운용된다.

군사시설에 대한 영상정보를 획득하다가 소련 대공화기에 의해 U-2기가 격추되었고 이 사건 이후, 미국은 사실상 정찰기에 의한 군사 정보수집이 불가능해진 것으로 판단, 첩보위성 개발로 급선회하게 된다. 이와 함께 1961년 중앙정보국으로부터 정찰임무를 회수하고 NRO를 창설해 신호 및 정찰위성에 대한 모든 임무를 전담시켰으며 획득된 모든 자료는 CIA 등 관련 기관에 제공하고 있다. 위성의 영상정보 획득은 1960년 8월 최초의 정찰위성인 KH-1(15M 해상도)을 발사하면서 시작되었으며 1962년 벌어진 쿠바 미사일 위기 당시 케네디 대통령은 NRO가 제공한 첩보위성 사진으로 소련의 움직임을 시시각각 체크하며 상황에 대처하기도 하였다. 국가정찰국장은 국방장관과 국가정보국장을 보좌하며 약 3,000여명 요원들은 전문 NRO 요원과 공군, 중앙정보국, 국가안보국, 국가지리정보국과 해군 요원들로 편성되어 있다.

육군 정보단(Military Intelligence Corps)은 육군본부 정보 참모부장, 정보보안사령관, 군사정보예비군사령관(준장급)이 운영하는 미 육군의 정보요원, 정보부대, 정보병과를 총칭하며 현재 미 육군 정보조직은 약 29,000명의 정규군인과 4,000명의 민간인, 그리고 40여 개 주 방위군 부대들로 구성되어 있으며 정형화(표준화)된 22개 독립 정보 여단이 편성되어 있다. 육군본부 정보참모부(Deputy Chief of Staff, Intelligence)는 육군의 정보 관련 정책 입안, 계획, 프로그램, 예산, 관리, 정보 참모업무 감독, 평가, 정보활동 전반에 대한 감독과 협조기능을 수행하고, 육군소장이 지휘하는 육군 정보보안사령부(United States Army Intelligence and Security Command, INSCOM)는 육군 내 통합된 최고 정보사령부로 육군의 정보작전을 지원하는 정보작전 수행기관이다.

미 해군정보국(Office of Naval Intelligence)은 육군의 정보보안사령부(INSCOM), 공군의 정보감시정찰국(AFISRA), 해병대 정보부(MCIA)와 함께 국방부 산하 주요 4개 군 정보기관 중 하나로서 미국 정부가 운영하는 정보공동체 중 가장 오래된 기관이다.

공군정보감시정찰국(Air Force Intelligence Surveillance and Reconnaissance Agency)[28]은 1948년 공군의 통신보안과 암호업무를 주 임무로 하는 미공군보안원(USAF Security Service)으로부터 시작하였다. 한국전에서는 중국군의 이동 정보를 B-29, C-130, 보잉 RB-50 정찰기와 RC-135 정찰기를 이용하여 정보를 수집하였고 베트남 전쟁 이후 전자전의 중요성에 1979년에 전자전을 수행할 수 있는 공군 전자전 보안사령부(Electronic Security Command)로 개칭하여 컴퓨터 보안과 정보, 전자전

28) "Air Force Intelligence, Surveillance and Reconnaissance Agency," https://en.wikipedia. org/wiki/Air_Force_Intelligence,_Surveillance_and_Reconnaissance_Agency

임무를 부여하였고 걸프전쟁 시에도 사우디아라비아와 터키에 가장 먼저 배치되어 정보수집 임무를 수행하였다. 1991년 10월에 공군의 모든 정보기능을 공군정보사령부(Air Force Intelligence Command)로 통합, 확대하여 과거 통신감청에만 의존하던 정보획득에서 인공위성을 통한 신호, 음성, 영상, 위치 식별까지 입체적으로 필요한 정보를 실시간으로 수집할 수 있어 공군의 정보수집, 보안, 전자전 수행, 외국 공군의 기술과 작전에 대한 감시와 추적으로 전반적인 정보활동의 범위가 확대되었다. 2007년 공군의 정보활동이 정보, 감시, 정찰에 집중하면서 명칭도 공군 정보감시정찰국(AFISRA)로 바뀌어 오늘날까지 운용되고 있다.

7.2.2. 미국의 정보조직 특징

미국의 군 정보기관의 역사는 1882년 해군의 ONI(Office of Naval Intelligence)와 육군의 1885년 DMI(Division of Military Intelligence)가 창설되었듯이 그 역사가 매우 깊으며 1차 세계대전 때는 육군에 정보참모 조직이 생겼고 1920~1930년에는 독일군의 암호를 해독하기 위한 최초 신호정보기관인 "Black Chamber'를 운용하였다. 제1차, 2차 세계대전을 통하여 강력한 국가를 만들기 위해서 가장 필요한 기능 중 하나가 정보조직이라는 것을 경험적으로 느꼈고, 따라서 영국 정보기관의 영향을 받아 세계를 통제할 수 있는 국가정보기관을 설립하였다. 1991년 소련붕괴와 1992년 걸프전을 통해서 미국의 절대적인 군사력을 통해서 국제사회의 주도권을 장악하였다.

미 국방부에서 운용하는 8개의 정보기관의 특징을 살펴보면, 첫째로 전 세계를 대상으로 정보업무를 수행하기 위해서 DIA, NSA, NRO, NGA와 같은 매우 전문화되고 조직화된 거대한 조직을 구성, 운용하고 있다. 이들 조직은 각 군의 작전을 위해 반드시 필요한 정보 요구사항을 획득하여 지원해 주고 있으며 특히 신호정보의 경우에는 각 군에서 정보생산을 위해 필요로 하는 제원, 시스템을 위한 메타데이터와 같은 핵심 정보사항을 제공해 주고 있다. 둘째로 각 군은 자체 고유작전을 위해 다양한 정보수집체계를 구축하여 운용하고 있다. 공군은 신호정보 수집체계, 암호해독 요원뿐만 아니라 영상정보 수집체계도 군 자체적으로 운용하고 있다. 걸프전에서 보면 전자전을 위한 신호정보 요원들이 사전에 전개하여 전자정보 자료를 획득하였고 이 분석된 자료를 이용하여 공군에서 전쟁개시와 동시에 전자전기(E-6)에 자료를 입력하여 전자전을 수행하였다. 해군도 통신정보 및 전자정보 수집체계를 운용하고 있다. 셋째로 DIA, NSA, NRO, NGA 이들 기관과 각 군의 정보기관들 사이에 인력교류가 활발히 이루어지고 있어 현지에서 작전 경험과 지원기관에서의 전문 분석 경험을 상호 활용토록 하고 있다. 즉 신호정보를 어느 특정 기관에서만 하는 것이 아니고 각 군에서 모두 신호정보를 수집하고 분석하고 있다는 점이다. 이것은 고급 정보 분석능력을 작전에 직접 활용하기 위함으로 추측된다. 넷째로 NSA국장처럼 특수 정보기관의 수장은 각 군에서 교대로 돌아가면서 보직한다는 점이다. 이것은 일방적으로 어느 특정 군에게 유리한 정책을 펴지 않게 하고 육·해·공군·해병대의 작전을 위한 각 군의 소요 정보분야가 공평하게 발전되기를 원하기 때문이다. 그러나 NRO처럼 공군과 밀접한 관련이 있으면 특수 정보기관의 장은 업무 연관성으로 특정 군 출신이 정보기관의 수장이 지속되기도 한다. 마지막으로 8개 정보기관에서 운용하여 수집된 자료는 네트워크를 통해서 모든 기관이 공유하고 있다는 점이다. 공군에서 수집된 자료는 공군에서 1차적으로 작전에 활용되고 그 자료가 DIA, NSA로도 전송되어 2차적인 정밀분석이 이루어지며 분석 후에 그 결과는 관련 정보기관에 다시 환류(Feed back)되어 자료가 업데이트 된다.

7.3. 일본의 정보조직 특징[29)]

일본에는 미국의 CIA나 영국의 비밀정보부(SIS, 이하MI6)와 같이 해외 HUMINT 수집활동을 담당하는 전문기관이 존재하지 않는다는 것이다. 일반적으로 해외의 비밀정보를 수집하는 방법으로 대표적인 것이 신호정보(SIGINT)와 영상정보(IMINT), 그리고 HUMINT 등이다. 현재 일본에는 SIGINT 및 IMINT와 관련해서는 방위성 정보본부 산하의 전파부와 화상·지리부는 각각 군사정보에 관한 SIGINT와 IMINT를 본격적으로 수집하고 있으며, 내각관방의 내각정보위성센터도 정보수집 위성을 통해서 IMINT를 수집하고 있다. 일본은 독자 기술로 정보위성을 개발·운용하는 정보 위성 강국인 것이다. 하지만 전후 일본에서는 HUMINT를 전담하는 기구는 창설되지 않았다. 경찰청 경비국과 공안조사청은 국내 치안정보, 외무성은 외교안보 관련 해외정보를 수집하고 있지만, 해외 HUMINT 수집활동에 특화된 조직이 아니라는 점에서 한계가 있다. 내조실의 경우 美 CIA를 참조하여 설치되긴 했지만, 해외공관에 정보수집 전문요원을 파견하지 않아 본격적인 HUMINT 수집활동이 없어 고작 우방국이 제공한 정보나 국내외의 공개 출처정보(OSINT)에 의존하고 있다. 후술하지만 21세기에 들어 일본에서 대외정보기구 신설을 둘러싼 논의가 활발해진 배경에는 이러한 내조실이 가지는 한계가 있다고 하겠다. 현재 일본의 대외 정보기구 창설론자들은 경제협력개발기구(OECD) 회원국 중에 중앙정보기관이 없는 유일한 나라가 자국이라는 점을 들어 대외정보기구

29) 일본의 정보조직은 6장을 참고하기를 바람

의 창설 필요성을 강조하고 있다. 일본의 대외 정보기구 창설을 시간 문제라고 본다. 대외 정보기구 창설시 한반도에 대한 정치, 군사, 여론조작, 사이버전, 전자전 등에 많은 심각한 영향을 끼칠 것으로 본다.

일본의 신호정보 수집시스템은 철저하게 각 자위대 작전 위주로 구축하여 운용하고 있다. 신호정보 수집체계를 육상, 해상, 항공자위대의 군 작전 특성에 맞게 구축하여 운영하고 있다는 점이다. 해상자위대는 적의 항공기나 함정의 침입을 사전에 알기 위해서, 항공자위대는 적의 항공기나 미사일 탐지를 위하여 신호정보 체계를 각각 구축하여 운용하고 있고 특히 항공자위대는 COMINT와 ELINT체계를 같이 운용하여 조종사와 지상간 통화내용을 모니터링하면서 동시에 전자신호(방향탐지 신호 포함)를 수집하여 항공기의 움직임을 추적하고 있다. 또한, 이러한 신호정보체계와 방공관제 통합 레이더망인 JADGE와 같이 운용하고 있어 사실상 일본 주변의 공중 감시 능력은 매우 촘촘한 감시체계를 유지하고 있다. 신호정보 상에 특이 위협사항 출현 시 각 군에서 즉각 대응할 수 있는 체계를 운용하고 있다. 일본 각 자위대는 일본 주변에서 활동하는 적의 상황을 빠른 시기에 탐지하여 대응할 수 있는 체계를 갖고 있다.

일본은 사이버 공격에 대응하기 위해 군사·외교적 차원에서 대응도 활발히 추진해 나가고 있으며 일본 외무성은 국제적인 법의 지배 확립, 신뢰 구축 추진, 역량 강화지원을 중심으로 가치를 공유하는 국가들을 중심으로 양자, 다자간 사이버 외교를 전개해 오고 있다. 2019년 10월 현재 동맹국인 미국을 비롯하여 영국, 프랑스, 호주, 독일, 러시아, 인도, 한국, 이스라엘, 에스토니아, 우크라이나 등 11개 국가와의 양자 사이버 협의를 실시하는 한편으로, 우리나라와는 2012년부터 사이버안보 협의를 해오고 있으며 과거사 문제로 인하여 대치국면에 있으나 사이버 환경이 네트워크로 구성되어 있고 북한과 중국의 사이버 공격이 점증하는 상황이기에 어느 정도 사이버 협력이 필요하다고 본다.

현 일본 자위대의 전자전 능력과 미래 전자전 발전계획이 한반도에 미치는 영향에 대해서는 일본은 2차 세계대전과 월남전, 걸프전, 이라크전, 2014년 러시아-우크라이나전을 통해서 전시 초기에는 전자기 스펙트럼에 의한 전자전이 전쟁의 승패를 좌우한다는 것을 확실히 인식하고 있다. 그래서 국가 주도로 여러 방면에서 전자전 능력을 향상하기 위해 노력하고 있다. 항공자위대의 전자전 능력은 질적으로나 혹은 양적으로 세계 3~4위 규모의 항공 전자전 능력을 보유하고 있으며 2022년까지 최신 전자정보 수집기인 RC-2 2대를 도입 예정이며 2032년까지 Stand Off형 차세대 전자전 지원 및 공격기를 일본 자체기술로 개발하여 2대를 실전에 배치할 계획이다. 해상자위대는 노후 4대의 EP-3C 오리온 ELINT 수집기도 C-130J 슈퍼 허큘리스 수송기를 도입하여 전자전체계를 탑재하는 것을 검토 중이다. 일본은 현재 직간접적으로 전자전(전자신호 수집기)을 수행할 수 있는 항공기만 33대가 된다. 또한, 육상자위대는 2023년까지 지상 이동형(차량형) 전자전 임무를 수행할 8개 부대를 북쪽 홋카이도에서 남쪽 오키나와까지 전자전부대를 창설할 계획이다. 한반도 최인근 섬인 쓰시마에도 전자전부대가 창설된다. 우리의 공군 및 해군 작전에 매우 위협을 주는 요소이다. 우리나라가 일본의 전자전에 대한 기술적 대응능력 확보가 절대 필요하다.

일본은 1955년부터 우주개발을 시작, 1970년 세계 네 번째 자체 개발위성을 발사하였으며, 2003년 기존의 우주개발조직을 통합하여 JAXA를 설립하고 상업목적 추구에서 국가안보차원의 비중을 증대하고 있으며 2008년 우주기본법을 제정하여 우주개발 추진 강조 및 우주기술의 군사화를 법제화 시켰다. 2020년 5월, 미군의 우주군 창설과 연계하여 2022년 계획을 앞당겨 항공자위대 내 우주작전대를 창설하였다.

현재까지 군사적 활용 목적으로 EO 4기, SAR 4기를 저궤도에 올려서 목표 지점의 이미지를 24시간 획득 가능하나, 향후에는 ELINT, 미사일 발사 탐지를 위한 조기경보위성, COMINT 등을 확보하기 위한 비밀 프로젝트를 수행할 것이며 특히 조기경보위성은 일본의 국가 미사일 방어시스템과 연계하여 개발을 추진할 것으로 본다. 저궤도나 정지궤도에 ELINT, 조기경보, COMINT 위성 등 다양한 위성을 배치하여 북한의 핵개발 및 미사일 발사, 중국의 군사 관련 훈련 및 무기체계 개발, 한반도 군사적 상황 등을 위성체계 간 상호 연계하고 중첩하여 지속적으로 감시할 것으로 판단된다.

7.4. 영국과 독일의 정보조직 특징

영국의 정보기관으로 M15의 보안부(Security Service)와 M16의 비밀정보부(Secret Intelligence Service), 정부통신본부(Government Communication Headquarters), 국방정보부(Defence Intelligence)로 구성되어 있으며 합동정보위원회(Joint Intelligence Committee)에서 각 정보기관들을 조정 통제하고 있다. M15는 내무부 소속으로 약 4,000명으로 구성되어 국내 보안 정보업무를 담당하고 있으며 미국의 FBI와 유사한 조직으로 대간첩, 대테러 등의 방첩, 보안 업무를 수행하고 있다. M16은 약 2,000명으로 미국의 CIA와 유사한 조직이며 외무부 소속의 해외정보기관으로 첩보수집 및 비밀공작을 수행하고 있다.

정부통신본부는 외무부 소속으로 합동정보위원회 지휘감독을 받으며 신호정보 업무를 수행하여 정부와 군에 정보를 제공해 주고 있다. 영국 내에 있는 외국의 대사관 통신 내용과 개인 상사들의 무선통신, 위성통신 신호를 수신하여 감청하고 해독하는 업무를 수행하고 있다[30]. 또한 영국정부의 통신을 보호하는 암호체계를 개발하며 약 6,000명이 근무하고 있다. 국방정보부는 국방부의 한 부서로서 1964년 각 군의 정보조직을 흡수하여 군 관련 각종 첩보를 수집, 분석하여 정보를 생산하며 특히 군사작전에 필요한 군사정보를 종합적으로 분석하여 각 군에 제공하고 있다. 특히 여기서 생산된 정보는 NATO, EU에서도 정책적으로 활용되고 있으며 현재 약 5,000명의 인원이 근무하고 있다. 특히 전문화를 위하여 약 40%의 민간인으로 구성되어 있다. JIC는 국가 정보수집 우선순위 목표를 결정하고 M15, M16, 정부통신본부, 국방정보부 등에서 수행하는 첩보수집과 분석활동을 지휘, 감독하고 있으며 내각에 안보, 국방, 외교 갈등에 관해 정보를 제공하고 있다. 영국의 정보기관은 911테러 발생이후에 분산되어 있는 정보기관들을 조직적으로 통합시키기보다는 JIC를 조정, 통제하여 각 정보기관의 역량이 발휘될 수 있도록 정보공동체를 운용하는 데 중점을 두고 있다.

독일의 주요 정보기관으로 연방정보부(BND), 연방헌법보호청(BfV), 군정보부(MAD), 전략정보사령부(KSA) 등이 있다. 연방정보부는 수상 직속 기관으로 감청을 통하여 민간 및 군 관련하여 정보를 수집하는 독일의 대표적인 국가정보기관이다. 자세히 설명하면 해외에서 정보수집, 해외 특수임무 수행, 대간첩 업무, 산업정보 수집, 국제 테러리즘, WMD확산, 첨단기술의 불법 유출, 정보전 등 다양한 임무를 수행하고 있으며, 해외 300여 지부에 약 7,000명[31]이 근무하고 있다. 특히 이 기관에는 정보분야 군인이 약 1,000명이 근무하고 있어 군사정보 수집에도 많은 노력을 기울이고 있다. 연방헌법보호청은 독일의 안보를 위협하는 행동, 스파이 활동, 폭력행위 등에 대한 첩보수집 활동을 하고 있으며 독일의 군(軍) 부문의 정보기구는 군정보부와 전략정보사령부로 구분되어 임무를 수행하고 있다. 군정보부는 약 1,200여명으로 육·해·공군의 정보기관 협력을 얻어 군 정보업무를 수행하고 있는데 독일 정부와 연합군과 관련된 정보업무, 외국의 스파이 요원 활동과 국내 안보 위해 세력 차단, 군사 정보업무에 대한 감찰업무를 수행하고 있다. 전략정보사령부는 2002년에 6,000여명으로 설립되어 신호정보 및 영상정보, 전자전 업무를 수행하고 있다. 신호정보 업무는 연방정보부뿐만 아니라 전략정보사령부에서도 수행하고 있는데 이는 통신감청의 예민한 특성과 권한 분산을 위하

30) 전웅, "국가정보 조직체계의 비교와 함의: 통합형 vs 분리형," 한국국가정보학회 2017년 연례 학술회의 2017년 12월 18일

31) 전웅, pp 102-105

여 두 개 기관으로 분리 운용하고 있다.

7.5. 우리나라 정보조직 발전방향

7.5.1. 국가정보기관 간 정보공유

최근 세계 모든 정보기관 대다수가 직면한 당면과제는 정보기관의 민주적 투명성 및 책임성 강화이다. 민주화 확산으로 인해 정보기관의 국민 및 사생활 침해 문제가 중요한 사회적 이슈가 되고 있으며, 정보활동에 대한 국회, 언론 및 시민단체(NGO)의 감시가 대폭 강화되어 가고 있으므로 정보활동에 따른 민주적 투명성과 책임성을 강화하는 것이 중요한 과제이다. 최근에 우리나라 국가정보기관의 민주적 투명성이 많이 높아졌지만, 과거 잦은 정치 개입과 비리 사건으로 인해 국민의 뇌리에 깊게 박힌 부정적인 권력기관 이미지로 아직 남아 있다. 이러한 부정적 인식에 대한 국민의 신뢰를 다시 회복하는 문제는 당장 이루어질 수 없는 어려운 과제이므로 지속적으로 국민의 신뢰를 받을 수 있도록 근본적인 변화를 노력해야 한다. 정보기관이 대통령의 개인적 목적이나 정권 보장에 집착한다면 권력남용의 피해는 오로지 국민에게 부가되므로 국가정보기관으로서의 정치적 중립성 및 자율성을 담보하기 위한 다양한 법제적 장치를 마련하는 것이 중요하다. 오늘날과 같은 국민주권 시대에서 정보기관의 존립 기반은 국민적 신뢰의 토대 위에 존재하며 정보기관의 발전은 국민적 신뢰의 회복에 달려 있다.

정보 업무의 효율화를 위해서는 정보조직 간에 정보공유 또는 업무공조가 무엇보다도 중요하나 우리의 경우 아직 미비하다. 국가 정보조직과 군 정보조직 간 정보 업무 공유가 원활히 이루어지지 않고 있는 것도 사실이다. 정보조직 특성상 정보 공유나 협력이 어려운 점은 이해할 수 있지만 정보조직들 간에 관료주의적 경쟁과 폐쇄성으로 인하여 국가안보에 치명적인 위협을 초래할 수 있는 정보 실패를 겪어서는 안 된다. 특히, 정보통신기술의 발전으로 조직 간 정보공유의 활성화가 점점 더 수월해지고 그 효과가 증대되고 있는 시점에서 정부 정보기관이나 군 정보 조직 간 정보 공유 및 협력을 통한 정보 역량의 강화에 나서야 한다. 현대 정보기관들의 가장 중요한 정보 개혁 과제 중의 하나는 정보기관 간의 경쟁과 갈등 구도를 지양하고 국가 정보의 공유성을 강화하려는 현상이다. 이것은 국내 안보 위협 요소가 확대되고 방첩 목표들이 다양해지는 정보환경의 변화 상황을 맞이하여 정보의 중복 및 차단현상을 극복하고 정보활동의 효율성을 강화하기 위한 노력의 일환이라고 볼 수 있다. 그런 점에서 정부 산하 정보조직 간에 정보공유를 통한 효율적 정보공유체계를 확립하거나 구축하는 것이 중요하다.

한반도를 중심으로 한 국제정세가 불안정한 상황에서 어느 때보다 국가정보의 역할이 중요하지만 우리는 지난 70년간 한미동맹 틀 안에서 미국의 정보력에 의존해 오면서 독자적/자율적인 정보 역량 구축을 등한시해 왔다. 신호정보, 영상정보 및 계측정보를 미측에 많이 의존해 왔다. 대북 조기 경보망을 보완하고 폐쇄적인 사회인 북한의 정보를 수집하기 위해서는 어느 정도 독자적인 기술정보의 확보가 중요하지만, 북한의 주요 지역을 상시적으로 감시할 수 있는 기술정보 자산이 아직 걸음마 단계이다. 미·중 패권경쟁의 심화에 따른 국제질서의 불안정에 대비하여 우리의 자주적인 기술정보 역량을 강화하는 것은 가장 시급한 정보혁신과제 중의 하나이다. 더구나, 민군 겸용기술 발전시대에 정보역량 강화를 위한 과학기술 정보조직을 독자적으로 구축하는 것이 점점 중요해지고 있다. 민간분야의 급속한 기술혁신과 창의성을 이용하는 다양한 협력 프로젝트의 개발 및 운영과정에서 선도적인 민간기술을 적극적으로 받아들이는 협업체계를 구축하는 것도 필요하다. 드론기술의 개발처럼 군사기술과 민간산업 기술이 연계하여 시너지 효과를 창출할 필요가 있으므로 민간과 안보영역을 관장할 수 있는 과학기술정보기구의 신설도 필요하다. 특히 최근 과학기술정보 분석에 AI, 빅데이터, 클라우딩과 같은 새로운 기술개발 분야에서 학문 간 융복합과 민간 분야의 산학협력이 강화되는 상황에서 민간과 안보영역을 아우를 수 있는 정보기관과 군이 협력하여 과학기술정보 협업체계를 갖추어 나가는 것이 중요하다.

7.5.2. 북한과 그 우호 세력의 사이버 위협 대응

국가가 전적으로 주도해 왔던 안보문제는 제4차 산업혁명 시대를 맞아 국가가 시민사회와 개인 부문의 협조는 물론 국제사회와 공동으로 해결해야 하는 양상으로 바뀌고 있다. 특히, 사이버공간에서는 초연결성으로 인해 국가, 비국가 행위자 및 비인간 행위자와 같은 다양한 실체들이 사이버 공격 활동에 관여하게 될 것이며, 이에 따라 사이버 위협의 발생 원인, 확산 경로 및 파급효과도 복합적인 형태로 나타나게 될 것이다. 또한, 사이버공간이 물리적 공간과 결합하는 사이버 물리시스템(CPS)의 진전으로 해킹으로 인한 사고 발생 시 사이버공간을 넘어 국민의 일상적 경제생활 및 국가 운영 핵심시스템 등 현실 세계에 상상할 수 없는 큰 재앙을 불러와 심각한 국가안보 문제로 비화될 소지가 다분하다고 할 것이다. 이러한 하이브리드 위협에 선도적으로 대응하기 위하여 우리 정보기관은 세계 여러 정보기관과 긴밀한 협력과 독자적인 사이버 위협 수집, 분석시스템을 가동하여 각종 위협요인을 사전에 발굴하여 예측하는 한편 대처방안을 제시할 수 있는 대응 역량을 제고하는 방향으로 업무를 재설정할 필요가 있다.

또한 북한과 북한을 지원하는 북한 우호 국가들이 사이버 공격을 실행하기 위해 직접적, 간접적 협력할 수 있다는 것을 고려해서 체계적, 종합적 대응 방안을 마련해야 한다. 무엇보다도 한국 정부는 사이버 안보법을 제정해야 한다. 사이버 안보법은 합법적인 사이버 위협 정보수집과 분석 등 체계적인 사이버안보 대응 방안을 제사한 것으로 사이버안보 추진체계 정비, 기본계획과 실행계획 수립, 사전적 예방정책과 사후적 예방 정책을 포함해야 한다.

한국 정부는 공공, 국방, 민간 등 분야별로 분산된 사이버 위협 대응체계를 총괄하는 국가 차원의 컨트롤 타워를 설립해야 한다. '사이버 안보전략'은 '국가 안보전략'에서 더 중요하게 다뤄야 한다. 2019년 수립된 "국가 사이버 안보전략"을 수정, 보완해서 국가 사이버안보 발전 방안을 제시해야 한다. 국정원과 군은 사이버 심리전 조직을 창설해서 북한을 비롯한 적대국의 사이버 공격에 체계적으로 대응하고, 사이버 심리전을 수행할 수 있는 전문 인력을 체계적으로 양성해서 대북한 사이버 심리전을 수행해야 한다. 국정원 대공 수사권을 복원하는 방안을 검토해야 한다. 북한은 사이버 공격을 통해 반국가 활동을 진행하는 지하당원 포섭, 자생적 테러범 양성 등 안보 위협을 높일 것이다.

북한은 궁극적으로 대한민국 파괴와 영토 편입을 추구하기 때문에 대남 공작원들과 지하당을 통해 안보 체제를 흔들고, 정권 타도 등 국가 전복 활동을 진행할 것이다. 그러나 한국은 국정원 대공 수사권 폐지, 국가보안법 무력화, 인터넷 발달 등으로 인해 대남 공작원과 북한에 포섭된 반국가 활동을 하는 지하당원이 사이버 영향력 공작을 실행할 수 있는 환경이 획기적으로 개선됐다. 국정원은 국가 안보와 국익 보호를 위해 여러 가지 방법으로 정보를 수집하고 분석해야 한다. 경찰 단독 간첩 수사는 북한 및 해외정보망 부재, 노하우 부족 등 전문성 부족으로 인해 한계가 있다. 해외에서 북한 공작원들이 반국가 활동을 하는 지하당원을 포섭하는 장면의 증거를 수집할 수 있는 능력은 국정원의 전문적 정보 활동 영역이다. 정부는 북한의 사이버 공격에 대응하기 위해서 국정원의 대공 수사 능력을 활용하고, 경찰의 대공 수사 역량도 획기적으로 증대시켜야 한다.

한미일 고위급 사이버협의체와 한미 전략적 사이버 안보협력 프레임 워크는 대폭 강화해야 한다. 한국의 안보를 위협하는 적대세력의 사이버 공격 대응은 한국의 독자적 대응만으로는 역부족이기 때문이다. 한미일은 캠프 데이비드 합의를 이행하기 위해 한미일 3국 간 고위급 사이버협의체를 신설해서 운영하고 있다. 한미일 고위급 사이버협의체는 북한과 적대세력의 사이버 공격에 체계적으로 대응해야 한다. 한미는 2023년 4

월 한미동맹 70주년을 계기로 '한미 전략적 사이버안보 협력 프레임 워크'를 발표했고, 정례적으로 한미 사이버 정책협의회를 통해 사이버안보 협력을 강화하고 있다. 한국 정부는 사이버 범죄 수사를 위한 신속한 정보 공유, 사이버 침해 사고 대응 및 기술 협력을 위한 정부와 민간 간 인적교류 확대, 국방 분야 공동 사이버 훈련 발전, 가상자산 탈취 등 사이버 불법 활동 대응, 영향력공작 대응 등 한미 간 협력을 강화해야 한다.

7.5.3. 국가 핵심 산업기술 유출방지

세계 각국이 4차 산업혁명시대로 접어들면서 인공지능(AI), 빅데이터, 음성인식, 화자인식, 클라우드, 보안 등 첨단기술이 본격적으로 산업 전반에 적용되고 있으며 2020년대 들어서면서 유럽 등 전 세계로 K-방산 무기체계의 수출로 확대됨에 따라 방산기술과 산업기술의 유출 방지와 기술 보호 중요성이 크게 대두되고 있다. 이러한 첨단기술 및 원천기술의 확보와 더불어 국가 산업 경쟁력을 높이기 위해서는 기술의 개발만큼이나 보호도 중요하다.

최근 각 국가정보기관은 국가 안보차원에서 산업스파이 활동을 하고 있으며, 산업스파이 대처 활동을 국가 방첩 계획의 하나로 인식하고 방산기술과 산업기술 보호를 위해 각종 법 제도를 정비하는 한편 산업스파이 처벌 규정과 색출 노력을 대폭 강화하고 있다. 국내에서 발생하고 있는 국내 첨단기술을 해외로 불법 유출하였거나 유출시도 적발건수는 매년 증가 추세에 있으며, 이는 단순한 개별 기업 차원의 사고 범위에서 벗어나 국가 산업의 근본을 흔들리게 하는 원인이 될 수도 있다.

국가에서 보호하는 산업기술로 국가 핵심기술, 방위산업기술, 국방과학기술로 분류할 수 있다. 국가핵심기술은 국내·외 시장에서 차지하는 기술적, 경제적 가치가 높은 기술로 산업통상자원부장관이 지정·고시하는 기술이며 방위산업기술은 방위산업과 관련한 국방과학기술 중 국가안보 등을 위하여 방위사업청장이 지정, 고시 하는 기술로서 이미 센서 등 8대 분야, 45개 분류, 128개 기술로 분류하고 있다. 국방과학기술은 군사적 목적으로 사용하기 위하여 군수품을 개발, 제조, 가공, 개량, 개조, 시험, 측정, 정비 등을 하는 데 필요한 기술(물품, 관련 소프트웨어 및 서비스 포함)을 말한다. 국가의 안보, 경제, 기술적인 측면에서 이러한 첨단 산업기술을 보호하기 위한 산업 보안정책이 절대적으로 필요하다.

산업 보안이란 산업 자산에 대한 보안, 즉 산업 활동에 대한 보호와 안전성을 유지하는 모든 활동 또는 산업 자산의 안전성을 제고하는 제반 활동으로 광의로는 산업을 보호하는 일체의 활동을 말하고, 협의로는 조직이 보유하고 있는 산업기술을 각종 침해 요소로부터 보호하는 조치와 활동을 말한다. 또는 기업, 기관 등에서 실행하는 보안활동을 산업계 전반으로 확산하여 국가 핵심기술이나 중요 산업 기밀 또는 기업의 영업비밀 등을 보호하기 위한 제반 예방적, 보호적인 활동을 총괄하는 것으로 정의하기도 한다. 산업기술의 유출방지 및 보호에 관한 법률에서 "산업기술"이라 함은 제품 또는 용역의 개발, 생산, 보급 및 사용에 필요한 제반 방법 또는 기술상의 정보 중에서 관계 중앙행정기관의 장이 소관분야의 산업 경쟁력 제고 등을 위하여 법률 또는 해당 법률에서 위임한 명령에 따라 지정, 고시, 공고, 인증하는 기술을 말한다.

정부는 이러한 산업기술의 보안 강화를 위해 국가정보원에 2003년 10월 산업 보안 전담 조직인 산업기밀보호센터를 신설하고 국내 첨단 산업기술의 불법적인 해외 유출 차단을 위해 산업스파이 색출 및 예방 활동을 수행하고 있으며, 검찰은 2004년부터 서울중앙지검에 기술 유출 범죄수사센터를 설치하여 기술 유출 범죄를 전문으로 수사하고 있고, 대검찰청에 첨단범죄수사과를 신설하여 기술 유출 범죄에 대한 수사를 총괄하고 있다. 국군방첩사령부에서는 2010년 2월부터 국외·내의 방위산업에 관한 첩보의 수집, 작성 및 처리업무와 국내 방위산업 관련 기술보호를 위해 보안감사 및 점검, 보안측정, 방위산업체 보안 관계관 소집교육, 방산보안 컨설팅업무 및 1337 신고센터를 운영하고 있다. 2011년 7월부터는 국가 주도로 방위산업 보안정책에 관한 업무를 대통령령에 근거하여 수행하고 있으며, 2012년 5월에는 경제전쟁, 기술전쟁의 시대에서 우리의 첨단기술이 경쟁기업이나 해외로 유출되는 것을 막기 위한 산업 보안 및 방첩의 필요성이 날로 증대되는 시점에서 국가정보원은 대통령령으로 "방첩[32] 업무규정"을 제정하였다. 또한 국내 방산분야의 지속적인 방산수출 증가 및 국내 기술 수준의 향상 등으로 방산기술의 유출 가능성이 급격하게 증가함에 따라 「방위산업기술 보호법('15.12.29.)」을 제정하였다.

따라서 4차 산업혁명 시대에 부응하기 위해서 국가의 정보기관들은 국가의 목표를 위하여 국가의 핵심기술을 보호하기 위한 고도의 전문성이 요구되는 인력을 양성하고 조직을 보강할 필요가 있다. 국가의 핵심기술 면밀히 파악하고 관리도 강화해야 한다. 국가의 핵심기술 보유 기업과 미래에 핵심기술이 될 예상 기업을 신속히 식별하여 보호제도 내로 편입하고, 국가 핵심기술의 이동에 대해 체계적으로 모니터링 해야 한다. 핵심기술 보유업체와 기관에 대해서는 현장 실태조사를 확대하여 관리 현황을 점검하는 한편, 보안 역량이 우수한 기업에 대해서는 수출심의 간소화 등 인센티브를 제공하

32) "방첩"이란 국가안보와 국익에 반하는 외국의 정보활동을 찾아내고 그 정보활동을 견제, 차단하기 위하여 하는 정보의 수집, 작성 및 배포 등을 포함한 모든 대응 활동을 말한다.

여 자발적인 기술보호 환경 조성을 유도할 필요가 있다. 다양해지고 교묘해지는 기술 유출 수법에 능동적으로 대응하기 위해 심사 체계를 지속 보완해야 한다. 업계 부담이 가중되지 않도록 수출심의 제도를 정비해야 하고 기술 유출 가능성이 낮은 핵심기술 수출 행위에 대해서는 수출심의 절차를 일부 간소화 또는 면제할 수 있도록 한다. 해외 기술 유출 범죄 구성요건 완화(목적범→고의범), 핵심기술 해외 유출 시 벌금(15억→65억) 및 징벌적 손해배상 한도(3배→5배) 확대 등 기존 처벌 체계를 강화함과 동시에 기술유출을 소개, 알선, 유인하는 브로커에 대한 처벌 근거를 마련하여 기술보호 사각지대를 제거해야 한다.

국가 첨단기술 유출 범죄의 조사, 수사 체계를 강화하기 위해 정부 조직 간 기술 유출 합동 대응 공조를 강화하고, 산업기술 유출 범죄 수사를 위한 특별사법경찰관 필요성에 대해서도 검토해야 한다. 보안 역량이 상대적으로 취약한 대학·중소기업 대상으로 보안 인프라 구축, 보안 컨설팅 등 맞춤형 지원을 확대해야 하며 민감과제 신설 등을 통한 국가R&D 관리 강화, 스타트업 보호를 위한 법적 의무 확대 등 관계 부처가 힘을 합쳐 보호체계를 내실화해야 하고 대부분의 기술 유출은 인력을 통해 이루어지는 만큼 이를 방지하기 위해 핵심인력에 대한 관리와 지원을 강화한다, 특허 빅데이터 분석을 통해 국가 핵심기술 관련 핵심인력을 식별하고 기술유출 정황 발생 시에는 신속히 관계기관과 공유한다. 안보상 우려가 있는 외국인 연구자에 대한 비자심사 강화 방안도 마련해야 한다.

7.5.4. 군 작전지원을 위한 강건한 정보체계

한국군이 운용하고 있는 군 정보조직은 국방 정보본부, 방첩사령부, 000와 000사령부, 사이버사령부[33]가 있다. 000는 1981년 합참 2국을 확대 개편하여 창설하였으며 국방정보 정책, 기획, 국제 정세판단, 해외 정보 생산, 전파, 군사외교 지원, 정보전력 건설에 관한 업무, 각 군 정보기관 업무 조정 통제, 기술정보 운용업무 등을 수행[34]하고 있다. 000는 1948년 설립된 HID(Higher Intelligence Department)가 기원으로서 대북 침투 공작업무와 인간정보를 이용한 군사정보 수집 업무를 담당하였지만 1972년 7·4 남북공동성명을 통하여 대북 침투 공작업무는 중단된 상태이다. 따라서 현재 조직구조는 1990년 육·해·공군의 각 정보부대를 통합한 조직구조로서 주로 영상정보와 공개 첩보업무만 수행[35]하고 있다. 000는 6·25 전쟁 동안 특무부대에 보안

33) 김철우, "한국 정보기구의 통합운영 방안," 국가정보연구 3권 2호(2008)
34) 민진규, 『국가정보학』(서울: 도서출판 배움, 2007).

임무를 수행하였고 1977년 육 · 해 · 공군 보안부대를 통합하면서 국군보안사령부가 출발하였다. 1990년 윤석양 이병의 민간인 사찰폭로로 기무사령부로 명칭을 변경하였으며 2013년 민간인 댓글 사건 관여로 2018년 인원 축소와 함께 군사안보지원사령부로, 2022년에는 다시 방첩지원사령부로 명칭이 변경되었다[36]. 000는 기무사의 정보전 대응센터에서 출발하여 2010년 사이버사령부로 확대 개편되었고 2018년 댓글공작 사건으로 심리전 기능을 폐지한 사이버작전사령부로 명칭을 변경하여 사이버 공격에 대한 방어 능력뿐만 아니라 적의 정보에 대한 공격능력 향상을 위한 기반을 갖추었다. 해 · 공군은 미흡하나마 0000정보단, 00전대의 소규모의 부대조직과 각 군의 자체 작전지원을 위해서 일부 정보수집체계를 갖고 있지만 중요한 많은 정보자료는 각 군의 작전환경과 상관없이 타 기관의 수집체계로부터 획득된 데이터를 분석, 활용하기 위한 최소한의 정보분석[37] 부대를 운용하고 있다. 각 군에서 자체 작전을 위해 수집되고 처리된 데이터는 C4I 네트워크를 통해서 모든 연합 및 작전부대의 공유되고 있으며 반면에 각 군의 작전에 매우 중요한 자료임에도 불구하고 독립된 수집체계 없이 타 기관에서 수집된 데이터를 참고적으로 활용하고 있다. 즉, 각 군의 작전을 위하여 한반도 전역에 대한 자료 제공이 미흡한 실정이다.

단말 수집 국소에서에서 수집된 자료는 정책 결정권자, 최종사용자, 무기체계 또는 단말까지 신속히, 필요로 하는 양식에 맞게 제공해 주는 것이 필요하다. 센서 또는 사람에 의해 수집된 정보가 중간의 처리과정을 거쳐 최종사용자, 혹은 무기체계에까지 데이터를 안전하게 제공되어야 한다. 특히 4차 산업혁명시대의 초연결, 초지능화 시대에는 수집 및 처리가 인공지능적으로 이루어지고 IP기반의 디지털망으로 모든 자료가 자동적으로 처리 송수신 된다. 과거에는 확실한 정보를 얻기 위하여 많은 양의 첩보수집이 요구되고 장시간에 걸쳐서 전문가 또는 비전문가 등의 다양한 토론과 의견을 거쳐 정보가 생산된 후에 수동적인 입력을 통해서 소비자에게 전달되었다. 때에 따라서 중요한 정보일수록 정확한 검증을 요하기 때문에 결정적인 시점이 지난 후에 최종 결재권자 또는 정보 수요자에게 전달되는 경우가 많았으나 미래에는 다양한 이벤트가 학습된 인공지능의 발달로 최종 사용자(또는 단말)에게 까지 수집과 동시에 처리되어 안전하게 전달되어야 한다. 군이나 국가 정보기관에서 사용하기 위해 정보통신 환경을 구축할 경우 설정된 네트워크 구축 가이드라인을 준수하는 것이 중요하다. 가이드라인 주요 내용

35) namu.wiki/w, 정보사령부/ko.wikipedia.org/wiki/
36) 군사안보지원사령부/ko.wikipedia.org/wiki/
37) 각 군은 미군이나 일본군처럼 독자적인 정보수집체계를 갖추고 있지 못하고 다른 정보수집기관에서 일부 특정지역 중심으로 수집된 자료를 분석하여 작전에 활용하고 있는 실정이다.

으로는 군 및 국가 정보기관에서 사용하는 국가정보통신망, 전용 회선, 인터넷 등에 대해서는 암호화, 정보보호 관리 체계 인증 등 보안 대책을 수립, 시행하여야 한다. 국가정보통신망, 전용 회선, 인터넷 등 모든 통신망을 암호화하여 정보 유출 및 누군가에 의해 변조를 방지해야 하며 정보보호 관리 체계(ISMS) 인증을 통하여 정보보호 수준을 높여야 한다. 필요시 내부망과 외부망을 분리하여 외부로부터 정보 탈취나 해킹, 위변조에 대응해야 한다. 중요 시스템 및 데이터에 대한 접근 권한을 차등 부여하고, 비인가자의 접근을 차단해야 하며 주기적으로 보안 취약점을 점검하고, 발견된 취약점에 대한 긴급 조치를 취해야 한다.

7.5.5. 지 · 해 · 공군 고유 작전 수행을 위한 정보수집체계 구축

미국과 일본의 군 정보기관을 살펴보면 해군과 공군의 고유 작전을 위해 다양한 자체 정보수집체계를 운용하고 있다. 특히 통신정보와 전자정보 수집체계를 해군과 공군에서 각각 구축[38]하여 운용하고 있으며 미 공군은 전 세계를 대상으로 COMINT, ELINT 체계를 구축하여 신호를 수집하여 분석하고 있고 ELINT 수집체계의 경우 U-2기와 같은 정찰 항공기뿐만 아니라 많은 위성 수집체계를 활용하고 있다. 이 ELINT 체계는 레이더 조기경보체계의 저고도 침입 항공기와 원거리 항공기의 탐지 제한 가능성의 단점을 보완해 주며 특히 매우 중요한 요소인 침투하는 항공기의 종류와 대수를 판단하게 해주어 자국의 영역으로 침입하는 적 항공기에 대응할 기회를 제공해 준다. 또한 ELINT 신호 수집은 적의 지상레이더 활동 혹은 파괴(아측 공격으로)를 알 수 있는 매우 중요한 요소로 아측 항공기가 적 영공에서 어느 지역에 어떤 수단을 이용하여 항공작전을 할 수 있는 가를 판단하게 해준다. 조종사와 관제사 또는 조종사들 간에 통화 내용은 적들이 공중에서 어떠한 공중작전 수행능력을 함양하고 있는가를 판단하게 해준다. 특히 적들이 운용하는 항공기 제원을 장기간 분석할 경우 적들이 운용, 퇴출하는 항공기나 개발 또는 도입하는 신형 항공기의 대수를 판단하는 매우 중요한 정보를 얻을 수 있다. 따라서 미 공군이나 일본 항공자위대처럼 한국공군의 자체 항공작전을 위하여 COMINT, ELINT 수집체계 구축이 매우 시급하게 추진되어야 할 사항이다. 일본의 경우 일본영토로 침입하는 항공기를 조기에 식별, 대응하기 위해 24개 레이더 기지와 별도로 9개 지상 기지에 COMINT, ELINT 수집기지를 구축하여 운용[39]하고 있다.

---

38) 이호형, "신호정보위성의 역사 및 현황," 항공우주산업기술동향 11권 2호(2013)
39) 이용식, "일본의 자유공간에서 전자파를 이용한 미사일 탐지능력," 한국위성정보통신학회논문지 제 12권 4호, 2017년 12월

이는 주변 국가의 항공기가 일본 전역으로 침입하는 것을 레이더의 항적 수집체계보다 훨씬 먼저 탐지하여 대응하기 위함이다. 한국공군은 이러한 COMINT 및 ELINT 수집체계를 구축하여 MCRC 체계와 상호보완적으로 운용해야 하며 특히 장기간의 ELINT 분석 데이터 획득으로 주변국 한공기의 전자전과 항공전술에 대한 대응능력을 확보해야 한다. 수집 처리된 데이터는 초고속의 네트워크를 통해서 모든 육·해군의 작전부대에 공유되어야 한다.

해군도 COMINT, ELINT 수집기지를 구축하여 운용하여야 한다. 이는 적 함정이 운용하는 레이더나 통신 제원을 획득하여 분석함으로써 아측 영해로 침입하는 적 함정의 종류와 대수를 사전에 알 수가 있다. 물론 아측의 해안 감시 레이더나 함정 탑재 레이더, 또는 일부 극소수 함정에 탑재되어 있는 ELINT 수집체계나 지상의 ELINT 수집체계를 이용하여 탐지할 수 있으나 24시간 지속 감시 제한, 지구 곡률 반경이나 SHF, EHF 고대역 주파수의 직진성 등으로 인하여 우리의 해인 진역을 싱시 김시하는 것이 제한된다. 따라서 해군은 적 함정을 24시간 감시할 수 있는 지상에 COMINT, ELINT 수집체계를 반드시 구축하여 KNTDS와 상호 보완적 운용이 절대 필요하다. KNTDS는 능동적인 체계로서 L밴드 또는 S밴드의 전파 왕복을 통하여 적 함정을 탐지하기 때문에 ELINT 체계보다 비교적 근거리만 탐지가 가능하여 사전에 대응능력을 확보하기 위한 원거리 탐지체계인 ELIN T수집체계 구축이 반드시 이루어져야 한다. 특히 ELINT 수집체계는 분해능(Resolution)이 우수하여 근접거리로 침입하는 적 함정의 대수뿐만 아니라 함정의 전자전 능력도 판단할 수 있으며 전시에는 함정의 상태를 판단할 수 있다. 일본 해상자위대는 일본 전역에 14개소의 COMINT 및 ELINT 자체 수집기지를 운용[40]하고 있다.

최근 선진국은 AI기술을 적용하여 무인기를 활용한 정보수집에 많은 관심이 있다. 무인기의 고도에 따른 신호, 영상 수집시스템을 탑재하여 전략적, 전술적 운용이 가능하며 정보수집체계에서 활용도가 매우 뛰어난 IT플랫폼 체계가 될 것이다. 미군의 경우 위성정찰체계-고고도 무인기정찰체계-저고도 무인기/항공기 정찰체계-지상 수집체계 및 인간 탐지체계 등 4단계로 구분하여 감시체계를 운용[41]하고 있다. 고고도 정찰기 글로벌호크 RQ-4에 COMINT, ELINT 수집체계, 영상수집체계 등을 탑재하여 24시간 이상 장시간 체공하는 전략적인 무기를 운용하고 있다. 향후에는 인공지능을 탑재

40) 이용식, “일본의 주변국 감시를 위한 IT분야 기술정보 역량강화와 그 함의,” 정보연구 10권 2호, 2017년 12월

41) 길병옥, “미·중 패권경쟁시대 동북아의 불안정과 국가정보,” 한국국가정보확회 2018년 춘계학술대회, 2018년 4월 20일

하여 주요 목표물의 변동사항, 신호정보와 영상정보를 기체 내에서 융합 처리하여 효율적인 무인기 운용이 이루어질 것으로 본다. 또한 육군의 경우 인간형 로봇 플랫폼에 다양한 환경에 대응할 수 있는 학습을 통하여 고기능의 인공지능을 탑재하여 감시정찰에 활용할 경우 매우 효과적인 무인정찰, 정보수집이 가능할 것이다. 이 분야에서는 일본의 독보적인 연구분야로 현재는 산업화하여 운용하고 있으며 자위대의 정찰감시, 무인작전 등에 인간 로봇 활용은 시간문제일 것으로 본다.

7.5.6. 정보수집 및 처리체계 개발, 분석조직 전문화

정보수집체계 구축 후 정보분석 능력은 분석 인력과 노하우, DB 자료에 크게 좌우된다. 다시 말하면 전문적인 분석 능력을 확보하기까진 장시간이 소요된다. 해·공군의 작전환경에 필요로 하는 분야의 분석 인력이 현재로선 미흡하므로 현 신호정보기관과 상호 협조하여 분석 능력을 함양하고 군 고유 작전특성에 맞는 자료의 분류와 통계를 위하여 소프트웨어 인력도 적절히 구성되어야 한다. 이러한 각 군의 정보 인력은 전문적인 분석 인력이라기보다는 정보수집체계 운용 인력으로서 타 기관의 신호정보 인력과 정기적인 인력 교류로 전문적인 신호정보기관에서 얻은 노하우를 각 군으로 복귀하여 활용할 수 있도록 해야 한다. 특히 해공군의 작전에 심각한 영향을 주는 전자전 인력은 현재 초급수준으로(전문인력이 거의 없다) 대부분 자료를 미측에 의존하고 있어 한국군의 해·공군 작전능력 함양에 많은 저해요인으로 작용하고 있다. 전자신호를 식별하는 현재의 메커니즘은 주파수, PRI(Pulse Repeat Interval)만을 고려하기 때문에 에러 발생률이 높아 작전 활용에 다소 제한되고 있어 식별능력을 향상시키는 방안도 절대 필요하다. 또한 전자전 보호(EP)를 위하여 다양한 PRI 모드 방식도 개발되어 적용되고 있고 예비 모드까지 고려하면 수십 년간의 데이터를 저장하여 어떠한 모드의 변조방식이 공간상에 존재하더라도 식별할 수 있는 능력을 반드시 확보해야 한다. 이것은 해·공군의 작전을 위해서 가장 먼저 해결해야 할 요소이다. 따라서 국방과학연구소의 체계개발과 각 군의 신호정보체계 운용요원, 신호정보를 전문적으로 수행하는 기관과의 밀접한 분석 업무 공유와 인력 교류가 필요하다. 특히 한반도 주변의 모든 국가에 대한 항공기, 함정에 대한 무기체계의 제원 정보를 확보하기 위해 장기간 자료 획득이 필요하다.

해·공군의 정보체계 운용 인력은 1차적인 분석을 수행하여 그 결과를 각 군의 작전에 활용해야 하며 그 후 수집 및 분석자료는 정보본부로 전송되어 2차적인 융합분석이 이루어져야 한다. 2차적인 융합분석은 여러 출처 자료가 상호 융합되어 이루어지며 최종 결과는 어느 특정 군에만 보고되는 것이 아니라 각 군으로 환류(Feedback)되어야 한다. 미군과 일본은 이러한 운용체계로 데이터를 공유하여 분석하고 있으며 위성에서 수집된 자료도 미군의 경우 DIA, 일본의 경우 내각정보조사실로 자료를 전송하여 융합분석을 하고 있다. 따라서 한국군도 정보본부에서 여러 수집체계로부터 전송해 온 자료들을 종합하여 융합분석이 이루어져야 한다. 일본처럼 수집체계 운용 부서는 분석 업무를 행하지 않고 수집에만 역점을 두도록 하며 모든 것은 정보본부에서 분석이 이루어지도록 하여 중복 업무, 중복 인력이 발생하지 않도록 해야 한다.

정보조직의 수장(守將)도 업무 연관성에 따라 교대로 보직하도록 해야 한다. 미군의 정찰국(NRO)은 업무 연관성으로 미 공군 출신이 계속 보임하지만, 미 NSA는 육 · 해 · 공군의 4성 장군이 상호 교대로 보직하여 업무를 수행하고 있다. 이는 어느 특정 군에 치우치지 않고 군 특성에 맞는 정보분야를 발전시킬 수 있기 때문이다. 각 군의 작전에 정보체계가 어떻게 적용되고 있고 어떤 부분이 더 발전되기를 원하기 때문에 그 분야가 더 발전될 수 있기 때문이다. 해 · 공군의 경우 현대전의 핵심인 전자전 수행을 위해 전자정보가 가장 중요하다. 이를 위해서는 전자정보가 발전해야 한다. 불행하게도 해 · 공군에 비해 육군은 전자전 중요성이 떨어진다. 전자전 개념이 근본적으로 다르다. 즉 다시 말해서 통신의 특성상, 지형적 영향으로 전자전의 영향을 해 · 공군처럼 많이 받지 않고 전자전 대상 자체가 다르다. 미래전의 승패는 전자전에 의해 좌우된다는 점이다.

정보본부는 현용정보 분석, 군 정보의 정보전력 건설에 관한 업무, 각 군 정보기관 업무 조정 통제, 기술정보 운용에 대한 업무 등을 수행한다. 따라서 군 정보업무에 대한 최상위 업무를 수행한다. 해 · 공군 정보수집체계뿐만 아니라 각 정보수집체계로부터 전송해 오는 모든 현용정보의 융합분석을 통해서 핵심적이고 정확한 정보를 생산하여 상위부서 및 각 군에 여과 없이 보내져야 한다. 정책결정권자들의 정확한 의사결정을 위하여 정보의 변화 여부를 영속적으로 모니터할 수 있어야 한다. 모든 군 정보조직은 육 · 해 · 공군의 고유 작전을 위해 존재한다는 사실을 명심해야 한다.

참고문헌

〈단행본〉

권제상, 『첩보전쟁』, 자작나무, 1999.

민진규, 『국가정보학』, 도서출판 배움, 2007.

이승주, 이병곤, 김현지, 『사례중심 정보학 개론』, 법서출판, 2002.

〈논문〉

곽영길, "위성영상 레이다(SAR) 기술동향", 한국전자파학회지, 2011.1.

구자선, "중국 국방·군 개혁 현황 및 전망," IFANS, 2016.

권석근, "정찰위성의 현황과 발전", 국방과 기술, 2000.5.

권영근, "미국은 왜 6.25전쟁에서 정보실패를 주장할까?", 한국국방개혁연구소 (blog.naver.com/ygk555)

권정욱, "중국군의 전자전 인식과 운영개념, 능력 연구", 한국군사학회논집, 第77輯 제3권, 2021.10.

길병옥, "미·중 패권 경쟁시대 동북아의 불안정과 국가정보," 국가정보연구, 2018년 춘계학술대회, 2018.4.20.

김규철, "우크라이나 전쟁에서 러시아의 정보전 활동", 슬라브 연구, 제38권 4호, 2022.12.20.

김영기, "산업기술 보호를 위한 방첩 및 산업보안법제 개선방안", 국가정보연구, 제7권 1호, 2014.6.

김영수, "김유신의 첩자활용과 첩보술에 관한 연구", 군사 제62호, 2007.4.

김진용, "중국의 인공지능 역량강화와 안보위협", 동아연구, 제41권 1호, 2022.

김철우, "한국 정보기구의 통합 운영 방안," 국가정보연구 3권 2호, 2008.
김태호, "중국군의 전면적 개혁: 한국 안보에 대한 함의", 중국 군사연구회 2분기 세미나(육본), 2019.6.
김호섭, "미·일 방위협력 지침 관련 법안과 한반도 안보환경", 한국정치연구, 1999.
노훈, 이재욱, "사이버전의 출현과 영향, 그리고 대응방향", 국방과 정책 연구, 2001년 가을
문현철, "군의 효율적인 정보수집체계에 관한 연구", 초당대학교, 군사행정학 석사논문, 2014.2.
박남태, 백승조, "중국군 전략지원부대의 사이버전 능력이 한국에 주는 안보적 함의", 국방정책연구, 통권 131호, 2021.
박동철, "임진왜란 기간 충무공 이순신의 정보활동에 관한 연구", 박사논문, 가천대학교, 2021.6.
박동철, 정주호, "손자병법에 나타난 정보의 중요성에 근거한 이순신의 정보전 수행에 대한 연구", 한국치안행정논집 제18권 제2호, 2021.5.
박지훈, "4차 산업혁명시대 한국군 군사혁신 추진방향," 주간국방논단, 제1704호, 2018.
박현도, "정보전으로 본 아랍-이스라엘 전쟁 약사: 1948~1973년, 민족연구 83호, 2024.
송민철, "국가정보 기능의 변화와 정보기관의 발전 방향", 석사학위논문, 수원대, 2011.
신범식, 양정윤, "우크라이나 전쟁과 사이버전", 러시아연구, 제34권 제1호, 2024.5.31.
신재민, 나성웅, "전자광학 영상 센서기술", 항공우주산업기술동향, 2012.
신 진, "중국의 초안전과 정보수집활동", 국방연구, 제66권 제2호, 2023.7.
양우천, "전쟁과 정보활동", 합동참모부, 2019.9,
오경섭, "러북의 정보기관 협력과 한국 정부의 대응방안", 통일연구원, 2024.4.3.
유지아, "전후 대일강화조약과 미일안보조약 과정에 나타난 미군의 일본 주둔과 일본 재군비 논의", 일본 연구, 단국대학교 일본연구소, 2014.

윤무술, “일본의 군사력 증강과 항공우주력 분석,” 석사학위논문, 경기대, 2012.
윤정현, “인공지능과 국가안보”, 국가안보전략연구원, 2024.4.
이상호, “한국군 미래 사이버전 능력강화 방안 연구: 해군 사이버 전력 건설 중심으로,” 국가정보연구, 제7권 2호, 2015.
이완희, 윤민우, 박준석, “인터넷 시대의 정보활동: OSINT의 이해와 적용사례 분석”, 한국경호경비학회, 제34호, 2013.
이용식, “일본의 주변국 감시를 위한 IT분야 기술정보 역량강화와 그 함의”, 국가정보연구, 제10권 2호, 2017.
이용식, “중국의 정보 수집능력과 정보조직 변화 연구”, 군사논단, 2019.6월호.
이용식, 이원준, 류기필, 최성희, “일본 자위대의 전자전(電磁戰) 능력 과거와 현재. 그리고 미래”, 군사논단, 2022,6.
이용식, 엄상호, 임재성, “중국의 주변국 해양감시를 위한 전자신호 수집위성 연구개발”, 한국위성정보통신학회논문지 제12권 제3호, 2017.
이용식, “일본의 자유공간에서 전자파를 이용한 미사일 탐지능력,” 한국위성정보통신학회논문지 제12권 4호, 2017.12.
이용식, “일본의 정보능력 어디까지 왔나?”, 국가정보연구, 2022.12.
이재원, “한 권에 담은 2차 세계대전의 거의 모든 것,” 인문노총, 제57집, 2007.
이창형, “중국 육군 전술제대의 개혁동향과 전망”, 중국 군사연구회 2분기 세미나(육군), 2019.6.
이창형, 박남태, “중국군의 전략지원부대가 한국안보에 미치는 영향과 시사점”, 군사 논단 제105호, 2021.
이호형, “신호정보위성의 역사 및 현황,” 항공우주산업기술동향 11권 2호, 2013.
이훈열, “SAR 영상의 활용”, 한국전자파학회지, 2011.11.
장호근, “6.25전쟁 시 중공군 개입과 정보실패 요인에 관한 연구”, 국가정보연구, 2017.
전윤근, “중국 국가안보이익의 확장과 정보기관의 역할”, 한림국제대학원대학교 석사 논문, 2022.
전웅, “국가정보 조직체계의 비교와 함의: 통합형 vs 분리형,” 한국국가정보학회 2017년 연례 학술회의, 2017.12.18.
전웅, “빅데이터와 정보활동-미국 정보공동채 사례를 중심으로”, 국가정보연구, 제

20권 1호, 2016.
정용석, “전자기스펙트럼 작전과 신호정보”, 한양대, 박사학위 논문, 2023.2.
정유현, 김성남, 박혜숙, “제4차 산업혁명 기반의 국방과학기술 개발 동향”, 전자통신동향분석 35권 제6호, 2020.12.
정종필, “중국의 사이버 안보 전략, 사이버 안보의 주변 4강과 한반도 세미나”, 2016.4.25.
정지윤, “일본의 국가정보체계 변천 연구”, 건국대학교, 박사학위 논문, 2024.2.
정호진, “중국의 무인기 개발과 활용 동향: 국방 중심으로”, 한국항공우주연구원.
조현규, “시진핑 시대의 중국군 개현 연구” 박사논문, 단국대학교, 2020.12.
표상호, 정맹석, 조관행, 민태은, 심양섭, “미국의 사이버 전략에 관한 연구”, 국가안보와 전략, 제16권 4호 2017.1.2.
하지현, 천세범, “위성항법시스템 운영 현황 및 개발 계획”, 항공우주산업기술동향 8권 2호, 2010.12.
허지은, “근세 일본 지식인의 정보활동과 조선 관련 정보의 유통”, 일본공간 28호, 2020.12.
한국군사문제연구원, “중국, 남중국해 인공섬에 첨단 무인기 배치”, 2025.3.14.

Andrew S. Erickson, “Chinese Air- and Space-Based ISR”, 2014.2.11.
Center for the Study of Chinese Military Affairs Institute for National Strategic Studies, “China’s Strategic Support Force”, National Defense University Press, Oct, 2018.
Desmond Ball and Richard Tanter, “The Tool's of Owatatsumi-Japan's Ocean Surveillance and Coastal Defence Capabilities,' ANU Press,2015.
Desmond Ball and Richard Tanter, “The Transformation of the JASDF's Intelligence and Surveillance Capabilities for Air and Missile Defence', Security Challenge, Vol, 3, Spring 2012.
Desmond Ball and Richard Tanter, ”Japan’s Ocean Surveillance and Coastal Defence Capabilities“, ANU Press, 2015.

Desmond Ball and Richard Tanter, "US signals intelligence (SIGINT) activities in Japan 1945 – 2015: A Visual Guide", Nautilus Institute for Security and Sustainability Special Report, 2015.12.23.

J. Michael Dahm, "China C4ISR and Counter-Intervention", Mitchell Institute for Aerospace Studies, March 21,2024.

J. Michael Dahm, "South China sea military capability series(A Survey of Technologies and Capabilities on China's Military Outposts in the China Sea". 2020.8.

JANES, "PLAGF units training with new vehicle-mounted EW systems", 2020,5.15.

Ludo Block, "The long history of OSINT", JOURNAL OF INTELLIGENCE HISTORY 2024, VOL. 23, NO. 2, 2023.

Mark A. Stokes, Jenny Lin and L.C.Russell Hsiao, "The Chinese People's Liberation Army Signals Intelligence and Cyber Reconnaissance Infrastructure", Project 2049 Institute, Nov 2011.

Mark M. Lowenthal, Intelligence : From Secrets to Policy(Seventh Edition), CQ Press, 2017.

US DoD, "Miltary and security developement involing the Peoples's Republic of China 2024"

〈신문, 뉴스〉

"내 드론 어디갔지? 전자파로 무인기 훔치는 세상 온다", 세계일보, 2015.5.26.

"막강해진 '일본의 눈'… 한반도엔 숨을 곳이 없다", 신동아, 2003.4.25.

"北 무인기 더 커졌다… 美 글로벌 호크 빼닮은 정찰기 비행장서 포착", 조선일보, 2025.2.25.

"수미테리 사건으로 본 동맹국 첩보전의 역사(김상운의 빽투더퓨처)" 동아일보, 2024.7.23.

"인공지능과 인간, 강력한 사이버 보안" https://m.post.naver.com/viewer

"일본 '자위대 사이버방위대' 설치…540명 규모", 연합뉴스, 2022.3.17.

"일본, CIA같은 중앙정보기관 설치 검토 중", 디지털뉴스, 2015.02.28.
"日, 전자파로 적 막는 전자전 부대 거점 1곳→8곳 확대", 연합뉴스, 2020.10.9.
"日, 항모화 추진 이즈모에 일본형 GPS 수신체계 탑재", 연합뉴스, 2019.1.16.
"우주 · 첩보 · 사이버군 통합, 중국군 살상력 일취월장", 중앙일보, 2018.1.14.
"日, 전자전 능력 개선에 주력…최신형 전자전기 실전배치", 매일경제, 2020.10.6.
"중국 인민군 총사령부 베이징 떠난다…이유는?", 뉴스 1, 2019.4.17.
"中, 최첨단 스텔스 무인기 '텐잉' 시험비행 공개", 이슈플러스, 2019.1.17.
"中, 첨단 군용드론 CH-5 양산체계 구축...국제시장 진출 본격화", 뉴시스, 2017.7.16,
"中 무인기 '차이훙', 이라크로 수출돼 IS 전선에 실전배치", 동아일보, 2015.10.14.
"테무, 중 선전매체와 한통속.....외국인 데이터 수집", 아시아경제, 2024.5.2.
"항공자위대 EC-1 광역 재밍 훈련기". https://bcmil.chosun.com/nbrd/gallery/
"SJ (Shi Jian) Satellite Series of China", https://earth.esa.int/web/eoportal/satellite-missions/s/shi-jian

〈인터넷〉

namu.wiki/w/정보사령부
https://ko.wikipedia.org/wiki, "정찰위성"
https://ko.wikipedia.org/wiki/스키테일
https://hiveminer.com/Tags/enigma
www.rodenberg.nl/about.php
https://nmsc.kma.go.kr/위성영상이해/국가기상위성센터
https://m.blog.naver.com/SAR위성
https://en.wikipedia.org/wiki/Open-source_intelligence
http://enigma.louisedade.co.uk/howitworks.html
https://namu.wiki/w/봉화
https://en.wikipedia. org/wiki/Air_Force_Intelligence,_Surveillance_and_Reconnaissance_Agency
https://namu.wiki/w/"해상자위대 항공집단"